32,67 €

Explorer

L'HISTOIRE DES SCIENCES ET DES TECHNIQUES

Activités, exercices et problèmes

Du même auteur:

Notions de culture scientifique et technologique. Concepts de base, percées historiques et conceptions fréquentes, 2001. Québec, Éditions MultiMondes, 432 p.

Problèmes de sciences et de technologie pour le préscolaire et le primaire, 1999. Québec, Éditions MultiMondes, 686 p.

La Didactique des sciences de la nature au primaire, 1997. Québec, Éditions MultiMondes, 472 p.

Introduction aux sciences de la nature. Concepts de base, percées historiques et conceptions fréquentes, 1996. Québec, Éditions MultiMondes, 204 p. (épuisé).

Catalogage avant publication de la Bibliothèque nationale du Canada

Thouin, Marcel

Explorer l'histoire des sciences et des techniques: activités, exercices et problèmes

Comprend des réf. bibliogr. et un index

ISBN 2-89544-050-6

1. Sciences – Histoire – Étude et enseignement – Méthodes actives. 2. Technologie – Histoire – Étude et enseignement – Méthodes actives. 3. Sciences – Histoire – Problèmes et exercices. 4. Technologie – Histoire – Problèmes et exercices. I. Titre.

Q126.9.T46 2004 509 C2004-940209-9

Marcel Thouin

Explorer

L'HISTOIRE DES SCIENCES ET DES TECHNIQUES

Activités, exercices et problèmes

ÉDITIONS
MULTIMONDES

Révision linguistique : Robert Paré
Couverture : L'Astronome, 1668, Jan Vermeer

ISBN 2-89544-050-6
Dépôt légal – Bibliothèque nationale du Québec, 2004
Dépôt légal – Bibliothèque nationale du Canada, 2004

ÉDITIONS MULTIMONDES
930, rue Pouliot
Sainte-Foy (Québec) G1V 3N9
CANADA
Téléphone : (418) 651-3885
Téléphone sans frais depuis l'Amérique du Nord : 1 800 840-3029
Télécopie : (418) 651-6822
Télécopie sans frais depuis l'Amérique du Nord : 1 888 303-5931
multimondes@multim.com
http://www.multim.com

DISTRIBUTION EN LIBRAIRIE AU CANADA
Diffusion Dimedia
539, boulevard Lebeau
Saint-Laurent (Québec) H4N 1S2
CANADA
Téléphone : (514) 336-3941
Télécopie : (514) 331-3916
general@dimedia.qc.ca

DISTRIBUTION EN FRANCE
Librairie du Québec
30, rue Gay-Lussac
75005 Paris
FRANCE
Téléphone : 01 43 54 49 02
Télécopie : 01 43 54 39 15
liquebec@noos.fr

DISTRIBUTION EN BELGIQUE
Librairie Océan
Avenue de Tervuren 139
B-1150 Bruxelles
BELGIQUE
Téléphone : +32 2 732.35.32
Télécopie : +32 2 732.42.74
g.i.a@wol.be

DISTRIBUTION EN SUISSE
SERVIDIS SA
Rue de l'Etraz, 2
CH-1027 LONAY
SUISSE
Téléphone : (021) 803 26 26
Télécopie : (021) 803 26 29
pgavillet@servidis.ch
http://www.servidis.ch

Les Éditions MultiMondes reconnaissent l'aide financière du gouvernement du Canada par l'entremise du Programme d'aide au développement de l'industrie de l'édition (PADIÉ) pour leurs activités d'édition. Elles remercient la Société de développement des entreprises culturelles du Québec (SODEC) pour son aide à l'édition et à la promotion.
Gouvernement du Québec – Programme de crédit d'impôt pour l'édition de livres – gestion SODEC.

IMPRIMÉ AU CANADA / PRINTED IN CANADA

REMERCIEMENTS

Je tiens d'abord à remercier mes étudiants du programme de formation à l'éducation préscolaire et à l'enseignement primaire, ainsi que mes étudiants des deuxième et troisième cycles de l'Université de Montréal, dont les questions, commentaires et suggestions me permettent constamment d'améliorer mes cours, ateliers et séminaires de didactique des sciences et des techniques.

J'aimerais remercier aussi les enseignants et les conseillers pédagogiques des commissions scolaires des régions de Laval, des Laurentides et de Lanaudière, et particulièrement les conseillers Nathalie Côté, Michel Pelletier et Maryse Tremblay, pour leur supervision de nos projets de développement d'activités, d'exercices et de problèmes en science et technologie au primaire et au début du secondaire. Je les remercie aussi pour leur appui, leurs conseils et leurs encouragements.

Je suis reconnaissant au Fonds des professeurs agrégés de l'Université de Montréal de m'avoir accordé une subvention qui m'a permis l'embauche de trois assistants de recherche pendant quelques semaines. Merci aux assistants de recherche Catherine Forget, Steve Masson et Sébastien Rougier pour leur contribution à la recherche d'information et pour leur participation à la vérification et à la mise en forme de cet ouvrage.

Un remerciement tout spécial s'adresse à Jean-Marc Gagnon et à Lise Morin, des Éditions MultiMondes, dont la compétence, l'enthousiasme et la disponibilité ont grandement facilité la réalisation de cet ouvrage et de mes publications précédentes.

TABLE DES MATIÈRES

INTRODUCTION

À l'heure actuelle, la plupart des programmes d'études en sciences et technologies, un peu partout dans le monde, mentionnent le rôle fondamental que devrait jouer l'histoire de ces disciplines dans la formation des élèves de tous les niveaux scolaires. Ces programmes rappellent, par exemple, que les sciences et les techniques remontent à la plus haute Antiquité et ils soulignent l'importance d'être en mesure de retracer leur évolution à travers l'histoire et d'identifier les facteurs de divers ordres qui ont influencé leur développement.

Une formation scientifique et technique qui comporte une perspective historique présente en effet de nombreux avantages.

- Elle permet aux formateurs de prévoir les difficultés conceptuelles des élèves et fait prendre conscience aux élèves que les idées, représentations et conceptions plus ou moins adéquates qu'ils doivent revoir sont souvent les mêmes que celles que les scientifiques d'autrefois ont dû, eux aussi, remettre en question.
- Elle permet une réflexion sur la nature de l'activité scientifique et technologique.
- Elle permet un enseignement moins dogmatique des sciences et des techniques, car elle tient compte du contexte et de l'origine de la production des savoirs. Se familiariser avec le contexte dans lequel sont apparus des concepts, des lois ou des théories peut non seulement aider à les comprendre, mais aussi à mieux en saisir l'intérêt ou la nécessité.
- Elle permet d'établir de nombreux liens avec la vie de tous les jours car une multitude de découvertes et d'inventions qui jalonnent l'histoire des sciences et des techniques sont encore couramment appliquées ou utilisées à notre époque.
- Elle permet de tenir compte de plusieurs pratiques sociales de référence, car le développement des sciences et des techniques dépend non seulement de la recherche pure, mais également de la recherche appliquée, de l'ingénierie, de la production industrielle ou artisanale, d'activités domestiques et même de conflits armés.
- Elle permet de s'interroger au sujet des valeurs sur lesquelles s'appuient les sciences et les techniques et de s'arrêter sur les questions éthiques qui jalonnent leur développement au fil des siècles.
- Elle permet de mieux comprendre les impacts et les limites des sciences et des techniques.
- Elle permet d'établir des liens avec plusieurs autres matières scolaires, principalement celles qui relèvent de l'univers social.

- Elle permet de personnaliser les sciences et les technologies. La biographie de plusieurs scientifiques est passionnante et très révélatrice du contexte dans lequel sont survenues leurs découvertes.
- Elle permet, en illustrant le caractère humain des sciences et des techniques, d'intéresser aussi les élèves qui sont plus portés vers les arts et les sciences humaines.
- Elle permet à tous les élèves d'enrichir leur culture générale.

L'approche historique est d'ailleurs une pratique courante dans de nombreuses disciplines. La littérature, l'architecture et la peinture, par exemple, ont toujours été abordées de façon historique. Même les mathématiques sont presque toujours enseignées d'une façon qui suit de très près leur développement historique : nombres entiers, nombres rationnels, géométrie euclidienne, algèbre, nombres irrationnels, trigonométrie, nombres complexes, etc.

Malheureusement, en sciences et technologies, malgré les indications des programmes d'études, la perspective historique est peu présente, et parfois même rejetée. En témoigne le fait que l'histoire des sciences et des techniques, quand elle est abordée dans les manuels scolaires, se limite souvent à de brefs encadrés accessoires, presque décoratifs. Témoin aussi le fait que la formation donnée aux futurs enseignants de sciences, dans plusieurs universités, ne comporte aucun cours d'histoire des sciences et des techniques.

Pourtant, tous s'entendent pour affirmer, à la suite de Piaget, qu'on ne peut se contenter d'exposer des savoirs de façon magistrale et qu'il convient, dans la mesure du possible, de permettre aux élèves de les reconstruire. Mais comment s'attendre à ce que les élèves appliquent cette démarche sans leur faire prendre conscience que les savoirs scientifiques et techniques se sont élaborés, à chaque époque de l'histoire de l'humanité, à la suite de constantes et difficiles remises en question des théories et procédés développés lors des époques précédentes ? Comment susciter une évolution des conceptions individuelles sans faire réaliser que les modèles, concepts et procédés des sciences et des techniques évoluent sans cesse eux aussi ? Les théories de la science contemporaine paraîtraient beaucoup plus pertinentes et nécessaires aux élèves si on leur expliquait en quoi elles diffèrent des théories qu'elles ont remplacées, pourquoi elles ont pris leur place et comment cette évolution, à l'image des apprentissages que les élèves auront à faire, a souvent été longue et laborieuse.

En pratique, toutefois, les formateurs qui souhaitent intégrer l'histoire des sciences et des techniques à leur enseignement se sentent souvent démunis. Il existe en effet peu de sources d'informations qui présentent des activités, exercices et problèmes permettant de le faire de façon concrète, vivante et stimulante. C'est la lacune que le présent ouvrage vise à combler.

Évidemment, toute histoire des sciences et des techniques, au même titre que les sciences et les techniques elles-mêmes, est élaborée par l'esprit humain et n'est, en aucune façon, parfaitement objective, universelle ou intemporelle. Par exemple, même lorsqu'il est question de l'Antiquité ou du Moyen Âge, une histoire des sciences rédigée au XIXe siècle diffère beaucoup d'une histoire écrite vers la fin du XXe siècle, car les interprétations du passé varient en fonction des savoirs, sensibilités et perspectives de chaque époque.

Dans le même ordre d'idées, il est souvent très révélateur de comparer une histoire des sciences et des techniques écrite par un historien français avec celle d'un historien britannique, allemand ou américain. Les découvertes et inventions sur lesquelles on insiste, de même que les scientifiques auxquels on les attribue ne sont pas les mêmes pour tous. Une même loi peut ainsi s'appeler loi de Boyle, loi de Mariotte ou, pour éviter toute controverse, loi de Boyle-Mariotte. Il va de soi aussi que plus on remonte dans le temps, plus la simple chronologie des événements devient également douteuse.

L'histoire des sciences et des techniques présentée dans cet ouvrage n'échappe pas à cette règle. Elle est d'autant plus particulière et subjective qu'elle vise d'abord, pour l'enseignement à des élèves relativement jeunes, des fins didactiques et pratiques. Certains choix ont présidé à son élaboration.

- Étant donné que les formateurs abordent habituellement les concepts et théories scientifiques de façon thématique, l'histoire des sciences et des techniques est présentée sous forme de thèmes. Par commodité, ceux-ci sont regroupés dans les grandes disciplines que sont la physique, la chimie, l'astronomie, les sciences de la Terre, la biologie et la technologie.
- La structure de base de chacun des thèmes est une chronologie. Cela ne signifie pas, cependant, que l'orientation de l'ouvrage soit purement événementielle ou cumulative, ou encore qu'elle soit une apologie des sciences et des techniques. De nombreux commentaires critiques, en effet, situent les découvertes, inventions, théories et affirmations des scientifiques dans leur contexte et signalent, par exemple, en quoi elles marquent des ruptures et des progrès, mais aussi des erreurs et des reculs par rapport aux savoirs ou procédés qui les ont précédées.
- Étant donné que de nombreuses recherches ont montré que le temps historique ne s'appréhende que très graduellement et n'est pas bien établi avant l'adolescence, les chronologies sont subdivisées en grandes périodes telles que l'Antiquité orientale, l'Antiquité classique, le Moyen Âge, la Renaissance, le XVIIe siècle, le XVIIIe siècle, qui sont beaucoup plus importantes, sur le plan didactique, et beaucoup plus à la portée des élèves que les dates précises. Au primaire et au début du secondaire, les élèves ne peuvent faire preuve du recul nécessaire pour s'abstraire complètement du présent, pour se situer dans la durée ou pour suivre l'évolution des concepts scientifiques d'une façon rigoureuse. À cet âge, une approche historique devrait surtout permettre une évocation du passé, une familiarisation avec de grandes époques et une constatation du changement sous forme, par exemple, de différences entre des conceptions anciennes et des conceptions modernes.

- Pour ne pas surcharger le contenu de l'ouvrage, l'histoire des sciences et des techniques est exposée de façon synthétique et simplifiée. Il s'agit toutefois d'une simplification de «bonne foi» qui essaie, autant que possible, de ne pas dénaturer le déroulement historique et le développement des concepts présentés.
- L'essentiel de chacun des thèmes est un ensemble de capsules sur des découvertes et inventions importantes de l'histoire des sciences et des techniques. Toutes ces capsules comportent les éléments suivants:
  1) *Les conceptions fréquentes à l'époque et chez certains élèves.* Il s'agit des conceptions fréquentes, historiquement, que la découverte ou l'invention présentée dans la capsule a permis de remettre en question. Dans un grand nombre de cas, ces conceptions se retrouvent encore, de nos jours, chez nombre d'élèves.
  2) *Les concepts scientifiques actuels.* Il s'agit des principaux concepts scientifiques reliés aux découvertes ou inventions présentées. Pour des raisons didactiques, ces concepts sont exprimés et expliqués en fonction de la terminologie et des théories actuelles. Les concepts sont tous présentés de façon succincte, et le lecteur est invité à consulter des ouvrages de vulgarisation scientifique plus complets s'il souhaite davantage d'explications.
  3) *Des activités, des exercices ou des problèmes.* Il s'agit de tâches concrètes qui peuvent être proposées aux élèves. Un niveau de difficulté est indiqué pour chacune des tâches. Certaines peuvent être destinées à des élèves de 8 ans et plus, d'autres à des élèves de 12 ans et plus. Cet ouvrage intéressera donc particulièrement les enseignants et animateurs du primaire et du début du secondaire (primaire et collège, en France).

Les **activités** consistent, par exemple, à examiner un schéma, une photographie ou un document vidéo, à effectuer une visite, à observer des objets ou des êtres vivants, ou à effectuer une manipulation avec du matériel ou à faire une simulation sur ordinateur.

Les **exercices** consistent habituellement à se documenter pour répondre à une question. Une recherche dans une bonne encyclopédie ou sur un site Web est habituellement la meilleure façon de procéder. Certains exercices consistent aussi à discuter d'une question en équipe ou en groupe-classe. (Plusieurs de ces exercices comportent déjà, à titre indicatif, certains éléments de réponse. Il est préférable de ne pas présenter ces éléments de réponse aux élèves.)

Les **problèmes** incitent à répondre à une question ouverte qui suppose la recherche des meilleures solutions ou approches possibles à partir du matériel suggéré. Ces problèmes, dont certains sont tirés de *Problèmes de sciences et de technologie pour le préscolaire et le primaire*, un ouvrage précédent paru chez le même éditeur, permettent:

- de constater les limites de conceptions fréquentes;
- de manipuler du matériel et parfois de faire une expérience scientifique, sans toutefois imposer une «recette uniforme»;

- de proposer plusieurs solutions ou approches possibles ;
- de prendre conscience qu'il n'existe pas une seule « bonne réponse » absolue ;
- de discuter des mérites respectifs des diverses solutions ou approches proposées ;
- d'opter pour des solutions ou des approches originales, différentes de celles des autres, pour autant qu'elles soient justifiées ;
- de constater que les solutions ou les approches retenues supposent une évolution des conceptions initiales fréquentes.

Dans le cas des activités et des problèmes, les tâches proposées sont souvent identiques à des observations et à des expériences historiques. Quand ce n'est pas le cas, elles s'en inspirent de façon indirecte mais permettent tout de même de saisir la nature et l'importance des découvertes ou des inventions auxquelles elles se rattachent. Un effort particulier a été fait pour que la majorité des activités et des problèmes puisse être réalisée avec du matériel simple et peu coûteux, mais certaines des tâches nécessitent du matériel provenant de fournisseurs spécialisés.

Cet ouvrage n'est pas un manuel scolaire destiné aux élèves mais un ouvrage de référence, une banque d'idées à l'intention des enseignants et des animateurs. Les capsules qu'il renferme ont d'abord été conçues pour les personnes qui souhaitent tenir compte de l'histoire des sciences et des techniques pour enrichir leur enseignement. Elles ne devraient pas être présentées telles quelles aux élèves, car cela risquerait de donner lieu à un enseignement dogmatique composé, par exemple, de concepts scientifiques et de tâches associées. Ces capsules devraient plutôt être considérées comme des pistes, des éléments déclencheurs et des façons d'enrichir les problématiques scientifiques auxquelles s'intéressent les élèves.

LA PHYSIQUE

La physique a pour objet d'étude les propriétés générales de la matière, de l'espace et du temps. Elle établit des lois qui rendent compte de phénomènes naturels relatifs aux forces, aux mouvements, à la chaleur et à la pression, au magnétisme et à l'électricité ainsi qu'à la lumière et au son.

Cette section comporte cinq thèmes, qui présentent chacun une facette importante de l'histoire de la physique :

- **la structure de la matière,**
- **les forces et les mouvements,**
- **la chaleur et la pression,**
- **l'électricité et le magnétisme,**
- **la lumière et le son.**

LA STRUCTURE DE LA MATIÈRE

La Préhistoire

Environ 700000 ans av. J.-C. Les êtres humains domestiquent le feu et constatent qu'ils peuvent facilement faire fondre de la glace et évaporer de l'eau.

LES ÉTATS DE LA MATIÈRE

Conception fréquente à l'époque et chez certains élèves

La glace, l'eau et la vapeur sont trois substances différentes.

Concepts scientifiques actuels

La matière peut exister à l'état solide, à l'état liquide ou à l'état gazeux. Par exemple, à pression atmosphérique normale, l'eau est un solide à une température inférieure à 0 °C, un liquide à une température comprise entre 0 °C et 100 °C, et un gaz à une température supérieure à 100 °C.

Activités (8 ans et plus)

- Faire fondre un morceau de glace (fusion).
- Faire évaporer une petite quantité d'eau à l'état liquide (évaporation).
- Faire condenser de la vapeur d'eau sur une surface froide (condensation).
- Faire geler de l'eau à l'état liquide (solidification).
- Observer la diminution de volume de cubes de glace laissés plusieurs semaines au congélateur (sublimation, c'est-à-dire passage direct de l'état solide à l'état gazeux).
- En automne, observer la présence de petits cristaux de glace, le matin, sur les feuilles de petites plantes au sol (passage direct de l'état gazeux à l'état solide).

L'Antiquité classique

Vers 590 av. J.-C. Le mathématicien et philosophe grec THALÈS de Milet (v. 625-v. 547 av. J.-C.) affirme que l'élément primordial de l'Univers est l'eau.

Vers 580 av. J.-C. Le philosophe grec ANAXIMANDRE (v. 610-v. 547 av. J.-C.) suppose qu'il existe un principe indéfini, indéterminé, amorphe, l'*apeiron*, qu'il considère comme l'élément de base.

Vers 545 av. J.-C. Le philosophe grec ANAXIMÈNE (v. 585-v. 525 av. J.-C.) suppose que l'air est l'élément fondamental.

Vers 510 av. J.-C. Le philosophe grec HÉRACLITE d'Éphèse (v. 550-v. 480 av. J.-C.) suppose que le feu est l'élément primordial d'un Univers qui change constamment.

Vers 440 av. J.-C. Le philosophe grec ANAXAGORE (v. 500-v. 428 av. J.-C.) énonce une loi de conservation de la matière. Elle préfigure la loi de conservation de la masse qui sera énoncée par Lavoisier en 1789. Anaxagore affirme en effet que « rien ne naît, rien ne meurt, mais des choses déjà existantes se combinent, puis se séparent à nouveau ».

Vers 450 av. J.-C. Le philosophe grec EMPÉDOCLE (v. 484-v. 424 av. J.-C.) élabore une théorie de la matière fondée sur quatre éléments (l'air, l'eau, la terre et le feu) et sur deux forces (l'attraction et la répulsion). Cette théorie, qui constitue la base de l'alchimie et qui a eu pendant des siècles une influence beaucoup plus grande que la théorie de Démocrite et de Leucippe sur les atomes, n'a été définitivement abandonnée qu'au XVIIIe siècle.

Vers 400 av. J.-C. Les philosophes grecs LEUCIPPE de Milet (v. 460-370 av. J.-C.) et DÉMOCRITE d'Abdère (v. 460-370 av. J.-C.) proposent l'idée que la matière est composée d'atomes dont les mouvements sont régis de façon mécanique. Cette théorie sera reprise, sous une forme différente, par Dalton, au XIXe siècle.

LES ATOMES

Conception fréquente à l'époque

La matière est composée de quatre éléments : l'air, l'eau, la terre et le feu, divisibles à l'infini.

Concepts scientifiques actuels

Les Grecs avaient désigné par le terme « atome », qui signifie « indivisible », les plus petites particules simples et stables de la matière. De nos jours, le concept d'atome désigne toujours les plus petites parcelles d'un élément chimique, mais nous savons que ces parcelles ne sont pas indivisibles, car elles sont constituées d'un noyau chargé positivement autour duquel gravitent des électrons chargés négativement, l'ensemble étant électriquement neutre.

Activités et exercices (12 ans et plus)

- Examiner des dessins qui présentent des atomes et des molécules.
- Examiner un tableau périodique et identifier quelques éléments bien connus.
- Se documenter pour trouver une série de photographies qui présentent les puissances de 10 et qui montrent à quel point il faudrait grossir un objet pour apercevoir les molécules et les atomes dont il est formé.

- Construire des modèles de molécules simples à l'aide d'un ensemble pour modèles moléculaires de chimie de base en plastique (disponible chez certains fournisseurs de matériel scientifique).

► **Voir aussi «Le modèle planétaire de l'atome (1911)» sous ce même thème.**

Vers 380 av. J.-C. Le philosophe grec PLATON (v. 427-v. 347 av. J.-C.) complète la théorie d'Empédocle sur les quatre éléments en leur associant des solides géométriques: le tétraèdre correspond au feu, le cube à la terre, l'octaèdre à l'air et l'icosaèdre à l'eau. Platon postule que la transformation de l'air en feu est possible, car un octaèdre peut se séparer en deux tétraèdres.

Vers 350 av. J.-C. Le philosophe grec ARISTOTE (384-322 av. J.-C.) complète aussi la théorie d'Empédocle sur les quatre éléments en leur ajoutant des qualités (le feu est chaud et sec, l'air est chaud et humide, l'eau est froide et humide et la terre est froide et sèche) et en affirmant que les éléments peuvent se transformer et les uns devenir les autres en changeant leurs qualités.

Vers 300 av. J.-C. Le philosophe grec ÉPICURE (341-270 av. J.-C.) développe l'idée énoncée vers 400 av. J.-C. par Leucippe de Milet et Démocrite d'Abdère selon laquelle la matière est composée d'atomes.

Vers 300 av. J.-C. Formulation, en Chine, d'une théorie de la matière fondée sur cinq éléments (l'eau, le métal, le bois, le feu et la terre) et deux forces fondamentales (le yin, principe féminin, et le yang, principe masculin).

Vers 60 av. J.-C. Le poète et philosophe latin LUCRÈCE (v. 98-55 av. J.-C.) énonce la théorie des «atomes crochus» pour expliquer la consistance des solides et, en corollaire, celle de l'absence de crochets pour expliquer la fluidité des liquides. (L'expression «atomes crochus» est encore utilisée de nos jours pour désigner une sympathie entre des personnes.)

Vers 150 ap. J.-C. Débuts à Alexandrie, en Égypte, de l'alchimie sous la forme qui se répandra plus tard dans l'Empire musulman et en Europe. L'alchimie est d'abord pratiquée par les prêtres du dieu Hermès (Mercure), ce qui explique l'expression «philosophie hermétique», souvent utilisée pour la désigner.

IVe siècle. L'alchimiste hellénistique ZOSIME de Panapolis (IVe siècle) écrit des traités d'alchimie dans lesquels il est question des distillations et des affinités entre certaines substances.

Le Moyen Âge

Du VIIe au XVIIe siècle. C'est le règne de l'alchimie, d'abord dans l'Empire musulman, puis en Europe à partir du XIIe siècle, par l'intermédiaire des textes d'auteurs arabes tels que GEBER, en arabe Abu Musa Djabir al-Sufi (v. 721-v. 815), AVICENNE, en arabe Ibn Sina

(980-1037), et RHAZÈS, en arabe Ibn Zakariyya ar-Râzi (865-925). L'alchimie essaie, entre autres, de transformer des métaux tels que le cuivre ou le plomb en or ou en argent. Elle conduit parfois, par hasard, à la découverte d'éléments chimiques, tels que le mercure et le phosphore, et à l'invention de certaines techniques, telles que la séparation de l'argent mêlé au plomb ou le déplacement du cuivre par le fer, dans une solution de sulfate de cuivre. L'alchimie postule l'existence de quatre éléments, l'eau, l'air, la terre et le feu, et de deux principes, le soufre et le mercure. Elle postule également que tous les métaux sont formés de diverses proportions des deux « principes ». Au XVIIe siècle, Boyle contribuera à réfuter les principes de l'alchimie.

► **Voir « L'alchimie (Du VIIe au XVIIe siècle) » dans le thème de chimie « Les éléments, les composés et les réactions chimiques ».**

1414. La doctrine de Leucippe et Démocrite sur l'existence d'atomes refait surface grâce à la redécouverte du poème de Lucrèce *De natura rerum*, qui expose cette doctrine en détail.

La Renaissance

Vers 1530. Le médecin et alchimiste suisse Theophratus Bombastus von Hohenheim, dit PARACELSE (v. 1493-1541) énonce l'idée que le sel est un troisième « principe », en plus du soufre et du mercure, important en alchimie. Au XVIIe siècle, Boyle, contribuera à réfuter les principes de l'alchimie.

Le XVIIe siècle

Vers 1620. Le philosophe français Pierre GASSENDI (1592-1655) contribue à faire mieux connaître la théorie atomique des philosophes grecs de l'Antiquité.

1644. Le philosophe, mathématicien et physicien français René DESCARTES (1596-1650) fait paraître *Principia philsophiæ* dans lequel il expose une physique mécaniste et corpusculaire qui attribue le déplacement des planètes autour du Soleil et la chute des corps à la poussée causée par des tourbillons d'éther, une matière subtile. Ce modèle mécaniste, peu mathématique, sera la vision dominante jusqu'à la fin du XVIIe siècle.

1661. Le physicien et chimiste irlandais Robert BOYLE (1627-1691) propose le concept d'élément chimique et contribue à établir une distinction nette entre la chimie, débarrassée de toute référence à des qualités occultes, et l'alchimie.

1675. Le chimiste et pharmacien français Nicolas LÉMERY (1645-1715) publie un cours de chimie qui contribue, tout comme les travaux de Boyle, à établir une démarcation nette entre la chimie et l'alchimie.

1687. Le physicien anglais Isaac NEWTON (1642-1727) publie ses célèbres *Principes mathématiques de la philosophie naturelle*, dans lesquels sont présentées la loi de la gravitation universelle ainsi que ses trois lois de la dynamique, appelées aussi *trois lois de Newton*. La loi de la gravitation universelle remplacera alors le magnétisme comme explication de l'attraction entre les corps célestes. De plus, le modèle mathématique de Newton remplacera peu à peu le modèle mécaniste de Descartes et portera également à croire que des lois du même type pourraient s'appliquer à des corpuscules de matière, ce qui contribuera à relancer la théorie atomique.

Le XVIIIe siècle

1752. L'homme politique et physicien américain Benjamin FRANKLIN (1706-1790) propose une théorie selon laquelle la matière ne comporte qu'un type de « fluide électrique », constitué uniquement de particules répulsives. (Cette théorie sera contredite par Coulomb, en 1785, qui parlera plutôt de deux types de « fluide électrique », un négatif et un positif.)

1785. Le mécanicien, physicien et officier français Charles COULOMB (1736-1806) découvre, en électricité statique et en magnétisme, la loi de l'inverse du carré de la distance. Il défend une théorie, contraire à celle proposée par Franklin vers 1752, selon laquelle la matière comporte deux sortes de « fluide électrique », un fluide positif et un fluide négatif.

► **Voir « La loi de Coulomb (1785) » sous le thème de physique « L'électricité et le magnétisme ».**

1789. Le chimiste et physiologiste français Antoine de LAVOISIER (1743-1794) énonce la loi de la conservation de la masse, selon laquelle, lors d'une réaction chimique, la masse des produits est toujours égale à celle des réactifs.

► **Voir « La loi de la conservation de la masse (1789) » dans le thème de chimie « Les éléments et les composés ».**

Le XIXe siècle

1802. Le chimiste et physicien anglais William WOLLASTON (1766-1828) observe que le spectre de la lumière du Soleil est traversé par un certain nombre de raies noires. Il faudra toutefois attendre les travaux de von Fraunhofer, en 1814, et surtout de Kirchhoff et Bunsen, en 1859, pour que la portée de cette découverte soit vraiment comprise.

1807. Le physicien, chimiste et météorologiste anglais John DALTON (1766-1844) propose la théorie atomique et met un terme à la croyance selon laquelle il serait possible de transmuter chimiquement des métaux en or.

1814. Le savant français Pierre Simon de LAPLACE (1749-1827) énonce sa thèse du déterminisme, selon laquelle une connaissance parfaite de toutes les forces et de la position de toutes les particules de l'Univers, à un instant donné, permettrait une prévision parfaite de l'avenir. Le déterminisme sera remis en cause par la théorie quantique, au cours des années 1920.

1814. Le physicien allemand Joseph von FRAUNHOFER (1787-1826) précise une découverte faite par Wollaston en 1802 et selon laquelle le spectre de la lumière du Soleil est traversé par un certain nombre de raies noires. Il faudra toutefois attendre les travaux de Kirchhoff et Bunsen, en 1859, pour que la portée de cette découverte soit vraiment comprise.

► **Voir « Le spectre d'absorption (1859) » dans le thème d'astronomie « Observer, mesurer et explorer l'Univers ».**

1818. Le chimiste anglais Michael FARADAY (1791-1867) réussit la première liquéfaction d'un gaz en refroidissant le gaz et en augmentant la pression.

1819. Les physiciens et chimistes français Pierre DULONG (1785-1838) et Alexis PETIT (1791-1820) établissent une relation entre le poids atomique d'un élément et sa chaleur spécifique (quantité de chaleur nécessaire pour élever de 1 °C la température de 1 g de matière).

LE POIDS ATOMIQUE ET LA CHALEUR SPÉCIFIQUE

Conception fréquente à l'époque et chez certains élèves

Le poids atomique et la chaleur spécifique sont des propriétés physiques indépendantes.

Concepts scientifiques actuels

La chaleur spécifique est la quantité de chaleur nécessaire pour élever de 1 °C la température de 1 g de matière. Plus le poids atomique d'un élément chimique est grand, plus sa chaleur spécifique sera élevée.

Activités (12 ans et plus)

- Mesurer la chaleur spécifique d'éléments tels que le carbone, le fer, le cuivre, etc.
- Vérifier le lien entre la chaleur spécifique et le poids atomique. (Si possible, utiliser un calorimètre de laboratoire, disponible chez certains fournisseurs de matériel scientifique.)

1826. Le chimiste suédois Jöns BERZELIUS (1779-1848) propose une table des poids atomiques déterminés avec une grande précision.

► **Voir « Le poids atomique (1826) » dans le thème de chimie « Les éléments, les composés et les réactions chimiques ».**

1827. Le botaniste écossais Robert BROWN (1773-1858) découvre le *mouvement brownien,* agitation continuelle de petites particules placées dans un liquide ou un gaz. Einstein démontrera, en 1905, que ce mouvement brownien est une conséquence de l'existence des atomes.

Le mouvement brownien

Conception fréquente à l'époque et chez certains élèves

Dans un verre d'eau au repos, tout est parfaitement immobile.

Concepts scientifiques actuels

Le mouvement brownien est l'agitation continuelle et désordonnée de petites particules colloïdales (poussière, pollen, etc.) en suspension dans un liquide. Cette agitation est causée par les chocs aléatoires des molécules du liquide contre ces particules. Ce mouvement permet de visualiser l'agitation thermique des atomes et des molécules.

Activités (8 ans et plus)

- Laisser tomber quelques gouttes de colorant alimentaire dans un contenant transparent qui contient de l'eau très froide et dans un autre contenant transparent qui contient de l'eau très chaude. Observer la différence entre les vitesses de dispersion du colorant dans les deux contenants.
- Remplir un contenant transparent avec de l'eau du robinet, à laquelle on peut ajouter un peu de poussière ou de pollen. Concentrer les rayons du soleil sur le contenant au moyen d'une loupe. Observer le mouvement des particules solides en suspension à l'endroit où les rayons se concentrent.
- Placer une assez grosse goutte d'eau sous l'objectif d'un petit microscope. À l'aide d'un cure-dent, laisser tomber un peu de poussière très fine ou de pollen sur la goutte d'eau. Observer les grains de poussière ou de pollen au microscope. (Veiller à bien faire la mise au point sur les grains de poussière ou de pollen, et non sur la surface de la goutte.)
- Mettre une infime trace de dentifrice (qui contient des particules d'oxyde de magnésium) sur une lamelle de microscope. Ajouter une ou deux gouttes d'eau distillée sur la trace de dentifrice. Placer une lamelle sur la lame, éclairer latéralement et observer à un fort grossissement. Observer le mouvement des particules dans l'eau.
- Mettre une petite quantité de graphite colloïdal (disponible chez certains fournisseurs de matériel scientifique) sur une lamelle de microscope. Ajouter une ou deux gouttes d'eau distillée sur le graphite. Placer une lamelle sur la lame, éclairer latéralement et observer à un fort grossissement. Observer le mouvement des particules dans l'eau.

1842. Le médecin allemand Robert von MAYER (1814-1878), qui déduit de ses observations que la chaleur du corps humain provient de la conversion de l'énergie chimique des aliments, propose une première formulation du premier principe de la thermodynamique (principe de la conservation de l'énergie), selon lequel, lors du passage d'une forme d'énergie à une autre, la quantité d'énergie demeure la même. Ce principe sera formulé avec plus de précision par Helmholtz en 1847.

▶ **Voir « L'alimentation et l'énergie (1842) » dans le thème de biologie « La cellule et la chimie du vivant ».**

1847. Le mathématicien, physicien et physiologiste allemand Hermann von HELMHOLTZ (1821-1894) formule le principe de la conservation de l'énergie qui avait été prévu par Mayer en 1842.

1857. L'inventeur anglais Joseph Wilson SWAN (1828-1914), qui précise des découvertes faites avant lui par Brewster, Herschel, Wheatstone, Angström et d'autres, montre que le spectre de sels métalliques introduits dans une flamme comporte des lignes brillantes caractéristiques. Bohr montrera, en 1913, que le spectre d'émission d'un élément ou d'un composé s'explique par les transitions des électrons entre les orbites permises dans les atomes de ces substances.

LE SPECTRE D'ÉMISSION

Conception fréquente à l'époque et chez certains élèves

Le spectre de toutes les sources de lumière renferme les mêmes couleurs.

Concepts scientifiques actuels

Tout élément chimique émet de la lumière lorsqu'il est porté à une température suffisante. Le spectre de la lumière émise, observé au moyen de spectroscopes à prisme ou à réseau, est constitué de lignes brillantes dont la couleur et la position sont caractéristiques de l'élément. La spectroscopie permet de mettre en évidence la présence d'un élément, même en petite quantité. Par ailleurs, certains composés chimiques (tels que des sels métalliques) introduits dans une flamme modifient sa couleur.

Activités (12 ans et plus)

- Examiner les photographies du spectre d'émission de divers éléments chimiques. (Des tableaux didactiques des spectres d'émission sont disponibles chez certains fournisseurs de matériel scientifique.)
- Observer le spectre d'émission de divers éléments à l'aide de lampes spectrales (exemples : cadmium, hélium, mercure, néon, sodium) et d'un spectroscope de laboratoire à prisme ou à réseau (disponibles chez certains fournisseurs de matériel scientifique).

– Observer le changement de couleur de la flamme d'un brûleur à alcool ou d'un brûleur Bunsen dans laquelle on laisse tomber quelques grains de divers sels métalliques.

1858. Le chimiste italien Stanislao CANNIZZARO (1826-1910) est le premier à formuler une théorie atomique et moléculaire valable sur la base des hypothèses d'Avogadro.

1859. Le physicien allemand Gustav KIRCHHOFF (1824-1887) et le chimiste allemand Robert BUNSEN (1811-1899) montrent qu'une substance peut également absorber les radiations qu'elle émet, ce qui explique les raies sombres dans les spectres solaires.

► **Voir « Le spectre d'absorption (1859) » dans le thème d'astronomie « Observer, mesurer et explorer l'Univers ».**

1860. Le physicien écossais James MAXWELL (1831-1879) énonce une loi qui établit un lien entre la température d'un gaz et la distribution des vitesses des molécules qui le constituent.

1860. L'astronome britannique William HUGGINS (1824-1910) effectue les premières analyses spectrales de nébuleuses, de comètes et d'étoiles.

1861. Le physicien britannique William CROOKES (1832-1919) invente le radiomètre, ampoule de verre emplie d'un gaz à faible pression et dans laquelle tournent, quand elle est éclairée, quatre petites feuilles métalliques dont une des faces est noire. Le fonctionnement du radiomètre est un argument en faveur de la théorie cinétique des gaz.

LE RADIOMÈTRE

Conception fréquente à l'époque et chez certains élèves

La lumière ne peut être la cause du déplacement d'un objet.

Concepts scientifiques actuels

Le radiomètre est une ampoule de verre qui contient un gaz à faible pression et dans laquelle tourne, lorsqu'elle est éclairée, une hélice composée de quatre petites feuilles métalliques dont l'une des faces est noire. Le fonctionnement du radiomètre est un argument en faveur de la théorie cinétique des gaz. En effet, le rayonnement reçu par l'hélice est absorbé par les faces noires, ce qui en augmente la température, agite les molécules du gaz situé de ce côté et fait tourner l'hélice.

Activité et exercice (8 ans et plus)

– Observer le fonctionnement d'un radiomètre (disponible chez certains fournisseurs de matériel scientifique).

- Formuler des hypothèses pour répondre à la question suivante: Pourquoi l'hélice du radiomètre tourne-t-elle quand elle est éclairée?

1872. L'astronome américain Henry DRAPER (1837-1882) inaugure la spectrographie en prenant la première photographie du spectre d'une étoile (l'étoile Véga, de la constellation de la Lyre).

1880. Le physicien français Pierre CURIE (1859-1906) découvre la piézoélectricité.

LA PIÉZOÉLECTRICITÉ

Conception fréquente à l'époque et chez certains élèves

Il n'y a aucun rapport entre une contrainte mécanique et l'électricité.

Concepts scientifiques actuels

La piézoélectricité est la propriété que possèdent certains solides anisotropes, c'est-à-dire dont les propriétés physiques ne sont pas identiques dans toutes les directions (exemple: quartz), d'acquérir une polarisation électrique lorsqu'on les soumet à une contrainte mécanique (exemple: pression). Cette propriété permet de construire des détecteurs de vibrations dans les moteurs et des détecteurs de sons dans les sonars.

Exercice et activité (12 ans et plus)

- Se documenter pour répondre à la question suivante: Quels sont les principaux solides qui possèdent des propriétés piézoélectriques?
- Utiliser un détecteur piézoélectrique (disponible chez certains fournisseurs de matériel scientifique) pour mesurer l'intensité des vibrations produites par un appareil muni d'un moteur mécanique ou électrique.
- Remplir un pulvérisateur nasal vide, dont l'ouverture a été un peu agrandie, d'un mélange de soufre et de minium (oxyde de plomb rouge) en poudre (disponibles chez certains fournisseurs de matériel scientifique). À l'aide d'un élastique, fixer un petit morceau de bas de nylon sur l'ouverture du pulvérisateur (pour former un tamis qui donnera une charge électrique à la poudre). Pulvériser la poudre sur un cristal de quartz qui vient tout juste d'être chauffé dans un petit four ou refroidi dans un congélateur. Constater que le soufre est attiré par un pôle du cristal et que le minium est attiré par l'autre pôle.

1881. Le physicien irlandais George STONEY (1826-1911) émet l'hypothèse qu'il existe dans l'atome une particule porteuse d'une charge négative qu'il appelle « électron ».

1887. Le physicien américain Albert MICHELSON (1852-1931) et le chimiste et physicien américain Edward MORLEY (1838-1923) réalisent une expérience décisive qui montre que la vitesse de la lumière est la même dans toutes les directions de l'espace et, par conséquent, réfute l'existence d'un éther dans lequel se déplacerait la Terre. Cette expérience contribuera à l'élaboration de la théorie de la relativité.

1888. Le physicien allemand Wilhelm HALLWACHS (1859-1922) constate qu'en éclairant une plaque de zinc avec une lampe à vapeur de mercure, il est possible de lui arracher des particules chargées, découvrant ainsi l'effet photoélectrique.

L'EFFET PHOTOÉLECTRIQUE

Conception fréquente à l'époque et chez certains élèves

Il n'y a pas de lien entre la lumière et l'électricité

Concepts scientifiques actuels

L'effet photoélectrique est dû au fait que l'énergie lumineuse peut faire franchir aux électrons la barrière de potentiel que constitue pour eux la surface du métal. L'extraction des électrons s'explique par leur collision avec des photons de lumière. Cet effet est utilisé pour convertir des signaux lumineux en signaux électriques en vue d'une mesure ou d'une amplification.

Activité et exercice (12 ans et plus)

- Éclairer une cellule photoélectrique avec diverses sources lumineuses et mesurer l'intensité du courant produit. (On peut, par exemple, utiliser un ensemble de panneaux solaires de type Lego-Dacta, disponible chez certains fournisseurs de matériel scientifique.)
- Se documenter pour répondre à la question suivante : Quelle est l'utilité de l'effet photoélectrique dans la vie de tous les jours ?

► **Voir « La cellule photoélectrique (1905) » dans le thème de physique « L'électricité et le magnétisme ».**

1895. Le physicien allemand Wilhelm RÖNTGEN (1845-1923) découvre que le baryum excité par un courant électrique émet des rayons X.

► **Voir « La radiographie aux rayons X (1895) » dans le thème de biologie et médecine « La santé et la maladie ».**

1895. Le physicien hollandais Hendrik LORENTZ (1853-1928) formule la théorie selon laquelle la lumière émise par un élément chimique chauffé est causée par le déplacement d'électrons dans les atomes. Cette théorie sera corroborée par la découverte, par Zeeman en 1896, de l'*effet Zeeman.*

1896. Le physicien français Henri BECQUEREL (1852-1908) découvre la radioactivité.

LA RADIOACTIVITÉ

Conception fréquente à l'époque et chez certains élèves

Seule une réaction chimique peut expliquer qu'un minéral libère de l'énergie pendant une longue période de temps.

Concepts scientifiques actuels

La radioactivité est l'émission de particules et de radiations électromagnétiques par de gros atomes instables qui se désintègrent spontanément. L'uranium, le thorium, le plutonium et le radium sont des exemples d'atomes radioactifs.

Exercices (12 ans et plus)

- Se documenter pour répondre à la question suivante : Quelles sont les utilisations de la radioactivité à des fins militaires (exemple : les premières bombes atomiques) et civiles (exemples : les centrales nucléaires, la radiothérapie) ?
- Se documenter pour répondre à la question suivante : Quels sont les dangers de la radioactivité ?

Voir « Le compteur Geiger-Müller (1928) » dans ce même thème.

1896. Le physicien hollandais Pieter ZEEMAN (1865-1943) découvre l'*effet Zeeman,* la séparation en deux ou en trois des raies spectrales d'émission du sodium et du lithium. Cet effet, qui découle de ce que les électrons sont influencés par un champ magnétique, corrobore la théorie formulée par Lorentz en 1895 selon laquelle la lumière émise par un élément chimique chauffé est causée par le déplacement d'électrons dans les atomes.

1897. Le physicien britannique Joseph THOMSON (1856-1940) réussit à faire dévier des rayons cathodiques (composés d'électrons) à l'aide d'un champ magnétique et mesure le quotient de la masse par la charge de l'électron.

1898. Le physicien français Pierre CURIE (1859-1906) et la physicienne française d'origine polonaise Marie CURIE, née SKLODOWSKA (1867-1934), découvrent le polonium et le radium, deux éléments radioactifs. À cette époque, on ignore complètement les dangers de la radioactivité, et les scientifiques manipulent les substances radioactives sans aucune protection. Pour cette raison, certains d'entre eux, telles Marie Curie et sa fille Irène, mourront du cancer.

1899. Le physicien anglais Ernest RUTHERFORD (1871-1937) découvre les rayonnements radioactifs alpha et bêta.

1900. Le physicien allemand Max PLANCK (1858-1947) montre qu'une lumière monochromatique rayonne non pas de façon continue, mais de façon discontinue, par quanta. Il émet l'hypothèse selon laquelle tous les échanges d'énergie s'effectuent de façon discontinue, créant ainsi la mécanique quantique.

1900. Le physicien anglais Ernest RUTHERFORD (1871-1937) et le chimiste britannique Frederick SODDY (1877-1956) énoncent la loi des transformations radioactives, selon laquelle la fission d'atomes lourds entraîne une transmutation, c'est-à-dire la formation d'atomes plus légers.

Le XXe siècle

1901. Le physicien français Jean PERRIN (1870-1942) fait l'hypothèse d'un atome planétaire dont les électrons négatifs gravitent autour d'un noyau chargé positivement. Ce modèle sera repris et précisé par Rutherford en 1911.

1902. Le physicien britannique Joseph THOMSON (1856-1940), dont le modèle diffère de celui de Perrin, fait l'hypothèse d'un atome en goutte dans lequel les électrons sont inclus dans une goutte de matière homogène ayant une charge positive.

1905. Le physicien américain d'origine allemande Albert EINSTEIN (1879-1955) démontre que l'agitation continuelle de particules dans un liquide ou un gaz, appelée *mouvement brownien* après sa découverte par Brown en 1827, est une conséquence de l'existence des atomes.

1905. Le physicien américain d'origine allemande Albert EINSTEIN (1879-1955) énonce la célèbre formule qui montre l'équivalence entre l'énergie et la matière. La quantité d'énergie qui pourrait être produite par une quantité de matière qui se désintégrerait complètement serait égale à la masse de cette quantité de matière multipliée par la vitesse de la lumière au carré ($E = mc^2$).

1908. Le mathématicien allemand Hermann MINKOWSKI (1864-1909) propose une conception de l'espace-temps en quatre dimensions qui fournit une interprétation géométrique de la théorie de la relativité restreinte énoncée par Einstein en 1905.

1908. Le physicien allemand Hans GEIGER (1882-1945) et le physicien anglais Ernest RUTHERFORD (1871-1937) mettent au point le premier *compteur Geiger* qui permet la détection des particules alpha (noyaux d'hélium) émises par des corps radioactifs. Geiger perfectionnera ce compteur avec Müller, en 1928, ce qui permettra de détecter tous les types de rayonnements radioactifs.

▶ **Voir « Le compteur Geiger-Müller (1928) » dans ce même thème.**

1910. La physicienne française d'origine polonaise Marie CURIE, née SKLODOWSKA (1867-1934), et le physicien français André DEBIERNE (1874-1949) isolent le radium, un élément radioactif.

1911. Le physicien anglais Ernest RUTHERFORD (1871-1937), qui étudie la trajectoire de particules alpha bombardant une mince feuille d'or, constate la présence d'un noyau d'un diamètre très petit par rapport au diamètre total de l'atome. Il réfute ainsi le modèle de l'atome de Thomson et précise le modèle planétaire de l'atome, composé d'un noyau central et d'électrons satellites, proposé par Perrin en 1901.

LE MODÈLE PLANÉTAIRE DE L'ATOME

Conception fréquente à l'époque et chez certains élèves

Une grande proportion du volume de l'atome est occupée par de la matière.

Concepts scientifiques actuels

Les atomes sont les plus petites parties d'un élément chimique. Ils sont constitués d'un noyau chargé positivement autour duquel gravitent des électrons chargés négativement. Le noyau de presque tous les atomes est composé de protons positifs et de neutrons neutres. Le diamètre du noyau est très petit par rapport à celui de l'atome entier, ce qui signifie que plus de 99 % de l'espace occupé par l'atome est vide.

Activité et exercice (12 ans et plus)

- À l'aide d'une craie ou de gouache lavable, tracer sur le sol un grand cercle d'environ 60 cm de diamètre, représentant un atome d'or. Placer une bille d'acier de taille moyenne, qui représente le noyau de l'atome, au centre du cercle. Se placer à quelques mètres du cercle et faire rouler des billes, à une bonne vitesse, en direction du cercle. Observer les trajectoires des petites billes. Constater que les trajectoires sont le plus souvent rectilignes, mais que, dans certains cas, elles sont fortement déviées lors d'une collision avec la bille d'acier qui représente le noyau. (Pour respecter l'échelle, il faudrait en réalité que le cercle soit beaucoup plus grand.)
- Se documenter pour répondre à la question suivante : Quels sont les faits saillants de la vie d'Ernest Rutherford ? (Exemples : Il a obtenu son premier poste de professeur à l'Université McGill, à Montréal. Il a déjà affirmé, à tort, qu'il ne serait jamais possible d'utiliser l'atome comme source d'énergie.)

1911. Le physicien américain Robert Andrews MILLIKAN (1868-1953) détermine la charge de l'électron.

LA CHARGE DE L'ÉLECTRON

Conception fréquente à l'époque et chez certains élèves

La charge de l'électron est beaucoup trop faible pour être mesurée.

Concepts scientifiques actuels

L'électron est l'une des particules élémentaires stables du noyau. Les électrons sont situés sur des orbitales qui forment des nuages électroniques autour des noyaux des atomes. L'électron possède une charge négative égale à la charge positive du proton mais son poids n'est que le 1/2 000 de celui d'un proton. En introduisant de fines gouttes d'huile chargées d'électricité statique entre les plateaux d'un condensateur, Millikan a montré que les charges obtenues étaient toutes des multiples d'une même valeur, la charge élémentaire de l'électron.

Activités (12 ans et plus)

- Regarder un documentaire qui présente la technique utilisée par Millikan pour mesurer la charge de l'électron.
- Si possible, à l'aide d'un matériel semblable à celui utilisé par Millikan (un vaporisateur d'huile et un microscope spécial disponible chez certains fournisseurs d'équipement scientifique), observer les gouttes d'huile qui montent et descendent entre les plateaux du condensateur. Comparer avec des observations simples d'électricité statique, tels des ballons chargés qui se repoussent et de petits morceaux de papiers attirés par un objet chargé.

1912. Le physicien allemand Max von LAUE (1879-1960) montre que les cristaux peuvent diffracter des rayons X, ce qui démontre la nature ondulatoire de ces rayons et permet de déterminer la structure des cristaux.

1912. Le physicien britannique Joseph THOMSON (1856-1940) invente le spectrographe de masse, un appareil qui permet de peser les noyaux atomiques, en mesurant la déviation de leur trajectoire dans un champ magnétique, et qui servira à la découverte des isotopes.

1913. Le physicien anglais Henry MOSELEY (1887-1915) montre, au moyen de rayons X, que le numéro atomique d'un atome, dans le tableau périodique des éléments, correspond au nombre d'électrons qu'il possède.

1913. Le physicien britannique Joseph THOMSON (1856-1940) et le chimiste britannique Frederick SODDY (1877-1956) découvrent que plusieurs éléments chimiques possèdent des atomes plus lourds, dont le noyau renferme plus de neutrons. Aston nommera ces atomes des isotopes, en 1920.

1913. Le physicien danois Niels BOHR (1885-1962) élabore une théorie sur la structure de l'atome qui reprend le modèle planétaire de Perrin et de Rutherford, mais tient compte des échanges d'énergie discontinus de la mécanique quantique de Planck. Les électrons parcourent autour du noyau des orbites stables dont les rayons ne peuvent prendre que certaines valeurs singulières et quantifiées.

1915. Les physiciens britanniques William Henry BRAGG (1862-1942) et Lawrence BRAGG (1890-1971 ; fils de William) inventent, à partir des observations de von Laue, la cristallographie par rayons X (étude de la structure des cristaux par diffraction des rayons X).

1916. Le physicien allemand Arnold SOMMERFELD (1868-1951) modifie légèrement, pour tenir compte de la théorie de la relativité, le modèle de l'atome proposé par Bohr en 1913.

1918. Le physicien anglais Ernest RUTHERFORD (1871-1937) transforme de l'azote en oxygène sous l'effet d'un bombardement de particules émises par un corps radioactif et réussit ainsi la première transmutation atomique contrôlée.

1920. Le physicien anglais Ernest RUTHERFORD (1871-1937) explique l'existence des isotopes par la présence de particules non chargées de même masse que le proton, les neutrons.

1920. Le physicien anglais Francis ASTON (1877-1945) clarifie les concepts de numéro atomique et d'isotope à l'aide de la spectroscopie de masse.

1923. Invention de la cellule photoélectrique, qui peut convertir la lumière en électricité.

► **Voir « La cellule photoélectrique (1923) » dans le thème de physique « L'électricité et le magnétisme ».**

1924. Le physicien suisse Wolfgang PAULI (1900-1958) découvre le *principe d'exclusion de Pauli,* selon lequel, dans un atome, deux électrons ne peuvent se trouver dans le même état quantique.

1924. Le physicien français Louis-Victor de BROGLIE (1892-1987) propose, dans sa thèse de doctorat, la théorie de la mécanique ondulatoire, selon laquelle toutes les particules matérielles (protons, neutrons, électrons, etc.) ont, comme les photons de lumière, un comportement qui peut manifester deux aspects, soit ondulatoire, soit corpusculaire. Le jury de l'Université de Paris, où la thèse est présentée, trouve l'idée inacceptable, mais accorde finalement le doctorat, après avoir reçu un avis d'Einstein qui la juge au contraire fort intéressante.

1924. Le physicien indien Satyendranath BOSE (1894-1974) et le physicien américain d'origine allemande Albert EINSTEIN (1879-1955) formulent la *loi de Bose-Einstein,* qui lie le nombre de photons à la température du milieu.

1925. Ernest LAWRENCE (1901-1958) construit le premier accélérateur de particules (un accélérateur linéaire), qui permet d'étudier la structure de l'atome.

1925. Le physicien britannique d'origine allemande Max BORN (1882-1970), le physicien allemand Werner HEISENBERG (1901-1976) et le physicien autrichien Erwin SCHRÖDINGER (1887-1961) élaborent une théorie selon laquelle on ne peut déterminer l'orbite des électrons autour de l'atome de façon absolue, mais seulement leur orbitale, c'est-à-dire la région de l'espace où la probabilité de trouver les électrons est maximale.

1926. Le physicien anglais Paul DIRAC (1902-1984) contribue à développer la mécanique quantique. Cette théorie remet en cause le déterminisme de Laplace.

1926. Le physicien autrichien Erwin SCHRÖDINGER (1887-1961) montre que plusieurs électrons passant l'un après l'autre par deux orifices produisent des figures d'interférence et établit l'équivalence de la mécanique ondulatoire de Broglie et de la mécanique quantique de Bohr et Dirac.

1926. Le physicien britannique d'origine allemande Max BORN (1882-1970) propose une interprétation probabiliste de la mécanique quantique en montrant que la fonction d'onde d'un électron est liée à la probabilité que cet électron se trouve en un point.

1927. Les physiciens américains Clinton DAVISSON (1881-1958) et Lester GERMER (1896-1971) observent la diffraction d'électrons, ce qui confirme la théorie de leur comportement ondulatoire proposée par Broglie en 1924.

1927. Le physicien allemand Werner HEISENBERG (1901-1976) découvre le principe d'incertitude, selon lequel toute tentative pour déterminer une valeur caractéristique (exemple : la position) d'une particule subatomique a pour conséquence de perturber de façon imprévisible une autre valeur (exemple : la vitesse).

1927. Le physicien irlandais d'origine allemande Walter HEITLER (1904-1981) et le physicien américain d'origine allemande Fritz LONDON (1900-1954) attribuent la liaison covalente entre deux atomes identiques à une énergie d'échange.

1928. Le physicien anglais Paul DIRAC (1902-1984) propose la théorie du spin de l'électron, c'est-à-dire de sa rotation sur lui-même.

1928. Le physicien indien Chandrasekhara RAMAN (1888-1970) découvre l'*effet Raman*, selon lequel un composé chimique éclairé par une lumière d'une certaine fréquence diffuse une radiation de même fréquence ainsi que des radiations de fréquences inférieures et supérieures qui permettent de connaître la structure des molécules de cette substance.

1928. Le physicien allemand Hans GEIGER (1882-1945) perfectionne, avec le physicien allemand Walther MÜLLER (1905-1979), le compteur qu'il a inventé en 1908 avec Rutherford, ce qui permet de détecter tous les types de rayonnements radioactifs.

LE COMPTEUR GEIGER-MÜLLER

Conception fréquente à l'époque et chez certains élèves

Il est impossible de mesurer la radioactivité.

Concepts scientifiques actuels

Le compteur Geiger-Müller permet de détecter la présence des particules alpha, des particules bêta, des photons et des particules chargées électriquement émises par les corps radioactifs. Il est constitué d'un tube contenant un gaz qui s'ionise au passage des particules radioactives, ce qui entraîne la formation d'une charge électrique mesurable.

Activités (12 ans et plus)

- Regarder un documentaire qui montre les usages d'un compteur Geiger-Müller.
- Si possible, mesurer la radioactivité de certains corps faiblement radioactifs à l'aide d'un compteur Geiger-Müller (disponible chez certains fournisseurs de matériel scientifique). (Exemple de corps faiblement radioactif : le capteur de certains modèles de détecteur de fumée.)

Vers 1929. Le chimiste américain Robert Sanderson MULLIKEN (1896-1986) développe la notion d'orbitales atomiques et introduit la notion d'orbitales moléculaires pour rendre compte des liaisons entre les atomes dans les molécules.

1930. Le physicien américain Irving LANGMUIR (1881-1957) décrit les propriétés chimiques et physiques des gaz à haute température, qui se trouvent alors dans un quatrième état de la matière, celui de plasma.

1930. Le physicien anglais Paul DIRAC (1902-1984) et le physicien américain Robert OPPENHEIMER (1904-1967) montrent qu'il peut exister une antiparticule de charge positive de même masse que l'électron. Cette particule sera découverte en 1932 et appelée « positron ».

1931. Le physicien suisse Wolfgang PAULI (1900-1958) postule l'existence d'une particule sans charge et sans masse qui sera nommée « neutrino » par Fermi en 1936.

1931. Le physicien allemand Ernst RUSKA (1906-1988) invente le microscope électronique.

1932. Le physicien britannique James CHADWICK (1891-1974) met en évidence l'existence du neutron, qui avait été postulée par Rutherford en 1920.

1932. Le physicien américain Carl ANDERSON (1905-1991), qui étudie le rayonnement cosmique, découvre le positron, antiparticule de l'électron, dont l'existence avait été prédite par Dirac et Oppenheimer en 1930.

1932. Construction, aux États-Unis, du premier accélérateur de particules de type cyclotron, dans lequel les particules tournent à haute vitesse.

1934. Les physiciens français Irène JOLIOT-CURIE (1897-1956) et Frédéric JOLIOT-CURIE (1900-1958) découvrent la radioactivité artificielle en démontrant qu'il est possible de rendre un élément chimique radioactif.

1935. Le physicien japonais Hideki YUKAWA (1907-1981), qui s'inspire des travaux de Fermi sur l'interaction faible, élabore la théorie des interactions fortes qui explique la cohésion du noyau et postule l'existence des mésons, particules d'une masse environ 200 fois plus grande que celle de l'électron. Ces particules seront observées peu après dans le rayonnement cosmique.

1935. Le physicien américain d'origine allemande Albert EINSTEIN (1879-1955) propose une physique « réaliste » dans laquelle aucune action à distance ne peut se propager à une vitesse supérieure à celle de la lumière. John Bell montrera en 1964 que la théorie quantique est incompatible avec cette physique « réaliste ».

1936. Le physicien américain d'origine italienne Enrico FERMI (1901-1954) élabore la théorie des interactions faibles qui explique la cohésion de l'atome et l'existence de la particule sans charge et sans masse dont l'existence avait été postulée par Pauli en 1931. Il nomme cette particule « neutrino ».

1938. Découverte de la superfluidité, une résistance nulle à l'écoulement de certains gaz refroidis à des températures se rapprochant du zéro absolu.

1939. Les physiciens allemands Otto HAHN (1879-1968) et Fritz STRASSMANN (1902-1980) poursuivent les travaux amorcés avec la physicienne autrichienne d'origine suédoise Lise MEITNER (1878-1968), une juive qui avait dû fuir l'Allemagne nazie, et réalisent la fission nucléaire de l'uranium.

1940. Le chimiste américain Willard Frank LIBBY (1908-1980) commence à développer, avec ses collègues de l'Institut des études nucléaires de Chicago, la technique de la datation au carbone 14.

► **Voir « La datation au carbone 14 (1940) » dans le thème de sciences de la terre « L'écorce terrestre et les océans ».**

1942. Le physicien américain d'origine italienne Enrico FERMI (1901-1954) réalise, à Chicago, la première fission nucléaire contrôlée à l'aide d'une pile à uranium.

1942. Début aux États-Unis, sous la direction du physicien américain Robert OPPENHEIMER (1904-1967) du *Manhattan Project,* qui vise à construire la première bombe atomique.

1943. Le physicien japonais Sin-Itiro TOMONAGA (1906-1979) développe la théorie de l'électrodynamique quantique, qui permet de calculer les interactions entre des particules telles que les électrons et les photons. Quelques années plus tard, Feynman et Schwinger développeront la même théorie, de façon indépendante l'un de l'autre, et sans connaître, non plus, les travaux de Tomonaga.

1945. Explosion expérimentale de la première bombe atomique à fission nucléaire (bombe A) à Almogordo, au Nouveau-Mexique, puis explosion de celles d'Hiroshima et de Nagasaki, au Japon.

LA BOMBE ATOMIQUE

Conception fréquente à l'époque et chez certains élèves

Il est impossible de fabriquer des bombes plus puissantes que les bombes conventionnelles au TNT.

Concepts scientifiques actuels

Une bombe atomique, qui devrait plutôt être appelée une bombe nucléaire, car l'énergie qu'elle produit provient du noyau des atomes, est soit une bombe à fission soit une bombe à fusion. La *bombe à fission* produit de l'énergie lors de la réaction en chaîne d'uranium ou de plutonium. Cette réaction s'amorce quand deux masses de combustible sont projetées l'une contre l'autre au moyen d'un explosif et atteignent ainsi une masse critique. La *bombe à fusion*, amorcée au moyen d'une bombe à fission, produit de l'énergie lors de la fusion thermonucléaire d'hydrogène, de tritium et de lithium.

Activité et exercices (12 ans et plus)

- Regarder un documentaire portant sur la fabrication et l'explosion des premières bombes à fission et à fusion.
- Se documenter pour répondre aux questions suivantes: Quels pays possèdent des armes nucléaires? Quelle est la quantité totale d'ogives nucléaires dans le monde?
- Discuter de la question suivante: Pourquoi les traités internationaux visant la réduction des armements nucléaires sont-ils importants?
- Discuter de la question suivante: Peut-on imaginer des situations où des bombes nucléaires seraient utiles pour autre chose que la guerre (exemple: destruction d'un astéroïde qui menace de frapper la Terre)?

1946. Le physicien américain Richard FEYNMAN (1918-1988) met au point la théorie de l'électrodynamique quantique et les *diagrammes de Feynman* qui permettent le calcul des interactions entre particules.

1946. Le physicien américain d'origine suisse Felix BLOCH (1905-1983) et le physicien américain Edward PURCELL (1912-1997) découvrent, de façon indépendante, la résonance magnétique nucléaire (RMN), qui consiste à orienter des noyaux atomiques dans un champ magnétique de façon à étudier la structure des molécules.

1947. Le physicien américain Julian SCHWINGER (1918-1994) développe la théorie de l'électrodynamique quantique.

1948. Invention du principe de fonctionnement de l'horloge atomique, une horloge extrêmement précise, réglée par la vitesse de vibration des atomes d'un élément chimique.

1951. Mise en service, aux États-Unis, du premier réacteur nucléaire commercial pour produire de l'électricité.

1952. Le physicien américain Donald GLASER (né en 1926) invente la chambre à bulles, qui permettra la découverte de plusieurs particules subatomiques.

LA CHAMBRE À BULLES

Conception fréquente à l'époque et chez certains élèves

Il est impossible de voir le déplacement d'une particule subatomique.

Concepts scientifiques actuels

Une chambre à bulles, appelée aussi chambre à brouillard, permet d'observer les traces laissées par les particules qui s'échappent d'un morceau de matériel radioactif. Une chambre à bulles simple contient de la vapeur sursaturée d'eau ou d'alcool. Lorsqu'une particule émise par le matériel radioactif traverse cette vapeur sursaturée, elle laisse derrière elle une traînée de brouillard formée de gouttelettes d'eau ou d'alcool en suspension.

Activités (12 ans et plus)

- Examiner des photographies prises à l'aide d'une chambre à bulles.
- Observer les traces formées par les particules émises par du matériel radioactif dans une chambre à bulles rudimentaire (disponible chez certains fournisseurs de matériel scientifique).

1952. Explosion expérimentale, par les Américains, de la première bombe à fusion thermonucléaire (bombe H) dans les îles Marshall du Pacifique.

1952. Premier accident dans une centrale nucléaire, la centrale expérimentale de Chalk River, près d'Ottawa. Le cœur du réacteur est détruit, et des millions de litres d'eau radioactive se dispersent dans l'environnement.

1955. Les physiciens américains d'origine chinoise Tsung Dao LEE (né en 1926) et Chen Ning YANG (né en 1922) précisent les caractéristiques des interactions faibles entre les particules en montrant qu'elles distinguent la droite de la gauche et ne sont pas parfaitement symétriques.

1955. Détection de l'antiproton, une antiparticule dont l'existence avait été prédite par Dirac et Oppenheimer en 1930.

Vers 1955. Le physicien américain Luis ALVAREZ (1911-1988) découvre plusieurs nouvelles particules subatomiques.

1955. Première observation d'un neutrino, une particule atomique très difficile à détecter.

1956. Mise en service, en Grande-Bretagne, de la première centrale nucléaire commerciale.

1957. Explosion accidentelle de déchets nucléaires en Ural, une région de l'Union soviétique. Les radiations affectent une immense région, et plusieurs villages doivent être évacués de façon permanente.

1962. Le physicien américain Murray GELL-MANN (né en 1929) découvre le quark, une particule subatomique.

1962. Des physiciens proposent le modèle standard des quatre forces: la gravitation, l'interaction électromagnétique, l'interaction nucléaire faible et l'interaction nucléaire forte.

1964. Le physicien britannique John BELL (1928-1990) établit que, dans certaines conditions, la mécanique quantique permet une action immédiate à distance et est incompatible avec la physique «réaliste» proposée par Einstein en 1935.

1967. Les physiciens américains Steven WEINBERG (né en 1933) et Sheldon Lee GLASHOW (né en 1932) et le physicien pakistanais Abdus SALAM (1926-1996) montrent que l'interaction faible et l'interaction électromagnétique, deux des quatre grandes interactions de l'univers physique, sont de même nature, et ils fondent ainsi la théorie électrofaible. Cette découverte permet de supposer qu'aux tout premiers instants de l'Univers, les quatre interactions n'étaient pas différenciées, ce qui est le postulat de base de la théorie de la «grande unification».

1970. Première transmutation atomique du plomb en or.

1979. L'explosion partielle du réacteur nucléaire de Three Mile Island, aux États-Unis, émet des radiations nocives dans l'environnement immédiat.

1981. Confirmation expérimentale du fait, démontré de façon théorique par John Bell en 1964, que dans certaines conditions la mécanique quantique permet une action immédiate à distance.

1986. Explosion d'un des réacteurs de la centrale nucléaire de Tchernobyl, en Ukraine. Les rejets radioactifs font 8000 morts et affectent des millions d'habitants.

1991. Première fusion nucléaire contrôlée à Culham, en Angleterre.

1995. Découverte, par des physiciens américains, du quark top, une particule subatomique dont l'existence avait été déduite du modèle standard de la physique des particules.

1995. Création et détection, par une équipe italo-allemande du Laboratoire de physique des particules de Genève, d'atomes de matière et d'antimatière qui s'annihilent au contact l'un de l'autre.

1998. Des mesures effectuées par des physiciens japonais semblent montrer que le neutrino, dont l'existence avait été postulée par Pauli en 1931, possède en fait une masse non pas nulle, mais de l'ordre d'un dix-millionième de celle de l'électron.

LES FORCES ET LES MOUVEMENTS

L'Antiquité orientale

Vers 5000 av. J.-C. Invention, en Égypte, de la balance à fléau pour peser des objets.

LA BALANCE

Conception fréquente à l'époque

La seule façon d'estimer le poids d'un objet est de le soulever.

Concepts scientifiques actuels

Une balance, sous sa forme la plus simple, est un fléau ou une tige à leviers égaux, c'est-à-dire un fléau ou une tige dont le centre repose sur un point d'appui. En fait, il n'est pas nécessaire que les leviers soient de la même longueur, il suffit que les couples «poids multiplié par longueur» soient égaux, ce qui permet la construction de balances à curseurs.

Activités (8 ans et plus)

- Utiliser une balance à fléau et un jeu de poids pour peser des objets.
- Concevoir un modèle simple de balance à fléau.
- Examiner et utiliser divers modèles de balance (balance à curseur, balance romaine, balance de Roberval, balance de laboratoire, pèse-personne, etc.).

Vers 4300 av. J.-C. Invention de la roue en Mésopotamie.

LA ROUE

Conception fréquente à l'époque et chez certains élèves

Pour déplacer un objet, il faut soit le soulever, soit le pousser ou le tirer en le traînant sur le sol.

Concepts scientifiques actuels

Notre force musculaire est parfois insuffisante pour déplacer un objet. Avec l'aide d'une machine simple telle que la roue, qui tire partie de la force de friction, on peut déplacer un objet assez facilement. Le principe de la roue est semblable à celui du levier, qui possède aussi un pivot. Des roues rudimentaires, sous forme de billes de bois, ont notamment été utilisées pour la construction des pyramides, dans l'Égypte antique.

Activité et problème (8 ans et plus)

- Étudier le principe de la roue avec un ensemble de roues et d'axes de type Lego-Dacta (disponible chez certains fournisseurs de matériel scientifique).
- Comment peut-on déplacer un objet assez lourd?

Matériel:

Une boîte en carton contenant des objets qui la rendent assez lourde (environ 5 kg), de la grosse corde, du savon, de la cire, de l'huile végétale, quelques rouleaux en carton rigide (ou quelques bâtons de bois de forme cylindrique), de petites roues pour déplacer des appareils électroménagers, un chariot.

Quelques solutions ou approches possibles:

- Déplacer la boîte en la portant d'un endroit à un autre.
- Déplacer la boîte en la poussant sur le plancher.
- Déplacer la boîte en l'attachant avec de la grosse corde et en la tirant sur le plancher.
- Déplacer la boîte en la poussant ou en la tirant sur un plancher rendu glissant (avec de l'eau savonneuse, de la cire, de l'huile végétale, etc.).
- Déplacer la boîte en la faisant rouler sur des rouleaux en carton rigide ou sur des bâtons cylindriques.
- Déplacer la boîte à l'aide de petites roues pour appareil électroménager.
- Déplacer la boîte à l'aide d'un chariot.

Vers 2500 av. J.-C. Construction des grandes pyramides d'Égypte. D'immenses plans inclinés de sable sont utilisés pour monter les blocs.

LE PLAN INCLINÉ

Conceptions fréquentes à l'époque et chez certains élèves

L'angle d'un plan incliné ne modifie pas la force nécessaire pour monter un objet.

Concepts scientifiques actuels

Le plan incliné permet de réduire la force nécessaire pour monter un objet. Plus l'angle du plan incliné est petit par rapport à l'horizontale, plus la force nécessaire pour monter l'objet est faible, mais plus la distance à parcourir est grande.

Activités (8 ans et plus)

- Utiliser un plan incliné pour monter un objet plus facilement.
- À l'aide d'un plan incliné dont on peut faire varier l'angle et d'un dynamomètre (balance à ressort), constater que moins le plan est incliné, plus la force nécessaire pour monter l'objet est faible, mais plus la distance à parcourir est grande.

L'Antiquité classique

IVe siècle av. J.-C. Un traité de physique grec mentionne l'existence de la poulie, du treuil (cylindre autour duquel s'enroule un câble, pour soulever un objet) et de la manivelle.

► **Voir « La poulie et le palan (390 av. J.-C.) » dans ce même thème.**

Vers 390 av. J.-C. Le philosophe grec ARCHYTAS de Tarente (430-360 av. J.-C.) invente le palan, un ensemble de poulies qui permet de multiplier la force appliquée.

LA POULIE ET LE PALAN

Conception fréquente à l'époque et chez certains élèves

Les poulies ne peuvent servir qu'à modifier la direction d'une force.

Concepts scientifiques actuels

Une poulie est une roue entourée d'une bordure creuse où l'on fait passer une corde. Un palan est un ensemble de poulies qui permet de multiplier une force. Plus le palan multiplie la force, plus il faut une grande longueur de corde pour soulever un objet à la même hauteur.

Activités (8 ans et plus)

- Utiliser une poulie et de la corde pour soulever un objet plus facilement.
- Utiliser un palan (poulie double, triple ou quadruple) et de la corde pour tirer ou soulever un objet relativement lourd.
- Étudier le fonctionnement des poulies et des palans avec un ensemble de poulies de type Lego-Dacta (disponible chez certains fournisseurs de matériel scientifique).
- Constater la multiplication de la force, par un palan, de la façon suivante. Demander à deux amis de se placer face à face et de tenir chacun un balai, au bout de leurs bras, à environ 20 cm l'un de l'autre. Attacher une corde solide à l'un des balais (près d'une de ses extrémités), la faire passer 2 ou 3 fois autour des deux manches à

balai et tenez l'autre extrémité de la corde. Saupoudrer un peu de talc ou de poudre pour bébé sur les balais. Indiquer aux deux amis qu'ils doivent empêcher les balais de se rejoindre. Tirer sur l'extrémité de la corde tenue. Il est facile de rapprocher les balais, car ce montage se comporte comme un palan qui multiplie la force appliquée.

Vers 340 av. J.-C. Le philosophe grec ARISTOTE (384-322 av. J.-C.) propose un modèle selon lequel le cosmos comporte une partie translunaire (au-delà de la Lune), celle des astres, où les mouvements sont circulaires et éternels, et une partie sublunaire (en deçà de la Lune), où les mouvements sont violents et périssables. Sur Terre, dans le monde sublunaire, il explique les mouvements des corps par une combinaison de mouvements violents (exemple: un javelot qui monte après avoir été lancé) et de mouvements naturels (exemple: un javelot qui retombe). Cette théorie ne commencera à être remise en question qu'au VIe siècle ap. J.-C., par le scientifique Philopon.

Vers 250 av. J.-C. Le scientifique grec ARCHIMÈDE (287-212 av. J.-C.) formule le *principe d'Archimède,* selon lequel *tout corps plongé dans un fluide subit une poussée verticale, dirigée de bas en haut, égale au poids du fluide déplacé.*

LE PRINCIPE D'ARCHIMÈDE

Conceptions fréquentes à l'époque et chez certains élèves

- Les objets légers flottent et les objets lourds coulent.
- Seule la nature de l'objet, et non celle du liquide, est importante pour déterminer la flottabilité.
- Il est impossible de déterminer avec précision le volume d'un objet de forme quelconque.

Concepts scientifiques actuels

La densité de l'objet et la densité du liquide ont toutes les deux une influence sur la flottabilité. Les objets qui ont une densité plus faible que celle du liquide flottent. Par exemple, la mélasse est plus dense que l'eau, et l'eau est plus dense que l'huile végétale; par conséquent, certains objets qui ne flottent pas dans l'eau flottent dans la mélasse, et certains objets qui flottent dans l'eau ne flottent pas dans l'huile végétale. (Il est à noter qu'Archimède utilisait le même mot grec pour lourd et dense, mais son principe montre qu'il comprenait la différence entre les deux.)

Activités et exercice (8 ans et plus)

- À l'aide d'un récipient gradué ou d'un récipient de type « trop plein » (disponible chez certains fournisseurs de matériel scientifique), déterminer le volume d'un objet en mesurant le volume d'eau déplacé.
- À l'aide d'un dynamomètre et d'objets de volumes identiques, mais de masses différentes (disponibles chez certains fournisseurs de matériel scientifique), mesurer la poussée d'Archimède de ces objets plongés dans l'eau et dans d'autres liquides.
- À l'aide d'un dynamomètre et d'objets de masses identiques, mais de volumes différents (disponibles chez certains fournisseurs de matériel scientifique), mesurer la poussée d'Archimède de ces objets plongés dans l'eau et dans d'autres liquides.
- Se documenter pour répondre à la question suivante : Quels sont les faits saillants de la vie d'Archimède ? (Exemples : On raconte qu'il s'écria Eurêka !, qui signifie « J'ai trouvé ! », et courut nu chez lui lorsqu'il constata que le fait d'entrer dans un bain public faisait monter le niveau de l'eau, ce qui lui permit par la suite de formuler son fameux principe. Certaines de ses réalisations sont probablement de l'ordre de la légende, comme ses miroirs paraboliques permettant de mettre le feu à des navires ennemis. En mathématiques, il trouva une bonne approximation du nombre π.)

Vers 250 av. J.-C. Le scientifique grec ARCHIMÈDE (287-212 av. J.-C.) utilise un palan pour tirer un navire sur une assez grande distance hors de l'eau.

Vers 250 av. J.-C. Le scientifique grec ARCHIMÈDE (287-212 av. J.-C.) énonce le principe du levier, déjà utilisé depuis des millénaires. Pour montrer que la multiplication de la force que permet un levier est théoriquement infinie, il prononce sa célèbre phrase : « Donnez-moi un point d'appui et je soulèverai le monde. »

LE LEVIER

Conceptions fréquentes à l'époque et chez certains élèves

Un levier ne sert qu'à modifier la direction d'une force.

Concepts scientifiques actuels

Un levier est une barre rigide mobile autour d'un pivot ou d'un point d'appui. Dans certains leviers, le pivot est situé entre la force et la charge (exemple : pied-de-biche ou tête de marteau pour arracher un clou). Dans d'autres leviers, le pivot est à l'extérieur, du côté de la charge (exemple : brouette). Dans d'autres encore, le pivot est à l'extérieur du côté de la force (exemple : avant-bras).

Activités (8 ans et plus)

- Construire un levier à l'aide d'une grande planche de bois et d'un point d'appui. Soulever des objets relativement lourds à l'aide de ce levier.
- Construire divers types de leviers à l'aide d'un ensemble pour leviers de type Lego-Dacta (disponible chez certains fournisseurs de matériel scientifique).
- Trouver des exemples d'outils et d'appareils qui sont des applications du principe du levier (exemples : pied-de-biche, tête de marteau, pinces, brouette, balançoire).
- Trouver des exemples de leviers dans le corps humain (exemple : le système formé par le coude, l'avant-bras et le biceps).
- Se documenter pour répondre à la question suivante : Quels sont les faits saillants de la vie d'Archimède ? Voir les remarques portant sur cette même question dans « Le principe d'Archimède (250 av. J.-C.) » dans ce même thème.

Le Moyen Âge

Vers 525. Le philosophe grec Jean PHILOPON (v. 490-566) estime que l'impulsion donnée par la main à un objet lancé est transportée par cet objet, ce qui est une première formulation de la théorie de l'*impetus* qui sera développée par Buridan et Oresme au XIVe siècle.

723. Invention, en Chine, de l'échappement, un dispositif mécanique qui permet à un engrenage de tourner à une cadence régulière et qui deviendra le principe fondamental de toutes les horloges mécaniques.

► **Voir « L'échappement mécanique (723) » dans le thème d'astronomie « La mesure du temps ».**

Début du XIIIe siècle. Le mathématicien allemand NEMORARIUS (première moitié du XIIIe siècle) étudie le levier et le plan incliné et pose un premier principe de la conservation du travail mécanique, selon lequel ce qui peut élever un poids à une certaine hauteur peut élever un poids plus lourd à une hauteur plus petite.

1280. Invention de l'horloge mécanique

► **Voir « L'horloge à pendule (1657) » dans le thème d'astronomie « La mesure du temps ».**

Vers 1300. Invention de la brouette en Europe.

▶ **Voir « La brouette (1300) » dans le thème de technologie « Les techniques de l'architecture et de la construction ».**

Vers 1350. Le philosophe français Jean BURIDAN (v. 1300-v. 1360) et le savant français Nicole ORESME (v. 1325-1382) reprennent et développent la théorie de l'*impetus* énoncée par Philopon au VIe siècle pour expliquer le mouvement des corps : l'*impetus* est une qualité donnée à un corps, lorsqu'il est lancé, et qui diminue peu à peu jusqu'à ce que le corps s'arrête. Cette théorie, qui sera contredite quelques siècles plus tard, a au moins le mérite de remettre en question les thèses d'Aristote sur le mouvement naturel et le mouvement violent.

La Renaissance

Vers 1490. L'artiste et inventeur italien Léonard DE VINCI (1452-1519) dessine les plans de plusieurs machines, telles que le vérin hydraulique et le parachute.

▶ **Voir « Le parachute (1490) » dans le thème de technologie « Les techniques du mouvement ».**

1543. L'astronome polonais Nicolas COPERNIC (1473-1543) propose un système héliocentrique du mouvement de la Terre et des planètes, dans lequel la rotation de la Terre sur elle-même explique l'alternance du jour et de la nuit et dans lequel la Terre et les autres planètes tournent autour du Soleil.

1583. Le physicien et astronome italien GALILÉE (1564-1642) découvre la loi de l'isochronisme des petites oscillations du pendule, selon laquelle la durée d'oscillation, ou période, d'un pendule ne dépend ni de l'amplitude de l'oscillation ni du poids du pendule, mais seulement de la longueur du fil.

LES LOIS DU PENDULE

Conception fréquente à l'époque et chez certains élèves

Le poids d'un pendule est le principal facteur qui détermine la durée de ses oscillations.

Concepts scientifiques actuels

Un pendule, qui a un mouvement de balancier, oscille, c'est-à-dire qu'il a un mouvement périodique de va-et-vient de part et d'autre d'un même point central. La période d'un pendule est la durée d'une oscillation. Une oscillation de faible amplitude prend autant de temps qu'une oscillation de grande amplitude. La période n'est pas affectée par le poids du pendule, mais elle dépend de la longueur du fil. Si le fil est long, le pendule oscille plus lentement que s'il est court.

Exercice et problème (12 ans et plus)

- Se documenter pour répondre à la question suivante : Quels sont les faits saillants de la vie de Galilée ? (Exemples : Certaines de ses observations, comme l'oscillation de lampes dans une cathédrale et la chute de corps du haut de la tour penchée de Pise, sont peut-être de l'ordre de la légende. Noter aussi son goût assez prononcé pour la confrontation avec les autorités.)

- Comment peut-on faire varier la période d'oscillation d'un pendule ?

Matériel :

De la ficelle, de la corde, quelques poids pouvant être suspendus (exemples : poids utilisés pour la pêche ou pour une balance, gros écrous), d'autres petits objets qui peuvent être suspendus, quelques bouteilles d'eau de 500, 600 ou 750 ml, du sable, du ruban cache, une montre avec chronomètre.

Quelques solutions ou approches possibles :

On peut fabriquer un pendule en suspendant un poids ou un petit objet à une ficelle ou utiliser une bouteille qui contient plus ou moins de sable comme poids. On peut aussi utiliser un système d'expérimentation assistée par ordinateur et le matériel spécialement conçu pour l'étude du pendule (disponible chez certains fournisseurs de matériel scientifique). On peut également fabriquer un pendule virtuel à l'aide d'un logiciel d'étude de la mécanique (disponible chez certains fournisseurs de matériel scientifique).

- Faire varier le poids du pendule et chronométrer son mouvement (exemple : mesurer le temps de 5 ou 10 oscillations).
- Faire varier la sorte de fil (fil, ficelle ou corde) et chronométrer son mouvement.
- Faire varier la position de départ (sans lui donner d'impulsion initiale) du pendule et chronométrer son mouvement.
- Faire varier l'impulsion initiale du pendule et chronométrer son mouvement.
- Faire varier la longueur du fil et chronométrer son mouvement.

1586. Le mathématicien et physicien allemand Simon STEVIN (1548-1620) étudie les machines simples (levier, balance, poulie, treuil, etc.) et démontre l'impossibilité du mouvement perpétuel, c'est-à-dire d'un mouvement qui se perpétuerait indéfiniment, sans apport d'énergie. (On sait maintenant qu'un tel mouvement n'est possible que dans l'espace, en l'absence de toute friction.)

L'IMPOSSIBILITÉ DU MOUVEMENT PERPÉTUEL

Conception fréquente à l'époque et chez certains élèves

Il est possible de fabriquer des dispositifs dont le mouvement serait perpétuel.

Concepts scientifiques actuels

Un mouvement perpétuel, c'est-à-dire un mouvement qui dure indéfiniment sans apport d'énergie est impossible sur Terre, à cause des forces de friction qui sont toujours présentes. Par exemple, dans le cas d'un pendule, la friction de l'air et la résistance du fil à la flexion diminuent graduellement l'amplitude du mouvement.

Activité et exercice (12 ans et plus)

- Essayer d'imaginer un dispositif dont le mouvement serait perpétuel. Découvrir pourquoi ce dispositif ne pourrait pas fonctionner.
- Se documenter pour trouver des schémas de divers dispositifs de mouvement perpétuel proposés à diverses époques. Expliquer pourquoi ces dispositifs ne pouvaient pas fonctionner.

Le XVIIe siècle

1602. Le physicien et astronome italien GALILÉE (1564-1642), qui utilise beaucoup le plan incliné pour faire ses observations et ses mesures, énonce la loi de la chute des corps. Il énonce également une première formulation du principe de l'inertie et du principe de la relation entre la force et l'accélération (dont Newton fera la première et la deuxième loi de sa dynamique en 1687). Il déclare que « la nature est écrite en langage mathématique ». Il est considéré comme le fondateur de la physique scientifique, dont les lois reposent sur des mesures précises.

LA CHUTE DES CORPS

Conceptions fréquentes à l'époque et chez certains élèves

- En chute libre, les objets lourds tombent plus vite que les objets légers.
- Sur un plan incliné, les grosses billes roulent plus vite que les petites.

Concepts scientifiques actuels

À la surface de la Terre, tous les corps qui opposent une résistance négligeable à l'air tombent avec la même accélération de 9,8 m/sec^2. Toutefois, une plume tombe plus lentement qu'une bille à cause de la résistance de l'air. Le plan incliné, très utilisé par Galilée, facilite l'étude de la chute des corps, car le fait d'augementer l'inclinaison du plan incliné (par rapport à la verticale) équivaut à réduire l'accélération due à la gravité et les mouvements sont moins rapides.

Activités et exercice (12 ans et plus)

- Laisser tomber une petite bille d'acier et une grosse bille d'acier, de la même hauteur, en même temps. Observer la chute libre des billes.
- En utilisant un système d'expérimentation assistée par ordinateur, étudier la chute libre à l'aide du matériel spécialement conçu à cet effet (disponible chez certains fournisseurs de matériel scientifique).
- À l'aide d'un logiciel d'étude de la mécanique (disponible chez certains fournisseurs de matériel scientifique), étudier, de façon virtuelle, la chute libre de divers corps.
- Laisser rouler une petite et une grosse bille d'acier sur un plan incliné. Observer le roulement des billes. Refaire l'expérience en variant l'inclinaison du plan.
- Sur un plan faiblement incliné, observer la distance parcourue à chaque seconde par une bille d'acier. Constater que la distance parcourue à chaque seconde est de plus en plus grande.
- En utilisant un système d'expérimentation assistée par ordinateur, étudier la chute libre et le roulement sur un plan incliné à l'aide du matériel spécialement conçu à cet effet (disponible chez certains fournisseurs de matériel scientifique).
- À l'aide d'un logiciel d'étude de la mécanique (disponible chez certains fournisseurs de matériel scientifique), étudier, de façon virtuelle, la chute libre et le roulement sur un plan incliné.
- Se documenter pour répondre à la question suivante : Quels sont les faits saillants de la vie de Galilée ? Voir les remarques portant sur cette même question dans «Les lois du pendule (1583)» dans ce même thème.

1609. L'astronome allemand Johannes KEPLER (1571-1630) raffine le système de Copernic en formulant deux lois sur les orbites des planètes : 1) les orbites planétaires sont des ellipses dont le Soleil occupe un des foyers ; 2) les aires balayées par les rayons vecteurs, allant du centre du Soleil au centre de la planète, sont proportionnelles aux temps employés à les décrire. Kepler devient ainsi le premier astronome à traiter l'astronomie du point de vue de la physique, et non plus selon des lois propres aux corps célestes.

La troisième loi, qu'il formulera en 1618, énonce que : 3) les carrés des temps des révolutions planétaires sont proportionnels aux cubes des grands axes des orbites. Kepler affirme aussi que l'attraction gravitationnelle est une « affection mutuelle entre corps parents », semblable à l'attraction magnétique.

► **Voir « Les lois de l'orbite des planètes (1609) » dans le thème d'astronomie « Le système solaire ».**

1632. Le physicien et astronome italien GALILÉE (1564-1642), dans ses célèbres *Dialogues concernant les deux principaux systèmes du monde,* énonce une première version simple du principe de la relativité, dans le cas du mouvement uniforme, en affirmant que « pour les objets qui se meuvent d'un mouvement uniforme, ce mouvement est comme nul. » Ce principe est révolutionnaire, car selon la physique d'Aristote, encore enseignée à l'époque, un mouvement « comme nul » est un mouvement sans vitesse, ce qui n'a aucun sens. Une bonne partie des développements ultérieurs de la physique, particulièrement au XXe siècle, sera guidée par la recherche de principes de ce type.

LA RELATIVITÉ D'UN MOUVEMENT UNIFORME

Conception fréquente à l'époque et chez certains élèves

Il ne peut exister de mouvement observable qui ne produise aucun effet observable.

Concepts scientifiques actuels

Le principe de la relativité d'un mouvement uniforme est souvent décrit, en physique actuelle, comme le principe de l'inertie de la composante horizontale d'un mouvement. En effet, pour un observateur situé à l'intérieur d'un espace quelconque (exemple : une voiture), le fait que cet espace soit immobile ou se déplace à une vitesse horizontale uniforme n'a aucun effet sur le mouvement d'un objet (exemple : une chute libre) à l'intérieur de cet espace. Le mouvement uniforme est un exemple de condition sous laquelle les lois de la physique sont inchangées ou invariantes.

Exercice et activité (12 ans et plus)

- Imaginer la situation suivante : Des mouches volent dans une voiture immobile et d'autres mouches volent dans une voiture qui se déplace à vitesse constante. Le déplacement de la voiture a-t-il une influence sur le vol des mouches ?
- Laisser tomber une bille dans une voiture qui se déplace à vitesse constante. Quelle est la trajectoire de la bille pour un observateur situé à l'intérieur de la voiture ? Quelle est la trajectoire de la bille pour un observateur qui regarde passer la voiture ?

- Se documenter pour répondre à la question suivante : Quels sont les faits saillants de la vie de Galilée ? Voir les remarques portant sur cette même question dans « Les lois du pendule (1583) » dans ce même thème.

1637. Le physicien et astronome italien GALILÉE (1564-1642), dans ses *Discours concernant deux sciences nouvelles*, montre que la trajectoire d'un projectile est une parabole.

LA TRAJECTOIRE PARABOLIQUE D'UN PROJECTILE

Conception fréquente à l'époque et chez certains élèves

La trajectoire d'un projectile comporte une partie rectiligne horizontale et une partie rectiligne verticale.

Concepts scientifiques actuels

La trajectoire d'un projectile est une parabole dont la composante horizontale est un mouvement rectiligne uniforme, et la composante verticale un mouvement rectiligne soumis à l'accélération gravitationnelle terrestre.

Activités et exercice (12 ans et plus)

- Lancer des projectiles avec une main ou avec un canon-jouet à ressort. Observer et dessiner la trajectoire des projectiles.
- À l'aide d'un logiciel d'étude de la mécanique (disponible chez certains fournisseurs de matériel scientifique), lancer des projectiles virtuels en faisant varier l'angle, la vitesse, la masse et la constante gravitationnelle.
- Se documenter pour répondre à la question suivante : Quels sont les faits saillants de la vie de Galilée ? Voir les remarques portant sur cette même question dans « Les lois du pendule (1583) » dans ce même thème.

Vers 1640. Le physiologiste et physicien italien Giovani BORELLI (1608-1679) applique la physique aux phénomènes de la vie, notamment le vol des oiseaux, et fonde ainsi l'iatrophysique, selon laquelle l'être vivant est une machine mécanique.

► **Voir « Le vol de l'oiseau (1640) » dans le thème de biologie « Les animaux ».**

1643. Le physicien et mathématicien italien Evangelista TORRICELLI (1608-1647) montre que l'atmosphère possède un poids et exerce une pression en concevant le premier baromètre, un tube de verre rempli de mercure.

► **Voir « Le baromètre (1643) » dans le thème de physique « La chaleur et la pression ».**

1644. Le philosophe, mathématicien et physicien français René DESCARTES (1596-1650) fait paraître *Principia philsophiæ,* dans lequel il expose une physique mécaniste et corpusculaire qui attribue le déplacement des planètes autour du Soleil et la chute des corps à la poussée causée par des *vortex,* c'est-à-dire des tourbillons d'éther (matière subtile). Ce modèle mécaniste, peu mathématique, sera la vision dominante jusqu'à la fin du XVIIe siècle. Descartes propose également des lois concernant le choc des corps qui seront, pour l'essentiel, réfutées par Huygens vers 1656.

1644. Le philosophe, mathématicien et physicien français René DESCARTES (1596-1650) formule un principe d'inertie, plus général que celui énoncé par Galilée en 1602, qui est équivalent à la première *loi de Newton.*

1648. Le philosophe, mathématicien et physicien français Blaise PASCAL (1623-1662) découvre le *principe de Pascal,* selon lequel la pression exercée en un point d'une masse fluide se transmet en tout point du fluide en conservant son intensité, et applique ce principe à la fabrication d'une presse hydraulique. Il découvre également les lois de la pression atmosphérique.

► **Voir « La presse hydraulique (1648) » dans le thème de physique « La chaleur et la pression ».**

1648. Le philosophe, mathématicien et physicien français Blaise PASCAL (1623-1662) montre que la pression atmosphérique diminue avec l'altitude.

► **Voir « La pression atmosphérique et l'altitude (1648) » dans le thème de sciences de la Terre « L'atmosphère ».**

1650. Le physicien allemand Otto von GUERICKE (1602-1686) réalise son expérience des hémisphères de Magdebourg, sur la pression atmosphérique, dans laquelle plusieurs chevaux ne peuvent séparer deux demi-sphères métalliques dans lesquelles il a fait le vide.

► **Voir « Les hémisphères de Magdebourg (1650) » dans le thème de physique « La chaleur et la pression ».**

Vers 1656. Le mathématicien, physicien et astronome néerlandais Christiaan HUYGENS (1629-1695) réfute les lois du choc énoncées par Descartes en 1644. Il donne une solution correcte au problème du choc entre deux corps élastiques en énonçant le principe de la conservation de la quantité de mouvement.

LE CHOC DES CORPS

Conception fréquente à l'époque et chez certains élèves

La vitesse et la direction d'une boule frappée par une autre boule sont imprévisibles.

Concepts scientifiques actuels

Lors d'une collision élastique, il y a conservation de la quantité de mouvement (masse multipliée par la vitesse) totale des corps en mouvement. (À noter que l'expression «corps élastique» n'a pas le même sens en physique que dans le langage courant. En physique, une boule de billard est élastique, car elle transmet presque intégralement la quantité de mouvement, tandis qu'une balle de caoutchouc n'est pas élastique, car elle en absorbe une bonne partie.)

Activités et exercice (12 ans et plus)

- Observer comment une boule de billard immobile se déplace à la suite du choc reçu par une autre boule, identique, qui la frappe à diverses vitesses et sous divers angles.
- Observer comment une bille d'acier immobile se déplace à la suite du choc reçu par une autre bille d'acier, de masse différente, qui la frappe à diverses vitesses et sous divers angles.
- Faire la même chose, de façon virtuelle, à l'aide d'un logiciel d'étude de la mécanique (disponible chez certains fournisseurs de matériel scientifique).
- Se documenter pour répondre à la question suivante: Quels sont les faits saillants de la vie de Christiaan Huygens? (Exemple: Il était à la fois un bon expérimentateur, qui construisait lui-même ses instruments, et un bon théoricien, qui maîtrisait très bien les mathématiques.)

1657. Le mathématicien, physicien et astronome néerlandais Christiaan HUYGENS (1629-1695) invente l'horloge à pendule.

► **Voir «L'horloge à pendule (1657)» dans le thème «La mesure du temps».**

Vers 1660. Le physicien et chimiste irlandais Robert BOYLE (1627-1691) précise la loi sur la chute des corps, énoncée par Galilée en 1602. En utilisant des cylindres dans lesquels il fait le vide, il montre qu'en l'absence de toute résistance de l'air, un morceau de plomb et une plume chutent avec la même accélération et arrivent au fond des cylindres en même temps. En 1971, un astronaute américain refera cette démonstration sur la Lune.

1676. Le savant anglais Robert HOOKE (1635-1703) formule la *loi de Hooke*, selon laquelle l'extension d'un corps élastique est proportionnelle à la tension appliquée.

La loi de Hooke

Conception fréquente à l'époque et chez certains élèves

Il n'y a pas de relation précise et uniforme entre l'extension d'un corps élastique et la tension appliquée.

Concepts scientifiques actuels

L'extension d'un corps élastique est directement proportionnelle à la tension appliquée. Par exemple, si un ressort s'étire de 2 cm sous une tension (un poids, par exemple) de 500 newtons, il s'étirera de 4 cm sous une tension de 1 000 newtons.

Activités (8 ans et plus)

- Vérifier la loi de Hooke à l'aide d'un ressort et d'un jeu de poids.
- Faire la même chose, de façon virtuelle, à l'aide d'un logiciel d'étude de la mécanique (disponible chez certains fournisseurs de matériel scientifique).
- Utiliser un dynamomètre (balance à ressort) pour peser des objets.
- Concevoir un dynamomètre simple.
- Se documenter pour répondre à la question suivante : Quels sont les faits saillants de la vie de Robert Hooke ? (Exemples : Robert Hooke commença sa carrière en tant qu'assistant du physicien Robert Boyle. Il fut professeur de mathématiques et administrateur de la Société royale, et dessina également les plans de plusieurs édifices.)

1679. Le savant anglais Robert HOOKE (1635-1703) constate que les planètes sont attirées par le Soleil et que cette force d'attraction varie en sens inverse du carré de la distance entre une planète et le Soleil.

1686. Le philosophe et savant allemand Gottfried Wilhelm LEIBNIZ (1646-1716) introduit le concept de *force vive*, produit de la masse du corps par le carré de sa vitesse, et affirme que Dieu conserve toujours la même quantité de force vive dans la Création, ce qui le dispense de toute intervention. Ce concept l'oppose à Newton et à ses partisans, qui croient que Dieu agit instantanément sur toute chose. D'Alembert mettra un terme à cette querelle, en 1743, en montrant que la force vive est l'effet produit par une force, cause externe de mouvement.

1687. Le physicien anglais Isaac NEWTON (1642-1727) publie ses célèbres *Principes mathématiques de la philosophie naturelle*, dans lesquels sont présentées la loi de la gravitation universelle ainsi que ses trois lois de la dynamique, appelées aussi trois *lois de Newton*. La loi de la gravitation universelle remplacera alors le magnétisme comme explication de l'attraction entre les corps célestes. De plus, le modèle mathématique de Newton remplacera peu à peu le modèle mécaniste de Descartes et portera également à croire que des lois du même type pourraient s'appliquer à des corpuscules de matière, ce qui contribuera à relancer la théorie atomique.

LA LOI DE LA GRAVITATION UNIVERSELLE

Conception fréquente à l'époque et chez certains élèves

L'attraction entre les corps célestes s'explique par des forces magnétiques.

Concepts scientifiques actuels

La loi de la gravitation est la loi selon laquelle tous les corps s'attirent entre eux avec une force proportionnelle au carré de leur distance.

Activités et exercice (12 ans et plus)

- Laisser rouler une petite bille et une grosse bille sur un plan incliné.
- À l'aide d'un logiciel d'étude de la mécanique (disponible chez certains fournisseurs de matériel scientifique), construire des systèmes virtuels composés de deux corps qui tournent autour de leur centre de masse.
- À l'aide d'un logiciel d'étude de la mécanique, construire un système virtuel semblable au système solaire. Modifier les masses de certains corps et observer les variations dans les mouvements.
- Se documenter pour répondre à la question suivante: Quels sont les faits saillants de la vie d'Isaac Newton? (Exemples: Isaac Newton avait déjà énoncé ses principales lois vingt ans avant leur publication, au cours d'un séjour à la campagne effectué pour fuir la peste qui sévissait à Cambridge. Malgré l'importance de ses contributions scientifiques en physique, il s'intéressa toute sa vie à l'alchimie et autres croyances ésotériques.)

LES TROIS LOIS DE NEWTON

Conceptions fréquentes à l'époque et chez certains élèves

- Un corps en mouvement finit par s'arrêter (... ce qui est vrai sur Terre à cause des forces de friction).
- Il faut appliquer une force constante pour qu'un objet se déplace à vitesse constante (... ce qui est vrai sur Terre à cause des forces de friction).
- Une force peut agir seule.

Concepts scientifiques actuels

Selon la première *loi de Newton*, ou loi sur l'inertie, tout corps persévère dans l'état de repos ou de mouvement uniforme dans lequel il se trouve, sauf si une force agit sur lui. Selon la deuxième loi, une force constante F, appliquée sur un corps, produit une accélération inversement proportionnelle à la masse m de ce corps (F = ma). Selon la troisième loi, les forces agissent toujours par paire: une action et une réaction.

Activités et exercice (12 ans et plus)

- Observer une poupée placée dans une voiturette qui frappe un obstacle (inertie).
- Former une petite pile de jetons identiques. Projeter très rapidement, en donnant une chiquenaude, un autre jeton, identique, contre le jeton du bas de la pile. Observer (inertie).
- Constater qu'une même poussée accélère un petit objet sur roues beaucoup plus qu'un gros objet sur roues (F = ma).
- Lancer un objet très lourd, alors qu'on est en patin à roulettes ou sur une planche à roulettes (action-réaction).
- Gonfler un ballon de baudruche, puis le lâcher. Observer (action-réaction).
- Observer le fonctionnement d'un petit chariot à réaction propulsé par le lancement d'un projectile ou l'expulsion d'air (disponible chez certains fournisseurs de matériel scientifique; action-réaction).
- Faire les activités précédentes, de façon virtuelle, à l'aide d'un logiciel d'étude de la mécanique (disponible chez certains fournisseurs de matériel scientifique).
- Se documenter pour répondre à la question suivante: Quels sont les faits saillants de la vie d'Isaac Newton? Voir les remarques portant sur cette même question dans «La loi de la gravitation universelle (1687)» dans ce même thème.

Vers 1695. Le mathématicien et physicien français Pierre VARIGNON (1654-1722) énonce la loi fondamentale de la statique, selon laquelle, lorsqu'un corps est en équilibre sous l'action de forces concourantes, la résultante de ces forces est nulle.

L'ÉQUILIBRE

Conception fréquente à l'époque et chez certains élèves

Aucune force n'agit sur un objet immobile.

Concepts scientifiques actuels

À la surface de la Terre, un objet est immobile quand la résultante des forces qui agissent sur lui est nulle.

Activités (12 ans et plus)

- Observer l'équilibre qui s'établit quand on pousse ses mains l'une contre l'autre.
- Observer l'équilibre qui s'établit lors du jeu de souque à la corde.
- Trouver les forces qui agissent sur un objet posé sur une table (le poids de l'objet, vers le bas, et la résistance de la table, vers le haut).
- Fixer trois dynamomètres (balances à ressort) à un même objet. Placer les dynamomètres en étoile, sur une table, avec un angle de 120° entre eux. Demander à trois personnes de tirer sur les dynamomètres (chaque personne tire sur un dynamomètre) de façon à ce que l'objet situé au centre reste immobile. Noter la force indiquée par chacun des dynamomètres.

Le XVIIIe siècle

1705. L'astronome et physicien anglais Edmond HALLEY (1656-1742) prédit que la comète qui portera plus tard le nom de comète de Halley, passée en 1682, reviendrait en 1758, en calculant qu'elle passe près du Soleil à tous les 76 ans. Cette prédiction, qui s'avéra juste, est la première justification des théories de Newton.

► **Voir « La comète de Halley (1705) » dans le thème d'astronomie « Le système solaire ».**

1735. Le physicien français Pierre BOUGUER (1698-1758), qui dirige une expédition dans les Andes pour mesurer le méridien terrestre, observe des anomalies gravitationnelles causées par la masse énorme des montagnes.

1742. Le mathématicien et physicien français Alexis CLAIRAUT (1713-1765) démontre, en s'appuyant sur les *lois de Newton*, que la force centrifuge n'existe pas vraiment et qu'elle n'est que l'effet de l'accélération de la rotation.

1743. Le savant et encyclopédiste français Jean Le Rond d'ALEMBERT (1717-1783) montre que la force vive, concept introduit par Leibniz en 1686, n'est que l'effet produit par une force, cause externe de mouvement.

1747. Le savant et encyclopédiste français Jean Le Rond d'ALEMBERT (1717-1783) établit l'équation des cordes vibrantes, première utilisation des équations aux dérivées partielles en physique.

1755. Le mathématicien suisse Leonhard EULER (1707-1783) réorganise le calcul différentiel sous sa forme analytique moderne, autour du concept de fonction, ce qui permet une formulation plus claire de la mécanique newtonienne.

1785. Le mathématicien, physicien et astronome français Pierre Simon de LAPLACE (1749-1827) développe la théorie du potentiel pour l'étude de la gravitation.

1788. Le mathématicien français Louis de LAGRANGE (1736-1813) utilise le calcul différentiel et intégral à quatre dimensions pour résoudre d'importants problèmes de mécanique newtonienne.

1799. L'inventeur anglais George CAYLEY (1773-1857) définit les forces qui agissent sur une aile et lui permettent de se maintenir dans les airs.

► **Voir « L'aile (1799) » dans le thème de technologie « Les techniques du mouvement ».**

Le XIXe siècle

1814. Le mathématicien, physicien et astronome français Pierre Simon de LAPLACE (1749-1827) énonce sa thèse du déterminisme, selon laquelle une connaissance parfaite de toutes les forces et de la position de toutes les particules de l'Univers, à un instant donné, permettrait une prévision parfaite de l'avenir. Le déterminisme sera remis en cause par la théorie quantique, au cours des années 1920.

1827. Le botaniste écossais Robert BROWN (1773-1858) découvre le *mouvement brownien*, agitation continuelle de petites particules placées dans un liquide ou un gaz. Einstein démontrera, en 1905, que ce mouvement brownien est une conséquence de l'existence des atomes.

► **Voir « Le mouvement brownien (1827) » dans le thème « La structure de la matière ».**

1829. Le mathématicien allemand Carl JACOBI (1804-1851) publie des travaux fondamentaux sur les fonctions elliptiques qui permettent de préciser certains aspects de la mécanique newtonienne.

1834. Le mathématicien et physicien irlandais William Rowan HAMILTON (1805-1865) publie d'importants travaux sur le calcul des variations et la résolution des équations différentielles qui font progresser la mécanique newtonienne. Il démontre également l'équivalence de la théorie corpusculaire de la lumière de Newton et de la théorie ondulatoire de la lumière de Huygens pour rendre compte des lois de l'optique géométrique.

1835. Le physicien français Gaspard CORIOLIS (1792-1843) montre que la rotation de la Terre fait dévier tous les mouvements à sa surface sous l'effet de la *force de Coriolis.*

LA FORCE DE CORIOLIS

Conception fréquente à l'époque et chez certains élèves

La rotation de la Terre est imperceptible et ne produit pas d'effet observable sur les mouvements à sa surface.

Concepts scientifiques actuels

La *force de Coriolis* est une force fictive qui résulte de l'accélération causée par la rotation de la Terre. Dans l'hémisphère Nord, elle fait dévier les objets en mouvement vers la droite et, dans l'hémisphère Sud, elle fait dévier les objets vers la gauche. La *force de Coriolis* se manifeste de façon évidente lors du tir de projectiles lourds à de grandes distances, ainsi que dans la direction des vents.

Exercice et activité (12 ans et plus)

- Se documenter pour répondre à la question suivante : Quelle est la correction nécessaire (valeur approximative), lors du tir d'un projectile, pour tenir compte de la *force de Coriolis*?
- Examiner, sur une carte météorologique, l'effet de la *force de Coriolis* sur la direction des vents qui soufflent vers une zone de basse pression. (Les vents ne soufflent jamais directement vers le centre de la zone de basse pression.)

1842. Le physicien anglais James JOULE (1818-1889) détermine l'équivalent mécanique de la calorie en mesurant l'augmentation de la température d'un liquide dans lequel tournent des pales et démontre ainsi que la chaleur, tout comme le travail mécanique, correspond à un transfert d'énergie.

► **Voir « L'équivalent mécanique de la calorie (1842) » dans le thème de physique « La chaleur et la pression ».**

1842. Le médecin allemand Robert von MAYER (1814-1878), qui déduit de ses observations que la chaleur du corps humain provient de la conversion de l'énergie chimique des aliments, propose une première formulation du premier principe de la thermodynamique (principe de la conservation de l'énergie), selon lequel, lors du passage d'une forme d'énergie à une autre, la quantité d'énergie demeure la même. Ce principe sera formulé avec plus de précision par Helmholtz en 1847.

► **Voir « L'alimentation et l'énergie (1842) » dans le thème de biologie « La cellule et la chimie du vivant ».**

1845. L'astronome anglais John ADAM (1819-1892) prédit, comme le fera Le Verrier l'année suivante, la découverte de la planète Neptune en analysant les perturbations de l'orbite de la planète Uranus.

1846. L'astronome français Urbain LE VERRIER (1811-1877) prédit, comme l'avait fait Adam l'année précédente, la découverte de la planète Neptune en analysant les perturbations de l'orbite de la planète Uranus.

1846. L'astronome allemand Johann GALLE (1812-1910) découvre la planète Neptune en se basant sur les calculs d'Adam et de Le Verrier. Cette découverte est une confirmation éclatante des *lois de Newton*.

▶ **Voir « La planète Neptune (1846) » dans le thème d'astronomie « Le système solaire ».**

1847. Le mathématicien, physicien et physiologiste allemand Hermann von HELMHOLTZ (1821-1894) formule le principe de la conservation de l'énergie qui avait été prévu par von Mayer en 1842.

1849. L'astronome, mathématicien et géophysicien français Édouard ROCHE (1820-1883) montre que les gros satellites naturels situés à proximité d'une planète sont soumis à un effet de marée qui peut les faire éclater, ce qui est une explication possible de la formation des anneaux de Saturne, de Jupiter, d'Uranus et de Neptune.

1851. Le physicien français Léon FOUCAULT (1819-1868) met en évidence la rotation de la Terre en utilisant un pendule.

▶ **Voir « Le pendule de Foucault (1851) » dans le thème de sciences de la Terre « Le globe terrestre ».**

1852. Le physicien français Léon FOUCAULT (1819-1868) invente le gyroscope, un appareil qui fournit une direction de référence invariable grâce à la rotation rapide d'une masse autour d'un axe. À partir du début du XXe siècle, le gyroscope, appelé alors gyrocompas, remplacera peu à peu la boussole, pour la navigation, car il présente l'avantage de ne pas être influencé par les masses magnétiques locales.

▶ **Voir « Le gyroscope (1852) » dans le thème de sciences de la Terre « Le globe terrestre ».**

1859. L'astronome français Urbain LE VERRIER (1811-1877), qui avait constaté des anomalies dans l'orbite de la planète Mercure, postule – à tort – l'existence d'une planète située entre Mercure et le Soleil. Ces anomalies seront expliquées plus tard par la théorie de la relativité générale d'Einstein.

1887. Le physicien américain Albert MICHELSON (1852-1931) et le chimiste et physicien américain Edward MORLEY (1838-1923) réalisent une expérience décisive qui montre que la vitesse de la lumière est la même dans toutes les directions de l'espace et, par conséquent, réfute l'existence d'un éther dans lequel se déplacerait la Terre. Cette expérience contribuera à l'élaboration de la théorie de la relativité.

Vers 1892. Le physicien hollandais Hendrik LORENTZ (1853-1928) formule les équations connues sous le nom de *transformations de Lorentz*, à l'aide desquelles il tente d'expliquer les résultats de l'expérience de 1887 de Michelson et Morley, en postulant la contraction d'un corps en mouvement rectiligne et uniforme. Il contribuera ainsi, indirectement, à la formulation de la théorie de la relativité par Einstein, qui conservera les transformations, mais les expliquera de façon différente.

1888. Le mathématicien français Henri POINCARÉ (1854-1912) montre qu'un système de trois corps en interaction gravitationnelle n'a pas toujours un comportement régulier et prévisible, ce qui préfigure la théorie du *chaos* qui sera énoncée au XXe siècle.

1900. Le physicien allemand Max PLANCK (1858-1947) émet l'hypothèse selon laquelle les échanges d'énergie s'effectuent de façon discontinue, créant ainsi la mécanique quantique.

Le XXe siècle

1905. Le physicien américain d'origine allemande Albert EINSTEIN (1879-1955) rejette l'idée de la contraction d'un corps en mouvement proposée par Lorentz en 1892 et énonce la théorie de la relativité restreinte, selon laquelle il n'y a pas de mouvement absolu et selon laquelle la vitesse de la lumière est la même pour tous les observateurs, quel que soit leur mouvement relatif, et est la plus grande vitesse possible dans l'Univers. Il montre également que la lumière est composée de photons qui possèdent les propriétés à la fois de particules et d'ondes, ce qui réconcilie la théorie corpusculaire de Newton et la théorie ondulatoire de Huygens. Cette même année, il démontre aussi que l'agitation continuelle de particules dans un liquide ou un gaz, appelée *mouvement brownien* après sa découverte par Brown en 1827, est une conséquence de l'existence des atomes.

► **Voir « Le mouvement brownien (1827) » dans le thème de physique « La structure de la matière ».**

1908. Le mathématicien allemand Hermann MINKOWSKI (1864-1909) propose une conception de l'espace-temps à quatre dimensions qui fournit une interprétation géométrique de la théorie de la relativité restreinte énoncée par Einstein en 1905.

1916. Le physicien américain d'origine allemande Albert EINSTEIN (1879-1955) énonce sa théorie de la relativité générale, qui permet d'expliquer les anomalies de l'orbite de Mercure et de prédire que le Soleil peut faire dévier la lumière en provenance d'une étoile. Il s'agit d'une révolution dans la conception de l'espace, qui n'est plus euclidien, mais courbe et déterminé par les propriétés de la matière.

1919. L'astronome britannique Arthur EDDINGTON (1882-1944) vérifie l'une des prédictions de la théorie de la relativité générale d'Einstein en observant à côté du Soleil, durant l'éclipse de Soleil du 29 mai, une étoile située en fait derrière le Soleil, ce qui montre que la masse du Soleil fait dévier la lumière.

1927. Le physicien allemand Werner HEISENBERG (1901-1976) découvre le principe d'incertitude selon lequel toute tentative pour déterminer une valeur caractéristique (exemple : la position) d'une particule subatomique a pour conséquence de perturber de façon imprévisible une autre valeur (exemple : la vitesse).

1935. Le physicien américain d'origine allemande Albert EINSTEIN (1879-1955) propose une physique « réaliste », dans laquelle aucune action à distance ne peut se propager à une vitesse supérieure à celle de la lumière. Bell montrera, en 1964, que la théorie quantique est incompatible avec cette physique « réaliste ».

1962. Des physiciens proposent le modèle standard des quatre forces : la gravitation, l'interaction électromagnétique, l'interaction nucléaire faible et l'interaction nucléaire forte.

1964. Le physicien britannique John BELL (1928-1990) établit que, dans certaines conditions, la mécanique quantique permet une action immédiate à distance et est incompatible avec la physique « réaliste » proposée par Einstein en 1935.

1967. Les physiciens américains Steven WEINBERG (né en 1933) et Sheldon Lee GLASHOW (né en 1932) et le physicien pakistanais Abdus SALAM (1926-1996) montrent que l'interaction faible et l'interaction électromagnétique, deux des quatre grandes interactions de l'univers physique, sont de même nature, et ils fondent ainsi la théorie électrofaible. Cette découverte permet de supposer qu'aux premiers instants de l'Univers, les quatre interactions n'étaient pas différenciées, ce qui est le postulat de base de la théorie de la « grande unification ».

1981. Confirmation expérimentale du fait, démontré de façon théorique par Bell en 1964, que, dans certaines conditions, la mécanique quantique permet une action immédiate à distance.

LA CHALEUR ET LA PRESSION

L'Antiquité classique

Vers 250 av. J.-C. Le scientifique grec ARCHIMÈDE (287-212 av. J.-C.) formule le *principe d'Archimède* selon lequel *tout corps plongé dans un fluide subit une poussée verticale, dirigée de bas en haut, égale au poids du fluide déplacé.*

► **Voir « Le principe d'Archimède (250 av. J.-C.) » dans le thème de physique « Les forces et les mouvements ».**

Vers 250 av. J.-C. Le scientifique grec PHILON de Byzance (IIIe siècle av. J.-C.) conçoit un thermoscope, ancêtre du thermomètre, qui permet de constater des différences de température. Le fonctionnement du thermoscope repose sur la dilatation d'une certaine quantité d'air, qui provoque le déplacement d'un certain volume d'eau.

LE THERMOSCOPE

Conception fréquente à l'époque et chez certains élèves

Il est impossible de visualiser une augmentation de température.

Concepts scientifiques actuels

Le volume d'une quantité d'air augmente avec la température. Cette augmentation du volume de l'air peut être utilisée pour déplacer un certain volume d'eau et constater l'augmentation de la température. Cet instrument n'est pas précis, parce que le volume d'une quantité d'air change aussi avec la pression atmosphérique.

Activités (8 ans et plus)

- Fabriquer un thermoscope rudimentaire à l'aide d'un simple ballon de baudruche. (À mesure que la température augmente, la taille du ballon augmente.)
- Fabriquer un thermoscope à l'aide d'un tube de verre, d'une éprouvette à demi remplie d'eau colorée et d'un bouchon de caoutchouc percé. Constater qu'à mesure que la température augmente, l'air se dilate et fait monter l'eau colorée dans le tube. Graduer le tube de verre en fixant une bande de carton sur le tube et en comparant avec un thermomètre du commerce.
- Fabriquer un thermoscope à l'aide d'un contenant en pyrex (exemple : erlenmeyer de laboratoire) vide, muni d'un bouchon percé et auquel est fixé un tuyau flexible dont l'autre extrémité est plongée dans un

récipient rempli d'eau. Constater qu'une augmentation de la température du contenant en pyrex entraîne une augmentation du volume de l'air et la formation de bulles dans le récipient rempli d'eau.

▶ **Voir aussi «Le thermomètre (1593)» dans ce même thème.**

Vers 50 ap. J.-C. Le mathématicien et ingénieur grec HÉRON d'Alexandrie (Ier siècle ap. J.-C.) fait des expériences sur le vide et invente une fontaine et une pompe. Il invente aussi l'éolipile, un petit moulinet à vapeur fonctionnant par réaction, qui n'avait toutefois, à l'époque, aucune utilité pratique. Il perfectionne également le thermoscope inventé par Philon de Byzance vers 250 av. J.-C.

L'ÉOLIPILE

Conception fréquente à l'époque et chez certains élèves

La vapeur produite par de l'eau qui bout est trop légère et diffuse pour produire de l'énergie utile.

Concepts scientifiques actuels

L'éolipile inventé par Héron d'Alexandrie est un petit moulinet à vapeur qui fonctionne selon le principe action = réaction (troisième *loi de Newton*). La source de chaleur fait bouillir l'eau contenue dans un récipient. La vapeur qui s'échappe par deux tuyaux diamétralement opposés, sur le côté du récipient, crée une réaction dans la direction opposée, ce qui fait tourner le moulinet.

Activité (8 ans et plus)

Faire fonctionner une petite turbine à vapeur rudimentaire. (En vente dans certaines boutiques d'équipement scientifique. Peut aussi être construite avec une boîte de conserve, deux petits tubes de cuivre et un brûleur à alcool.)

La Renaissance

1586. Le mathématicien et physicien allemand Simon STEVIN (1548-1620) démontre que la pression d'un liquide sur le fond ou les parois d'un vase ne dépend pas de la forme du vase, mais seulement de la hauteur du liquide.

LA HAUTEUR ET LA PRESSION D'UN LIQUIDE

Conception fréquente à l'époque et chez certains élèves

La pression d'un liquide sur le fond ou les parois d'un vase dépend de la forme du vase.

Concepts scientifiques actuels

La pression d'un liquide sur le fond ou les parois d'un vase ne dépend pas de la forme du vase, mais seulement de la hauteur du liquide.

Activité (12 ans et plus)

À l'aide d'un manomètre, qui permet de mesurer la pression dans un liquide (disponible chez certains fournisseurs de matériel scientifique), mesurer, à diverses profondeurs, la pression exercée par de l'eau dans des vases de diverses formes dans lesquels la hauteur de l'eau est la même.

1593. Le physicien et astronome italien GALILÉE (1564-1642) invente un thermomètre à gaz, descendant du thermoscope de Philon de Byzance.

LE THERMOMÈTRE

Conception fréquente à l'époque

Il est impossible de mesurer la température avec précision.

Concepts scientifiques actuels

La plupart des thermomètres utilisent la dilatation d'un liquide (mercure ou alcool) pour mesurer la température. Il existe également des thermomètres moins précis, qui utilisent la dilatation d'un solide, et d'autres plus précis, qui utilisent la dilatation d'un gaz.

Activités et exercice (8 ans et plus)

- Utiliser un thermomètre commercial pour mesurer des températures.
- Fabriquer un thermomètre à liquide rudimentaire à l'aide d'un tube de verre (le plus fin possible), d'une éprouvette complètement pleine d'alcool à friction coloré et d'un bouchon de caoutchouc percé. (À mesure que la température augmente, l'alcool se dilate et monte dans le tube.) Graduer le thermomètre en fixant une bande de carton sur le tube de verre et en comparant avec un thermomètre du commerce.

- Se documenter pour répondre à la question suivante: Quels sont les faits saillants de la vie de Galilée? Voir les remarques portant sur cette même question dans «Les lois du pendule (1583)» dans le thème de physique «Les forces et les mouvements».

▸ **Voir aussi «Le thermoscope (250 av. J.-C.)» dans ce même thème.**

Le XVIIe siècle

1612. Le médecin italien SANTORIO (1561-1636) invente un thermomètre à eau.

1641. Invention, en Italie, des premiers thermomètres à alcool.

1643. Le physicien et mathématicien italien Evangelista TORRICELLI (1608-1647) montre que l'atmosphère a un poids et exerce une pression en concevant le premier baromètre, un tube de verre rempli de mercure.

LE BAROMÈTRE

Conception fréquente à l'époque et chez certains élèves

L'air ne pèse rien et n'exerce aucune pression.

Concepts scientifiques actuels

Un baromètre mesure la pression atmosphérique. En effet, l'atmosphère a un poids considérable et exerce une pression dont la valeur moyenne est de 1013 millibars (mb) ou 101,3 kilopascals (kPa). Cette pression, qui s'exerce dans toutes les directions, permet de soutenir une colonne de mercure pouvant avoir jusqu'à 1 m de hauteur, ou une colonne d'eau qui peut faire jusqu'à 10 m de hauteur. La hauteur exacte de la colonne de liquide change avec les variations de la pression atmosphérique.

Activités et exercice (8 ans et plus)

- Observer, de jour en jour, les variations de la pression atmosphérique à l'aide d'un baromètre commercial.
- Construire un baromètre rudimentaire, du même type que celui de Torricelli, de la façon suivante. 1) Verser 5 à 8 cm d'eau dans un grand contenant. 2) Remplir aux trois quarts une bouteille en plastique transparent de 2 litres. 3) Fermer le goulot de la bouteille avec la paume de la main, retourner la bouteille et mettre le goulot sous l'eau du bassin. 4) Trouver une façon de faire tenir la bouteille

debout sur son goulot (exemple: la maintenir avec des éponges coincées entre le contenant et la bouteille). 5) Fixer une règle en plastique contre la bouteille à l'aide de bandes élastiques. 6) Repérer le niveau d'eau de la bouteille à l'aide des graduations de la règle et noter ses variations de jour en jour.

- Se documenter pour trouver d'autres modèles de baromètre rudimentaire. Si possible, fabriquer ces baromètres.

(Note: pour bien fonctionner, plusieurs modèles de baromètre doivent être placés dans une pièce dont la température est relativement constante.)

1648. Le philosophe, mathématicien et physicien français Blaise PASCAL (1623-1662) découvre le *principe de Pascal*, selon lequel la pression exercée en un point d'une masse fluide se transmet en tout point du fluide en conservant son intensité, et il applique ce principe à la fabrication d'une presse hydraulique. Il découvre également les lois de la pression atmosphérique.

LA PRESSE HYDRAULIQUE

Conception fréquente à l'époque et chez certains élèves

Il est impossible de multiplier la force produite par une augmentation de la pression.

Concepts scientifiques actuels

La presse hydraulique est une application directe du principe de Pascal, qui permet de multiplier une force. Soit deux pistons d'aires différentes reliés à une même cuve de liquide. Le petit piston, d'aire s, exerce une force f sur le liquide, ce qui augmente la pression d'une valeur de f/s. Cette augmentation se traduit, pour le grand piston d'aire S, par une force F proportionnelle à f avec un coefficient égal à S/s. Cette dernière force est donc d'autant plus importante que le rapport entre les aires des deux pistons est grand. Un élévateur de voiture, dans une station-service, fonctionne selon le principe de la presse hydraulique.

Activités et exercice (12 ans et plus)

- Constater l'augmentation de la force produite en actionnant le petit piston d'une presse hydraulique miniature (disponible chez certains fournisseurs de matériel scientifique).

- Construire une petite presse hydraulique rudimentaire à l'aide de deux seringues de diamètre différent reliées par un tuyau flexible. Remplir les deux seringues et le tuyau d'un liquide (eau, huile végétale). Constater l'augmentation de la force produite en actionnant le piston de la petite seringue.
- Visiter une station-service et observer le fonctionnement d'un élévateur de voitures.
- Se documenter pour répondre à la question suivante: Quels sont les faits saillants de la vie de Blaise Pascal? (Exemples: Pascal est également célèbre pour ses travaux en mathématiques, ainsi que son œuvre littéraire et philosophique, dont ses *Pensées*.)

1648. Le philosophe, mathématicien et physicien français Blaise PASCAL (1623-1662) montre que la pression atmosphérique diminue avec l'altitude.

► **Voir « La pression atmosphérique et l'altitude (1648) » dans le thème de sciences de la Terre « L'atmosphère ».**

1650. Le physicien allemand Otto von GUERICKE (1602-1686) réalise son expérience des hémisphères de Magdebourg, sur la pression atmosphérique, dans laquelle plusieurs chevaux ne peuvent séparer deux demi-sphères métalliques dans lesquelles il a fait le vide. Cette expérience réfute une opinion, qui prévalait depuis Aristote et qui était encore défendue par Descartes, selon laquelle le vide n'existait pas.

LES HÉMISPHÈRES DE MAGDEBOURG

Conception fréquente à l'époque et chez certains élèves

La seule façon d'empêcher deux objets de se séparer est de les fixer (coller, clouer, visser, souder, etc.) l'un contre l'autre.

Concepts scientifiques actuels

La pression atmosphérique qui s'exerce sur un objet creux et vide est énorme et peut écraser ou faire imploser l'objet s'il est fait d'un matériau mince ou peu résistant. Elle maintient collées l'une contre l'autre les deux hémisphères de Magdebourg ou deux ventouses, pourvu que l'air ne puisse pas s'infiltrer à l'intérieur.

Activités (8 ans et plus)

- Mouiller deux grosses ventouses (telles celles servant à déboucher la cuvette d'une toilette) et les pousser fortement l'une contre l'autre. Essayer ensuite de les séparer en tirant sur les manches.

- Essayer de séparer deux hémisphères de Magdebourg en métal (disponibles chez certains fournisseurs de matériel scientifique) à l'intérieur desquels le vide a été fait au moyen d'une pompe.

1661. Le physicien et chimiste irlandais Robert BOYLE (1627-1691) formule la loi, qui sera découverte également par Mariotte en 1676 et qui porte maintenant le nom de *loi de Boyle-Mariotte,* selon laquelle, dans un gaz à température constante, le volume V est inversement proportionnel à la pression p (pV = constante).

LA LOI DE BOYLE-MARIOTTE

Conception fréquente à l'époque et chez certains élèves

Le volume occupé par un gaz ne dépend que de la quantité du gaz.

Concepts scientifiques actuels

Il existe une relation mathématique entre la pression, le volume, la quantité et la température d'un gaz contenu dans un récipient fermé. Cette relation est décrite par l'équation d'état des gaz parfaits: $PV = nRT$, où P est la pression du gaz, V, le volume du gaz, n, le nombre de moles du gaz, R, une constante, et T, la température du gaz.

Activités (12 ans et plus)

- À l'aide d'une seringue sans aiguille, de laquelle, avec un doigt, on empêche l'air de sortir, constater que plus la force appliquée sur le piston est grande, plus l'air que contient la seringue est comprimé.
- À l'aide d'un piston transparent gradué (appareil de la *loi de Boyle* disponible chez certains fournisseurs de matériel scientifique) et de plusieurs objets d'environ 1 kg, constater que plus la force appliquée sur le piston est grande, plus l'air que contient le piston est comprimé. Le piston peut également être couplé à un capteur de pression et à un système d'expérimentation assistée par ordinateur (disponible chez certains fournisseurs de matériel scientifique).

1673. Le physicien hollandais Christiann HUYGENS (1629-1695) fait la première démonstration d'un moteur à piston, dont le combustible est de la poudre à canon.

1676. Le physicien français Edme MARIOTTE (1620-1684) redécouvre la loi découverte par Boyle, en 1661, au sujet de la compressibilité des gaz à température constante.

► **Voir « La loi de Boyle-Mariottte (1661) » dans ce même thème.**

1690. Le physicien et inventeur français Denis PAPIN (1647-v. 1712) conçoit une pompe à piston actionnée par la vapeur.

1698. L'ingénieur anglais Thomas SAVERY (v. 1650-1715) utilise la vapeur comme force de pompage.

Le XVIIIe siècle

1724. Le physicien hollandais d'origine polonaise Daniel FAHRENHEIT (1686-1736) construit le premier thermomètre précis et définit l'échelle des températures Fahrenheit. Les deux points fixes qu'il utilise sont 32° pour la température de fusion de la glace et 96° pour la température du corps.

L'ÉCHELLE FAHRENHEIT

Conception fréquente à l'époque

Il est impossible de mesurer la température avec précision.

Concepts scientifiques actuels

L'échelle Fahrenheit est la première échelle de température à avoir été inventée. Sur cette échelle, 0° est la température d'un mélange de glace, d'eau et de sel, 32° est la température de fusion de la glace, 96°, celle du corps et 212°, la température d'ébullition de l'eau.

Activités (8 ans et plus)

- Mesurer diverses températures avec un thermomètre non gradué.
- Inventer une échelle de température, graduer un thermomètre avec cette échelle et mesurer diverses températures avec le thermomètre.
- Mesurer des températures avec un thermomètre gradué en degrés Fahrenheit.

1738. Le mathématicien et physicien suisse Daniel BERNOULLI (1700-1782) fonde la théorie de l'hydrodynamique et la théorie cinétique des gaz.

LE PRINCIPE DE BERNOULLI

Conception fréquente à l'époque et chez certains élèves

Il n'y a pas de lien entre un courant d'air et une différence de pression.

Concepts scientifiques actuels

Tout courant d'air est causé par une baisse de pression entre deux points. Le courant d'air souffle du point où la pression est le plus élevée vers le point où elle est le moins élevée. De plus, Bernoulli a découvert que tout déplacement d'un fluide [gaz ou liquide] crée une baisse de pression dans une direction perpendiculaire.

Activités [8 ans et plus]

- Tenir deux petites feuilles de papier à environ 10 cm l'une de l'autre [une feuille dans chaque main]. Incliner la tête vers le sol et placer les feuilles de chaque côté de la bouche. Souffler entre les feuilles de papier. Remarquer que les feuilles ont tendance à se rapprocher l'une de l'autre.
- Placer une balle de ping-pong dans un entonnoir. Se coucher sur le dos. Placer l'entonnoir au-dessus de sa bouche, la pointe vers le bas. Souffler fortement dans l'entonnoir. Remarquer que la balle semble attirée vers le fond de l'entonnoir.
- Percer un trou ayant le même diamètre qu'une paille au milieu d'un tube de plastique ou de caoutchouc d'un diamètre d'environ 1 cm. Insérer l'extrémité d'une paille translucide dans ce trou. Fixer la paille avec de la colle. Placer le tube au-dessus d'un verre rempli d'eau, de telle sorte que l'autre extrémité de la paille trempe dans l'eau. Souffler dans le tube. Observer l'eau qui monte dans la paille.

▶ **Voir aussi «L'aile [1799]» dans le thème de technologie «Les techniques du mouvement».**

1742. Le physicien et astronome suédois Anders CELSIUS (1701-1744) invente l'échelle des températures Celsius, sur laquelle 100° est la température de solidification de l'eau et 0° sa température d'ébullition. (Cette échelle a plus tard été inversée, avec 0° comme température de solidification de l'eau et 100° comme température d'ébullition.)

L'ÉCHELLE CELSIUS

Conception fréquente à l'époque et chez certains élèves

Il ne peut exister plus d'une échelle de température.

Concepts scientifiques actuels

Sur l'échelle Celsius modernisée, 0° est la température de solidification de l'eau, et 100°, sa température d'ébullition.

Activités (8 ans et plus)

- Mesurer diverses températures avec un thermomètre non gradué.
- Inventer une échelle de température, graduer un thermomètre avec cette échelle et mesurer diverses températures avec le thermomètre.
- Mesurer des températures avec un thermomètre gradué en degrés Celsius.
- Mesurer des températures avec un thermomètre gradué en degrés Celsius et calculer les températures de l'ancienne échelle inverse (exemple : le 70° de l'échelle moderne équivaut au 30° de l'ancienne échelle inventée par Celsius).

1760. Le physicien et chimiste écossais Joseph BLACK (1728-1799) découvre la chaleur spécifique, appelée aussi « capacité calorifique » (quantité d'énergie nécessaire pour augmenter la température d'un corps), qui est fonction de la nature du corps. Il découvre aussi la chaleur latente (quantité de chaleur nécessaire pour passer d'un état à un autre, sans changement de température) et devient ainsi le premier à distinguer nettement chaleur et température.

LA CHALEUR SPÉCIFIQUE

Conception fréquente à l'époque et chez certains élèves

La température de tous les corps augmente de la même façon avec la même quantité d'énergie calorifique.

Concepts scientifiques actuels

La chaleur spécifique, ou capacité calorifique, est la quantité d'énergie nécessaire pour augmenter de 1 degré Celsius ou 1 Kelvin la température de 1 g d'un corps. Elle peut se mesurer en calorie pargramme par degré Celsius. L'eau est l'une des substances courantes dont la chaleur spécifique est la plus grande, ce qui explique qu'il faut dépenser beaucoup d'énergie pour la chauffer.

Exercice et activité (12 ans et plus)

- Consulter une table des chaleurs spécifiques de divers corps.
- Comparer la chaleur spécifique de l'aluminium et du cuivre de la façon suivante. Se procurer un cylindre d'aluminium plein et un cylindre de cuivre plein qui ont exactement la même masse (matériel de laboratoire). Faire chauffer les deux cylindres dans de l'eau bouillante pendant deux minutes. Retirer les deux cylindres de l'eau bouillante,

plonger le cylindre d'aluminium dans un verre de polystyrène rempli d'eau froide et plonger le cylindre de cuivre dans un autre verre de polystyrène rempli de la même quantité d'eau froide à la même température. Attendre cinq minutes puis mesurer la température de l'eau dans chacun des verres. Constater que la température de l'eau n'augmente pas autant dans l'un des deux verres.

LA CHALEUR LATENTE

Conception fréquente à l'époque et chez certains élèves

Le fait de chauffer un corps entraîne toujours une augmentation de la température.

Concepts scientifiques actuels

La chaleur latente de transformation d'un corps est la quantité de chaleur nécessaire pour faire passer, en restant à la même température, un gramme de ce corps d'un état à l'autre. Par exemple, la chaleur latente de fusion de la glace est de 80 cal/g.

Activité (12 ans et plus)

À l'aide d'un élément chauffant, faire fondre de la glace placée dans un récipient en métal ou en pyrex, tout en mesurant la température à l'intérieur du récipient au moyen d'un thermomètre. Constater que, même si l'on chauffe très fort, il n'y a pas d'augmentation de la température au moment où la glace se transforme en eau.

1789. Le chimiste et physicien britannique sir Humphry DAVY (1778-1829) et le physicien anglais Benjamin THOMPSON, comte de Rumford (1753-1814), mesurent avec précision la chaleur qui peut être engendrée par frottement et essaient d'ébranler l'hypothèse du calorique (selon laquelle la chaleur est un fluide impondérable) en affirmant que la chaleur est plutôt une forme d'énergie, mais ils ne parviennent pas à convaincre la communauté scientifique de l'époque.

LE FROTTEMENT ET LA CHALEUR

Conception fréquente à l'époque et chez certains élèves

La chaleur est un fluide sans masse qui s'échappe des objets chauds.

Concepts scientifiques actuels

La chaleur est une forme d'énergie qui correspond à l'énergie cinétique des atomes ou des molécules de la matière. Un travail mécanique peut engendrer de la chaleur (exemple: frottement).

Activités et exercice (8 ans et plus)

- Frotter rapidement deux morceaux de bois l'un contre l'autre. Constater que le frottement rend les morceaux de bois très chauds.
- Mettre un peu de mélasse ou du sirop de maïs (qui doivent être à la température de la pièce) dans un petit bol. Battre le liquide pendant plusieurs minutes avec un batteur électrique. Mesurer à nouveau la température du liquide.
- Se documenter pour répondre aux questions suivantes: Existe-t-il des appareils ou dispositifs dans lesquels le frottement peut faire augmenter la chaleur de façon dangereuse (exemples: freins de voiture, pistons à l'intérieur d'un cylindre, etc.)? Comment peut-on éviter la surchauffe?

1798. Le physicien français Jacques CHARLES (1746-1823) découvre la *loi de Charles*, selon laquelle le rapport entre la température et la pression à volume constant d'un gaz est constant, anticipant ainsi la loi qui sera énoncée par Gay-Lussac en 1802.

1799. L'inventeur anglais George CAYLEY (1773-1857) définit les forces qui agissent sur une aile et lui permettent de se maintenir dans les airs.

► **Voir l'activité « L'aile (1799) » dans le thème de technologie « Les techniques du mouvement ».**

1800. Le physicien et astronome britannique William HERSCHEL (1738-1822) découvre le rayonnement invisible situé en deçà de la lumière rouge et qui sera plus tard appelé rayonnement infrarouge.

LE RAYONNEMENT INFRAROUGE

Conception fréquente à l'époque et chez certains élèves

Tous les rayonnements sont visibles.

Concepts scientifiques actuels

Le rayonnement électromagnétique comprend toute une famille d'ondes formées des oscillations de champs électriques et magnétiques. Contrairement aux ondes sonores, elles peuvent se déplacer dans le vide. Par ordre de longueur d'onde décroissante (ou de fréquence croissante), on retrouve les ondes radio, les micro-ondes, les ondes radar, les ondes infrarouges, la lumière visible rouge, la lumière visible jaune, la lumière visible bleue, les ondes ultraviolettes, les rayons X, les rayons gamma et les rayons cosmiques. D'une façon générale, plus la longueur d'onde est courte (ou plus la fréquence est élevée), plus ces ondes sont dangereuses. Leur vitesse dans le vide est de 300 000 km/sec. Ces ondes peuvent aussi être décrites sous forme de particules appelées photons.

Activité et exercices (8 ans et plus)

- Installer une lampe infrarouge de façon à ce qu'elle puisse garder chauds les aliments d'une assiette.
- Trouver des exemples d'appareils qui émettent du rayonnement infrarouge (exemples: éléments d'une cuisinière, éléments d'un grille-pain, radiateur électrique, etc.).
- Se documenter pour répondre à la question suivante: Quels sont les faits saillants de la vie de William Herschel? (Exemples: William Herschel fut nommé astronome du roi en 1872. Il faisait ses recherches avec sa sœur Caroline.)

▶ **Voir «L'élément chauffant (1892)» dans le thème de physique «Les techniques de la chaleur».**

Le XIXe siècle

1802. Le physicien et chimiste français Louis Joseph GAY-LUSSAC (1778-1850) découvre la *loi de Gay-Lussac*, selon laquelle le volume d'un gaz est proportionnel à sa température absolue.

La loi de Gay-Lussac

Conception fréquente à l'époque et chez certains élèves

Le volume d'un gaz est constant.

Concepts scientifiques actuels

Le volume d'un gaz est proportionnel à sa température absolue. Plus la température augmente, plus le volume du gaz augmente.

Activités et exercice (8 ans et plus)

- Fixer un ballon de baudruche dégonflé sur le goulot d'une bouteille en plastique de deux litres à la température de la pièce. Placer la bouteille pendant cinq minutes dans un bac rempli de glaçons. Observer. Placer ensuite la bouteille dans un autre bac rempli d'eau très chaude. Observer.
- À l'aide d'un contenant en pyrex (exemple: erlenmeyer de laboratoire) vide, muni d'un bouchon percé auquel est fixé un tuyau flexible dont l'autre extrémité est plongée dans un récipient rempli d'eau, constater qu'une augmentation de la température du contenant en pyrex entraîne une augmentation du volume de l'air et la formation de bulles dans le récipient rempli d'eau.
- Placer une seringue à moitié remplie d'air (et munie d'un bouchon d'étanchéité) dans un contenant rempli de glace fondante. Placer aussi un thermomètre dans le contenant. Déposer le contenant sur une plaque chauffante. Constater qu'une augmentation de la température de l'eau entraîne une augmentation du volume de l'air dans la seringue.
- Répondre à la question suivante: Pourquoi est-il dangereux de placer une canette aérosol dans un endroit très chaud?

1807. Le mathématicien et physicien français Joseph FOURIER (1768-1830) propose sa théorie sur la conduction de la chaleur, développée en utilisant des séries trigonométriques qui portent maintenant son nom.

1819. Les physiciens et chimistes français Pierre DULONG (1785-1838) et Alexis PETIT (1791-1820) établissent une relation entre le poids atomique d'un élément et sa chaleur spécifique (quantité de chaleur nécessaire pour élever de 1 °C la température de 1 g de matière).

► **Voir « Le poids atomique et la chaleur spécifique (1819) » dans le thème de chimie « Les éléments, les composés et les réactions chimiques ».**

1824. Le physicien et mathématicien français Sadi CARNOT (1796-1832) énonce une première formulation du deuxième principe de la thermodynamique, lequel sera précisé en 1850 quand Clausius et Thomson (lord Kelvin) introduiront le concept d'entropie.

1827. Le botaniste écossais Robert BROWN (1773-1858) découvre le *mouvement brownien*, agitation continuelle de grains de pollen placés dans un liquide ou un gaz. Brown, qui est vitaliste, croit toutefois que les grains de pollen se comportent un peu comme de spermatozoïdes. Einstein montrera, en 1905, que ce mouvement brownien est une conséquence de l'existence des atomes.

► **Voir « Le mouvement brownien (1827) » dans le thème de physique « La structure de la matière ».**

1834. Le physicien français Émile CLAPEYRON (1799-1864) sauve de l'oubli et précise les travaux effectués en 1824 par Carnot au sujet du deuxième principe de la thermodynamique.

1842. Le médecin allemand Robert von MAYER (1814-1878), qui déduit de ses observations que la chaleur du corps humain provient de la conversion de l'énergie chimique des aliments, propose une première formulation du premier principe de la thermodynamique (principe de la conservation de l'énergie), selon lequel, lors du passage d'une forme d'énergie à une autre, la quantité d'énergie avant et après est la même. Ce principe sera formulé avec plus de précision par Helmholtz en 1847.

► **Voir « L'alimentation et l'énergie (1842) » dans le thème de biologie « La cellule et la chimie du vivant ».**

1842. Le physicien anglais James JOULE (1818-1889) détermine l'équivalent mécanique de la calorie en mesurant l'augmentation de la température d'un liquide dans lequel tournent des pales et démontre ainsi que la chaleur, tout comme le travail mécanique, correspond à un transfert d'énergie.

L'ÉQUIVALENT MÉCANIQUE DE LA CALORIE

Conception fréquente à l'époque et chez certains élèves

Il n'y a pas d'équivalence entre la chaleur et le travail mécanique.

Concepts scientifiques actuels

La chaleur est une forme d'énergie au même titre que l'énergie cinétique ou l'énergie potentielle. En faisant tourner des pales dans un liquide, l'énergie mécanique des pales se transforme en chaleur, par le frottement entre les pales et le liquide, et fait graduellement augmenter la température du liquide. Une calorie (égale à 4,18 joules dans le système international moderne) est la quantité de chaleur nécessaire pour élever d'un degré Celsius la température d'un gramme d'eau.

Activités et exercice (8 ans et plus)

- À l'aide d'un thermomètre, mesurer l'augmentation de la température d'une quantité d'eau agitée rapidement par un batteur électrique.
- À l'aide d'un appareil de laboratoire pour l'expérience de Joule (disponible chez certains fournisseurs de matériel scientifique), trouver la quantité de chaleur dégagée par un travail.
- Se documenter pour répondre à la question suivante: Quels sont les faits saillants de la vie de James Joule? (Exemple: James Joule était indépendant de fortune et a pu consacrer sa vie à la recherche scientifique.)

1847. Le mathématicien, physicien et physiologiste allemand Hermann von HELMHOLTZ (1821-1894) formule le principe de la conservation de l'énergie, qui avait été prévu par von Mayer en 1842.

1848. Le physicien britannique William Thomson (lord KELVIN) (1824-1907) énonce l'équation d'état des gaz parfaits: $PV = nRT$, où P est la pression du gaz, V, est le volume du gaz, n, le nombre de moles du gaz, R, une constante et T, la température du gaz.

L'ÉQUATION D'ÉTAT DES GAZ PARFAITS

Conception fréquente à l'époque et chez certains élèves

Il est impossible d'exprimer la relation entre la pression, le volume et la température d'un gaz à l'aide d'une seule équation simple.

Concepts scientifiques actuels

Bien qu'aucun gaz réel ne s'y conforme exactement, l'équation des gaz parfaits permet de décrire le comportement physique d'un gaz. Cette équation, synthèse des *lois de Boyle-Mariotte*, *de Gay-Lussac* et *de Charles*, établit la relation entre la pression, le volume et la température d'un gaz.

Activité et exercice (12 ans et plus)

- Résoudre des équations dans lesquelles la pression, le volume ou la température est l'inconnue dont il faut trouver la valeur.
- Se documenter pour répondre à la question suivante: Quels sont les faits saillants de la vie William Thomson (lord Kelvin)? (Exemple: William Thomson fut fait chevalier en 1866 et baron en 1892, en reconnaissance de ses nombreuses contributions à la science.)

▶ Voir aussi «La loi de Boyle-Mariotte (1661)» dans ce même thème.

▶ Voir aussi «La loi de Gay-Lussac (1802)» dans ce même thème.

▶ Voir aussi «Le refroidissement causé par l'expansion d'un gaz (1852)» dans ce même thème.

1850. Le physicien allemand Rudolf CLAUSIUS (1822-1888) et le physicien britannique William Thomson (lord KELVIN) (1824-1907) introduisent, de façon indépendante, le concept d'entropie et précisent ainsi le deuxième principe de la thermodynamique énoncé par Carnot en 1824.

1852. Les physiciens britanniques James JOULE (1818-1889) et William Thomson (lord KELVIN) (1824-1907) découvrent le refroidissement causé par l'expansion d'un gaz.

LE REFROIDISSEMENT CAUSÉ PAR L'EXPANSION D'UN GAZ

Conception fréquente à l'époque et chez certains élèves

L'expansion d'un gaz ne produit pas d'effet thermique.

Concepts scientifiques actuels

Le refroidissement causé par l'expansion d'un gaz, appelé effet Joule-Thomson, survient quand un gaz se détend lentement après une compression. Le rendement de cet effet n'est pas très bon pour la fabrication de réfrigérateurs (dans lesquels on utilise plutôt l'effet refroidissant d'une évaporation produite au moyen d'une baisse de pression), mais il est excellent pour liquéfier le gaz lui-même.

Activités et exercice (12 ans et plus)

– À l'aide d'une pompe, effectuer la compression et l'expansion d'un gaz. Observer les effets thermiques associés. (La compression est associée à une augmentation de la température. L'expansion est associée à une diminution de la température.)

– Constater qu'un dépoussiéreur de clavier d'ordinateur à air comprimé devient froid lorsqu'on l'utilise.

– Se documenter pour répondre à la question suivante : Comment produit-on de l'air liquide et de l'azote liquide ?

– Se documenter pour répondre à la question suivante : Quels sont les faits saillants de la vie de James Joule et de William Thomson (lord

Kelvin]? Voir les remarques concernant cette question dans « L'équivalent mécanique de la calorie [1842] » et dans « L'équation des gaz parfaits [1848] » dans ce même thème.

▶ **Voir aussi « Le réfrigérateur [1805] » dans le thème de technologie « Les techniques de la chaleur ».**

1852. Le chimiste français d'origine allemande Victor REGNAULT (1810-1878) montre que les lois qui lient la pression, le volume et la température d'un gaz ne s'appliquent pas parfaitement à plusieurs gaz réels.

1860. Le physicien écossais James Clerk MAXWELL (1831-1879) énonce une loi qui établit un lien entre la température d'un gaz et la distribution des vitesses des molécules qui le constituent.

1861. Le physicien britannique William CROOKES (1832-1919) invente le radiomètre, une ampoule de verre emplie d'un gaz à faible pression et dans laquelle tournent, quand elles sont éclairées, quatre petites feuilles métalliques dont une des faces est noire. Le fonctionnement du radiomètre constitue un argument en faveur de la théorie cinétique des gaz.

▶ **Voir « Le radiomètre (1861) » dans le thème de physique « La structure de la matière ».**

1865. Le physicien écossais James Clerk MAXWELL (1831-1879) identifie la lumière à une onde électromagnétique et démontre théoriquement la possibilité qu'il existe des ondes électromagnétiques de longueur beaucoup plus courte (exemple : rayons X) et beaucoup plus longue (exemple : ondes radio) que la lumière visible.

1865. Le physicien allemand Rudolf CLAUSIUS (1822-1888) applique le concept d'entropie à l'ensemble de l'Univers et en déduit une évolution allant de sa naissance à sa mort.

1868. Le physicien autrichien Ludwig BOLTZMANN (1844-1906) fonde la thermodynamique statistique en précisant la *loi de Maxwell* au sujet de la température des gaz, qui deviendra la *loi de distribution de Maxwell-Boltzmann* (1868). Le principe de base de la thermodynamique statistique est que la pression et la température d'un gaz peuvent être considérées comme des moyennes qui résultent des mouvements d'un très grand nombre de particules.

1872. Le chimiste et physicien écossais James DEWAR (1842-1923) invente un récipient isolant, qui sera plus tard commercialisé sous le nom de *Thermos*, pour la conservation des gaz liquéfiés.

▶ **Voir « Le thermos (1872) » dans le thème de technologie « Les techniques de la chaleur ».**

1873. Le physicien néerlandais Johannes VAN DER WAALS (1837-1923) énonce l'*équation de Van der Waals*, qui permet de calculer les températures de transition liquide-vapeur.

1876. Le physicien américain Willard GIBBS (1839-1903) perfectionne la thermodynamique statistique de Boltzmann et énonce la loi des phases, qui établit un lien entre le nombre de composés d'un mélange, le nombre de phases ou d'états (solide, liquide, gazeux) et des variables telles que la température et la pression.

1884. Le chimiste français Henry LE CHÂTELIER (1850-1936) énonce une première version de son principe selon lequel, lorsqu'une réaction chimique est à l'état d'équilibre, une modification de la température, de la concentration ou de la pression entraînera un déplacement de l'équilibre dans un sens qui s'opposera à cette modification.

1900. Le physicien allemand Max PLANCK (1858-1947) émet l'hypothèse selon laquelle les échanges d'énergie s'effectuent de façon discontinue, créant ainsi la mécanique quantique.

Le XXe siècle

1906. Le physicien allemand Walther NERNST (1864-1941) propose un principe, parfois appelé troisième principe de la thermodynamique, dont la principale conséquence est qu'on ne peut atteindre une température parfaitement égale au zéro absolu.

1924. Le physicien indien Satyendranath BOSE (1894-1974) et le physicien américain d'origine allemande Albert EINSTEIN (1879-1955) formulent la *loi de Bose-Einstein*, qui lie le nombre de photons à la température du milieu.

1946. Invention du four à micro-ondes.

► **Voir « Le four à micro-ondes (1946) » dans le thème de technologie « Les techniques de la chaleur ».**

1971. Découverte du principe de la supraconductivité, selon lequel la résistance de certains métaux est nulle à des températures proches du zéro absolu.

1986. Découverte de céramiques supraconductrices à des températures relativement élevées (35 K).

1987. Des chercheurs de l'Université de Princeton, aux États-Unis, obtiennent, par confinement magnétique, une température de 230 millions de degrés Celsius, soit des centaines de milliers de fois la température de la surface du Soleil.

L'ÉLECTRICITÉ ET LE MAGNÉTISME

L'Antiquité classique

Vers 585 av. J.-C. Le mathématicien et philosophe grec THALÈS de Milet (v. 625-v. 547 av. J.-C.) constate que la magnétite attire le fer. Il fait également des expériences portant sur l'électricité statique qu'il produit en frottant de l'ambre (*electron*, en grec, d'où le mot électricité) et de la soie.

L'ÉLECTRICITÉ STATIQUE

Conception fréquente à l'époque et chez certains élèves

Seuls les aimants permettent d'attirer certains petits objets.

Concepts scientifiques actuels

L'électricité statique résulte du déplacement d'électrons causé par la friction à la surface d'objets peu conducteurs. L'objet qui gagne des électrons (exemples : le morceau d'ambre, la règle de plastique, le ballon de baudruche) devient chargé négativement, tandis que l'objet qui perd des électrons (exemples : la soie, les cheveux ou la laine) devient chargé positivement. Les objets chargés peuvent attirer de petits objets neutres (exemple : petits morceaux de papier), car ils occasionnent un déplacement des charges dans les objets neutres. Lors d'un orage, les éclairs sont causés par l'électricité statique qui s'accumule dans les nuages.

Problème (8 ans et plus)

Peut-on produire de l'électricité statique ?

Matériel :

- Une règle en plastique, un ballon de baudruche, un morceau de mousse de polystyrène, un morceau de moquette, de petits morceaux de papier, un chandail en laine, un chandail en polar, des couvertures de laine et de polyester.

Quelques solutions ou approches possibles :

- Frotter une règle en plastique dans ses cheveux ou contre un morceau de laine. Approcher la règle de petits morceaux de papier. Observer.
- Frotter un ballon de baudruche dans ses cheveux ou contre un morceau de laine. Approcher le ballon de petits morceaux de papier. Observer.

- Frotter un morceau de polystyrène dans ses cheveux ou contre un morceau de laine. Approcher le morceau de polystyrène de petits morceaux de papier. Observer.
- Frotter ses pieds sur un morceau de moquette puis toucher un objet métallique. Observer.
- Placer deux grandes couvertures de laine ou de polyester l'une contre l'autre. Les frotter l'une contre l'autre, puis les séparer rapidement. Observer.
- Enfiler un chandail en polar par-dessus un chandail en laine. Retirer rapidement le chandail en polar. Observer.
- Approcher un objet chargé d'électricité statique d'un mince filet d'eau qui coule d'un robinet. Observer.
- Approcher un objet chargé d'électricité statique d'un électroscope (disponible chez certains fournisseurs de matériel scientifique). Observer le déploiement des feuilles de l'électroscope.

Vers 350 av. J.-C. Les Grecs remarquent qu'un minerai de fer, la magnétite, attire la limaille de fer. Ils constatent également que la magnétite peut aimanter de façon temporaire un morceau de fer.

► **Voir « Les aimants (1558) » dans ce même thème.**

Vers 60 av. J.-C. Le philosophe latin LUCRÈCE (v. 98-55 av. J.-C.) explique les mouvements d'un morceau de fer en présence d'un aimant en imaginant des torrents de corpuscules magnétiques qui s'échappent de l'aimant, heurtent les atomes de fer et provoquent des pressions qui causent des attractions et des répulsions. Cette théorie sera reprise par Gassendi au XVIIe siècle, mais réfutée au XIXe siècle par la théorie du champ magnétique.

Le Moyen Âge

Vers 1120. Premières utilisations, en Chine, de la boussole pour la navigation. (En fait, la boussole était connue, en Chine, dès le IIIe siècle, mais elle était utilisée comme instrument de divination, pour prévoir l'avenir.) La boussole sera connue en Europe vers la fin du XIIe siècle.

► **Voir « La boussole (1120) » dans le thème de sciences de la Terre « Le globe terrestre ».**

La Renaissance

1558. Publication d'une lettre du philosophe français Pierre PÈLERIN DE MARICOURT (XIIIe siècle) qui a étudié le magnétisme, introduit le mot « pôle » et énonce la règle d'attraction des pôles opposés et de répulsion des pôles identiques.

LES AIMANTS

Conception fréquente à l'époque et chez certains élèves

Les aimants ne peuvent que s'attirer.

Concepts scientifiques actuels

Tout aimant possède deux pôles, un pôle nord et un pôle sud, et produit un champ magnétique. Les pôles opposés s'attirent, tandis que les pôles semblables se repoussent. Les aimants attirent les objets faits d'éléments ferromagnétiques, dont les plus courants sont le fer, le cobalt et le nickel.

Activités (8 ans et plus)

- Trouver lesquels des objets suivants sont attirés par un aimant: trombones, punaises, aiguilles, morceaux de papier, cure-dents, billes en verre, perles en plastique, pièces de monnaie, morceaux de divers métaux, etc.
- Aimanter un morceau d'acier en le frottant contre un aimant. (Ce procédé, dit de «la touche», est connu depuis le Moyen Âge.)
- Manipuler des aimants de diverses formes. Constater les attractions et répulsions selon la position des aimants. Trouver l'emplacement des pôles de ces aimants.
- Saupoudrer de la limaille de fer sur une feuille de papier. Placer un aimant droit sous la feuille. Observer la configuration du champ magnétique mise en évidence par la limaille de fer. (Notes: La poudre métallique qui s'accumule dans l'appareil servant à aiguiser les patins est de la limaille de fer. Des boîtes plates de limaille de fer en plastique transparent, très pratiques, sont aussi disponibles chez certains fournisseurs de matériel scientifique.)
- Verser de la limaille de verre dans un grand contenant transparent rempli d'huile végétale. Suspendre un aimant droit par une ficelle et le descendre dans le pot. Observer la configuration du champ magnétique mise en évidence par la limaille de fer.
- Trouver des usages des aimants (exemples: bandes magnétiques qui ceinturent les portes des réfrigérateurs, dessins magnétiques qui collent sur les portes des réfrigérateurs, aimant des ouvre-boîtes électriques, etc.).

1600. Le scientifique anglais William GILBERT (1544-1603) publie le résultat de ses expériences sur le magnétisme, qui montrent que le magnétisme terrestre est l'équivalent de celui qui serait causé par un gigantesque aimant droit reliant le pôle Nord au pôle Sud.

► **Voir « Le magnétisme terrestre (1600) » dans le thème de sciences de la Terre « Le globe terrestre ».**

Vers 1620. Le philosophe français Pierre GASSENDI (1592-1655) reprend une explication déjà proposée par Lucrèce vers 60 av. J.-C., selon laquelle le magnétisme est causé par des particules qui s'échappent des aimants. Cette théorie sera réfutée au XIXe siècle par la théorie du champ magnétique.

Le XVIIe siècle

1672. Le physicien allemand Otto von GUERICKE (1602-1686) conçoit une première machine électrostatique, qui permet de produire des charges d'électricité statique.

LA MACHINE ÉLECTROSTATIQUE

Conception fréquente à l'époque et chez certains élèves

L'électricité statique ne peut être produite qu'en frottant à la main des objets non conducteurs sur des morceaux de tissu.

Concepts scientifiques actuels

La machine électrostatique d'Otto von Guericke était très simple: une manivelle permettait de mettre en rotation, au bout d'un axe horizontal, un bloc de soufre, et un frottement de la main produisait l'électrisation.

Activité (12 ans et plus)

Construire une machine électrostatique simple à l'aide d'un jeu de type Lego-Dacta. Par exemple, un cylindre ou une boule de plastique lisse, tournant rapidement contre un morceau de laine ou de polar, produit de l'électricité statique. On peut mesurer la charge produite par cette machine à l'aide d'un électroscope (disponible chez certains fournisseurs de matériel scientifique).

Le XVIIIe siècle

1729. Le physicien anglais Stephen GRAY (v. 1670-1736) découvre que certains corps, comme le laiton (un alliage de cuivre et de zinc), conduisent l'électricité, tandis que d'autres, comme la soie, l'arrêtent.

LES CONDUCTEURS ET LES ISOLANTS ÉLECTRIQUES

Conception fréquente à l'époque et chez certains élèves

La plupart des matériaux ne conduisent pas l'électricité.

Concepts scientifiques actuels

Les matériaux conducteurs sont ceux qui sont formés d'atomes dont les électrons périphériques peuvent se détacher facilement. Pour cette raison, tous les métaux sont de bons conducteurs. D'autres matériaux, comme le graphite, dont les électrons périphériques peuvent se déplacer assez librement, sont aussi d'assez bons conducteurs. Enfin, certains matériaux, comme le bois ou le plastique, ne conduisent pas l'électricité et sont des isolants.

Activités (8 ans et plus)

- Essayer de faire passer un courant électrique dans toutes sortes d'objets usuels (exemples: objets en métal, en verre, en bois, en plastique, en caoutchouc, en graphite, telle la mine de crayon, en céramique, en porcelaine, etc.). Classer les objets selon qu'ils sont conducteurs ou isolants.
- Faire la même chose de façon virtuelle à l'aide d'un logiciel d'étude de l'électricité (disponible chez certains fournisseurs de matériel scientifique).

1733. Le physicien français Charles François DU FAY (1698-1739) découvre qu'il y a deux «espèces» d'électricité (qui seront plus tard appelées charges positives et négatives) et que les espèces de même nature se repoussent, tandis que les espèces de nature différente s'attirent.

L'ATTRACTION ET LA RÉPULSION ÉLECTRIQUES

Conception fréquente à l'époque et chez certains élèves

Les charges d'électricité statique ne peuvent que s'attirer.

Concepts scientifiques actuels

Les charges de même signe se repoussent (+ et +; – et –), tandis que les charges de signe différent (+ et –) s'attirent.

Activités (8 ans et plus)

- Attacher un ballon de baudruche à une extrémité d'une ficelle et un autre ballon à l'autre extrémité. Frotter les deux ballons de baudruche contre un morceau de laine ou de polar. Laisser pendre les deux ballons en tenant le milieu de la ficelle. Observer la répulsion entre les deux ballons.

- Couper deux bandes dans une feuille de plastique vinylique ou d'acétate de cellulose (plastique pour transparents). Frotter les deux bandes contre un morceau de laine ou de polar. Rapprocher les deux bandes et observer la répulsion.
- Charger un électroscope en le touchant avec un objet chargé. Observer la répulsion des feuilles de l'électroscope.

1746. Le physicien néerlandais Petrus VAN MUSSCHENBROEK (1692-1761) invente à Leyde, en Hollande, la bouteille de Leyde, un dispositif qui permet d'accumuler une charge électrique et qui sera appelé, plus tard, un condensateur électrique.

LE CONDENSATEUR

Conception fréquente à l'époque et chez certains élèves

Il est impossible d'accumuler des charges d'électricité, car elles se dissipent aussitôt créées.

Concepts scientifiques actuels

La bouteille de Leyde est un condensateur rudimentaire, inventé à Leyde, d'où son nom. Ce condensateur est constitué d'une bouteille remplie d'eau dans laquelle plonge une tige métallique traversant le bouchon. Il permet d'accumuler une charge électrique en touchant la tige métallique avec un objet chargé. Les condensateurs modernes sont formés de deux armatures métalliques entre lesquelles est placé un isolant (air, papier ciré ou huilé, mica, verre, plastique, céramique, etc.). Les condensateurs sont couramment employés en électronique, ainsi que dans l'électrotechnique industrielle. La capacité d'un condensateur s'exprime en farads (symbole F), mais on emploie plus couramment ses sous-multiples (microfarad, picofarad).

Activités (12 ans et plus)

- Examiner le dessin ou la photo d'une bouteille de Leyde.
- Construire une bouteille de Leyde et accumuler des charges électriques.
- Examiner des condensateurs modernes.

- Étudier l'influence de la surface des armatures d'un condensateur et de la distance entre elles à l'aide d'un *condensateur d'Œpinus* (disponible chez certains fournisseurs de matériel scientifique).
- Construire un circuit électrique simple comportant un condensateur.
- Se documenter pour répondre à la question suivante : Donner des exemples d'utilisations courantes des condensateurs (exemple : circuits des feux clignotants dans les voitures).

1752. L'homme politique et physicien américain Benjamin FRANKLIN (1706-1790) utilise un cerf-volant muni d'objets métalliques pour montrer que les éclairs sont causés par une décharge électrique, et il invente ainsi le paratonnerre. Il propose une théorie selon laquelle la matière ne comporte qu'un type de « fluide électrique », constitué uniquement de particules répulsives. (Cette théorie sera contredite par Coulomb, vers 1785, qui parlera plutôt de deux types de « fluide électrique », un négatif et un positif.)

LE PARATONNERRE

Conception fréquente à l'époque et chez certains élèves

Les éclairs et l'électricité n'ont rien en commun.

Concepts scientifiques actuels

Le paratonnerre protège un édifice de deux façons. Par temps d'orage, sa pointe métallique émet des électrons, ce qui diminue le potentiel électrique et le risque de décharge dans son voisinage. Par ailleurs, si la foudre le frappe, le courant électrique est conduit dans le sol par un fil métallique de gros calibre.

Exercices et activités (12 ans et plus)

- Se documenter pour répondre à la question suivante : Qu'est-ce que la foudre ?
- Dans l'obscurité, produire des décharges d'électricité statique en frottant une couverture de tissu synthétique contre un drap de coton.
- Produire de fortes décharges d'électricité statique à l'aide d'une *machine de Wimshurt* (disponible chez certains fournisseurs de matériel scientifique).
- Examiner le paratonnerre d'une maison.
- Construire une maquette de maison munie d'un vrai paratonnerre miniature. Dans l'obscurité, approcher un objet chargé d'électricité statique (exemple : une bouteille de Leyde) du paratonnerre miniature. Décrire ce qui se produit.

- Répondre à la question suivante: Est-ce une bonne idée de refaire l'expérience de Franklin et de faire voler un cerf-volant pendant un orage?
- Se documenter pour répondre à la question suivante: Quels sont les faits saillants de la vie de Benjamin Franklin? (Exemple: Benjamin Frankin a aussi joué un rôle important dans la vie politique américaine.)

1767. Le chimiste et physicien anglais Joseph PRIESTLEY (1733-1804) montre qu'une charge électrostatique se concentre sur la surface extérieure d'un corps chargé. Selon lui, les forces électrostatiques varient de façon inversement proportionnelle au carré de la distance.

1776. Le physicien et chimiste britannique Henry CAVENDISH (1731-1810) montre que la charge électrique emmagasinable par un condensateur est proportionnelle à une constante caractéristique: la capacité électrique du condensateur.

1785. Le mathématicien, physicien et astronome français Pierre Simon de LAPLACE (1749-1827) développe la théorie du potentiel pour l'étude de la gravitation.

1785. Le mécanicien, physicien et officier français Charles COULOMB (1736-1806) formule, en électricité statique et en magnétisme, la loi de l'inverse du carré de la distance. Il défend une théorie, contraire à celle proposée par Franklin vers 1752, selon laquelle la matière comporte deux sortes de «fluide électrique», l'un positif, l'autre négatif.

LA LOI DE COULOMB

Conception fréquente à l'époque et chez certains élèves

L'attraction ou la répulsion électriques diminuent de façon linéaire en fonction de la distance: si on double la distance, l'attraction ou la répulsion sont deux fois moins grandes.

Concepts scientifiques actuels

L'attraction ou la répulsion électrique entre deux corps chargés diminuent de façon inversement proportionnelle au carré de la distance: si on double la distance, l'attraction ou la répulsion sont quatre fois moins grandes.

Activité et exercice (12 ans et plus)

- Charger deux ballons de baudruches avec de l'électricité statique et les suspendre à une ficelle. Les placer à 1 cm l'un de l'autre et observer leur répulsion. Les placer ensuite à 2 cm l'un de l'autre et observer leur répulsion.

- Se documenter pour répondre à la question suivante : Quels sont les faits saillants de la vie de Charles Coulomb ? (Exemple : Charles Coulomb a réalisé bon nombre de ses recherches scientifiques dans le cadre de ses fonctions d'ingénieur militaire.)

1790. Le médecin italien Luigi GALVANI (1737-1798) constate qu'il est possible de faire contracter les muscles d'une grenouille décérébrée avec un conducteur constitué de deux métaux différents.

1800. Le physicien italien Alessandro VOLTA (1745-1827) invente la pile électrique, premier dispositif permettant de produire du courant électrique continu. La pile jouera un rôle fondamental dans le progrès de l'électricité au cours du XIXe siècle.

LA PILE ÉLECTRIQUE

Conception fréquente à l'époque et chez certains élèves

Le seul type d'électricité qu'il soit possible de produire facilement est l'électricité statique.

Concepts scientifiques actuels

Une pile est constituée de deux métaux différents qui baignent dans une solution acide. Des réactions chimiques entre les métaux et l'acide entraînent un déplacement d'ions (atomes électriquement chargés) dans la solution et un déplacement d'électrons dans le circuit qui relie les morceaux de métal, ce qui produit un courant électrique.

Exercice et problème (8 ans et plus)

- Se documenter pour répondre à la question suivante : Quels sont les faits saillants de la vie d'Alessandro Volta ? (Exemple : Alessandro Volta, qui était professeur, a réalisé bon nombre de ses découvertes dans le cadre de ses recherches universitaires.)
- Peut-on produire du courant électrique ?

Matériel :

Un citron, un pamplemousse, une orange, du vinaigre, un pot, des morceaux de papier buvard, quelques pièces de 1 ¢, quelques pièces de 5 ¢, quelques morceaux de cuivre, quelques morceaux d'acier, des fils électriques munis de petites pinces crocodile, des écouteurs de baladeur, une DEL (diode électroluminescente, qui s'allume avec très peu de courant), une ampoule de 1,5 volt et un socle dans lequel visser l'ampoule (pour pouvoir la brancher plus facilement).

Quelques solutions ou approches possibles:

1) Tremper un morceau de cuivre et un morceau d'acier dans du vinaigre, tout en faisant en sorte qu'une partie de ces deux morceaux de métal dépasse hors de la solution. Brancher un fil électrique à chacun des morceaux de métal. À l'aide des fils, toucher les deux bornes d'écouteurs de baladeurs. (Les deux bornes sont situées dans la prise des écouteurs et très près l'une de l'autre: une des bornes est à l'extrémité de la prise, l'autre, sur le côté.) On devrait entendre un petit crépitement quand les fils toucheront les bornes. On peut également brancher chacune des bornes d'une DEL à chacun des morceaux de métal.
2) Planter un morceau de cuivre et un morceau d'acier dans un citron, une orange ou un pamplemousse tout en faisant en sorte qu'une partie des morceaux de métal dépasse hors du fruit. Brancher un fil électrique à chacun des morceaux de métal. À l'aide des fils, toucher les deux bornes d'écouteurs de baladeurs. On devrait entendre un petit crépitement quand les fils toucheront les bornes. (Plusieurs fruits branchés en série produisent assez de courant pour allumer une petite ampoule de lampe de poche.) On peut également brancher chacune des bornes d'une DEL à chacun des morceaux de métal.
3) Faire une pile de pièces de monnaie et de morceaux de buvard imbibés de vinaigre dans l'ordre suivant; une pièce de 1 ¢, un morceau de buvard imbibé de vinaigre, une pièce de 5 ¢, un morceau de buvard imbibé de vinaigre, une pièce de 1 ¢, etc. Terminer la pile avec une pièce de 5 ¢. Brancher un fil électrique au premier 1 ¢ et un autre au dernier 5 ¢. À l'aide des fils, toucher les deux bornes d'écouteurs de baladeurs. On devrait entendre un petit crépitement quand les fils toucheront les bornes. On peut également brancher chacune des bornes d'une DEL à chacune des bornes de la pile. Si la «pile» contient plusieurs pièces de monnaie, il est possible qu'elle soit assez forte pour allumer une ampoule.

Le XIXe siècle

Vers 1808. Le mathématicien, physicien et astronome français Pierre Simon de LAPLACE (1749-1827) énonce la *loi de Laplace*, qui donne la force produite par un champ magnétique sur un fil parcouru par un courant électrique.

LA LOI DE LAPLACE

Conception fréquente à l'époque et chez certains élèves

La force produite par un champ magnétique sur un morceau de métal conducteur ne dépend que de la force de l'aimant et de la nature du métal.

Concepts scientifiques actuels

La loi de Laplace donne la force produite par un champ magnétique sur un fil parcouru par un courant électrique. Plus le champ magnétique est fort et plus le courant est intense, plus cette force est grande.

Activités (12 ans et plus)

- Étudier la loi de Laplace à l'aide de rails de Laplace (en vente chez certains fournisseurs de matériel scientifique).
- À l'aide d'une roue de Barlow (disponible chez certains fournisseurs de matériel scientifique), précurseur du moteur électrique, mettre en évidence une application de la loi de Laplace.

1810. Le chimiste et physicien britannique Humphry DAVY (1778-1829) est le premier à produire un arc électrique continu.

L'ARC ÉLECTRIQUE

Conception fréquente à l'époque et chez certains élèves

Un arc électrique ne peut se former que pendant une fraction de seconde, lors d'un éclair ou d'une décharge d'électricité statique.

Concepts scientifiques actuels

L'arc électrique est causé par le passage d'un courant de grande densité entre deux électrodes de potentiel électrique différent. Étant donné que l'arc électrique atteint des températures très élevées, de l'ordre de 4000 °C, et qu'il est très lumineux, il peut être utilisé comme source de chaleur pour la soudure et comme source de lumière dans des projecteurs.

Activités (12 ans et plus)

- Produire un petit arc électrique (discontinu) en approchant et éloignant rapidement deux électrodes reliées à une pile.
- Observer l'éclairage produit par une lampe à arc.
- Visiter un atelier où il se fait de la soudure à arc.

1811. Le mathématicien et physicien français Siméon POISSON (1781-1840) étend à l'électrostatique la théorie du potentiel élaborée en 1785 par Laplace pour la gravitation.

1819. Le physicien et chimiste danois Hans ŒRSTED (1777-1851) constate qu'un courant électrique fait dévier l'aiguille d'une boussole.

LA DÉVIATION D'UNE BOUSSOLE PAR UN COURANT ÉLECTRIQUE

Conception fréquente à l'époque et chez certains élèves

Le magnétisme et l'électricité sont des phénomènes physiques indépendants.

Concepts scientifiques actuels

Tout courant électrique produit un champ magnétique. Ce champ magnétique peut être détecté de diverses façons, entre autres en approchant une boussole du fil ou de l'objet conducteur dans lequel circule le courant.

Activité (8 ans et plus)

Construire un circuit constitué d'une pile, d'un fil et d'une ampoule. Approcher une boussole du fil. Observer le déplacement de la boussole.

1820. Les physiciens français André AMPÈRE (1775-1836) et François ARAGO (1786-1853) inventent l'électroaimant.

L'ÉLECTROAIMANT

Conception fréquente à l'époque et chez certains élèves

Seuls les aimants naturels permettent d'attirer de petits objets métalliques.

Concepts scientifiques actuels

Un électroaimant est constitué d'un noyau en fer (ou d'un composé à base de fer), qui peut être aimanté temporairement, et d'une bobine de fil conducteur isolé entourant le noyau. Le passage d'un courant électrique dans la bobine crée un champ magnétique et aimante le fer. L'aimantation de l'électroaimant apparaît au moment du passage du courant et disparaît plus ou moins complètement, selon la nature du matériau constituant le noyau, après la coupure du courant.

Activité et exercice (8 ans et plus)

- Fabriquer un électroaimant en formant une bobine de plusieurs tours de fil électrique isolé autour d'un gros clou en fer d'environ 8 cm de longueur et en branchant les extrémités du fil aux deux bornes d'une pile d'assez forte intensité. Attirer de petits objets en fer ou en acier avec l'électroaimant. (Sécurité: Ne pas laisser l'électroaimant branché à la pile plus de 15 secondes, pour éviter de surchauffer la pile.)
- Se documenter pour répondre à la question suivante: Quels sont les faits saillants de la vie d'André Ampère? (Exemple: André Ampère, qui a occupé divers postes de professeur en France, a réalisé bon nombre de ses découvertes dans le cadre de ses recherches universitaires.)

1820. L'astronome et physicien français Jean-Baptiste BIOT (1774-1862) et le physicien français Félix SAVART (1791-1841) déterminent la valeur de la force magnétique engendrée par un courant rectiligne.

1821. Le chimiste et physicien britannique Humphry DAVY (1778-1829) découvre le phénomène inverse de celui mis au jour par Œrsted en 1819, c'est-à-dire que le déplacement d'un aimant peut produire du courant électrique.

LE COURANT ÉLECTRIQUE PRODUIT PAR LE DÉPLACEMENT D'UN AIMANT

Conception fréquente à l'époque et chez certains élèves

Le magnétisme et l'électricité sont des phénomènes physiques indépendants.

Concepts scientifiques actuels

La variation d'un champ magnétique produit un courant électrique.

Activité (8 ans et plus)

Constater le courant électrique produit par le déplacement d'un aimant de la façon suivante. 1) Dénuder, sur environ 3 cm, les deux extrémités d'un fil électrique d'une longueur de quelques mètres. 2) Fabriquer une bobine en enroulant le fil 20 à 30 fois autour d'un tube en carton. 3) Relier les deux extrémités du fil à un multimètre (galvanomètre). 4) Introduire un aimant droit dans la bobine, faire un mouvement de va-et-vient avec l'aimant et observer le multimètre. 6) Poser l'aimant sur la table, faire un mouvement de va-et-vient au-dessus de l'aimant avec la bobine et observer le multimètre.

1821. Le physicien et chimiste anglais Michael FARADAY (1791-1867) construit le premier moteur électrique.

LE MOTEUR ÉLECTRIQUE À COURANT CONTINU

Conception fréquente à l'époque et chez certains élèves

Seule la production de vapeur par la combustion d'un combustible permet de faire fonctionner un moteur.

Concepts scientifiques actuels

Le moteur électrique est une application des liens qui existent entre le courant électrique et le champ magnétique. Un moteur électrique simple, qui fonctionne à partir du courant continu produit par une pile, est constitué d'une bobine de fil, dans laquelle circule un courant électrique, qui tourne entre deux électroaimants.

Activités et exercices (12 ans et plus)

- Examiner un schéma du moteur électrique de Faraday.
- Faire fonctionner un petit moteur électrique à l'aide du courant continu fourni par une pile électrique.

- Se documenter pour trouver un modèle simple de petit moteur électrique à courant continu et fabriquer ce moteur. (Il existe, par exemple, un modèle constitué d'un gros trombone entouré de fil, placé entre deux électroaimants formés tous les deux d'un gros clou entouré de fil.)
- Se documenter pour répondre à la question suivante: Quels sont les faits saillants de la vie de Michael Faraday? (Exemples: Bien qu'il ait été en bonne partie autodidacte, Michael Faraday est devenu professeur de chimie à l'université. Il a souvent donné des conférences publiques très appréciées. Il a refusé de participer à la mise au point d'armes chimiques pour l'armée.)

1822. Le physicien français André AMPÈRE (1775-1836), qui s'inspire des théories analytiques de la mécanique, établit les lois de l'électrodynamique, dans lesquelles il définit et distingue l'intensité et la différence de potentiel dans un courant.

1825. Le physicien allemand Georg OHM (1789-1854) découvre la *loi d'Ohm,* qui établit la relation entre la différence de potentiel, la résistance et l'intensité du courant.

LA LOI D'OHM

Conception fréquente à l'époque et chez certains élèves

L'ampérage (intensité du courant) et la différence de potentiel (voltage) désignent tous deux la «force du courant».

Concepts scientifiques actuels

Selon la loi d'Ohm, la tension (ou voltage) V qu'on applique aux extrémités d'un conducteur métallique est égale à la résistance R de ce conducteur, multipliée par le courant électrique I qui le traverse ($V = RI$).

Activités (12 ans et plus)

- Construire un circuit électrique qui comporte une source variable de courant continu (ou un nombre variable de piles), un interrupteur, un ampèremètre, une résistance, un voltmètre et une lampe témoin. (La résistance et le voltmètre doivent être branchés en parallèle.) Observer la relation entre l'intensité du courant (mesurée en ampères) et la tension (mesurée en volts).
- Faire la même chose à l'aide d'un système d'expérimentation assistée par ordinateur (disponible chez certains fournisseurs de matériel scientifique).

- Faire la même chose de façon virtuelle à l'aide d'un logiciel d'étude de l'électricité (disponible chez certains fournisseurs de matériel scientifique).

1825. Le physicien italien Leopoldo NOBILI (1787-1835) perfectionne le galvanomètre, basé sur le principe, découvert par Œrsted en 1819, de la déviation d'une boussole par un courant électrique.

LE GALVANOMÈTRE

Conception fréquente à l'époque et chez certains élèves

Il est impossible de mesurer l'intensité exacte d'un courant électrique.

Concepts scientifiques actuels

Le galvanomètre est un appareil qui permet de mesurer des courants électriques. Il est constitué d'un aimant et d'une bobine de fil dans laquelle on fait passer un courant électrique. Il en résulte, selon les modèles, un déplacement mesurable de la bobine ou de l'aimant qui est proportionnel au courant.

Activités (12 ans et plus)

- Construire un galvanomètre rudimentaire selon le principe présenté dans «La déviation d'une boussole par un courant électrique (1819)» dans ce même thème.
- Mesurer un courant électrique à l'aide d'un galvanomètre ou d'un multimètre de laboratoire.

1828. L'astronome, mathématicien et physicien allemand Carl Friedrich GAUSS (1777-1855) et le mathématicien anglais George GREEN (1793-1841) développent la théorie du potentiel électrostatique introduite par Poisson en 1811. Green l'étend aussi à l'étude du magnétisme.

1831. Le physicien et chimiste anglais Michael FARADAY (1791-1867) précise la découverte faite par Davy en 1821 et démontre l'induction électromagnétique, c'est-à-dire le courant électrique causé par la variation d'un champ magnétique.

L'INDUCTION ÉLECTROMAGNÉTIQUE

Conception fréquente à l'époque et chez certains élèves

Tout champ magnétique produit un courant électrique.

Concepts scientifiques actuels

Selon le principe de l'induction électromagnétique, bien que la présence d'un courant électrique constant cause un champ magnétique constant, ce n'est pas la simple présence d'un champ magnétique, mais plutôt la variation de ce champ magnétique qui cause un courant électrique.

Activités et exercice (12 ans et plus)

- Constater l'induction électromagnétique entre deux circuits. Le premier circuit comporte un générateur et un électroaimant, tandis que le deuxième circuit comporte un électroaimant et un multimètre. (Les deux électroaimants doivent être placés très près l'un de l'autre.) La variation du courant dans le premier circuit cause un courant électrique dans le second.
- Faire la même chose de façon virtuelle à l'aide d'un logiciel d'étude de l'électricité (disponible chez certains fournisseurs de matériel scientifique).
- Se documenter pour répondre à la question suivante: Quels sont les faits saillants de la vie de Michael Faraday? Voir les remarques portant sur cette même question dans «Le moteur électrique à courant continu (1821)» dans le même thème.

1832. Le physicien américain Joseph HENRY (1797-1878) découvre l'auto-induction, phénomène selon lequel, dans un circuit électrique, une variation du courant électrique et du flux magnétique produit une force électromagnétique qui s'oppose à cette variation.

L'AUTO-INDUCTION

Conception fréquente à l'époque et chez certains élèves

Une variation du courant électrique ne produit aucun effet particulier.

Concepts scientifiques actuels

L'auto-induction est un phénomène selon lequel, dans un circuit électrique, une variation du courant électrique et du flux magnétique produit une force électromagnétique qui s'oppose à cette variation.

L'auto-induction se constate particulièrement quand le courant électrique circule dans une bobine.

Activités (12 ans et plus)

- Constater l'effet de l'auto-induction dans un circuit composé d'une bobine et d'un multimètre.
- Faire la même chose de façon virtuelle à l'aide d'un logiciel d'étude de l'électricité (disponible chez certains fournisseurs de matériel scientifique).

1835. L'inventeur américain Samuel MORSE (1791-1872) et le physicien américain Joseph HENRY (1797-1878) inventent le télégraphe électromagnétique. Morse invente aussi le *code Morse* pour la télégraphie.

► **Voir « Le télégraphe électromagnétique (1835) » dans le thème de technologie « Les techniques de la lumière, du son et des communications ».**

1837. Le physicien et chimiste anglais Michael FARADAY (1791-1867) fait une démonstration de la première cage de Faraday et montre qu'il ne peut se former de champ électrique à l'intérieur d'un volume délimité par une surface conductrice.

LA CAGE DE FARADAY

Conception fréquente à l'époque et chez certains élèves

Un champ électrique peut se former partout.

Concepts scientifiques actuels

La *cage de Faraday* est un écran électrostatique à mailles métalliques semblable à une cage plus ou moins grande. Cette structure métallique distribue les charges de conduction d'un champ électrique externe, de façon à annuler tout champ électrique à l'intérieur. Les applications technologiques de la *cage de Faraday* sont nombreuses. Par exemple, les salles d'opération des hôpitaux sont entourées d'une *cage de Faraday* pour empêcher que les appareils électroniques, tels que les électrocardiogrammes, soient perturbés par les ondes des chaînes de radio et de télévision.

Activité et exercices (12 ans et plus)

- Écouter une chaîne de radio à l'aide d'un petit poste transistor. Placer le poste à l'intérieur d'une cage métallique aux mailles relativement serrées et comparer la qualité de la réception.

- Répondre à la question suivante : Pourquoi une voiture est-elle un bon endroit pour se protéger de la foudre lors d'un orage ?
- Se documenter pour répondre à la question suivante : Quels sont les faits saillants de la vie de Michael Faraday ? Voir les remarques portant sur cette même question dans « Le moteur électrique à courant continu (1821) » dans le même thème.

1839. Le physicien anglais William Robert GROVE (1811-1896) invente la première pile à gaz (à oxygène, à hydrogène et à électrodes de platine), ancêtre des piles à combustible. Les piles à combustible ne seront toutefois couramment utilisées qu'à partir du milieu du XXe siècle, notamment comme source d'énergie électrique lors des vols spatiaux.

LA PILE À COMBUSTIBLE

Conception fréquente à l'époque et chez certains élèves

Toute pile est constituée de deux métaux différents qui baignent dans une solution acide.

Concepts scientifiques actuels

Une pile à combustible est un système électrochimique dans lequel l'énergie chimique fournie aux électrodes par diverses substances est transformée directement en courant électrique. Par exemple, dans une pile à hydrogène-oxygène, le modèle le plus courant, l'hydrogène cède des électrons à la cathode, l'oxygène reçoit des électrons de la cathode et les deux éléments se combinent, produisant de l'eau (H_2O) qui est rejetée à l'extérieur de la pile.

Activités et exercice (12 ans et plus)

- Examiner un schéma et des photographies de pile à combustible.
- À l'aide d'une petite pile à combustible de démonstration (exemples : pile à hydrogène-oxygène ou pile à méthanol) et d'un multimètre (disponibles chez certains fournisseurs de matériel scientifique), observer la production de courant électrique.
- Se documenter pour répondre à la question suivante : Quels sont les avantages et les inconvénients des piles à combustible, notamment pour la fabrication de voitures électriques ?
- **Voir « La voiture électrique (1891) » et « La voiture hybride (1990) » dans le thème de biologie « L'environnement ».**

1841. Le physicien britannique James JOULE (1818-1889) complète la loi établie par Ohm, en 1825, en énonçant l'*effet Joule* qui relie l'intensité d'un courant et la chaleur qu'il produit.

L'ÉLECTROTHERMIE

Conception fréquente à l'époque et chez certains élèves

Il n'y a pas de lien entre l'intensité d'un courant et la chaleur produite.

Concepts scientifiques actuels

Lors du passage d'un courant dans un conducteur, il se produit une transformation d'une partie de l'énergie électrique en énergie thermique. Plus la résistance du conducteur est grande, plus la chaleur dégagée est grande. Ce phénomène est connu sous le nom d'effet Joule, du nom de son découvreur. Il permet la construction de fours, d'éléments chauffants, de lampes et autres appareils qui chauffent sous l'effet d'un courant électrique.

Activités et exercices (12 ans et plus)

- À l'aide d'un circuit constitué d'une pile et d'une résistance, constater la chaleur dégagée par la résistance. Augmenter l'intensité du courant (en ajoutant une pile, par exemple) et constater l'augmentation de la chaleur dégagée.
- Se documenter pour répondre à la question suivante : Quelle est l'importance de l'effet Joule dans les lignes de transmission de l'électricité ?
- Se documenter pour répondre à la question suivante : L'effet Joule pourrait-il être utilisé pour faire fondre du verglas accumulé sur des lignes à haute tension ?
- Trouver des exemples d'appareils électriques qui dégagent de la chaleur.
- Se documenter pour répondre à la question suivante : Quels sont les faits saillants de la vie de James Joule ? Voir les remarques portant sur cette même question dans « L'équivalent mécanique de la calorie (1842) » dans le thème de physique « La chaleur et la pression ».

▸ **Voir l'activité « L'élément chauffant (1892) » dans le thème de technologie « Les techniques de la chaleur ».**

1845. Le physicien allemand Gustav KIRCHHOFF (1824-1887) complète et généralise le concept de lien entre la chaleur et le courant électrique énoncé par Joule en 1841.

1854. Le souffleur de verre allemand Heinrich GEISSLER (1814-1879) invente le *tube de Geissler,* ancêtre du tube à décharge.

► **Voir « Le tube à décharge (1870) » dans ce même thème.**

1863. Invention, en France, des premiers alternateurs produisant du courant alternatif.

► **Voir « L'alternateur et le moteur à induction (1888) » dans ce même thème.**

1865. Le physicien écossais James Clerk MAXWELL (1831-1879) identifie la lumière à une onde électromagnétique et démontre théoriquement la possibilité qu'il existe des ondes électromagnétiques beaucoup plus courtes (exemple : rayons X) et beaucoup plus longues (exemple : ondes radio) que la lumière visible.

1867. L'ingénieur allemand Ernst Werner von SIEMENS (1816-1892) découvre le principe de la dynamo, ou machine dynamoélectrique, qui pourrait générer du courant continu.

► **Voir « La dynamo (1871) » dans ce même thème.**

1868. Le physicien allemand Johann Wilhelm HITTORF (1824-1914) découvre les rayons cathodiques, des rayons constitués d'électrons qui se déplacent dans un tube à décharge électrique à basse pression.

LES RAYONS CATHODIQUES

Conception fréquente à l'époque et chez certains élèves

Les seuls « rayons » qui existent sont les rayons de lumière.

Concepts scientifiques actuels

Les rayons cathodiques sont des rayons constitués d'électrons qui sont émis par la cathode d'un tube électronique ou par un canon à électrons. Ils se propagent en ligne droite dans le vide, mais peuvent être déviés par un champ magnétique ou électrique. Les rayons cathodiques sont à la base de la télévision, car ce sont eux qui forment l'image sur l'écran fluorescent d'un téléviseur.

Activités (12 ans et plus)

- Examiner un schéma du fonctionnement d'un tube à rayons cathodiques.
- Observer un faisceau d'électrons à l'intérieur d'un tube à faisceau d'électrons (disponible chez certains fournisseurs de matériel scientifique).
- Examiner divers modèles de tubes à rayons cathodiques (téléviseur, oscilloscope, écran conventionnel d'ordinateur, etc.)

Vers 1870. Le physicien britannique William CROOKES (1832-1919) améliore le tube à décharge inventé par Geissler en 1854.

LE TUBE À DÉCHARGE

Conception fréquente à l'époque et chez certains élèves

Seule une combustion permet de produire de la lumière.

Concepts scientifiques actuels

Un tube à décharge est un tube contenant un gaz rare et deux électrodes. Lorsque la tension entre deux électrodes est suffisante, la décharge produite entraîne l'ionisation des atomes du gaz, ce qui les rend lumineux. Ces tubes sont notamment utilisés pour la publicité lumineuse : tubes au néon (rouges), tubes au néon mélangé d'argon et de mercure (bleus), tubes à hélium (rose pâle), etc. Les lampes à fluorescence domestiques sont des tubes à décharge remplis de vapeur de mercure qui émettent un rayonnement ultraviolet, ce qui rend fluorescent le phosphore qui recouvre l'intérieur du tube.

Activité et exercice (8 ans et plus)

- Observer la lumière produite par divers types de tubes à décharge.
- Se documenter pour répondre à la question suivante : Comment se compare la consommation d'électricité d'une lampe à fluorescence avec celle d'une ampoule électrique de même intensité lumineuse ?

1871. Le physicien belge Zénobe GRAMME (1826-1901) met au point la première dynamo, ou machine dynamoélectrique, qui génère du courant continu. (On s'est rendu compte par hasard, en 1873, que cette machine est parfaitement réversible, c'est-à-dire qu'en envoyant du courant dans une dynamo, elle se met à tourner et devient un moteur électrique.)

LA DYNAMO

Conception fréquente à l'époque et chez certains élèves

Seule une pile électrique permet de produire du courant continu.

Concepts scientifiques actuels

Dans sa forme la plus simple, la dynamo est une bobine de fil électrique qui tourne à l'intérieur d'un aimant en forme de U. Elle produit un courant électrique qui s'inverse à chaque demi-tour, mais qui peut être redressé et devient alors un courant continu. De nos jours, les dynamos ont cédé la place aux alternateurs, qui produisent un courant plus intense et plus facile à distribuer.

Activités (12 ans et plus)

- Faire fonctionner une dynamo (disponible chez certains fournisseurs de matériel scientifique).
- Constater la réversibilité de la dynamo.
- Se documenter pour trouver un modèle simple de petite dynamo et en fabriquer une. (Les composantes de base sont un gros aimant en U et une bobine de fil électrique.)

1873. Le physicien écossais James MAXWELL (1831-1879) unifie les théories de l'électricité et du magnétisme en formulant les lois générales de l'électromagnétisme, appelées *lois de Maxwell*. Celles-ci montrent que le champ électrique, le champ magnétique et la lumière sont toutes des ondes du même type (les ondes électromagnétiques) qui se déplacent à la même vitesse.

L'ÉLECTROMAGNÉTISME

Conception fréquente à l'époque et chez certains élèves

Il n'y a pas de lien facilement quantifiable entre l'électricité et le magnétisme.

Concepts scientifiques actuels

Le magnétisme et l'électricité sont liés par le fait qu'un courant électrique crée une induction magnétique et qu'un aimant en mouvement peut induire un courant. En effet, le courant électrique peut faire dévier l'aiguille d'une boussole et à l'inverse le mouvement d'un aimant près d'un fil peut occasionner un courant électrique. Les lois générales de l'électromagnétisme formalisent, de façon mathématique, ces liens entre le magnétisme et l'électricité.

Activités et exercice (12 ans et plus)

- Entourer une boussole avec du fil électrique. Faire passer le courant produit par une pile dans le fil. Observer la boussole.
- Déplacer un aimant à l'intérieur d'une bobine de fil branchée à un multimètre très sensible et noter la présence de courant électrique.

- Actionner une dynamo à manivelle (ou la dynamo qui permet d'allumer le phare d'une bicyclette) et constater la production de courant électrique au moyen d'une ampoule.
- Construire un électroaimant en enroulant des dizaines de tours de fil isolé autour d'un clou et en branchant les deux extrémités du fil à une pile.
- Faire fonctionner un petit moteur électrique (disponible chez certains fournisseurs de matériel scientifique).
- Faire toutes les activités précédentes de façon virtuelle à l'aide d'un logiciel d'étude de l'électricité (disponible chez certains fournisseurs de matériel scientifique).
- Se documenter pour répondre à la question suivante: Quels sont les faits saillants de la vie de James Maxwell? (Exemples: James Maxwell, qui a occupé divers postes de professeur, a fait ses découvertes et énoncé ses théories dans le cadre de ses recherches universitaires. Il a fondé un important laboratoire de physique expérimentale.)

1874. Un étudiant canadien invente l'ampoule électrique et vend le brevet à Edison, qui la perfectionnera en 1879.

1876. L'inventeur américain Alexander Graham BELL (1847-1922) invente le téléphone.

► **Voir « Le téléphone (1876) » dans le thème de technologie « Les techniques de la lumière, du son et des communications ».**

1877. L'inventeur américain Thomas EDISON (1847-1931) invente le phonographe et réalise le premier enregistrement d'un son.

► **Voir « Le gramophone (1888) » dans le thème de technologie « Les techniques de la lumière, du son et des communications ».**

1879. Le physicien anglais Joseph SWAN (1828-1914) et l'inventeur américain Thomas EDISON (1847-1931) perfectionnent l'ampoule électrique inventée par un étudiant canadien en 1874.

► **Voir « L'ampoule électrique (1879) » dans le thème de technologie « Les techniques de la lumière, du son et des communications ».**

1880. Le physicien français Pierre CURIE (1859-1906) découvre la piézoélectricité.

► **Voir « La piézoélectricité (1880) » dans le thème de physique « La structure de la matière ».**

1881. Le physicien irlandais George STONEY (1826-1911) émet l'hypothèse qu'il existe dans l'atome une particule porteuse d'une charge négative qu'il appelle « électron ».

1882. L'inventeur américain Thomas EDISON (1847-1931) construit, à New York, le premier réseau de distribution d'électricité.

1882. Invention du transformateur, qui permet de transporter du courant alternatif en haute tension et de le distribuer en basse tension.

1888. Le physicien américain d'origine croate Nikola TESLA (1856-1943) perfectionne l'alternateur, qui produit du courant alternatif, et son inverse, le moteur électrique à induction, qui fonctionne à partir de courant alternatif.

L'ALTERNATEUR ET LE MOTEUR À INDUCTION

Conception fréquente à l'époque et chez certains élèves

Seul un courant électrique continu permet de faire fonctionner un moteur.

Concepts scientifiques actuels

Un alternateur comporte une partie mobile, le rotor, lequel est formé d'aimants entourés de bobines alimentées par un courant continu d'excitation, et une partie fixe, le stator, lequel est formé d'un anneau qui comporte un ou quelques enroulements. Le rotor, en tournant, induit dans l'enroulement du stator un courant alternatif dont la fréquence est proportionnelle à la vitesse de rotation, et la valeur, au courant continu d'excitation. Un alternateur est réversible, c'est-à-dire qu'il devient un moteur à induction quand son stator est alimenté en courant alternatif.

Activité et exercice (12 ans et plus)

- Produire du courant alternatif ou, en sens inverse, faire fonctionner un moteur électrique à induction à l'aide d'un moteur-alternateur didactique (disponible chez certains fournisseurs de matériel scientifique).
- Se documenter pour répondre à la question suivante : Trouver des exemples d'alternateurs et de moteurs à induction utilisés dans la vie courante. (Exemples : Toute voiture comporte un alternateur qui produit du courant électrique. Dans les barrages hydroélectriques, le courant est produit par de gros alternateurs. La plupart des moteurs électriques, tels ceux d'un aspirateur, d'un robot culinaire, d'un lave-linge ou d'un sèche-linge sont des moteurs à induction.)

1888. Le physicien allemand Wilhelm HALLWACHS (1859-1922), un étudiant de Hertz, constate qu'en éclairant une plaque de zinc avec une lampe à vapeur de mercure, il est possible de lui arracher des particules chargées, et découvre ainsi l'effet photoélectrique. Cet effet sera correctement interprété par Einstein, en 1905, par l'existence de photons et donnera lieu, cette même année, à l'invention de la cellule photoélectrique.

▶ **Voir « L'effet photoélectrique (1888) » dans le thème de physique « La structure de la matière ».**

1888. Le physicien allemand Heinrich HERTZ (1857-1894) réussit à produire des ondes radio à l'aide d'un émetteur rudimentaire de son invention, confirmant ainsi la théorie de Maxwell.

▶ **Voir « La télégraphie sans fil (1895) » dans le thème de technologie « Les techniques de la lumière, du son et des communications ».**

1890. Le physicien français Édouard BRANLY (1844-1940) démontre qu'il est possible de détecter des ondes radio à l'aide d'un cohéreur à limaille, un dispositif de son invention.

▶ **Voir « La télégraphie sans fil (1895) » dans le thème de technologie « Les techniques de la lumière, du son et des communications ».**

1892. Le physicien anglais Joseph THOMSON (1856-1940) et le physicien hollandais Hendrik LORENTZ (1853-1928) montrent que le fonctionnement des tubes à décharge et des tubes à rayons cathodiques s'explique par le déplacement d'électrons.

1894. Le physicien britannique Oliver LODGE (1851-1940) énonce le principe de la syntonie, selon lequel un récepteur radio doit être réglé sur la même longueur d'onde que l'émetteur. Il réussit à transmettre un message par radio, en *code morse*, sur une distance d'environ 1 kilomètre.

▶ **Voir « La télégraphie sans fil (1895) » dans le thème de technologie « Les techniques de la lumière, du son et des communications ».**

1895. Le physicien russe Alexandre POPOV (1859-1906) invente l'antenne pour améliorer la réception des ondes radio.

1895. Le physicien hollandais Hendrik LORENTZ (1853-1928) formule la théorie selon laquelle la lumière émise par un élément chimique chauffé est causée par le déplacement d'électrons dans les atomes. Cette théorie sera corroborée par la découverte, par Zeeman en 1896, de l'*effet Zeeman*.

1895. L'inventeur italien Guglielmo MARCONI (1874-1937) réussit à transmettre un message par radio, en morse, sur une distance de 145 kilomètres, ce qui marque la naissance de la télégraphie sans fil (T.S.F.).

▶ **Voir « La télégraphie sans fil (1895) » dans le thème de technologie « Les techniques de la lumière, du son et des communications ».**

1895. Le physicien allemand Wilhelm RÖNTGEN (1845-1923) découvre les rayons X. Il faudra toutefois quinze ans pour comprendre qu'il s'agit d'ondes électromagnétiques de même nature que la lumière, mais d'une longueur beaucoup plus courte.

1896. Le physicien hollandais Pieter ZEEMAN (1865-1943) découvre l'*effet Zeeman*, la division en deux ou en trois des raies spectrales d'émission du sodium et du lithium. Cet effet, qui découle du fait que les électrons sont influencés par un champ magnétique, corrobore la théorie formulée par Lorentz en 1895, selon laquelle la lumière émise par un élément chimique chauffé est causée par le déplacement d'électrons dans les atomes.

1897. Le physicien anglais Joseph THOMSON (1856-1940), qui réussit à faire dévier des rayons cathodiques (composés d'électrons) à l'aide d'un champ magnétique, mesure le quotient de la masse par la charge de l'électron.

1900. L'ingénieur canadien Reginald FESSENDEN (1866-1932) invente le principe de la modulation d'amplitude (AM) pour la transmission par radio.

Le XXe siècle

1901. Le physicien français Jean PERRIN (1870-1942) fait l'hypothèse d'un atome planétaire dont les électrons négatifs gravitent autour d'un noyau chargé positivement. Ce modèle sera repris et précisé par Rutherford en 1911.

1902. Le physicien anglais Joseph THOMSON (1856-1940), dont le modèle diffère de celui de Perrin, fait l'hypothèse d'un atome en goutte, dans lequel les électrons sont inclus dans une goutte de matière homogène ayant une charge positive.

1904. Le physicien et ingénieur anglais John FLEMING (1849-1945) invente la diode.

LA DIODE

Conceptions fréquentes à l'époque et chez certains élèves

- Il est impossible de modifier le sens d'un courant électrique.
- Il est impossible de produire de la lumière sans filament électrique.

Concepts scientifiques actuels

Une diode est un élément d'un circuit électrique ou électronique qui ne laisse passer le courant que dans un sens, ce qui explique qu'on l'appelle parfois aussi un redresseur. Les premières diodes étaient des diodes à vide, composées d'un tube électronique vide d'air comportant une cathode et une anode. La plupart des diodes modernes sont des diodes à semi-conducteur, dont l'élément actif est fait de silicium ou autre matériau semi-conducteur. Il existe aussi, depuis 1964, des diodes électroluminescentes (DEL) qui émettent un rayonnement lumineux lorsqu'elles sont traversées par un courant.

Activités et exercices (12 ans et plus)

- Examiner d'anciennes diodes à vide, des diodes à semi-conducteur et des diodes électroluminescentes.

- Construire un circuit simple qui comporte une diode à semi-conducteur ou une diode électroluminescente.
- Se documenter pour répondre à la question suivante : Quel est le principal rôle des diodes à semi-conducteur dans les circuits électroniques modernes ? (Exemples : redressement d'un courant alternatif, tri des impulsions.)
- Se documenter pour répondre à la question suivante : Quel est le principal rôle des diodes électroluminescentes ? (Exemple : panneaux indicateurs.)

1905. Le physicien américain d'origine allemande Albert EINSTEIN (1879-1955) explique de façon précise, par l'existence de photons, l'effet photoélectrique découvert par Hallwachs en 1888.

1905. Les physiciens allemands Julius ELSTER (1854-1920) et Hans GEITEL (1855-1923) inventent la cellule photoélectrique, qui peut convertir la lumière en électricité.

LA CELLULE PHOTOÉLECTRIQUE

Conception fréquente à l'époque et chez certains élèves

Il est impossible de convertir de la lumière en électricité.

Concepts scientifiques actuels

Une cellule photoélectrique, basée sur l'effet photoélectrique, est un appareil qui réagit à la lumière par la production de courant électrique. On l'utilise généralement pour déclencher, à partir d'une valeur donnée de l'éclairement, l'action d'un autre appareil (porte de garage, système d'alarme, etc.) ou pour transformer des variations d'éclairement en variations de courant ou de tension (mesures photométriques, reproduction de sons, d'images, etc.).

Activités et exercice (12 ans et plus)

- Examiner des cellules photoélectriques.
- À l'aide d'un multimètre, trouver l'intensité du courant électrique produit par diverses cellules photoélectriques (disponibles chez certains fournisseurs de matériel scientifique) selon l'intensité de la lumière.
- Se documenter pour répondre à la question suivante : Où peut-on trouver des cellules photoélectriques dans la vie courante ? (Exemple :

les lampes et les lampadaires qui s'allument quand il fait sombre comportent une cellule photoélectrique qui mesure l'intensité de la lumière.)

▸ **Voir «L'effet photoélectrique (1888)» dans le thème de physique «La structure de la matière».**

1906. Le physicien américain Lee DE FOREST (1873-1961) invente la triode, une valve électronique qui permettra le développement de la radio, du radar et de la télévision.

LA TRIODE

Conception fréquente à l'époque et chez certains élèves

Il est impossible d'amplifier un courant électrique à l'aide d'un dispositif simple.

Concepts scientifiques actuels

Une triode, élément d'un circuit électrique ou électronique, était essentiellement, dans les premiers modèles à vide, une diode à laquelle était ajoutée une grille placée entre le filament chauffé et la plaque. Cette grille, proche de la cathode, attirait les électrons et facilitait leur arrivée sur l'anode. Le flux d'électrons était fonction du potentiel de la grille, ce qui impliquait que la triode était donc un amplificateur de courant. La plupart des triodes modernes sont des triodes à semi-conducteur, dont les parties actives sont faites de silicium ou autres matériaux semi-conducteurs.

Activités et exercice (12 ans et plus)

- Examiner d'anciennes triodes à vide et des triodes à semi-conducteur.
- Construire un circuit simple qui comporte une triode à semi-conducteur.
- Se documenter pour répondre à la question suivante: Quel est le principal rôle des triodes à semi-conducteur dans les circuits électroniques modernes? (Exemple: amplification du courant.)

1906. Le physicien canadien Reginald FESSENDEN (1866-1932) réussit la première transmission de paroles et de musique par modulation d'amplitude (AM) dont il avait inventé le principe en 1900.

▶ **Voir « La radio AM et FM (1906) » dans le thème de technologie « Les techniques de la lumière, du son et des communications ».**

1906. L'inventeur italien Guglielmo MARCONI (1874-1937) réussit la première transmission de paroles par modulation de fréquence (FM).

▶ **Voir « La radio AM et FM (1906) » dans le thème de technologie « Les techniques de la lumière, du son et des communications ».**

1909. Le savant français Georges CLAUDE (1870-1960) invente l'éclairage au moyen de tubes à décharge au néon.

1910. Invention du poste à galène, le premier poste de radio.

▶ **Voir « Le poste de radio (1910) » dans le thème de technologie « Les techniques de la lumière, du son et des communications ».**

1911. Le physicien hollandais Heike KAMERLINGH ONNES (1853-1926) découvre que le mercure est supraconducteur, c'est-à-dire qu'il conduit l'électricité sans résistance, à une température très basse de 4 K ou –269 °C. On découvrira plus tard que plusieurs autres métaux et matériaux sont supraconducteurs à des températures très basses.

1911. Le physicien anglais Ernest RUTHERFORD (1871-1937) reprend et précise le modèle de l'atome, composé d'un noyau central et d'électrons satellites, proposé par Perrin en 1901.

1911. Le physicien américain Robert Andrews MILLIKAN (1868-1953) détermine la charge de l'électron.

▶ **Voir « La charge de l'électron (1911) » dans le thème de physique « La structure de la matière ».**

1913. Le physicien danois Niels BOHR (1885-1962) élabore une théorie sur la structure de l'atome qui reprend le modèle planétaire de Perrin et Rutherford, mais tient compte des échanges d'énergie discontinus de la mécanique quantique de Planck. Les électrons parcourent autour du noyau des orbites stables dont les rayons ne peuvent prendre que certaines valeurs singulières et quantifiées.

1920. Mise en service, à Pittsburgh, aux États-Unis, de la première station de radiodiffusion.

1920. Invention de la bande magnétique pour l'enregistrement du son.

▶ **Voir « La bande magnétique (1928) » dans le thème de technologie « Les techniques de la lumière, du son et des communications ».**

1923. L'ingénieur américain d'origine russe Vladimir ZWORYKIN (1889-1982) met au point l'iconoscope, qui deviendra plus tard un élément essentiel des caméras de télévision.

1926. L'ingénieur écossais John BAIRD (1888-1946) invente la télévision en noir et blanc.

▶ **Voir « La télévision en noir et blanc (1926) » dans le thème de technologie « Les techniques de la lumière, du son et des communications ».**

1928. Le physicien indien Chandrasekhara RAMAN (1888-1970) découvre l'*effet Raman*, selon lequel un composé chimique éclairé par une lumière d'une certaine fréquence diffuse une radiation de même fréquence et des radiations de fréquences inférieures et supérieures, qui permettent de connaître la structure des molécules de cette substance.

1929. Le physicien américain Robert van de GRAAF (1901-1967) invente le *générateur van de Graaf*, qui permet de produire et d'accumuler une charge d'électricité statique de plusieurs milliers de volts.

LE GÉNÉRATEUR VAN DE GRAAF

Conception fréquente à l'époque et chez certains élèves

Il est impossible de produire et d'accumuler une charge d'électricité statique très importante.

Concepts scientifiques actuels

Le *générateur van de Graaf* est un générateur électrostatique, c'est-à-dire une machine qui produit de hautes tensions et dans laquelle des charges sont créées en un point par un moteur qui frotte deux matériaux non conducteurs l'un contre l'autre, puis transportées par une courroie et stockées dans une capacité. Plusieurs musées de sciences disposent d'un *générateur van de Graaf*, une attraction très spectaculaire.

Activité et exercice (8 ans et plus)

- Utiliser un *générateur van de Graaf* (disponible chez certains fournisseurs de matériel scientifique) pour charger son corps d'électricité statique. Constater que les cheveux se soulèvent et se repoussent entre eux. (Se placer sur un tabouret isolant. S'assurer que ses pieds ou ses mains ne sont pas mouillés.)
- Se documenter pour répondre à la question suivante : Un *générateur van de Graaf* peut-il être utilisé en recherche ? (Exemple : recherches portant sur les effets de la foudre.)

1929. Le physicien américain d'origine suisse Felix BLOCH (1905-1983) propose la première théorie cohérente au sujet des semi-conducteurs, qui sont des matériaux isolants ou conducteurs selon certaines conditions physiques, découverts quelques années plus tôt.

1931. Le physicien allemand Ernst RUSKA (1906-1988) invente le microscope électronique.

1933. Obtention, aux États-Unis, du brevet pour la transmission radio par modulation de fréquence (FM).

1935. Le physicien écossais Robert WATSON-WATT (1892-1973) invente le radar.

▶ **Voir « Le radar (1940) » dans le thème de technologie « Les techniques militaires et policières ».**

1942. Le physicien américain d'origine italienne Enrico FERMI (1901-1954) réalise la première fission nucléaire contrôlée à l'aide d'une pile à uranium.

1943. L'ingénieur écossais John BAIRD (1888-1946) invente la télévision en couleurs.

▶ **Voir « La télévision en couleurs (1943) » dans le thème de technologie « Les techniques de la lumière, du son et des communications ».**

1947. Les physiciens américains John BARDEEN (1908-1991), Walter BRATTAIN (1902-1987) et William SHOCKLEY (1910-1989) inventent le transistor.

LE TRANSISTOR

Conception fréquente à l'époque et chez certains élèves

Seul un interrupteur comportant une pièce mobile peut laisser passer ou empêcher de passer le courant électrique.

Concepts scientifiques actuels

Le transistor est une composante électronique formée de semi-conducteurs semblables à une triode. Toutefois, en plus d'agir comme un amplificateur de courant, comme la triode, il a une propriété beaucoup plus importante : il peut servir de vanne et laisser passer ou empêcher de passer le courant. Il a donc un comportement binaire, comme un interrupteur, ce qui explique qu'il constitue l'unité de base des microprocesseurs d'ordinateurs. Un transistor comporte un semi-conducteur accepteur d'électrons, appelé la base, placé entre deux semi-conducteurs donneurs d'électrons. L'élément clé est la base, qui laisse passer ou empêche de passer le courant électrique, selon la valeur du potentiel.

Activités et exercice (12 ans et plus)

- Examiner divers modèles de transistors.
- Construire un circuit simple, qui comporte un transistor.
- Se documenter pour répondre à la question suivante : Quel est le principal rôle des transistors dans les circuits électroniques modernes ? (Exemple : valve qui laisse passer ou empêche de passer le courant.)

▶ **Voir « Le microprocesseur (1970) » dans le thème de technologie « Les techniques de la lumière, du son et des communications ».**

1951. Mise en service du premier réacteur nucléaire commercial pour produire de l'électricité.

1952. Premier accident dans une centrale nucléaire, la centrale expérimentale de Chalk River, près d'Ottawa. Le cœur du réacteur est détruit et des millions de litres d'eau radioactive se dispersent dans l'environnement.

1956. Mise en service, en Grande-Bretagne, de la première centrale nucléaire commerciale.

1957. Le physicien japonais Leo ESAKI (né en 1925) met au point, en électronique, la diode tunnel (qui porte ce nom parce que les électrons suivent une trajectoire délimitée par un tunnel imaginaire), qui demande moins de puissance et dans laquelle les électrons circulent plus vite que dans les diodes conventionnelles.

1958. Construction du premier circuit intégré.

1964. La compagnie américaine Hewlett-Packard développe la diode électroluminescente (DEL), qui sera plus tard utilisée pour créer des panneaux lumineux.

1971. Découverte du principe de la supraconductivité, selon lequel la résistance de certains métaux est nulle à des températures proches du zéro absolu.

1971. Construction par la compagnie Intel, aux États-Unis, du premier microprocesseur commercial.

▶ **Voir « Le microprocesseur (1970) » dans le thème de technologie « Les techniques de la lumière, du son et des communications ».**

1986. Le physicien allemand Georg BEDNORZ (né en 1950) et le physicien suisse Alex MÜLLER (né en 1927) découvrent des céramiques supraconductrices à des températures relativement élevées (35 K).

1989. Premières émissions de télévision à haute définition au Japon.

1996. Lancement de la DAB (*Digital Audio Broadcasting*), ou radio numérique, d'une qualité sonore très supérieure à celle de la radio FM.

▶ **Voir « La radio numérique (1996) » dans le thème de technologie « Les techniques de la lumière, du son et des communications ».**

LA LUMIÈRE ET LE SON

L'Antiquité orientale

Vers 2500 av. J.-C. Le philosophe chinois MO-TI (XXVIe siècle av. J.-C.) découvre le principe de la chambre noire, selon lequel la lumière qui passe par un petit trou dans le mur d'une pièce sombre forme une image inversée sur le mur opposé. Ce principe sera redécouvert par le physicien arabe Alhazen vers l'an 1000.

L'Antiquité classique

Vers 800 av. J.-C. Les premiers philosophes grecs découvrent que la lumière se propage en ligne droite.

LA TRAJECTOIRE RECTILIGNE DE LA LUMIÈRE

Conception fréquente à l'époque et chez certains élèves

La trajectoire de la lumière est imprévisible.

Concepts scientifiques actuels

La lumière se propage en ligne droite, ce qui permet de représenter la lumière, en optique géométrique (étude des ombres, des miroirs et des lentilles), par des segments de droite.

Activités (8 ans et plus)

- Dans une pièce aux murs bien dégagés, placer une source de lumière ponctuelle (exemple : une lampe munie d'une ampoule halogène) éteinte et un objet opaque dans diverses positions. Pour chaque position, essayer de prévoir la taille et la position la plus exacte possible de l'ombre de l'objet sur un des murs. Allumer la source de lumière et vérifier ces prédictions.
- À l'aide de cigarettes ou d'un générateur de fumée (disponible chez certains fournisseurs de matériel scientifique), produire de la fumée et observer la propagation de la lumière émise par une lampe de poche.

Vers 550 av. J.-C. Le mathématicien et philosophe grec PYTHAGORE (v. 570-v. 480 av. J.-C.) constate qu'il existe un rapport mathématique entre les notes d'une gamme musicale et la longueur d'une corde en vibration ou d'une flûte où vibre de l'air.

La gamme musicale

Conception fréquente à l'époque et chez certains élèves

Il n'y a pas de lien entre la musique et les mathématiques.

Concepts scientifiques actuels

Les sons sont produits par la vibration d'un solide ou d'un liquide qui se transmet à l'air ambiant. Plus la vibration est rapide, plus le son est aigu; plus la vibration est lente, plus le son est grave. Dans les instruments à cordes (violon, guitare, boîte avec élastiques), la vibration est d'abord produite par une corde. Dans un instrument à percussion (tambour, xylophone, bouteille ou verre que l'on frappe), la vibration est produite par une peau ou par un morceau de bois, de métal ou de verre. Dans un instrument à vent (flûte, clarinette, tuyaux ou bouteilles dans lesquels on souffle), la vibration est produite dans une colonne d'air. Pythagore a découvert que, si la longueur d'une corde qui vibre est diminuée de moitié, le son produit monte d'une octave. Il a également découvert que si on fait vibrer une corde dont la longueur est égale aux 2/3 de la première, le son qu'elle produit est la dominante du son produit par la première (exemple: si la première corde produit un do, la deuxième corde produira un sol, qui est la dominante du do). La dominante d'une note peut être décrite comme le «plus proche parent mélodieux» de cette note.

Exercice et problème (8 ans et plus)

- Se documenter pour répondre à la question suivante: Quels sont les faits saillants de la vie de Pythagore? (Exemple: Pythagore est aussi célèbre pour ses contributions en mathématiques, notamment le théorème qui porte son nom.)
- Comment peut-on construire un instrument de musique rudimentaire?

  Matériel:

  Une boîte de papier-mouchoir vide, quelques petits contenants en plastique, des élastiques de diverses tailles, de la corde, de la ficelle, des bouteilles, quelques verres (ou bouteilles) en verre identiques, de l'eau, des bâtonnets de bois, des pailles, du fil en fer, des ballons en baudruche, du ruban adhésif, des morceaux de tuyau en plastique ou en caoutchouc, quelques bouteilles en plastique identiques, etc.

  Quelques véritables instruments de musique (matériel facultatif).

Quelques solutions ou approches possibles :

- Entourer une boîte en carton (boîte de papier-mouchoir vide) ou un petit contenant en plastique (sans couvercle) avec divers élastiques. Pincer les élastiques pour produire des sons.
- Remplir des verres ou des bouteilles en verre avec différentes quantités d'eau. Placer ces bouteilles en ordre de quantité d'eau et frapper légèrement sur le côté des bouteilles pour produire des sons.
- Tendre un morceau de ballon de baudruche sur l'ouverture d'un récipient de plastique. Tenir en place à l'aide d'un élastique ou de ruban adhésif. Frapper plus ou moins fort sur la membrane de caoutchouc pour produire des sons.
- Souffler dans des morceaux de tuyau en plastique ou en caoutchouc de diverses grosseurs.
- Frapper des morceaux de tuyau en plastique de diverses longueurs. (On peut également utiliser des tubes diatoniques, disponibles chez certains fournisseurs de matériel scientifique, spécialement conçus pour produire les notes de la gamme)
- Souffler dans des bouteilles en plastique identiques, plus ou moins remplies d'eau.

Vers 400 av. J.-C. Le philosophe grec LEUCIPPE de Milet (v. 460-370 av. J.-C.) propose l'idée selon laquelle la lumière est un « feu externe » composé de particules de même nature que les objets visibles qui les ont produites. Cette théorie sera reprise par Épicure et Lucrèce.

Vers 300 av. J.-C. Le philosophe grec ÉPICURE (341-270 av. J.-C.) reprend l'idée énoncée par Leucippe de Milet, selon laquelle la lumière est un « feu externe » composé de particules de même nature que les objets visibles qui les ont produites.

Vers 300 av. J.-C. Le mathématicien grec EUCLIDE (IIIe siècle av. J.-C.) propose l'idée selon laquelle la lumière est un « feu visuel » émis par l'œil et qui rend la vision possible. Cette idée s'oppose à l'idée proposée par Leucippe de Milet et reprise par Épicure, selon laquelle la lumière est un « feu externe » composé de particules de même nature que les objets visibles qui les ont produites. La théorie du « feu visuel » fut mieux acceptée que celle du « feu externe » et fut enseignée jusqu'au Xe siècle, pendant lequel elle fut réfutée par le physicien arabe Alhazen.

Vers 250 av. J.-C. Le scientifique grec ARCHIMÈDE (287-212 av. J.-C.) utilise de grands miroirs paraboliques pour mettre le feu à des navires ennemis. (Il est probable que ce récit relève plutôt de la légende.)

Le miroir parabolique

Conceptions fréquentes à l'époque et chez certains élèves

Les miroirs ne servent qu'à produire des images de personnes ou d'objets.

Concepts scientifiques actuels

Les miroirs paraboliques, qui peuvent être utilisés pour produire des images agrandies, réfléchissent la lumière en un point appelé foyer. Si cette lumière est très intense, comme celle du Soleil, elle peut produire, au foyer, un point assez chaud pour enflammer du papier et du bois.

Activités et exercice (8 ans et plus)

- Utiliser un miroir parabolique (miroir qui agrandit le visage) pour réfléchir la lumière du Soleil en un point et faire brûler de petits morceaux de papier. (Sécurité : ne jamais placer les yeux près du point de lumière du foyer.)
- À l'aide d'un logiciel d'étude de l'optique (disponible chez certains fournisseurs de matériel scientifique), observer la trajectoire de rayons lumineux réfléchis par un miroir parabolique.
- Se documenter pour répondre à la question suivante : Quels sont les faits saillants de la vie d'Archimède ? Voir les remarques portant sur cette même question dans « Le principe d'Archimède (250 av. J.-C.) » dans le thème de physique « Les forces et les mouvements ».

Vers 70 av. J.-C. Le poète et philosophe latin LUCRÈCE (v. 98-55 av. J.-C.) défend l'idée énoncée par Leucippe de Milet et reprise par Épicure, selon laquelle la lumière est un « feu externe » composé de particules de même nature que les objets visibles qui les ont produites.

Vers 50 ap. J.-C. Le mathématicien et ingénieur grec HÉRON d'Alexandrie (Ier siècle ap. J.-C.) montre que, pour un miroir plan, l'angle d'incidence et l'angle de réflexion sont égaux.

LA LOI DE LA RÉFLEXION

Conception fréquente à l'époque et chez certains élèves

Pour se voir des pieds à la tête, un miroir plan aussi long que notre taille est nécessaire.

Concepts scientifiques actuels

L'angle d'un rayon de lumière réfléchi par un miroir plan est le même que l'angle du rayon de lumière incident (le rayon qui arrive sur le miroir). Par conséquent, pour se voir des pieds à la tête, il n'est pas nécessaire que le miroir aille jusqu'au sol parce que la lumière qui provient des pieds arrive avec un angle suffisamment prononcé et est réfléchie avec le même angle. La loi de la réflexion s'applique également à des ondes sonores réfléchies par une surface plane.

Activités (8 ans et plus)

- Trouver la plus petite longueur de miroir nécessaire pour se voir des pieds à la tête, en supposant qu'on se place à 1 mètre du miroir pour se voir.
- À l'aide de cigarettes ou d'un générateur de fumée et d'une source de lumière laser (disponibles chez certains fournisseurs de matériel scientifique), observer la trajectoire d'un rayon de lumière réfléchi par un miroir plan.
- À l'aide d'un logiciel d'étude de l'optique (disponible chez certains fournisseurs de matériel scientifique), observer la trajectoire de rayons lumineux réfléchis par un miroir plan.
- À l'aide d'un logiciel d'étude du son et des ondes (disponible chez certains fournisseurs de matériel scientifique), observer, de façon virtuelle, la trajectoire d'ondes sonores réfléchies par une surface plane.

Vers 150 ap. J.-C. L'astronome, mathématicien et géographe grec Claude PTOLÉMÉE (v. 100-v. 170 ap. J.-C.) énonce quelques lois fondamentales de l'optique géométrique, dont une loi approximative de la réfraction.

Le Moyen Âge

Vers 1000. Le physicien arabe Ibn al-Haythaam ALHAZEN (965-1039) réfute la théorie proposée par le philosophe grec Euclide, selon laquelle l'œil émet un « feu visuel » qui rend la vision possible, et distingue clairement les concepts d'éclairement et de vision. Il montre que sur tous les miroirs, plans et non plans, le rayon incident et le rayon réfléchi se trouvent toujours dans le même plan que la normale, c'est-à-dire à la droite perpendiculaire à la tangente au miroir. Il décrit deux inventions, les lentilles et la chambre noire (qui permet de projeter l'image d'un objet extérieur à l'intérieur d'une boîte).

LES LENTILLES ET LA CHAMBRE NOIRE

Conception fréquente à l'époque et chez certains élèves

Il est impossible de projeter l'image virtuelle d'un objet sur un écran.

Concepts scientifiques actuels

Les lentilles et la chambre noire permettent de produire une image virtuelle d'un objet. Les lentilles produisent l'image par réfraction de la lumière, tandis que la chambre noire la produit en ne laissant passer qu'une petite partie de la lumière émise ou réfléchie par l'objet, ce qui croise les rayons lumineux et cause une inversion de l'image sur un écran.

Activités (8 ans et plus)

- Obtenir diverses images virtuelles à l'aide de lentilles.
- Fabriquer une chambre noire (écran de papier de soie installé à la place d'un des petits côtés d'une boîte à chaussure, trou percé au centre du petit côté opposé au papier de soie). Obtenir des images virtuelles à l'aide de cette chambre noire.
- Obtenir des images virtuelles à l'aide d'une chambre noire plus perfectionnée, munie d'une lentille et d'un diaphragme (disponible chez certains fournisseurs de matériel scientifique).
- Faire la même chose, de façon virtuelle, à l'aide d'un logiciel d'étude de l'optique (disponible chez certains fournisseurs de matériel scientifique).

▸ **Voir «Le daguerréotype (1835)» dans le thème de technologie «Les techniques de la lumière, du son et des communications».**

Vers 1250. Le physicien polonais WITELO (v. 1220-v. 1275) étudie la réfraction.

Vers 1260. Le philosophe et savant anglais Roger BACON (v. 1220-1292) poursuit les travaux d'Alhazen sur les miroirs et les lentilles.

1285. Première utilisation, en Italie, de lunettes correctrices pour la vue (des lentilles convergentes destinées aux hypermétropes et aux presbytes).

▶ **Voir « Les lunettes correctrices pour la vue (1285) » dans le thème de technologie « Les techniques de la lumière, du son et des communications ».**

La Renaissance

1589. L'humaniste et physicien italien Giambattista DELLA PORTA (1535-1615) rédige des ouvrages consacrés aux lentilles. Il montre qu'un prisme décompose la lumière en plusieurs couleurs, une découverte qui sera précisée par Newton en 1666.

Vers 1590. Le physicien et astronome italien GALILÉE (1564-1642) établit des rapports mathématiques entre la longueur, la masse et la fréquence des cordes vibrantes.

LA FRÉQUENCE DES CORDES VIBRANTES

Conception fréquente à l'époque et chez certains élèves

La fréquence du son produit par une corde vibrante ne dépend que de sa longueur.

Concepts scientifiques actuels

La fréquence du son produit par une corde vibrante dépend de sa longueur, de sa masse et de sa tension. Plus la corde est courte, plus elle est légère et plus elle est tendue, plus le son produit sera aigu.

Activités (12 ans et plus)

- Examiner les cordes d'un piano et d'une guitare. Constater les différences entre les cordes qui produisent les sons graves et celles qui produisent les sons aigus.
- Construire des instruments de musique à cordes rudimentaires. Étudier l'effet des variations de la longueur, de la masse (grosseur) et de la tension dans les cordes ou les élastiques utilisés.
- À l'aide d'un logiciel d'étude du son (disponible chez certains fournisseurs de matériel scientifique), constater, de façon virtuelle, l'effet des variations de la longueur, de la masse (grosseur) et de la tension dans les cordes.
- Se documenter pour répondre à la question suivante : Quels sont les faits saillants de la vie de Galilée ? Voir les remarques portant sur cette même question dans « Les lois du pendule (1583) », dans le thème de physique « Les forces et les mouvements ».

Le XVIIe siècle

1604. L'astronome allemand Johannes KEPLER (1571-1630) propose une loi approximative de la réfraction, valable pour les petits angles, selon laquelle la relation entre l'angle d'incidence et l'angle de réfraction d'un rayon lumineux est de la forme « $i = n \times r$ ».

▶ **Voir « La loi de la réfraction (1637) » dans ce même thème.**

1604. L'astronome allemand Johannes KEPLER (1571-1630) montre que l'intensité de la lumière perçue varie en raison du carré inverse de la distance à la source de lumière.

L'INTENSITÉ DE LA LUMIÈRE EN FONCTION DE LA DISTANCE

Conception fréquente à l'époque et chez certains élèves

L'intensité de la lumière perçue varie simplement en fonction de l'inverse de la distance.

Concepts scientifiques actuels

L'intensité de la lumière perçue varie en fonction du carré inverse de la distance à la source de lumière. Cela signifie, par exemple, que si une source de lumière est deux fois plus éloignée qu'une source identique, elle paraîtra quatre fois moins lumineuse.

Activité et exercice (12 ans et plus)

- À l'aide d'une cellule photoélectrique (disponible chez certains fournisseurs de matériel scientifique) et d'une source de lumière, mesurer l'intensité de la lumière à 5 cm, 10 cm, 15 cm, 20 cm, 25 cm, etc. Tracer le graphique de l'intensité en fonction de la distance.
- Se documenter pour répondre à la question suivante : Quels sont les faits saillants de la vie de Johannes Kepler ? (Exemple : Kepler fut pendant quelque temps le mathématicien de l'empereur Rudolph II.)

1608. L'opticien hollandais Hans LIPPERSHEY (v. 1570-v. 1619) invente officiellement le télescope à réfraction, appelé aussi lunette astronomique. Il est probable, cependant, que le principe en était connu dès le XIIIe siècle.

▶ **Voir « Le télescope à réfraction (1608) » dans le thème d'astronomie « Observer, mesurer et explorer l'Univers ».**

1611. L'astronome allemand Johannes KEPLER (1571-1630) assimile l'œil à un dispositif optique qui forme une image sur la rétine.

L'ŒIL, UN DISPOSITIF OPTIQUE

Conception fréquente à l'époque et chez certains élèves

L'œil émet des « rayons de vision ».

Concepts scientifiques actuels

À plusieurs points de vue, l'œil est semblable à un appareil photo. Le cristallin est semblable à l'objectif (les deux possèdent une pupille et l'image formée est inversée) et la rétine est un peu l'équivalent de la pellicule photographique ou de la surface photosensible.

Activités et exercice (8 ans et plus)

- Comparer des schémas de l'anatomie de l'œil et d'un appareil photo. Établir des correspondances entre les diverses parties.
- Observer le fonctionnement d'un modèle de l'œil de démonstration, qui comporte une lentille représentant le cristallin et une enveloppe correspondant à la rétine (disponible chez certains fournisseurs de matériel scientifique).
- Se documenter pour répondre à la question suivante: Quels sont les faits saillants de la vie de Johannes Kepler? Voir les remarques portant sur cette même question dans «L'intensité de la lumière en fonction de la distance (1604)» dans ce même thème.

▶ **Voir «Les lentilles et la chambre noire (1000)» ci-dessus, dans ce même thème.**

▶ **Voir «Le daguerréotype (1835)» dans le thème de technologie «Les techniques de la lumière, du son et des communications».**

1612. Invention du microscope à lentille unique.

1621. Le mathématicien et physicien hollandais Willebrord SNELL VAN ROYEN (1581-1626) énonce la loi fondamentale de la réfraction, qui établit un rapport entre l'angle d'incidence et l'angle de réfraction.

▶ **Voir « La loi de la réfraction (1637) » dans ce même thème.**

Vers 1630. Le savant français Marin MERSENNE (1588-1648) détermine de façon précise les rapports entre les fréquences des notes de la gamme.

1636. Le savant français Marin MERSENNE (1588-1648) mesure la vitesse du son.

LA VITESSE DU SON

Conception fréquente à l'époque et chez certains élèves

La vitesse du son est trop rapide pour pouvoir être mesurée.

Concepts scientifiques actuels

La vitesse du son dans l'air est de 340 m/s, soit environ 1 200 km/h. Elle est environ trois fois plus rapide dans l'eau et 15 fois plus rapide dans l'acier. Le fait que le son ne se propage pas instantanément explique le phénomène de l'écho. Chaque seconde entre l'émission et la réception d'un cri correspond à une distance de 170 mètres.

Activités et exercice (8 ans et plus)

- Aller à l'extérieur, à un endroit où se trouve une falaise ou un grand édifice. Émettre un bruit ou un cri et constater le délai entre le son émis et l'écho reçu. Remarquer que plus la falaise ou l'édifice est éloigné, plus le délai est grand.
- Lors d'un orage, mesurer le temps qui s'écoule entre l'éclair (dont la lumière voyage à 300 000 km/s) et le tonnerre (dont le son voyage à 1 200 km/h). Sachant que chaque intervalle de 3 secondes équivaut à une distance d'un peu plus de 3 kilomètres, estimer à quelle distance se trouvait l'éclair.
- Se documenter pour répondre à la question suivante : Quelle vitesse peuvent atteindre les avions les plus rapides ?

1637. Le mathématicien, physicien et philosophe français René DESCARTES (1596-1650) découvre les principes de l'optique géométrique, et principalement la loi de la réfraction, sous une forme équivalente à celle établie par Snell van Royen en 1621.

LA LOI DE LA RÉFRACTION

Conceptions fréquentes à l'époque et chez certains élèves

- La lumière n'est pas déviée quand elle passe d'un milieu de propagation transparent à un autre.
- La déviation de la lumière qui passe d'un milieu de propagation à un autre est la même, quelle que soit la nature des milieux.

Concepts scientifiques actuels

La réfraction est le changement de direction d'une onde passant d'un milieu dans un autre. La *loi de Snell* ou *Descartes* est : $n_1 \sin A_1 = n_2 \sin A_2$. (Dans cette loi, les « n » représentent les indices de réfraction des milieux de propagation, et les « A », les angles des rayons par rapport à la normale.)

Activités et exercice (8 ans et plus)

- S'installer dans une pièce où il est possible de faire l'obscurité. Remplir un aquarium ou un grand récipient transparent avec de l'eau. Ajouter un peu de lait dans l'eau. Produire un peu de fumée (cigarette, encens ou générateur de fumée) au-dessus de la surface de l'eau. Éclairer la surface de l'eau, selon divers angles, avec une lampe de poche ou une source de lumière laser. Observer.

- Faire la même chose, de façon virtuelle, à l'aide d'un logiciel d'étude de l'optique (disponible chez certains fournisseurs de matériel scientifique).
- Observer une règle ou un crayon dont environ la moitié de la longueur trempe dans l'eau (de façon plus ou moins inclinée).
- Observer la différence de réfraction entre l'air et l'eau et la différence entre l'air et le verre ou le plastique (des cubes de verre ou de plastique pleins et transparents sont nécessaires).
- Se documenter pour répondre à la question suivante : Quels sont les faits saillants de la vie de René Descartes ? (Exemples : René Descartes est célèbre, en mathématiques, pour l'invention des coordonnées cartésiennes et, en philosophie, pour sa maxime « je pense, donc je suis ».)

1657. Le mathématicien et physicien français Pierre de FERMAT (1601-1665) énonce le principe qui porte son nom et selon lequel le trajet d'un rayon lumineux entre deux points quelconques est celui qui prend le moins de temps. Toutes les lois de l'optique géométrique sont une conséquence de ce principe.

1665. L'astronome et physicien italien Francesco GRIMALDI (1618-1663) découvre la diffraction de la lumière. Huygens expliquera la réflexion, la réfraction et la diffraction au moyen d'une théorie ondulatoire de la lumière, en 1690.

LA DIFFRACTION

Conceptions fréquentes à l'époque et chez certains élèves

La lumière se propage toujours en lignes parfaitement droites et toutes les ombres ont des contours parfaitement définis.

Concepts scientifiques actuels

La diffraction est une déviation de la lumière qui passe par un petit orifice ou contourne un obstacle. Elle semble contredire le principe de la propagation rectiligne de la lumière, mais s'explique par la nature ondulatoire de la lumière.

Activités (12 ans et plus)

- Faire passer un faisceau lumineux par un petit trou ou un petit diaphragme et constater que le faisceau transmis est d'autant plus ouvert que le trou est petit.

- Se placer devant une source lumineuse assez intense. Placer ses mains à environ 10 cm de ses yeux et rapprocher les index en ne laissant qu'un très petit espace entre eux. Observer la source lumineuse par ce petit espace. Que peut-on observer juste avant que les index ne se touchent?
- Observer attentivement les contours de l'ombre d'un objet. Remarquer la présence de quelques raies claires et sombres.
- Étudier la diffraction à l'aide d'un banc d'optique qui comporte le matériel nécessaire (disponible chez certains fournisseurs de matériel scientifique).

1665. Le scientifique danois Erasmus BARTHOLIN (1625-1698) découvre la double réfraction dans un cristal de spath d'Islande.

1666. Le physicien anglais Isaac NEWTON (1642-1727), qui fait des expériences avec des prismes, explique les observations publiées par de Della Porta en 1589 au sujet des prismes et la décomposition de la lumière blanche en plusieurs couleurs. Il montre également qu'il est possible d'obtenir de la lumière blanche à partir de la lumière de plusieurs couleurs.

LA DÉCOMPOSITION ET LA RECOMPOSITION DE LA LUMIÈRE

Conceptions fréquentes à l'époque et chez certains élèves

- Le blanc est une couleur comme les autres et ne peut être décomposé.
- De la lumière blanche qui a été décomposée en plusieurs couleurs ne peut plus être recomposée.

Concepts scientifiques actuels

La lumière blanche est formée d'un mélange de lumières de plusieurs couleurs. Elle se décompose en plusieurs couleurs, par réfraction, lorsqu'elle passe à travers un prisme ou des objets qui agissent comme un prisme (diamant, faux diamant, cristal, miroir placé dans l'eau, gouttes d'eau). Elle se décompose également en plusieurs couleurs, par interférence, lorsqu'elle est réfléchie par des surfaces extrêmement minces (couche d'huile à la surface de l'eau, bulles de savon). Aussi, de la même façon qu'un faisceau de lumière blanche peut être décomposé en plusieurs couleurs, un ensemble de faisceaux de lumière aux couleurs du spectre peut redonner de la lumière blanche. Enfin, un disque coloré de plusieurs couleurs qui tourne rapidement (disque de Newton) paraît blanc.

Problème, activités et exercice (8 ans et plus)

- Peut-on décomposer la lumière blanche en plusieurs couleurs?

  Matériel:

  Un prisme, une source de lumière blanche d'assez forte intensité, un faux diamant ou un contenant en cristal (verre, bol, cendrier), un contenant en plastique de forme rectangulaire, un petit miroir de poche, une feuille de papier blanc, un tuyau d'arrosage muni d'un embout ou une bouteille à vaporiser.

  Quelques solutions ou approches possibles:

  Pour toutes ces solutions, il est préférable d'utiliser la lumière du soleil.

- Éclairer un prisme à l'aide de la lumière du soleil ou d'une source de lumière blanche d'assez forte intensité.
- Éclairer un diamant, un faux diamant ou un contenant en cristal (verre, bol, cendrier) à l'aide de la lumière du soleil ou d'une source de lumière blanche d'assez forte intensité.
- Verser de l'eau dans un contenant en plastique de forme rectangulaire jusqu'à ce qu'il soit à moitié rempli. Placer un petit miroir de poche dans le contenant et l'appuyer contre un des côtés, de façon à ce qu'il soit incliné d'environ 45° par rapport à l'horizontale. Éclairer le miroir à l'aide de la lumière du soleil ou d'une source de lumière blanche d'assez forte intensité. Projeter la lumière réfléchie par le miroir sur une feuille de papier blanc.
- Aller à l'extérieur lors d'une journée ensoleillée. À l'aide d'un tuyau d'arrosage muni d'un embout, ou d'une bouteille à vaporiser, vaporiser de l'eau en s'assurant que le soleil est situé derrière la personne qui vaporise l'eau.
- Décomposer de la lumière blanche en la faisant passer à travers un prisme, puis la recomposer en la faisant passer à travers un deuxième prisme.
- Faire la même chose, de façon virtuelle, à l'aide d'un logiciel d'étude de l'optique (disponible chez certains fournisseurs de matériel scientifique).
- À l'aide d'un rapporteur et d'un crayon, diviser un disque de carton blanc en sept pointes égales. Colorier ou peindre chacune des parties aux couleurs de l'arc-en-ciel (rouge, orangé, jaune, vert, bleu, indigo,

violet], en respectant l'ordre des couleurs, pour en faire un disque de Newton. Faire tourner le disque très rapidement en le fixant à l'axe d'un moteur électrique ou d'une toupie, ou en passant une bande élastique dans un trou percé près du centre et en torsadant la bande élastique. Observer le disque pendant qu'il tourne rapidement.

- Faire la même chose avec un disque de Newton et un moteur déjà assemblés (disponibles chez certains fournisseurs de matériel scientifique).
- Se documenter pour répondre à la question suivante : Quels sont les faits saillants de la vie d'Isaac Newton ? Voir les remarques portant sur cette même question dans « La loi de la gravitation universelle (1687) » dans le thème de physique « Les forces et les mouvements ».

Vers 1675. Le scientifique anglais Robert HOOKE (1635-1703) explique la coloration des lames minces et des taches d'huile par des interférences. Cette explication sera reprise et précisée par Young en 1801.

1676. L'astronome danois Olaus RÖMER (1644-1710) effectue à l'Observatoire de Paris, en observant les satellites de Jupiter, une première approximation de la vitesse de la lumière. Il constate en effet que les durées entre les éclipses des satellites de Jupiter diminuent si la Terre se rapproche de Jupiter et augmentent dans le cas contraire. Il trouve une vitesse de 214 000 kilomètres par seconde, soit environ 30 % de moins que la valeur réelle de 300 000 km/sec.

Vers 1670. Le savant néerlandais Christiaan HUYGENS (1629-1695) montre que le son se propage par vibrations longitudinales du milieu.

Le son : des ondes longitudinales

Conception fréquente à l'époque et chez certains élèves

Le son forme dans l'air dans ondes semblables à des vagues à la surface de l'eau.

Concepts scientifiques actuels

Un son est formé d'ondes mécaniques qui se propagent dans un milieu solide, liquide ou gazeux. Contrairement aux ondes dans une corde ou à la surface de l'eau, qui sont des ondes transversales dans le cas desquelles le milieu oscille dans une direction perpendiculaire à celle de la propagation, les ondes sonores sont des ondes longitudinales dont l'oscillation se fait suivant la direction de propagation.

Activités et exercice (8 ans et plus)

- À l'aide d'un ressort de type « Slynky », former des ondes transversales et des ondes longitudinales. Observer la différence entre les unes et les autres.
- Faire la même chose, de façon virtuelle, à l'aide d'un logiciel d'étude des ondes (disponible chez certains fournisseurs de matériel scientifique).
- Examiner un schéma qui présente la façon dont les ondes sonores se propagent dans l'air.
- À l'aide d'un réveille-matin ou d'un « buzzer » et d'une cloche à vide (disponible chez certains fournisseurs de matériel scientifique), montrer que le son ne se propage pas dans le vide.
- Se documenter pour répondre à la question suivante : Quels sont les faits saillants de la vie de Christiaan Huygens ? Voir les remarques portant sur cette même question dans « Le choc des corps (1656) » dans le thème de physique « Les forces et les mouvements ».

1677. Le savant néerlandais Christiaan HUYGENS (1629-1695) énonce le principe qui porte son nom et selon lequel tout point d'un front d'onde donné se comporte comme une source ponctuelle d'ondes secondaires.

LE PRINCIPE DE HUYGENS

Conception fréquente à l'époque et chez certains élèves

La trajectoire d'une onde qui rencontre un obstacle est imprévisible.

Concepts scientifiques actuels

Tout point d'un front d'onde donné se comporte comme une source ponctuelle d'ondes secondaires, appelées ondelettes, qui se propagent radialement à la même vitesse que le front d'onde. Au bout d'un certain temps, la nouvelle position du front des ondes est la surface tangente à toutes ces ondelettes. Ce principe permet de déduire que l'orifice d'un obstacle frappé par une onde se comporte comme une source d'ondes secondaires.

Activités et exercice (12 ans et plus)

- Séparer un grand bac rempli d'eau avec une surface plane munie d'un orifice situé au même niveau que la surface de l'eau. Produire des vagues d'un côté de cette surface plane. Remarquer les vagues secondaires produites à partir de l'orifice. (Cette activité peut aussi être réalisée avec une cuve à ondes disponible chez certains fournisseurs de matériel scientifique.)

- Faire la même chose, de façon virtuelle, à l'aide d'un logiciel d'étude des ondes (disponible chez certains fournisseurs de matériel scientifique).
- Se documenter pour répondre à la question suivante : Quels sont les faits saillants de la vie de Christiaan Huygens ? Voir les remarques portant sur cette même question dans « Le choc des corps (1656) » dans le thème de physique « Les forces et les mouvements ».

1690. Le savant néerlandais Christiaan HUYGENS (1629-1695) explique la réflexion, la réfraction et la diffraction au moyen d'une théorie ondulatoire de la lumière.

LA THÉORIE ONDULATOIRE DE LA LUMIÈRE

Conception fréquente à l'époque et chez certains élèves

La lumière est composée de particules.

Concepts scientifiques actuels

Une théorie ondulatoire de la lumière explique bien les phénomènes de la réflexion et de la réfraction. En effet, une onde est réfléchie par une surface rigide et est réfractée quand elle passe d'un milieu de propagation à un autre. De nos jours, la lumière s'explique par une théorie qui est à la fois ondulatoire et corpusculaire, puisqu'on la décrit comme étant composée de photons qui possèdent des propriétés ondulatoires.

Activités et exercice (8 ans et plus)

- Observer, dans un grand contenant rempli d'eau, la réflexion des ondes qui frappent une des parois du contenant. (Cette activité peut aussi être réalisée avec une cuve à ondes disponible chez certains fournisseurs de matériel scientifique.)
- La réfraction est techniquement plus difficile à reproduire, mais on pourrait la constater dans un contenant dont une partie contient de la gélatine, par exemple, et l'autre partie contient de l'eau : en faisant vibrer la gélatine, on observerait une déviation de la trajectoire de l'onde quand elle passe de la gélatine à l'eau.

- Se documenter pour répondre à la question suivante : Quels sont les faits saillants de la vie de Christiaan Huygens ? Voir les remarques portant sur cette même question dans « Le choc des corps (1656) » dans le thème de physique « Les forces et les mouvements ».

▶ **Voir « La diffraction (1665) » ci-dessus, dans ce même thème.**

1699. Le savant néerlandais Christiaan HUYGENS (1629-1695), qui précise la découverte de la double réfraction faite par Bartholin en 1665, énonce le concept de polarisation de la lumière en observant le phénomène de la biréfringence d'un cristal de spath d'Islande.

LA POLARISATION DE LA LUMIÈRE PAR RÉFRACTION

Conception fréquente à l'époque et chez certains élèves

Les matériaux transparents ne font que réfracter la lumière.

Concepts scientifiques actuels

La lumière naturelle se compose d'une infinité de vibrations perpendiculaires à leur direction de propagation. Quand un faisceau de lumière est réfracté par un cristal de calcite, il produit deux faisceaux. Un de ces faisceaux est réfracté selon un angle qui suit la loi de la réfraction, l'autre, selon un angle différent. Les vibrations de chacun de ces faisceaux sont polarisées de façon rectiligne selon des directions perpendiculaires. Des prismes dits de Nicol, faits de calcite, utilisent cette propriété pour polariser la lumière.

Activités et exercice (12 ans et plus)

- Constater que le fait d'éclairer un cristal de calcite, appelé aussi spath d'Islande (disponible chez certains fournisseurs de matériel scientifique), avec un rayon de lumière produit deux rayons réfractés.
- Examiner un *prisme de Nicol* (disponible chez certains fournisseurs de matériel scientifique) qui permet d'obtenir un faisceau de lumière polarisée.
- Se documenter pour répondre à la question suivante : Quels sont les faits saillants de la vie de Christiaan Huygens ? Voir les remarques portant sur cette même question dans « Le choc des corps (1656) » dans le thème de physique « Les forces et les mouvements ».

▶ **Voir aussi « La polarisation de la lumière par réflexion (1808) » dans ce même thème.**

▶ **Voir aussi « Les lunettes de soleil polarisantes (1938) » dans le thème de technologie « Les techniques de la lumière, du son et des communications ».**

Le XVIIIe siècle

1704. Le physicien anglais Isaac NEWTON (1642-1727) propose une théorie selon laquelle la lumière est composée de particules.

1800. Le physicien et astronome allemand William HERSCHEL (1738-1822) découvre le rayonnement invisible situé en deçà de la lumière rouge et qui sera plus tard appelée rayonnement infrarouge.

▶ **Voir « Le rayonnement infrarouge (1800) » dans le thème de physique « La chaleur et la pression ».**

Le XIXe siècle

1801. Le physicien, chimiste et médecin anglais Thomas YOUNG (1773-1829) découvre le phénomène de l'interférence lumineuse, ce qui contribue à faire accepter la théorie ondulatoire de la lumière proposée par Huygens en 1690.

L'INTERFÉRENCE LUMINEUSE

Conception fréquente à l'époque et chez certains élèves

Les rayons de lumière se croisent sans interagir.

Concepts scientifiques actuels

L'interférence est un phénomène par lequel deux ondes, en se superposant, peuvent donner lieu à un renforcement ou à l'extinction de leurs amplitudes, selon que celles-ci s'additionnent ou s'annulent. Par exemple, à la surface d'un lac, les vagues produites par deux embarcations à moteur s'additionnent à certains endroits et s'annulent à d'autres. L'interférence lumineuse montre la nature ondulatoire de la lumière.

Activités (12 ans et plus)

- Installer une source lumineuse et un écran. Entre la source et l'écran, installer deux plaques parallèles, dont la première est percée d'un petit trou, et la seconde, de deux. Si l'on masque l'un des deux trous de la seconde plaque, l'autre produira sur l'écran une tache lumineuse assez uniforme dans sa partie centrale. Si l'on découvre les deux trous, on s'attend à voir cette tache deux fois plus lumineuse et toujours à peu près uniforme, mais on voit plutôt apparaître sur l'écran un système de franges équidistantes, alternativement brillantes et noires. La direction de ces franges est perpendiculaire à la droite qui joint les deux trous de la plaque.

- À l'aide d'une cuve à ondes et de deux vibreurs, constater que l'interférence se produit aussi entre des ondes à la surface de l'eau.
- Faire la même chose, de façon virtuelle, à l'aide d'un logiciel d'étude de l'optique (disponible chez certains fournisseurs de matériel scientifique).

1801. Le physicien allemand Johan Wilhelm RITTER (1776-1810) découvre les rayons ultraviolets, dont il étudie l'effet chimique sur le chlorure d'argent.

LES RAYONS ULTRAVIOLETS

Conception fréquente à l'époque et chez certains élèves

Toute la lumière est visible.

Concepts scientifiques actuels

Les rayons ultraviolets sont des ondes électromagnétiques invisibles, plus courtes que celles de la lumière de couleur violette. Responsables du bronzage et recherchés par certaines personnes, ils sont néanmoins nocifs, car ils peuvent causer des brûlures et des cancers de la peau ainsi que des problèmes oculaires.

Activité et exercices (12 ans et plus)

- À l'aide d'une cellule photoélectrique sensible aux rayons ultraviolets (disponible chez certains fournisseurs de matériel scientifique), mesurer l'intensité du rayonnement ultraviolet de la lumière du Soleil non filtrée et de la lumière du Soleil filtrée par une plaque de verre.
- Se documenter pour répondre à la question suivante : Quels sont les effets et les dangers des rayons ultraviolets pour les yeux et la peau ?
- Discuter de la question suivante : Les salons de bronzage présentent-ils des risques pour la santé ?

1802. Le chimiste et physicien anglais William WOLLASTON (1766-1828) observe que le spectre de la lumière du Soleil est traversé par un certain nombre de raies noires. Il faudra toutefois attendre les travaux de von Fraunhofer, en 1814, et surtout de Kirchhoff et Bunsen, en 1859, pour que la portée de cette découverte soit vraiment comprise.

1808. Le physicien français Étienne MALUS (1775-1812) découvre que la lumière réfléchie par une vitre est polarisée.

LA POLARISATION DE LA LUMIÈRE PAR RÉFLEXION

Conception fréquente à l'époque

Seuls certains cristaux peuvent polariser la lumière.

Concepts scientifiques actuels

La lumière réfléchie par un miroir est polarisée, c'est-à-dire que, contrairement à la lumière naturelle, elle ne se compose plus d'une infinité de vibrations perpendiculaires à leur direction de propagation, mais de vibrations qui se trouvent selon un plan particulier. En utilisant deux miroirs, on constate que le rayon réfléchi par le premier miroir, puis par le second, produit sur un écran une tache lumineuse qui varie en intensité selon l'orientation du second miroir.

Activité (12 ans et plus)

- Construire un montage permettant la réflexion successive d'un rayon de lumière par deux miroirs et la formation d'une tache sur un écran. Constater la variation de l'intensité lumineuse de la tache sur l'écran, lorsqu'on fait tourner le deuxième miroir autour de son centre.

▶ **Voir aussi « La polarisation de la lumière par réfraction (1699) » dans ce même thème.**

▶ **Voir aussi « Les lunettes de soleil polarisantes (1938) » dans le thème de technologie « Les techniques de la lumière, du son et des communications ».**

1810. Le chimiste et physicien britannique Humphry DAVY (1778-1829) est le premier à produire un arc électrique continu.

▶ **Voir « L'arc électrique (1810) » dans le thème de physique « L'électricité et le magnétisme ».**

1814. Le physicien allemand Joseph von FRAUNHOFER (1787-1826) précise une découverte faite par Wollaston, en 1802, à savoir que le spectre de la lumière du Soleil est traversé par un certain nombre de raies noires. Il faudra toutefois attendre les travaux de Kirchhoff et de Bunsen, en 1859, pour que la portée de cette découverte soit vraiment comprise.

▶ **Voir « Le spectre d'absorption (1859) » dans le thème d'astronomie « Observer, mesurer et explorer l'Univers ».**

1819. Le physicien français Augustin FRESNEL (1788-1827) développe la théorie ondulatoire de la lumière.

1834. Le mathématicien et physicien irlandais William Rowan HAMILTON (1805-1865) publie d'importants travaux sur le calcul des variations et la résolution des équations différentielles qui font progresser la mécanique newtonienne. Il démontre également l'équivalence de la théorie corpusculaire de Newton et de la théorie ondulatoire de la lumière de Huygens pour rendre compte des lois de l'optique géométrique.

1835. L'inventeur américain Samuel MORSE (1791-1872) et le physicien américain Joseph HENRY (1797-1878) inventent le télégraphe électromagnétique, et Morse invente le *code morse* pour la télégraphie. (En utilisant le *code morse*, il est possible d'envoyer et de recevoir des messages sous forme d'impulsions lumineuses.)

► **Voir « Le télégraphe électromagnétique (1835) » dans le thème de technologie « Les techniques de la lumière, du son et des communications ».**

1842. Le physicien autrichien Christian DOPPLER (1803-1853) décrit l'*effet Doppler*, qui jouera plus tard un rôle important dans la détermination de la vitesse des objets célestes.

L'EFFET DOPPLER

Conception fréquente à l'époque et chez certains élèves

Les sons et les bruits perçus dépendent seulement de la nature de la source.

Concepts scientifiques actuels

L'*effet Doppler* est le décalage de la fréquence d'ondes perçues par un récepteur, lorsque la source et le récepteur sont en mouvement relatif. Par exemple, au moment où un train ou un camion passent près d'une personne immobile, cette personne a l'impression que le bruit produit par le train ou le camion devient soudainement plus grave. En astronomie, l'*effet Doppler* permet de mesurer la vitesse d'éloignement des étoiles et des galaxies, car plus elles s'éloignent rapidement, plus la lumière qu'elles émettent semble rouge, une couleur de fréquence plus basse que le jaune ou le bleu.

Activités (12 ans et plus)

- Aller au bord d'une route ou d'une autoroute et enregistrer le son produit par les voitures et les camions qui passent. Écouter les enregistrements.
- Enregistrer le son produit par un camion que l'on croise lorsqu'on est passager dans une automobile. Écouter les enregistrements. (L'*effet Doppler* est alors encore plus évident, car les vitesses de la voiture et du camion s'additionnent.)

- Faire des vagues dans un étang ou dans un très grand bac en plastique rempli d'eau en faisant vibrer une petite baguette sans la déplacer. Observer la forme des vagues. Faire la même chose en faisant vibrer la baguette tout en la déplaçant lentement dans une direction quelconque.
- Faire la même chose, de façon virtuelle, à l'aide d'un logiciel d'étude des ondes (disponible chez certains fournisseurs de matériel scientifique).

1849. Les physiciens français Léon FOUCAULT (1819-1868) et Hippolyte FIZEAU (1819-1896) réussissent à mesurer la vitesse de la lumière avec précision et montrent qu'elle est inversement proportionnelle à la densité du milieu de propagation, ce qui constitue un autre argument important, en plus de celui de l'interférence lumineuse découverte par Young en 1801, en faveur de la théorie ondulatoire de la lumière.

1854. Le souffleur de verre allemand Heinrich GEISSLER (1814-1879) invente le *tube de Geissler*, ancêtre du tube à décharge.

► **Voir « Le tube à décharge (1870) » dans le thème de physique « L'électricité et le magnétisme ».**

1857. L'inventeur anglais Joseph Wilson SWAN (1828-1914), qui précise des découvertes faites avant lui par Brewster, Herschel, Wheatstone, Angström et d'autres, montre que les spectres de sels métalliques introduits dans une flamme comportent des lignes brillantes caractéristiques.

► **Voir « Le spectre d'émission (1857) » dans le thème de physique « La structure de la matière ».**

1859. Le physicien allemand Gustav KIRCHHOFF (1824-1887) et le chimiste allemand Robert BUNSEN (1811-1899) montrent qu'une substance peut également absorber les radiations qu'elle émet, ce qui explique les raies sombres dans les spectres solaires.

► **Voir « Le spectre d'absorption (1859) » dans le thème d'astronomie « Observer, mesurer et explorer l'Univers ».**

1860. L'astronome britannique William HUGGINS (1824-1910) effectue les premières analyses spectrales de nébuleuses, de comètes et d'étoiles.

1863. Le physicien irlandais John TYNDALL (1820-1893) explique que le ciel paraît bleu à cause de la façon dont il disperse la lumière, et propose le concept d'effet de serre.

► **Voir « La couleur bleue du ciel (1871) » dans le thème de sciences de la Terre « L'atmosphère ».**

1865. Le physicien écossais James Clerk MAXWELL (1831-1879) identifie la lumière à une onde électromagnétique et démontre théoriquement la possibilité qu'il existe des ondes électromagnétiques beaucoup plus courtes (exemple : rayons X) et beaucoup plus longues (exemple : ondes radio) que la lumière visible.

1868. Le physicien allemand Johann Wilhelm HITTORF (1824-1914) découvre les rayons cathodiques, constitués d'électrons qui se déplacent dans un tube à décharge électrique à basse pression.

► **Voir « Les rayons cathodiques (1868) » dans le thème de physique « L'électricité et le magnétisme ».**

Vers 1870. Le physicien britannique William CROOKES (1832-1919) améliore le tube à décharge inventé par Geissler en 1854.

► **Voir « Le tube à décharge (1870) » dans le thème de physique « L'électricité et le magnétisme ».**

1872. L'astronome américain Henry DRAPER (1837-1882) inaugure la spectrographie en prenant la première photographie du spectre d'une étoile (Véga, de la constellation de la Lyre).

1873. Le physicien écossais James Clerk MAXWELL (1831-1879) unifie les théories de l'électricité et du magnétisme en formulant les lois générales de l'électromagnétisme, appelées *lois de Maxwell*. Celles-ci montrent que le champ électrique, le champ magnétique et la lumière sont tous des ondes du même type (les ondes électromagnétiques) qui se déplacent à la même vitesse.

► **Voir « L'électromagnétisme (1873) » dans le thème de physique « L'électricité et le magnétisme ».**

1874. Un étudiant canadien invente l'ampoule électrique et vend le brevet à Edison, qui la perfectionnera en 1879.

► **Voir « L'ampoule électrique (1879) » dans le thème de technologie « Les techniques de la lumière, du son et des communications ».**

1876. L'inventeur américain Alexander Graham BELL (1847-1922) invente le téléphone.

► **Voir « Le téléphone (1876) » dans le thème de technologie « Les techniques de la lumière, du son et des communications ».**

1877. Le physicien anglais John Strutt, lord RAYLEIGH (1842-1919), écrit un traité sur le son qui marque l'apogée de l'étude théorique de l'acoustique.

1877. L'inventeur américain Thomas EDISON (1847-1931) invente le phonographe et réalise le premier enregistrement d'un son.

► **Voir « Le gramophone (1888) » dans le thème de technologie « Les techniques de la lumière, du son et des communications ».**

1879. Le physicien anglais Joseph SWAN (1828-1914) et l'inventeur américain Thomas EDISON (1847-1931) perfectionnent l'ampoule électrique inventée par un étudiant canadien en 1874.

▶ **Voir « L'ampoule électrique (1879) » dans le thème de technologie « Les techniques de la lumière, du son et des communications ».**

1880. Le physicien français Pierre CURIE (1859-1906) découvre la piézoélectricité.

▶ **Voir « La piézoélectricité (1880) » dans le thème de physique « La structure de la matière ».**

1887. Le physicien américain Albert MICHELSON (1852-1931) et le chimiste et physicien américain Edward MORLEY (1838-1923) réalisent une expérience décisive, qui montre que la vitesse de la lumière est la même dans toutes les directions de l'espace et qui, par conséquent, réfute l'existence d'un éther dans lequel se déplacerait la Terre. Cette expérience contribuera à l'élaboration de la théorie de la relativité.

1888. Le physicien allemand Wilhelm HALLWACHS (1859-1922) constate qu'en éclairant une plaque de zinc avec une lampe à vapeur de mercure, il est possible de lui arracher des particules chargées, découvrant ainsi l'effet photoélectrique.

▶ **Voir « L'effet photoélectrique (1888) » dans le thème de physique « La structure de la matière ».**

1888. Le physicien allemand Heinrich HERTZ (1857-1894) réussit à produire des ondes radio à l'aide d'un éclateur de son invention, confirmant ainsi la théorie de Maxwell.

▶ **Voir « La télégraphie sans fil (1895) » dans le thème de technologie « Les techniques de la lumière, du son et des communications ».**

Vers 1892. Le physicien hollandais Hendrik LORENTZ (1853-1928) formule les équations connues sous le nom de *transformations de Lorentz*, avec lesquelles il tente d'expliquer les résultats de l'expérience de 1887 de Michelson et Morley, tout en préservant la théorie de l'existence de l'éther. Il contribuera ainsi, indirectement, à la formulation de la théorie de la relativité par Einstein, qui conservera les transformations, mais les expliquera de façon différente.

1894. Le physicien britannique Oliver LODGE (1851-1940) réussit à transmettre un message par radio, en *code morse*, sur une distance d'environ 1 kilomètre.

▶ **Voir « La télégraphie sans fil (1895) » dans le thème de technologie « Les techniques de la lumière, du son et des communications ».**

1895. Le physicien hollandais Hendrik LORENTZ (1853-1928) formule la théorie selon laquelle la lumière émise par un élément chimique chauffé est causée par le déplacement d'électrons dans les atomes. Cette théorie sera corroborée par la découverte, par Zeeman en 1896, de l'*effet Zeeman*.

1895. L'inventeur italien Guglielmo MARCONI (1874-1937) réussit à transmettre un message par radio, en morse, sur une distance de 145 kilomètres, ce qui marque la naissance de la télégraphie sans fil (T.S.F).

▶ **Voir « La télégraphie sans fil (1895) » dans le thème de technologie « Les techniques de la lumière, du son et des communications ».**

1895. Le physicien allemand Wilhelm RÖNTGEN (1845-1923) découvre les rayons X. Il faudra toutefois quinze ans pour comprendre qu'il s'agit d'ondes électromagnétiques de même nature que la lumière, mais d'une longueur d'onde beaucoup plus courte.

1896. Le physicien hollandais Pieter ZEEMAN (1865-1943) découvre l'*effet Zeeman*, une division par deux ou par trois des raies spectrales d'émission du sodium et du lithium. Cet effet, qui découle de ce que les électrons sont influencés par un champ magnétique, corrobore la théorie formulée par Lorentz en 1895, selon laquelle la lumière émise par un élément chimique chauffé est causée par le déplacement d'électrons dans les atomes.

1900. L'ingénieur canadien Reginald FESSENDEN (1866-1932) invente le principe de la modulation d'amplitude (AM) pour la transmission par radio. Il réussira la première transmission de paroles et de musique, selon ce principe, en 1906.

1900. Le physicien allemand Max PLANCK (1858-1947) émet l'hypothèse selon laquelle les échanges d'énergie s'effectuent de façon discontinue, créant ainsi la mécanique quantique.

Le XXe siècle

1905. Le physicien allemand Albert EINSTEIN (1879-1955) rejette l'idée de la contraction d'un corps en mouvement proposée par Lorentz en 1892 et énonce la théorie de la relativité restreinte, selon laquelle il n'y a pas de mouvement absolu, et selon laquelle la vitesse de la lumière est la même pour tous les observateurs, quel que soit leur mouvement relatif, et constitue la plus grande vitesse possible dans l'Univers. Il montre également que la lumière est composée de photons qui possèdent les propriétés à la fois de particules et d'ondes, ce qui réconcilie la théorie corpusculaire de Newton et la théorie ondulatoire de Huygens. Il explique également l'effet photoélectrique.

1905. Les physiciens allemands Julius ELSTER (1854-1920) et Hans GEITEL (1855-1923) inventent la cellule photoélectrique, qui peut convertir la lumière en électricité.

► **Voir « La cellule photoélectrique (1905) » dans le thème de physique « L'électricité et le magnétisme ».**

1906. Le physicien canadien Reginald FESSENDEN (1866-1932) réussit la première transmission de paroles et de musique par modulation d'amplitude (AM), dont il a inventé le principe en 1900.

► **Voir « La radio AM et FM (1906) » dans le thème de technologie « Les techniques de la lumière, du son et des communications ».**

1906. L'inventeur italien Guglielmo MARCONI (1874-1937) réussit la première transmission de paroles par modulation de fréquence (FM).

► **Voir « La radio AM et FM (1906) » dans le thème de technologie « Les techniques de la lumière, du son et des communications ».**

1909. Le savant français Georges CLAUDE (1870-1960) invente l'éclairage au moyen de tubes à décharge au néon.

1915. Le physicien français Paul LANGEVIN (1872-1946) invente le sonar, qui permet la détection des sous-marins et de la partie submergée des icebergs.

▶ **Voir « Le sonar (1915) » dans le thème des sciences de la Terre « L'écorce terrestre et les océans ».**

1916. Le physicien allemand Albert EINSTEIN (1879-1955) énonce sa théorie de la relativité générale, qui permet d'expliquer les anomalies de l'orbite de Mercure et de prédire que le Soleil peut faire dévier la lumière en provenance d'une étoile.

1919. L'astronome britannique Arthur EDDINGTON (1882-1944) vérifie l'une des prédictions de la théorie de la relativité générale d'Einstein en observant à côté du Soleil, durant l'éclipse du 29 mai, une étoile située en fait derrière le Soleil, ce qui montre que la masse du Soleil fait dévier la lumière.

1920. Mise en service, à Pittsburgh, aux États-Unis, de la première station de radiodiffusion.

1920. Invention de la bande magnétique pour l'enregistrement du son.

▶ **Voir « La bande magnétique (1928) » dans le thème de technologie « Les techniques de la lumière, du son et des communications ».**

1923. L'ingénieur américain d'origine russe Vladimir ZWORYKIN (1889-1982) met au point l'iconoscope, qui deviendra plus tard un élément essentiel des caméras de télévision.

1924. Le physicien français Louis de BROGLIE (1892-1987) propose la théorie de la mécanique ondulatoire, selon laquelle toutes les particules matérielles (protons, neutrons, électrons, etc.) ont, comme les photons de lumière, un comportement qui peut manifester deux aspects, soit ondulatoire, soit corpusculaire.

1924. Le physicien indien Satyendranath BOSE (1894-1974) et le physicien allemand Albert EINSTEIN (1879-1955) formulent la *loi de Bose-Einstein*, qui lie le nombre de photons à la température du milieu.

1926. L'ingénieur écossais John BAIRD (1888-1946) invente la télévision en noir et blanc.

▶ **Voir « La télévision en noir et blanc (1926) » dans le thème de technologie « Les techniques de la lumière, du son et des communications ».**

1928. Le physicien indien Chandrasekhara RAMAN (1888-1970) découvre l'*effet Raman*, selon lequel un composé chimique éclairé par une lumière d'une certaine fréquence diffuse une radiation de même fréquence ainsi que des radiations de fréquences inférieures et supérieures qui permettent de connaître la structure des molécules de cette substance.

1929. Diffusion des premières émissions de radio FM.

▶ **Voir « La radio AM et FM (1906) » dans le thème de technologie « Les techniques de la lumière, du son et des communications ».**

1931. Le physicien allemand Ernst RUSKA (1906-1988) invente le microscope électronique.

1935. Le physicien écossais Robert WATSON-WATT (1892-1973) invente le radar.

▶ **Voir « Le radar (1940) » dans le thème de technologie « Les techniques militaires et policières ».**

1935. Invention du catadioptre, un dispositif optique qui permet de réfléchir les rayons lumineux vers leur source d'émission et qui sera beaucoup utilisé pour rendre les panneaux de signalisation routière plus visibles.

1938. Le chimiste américain Edwin LAND (1909-1991) découvre un matériau capable de polariser la lumière par absorption sélective par des molécules orientées.

► **Voir « Les lunettes de soleil polarisantes (1938) » dans le thème de technologie « Les techniques de la lumière, du son et des communications ».**

1943. L'ingénieur écossais John BAIRD (1888-1946) invente la télévision en couleurs.

► **Voir « La télévision en couleurs (1943) » dans le thème de technologie « Les techniques de la lumière, du son et des communications ».**

1947. Le physicien britannique d'origine hongroise Dennis GABOR (1900-1979) invente l'holographie, un procédé photographique qui permet de produire des images en trois dimensions appelées hologrammes.

L'HOLOGRAPHIE

Conception fréquente à l'époque et chez certains élèves

Il est impossible de produire des images en trois dimensions qui peuvent être perçues sans lunettes spéciales.

Concepts scientifiques actuels

L'holographie est une méthode d'enregistrement et de reproduction de l'image d'un objet en trois dimensions. Alors qu'en photographie classique seule la luminosité est enregistrée sur la pellicule, en holographie, la distribution de l'amplitude de la lumière réfléchie par l'objet et par une onde de référence sont enregistrées sous la forme de franges d'interférence. Quand on éclaire l'hologramme avec l'onde de référence, on obtient une image qui rend la dimension de profondeur et le changement apparent de perspective qui se produit quand un objet est vu sous différents angles. La réalisation d'un hologramme nécessite une source de lumière cohérente produite par laser.

Activités (8 ans et plus)

- Examiner des hologrammes fixes imprimés (exemple : vignette d'une carte de crédit).
- Visiter un musée qui présente des hologrammes statiques et animés.

1954. Le physicien américain Charles TOWNES (né en 1915) découvre le principe du laser, qu'il applique aux micro-ondes, créant ainsi le maser *(Microwave Amplification by Stimulated Emission of Radiation)*. Les physiciens russes Nikolai Gennadevich BASSOV (1922-2001) et Aleksandr Mikhailovich PROKHOROV (1916-2002) découvrent ensemble le même principe, à la même époque, mais sans connaître les travaux de Townes.

1955. Invention de la fibre optique.

► **Voir « La fibre optique (1955) » dans le thème de technologie « Les techniques de la lumière, du son et des communications ».**

1960. Le physicien américain Théodore MAIMAN (né en 1927) fabrique le premier laser (*Light Amplification by Stimulated Emission of Radiation*), qui produit une lumière cohérente à partir d'un cylindre de rubis.

LE LASER

Conception fréquente à l'époque et chez certains élèves

Il est impossible de produire un faisceau de lumière qui ne se disperse pas avec la distance.

Concepts scientifiques actuels

Le laser est un procédé permettant de créer, par émission stimulée, de la lumière monochromatique cohérente. Le mot laser, sigle de l'expression anglaise « Light Amplification by Stimulated Emission of Radiation », signifie amplification de lumière par émission stimulée de rayonnement. Un laser se compose d'un milieu actif, tel qu'un morceau de rubis ou une enceinte contenant du dioxyde de carbone, et d'une lampe flash et de deux miroirs, placés de part et d'autre du milieu actif, dont l'un transmet une partie des ondes réfléchies.

Activités et exercice (8 ans et plus)

- Examiner un petit faisceau laser (exemple : faisceau produit par un pointeur laser ou par une source laser de laboratoire).
- Visiter une usine qui utilise des lasers dans ses procédés de fabrication.
- Se documenter pour répondre à la question suivante : Quelles sont les principales applications du laser dans la vie moderne ? (Exemples : découpage de métaux, chirurgie, lecture de disques compacts, télémétrie, guidage de missiles, holographie, etc.)

1977. Installation, en Californie, du premier câble de télécommunications en fibre optique.

1979. Mise en service des premiers téléphones portables.

► **Voir « Le téléphone portable (1979) » dans le thème de technologie « Les techniques de la lumière, du son et des communications ».**

1979. Les compagnies Philips et Sony mettent au point le disque compact pour la musique. Sa commercialisation commencera en 1982.

► **Voir « Le disque compact de musique (1979) » dans le thème de technologie « Les techniques de la lumière, du son et des communications ».**

1985. Des ingénieurs d'AT&T Bell réussissent à transmettre 300 000 conversations téléphoniques simultanées à l'aide d'une fibre optique.

1989. Installation, entre l'Europe et les États-Unis, du premier câble transocéanique de télécommunications en fibre optique.

1989. Premières émissions de télévision à haute définition au Japon.

1996. Lancement de la DAB (*Digital Audio Broadcasting*), ou radio numérique, d'une qualité sonore très supérieure à celle de la radio FM.

► **Voir « La radio numérique (1996) » dans le thème de technologie « Les techniques de la lumière, du son et des communications ».**

LA CHIMIE

La chimie a pour objet d'étude la structure et la composition des substances, leurs propriétés et leurs transformations.

Cette section comporte deux thèmes, qui présentent chacun une facette importante de l'histoire de la chimie :

- **les éléments, les composés et les réactions chimiques,**
- **l'industrie chimique.**

LES ÉLÉMENTS, LES COMPOSÉS ET LES RÉACTIONS CHIMIQUES

Préhistoire

Vers 1400000 av. J.-C. Les êtres humains commencent à utiliser le feu.

L'Antiquité orientale

Vers 5000 av. J.-C. Début de l'extraction du plomb, du cuivre et de l'étain de leurs minerais.

Vers 3700 av. J.-C. Invention, en Égypte, du bronze, un alliage de cuivre et d'étain plus rigide que ses composants.

Vers 3500 av. J.-C. Débuts de l'utilisation du papyrus, un papier rudimentaire fabriqué à partir de la moelle de la tige d'un roseau, en Égypte.

▶ **Voir «Le papyrus (3000 av. J.-C.)» dans le thème de technologie «Les techniques de la lumière, du son et des communications».**

Vers 3000 av. J.-C. Tissage et tannage des peaux en Mésopotamie et en Égypte. Production de divers pigments. Découverte du pétrole (utilisé dans les lampes) et du bitume (utilisé pour rendre les bateaux étanches).

▶ **Voir «Le pétrole et le bitume (3000 av. J.-C.)» dans le thème de chimie «L'industrie chimique».**

Vers 1500 av. J.-C. Production, en Asie mineure (Mésopotamie), de fer dans des fourneaux à l'aide de la chaleur produite par la combustion du charbon. Débuts de la trempe du fer.

Vers 800 av. J.-C. Débuts de l'alchimie chinoise. Élaboration de tables d'affinités entre certaines substances. (Le but essentiel de l'alchimie chinoise sera la découverte de l'élixir d'immortalité.)

L'Antiquité classique

Vers 590 av. J.-C. Le mathématicien et philosophe grec THALÈS de Milet (v. 625-v. 547 av. J.-C.) affirme que l'élément primordial de l'Univers est l'eau.

Vers 580 av. J.-C. Le philosophe grec ANAXIMANDRE (v. 610-v. 547 av. J.-C.) suppose qu'il existe un principe indéfini, indéterminé, amorphe, l'*apeiron*, qu'il considère comme l'élément primordial de l'Univers.

Vers 545 av. J.-C. Le philosophe grec ANAXIMÈNE (v. 585-v. 525 av. J.-C.) suppose que l'air est l'élément primordial de l'Univers.

Vers 510 av. J.-C. Le philosophe grec HÉRACLITE d'Éphèse (v. 550-v. 480 av. J.-C.) suppose que le feu est l'élément primordial d'un Univers qui change constamment.

Vers 450 av. J.-C. Le philosophe grec EMPÉDOCLE (v. 484-v. 424 av. J.-C.) élabore une théorie de la matière fondée sur quatre éléments (l'air, l'eau, la terre et le feu) et sur deux forces (l'attraction et la répulsion). Cette théorie, qui constitue la base de l'alchimie et qui a eu pendant des siècles une influence beaucoup plus grande que la théorie de Démocrite et de Leucippe sur les atomes, n'a été définitivement abandonnée qu'au XVIIIe siècle.

Vers 440 av. J.-C. Le philosophe grec ANAXAGORE (v. 500-v. 428 av. J.-C.) énonce une loi de conservation de la matière, qui préfigure la loi de conservation de la masse qui sera énoncée par Lavoisier en 1789. Il affirme en effet que « Rien ne naît, rien ne meurt, mais des choses déjà existantes se combinent, puis se séparent à nouveau. »

Vers 400 av. J.-C. Les philosophes grecs LEUCIPPE de Milet (v. 460-370 av. J.-C.) et DÉMOCRITE d'Abdère (v. 460-370 av. J.-C.) proposent l'idée selon laquelle la matière est composée d'atomes dont les mouvements sont régis de façon mécanique. Cette théorie sera reprise, sous une forme différente, par Dalton, au XIXe siècle.

Vers 380 av. J.-C. Le philosophe grec PLATON (v. 427-v. 337 av. J.-C.) complète la théorie d'Empédocle sur les quatre éléments en leur associant des solides géométriques : le tétraèdre correspond au feu, le cube à la terre, l'octaèdre à l'air et l'icosaèdre à l'eau. Il postule que la transformation de l'air en feu est possible, car un octaèdre peut se séparer en deux tétraèdres.

Vers 350 av. J.-C. Le philosophe grec ARISTOTE (384-322 av. J.-C.) complète la théorie d'Empédocle sur les quatre éléments en leur ajoutant des qualités (le feu est chaud et sec, l'air est chaud et humide, l'eau est froide et humide, et la terre est froide et sèche) et en affirmant que les éléments peuvent se transformer et devenir les uns les autres en changeant leurs qualités.

Vers 300 av. J.-C. Le philosophe grec ÉPICURE (341-270 av. J.-C.) développe l'idée énoncée vers 400 av. J.-C. par Leucippe de Milet et Démocrite d'Abdère, selon laquelle la matière est composée d'atomes.

Vers 300 av. J.-C. Formulation, en Chine, d'une théorie de la matière fondée sur cinq éléments (l'eau, le métal, le bois, le feu et la terre) et deux forces fondamentales (le yin, principe féminin, et le yang, principe masculin).

Vers 60 av. J.-C. Le poète et philosophe latin LUCRÈCE (v. 98-55 av. J.-C.) énonce la théorie des « atomes crochus » pour expliquer la consistance des solides et, en corollaire, celle de l'absence de crochets pour expliquer la fluidité des liquides. (L'expression « atomes crochus » est encore utilisée de nos jours pour désigner la sympathie entre des personnes.)

Vers 50 ap. J.-C. L'encyclopédiste romain PLINE L'ANCIEN (23-79) rédige l'*Histoire naturelle*, une encyclopédie en 37 volumes dans laquelle sont exposées les connaissances de l'époque au sujet des minéraux, des métaux, des cristaux, des pierres précieuses, des fossiles, des plantes et des animaux.

Vers 150 ap. J.-C. Débuts à Alexandrie, en Égypte, de l'alchimie sous la forme qui se répandra plus tard dans l'empire musulman et en Europe. L'alchimie, qui vise autant une transformation de la matière qu'une transformation spirituelle de celui qui la pratique, allie la philosophie grecque, les connaissances et pratiques égyptiennes, les arts occultes moyen-orientaux, ainsi que le mysticisme juif et chrétien. (Le but essentiel de l'alchimie occidentale sera la découverte de la pierre philosophale, qui peut opérer la transmutation des métaux en or.)

IVe siècle. L'alchimiste hellénistique ZOSIME de Panapolis (IVe s.) écrit des traités d'alchimie dans lesquels il est question des distillations et des affinités entre certaines substances.

Le Moyen Âge

Vers 600. Invention de la poudre noire en Chine.

▶ **Voir « La poudre noire (600) » dans le thème de chimie « L'industrie chimique ».**

Vers 600. L'archevêque espagnol ISIDORE DE SÉVILLE (v. 560-636) rédige les *Origines*, une encyclopédie dans laquelle sont exposées les connaissances de l'époque au sujet des minéraux, des fossiles et des métaux.

Du VIIe au XVIIe siècle. C'est le règne de l'alchimie, d'abord dans l'empire musulman, puis en Europe, à partir du XIIe siècle, par l'intermédiaire des textes d'auteurs arabes tels que GEBER, en arabe Abu Musa Djabir al-Sufi (v. 721-v. 815), AVICENNE, en arabe Ibn Sina (980-1037), et RHAZÈS, en arabe Ibn Zakariyya ar-Râzi (865-925). L'alchimie essaie, entre autres, de transformer des métaux tels que le plomb ou le cuivre en argent ou en or. Elle conduit parfois, par hasard, à la découverte d'éléments chimiques, tels que le mercure et le phosphore, et à l'invention de certaines techniques, telles que la séparation de l'argent mêlé au plomb ou le déplacement du cuivre par le fer dans une solution de sulfate de cuivre. L'alchimie se fonde sur l'existence de quatre éléments, l'eau, l'air, la terre et le feu, et de deux principes, le soufre et le mercure, et postule que tous les métaux sont formés de diverses proportions des deux « principes ».

L'ALCHIMIE

Conception fréquente à l'époque et chez certains élèves

Il est possible de transformer du cuivre ou du plomb en argent ou en or.

Concepts scientifiques actuels

L'alchimie est une « pseudo-science » qui comportait deux branches, la chrysopée et la panacée. La chrysopée visait à découvrir une substance appelée « pierre philosophale » permettant de « transmuter » (transformer) des métaux comme le plomb ou le cuivre en argent ou en or. La panacée visait à découvrir un « élixir », médicament universel permettant de guérir toutes les maladies.

Exercices (12 ans et plus)

- Se documenter pour répondre aux questions suivantes: En quoi consistaient les travaux des alchimistes? Quels objectifs poursuivaient-ils?
- Se familiariser avec certaines techniques utilisées par les alchimistes (dissolution, distillation, cristallisation, décantation, filtration, bain-marie, etc.). Si possible, s'habituer à utiliser certaines de ces techniques.
- Se documenter pour répondre à la question suivante: Les alchimistes ont-ils fait des découvertes intéressantes?

Vers 800. L'alchimiste arabe Jabir IBN HAYYAN (v. 721-v. 815) énonce la notion de complémentarité entre certaines catégories de substances.

Vers 1010. Le médecin, géologue et philosophe iranien AVICENNE, en arabe Ibn Sina (980-1037), écrit des traités dans lesquels il décrit de nombreux minéraux.

Vers 1175. Le philosophe, théologien et médecin juif andalou Moïse MAÏMONIDE (1135-1204) écrit un *Traité des poisons* dans lequel il décrit des plantes vénéneuses et certains antidotes.

Vers 1240. Le théologien et philosophe allemand ALBERT LE GRAND (1200-1280) écrit des traités dans lesquels il est question des roches et des minéraux.

La Renaissance

Vers 1530. Le médecin et alchimiste suisse Theophratus Bombastus von Hohenheim, dit PARACELSE (v. 1493-1541) énonce l'idée selon laquelle le sel est, en plus du soufre et du mercure, un troisième «principe» important en alchimie.

1540. Le chimiste italien Vannocio BIRINGUCCIO (1480-1538) publie un traité de techniques chimiques.

1556. Le savant allemand Georg Bauer, dit AGRICOLA (1494-1555), publie son ouvrage *De Re Metallica,* qui est non seulement un compte rendu détaillé des techniques minières et métallurgiques, mais également un traité exhaustif des connaissances en chimie de l'époque, ainsi qu'une des premières attaques contre la prétention des alchimistes de réaliser la transmutation des métaux.

Vers 1570. Le céramiste et savant français Bernard PALISSY (v. 1510-v. 1590) perfectionne les techniques de la céramique et de la faïence, en mettant au point de nouveaux types d'émaux, et prône l'emploi d'engrais chimiques.

Le XVIIe siècle

1615. Le chimiste français Jean BÉGUIN (v. 1550-v. 1630) publie l'ouvrage *Éléments de chimie,* dans lequel la chimie commence nettement à se distinguer de l'alchimie.

1619. Le médecin, alchimiste et chimiste flamand Jan Baptist VAN HELMONT (1579-1644) établit la distinction entre le concept «air» et le concept «gaz» et découvre le gaz carbonique, qu'il nomme «gaz sylvestre».

Vers 1620. Le philosophe français Pierre GASSENDI (1592-1655) contribue à faire mieux connaître la théorie atomique des philosophes grecs de l'Antiquité.

1625. Le chimiste allemand Johann Rudolf GLAUBER (1604-1670) met au point des méthodes de préparation de l'acide sulfurique et de l'acide chlorhydrique et découvre le sulfate de sodium.

Vers 1630. Le chimiste et médecin français Jean REY (1583-1645) observe l'augmentation de la masse de l'étain et du plomb quand on les calcine (c'est-à-dire quand on les fait chauffer à une température très élevée en présence d'air) et attribue cette action à l'air. Il postule qu'une «partie épaissie» de l'air s'est fixée sur le métal. Lavoisier montrera, en 1772, que la réaction du métal avec l'oxygène de l'air produit des oxydes métalliques.

1661. Le physicien et chimiste irlandais Robert BOYLE (1627-1691) propose le concept d'élément chimique et contribue à établir une distinction nette entre la chimie, débarrassée de toute référence à des qualités occultes, et l'alchimie. Il distingue clairement les simples mélanges (exemple: un mélange de sel et de sable) des combinaisons chimiques (exemple: le savon est une substance différente de la graisse et de la soude qui entrent dans sa fabrication).

1669. L'alchimiste allemand Hennig BRAND (XVIIe s.) découvre le phosphore lors d'une expérimentation avec de l'urine humaine.

1675. Le chimiste et pharmacien français Nicolas LÉMERY (1645-1715) publie un *Cours de chimie* qui contribue, tout comme les travaux de Boyle, à établir une démarcation nette entre la chimie et l'alchimie.

1687. Le physicien anglais Isaac NEWTON (1642-1727) publie ses célèbres *Principes mathématiques de la philosophie naturelle*, dans lesquels sont présentées la loi de la gravitation universelle ainsi que ses trois lois de la dynamique, appelées aussi *trois lois de Newton.* La loi de la gravitation universelle remplacera alors le magnétisme comme explication de l'attraction entre les corps célestes. De plus, le modèle mathématique de Newton remplacera peu à peu le modèle mécaniste de Descartes et portera également à croire que des lois du même type pourraient s'appliquer à des corpuscules de matière, ce qui contribuera à relancer la théorie atomique.

Vers 1690. Le chimiste et médecin français d'origine néerlandaise Wilhelm HOMBERG (1652-1715) montre qu'un sel s'obtient par l'action d'un acide sur une base et découvre l'acide borique.

LES RÉACTIONS ACIDE-BASE

Conception fréquente à l'époque et chez certains élèves

Les sels sont des composés chimiques sans rapport avec les acides et les bases.

Concepts scientifiques actuels

Le mélange d'une solution acide et d'une solution basique entraîne une réaction chimique. Au cours de cette réaction, il se forme un sel, qui reste en solution dans l'eau, et il arrive fréquemment qu'un gaz soit produit. Par exemple, la réaction entre le vinaigre et le bicarbonate de sodium produit un sel et du gaz carbonique.

Activité (8 ans et plus)

Préparer une petite quantité de solution de bicarbonate de sodium. Laisser tomber un peu de jus de chou rouge dans la solution. Ajouter lentement du vinaigre à la solution à l'aide d'un compte-gouttes. Observer ce qui se passe. Continuer à ajouter du vinaigre jusqu'à ce que le jus de chou rouge ait repris la couleur qu'il avait avant de le mettre dans la solution de bicarbonate de sodium. Continuer à ajouter du vinaigre. Observer ce qui se passe. (Pour obtenir du jus de chou rouge, un liquide violet foncé, faire bouillir quelques feuilles de chou rouge coupées en fines lamelles dans de l'eau pendant quelques minutes.)

1697. Le chimiste allemand Georg STAHL (1660-1734) propose une théorie, qui sera plus tard démentie par Lavoisier, selon laquelle les corps inflammables contiennent un « élément inflammable », nommé le phlogistique. Selon cette théorie, plus la combustion d'un corps est vive, plus ce corps contient de phlogistique.

Le XVIIIe siècle

1718. Le chimiste français Étienne-François GEOFFROY (1672-1731) établit une table des affinités rendant possible la prévision des combinaisons entre les substances chimiques.

Vers 1720. Le physicien et naturaliste français René de RÉAUMUR (1683-1757) montre la possibilité de transformer la fonte (un alliage de fer et de carbone assez cassant) en acier (un alliage de fer et de carbone plus résistant).

1735. Un chimiste suédois réussit à isoler le cobalt. Ce métal sera plus tard, à partir du début du XXe siècle, utilisé dans la fabrication d'alliages résistant aux hautes températures et à la corrosion.

Vers 1750. Le chimiste français Guillaume ROUELLE (1703-1770) donne une définition précise d'un acide, d'un alcali et d'un sel.

1754. Le physicien et chimiste écossais Joseph BLACK (1728-1799) identifie chimiquement le « gaz sylvestre » (dioxyde de carbone) découvert par van Helmont et déduit de ses observations la présence de ce gaz dans l'atmosphère. Il découvre également que ce gaz ne peut entretenir la vie animale et qu'il est expiré par les animaux.

1760. Le physicien et chimiste écossais Joseph BLACK (1728-1799) découvre la chaleur spécifique, appelée aussi capacité calorifique (quantité d'énergie nécessaire pour augmenter la température d'un corps), qui est fonction de la nature du corps. Il découvre aussi la chaleur latente (quantité de chaleur nécessaire pour passer d'un état à un autre, sans changement de température) et est ainsi le premier à distinguer nettement chaleur et température.

▶ **Voir « La chaleur spécifique (1760) » et « La chaleur latente (1760) » dans le thème de physique « La chaleur et la pression ».**

Vers 1766. Le physicien et chimiste britannique Henry CAVENDISH (1731-1810) découvre l'azote, qu'il appelle « air vicié », en faisant passer de l'air atmosphérique sur du charbon ardent.

1772. Le chimiste et physiologiste français Antoine de LAVOISIER (1743-1794) montre que toute combustion résulte d'une combinaison avec l'oxygène de l'air, ce qui conduit à l'abandon de la théorie du phlogistique.

LA COMBUSTION

Conception fréquente à l'époque et chez certains élèves

Le feu est une substance qui s'échappe des corps qui brûlent.

Concepts scientifiques actuels

Le feu est un dégagement d'énergie qui résulte de la réaction chimique du corps qui brûle avec l'oxygène de l'air. Pour éteindre un feu, on peut abaisser brusquement la température (souffler, arroser avec de l'eau), priver la flamme d'oxygène (recouvrir d'un verre, verser du bicarbonate de sodium ou du sable, approcher un liquide qui dégage du gaz carbonique) ou faire les deux à la fois (verser un mélange de vinaigre et de bicarbonate de sodium). Lorsque le feu prend dans une casserole, il suffit souvent de mettre le couvercle pour l'éteindre.

Problème et exercice (8 ans et plus)

- Comment peut-on éteindre un feu ?

Matériel :

Un bol, des bougies, des allumettes, un verre en verre, du bicarbonate de sodium, du vinaigre, du sable, un vieux chiffon assez épais. Un extincteur.

Quelques solutions ou méthodes possibles :

Pour toutes les solutions suivantes, fixer une bougie dans le fond d'un bol à l'aide de quelques gouttes de paraffine.

- Souffler sur la flamme de la bougie.
- Arroser la bougie.
- Recouvrir la bougie d'un verre en verre.
- Verser du bicarbonate de sodium sur la bougie.
- Verser du sable sur la bougie.
- Recouvrir rapidement la bougie d'un vieux chiffon assez épais ou d'une vieille couverture.
- Verser un peu de bicarbonate de sodium dans un verre. Ajouter du vinaigre. Arroser la bougie avec le mélange pétillant de bicarbonate de sodium et de vinaigre.
- Verser un peu de bicarbonate de sodium dans un verre. Ajouter du vinaigre. Approcher le verre de la flamme sans verser de liquide sur la flamme.
- Utiliser un extincteur.
- Se documenter pour répondre à la question suivante : Quels sont les faits saillants de la vie d'Antoine de Lavoisier ? (Exemples : Antoine de Lavoisier devint directeur de l'Académie des sciences en 1785. Il fut exécuté lors de la Révolution française.)

1773. Le chimiste suédois Carl SCHEELE (1742-1786) précise le rôle de l'oxygène dans la respiration des plantes et des animaux et estime que l'atmosphère comporte environ 25 % d'« air respirable » (oxygène) et 75 % d'« air vicié » (azote), valeurs assez proches des 21 % et 79 % qui seront déterminés plus tard par des moyens plus précis.

1774. Le chimiste anglais Joseph PRIESTLEY (1733-1804) constate que la décomposition de l'oxyde rouge de mercure par la chaleur produit un gaz que Lavoisier appellera l'oxygène.

1774. Le chimiste suédois Carl SCHEELE (1742-1786) découvre le chlore.

Vers 1780. Le chimiste français Nicolas LEBLANC (1742-1806) invente un procédé pour produire du carbonate de sodium, nécessaire pour la fabrication du savon, du verre et du papier, à partir du sel (chlorure de sodium).

1781. Le physicien et chimiste britannique Henry CAVENDISH (1731-1810) effectue la synthèse de l'eau par l'explosion d'un mélange d'hydrogène et d'oxygène et démontre ainsi que, contrairement à ce que l'on croyait depuis l'Antiquité, ce liquide n'est pas un élément.

La synthèse de l'eau

Conception fréquente à l'époque et chez certains élèves

L'eau est un élément pur.

Concepts scientifiques actuels

L'eau est un composé d'hydrogène et d'oxygène, dont la formule chimique est H_2O. En présence d'une source de chaleur, un mélange d'hydrogène et d'oxygène explose facilement et produit de la vapeur d'eau.

Activité et exercice (12 ans et plus)

- En utilisant de petites bombonnes d'hydrogène et d'oxygène, ou en produisant de l'hydrogène et de l'oxygène par électrolyse, remplir une éprouvette avec un mélange de ces deux gaz. Introduire une allumette allumée dans l'éprouvette. Constater l'explosion produite. Observer, après l'explosion, la présence de gouttelettes d'eau sur les parois de l'éprouvette.
- Se documenter pour répondre à la question suivante: Quels sont les faits saillants de la vie d'Henry Cavendish? (Exemple: Henry Cavendish passa une grande partie de sa vie à faire ses expériences en solitaire, à Londres.)

1781. Le chimiste suédois Carl SCHEELE (1742-1786) découvre le tungstène, qui sera plus tard utilisé pour fabriquer les filaments de lampes à incandescence.

1784. Le chimiste et physiologiste français Antoine de LAVOISIER (1743-1794) décompose l'eau en oxygène et en hydrogène, en la faisant passer dans un canon de fusil chauffé au rouge, et démontre ainsi, par une méthode différente de celle de Cavendish, que ce liquide n'est pas un élément.

1784. Le minéralogiste français René Just HAÜY (1743-1822) montre que les cristaux de calcite ont une forme rhomboédrique, ce qui le conduira plus tard à énoncer les lois de base de la cristallographie.

LA FORME DES CRISTAUX

Conception fréquente à l'époque et chez certains élèves

Tous les cristaux ont la même forme de base.

Concepts scientifiques actuels

Les cristaux sont des solides caractérisés par une disposition régulière de leurs constituants. Tout cristal appartient à l'un des sept grands types de systèmes cristallins, parmi lesquels se trouvent le système cubique (exemple: sel de table), le système rhomboédrique (exemple: calcite) et le système orthorhombique (exemple: quartz).

Activités (8 ans et plus)

- Observer des cristaux comme le sel de table, la calcite ou le quartz à la loupe ou au microscope.
- Observer la formation de cristaux de la façon suivante. 1) Faire bouillir environ 100 ml d'eau. 2) Verser environ 250 g de sel d'Epsom (disponible dans les pharmacies) dans l'eau bouillante et agiter. 3) Verser la solution obtenue dans un pot transparent. 4) Attacher l'extrémité d'une ficelle à une baguette, placer la baguette sur le pot et laisser tremper l'autre extrémité de la ficelle dans la solution. (Il doit y avoir au moins 5 cm de ficelle dans la solution.) 6) Au bout de quelques jours, des cristaux se formeront sur la ficelle.
- Observer la formation d'autres types de cristaux, de la même façon, en remplaçant le sel d'Epsom par d'autres substances: sucre, sel de table, alun, etc.
- Représenter les principaux systèmes cristallins à l'aide d'un ensemble pour réseaux cristallins de type «réseaux de bravais» (disponible chez certains fournisseurs de matériel scientifique).

1784. Le géologue français Dieudonné DOLOMIEU (1750-1801) donne son nom à la dolomite, un minéral à base de carbonate de calcium et de magnésium.

1787. Les chimistes français Louis-Bernard GUYTON DE MORVEAU (1737-1816), Antoine-François FOURCROY (1755-1809), Claude-Louis BERTHOLLET (1748-1822) et Antoine de LAVOISIER (1743-1794) élaborent un système de désignation des corps chimiques encore en usage aujourd'hui. Les noms des corps sont composés à partir des éléments et d'un système de préfixes et de suffixes (exemple: sulfate de cuivre).

LA NOMENCLATURE CHIMIQUE

Conception fréquente à l'époque et chez certains élèves

La meilleure façon de désigner les corps chimiques est d'utiliser les noms usuels, tels que sucre, sel de table, vinaigre, salpêtre, etc.

Concepts scientifiques actuels

Dans le système de désignation des corps chimiques mis au point par Lavoisier et ses collaborateurs et qui est encore en usage aujourd'hui, les noms des corps sont composés à partir des éléments et d'un système de préfixes et de suffixes (exemple: sulfate de cuivre).

Exercices (12 ans et plus)

- Lire un tableau qui présente les principaux préfixes et suffixes de la nomenclature chimique.
- Se familiariser avec la désignation scientifique de composés chimiques courants.
- Se documenter pour répondre à la question suivante: Quels sont les faits saillants de la vie de Claude-Louis Berthollet et d'Antoine de Lavoisier? (Exemples: Claude-Louis Berthollet fut pendant quelques années directeur d'une fabrique de tapis, où il s'occupait principalement des teintures. Il accompagna Napoléon en Égypte en 1798.) Voir les remarques portant sur Antoine de Lavoisier dans «La combustion (1772)» dans ce même thème.

1789. Le chimiste et physiologiste français Antoine de LAVOISIER (1743-1794) énonce la loi de la conservation de la masse, selon laquelle, lors d'une réaction chimique, la masse des produits est toujours égale à la masse des réactifs.

LA LOI DE LA CONSERVATION DE LA MASSE

Conception fréquente à l'époque et chez certains élèves

La masse des produits de certaines réactions chimiques, comme du bois qui brûle, est inférieure à celle des réactifs.

Concepts scientifiques actuels

Lors d'une réaction chimique, la masse des produits est toujours égale à la masse des réactifs. La loi de la conservation de la masse peut parfois sembler fausse parce qu'un ou plusieurs produits de la réaction sont des gaz qui s'échappent dans l'atmosphère. Par exemple, lorsqu'un morceau de bois brûle, la masse des cendres, du gaz carbonique et de la vapeur d'eau produits par la combustion est égale à la masse de la bûche, plus celle de l'oxygène qui participe à la combustion.

Activité et exercices (12 ans et plus)

- Coller une chandelle, à l'aide d'une goutte de cire, au fond d'un grand pot ou contenant avec couvercle. Fermer le couvercle et placer le contenant sur une balance la plus précise possible (au dixième ou centième de gramme). Ouvrir le couvercle, allumer la chandelle, refermer le couvercle et placer à nouveau le contenant sur la balance. Le poids du contenant change-t-il pendant la combustion de la chandelle?
- Vérifier la loi de conservation de la masse de la façon suivante: 1) Verser 10 ml de carbonate de calcium décahydraté (Na_2CO_3-$10H_2O$ à 0,1 mol/dm^3) dans un erlenmeyer. 2) Verser 3 ml de chlorure de calcium hexahydraté ($CaCl_2$-$6H_2O$ à 0,1 mol/dm^3) dans une éprouvette. 3) Placer l'éprouvette, ouverture vers le haut, dans l'erlenmeyer et fermer hermétiquement l'erlenmeyer avec un bouchon sans trou. 4) Peser le tout avec une balance de laboratoire. 5) Incliner l'erlenmeyer de façon à permettre aux deux solutions de se mélanger. 6) Peser à nouveau. 7) Comparer les deux masses.
- Se documenter pour trouver des exemples de réactions chimiques lors desquelles la loi de la conservation de la masse pourrait sembler fausse à cause de la production de gaz.
- Se documenter pour répondre à la question suivante: Quels sont les faits saillants de la vie d'Antoine de Lavoisier? Voir les remarques portant sur Antoine de Lavoisier dans «La combustion (1772)» dans ce même thème.

1789. Le chimiste français Claude-Louis BERTHOLLET (1748-1822) découvre les propriétés décolorantes de l'hypochlorite de sodium, qu'il appelle *eau de Javel*, du nom d'une localité près de Paris où travaillent les lavandières.

▶ **Voir «L'eau de Javel (1789)» dans le thème de chimie «L'industrie chimique».**

1799. Le chimiste français Joseph Louis PROUST (1754-1826) formule la loi des proportions définies des éléments qui constituent les composés chimiques.

LA LOI DES PROPORTIONS DÉFINIES

Conception fréquente à l'époque et chez certains élèves

Toutes les substances chimiques qui réagissent entre elles réagiront complètement quelles que soient les proportions utilisées.

Concepts scientifiques actuels

La formule chimique d'un composé permet de connaître les proportions des éléments qui réagissent entièrement entre eux. Par exemple, deux volumes d'hydrogène se combinent à un volume d'oxygène pour former de l'eau, dont la formule est H_2O. L'hydrogène ou l'oxygène excédentaire ne réagira pas.

Activité (8 ans et plus)

Observer une réaction chimique simple (exemple: vinaigre avec bicarbonate de sodium) quand l'un des réactifs est beaucoup plus abondant que l'autre. Constater qu'une partie du réactif trop abondant ne réagit pas.

1800. Le physicien italien Alessandro VOLTA (1745-1827) invente la pile électrique, qui permet de produire du courant électrique continu.

▶ **Voir « La pile électrique (1800) » dans le thème de physique « L'électricité et le magnétisme ».**

1800. Le chimiste et physicien anglais Humphry DAVY (1778-1829) découvre l'oxyde nitreux, ou gaz hilarant, et suggère son utilisation en anesthésie.

1800. Le chirurgien anglais Anthony CARLISLE (1768-1840) et son associé, William NICHOLSON (1753-1815), font les premières observations du phénomène de l'électrolyse de l'eau acidulée, qui seront reprises par Davy en 1807 et expliquées par Faraday en 1834.

▶ **Voir « L'électrolyse (1834) » dans ce même thème.**

Le XIXe siècle

1802. Le chimiste et physicien anglais William WOLLASTON (1766-1828) observe que le spectre de la lumière du Soleil est traversé par un certain nombre de raies noires. Il faudra toutefois attendre les travaux de von Fraunhofer, en 1814, et surtout de Kirchhoff et Bunsen, en 1859, pour que la portée de cette découverte soit vraiment comprise.

1803. Le chimiste français Claude-Louis BERTHOLLET (1748-1822) publie *Essai de statique chimique*, dans lequel il énonce des lois importantes au sujet des équilibres chimiques.

1804. Le physicien, chimiste et météorologiste anglais John DALTON (1766-1844) propose la loi des proportions multiples, selon laquelle certains éléments peuvent se combiner de diverses façons (exemple: l'hydrogène et l'oxygène peuvent former de l'eau, dont la formule est H_2O, ou du peroxyde d'hydrogène, dont la formule est H_2O_2).

LA LOI DES PROPORTIONS MULTIPLES

Conception fréquente à l'époque et chez certains élèves

Deux éléments chimiques qui réagissent entre eux réagissent toujours dans les mêmes proportions.

Concepts scientifiques actuels

Selon la loi des proportions multiples, certains éléments peuvent se combiner de diverses façons (exemple: l'hydrogène et l'oxygène peuvent former de l'eau, dont la formule est H_2O, ou du peroxyde d'hydrogène, dont la formule est H_2O_2).

Activité et exercice (12 ans et plus)

- Chercher, dans un livre de chimie, des composés chimiques dans lesquels les mêmes éléments se retrouvent dans diverses proportions (exemples: eau et peroxyde d'hydrogène; méthane et propane; glucose et fructose).
- Se documenter pour répondre à la question suivante: Quels sont les faits saillants de la vie de John Dalton? (Exemples: John Dalton, qui était lui-même daltonien, décrivit le trouble de la perception des couleurs qui porte maintenant son nom. Il nota tous les jours ses observations météorologiques pendant 57 ans.)

1805. Le physicien et chimiste français Louis Joseph GAY-LUSSAC (1778-1850) découvre que les volumes de gaz se combinent dans des proportions simples.

1807. Le physicien, chimiste et météorologiste anglais John DALTON (1766-1844) propose la théorie atomique. Selon cette théorie, chaque élément est formé de petites particules, appelées atomes, qui se combinent les unes aux autres pour former des composés chimiques. Cette théorie met un terme à la croyance selon laquelle il serait possible de transmuter chimiquement des métaux en or.

1807. Le chimiste anglais Humphry DAVY (1778-1829) isole des métaux alcalins, dont le potassium et le sodium, grâce à l'électrolyse.

▶ **Voir « L'électrolyse (1834) » dans ce même thème.**

1811. Le chimiste italien Amadeo di Quaregna, comte d'AVOGADRO (1776-1856) introduit le concept de molécule et énonce la loi selon laquelle il y a le même nombre de molécules dans deux volumes égaux de gaz différents.

1811. Le chimiste suédois Jöns BERZELIUS (1779-1848) analyse diverses solutions et dresse une table où les éléments sont classés en fonction de leur caractère électrochimique.

1812. Le minéralogiste allemand Friedrich MOHS (1773-1839) conçoit l'*échelle de Mohs*, qui permet de classifier les minéraux selon leur dureté.

▶ **Voir « L'échelle de Mohs (1812) » dans le thème de sciences de la Terre « L'écorce terrestre et les océans ».**

1813. Le chimiste suédois Jöns BERZELIUS (1779-1848) institue la notation chimique par symboles.

LA NOTATION CHIMIQUE PAR SYMBOLES

Conception fréquente à l'époque et chez certains élèves

Un composé chimique ne peut être nommé que par son nom complet (exemples: chlorure de potassium, sulfate de cuivre).

Concepts scientifiques actuels

Il existe 103 éléments chimiques. Chaque élément est représenté par une ou deux lettres qui constituent son symbole chimique (exemples: oxygène: O; fer: Fe). La formule chimique d'un composé indique la manière dont les éléments se combinent dans les molécules de ce composé.

Exercices (12 ans et plus)

- Se familiariser avec la notation chimique de composés courants. Exemples: oxygène gazeux: O_2; eau: H_2O; sel de table (chlorure de sodium): NaCl; glucose: $C_6H_{12}O_6$; acide acétique (que l'on trouve dans le vinaigre): CH_3CO_2H; bicarbonate de sodium: $NaHCO_3$.
- Se documenter pour répondre à la question suivante: Quels sont les faits saillants de la vie de Jöns Berzelius? (Exemples: Jöns Berzelius fut professeur de médecine et de pharmacie au Collège de médecine de Stockholm. Il décrivit la préparation et l'analyse de plus de 2 000 composés chimiques.)

1814. Le physicien allemand Joseph von FRAUNHOFER (1787-1826) précise une découverte faite par Wollaston, en 1802, selon laquelle le spectre de la lumière du Soleil est traversé par un certain nombre de raies noires. Il faudra toutefois attendre les travaux de Kirchhoff et Bunsen, en 1859, pour que la portée de cette découverte soit vraiment comprise.

▶ **Voir « Le spectre d'absorption (1859) » dans le thème d'astronomie « Observer, mesurer et explorer l'Univers ».**

1815. Le physicien et chimiste français Louis Joseph GAY-LUSSAC (1778-1850) met en évidence le concept de radical en montrant que le cyanogène $(CN)_2$ agit comme un tout non dissocié dans les réactions où il intervient.

LES RADICAUX

Conception fréquente à l'époque et chez certains élèves

Les composés chimiques sont formés d'éléments indépendants.

Concepts scientifiques actuels

Un radical est un groupe d'atomes qui peut être séparé en bloc d'une molécule et entrer dans la composition d'une autre molécule de structure différente. Par exemple, le radical hydroxyle OH se rencontre dans les molécules de l'eau H–OH, des alcools (exemple: alcool éthylique C_2H_5–OH), des phénols (exemple: phénol C_6H_5–OH) et de certaines bases (exemple: soude Na–OH).

Activité (12 ans et plus)

- Faire des réactions chimiques dans lesquelles des radicaux courants interviennent.

1817. Un chimiste allemand réussit à isoler le cadmium. Ce métal sera plus tard utilisé dans les alliages anticorrosion et les accumulateurs alcalins.

1817. Un chimiste suédois découvre le lithium, le plus léger de tous les métaux.

1819. Les physiciens et chimistes français Pierre DULONG (1785-1838) et Alexis PETIT (1791-1820) établissent une relation entre le poids atomique d'un élément et sa chaleur spécifique (quantité de chaleur nécessaire pour élever de 1 °C la température de 1 g de matière).

LE POIDS ATOMIQUE ET LA CHALEUR SPÉCIFIQUE

Conception fréquente à l'époque et chez certains élèves

Le poids atomique et la chaleur spécifique sont des propriétés physiques indépendantes.

Concepts scientifiques actuels

La chaleur spécifique est la quantité de chaleur nécessaire pour élever de 1 °C la température de 1 g de matière. Plus le poids atomique d'un élément chimique est grand, plus sa chaleur spécifique est élevée.

Activité (12 ans et plus)

Mesurer la chaleur spécifique d'éléments tels que le carbone, le fer, le cuivre, etc. Vérifier le lien entre la chaleur spécifique et le poids atomique.

1820. Le chimiste allemand Eilhard MITSCHERLICH (1794-1863) découvre l'isomorphisme, propriété des substances de composition chimique analogue qui fait qu'elles ont des cristaux de même forme.

L'ISOMORPHISME

Conception fréquente à l'époque et chez certains élèves

Des cristaux de composition chimique différente ont des formes différentes.

Concepts scientifiques actuels

L'isomorphisme est la propriété des substances de composition chimique analogue qui fait qu'elles ont des cristaux de même forme. Par exemple, l'albite et l'anorthite, deux minéraux de composition chimique analogue, ont des cristaux de même forme. De plus, quand deux cristaux sont isomorphes, les ions d'un des cristaux peuvent prendre la place des ions de l'autre sans modifier la forme du cristal.

Activité (12 ans et plus)

Examiner les cristaux d'un échantillon de roches et de minéraux. Identifier les cristaux de même forme. Trouver la composition chimique de ces cristaux. (Autres exemples: la forstérite et la fayalite, qui font partie de la catégorie des olivines et qui sont isomorphes.)

1823. Les chimistes allemands Justus LIEBIG (1803-1873) et Friedrich WÖHLER (1800-1882) découvrent que certaines substances de même formule chimique ont des propriétés physiques et chimiques différentes. Berzelius donnera, en 1830, le nom d'isomères à de telles substances.

LES ISOMÈRES

Conception fréquente à l'époque et chez certains élèves

Des substances qui ont la même formule chimique ont les mêmes propriétés physiques et chimiques.

Concepts scientifiques actuels

Les isomères sont des substances de même formule chimique (exemple: le fulminate d'argent et le cyanate d'argent, tous deux de formule AgOCN), mais qui ont des structures moléculaires et des propriétés physiques et chimiques différentes.

Exercice et activités (12 ans et plus)

- Se documenter pour trouver quelques exemples d'isomères et trouver aussi en quoi les propriétés physiques et chimiques sont différentes.
- À l'aide d'un ensemble pour modèles moléculaires (disponible chez certains fournisseurs de matériel scientifique), représenter divers isomères.
- À l'aide d'un logiciel de construction moléculaire (disponible chez certains fournisseurs de matériel scientifique), représenter divers isomères.

1823. Le chimiste suédois Jöns BERZELIUS (1779-1848) isole le silicium, qui deviendra plus tard très important pour la fabrication de certains alliages et pour celle des puces électroniques.

1824. Le physicien et mathématicien français Sadi CARNOT (1796-1832) énonce une première formulation du deuxième principe de la thermodynamique. Celui-ci sera précisé en 1850, quand Clausius et Thomson (lord Kelvin) introduiront le concept d'entropie.

1825. Le physicien et chimiste danois Hans ŒRSTED (1777-1851) isole l'aluminium.

▶ **Voir « L'aluminium (1886) » dans le thème de chimie « L'industrie chimique ».**

1826. Le chimiste suédois Jöns BERZELIUS (1779-1848) propose une table des poids atomiques déterminés avec une grande précision.

LE POIDS ATOMIQUE

Conception fréquente à l'époque et chez certains élèves

Les atomes sont trop petits pour que l'on puisse déterminer leur poids avec précision.

Concepts scientifiques actuels

Tous les atomes sont formés de protons, de neutrons et d'électrons. Les électrons, trop légers pour être considérés dans le poids atomique, se déplacent à grande vitesse autour d'un noyau formé de protons et de neutrons. Le poids atomique d'un atome est la somme du poids des protons et des neutrons.

Exercices (12 ans et plus)

- À l'aide d'un tableau périodique, trouver les poids atomiques de divers éléments.
- Se documenter pour répondre à la question suivante: Quels sont les faits saillants de la vie de Jöns Berzelius? Voir les remarques portant sur cette même question dans «La notation chimique par symboles (1813)» dans ce même thème.

1827. Le botaniste écossais Robert BROWN (1773-1858) découvre le *mouvement brownien*, agitation continuelle de petites particules placées dans un liquide ou un gaz. Einstein démontrera, en 1905, que ce mouvement brownien est une conséquence de l'existence des atomes.

▶ **Voir «Le mouvement brownien (1827)» dans le thème de physique «La structure de la matière».**

1827. Le médecin, botaniste et physiologiste français Henri DUTROCHET (1776-1847) découvre le phénomène de l'osmose.

L'OSMOSE

Conception fréquente à l'époque et chez certains élèves

Un liquide passe à travers une membrane semi-perméable dans un sens ou dans l'autre indifféremment.

Concepts scientifiques actuels

L'osmose est la diffusion d'un composé chimique, très souvent de l'eau, à travers une membrane semi-perméable. Cette diffusion se produit quand une substance est présente à des concentrations différentes des deux côtés de la membrane. Par exemple, s'il y a de l'eau douce d'un côté de la membrane, et de l'eau salée de l'autre côté, l'eau franchit la membrane du côté de l'eau douce vers le côté de l'eau salée. L'osmose joue un rôle essentiel dans l'activité des cellules. Elle explique, par exemple, pourquoi l'eau douce pénètre dans les racines des plantes.

Activités (8 ans et plus)

- Enlever un morceau d'écaille d'environ 1 à 2 cm de diamètre d'un œuf cru en faisant attention de ne pas percer la membrane qui sépare l'écaille de la partie liquide. Placer l'œuf cru dans un bocal d'eau et observer la formation d'une protubérance.

- Déposer un œuf cru dans un bocal qui contient du vinaigre. Observer la disparition graduelle de la coquille, qui réagit avec le vinaigre, puis l'augmentation du volume de l'œuf.
- Laisser tremper une pomme de terre dans de l'eau douce et une autre dans de l'eau salée. Voir si les pommes de terre changent de volume.
- Faire une cavité cylindrique d'environ 6 cm de profondeur dans une pomme de terre. Remplir la cavité d'une solution concentrée de sucre. Boucher hermétiquement la cavité au moyen d'un bouchon de caoutchouc percé et muni d'un tube de verre d'environ 15 cm. Sceller le bouchon au moyen d'un peu de cire fondue. Placer la pomme de terre dans un contenant rempli d'eau douce de manière que la pomme de terre soit presque complètement immergée et que le tube de verre soit hors de l'eau. À mesure que le temps passe, noter le niveau de liquide dans le tube de verre.

1828. Le chimiste allemand Friedrich WÖHLER (1800-1882) réalise les premières synthèses organiques, dont celles de l'acide oxalique, puis de l'urée, qui mettent en cause les théories «vitalistes».

▶ **Voir «La synthèse de l'urée (1828)» dans le thème de biologie et médecine «La cellule et la chimie du vivant».**

1830. Le chimiste allemand Justus LIEBIG (1803-1873) invente un procédé rapide, à base d'oxyde de cuivre, pour évaluer le contenu en carbone et en hydrogène des composés organiques.

Vers 1830. Le physiologiste allemand Johannes MÜLLER (1801-1858) découvre les protéines.

▶ **Voir «Les protéines (1830)» dans le thème de biologie et médecine «La cellule et la chimie du vivant».**

Vers 1830. Le chimiste allemand Justus von LIEBIG (1803-1873), fondateur de l'agrochimie, montre que si l'on ajoute, dans le sol, des engrais chimiques comme le potassium et le phosphore, les rendements des cultures peuvent augmenter considérablement. Il améliore ainsi une pratique, commencée au siècle précédent, qui consiste à enrichir le sol avec du salpêtre (nitrate de potassium), le premier engrais chimique. (Les engrais naturels, tels que le fumier et les cendres, sont connus depuis l'Antiquité orientale.)

▶ **Voir «Les engrais chimiques (1830)» dans le thème de biologie et médecine «La cellule et la chimie du vivant».**

1832. Les chimistes allemands Justus von LIEBIG (1803-1873) et Friedrich WÖHLER (1800-1882) développent le concept de radical, mis en évidence par Gay-Lussac, en montrant que le radical benzoyle (C_6H_5-CO) est la base de toute une série de dérivés, tels que le chlorure de benzoyle (C_6H_5-CO-Cl).

1833. Le chimiste français Jean-Baptiste DUMAS (1800-1884) met au point une méthode, qui constitue la base des méthodes modernes d'analyse chimique, pour estimer la quantité d'azote dans un composé organique.

1833. Les chimistes français Anselme PAYEN (1795-1871) et Jean-François PERSOZ (1805-1868) découvrent un premier ferment, celui qui est responsable de la transformation de l'amidon en saccharose. De tels agents seront plus tard appelés enzymes.

▶ **Voir « La fermentation et les enzymes (1835) » dans le thème de biologie et médecine « La cellule et la chimie du vivant ».**

1834. Le physicien français Émile CLAPEYRON (1799-1864) sauve de l'oubli et précise les travaux effectués en 1824 par Carnot au sujet du deuxième principe de la thermodynamique.

1834. Le physicien et chimiste anglais Michael FARADAY (1791-1867) formule les *lois de l'électrolyse de Faraday* et propose le concept d'ion (atome ou groupe d'atomes ayant perdu ou gagné un ou plusieurs électrons, ce qui leur donne une charge électrique positive ou négative), fondant ainsi l'électrochimie.

L'ÉLECTROLYSE

Conception fréquente à l'époque et chez certains élèves

Une réaction chimique peut produire du courant électrique, mais l'inverse est impossible.

Concepts scientifiques actuels

L'électrolyse, dont le principe est l'inverse de celui de la pile, désigne le procédé qui permet de produire des transformations chimiques dans des solutions au moyen d'un courant électrique. L'électrolyse permet, par exemple, de séparer l'eau (H_2O) en hydrogène et en oxygène et de plaquer des objets métalliques avec du cuivre ou de l'argent.

Activités et exercice (12 ans et plus)

- Produire de l'hydrogène et de l'oxygène gazeux en faisant passer du courant électrique dans une solution de sel de table ou d'acide sulfurique très dilué (6 ml d'acide sulfurique dans 450 ml d'eau).
- Obtenir un dépôt de cuivre sur une des électrodes en faisant passer du courant électrique dans une solution de sulfate de cuivre.
- Se documenter pour répondre à la question suivante: Quels sont les faits saillants de la vie de Michael Faraday? Voir les remarques

portant sur cette même question dans «Le moteur électrique à courant continu (1821)» dans le thème de physique «L'électricité et le magnétisme».

1835. Le chimiste suédois Jöns BERZELIUS (1779-1848) découvre la catalyse, c'est-à-dire le fait pour une substance de faciliter une réaction chimique, sans toutefois faire partie des réactifs ou des produits de cette réaction.

LA CATALYSE

Conception fréquente à l'époque et chez certains élèves

Une réaction chimique ne dépend que de la nature des réactifs.

Concepts scientifiques actuels

Un catalyseur est une substance qui accélère une réaction chimique, mais reste elle-même inchangée. La présence du catalyseur fait baisser l'énergie d'activation d'une réaction, c'est-à-dire qu'à une température donnée, un nombre beaucoup plus grand de collisions entre les atomes ou les molécules qui réagissent sont efficaces, ce qui permet aux réactifs de se transformer en produits à une vitesse plus grande.

Activités et exercice (12 ans et plus)

- Essayer de faire brûler un carré de sucre, puis essayer de faire brûler un carré de sucre enrobé de cendre. (La cendre agit comme catalyseur.)
- Remplir un contenant transparent avec de l'eau oxygénée (disponible en pharmacie pour désinfecter les plaies). Ajouter environ 2 g de bioxyde de manganèse (disponible chez certains fournisseurs de matériel scientifique). Ne pas boucher le contenant. Observer: des bulles de gaz se dégagent, mais le bioxyde de manganèse reste inchangé.
- Se documenter pour répondre à la question suivante: Quels sont les faits saillants de la vie de Jöns Berzelius? Voir les remarques portant sur cette même question dans «La notation chimique par symboles (1813)» dans ce même thème.

▶ **Voir «Le pot catalytique (1909)» dans le thème de biologie et médecine «L'environnement».**

1840. Le chimiste russe d'origine suisse Germain HESS (1802-1850) montre que toutes les réactions chimiques sont endothermiques (absorbent de la chaleur) ou exothermiques (libèrent de la chaleur).

LES RÉACTIONS ENDOTHERMIQUES ET EXOTHERMIQUES

Conception fréquente à l'époque et chez certains élèves

Toutes les réactions chimiques libèrent de la chaleur.

Concepts scientifiques actuels

Une réaction chimique est un processus par lequel des éléments ou composés chimiques se réorganisent de façon différente. Certaines réactions chimiques, comme les réactions de combustion, cèdent de la chaleur à leur environnement et sont dites exothermiques. D'autres réactions, comme la formation de monoxyde d'azote à partir de l'azote et de l'oxygène, prennent de la chaleur à leur environnement et sont dites endothermiques. (Il existe quelques cas exceptionnels de réactions qui n'échangent pas de chaleur avec leur environnement et sont dites athermiques.)

Activités et exercices (12 ans et plus)

- Mettre environ 1 cm de poudre blanche de sulfate cuivrique anhydre (disponible chez certains fournisseurs de matériel scientifique) dans une éprouvette. Introduire un thermomètre dans l'éprouvette. Ajouter de l'eau goutte à goutte et noter la variation de température (réaction exothermique).
- Mettre un peu d'eau dans une éprouvette. Introduire un thermomètre dans l'éprouvette. Ajouter environ 2 g de nitrate ou de chlorure de potassium (disponibles chez certains fournisseurs de matériel scientifique) dans l'eau, le faire dissoudre en agitant doucement le thermomètre. Noter la variation de température (réaction endothermique).
- Se documenter pour trouver d'autres exemples de réactions exothermiques et endothermiques simples.
- Se documenter pour répondre à la question suivante: Existe-t-il des réactions chimiques exothermiques (qui libèrent de la chaleur) qui nécessitent toutefois de la chaleur pour être amorcées? (Exemple: la combustion du bois.)

1842. Le médecin allemand Robert von MAYER (1814-1878) qui déduit de ses observations que la chaleur du corps humain provient de la conversion de l'énergie chimique des aliments, propose une première formulation du premier principe de la thermodynamique (principe de la conservation de l'énergie), selon lequel lors du passage d'une forme d'énergie à une autre, la quantité d'énergie demeure la même avant et après. Ce principe sera formulé avec plus de précision par von Helmholtz en 1847.

▶ **Voir « L'alimentation et l'énergie (1842) » dans le thème de biologie et médecine « La cellule et la chimie du vivant ».**

1844. Le chimiste français Charles GERHARDT (1816-1856) élabore la notion de séries homologues, des séries de corps dont les formules et les propriétés chimiques sont semblables. Les alcanes, par exemple, forment une série homologue qui comprend le méthane CH_4, l'éthane C_2H_6, le propane C_3H_6 et plusieurs autres composés de la forme C_nH_{2n+2}.

LES SÉRIES HOMOLOGUES

Conception fréquente à l'époque et chez certains élèves

Il n'y a pas de relation évidente, autre que les atomes impliqués, entre la formule chimique de composés tels que le méthane, l'éthane et le propane.

Concepts scientifiques actuels

Les séries homologues sont des séries de composés dont les formules et les propriétés chimiques sont semblables. Les alcanes, par exemple, forment une série homologue qui comprend le méthane CH_4, l'éthane C_2H_6, le propane C_3H_8 et plusieurs autres composés de la forme C_nH_{2n+2}.

Exercice et activités (12 ans et plus)

- Se documenter pour répondre à la question suivante: Quelles sont les ressemblances et les différences entre les propriétés des divers alcanes?
- À l'aide d'un ensemble pour modèles moléculaires (disponible chez certains fournisseurs de matériel scientifique), représenter diverses molécules d'une série homologue.
- À l'aide d'un logiciel de construction moléculaire (disponible chez certains fournisseurs de matériel scientifique), représenter diverses molécules d'une série homologue.

1845. Le chimiste allemand Hermann KOLBE (1818-1884) réussit la synthèse de l'acide acétique (l'acide du vinaigre).

LA SYNTHÈSE DE L'ACIDE ACÉTIQUE

Conception fréquente à l'époque et chez certains élèves

Le vinaigre est un produit naturel qu'il est impossible de synthétiser en laboratoire.

Concepts scientifiques actuels

L'acide acétique, de formule chimique CH_3-CO_2H, est l'acide qui, en solution diluée dans l'eau (concentration d'environ 5%), forme le vinaigre. Pendant des siècles, le vinaigre, et par conséquent l'acide acétique qu'il renferme, a été produit par oxydation de l'alcool éthylique contenu dans le vin ou le cidre. On peut maintenant produire de l'acide acétique synthétique à partir de l'acétylène ou du méthanol.

Activités (12 ans et plus)

- Laisser un peu de vin ou de cidre dans un contenant pendant quelques jours. Constater la modification du goût du liquide.
- Comparer le goût d'un vinaigre produit par fermentation (exemple: vinaigre de cidre) et d'un vinaigre produit à partir d'acide acétique synthétique.
- Dans un laboratoire de chimie, produire de l'acide acétique synthétique à partir de méthanol.

1847. Le mathématicien, physicien et physiologiste allemand Hermann von HELMHOLTZ (1821-1894) formule le principe de la conservation de l'énergie qui avait été prévu par Mayer en 1842.

1850. Le chimiste allemand Ludwig WILHELMY (1812-1864) met en évidence le rapport entre la vitesse d'une réaction et la concentration restante des réactifs.

LA DIMINUTION DE LA VITESSE DES RÉACTIONS CHIMIQUES PEU RÉVERSIBLES

Conception fréquente à l'époque et chez certains élèves

La vitesse d'une réaction chimique est constante.

Concepts scientifiques actuels

La vitesse des réactions chimiques qui peuvent, en pratique, être considérées comme non réversibles, diminue à mesure que diminue la concentration des réactifs.

Activité (8 ans et plus)

Faire réagir du vinaigre et du bicarbonate de sodium dans un contenant ouvert. Constater que la réaction est très rapide pendant les premières secondes, puis ralentit peu à peu, mais se poursuit tout de même longtemps.

1850. Le physicien allemand Rudolf CLAUSIUS (1822-1888) et le physicien britannique William Thomson (lord KELVIN) (1824-1907) introduisent, de façon indépendante, le concept d'entropie et précisent ainsi le deuxième principe de la thermodynamique énoncé par Carnot en 1824.

1850. Le chimiste, physicien et biologiste français Louis PASTEUR (1822-1895) découvre que certaines molécules sont chirales, c'est-à-dire qu'elles peuvent exister sous des configurations différentes mais symétriques.

LES MOLÉCULES CHIRALES

Conception fréquente à l'époque et chez certains élèves

Deux molécules composées des mêmes atomes et agencées selon la même structure sont nécessairement identiques.

Concepts scientifiques actuels

La chiralité, du grec *cheir* (main), est la propriété géométrique qui caractérise le fait qu'un objet n'est pas identique à son image dans un miroir. Certaines molécules, composées des mêmes atomes, agencés selon la même structure, existent sous deux formes symétriques, qui n'ont pas toujours les mêmes propriétés. Par exemple, la molécule symétrique de la méthadone (un fort analgésique) est pratiquement inactive. Autre exemple, la molécule symétrique du menthol (composé qui a un bon goût frais), n'a pas le même goût agréable.

Exercices (12 ans et plus)

- Se documenter pour répondre à la question suivante : Existe-t-il d'autres exemples de molécules chirales ?
- À l'aide d'un ensemble pour modèles moléculaires (disponible chez certains fournisseurs de matériel scientifique), représenter des molécules chirales.
- À l'aide d'un logiciel de construction moléculaire (disponible chez certains fournisseurs de matériel scientifique), représenter des molécules chirales.

- Se documenter pour répondre à la question suivante : Quel était le lien entre les malformations que la thalidomide (un médicament efficace contre les nausées des femmes enceintes) causait aux nouveaux nés et le concept de molécules chirales ? (La forme symétrique était toxique.)
- Se documenter pour répondre à la question suivante : Pourquoi les comprimés de vitamine C contiennent-ils en fait deux fois moins de vitamine que ce qui est indiqué ? (La moitié du poids indiqué est la forme chirale de la vitamine, qui ne peut être assimilée par l'organisme. Par exemple, dans un comprimé de 500 mg, seul 250 mg peuvent être assimilés.)
- Se documenter pour répondre à la question suivante : Quels sont les faits saillants de la vie de Louis Pasteur ? (Exemples : Louis Pasteur est surtout célèbre pour son explication de la fermentation et pour la découverte d'un vaccin contre la rage. En plus d'être un grand scientifique, il avait aussi un bon sens des affaires.)

1851. Le chimiste français Jean-Baptiste BOUSSINGAULT (1802-1887) montre que les plantes de la famille des pois peuvent fixer directement l'azote de l'air.

1852. Le chimiste britannique Edward FRANKLAND (1825-1899) propose le concept de valence, c'est-à-dire du nombre possible des atomes d'une nature donnée qui peuvent se lier chimiquement à un atome déterminé.

1853. Le chimiste allemand Robert BUNSEN (1811-1899) invente le *brûleur Bunsen,* qui est maintenant couramment utilisé dans tous les laboratoires de chimie.

▶ **Voir « Le brûleur Bunsen (1853) » dans le thème de technologie « Les techniques de la chaleur ».**

1857. L'inventeur anglais Joseph Wilson SWAN (1828-1914), qui précise des découvertes faites avant lui par Brewster, Herschel, Wheatstone, Angström et d'autres, montre que le spectre de sels métalliques introduits dans une flamme comporte des lignes brillantes caractéristiques.

▶ **Voir « Le spectre d'émission (1857) » dans le thème de physique « La structure de la matière ».**

1858. Le chimiste italien Stanislao CANNIZZARO (1826-1910) est le premier à formuler une théorie atomique et moléculaire valable sur la base des hypothèses d'Avogadro.

1858. Le chimiste allemand Friedrich KEKULÉ VON STRADONITZ (1829-1896) montre que l'atome de carbone est quadrivalent, c'est-à-dire qu'il peut établir des liens avec quatre autres atomes. Il donnera plus tard le nom de chimie organique à la chimie des atomes de carbone.

1859. Le physicien allemand Gustav KIRCHHOFF (1824-1887) et le chimiste allemand Robert BUNSEN (1811-1899) montrent qu'une substance peut également absorber les radiations qu'elle émet, ce qui explique les raies sombres dans les spectres solaires.

▶ **Voir « Le spectre d'absorption (1859) » dans le thème d'astronomie « Observer, mesurer et explorer l'Univers ».**

1859. Le chimiste allemand Hermann KOLBE (1818-1884) réussit la synthèse de l'acide salicylique, qui se révélera efficace comme médicament contre les rhumatismes.

1860. Le physicien écossais James MAXWELL (1831-1879) énonce une loi qui établit un lien entre la température d'un gaz et la distribution des vitesses des molécules qui le constitue.

1861. Le physicien William CROOKES (1832-1919) invente le radiomètre, une ampoule de verre emplie d'un gaz à faible pression et dans laquelle tournent, quand elles sont éclairées, quatre petites feuilles métalliques dont une des faces est noire. Le fonctionnement du radiomètre est un argument en faveur de la théorie cinétique des gaz.

▶ **Voir « Le radiomètre (1861) » dans le thème de physique « La structure de la matière ».**

1862. Le chimiste allemand Julius MEYER (1830-1895) trouve une périodicité, semblable à celle qui sera découverte par Mendeleïev, dans le classement des éléments chimiques.

1862. Le chimiste français Marcellin BERTHELOT (1827-1907) observe que toutes les réactions chimiques sont réversibles, mais qu'en pratique, la vitesse de la réaction inverse est parfois presque nulle.

LA RÉVERSIBILITÉ DES RÉACTIONS CHIMIQUES

Conception fréquente à l'époque et chez certains élèves

Certaines réactions chimiques ne se produisent que dans une seule direction, des réactifs vers les produits.

Concepts scientifiques actuels

Toutes les réactions chimiques sont réversibles. En pratique, toutefois, la réaction inverse possède parfois une vitesse presque nulle et la réaction semble alors non réversible. Quand la vitesse d'une réaction et celle de la réaction inverse sont égales et que la composition du mélange demeure constante, on dit qu'il y a équilibre.

Activité (12 ans et plus)

- Faire réagir du vinaigre avec du bicarbonate de sodium. Constater qu'il ne semble pas y avoir de réaction inverse de formation de ces deux réactifs.

1862. Le chimiste français Marcellin BERTHELOT (1827-1907) réussit la synthèse de l'acétylène.

1863. Le chimiste anglais John NEWLANDS (1837-1898) trouve également, comme Meyer en 1862, une périodicité semblable à celle qui sera découverte par Mendeleïev, dans le classement des éléments chimiques.

1864. Les chimistes norvégiens Cato GULDBERG (1836-1902) et Peter WAAGE (1833-1900) formulent la loi d'action de masse, selon laquelle l'action chimique d'une substance est proportionnelle à sa pression (pour les gaz) ou à sa concentration (pour les liquides ou les substances en solution dans l'eau).

1865. Le chimiste allemand Friedrich KEKULÉ VON STRADONITZ (1829-1896) montre que les six atomes de carbone de la molécule de benzène forment un anneau (aussi appelé cycle).

1865. Synthèse du celluloïd, le premier plastique.

▶ **Voir « Le celluloïd (1865) » dans le thème de chimie « L'industrie chimique ».**

1867. Le chimiste et ingénieur suédois Alfred NOBEL (1833-1896) invente la dynamite, un explosif à base de nitroglycérine. Il créera plus tard les *prix Nobel*, à partir de la fortune amassée en vendant des explosifs et en exploitant des puits de pétrole.

1868. L'astronome français Jules JANSSEN (1824-1907) et l'astronome anglais Joseph LOCKYER (1836-1920) découvrent la présence, dans l'atmosphère solaire, d'un élément chimique inconnu sur Terre, l'hélium.

L'HÉLIUM

Conception fréquente à l'époque et chez certains élèves

Il n'existe pas d'éléments chimiques autres que ceux qui sont relativement abondants dans l'écorce et l'atmosphère terrestre.

Concepts scientifiques actuels

L'hélium est, après l'hydrogène, l'élément chimique le plus léger. Il fait partie d'une famille d'éléments appelés gaz rares (ou nobles, ou inertes), qui comporte aussi le néon, l'argon, le krypton, le xénon et le radon. Ces appellations proviennent du fait que ces éléments sont gazeux à température et pression ordinaires, présents en faible quantité dans l'atmosphère et peu réactifs. L'hélium a d'abord été découvert dans l'atmosphère solaire (son nom vient du grec *helios*, qui signifie Soleil), mais on s'est rendu compte plus tard qu'il y en avait également dans l'atmosphère terrestre, dans certains minerais et dans certains gisements de gaz naturel. Ce gaz est notamment utilisé pour gonfler les ballons-sondes utilisés en météorologie.

Activités et exercices (8 ans et plus)

- Souffler des ballons avec de l'hélium et les laisser s'envoler.

- Examiner les raies sombres de l'hélium dans un spectre de la lumière solaire.
- Se documenter pour répondre à la question suivante: En plus de servir à gonfler des ballons, quelles sont les autres utilisations de l'hélium?
- Se documenter pour répondre à la question suivante: Quels sont les principaux éléments chimiques qui composent l'écorce et l'atmosphère terrestres, et quels sont ceux qui composent le Soleil?

1869. Le chimiste russe Dimitri MENDELEÏEV (1834-1907) propose une classification périodique des éléments chimiques, qui constitue la base de la classification moderne, et prédit la découverte de nouveaux éléments chimiques à partir de l'existence de cases vides dans son tableau périodique. (Le gallium, le scandium et le germanium, par exemple, qui seront découverts plus tard, correspondent à certaines de ces cases vides.)

LE TABLEAU PÉRIODIQUE

Conception fréquente à l'époque et chez certains élèves

Il est difficile de classer les éléments chimiques de façon cohérente.

Concepts scientifiques actuels

Les éléments chimiques peuvent être classés dans un tableau, appelé tableau périodique, en fonction des similarités et des différences qui existent entre eux. Les propriétés de chaque élément sont déterminées par la répartition des électrons en couches dans les atomes. Les principaux groupes d'éléments sont l'hydrogène (H), les alcalins, tels que le sodium (Na) et le potassium (K), les métaux alcalino-terreux, tels que le magnésium (Mg) et le calcium (Ca), les métaux de transition, tels que le titane (Ti), le fer (Fe) le cuivre (Cu), l'argent (Ag), l'or (Au) et le mercure (Hg), les autres métaux, tels que l'aluminium (Al), l'étain (Sn) et le plomb (Pb), les non-métaux, tels que le carbone (C), l'azote (N), l'oxygène (O) et le soufre (S), les halogènes, tels que le fluor (F), le chlore (Cl) et l'iode (I), et les gaz inertes, tels que l'hélium (He) et le néon (Ne). L'uranium (U) et le plutonium (Pu) sont des éléments radioactifs qui font partie du groupe des actinides.

Activités et exercice (12 ans et plus)

- Examiner un tableau périodique simple.
- À l'aide d'un logiciel de classification périodique (disponible chez certains fournisseurs de matériel scientifique), visualiser le tableau

périodique par familles, par métaux/non-métaux, par date de découverte, par état physique selon la température, etc.
- Examiner des échantillons de divers éléments chimiques purs (exemples: aluminium, carbone sous forme de graphite, cuivre, fer, magnésium, mercure, silicium, soufre, tungstène). Lesquels réfléchissent bien la lumière? Lesquels sont malléables? Lesquels sont bons conducteurs de chaleur? D'électricité? Lesquels réagissent avec de l'acide chlorhydrique dilué?
- Se documenter pour répondre à la question suivante: Quelles sont les similarités qui existent entre les éléments des mêmes groupes?

1872. Le chimiste belge Ernest SOLVAY (1838-1922) invente le *procédé Solvay* pour produire du carbonate de sodium en grande quantité. Ce procédé, plus efficace et moins polluant que celui inventé par Leblanc vers 1780, réduira considérablement le coût de fabrication du savon et du verre.

1874. Le chimiste français Joseph LE BEL (1847-1930) et le chimiste néerlandais Jacobus VAN'T HOFF (1852-1911) développent indépendamment le concept de molécules chirales, découvert par Pasteur en 1850, et créent la stéréochimie, qui étudie l'arrangement tridimensionnel des atomes dans les molécules.

1875. Le physicien britannique John RAYLEIGH (1842-1919) montre que le concept d'entropie s'applique également en chimie et qu'une réaction chimique ne peut évoluer que dans le sens d'une décroissance de l'énergie du système.

1875. Un chimiste français isole le gallium. Ce métal sera plus tard utilisé dans la fabrication de composants électroniques.

1881. Le physicien irlandais George STONEY (1826-1911) émet l'hypothèse qu'il existe dans l'atome une particule porteuse d'une charge négative, qu'il appelle *électron.*

1882. Le chimiste français Francois Marie RAOULT (1830-1901) formule les *lois de Raoult,* qui permettent de déterminer le poids moléculaire d'un corps pur en mesurant la quantité nécessaire pour abaisser le point de congélation ou élever le point de fusion d'un solvant.

1883. Le chimiste allemand Viktor MEYER (1848-1897) montre que certains isomères (molécules de composition identique, mais de propriétés physiques différentes) de molécules organiques s'expliquent par la différence des liens entre les atomes d'azote de ces molécules.

1883. Le chimiste français Hilaire Bernigaud, comte de CHARDONNET (1839-1924) crée la soie artificielle, première fibre textile artificielle, à partir de la cellulose extraite des feuilles de la plante dont se nourrissent les vers à soie.

1883. Le chimiste allemand Adolf von BAEYER (1835-1917) parvient à synthétiser l'indigo, un colorant extrait d'une plante et utilisé depuis l'Antiquité.

1884. Le chimiste et physicien suédois Svante ARRHENIUS (1859-1927) propose l'hypothèse que, dans une solution, un acide est un composé qui produit des ions H^+, et une base, un composé qui produit des ions OH^-.

1885. Un chimiste allemand isole le germanium. Ce métal sera plus tard utilisé, comme semi-conducteur, dans la fabrication de transistors.

1888. Le chimiste français Henry LE CHATELIER (1850-1936) énonce la « loi de stabilité de l'équilibre chimique », communément appelée *loi de Le Chatelier*, selon laquelle, pour une réaction chimique réversible en équilibre, toute modification de la température ou de la pression entraîne un déplacement de l'équilibre dans un sens tel que la perturbation soit compensée.

1889. Le chimiste et physicien suédois Svante ARRHENIUS (1859-1927) établit, dans une équation qui porte son nom, l'influence de la température sur la vitesse d'une réaction chimique.

L'INFLUENCE DE LA TEMPÉRATURE SUR LA VITESSE D'UNE RÉACTION CHIMIQUE

Conception fréquente à l'époque et chez certains élèves

La vitesse d'une réaction chimique ne dépend que des réactifs en présence.

Concepts scientifiques actuels

Il existe une relation mathématique exponentielle entre la température et la vitesse d'une réaction chimique: plus la température est élevée, plus la vitesse d'une réaction chimique est grande. À des températures suffisamment élevées, certaines réactions chimiques peuvent devenir quasi instantanées et explosives.

Activité (8 ans et plus)

Étudier l'influence de la température sur une réaction chimique simple. Par exemple, placer un morceau de craie dans du vinaigre très froid, et un autre dans du vinaigre très chaud. Observer. (Toujours faire les réactions chimiques dans des contenants ouverts.)

1893. Le chimiste suisse d'origine française Alfred WERNER (1866-1919) propose une théorie de la valence et de l'affinité pour les organométalliques (composés organiques de métaux) qui explique leurs propriétés optiques.

1894. Le chimiste britannique William RAMSEY (1852-1916) et le physicien britannique John RAYLEIGH (1842-1919) découvrent le premier gaz inerte (gaz très peu réactif), l'argon, ce qui conduira à l'ajout d'une nouvelle famille d'éléments dans le tableau périodique proposé par Mendeleïev.

1895. Le physicien hollandais Hendrik LORENTZ (1853-1928) formule la théorie selon laquelle la lumière émise par un élément chimique chauffé est causée par le déplacement d'électrons dans les atomes. Cette théorie sera corroborée par la découverte, par Zeeman en 1896, de l'*effet Zeeman.*

1896. Le physicien français Henri BECQUEREL (1852-1908) découvre la radioactivité, ce qui permettra plus tard de dater les roches.

▶ **Voir « La radioactivité (1896) » dans le thème de physique « La structure de la matière ».**

1896. Le physicien hollandais Pieter ZEEMAN (1865-1943) découvre l'*effet Zeeman,* une séparation en deux ou en trois des raies spectrales d'émission du sodium et du lithium. Cet effet, qui découle de ce que les électrons sont influencés par un champ magnétique, corrobore la théorie formulée par Lorentz en 1895 et selon laquelle la lumière émise par un élément chimique chauffé est causée par le déplacement d'électrons dans les atomes.

1897. Le chimiste allemand Eduard BUCHNER (1860-1917) montre que les levures utilisées pour la fermentation de la bière agissent par l'intermédiaire d'un composé chimique spécifique, une enzyme.

▶ **Voir « La fermentation et les enzymes (1835) » dans le thème de biologie et médecine « La cellule et la chimie du vivant ».**

1898. Le physicien français Pierre CURIE (1859-1906) et la physicienne française d'origine polonaise Marie CURIE, née Sklodowska (1867-1934) découvrent le polonium et le radium, deux éléments radioactifs.

1899. Le chimiste allemand Emil FISCHER (1852-1919) découvre la structure chimique des sucres simples et synthétise le glucose et le fructose.

LA STRUCTURE CHIMIQUE DES SUCRES SIMPLES

Conception fréquente à l'époque et chez certains élèves

Les sucres simples sont des produits naturels qu'il est impossible de synthétiser en laboratoire.

Concepts scientifiques actuels

Tous les sucres simples ont une structure chimique de la forme $C_lH_mO_n$. La formule chimique du glucose, par exemple, est $C_6H_{22}O_{12}$.

Activités (8 ans et plus)

- Examiner et goûter divers sucres simples (exemples: glucose, saccharose, fructose, etc.). Trouver les ressemblances et les différences entre ces sucres.

- À l'aide d'un ensemble pour modèles moléculaires (disponible chez certains fournisseurs de matériel scientifique), représenter divers sucres simples.
- À l'aide d'un logiciel de construction moléculaire (disponible chez certains fournisseurs de matériel scientifique), représenter divers sucres simples.

1899. La compagnie Bayer commercialise l'aspirine (acide acétylsalicylique), synthétisée pour la première fois à l'état pur et stable en 1897 par Félix HOFFMANN (1868-1946), chimiste allemand qui travaille pour la compagnie. Ce nouveau médicament connaît un succès commercial extraordinaire.

▶ **Voir « L'aspirine (1899) » dans le thème de biologie et médecine « La santé et la maladie ».**

1900. Le physicien britannique Ernest RUTHERFORD (1871-1937) et le chimiste britannique Frederick SODDY (1877-1956) énoncent la loi des transformations radioactives, selon laquelle la fission d'atomes lourds entraîne la formation d'atomes plus légers ayant des propriétés chimiques différentes.

Le XXe siècle

1901. Le physicien français Jean PERRIN (1870-1942) fait l'hypothèse d'un atome planétaire dont les électrons négatifs gravitent autour d'un noyau chargé positivement. Ce modèle sera repris et précisé par Rutherford en 1911.

1902. Le physicien britannique Joseph THOMSON (1856-1940), dont le modèle diffère de celui de Perrin, fait l'hypothèse d'un atome en goutte dans lequel les électrons sont inclus dans une goutte de matière homogène ayant une charge positive.

1903. Le chimiste russe d'origine italienne Mikhail TSWETT (1872-1919) invente la chromatographie, une technique permettant de séparer des pigments, dans des tubes de verre remplis de craie ou d'alumine.

LA CHROMATOGRAPHIE DANS UN TUBE

Conception fréquente à l'époque et chez certains élèves

Il est impossible de séparer des pigments bien mélangés.

Concepts scientifiques actuels

La chromatographie est une méthode de séparation des constituants d'un mélange. La séparation s'effectue en faisant passer le mélange à travers un solide. Les constituants se séparent parce qu'ils ont une affinité différente pour le liquide dans lequel ils sont dissous (dans le cas de constituants en solution) et le solide dans lequel on les fait passer.

Activité (8 ans et plus)

- Remplir une colonne à chromatographie (tube de verre d'environ 20 cm de longueur et 2 cm de diamètre dont l'une des extrémités est très étroite ou munie d'un bouchon percé) avec un solide poreux tel que de la poudre de craie ou de l'alumine. Placer le tube verticalement au-dessus d'un contenant. Verser dans la colonne un mélange de deux pigments, tel un mélange de deux couleurs en solution dans l'eau (aquarelle). Observer la séparation des pigments à mesure que le mélange descend dans la colonne.

▶ **Voir «La chromatographie sur papier (1944)» dans ce même thème.**

1905. Le physicien américain d'origine allemande Albert EINSTEIN (1879-1955) démontre que l'agitation continuelle de particules dans un liquide ou un gaz, appelée *mouvement brownien* après sa découverte par Brown en 1827, est une conséquence de l'existence des atomes.

1907. Le chimiste américain d'origine belge Leo BAEKELAND (1863-1944) invente la bakélite, premier plastique synthétique industriel, obtenu par condensation du phénol avec le formol.

1908. Le physicien allemand Hans GEIGER (1882-1945) et le physicien britannique Ernest RUTHERFORD (1871-1937) mettent au point le premier *compteur Geiger,* qui permet la détection des particules alpha émises par des corps radioactifs. Des compteurs plus sensibles permettront, à partir de 1928, de détecter tous les types de rayonnement radioactif.

▶ **Voir «Le compteur Geiger-Müller (1928)» dans le thème de physique «La structure de la matière».**

1908. Invention de la cellophane, un film transparent à base de cellulose et de xanthate.

▶ **Voir «La cellophane (1908)» dans le thème de chimie «L'industrie chimique».**

1909. Le chimiste danois Sören SÖRENSEN (1868-1939) élabore l'échelle du pH pour mesurer l'acidité.

L'ÉCHELLE DU PH

Conception fréquente à l'époque et chez certains élèves

Il n'est pas possible de quantifier l'acidité et l'alcalinité.

Concepts scientifiques actuels

Le pH est une valeur qui dépend de la concentration en ions hydrogène (positifs) dans une solution et qui permet de quantifier le degré d'acidité ou d'alcalinité d'une solution. L'échelle du pH s'étend de 0 à 14. Les solutions dont le pH est inférieur à 7 sont acides, celles dont le pH est égal à 7 sont neutres et celles dont le pH est supérieur à 7 sont alcalines. Il existe des produits chimiques qui changent de teinte ou de couleur quand le pH d'une solution change: ce sont des indicateurs chimiques. Le bleu de bromothymol, la phénolphtaléine, le papier de tournesol, le jus de chou rouge et le thé sont des exemples d'indicateurs.

Activités (8 ans et plus)

- Estimer ou mesurer le pH d'une solution à l'aide d'un indicateur chimique.
- Mesurer le pH d'une solution à l'aide d'un pH-mètre électronique (disponible chez certains fournisseurs de matériel scientifique.) Le pH-mètre peut également être couplé à un système d'expérimentation assistée par ordinateur.
- À l'aide d'un indicateur ou d'un pH-mètre, constater la variation du pH lorsqu'un acide est ajouté à une solution alcaline ou l'inverse (exemple: vinaigre ajouté à une solution de bicarbonate de sodium).

1909. Les chimistes allemands Carl BOSCH (1874-1940) et Fritz HABER (1868-1934) réalisent la synthèse industrielle de l'ammoniac, ce qui permettra la production de fertilisants synthétiques.

1911. Le physicien britannique Ernest RUTHERFORD (1871-1937) reprend et précise le modèle de l'atome, composé d'un noyau central et d'électrons satellites, proposé par Perrin en 1901.

1912. Le physicien allemand Max von LAUE (1879-1960) montre que les cristaux peuvent diffracter des rayons X, ce qui démontre la nature ondulatoire de ces rayons et permet de déterminer la structure des cristaux.

1912. Le physicien britannique Joseph THOMSON (1856-1940) invente le spectromètre de masse, un appareil qui permet de peser les noyaux atomiques en mesurant la déviation de leur trajectoire dans un champ magnétique et qui servira à la découverte des isotopes.

LA SPECTROGRAPHIE DE MASSE

Conception fréquente à l'époque et chez certains élèves

Il est très difficile de déterminer les proportions de chacun des isotopes dans un échantillon d'un élément.

Concepts scientifiques actuels

Tous les éléments chimiques existent sous diverses formes, appelées isotopes, qui se distinguent par le nombre de leurs neutrons et leur masse atomique. Le spectromètre de masse permet de déterminer rapidement les proportions des isotopes dans un échantillon d'un élément. Cet appareil fonctionne de la façon suivante. On vaporise l'échantillon et on lui fait traverser un faisceau d'électrons. Ces électrons chassent les électrons des atomes de l'échantillon et transforment ces atomes en ions positifs. Ces ions passent dans un champ magnétique et sont plus ou moins déviés, selon leur masse atomique. Les points d'impact des ions sont enregistrés sur une plaque de détection, ce qui produit une représentation graphique caractéristique.

Activité et exercice (12 ans et plus)

- Examiner, dans un manuel de chimie, la représentation graphique sous forme de «pics» des intensités relatives des signaux de chacun des isotopes d'un échantillon d'un élément analysé à l'aide d'un spectromètre de masse.
- Se documenter pour répondre à la question suivante: Quelles sont les principales utilisations d'un spectromètre de masse dans les laboratoires modernes?

1913. Le physicien anglais Henry MOSELEY (1887-1915) montre, au moyen de rayons X, que la charge nucléaire d'un atome correspond à son numéro atomique.

1913. Le physicien danois Niels BOHR (1885-1962) élabore une théorie sur la structure de l'atome qui reprend le modèle planétaire de Perrin et Rutherford mais tient compte des échanges d'énergie discontinus de la mécanique quantique de Planck. Les électrons parcourent autour du noyau des orbites stables dont les rayons ne peuvent prendre que certaines valeurs bien déterminées ou permises.

1913. Le chimiste britannique Frederick SODDY (1877-1956) découvre que plusieurs éléments chimiques possèdent des isotopes, c'est-à-dire des atomes plus lourds parce que leur noyau renferme plus de neutrons.

1913. Le physicien français Charles FABRY (1867-1945) découvre l'existence d'une couche d'ozone, dans la haute atmosphère, et montre qu'elle bloque une partie des rayons ultraviolets en provenance du Soleil.

▶ **Voir « Les CFC et la couche d'ozone (1988) » dans le thème de biologie et médecine « L'environnement ».**

1915. Les physiciens britanniques William Henry BRAGG (1862-1942) et Lawrence BRAGG (1890-1971 ; fils de William) inventent, à partir des observations de von Laue, la cristallographie par rayons X (étude de la structure des cristaux par diffraction des rayons X).

1916. Les chimistes américains Gilbert LEWIS (1875-1946) et Walter KOSSEL (1888-1956), qui constatent que les gaz rares, très stables, ont une couche externe de huit électrons, proposent une théorie selon laquelle les atomes se lient pour acquérir huit électrons sur leur couche externe.

1918. Le physicien britannique Ernest RUTHERFORD (1871-1937) transforme de l'azote en oxygène et ainsi réussit la première transmutation atomique.

1919. Le chimiste et physicien américain Irving LANGMUIR (1881-1957) élabore le concept de liaison covalente, dans lequel les atomes mettent en commun des doublets d'électrons.

1920. Le physicien anglais Francis ASTON (1877-1945) clarifie les concepts de numéro atomique et d'isotope à l'aide de la spectroscopie de masse.

1921. Le chimiste allemand Friedrich BERGIUS (1884-1949) met au point une méthode pour synthétiser des carburants liquides à partir du charbon.

1922. Le chimiste allemand Hermann STAUDINGER (1881-1965) découvre que les grosses molécules de certains matériaux, les polymères, sont formées de chaînes de molécules simples liées entre elles.

1923. Le chimiste danois Johannes BRÖNSTED (1879-1947) généralise les définitions d'acide et de base d'Arrhenius en affirmant qu'un acide est un composé qui émet des ions d'hydrogène (H^+), et une base, un composé qui fixe ces ions.

1923. Le chimiste américain Gilbert LEWIS (1875-1946) généralise, encore plus que ne l'avait fait Brönsted, les définitions d'acide et de base d'Arrhenius, en établissant qu'un acide contient un atome récepteur de doublets d'électrons et qu'une base contient un atome donneur de doublets d'électrons.

1925. Le physicien britannique d'origine allemande Max BORN (1882-1970), le physicien allemand Werner HEISENBERG (1901-1976) et le physicien autrichien Erwin SCHRÖDINGER (1887-1961) élaborent une théorie selon laquelle on ne peut déterminer l'orbite des électrons autour de l'atome de façon absolue, mais seulement leur orbitale, c'est-à-dire la région de l'espace où la probabilité de trouver les électrons est maximale.

1926. Le chimiste anglais Christopher INGOLD (1893-1970) explique le mécanisme des réactions des composés organiques par le mouvement des électrons dans leurs molécules.

1926. Le chimiste anglais Cyril HINSHELWOOD (1897-1967) et le chimiste russe Nikolai SEMENOV (1896-1986) expliquent avec précision pourquoi la vitesse des réactions chimiques peut augmenter jusqu'à devenir explosive.

1927. Le chimiste anglais Nevil SIDGWICK (1873-1952) énonce la théorie de la valence des éléments chimiques, basée sur le nombre d'électrons dans les orbitales extérieures des atomes.

1927. Le physicien irlandais d'origine allemande Walter HEITLER (1904-1981) et le physicien américain d'origine allemande Fritz LONDON (1900-1954) attribuent la liaison covalente entre deux atomes identiques à une énergie d'échange.

1928. Le physicien indien Chandrasekhara RAMAN (1888-1970) découvre l'*effet Raman*, selon lequel un composé chimique éclairé par une lumière d'une certaine fréquence diffuse une radiation de même fréquence, ainsi que des radiations de fréquences inférieures et supérieures qui permettent de connaître la structure des molécules de cette substance.

1928. Découverte presque simultanée, par des scientifiques hongrois et américains, de la vitamine C.

Vers 1929. Le chimiste américain Robert Sanderson MULLIKEN (1896-1986) développe la notion d'orbitales atomiques et introduit celle d'orbitales moléculaires pour rendre compte des liaisons dans les molécules.

1932. Des chercheurs américains découvrent des alliages « à mémoire » qui reprennent leur forme après une déformation. Ces alliages serviront plus tard à construire des thermostats et des montures de lunettes.

1934. Les physiciens français Irène JOLIOT-CURIE (1897-1956) et Frédéric JOLIOT-CURIE (1900-1958) démontrent qu'il est possible de rendre un élément chimique radioactif.

1939. Le chimiste américain Linus PAULING (1901-1994) crée l'échelle d'électronégativité (affinité plus ou moins grande pour les électrons), permettant ainsi une meilleure compréhension des liaisons chimiques.

1944. Les biochimistes britanniques Archer MARTIN (1910-2002) et Richard SYNGE (1914-1994) mettent au point la technique de la chromatographie sur papier pour l'analyse des mélanges de composés organiques.

LA CHROMATOGRAPHIE SUR PAPIER

Conception fréquente à l'époque et chez certains élèves

Seules des méthodes physiques ou chimiques complexes permettent de séparer les pigments d'un mélange.

Concepts scientifiques actuels

La chromatographie consiste à faire passer un mélange à travers une colonne contenant un matériau absorbant ou à le faire monter par capillarité dans les fibres d'un papier poreux. Par exemple, l'encre des marqueurs noirs, bruns, violets et autres est formée d'un mélange de pigments de diverses couleurs primaires. Ces pigments n'ont pas tous la même affinité pour le papier et se séparent en montant dans ses fibres par capillarité.

Activités (8 ans et plus)

- À l'aide d'un marqueur noir à l'encre lavable, faire une assez grosse tache sur un papier filtre ou un buvard. Installer le papier pour qu'il trempe dans l'eau, la tache à une hauteur de 1 ou 2 cm au-dessus de la surface. Observer. Essayer avec des marqueurs d'autres couleurs.
- Après avoir recueilli quelques feuilles d'érable vertes, les déchirer en petits morceaux, les déposer dans un mortier, ajouter environ 5 ml d'alcool à friction et écraser le mélange jusqu'à l'obtention d'une solution de couleur vert foncé. Faire avec cette solution une assez grosse tache sur un papier filtre ou un buvard. Installer le papier pour qu'il trempe dans de l'alcool, la tache à une hauteur de 1 ou 2 cm au-dessus de la surface. Observer. Essayer avec les feuilles d'autres arbres et plantes.

▸ **Voir «La chromatographie dans un tube (1903)» dans ce même thème.**

1946. Le physicien américain d'origine suisse Felix BLOCH (1905-1983) et le physicien américain Edward PURCELL (1912-1997) développent la résonnance magnétique nucléaire (RMN), qui consiste à orienter des noyaux atomiques dans un champ magnétique de façon à étudier la structure des molécules.

1953. Le chimiste allemand Karl ZIEGLER (1898-1973) et le chimiste italien Giulio NATTA (1903-1979) découvrent une famille d'enzymes permettant de synthétiser des polymères (composés de masse moléculaire élevée, souvent en forme de longues chaînes, telles que les plastiques) de structure exacte et régulière.

1955. Le chimiste belge d'origine russe Ilya PRIGOGINE (1917-2003) décrit la thermodynamique des processus irréversibles, tels que les transformations d'énergies de plusieurs réactions biochimiques.

1961. Invention, au Japon, de la fibre de carbone, qui permet la fabrication de matériaux composites pour le sport et l'aéronautique.

1966. Le chimiste américain Charles PEDERSEN (1904-1990) élabore des macromolécules organiques synthétiques dont le comportement chimique est semblable à celui d'enzymes d'organismes vivants.

1970. Première transmutation atomique du plomb en or.

1974. On démontre que les CFC (chlorofluorocarbones) employés dans les réfrigérateurs, les climatiseurs et les bombes aérosol peuvent détruire la couche d'ozone qui nous protège des rayons ultraviolets du Soleil.

1985. Une équipe de chercheurs américains et britanniques découvrent les fullerènes, de nouveaux composés qui comportent un grand nombre d'atomes de carbone disposés en forme de ballon.

L'INDUSTRIE CHIMIQUE

L'Antiquité orientale

Vers 10 000 av. J.-C. Fabrication des premiers pots en céramique en Chine, en Iran et en Syrie.

LA CÉRAMIQUE

Conception fréquente à l'époque et chez certains élèves

Des substances aussi simples que l'argile et la craie ne permettent pas de fabriquer des objets solides et fonctionnels.

Concepts scientifiques actuels

La céramique est faite d'argile à laquelle on ajoute de la craie, de la terre, de la terre cuite broyée et du sable en proportions très variables selon les recettes. La mise en forme peut se faire par modelage, par tournage ou par moulage. Les pièces mises en forme sont d'abord séchées à basse température, puis cuites dans un four. La céramique est normalement poreuse, d'où la nécessité de la recouvrir de vernis ou de glaçure pour la rendre étanche.

Activités (8 ans et plus)

- Fabriquer des figurines et des récipients avec un mélange de céramique pour poterie déjà préparé (en vente dans les boutiques d'artisanat).
- Préparer des mélanges de céramique pour poterie avec diverses proportions d'argile, de craie, de terre et de terre cuite broyée, et de sable. Faire l'essai de ces mélanges.

Vers 10 000 av. J.-C. Début de l'exploitation de mines de charbon, en Chine, et de l'utilisation du charbon comme combustible.

LE CHARBON

Conception fréquente à l'époque et chez certains élèves

Il n'existe pas de minéraux qui brûlent.

Concepts scientifiques actuels

Le charbon est une roche sédimentaire de couleur noire, composée surtout de carbone, qui résulte de la décomposition des vastes forêts de fougères et de conifères de l'époque du Carbonifère, il y a environ

300 millions d'années. Il existe sous forme de charbon au sens strict et de lignite, moins riche en carbone. Le charbon représente 80% de l'ensemble des énergies fossiles disponibles dans l'écorce terrestre (le 20% restant étant constitué du pétrole et du gaz naturel), mais c'est aussi l'énergie fossile la plus polluante. Les plus grands gisements de charbon au monde se trouvent en Chine, en Inde et en Europe de l'Est.

Activités et exercice (8 ans et plus)

- Examiner des morceaux de charbon.
- Faire brûler des morceaux de charbon.
- Discuter des inconvénients d'utiliser le charbon comme combustible. (Exemple: pluies acides).

Vers 7000 av. J.-C. Fabrication des premières faïences (pièces de terre cuite recouvertes d'un enduit imperméable et opaque) au Proche-Orient, en Égypte et en Inde.

LA FAÏENCE

Conception fréquente à l'époque et chez certains élèves

Il est impossible de rendre une poterie étanche et luisante avec des substances simples.

Concepts scientifiques actuels

La poterie est normalement poreuse, d'où la nécessité de la recouvrir d'émail pour la rendre étanche. Une poterie recouverte d'émail est une faïence. L'émail est une substance semblable au verre, fabriquée à partir de sable, d'une base (soude ou potasse) et d'oxyde de plomb porté à haute température.

Activité (8 ans et plus)

Fabriquer des figurines et des récipients avec un mélange pour poterie et une glaçure déjà préparés (mélange et glaçure en vente dans les boutiques d'artisanat).

Vers 7000 av. J.-C. Fabrication des premiers parfums et cosmétiques au Proche-Orient, en Égypte et en Inde. Les premiers parfums sont à base de produits tels que l'huile d'amande, le thym et l'eau de rose, alors que les premiers cosmétiques sont faits d'huiles, de graisses et de produits tels que le khôl (pâte à base de suie et d'antimoine ou de galène), la malachite (minerai de couleur verte) et même des morceaux d'insectes pulvérisés.

LES PARFUMS ET LES COSMÉTIQUES

Conception fréquente à l'époque

Il est impossible de modifier l'odeur et l'apparence du corps humain.

Concepts scientifiques actuels

Les *parfums* sont surtout à base d'alcool, de matières végétales (fleur, tige ou feuille des plantes aromatiques) et de matières animales (l'ambre gris ou le musc), maintenant reproduites par synthèse chimique. Les *poudres* sont composées de talc, de craie, de kaolin, d'oxydes métalliques et de pigments colorés. Les *crèmes* et les *lotions* sont des émulsions, c'est-à-dire de fines particules d'huile ou de glycérine dispersées dans de l'eau, auxquelles on ajoute parfois des pigments. Les *fards à lèvres* et à *paupières* sont faits d'huiles, de cires et de pigments non toxiques. Les *vernis à ongles* sont d'ordinaire des solutions de nitrocellulose et de colorants dans de l'acétone.

Activités (8 ans et plus)

- Examiner plusieurs échantillons de divers parfums et cosmétiques. Voir de quels produits ils sont composés.
- Inventer un parfum à partir d'un ou plusieurs des produits suivants: eau, huile végétale, alcool, extraits de plantes (exemple: feuilles pour infusions), essences de plantes, etc.

▶ **Voir aussi «Les essences de plantes (1300)» dans ce même thème.**

Vers 5000 av. J.-C. Début de l'extraction du plomb, du cuivre et de l'étain de leurs minerais.

Vers 3700 av. J.-C. Invention, en Égypte, du bronze, un alliage de cuivre et d'étain plus rigide que ses composants.

Vers 3500 av. J.-C. Invention de la soudure, d'abord pour des métaux différents.

LA SOUDURE

Conception fréquente à l'époque et chez certains élèves

Il est impossible de fixer deux pièces métalliques l'une contre l'autre.

Concepts scientifiques actuels

Les principaux types de soudure sont: la *soudure à l'acétylène* (combustion de l'acétylène en présence d'oxygène), dont la température de 3200 °C est suffisante pour la plupart des métaux; la *soudure à l'arc électrique*; la *soudure au laser*; la *soudure par bombardement électronique*, très employée dans l'industrie; la *soudure par friction*, qui chauffe les pièces métalliques en les mettant en rotation l'une par rapport à l'autre; la *soudure par élément chauffant ou fer à souder*, pour les soudures électriques qui ne nécessitent pas de très hautes températures.

Activités (12 ans et plus)

- Souder deux morceaux de métal ou faire une soudure électrique à l'aide d'un fer et de fil à souder.
- Visiter un atelier spécialisé où se pratiquent plusieurs types de soudure.

Vers 3500 av. J.-C. Débuts de l'utilisation du papyrus, un papier rudimentaire fabriqué à partir de la moelle de la tige de roseau, en Égypte.

▶ **Voir «Le papyrus (3000 av. J.-C.)» dans le thème de technologie «Les techniques de la lumière, du son et des communications».**

Vers 3200 av. J.-C. Invention du tour pour la fabrication de poteries.

LE TOUR DE POTIER

Conception fréquente à l'époque et chez certains élèves

Il est impossible de faire des poteries dont la forme est régulière et symétrique.

Concepts scientifiques actuels

Le tour de potier est un plateau circulaire horizontal tournant autour d'un axe vertical et sur lequel le potier façonne l'argile. Certains sont mus par la force humaine, d'autres sont munis d'un moteur électrique.

Activités (12 ans et plus)

- Rendre visite à un artisan qui fabrique des poteries à l'aide d'un tour. Lui demander s'il utilise toujours le même type d'argile.
- Utiliser un tour pour faire une poterie.
- Imaginer une façon de fabriquer un tour rudimentaire (exemple: une vieille platine de tourne-disque qu'une autre personne fait tourner avec ses mains).

Vers 3000 av. J.-C. Tissage et tannage des peaux en Mésopotamie et en Égypte. Production de divers pigments. Découverte du pétrole (utilisé dans les lampes) et du bitume (utilisé pour rendre les bateaux étanches).

LE PÉTROLE ET LE BITUME

Conception fréquente à l'époque et chez certains élèves

Les seuls liquides naturels combustibles sont les huiles animales et végétales.

Concepts scientifiques actuels

Le pétrole et le bitume, tout comme le charbon et le gaz naturel, sont des hydrocarbures fossiles qui résultent de la décomposition de forêts préhistoriques. En certains endroits du globe, ces hydrocarbures se trouvent à la surface de l'écorce terrestre et il n'est pas nécessaire de creuser pour en obtenir.

Activité et exercices (8 ans et plus)

- Examiner des échantillons de pétrole et de bitume, tels qu'ils peuvent être trouvés à l'état naturel.
- Se documenter pour pouvoir indiquer, sur une carte du monde, où sont situés les principaux gisements de pétrole.
- Se documenter pour répondre à la question suivante: Les réserves de pétrole de la Terre sont-elles inépuisables?

Vers 3000 av. J.-C. Culture de divers légumes en Mésopotamie et en Égypte. Utilisation de techniques de conservation des aliments. Utilisation de plantes à des fins médicales et pour l'embaumement des morts. Utilisation des premiers engrais naturels.

▶ **Voir «Les engrais naturels (3000 av. J.-C.)» dans le thème de biologie «La cellule et la chimie du vivant».**

Vers 2500 av. J.-C. Invention d'un savon mou rudimentaire, à base d'huiles et de cendres végétales.

▶ **Voir «Le savon (1816)» dans ce même thème.**

Vers 1500 av. J.-C. Découverte accidentelle du verre, en Égypte, à la suite d'un feu de cuisson sur une plage où se trouvaient du sable et du carbonate de sodium. La technique du soufflage du verre sera inventée au Ier siècle av. J.-C.

LE VERRE

Conception fréquente à l'époque

La glace est le seul solide transparent.

Concepts scientifiques actuels

Le verre est une substance solide, transparente et fragile, obtenue par la fusion de sable riche en silice, tels les sables à base de quartz, et de carbonate de sodium ou de potassium. Il existe maintenant divers types de verre, tels que le cristal et le Pyrex.

Activités (12 ans et plus)

- Regarder un documentaire portant sur la fabrication de divers types de verre.
- Dans un laboratoire, fabriquer une petite quantité de verre en chauffant du sable riche en quartz et du carbonate de sodium.
- Visiter un atelier où on fabrique des objets en verre soufflé.

Vers 1 500 av. J.-C. Production, en Asie Mineure (Mésopotamie), de fer dans des fourneaux à l'aide de la chaleur produite par la combustion du charbon. Débuts de la trempe du fer.

L'Antiquité classique

Vers 700 av. J.-C. En Grèce, les forgerons utilisent le charbon comme source de chaleur.

▶ **Voir « Le charbon (Vers 10 000 av. J.-C.) » ci-dessus dans ce même thème.**

Vers 600 av. J.-C. Les Étrusques construisent des fours qui permettent d'extraire du fer.

Vers 300 av. J.-C. Le botaniste et géologue grec THÉOPHRASTE (v. 372-v. 287 av. J.-C.) propose une des premières tentatives de classification des minéraux et décrit un minerai noir et friable, le charbon.

▶ **Voir « Le charbon (Vers 10 000 av. J.-C.) » ci-dessus dans ce même thème.**

Vers 200 av. J.-C. Exploitation, en Chine, du pétrole, grâce à des forages rudimentaires réalisés à l'aide de tubes de bambou ou de tuyaux de bronze.

Vers 175 av. J.-C. L'alchimiste égyptien BOLOS de Mendès (v. 200-v. 150 av. J.-C.) écrit des textes portant sur la teinture et les techniques de manipulation des métaux.

Vers 100 av. J.-C. Invention, en Syrie, de la technique du soufflage du verre.

Vers 150 ap. J.-C. Les alchimistes d'Alexandrie utilisent des techniques de solution, de filtration et de distillation pour mettre au point l'alambic.

LA DISTILLATION ET L'ALAMBIC

Conception fréquente à l'époque et chez certains élèves

La vapeur qui s'échappe d'une eau salée ou sucrée que l'on fait bouillir est salée ou sucrée.

Concepts scientifiques actuels

La distillation est un processus physique qui consiste à séparer, en les faisant chauffer, les différents éléments ou composés constituant un liquide ou un solide, et à les recueillir sous forme gazeuse. Cette vaporisation peut être suivie d'une condensation par refroidissement (liquéfaction). L'alambic, qui comporte un réservoir chauffé, un condenseur et un réservoir récepteur sont couramment utilisés pour la distillation. La distillation fractionnée permet de séparer les liquides, dont le point d'ébullition est différent, contenus dans un mélange complexe (exemple : la distillation fractionnée permet de séparer le pétrole en essence, kérosène, mazout, huile, bitume, etc.).

Activités (8 ans et plus)

- Examiner des photographies de divers modèles d'alambics artisanaux et de laboratoire.
- Faire bouillir une solution d'eau salée ou sucrée dans une casserole, faire condenser la vapeur d'eau sur une plaque de métal froide et recueillir l'eau de cette condensation. Comparer le goût de la solution à celui de l'eau recueillie.
- Purifier de l'eau boueuse de la façon suivante. Dans un grand bassin circulaire d'au moins 50 cm de diamètre et 20 cm de hauteur, verser de l'eau boueuse jusqu'à une hauteur d'environ 5 cm. Placer une tasse vide dans l'eau boueuse, au centre du bassin. Recouvrir le bassin d'une grande feuille de plastique transparent bien tendue et la coller tout le tour du bassin avec du ruban adhésif. Poser un caillou sur la pellicule plastique au-dessus de la tasse pour creuser un peu le centre de la feuille. Par une journée assez chaude, placer le tout à un endroit bien exposé au soleil. Observer les gouttes qui se forment sur le plastique et qui tombent dans la tasse. (Par mesure de sécurité, ne pas boire cette eau, même si elle serait potable dans une situation d'absolue nécessité.)
- Préparer de l'eau distillée à l'aide d'un distillateur de laboratoire (disponible chez certains fournisseurs de matériel scientifique).

IVe siècle. L'alchimiste hellénistique ZOSIME de Panapolis (IVe s.) écrit des traités d'alchimie dans lesquels il est question des distillations et des affinités entre certaines substances.

Le Moyen Âge

Vers 600. Invention de la poudre noire en Chine.

LA POUDRE NOIRE

Conception fréquente à l'époque et chez certains élèves

Il est impossible d'obtenir plus d'énergie que celle produite par la combustion du bois ou du charbon.

Concepts scientifiques actuels

La poudre noire se compose d'un mélange de soufre, de charbon de bois et de salpêtre. (Aussi appelé nitre, le salpêtre est du nitrate de potassium de formule chimique KNO_3.) La combustion de la poudre noire dégage une forte énergie, durant un temps relativement court, sous forme de chaleur et de gaz. Lorsque cette combustion se produit dans un espace étroit et clos, elle cause une explosion.

Activités (12 ans et plus)

- Aller à l'extérieur et faire exploser quelques petits pétards (du genre que l'on frappe ou qu'il faut allumer).
- Ouvrir quelques pétards et examiner la poudre qu'ils contiennent.
- Dans un laboratoire, fabriquer une petite quantité (de la grosseur d'un pois) de poudre noire, à partir de très petites quantités égales de soufre, de charbon de bois et de salpêtre.

Vers 600. L'archevêque espagnol ISIDORE DE SÉVILLE (v. 560-636) rédige les *Origines*, une encyclopédie dans laquelle sont exposées les connaissances de l'époque au sujet des minéraux, des fossiles et des métaux.

Vers 620. Premières productions, en Chine, de porcelaine, une céramique à base de kaolin, recouverte d'une glaçure dure.

Vers 670. Le scientifique byzantin CALLINICOS D'HELIOPOLIS (VIIe s.) crée une nouvelle arme de guerre, le lance-flammes au pétrole.

Vers 850. L'Angleterre est le premier pays d'Europe occidentale à exploiter et utiliser des quantités relativement importantes de charbon.

900. Début de l'utilisation, en Chine, de lance-flammes alimentés par des distillats du pétrole.

919. Première utilisation, en Chine, de la poudre noire sur un champ de bataille.

Vers 1100. Première distillation de l'alcool en Europe.

LA DISTILLATION DE L'ALCOOL

Conception fréquente à l'époque et chez certains élèves

La fermentation permet d'obtenir des liquides dans lesquels la proportion d'alcool est très grande.

Concepts scientifiques actuels

La fermentation de jus naturellement sucrés (mélasse, sucre de canne ou de betterave, amidon de la pomme de terre, fécule...) produit des liquides qui peuvent contenir jusqu'à 15% d'éthanol. La distillation consiste à faire chauffer ce liquide à une température supérieure à 78,3 °C (le point d'ébullition de l'éthanol), mais inférieure à 100 °C (le point d'ébullition de l'eau), puis à faire condenser les vapeurs d'alcool qui s'échappent du liquide chauffé. On obtient ainsi un liquide contenant environ 95% d'alcool.

Activité (12 ans et plus)

À l'aide d'un alambic de laboratoire, distiller de la bière ou du vin pour obtenir un liquide à forte concentration d'éthanol.

Vers 1100. Première fabrication de papier en Europe.

Vers 1175. Le philosophe, théologien et médecin juif andalou Moïse MAÏMONIDE (1135-1204) écrit un *Traité des poisons,* dans lequel il décrit des plantes vénéneuses et certains antidotes.

1232. Lors de combats, des Chinois utilisent de petites fusées propulsées par de la poudre noire.

▶ **Voir « La fusée (1232) » dans le thème de technologie « Les techniques du mouvement ».**

1242. Première utilisation, en Europe, de la poudre noire importée d'Orient.

Vers 1300. Fabrication des premières armes à feu en Europe.

Vers 1300. Invention des essences de plantes à base d'alcool.

Les essences de plantes

Conception fréquente à l'époque et chez certains élèves

La seule façon de bénéficier des propriétés médicinales d'une plante est de manger la plante ou d'en préparer une infusion dans de l'eau chaude.

Concepts scientifiques actuels

Plusieurs plantes possèdent des propriétés médicinales. Plutôt que d'ingérer directement ces plantes, il est possible de les faire macérer dans de l'eau, de l'huile ou de l'alcool, ce qui a pour effet d'en extraire et d'en concentrer les principes actifs. Ces essences peuvent également être utilisées pour fabriquer des parfums et des produits de beauté.

Activités et exercice (8 ans et plus)

- Examiner diverses essences de plantes.
- Fabriquer des essences de plantes en laissant tremper des fleurs ou d'autres parties de plantes dans de l'eau, de l'huile végétale ou de l'alcool éthylique. (Ne pas utiliser d'huile de lubrification, d'alcool à friction ou autres liquides toxiques.)
- Se documenter pour répondre à la question suivante: Quelles sont les propriétés médicinales des principales essences de plantes disponibles dans le commerce?

▸ **Voir aussi «Les parfums et les cosmétiques (vers 7000 av. J.-C.)» ci-dessus dans ce même thème.**

1311. Construction des premiers hauts fourneaux (grandes cuves pour l'extraction des métaux contenus dans des minerais) à soufflets hydrauliques, dans lesquels on fabrique de la fonte, un alliage de fer et de carbone. Étant donné que les autres minéraux contenus dans le charbon se mêlent aux minerais et entraînent la production d'une fonte de mauvaise qualité, le combustible le plus utilisé est le charbon de bois, ce qui entraînera une déforestation importante de l'Europe au cours des siècles suivants.

La Renaissance

1530. Première utilisation de l'opium en guise d'analgésique.

1540. Le chimiste italien Vannocio BIRINGUCCIO (1480-1538) publie un traité de techniques de la chimie.

1556. Publication de l'ouvrage *De Re Metallica* du savant allemand Georg Bauer, dit AGRICOLA (1494-1555). Il s'agit non seulement d'un compte rendu détaillé des techniques minières et métallurgiques, mais également d'un traité exhaustif des connaissances en chimie de l'époque. Il explique même comment traiter le pétrole pour en faire du goudron.

Vers 1575. Le céramiste et savant français Bernard PALISSY (v. 1510-v. 1590) perfectionne les techniques de la céramique et de la faïence, en mettant au point de nouveaux types d'émaux, et prône l'emploi d'engrais chimiques.

Le XVIIe siècle

1650. La distillation du pétrole brut permet d'obtenir des vernis, des cires, de la graisse et de l'huile à lampe.

1680. Le physicien et chimiste irlandais Robert BOYLE (1627-1691) invente l'ancêtre de l'allumette, une baguette de bois trempée dans du soufre fondu qui exige le contact avec un corps brûlant pour s'enflammer. Les véritables allumettes seront inventées en 1831.

1685. Le savant français Philippe de LA HIRE (1640-1718) découvre l'effet réfrigérant du sel d'ammoniac, plus efficace que le salpêtre, dont l'effet réfrigérant était déjà connu depuis quelques siècles.

▶ **Voir « Les mélanges réfrigérants (1685) » dans le thème de technologie « Les techniques de la chaleur ».**

Le XVIIIe siècle

1709. Le manufacturier anglais Abraham DARBY (1677-1717) invente le haut fourneau moderne, qui permet d'extraire le fer du minerai à l'aide de charbon, ce qui aidera à réduire graduellement l'utilisation du charbon de bois, cause importante de la déforestation de l'Europe.

Vers 1720. Le physicien et naturaliste français René de RÉAUMUR (1683-1757) montre la possibilité de transformer la fonte (un alliage de fer et de carbone assez cassant) en acier (un alliage de fer et de carbone plus résistant).

1735. Le manufacturier anglais Abraham DARBY (1677-1717) invente le haut fourneau à coke, un combustible provenant de la carbonisation du charbon.

1744. Un naturaliste français découvre, lors d'une mission scientifique en Amérique du Sud, les qualités d'élasticité et d'imperméabilité du caoutchouc naturel.

LE CAOUTCHOUC NATUREL

Conception fréquente à l'époque

Il n'existe pas de matériau qui soit à la fois élastique et imperméable.

Concepts scientifiques actuels

Le caoutchouc naturel, obtenu à partir du latex d'un arbre appelé l'hévéa, est élastique, même à basse température, et résistant. Il est utilisé dans de multiples applications, en particulier les gants de chirurgie et les condoms, ainsi que, sous forme vulcanisée, pour les pneus d'avion. Il représente un tiers de la consommation totale de caoutchouc, le reste étant constitué de caoutchouc synthétique. Il résiste mal à de hautes températures et au contact avec certaines huiles et certains solvants.

Activités et exercice (12 ans et plus)

- Examiner un morceau de caoutchouc naturel ainsi que des objets fabriqués en caoutchouc naturel (exemples: gants de chirurgie, condoms).
- Se documenter pour répondre à la question suivante: Quels sont les principaux pays producteurs de latex?
- Regarder un documentaire portant sur la récolte du latex.

▶ **Voir «La vulcanisation (1839)» dans ce même thème.**

1747. Le chimiste allemand Andreas MARGGRAF (1709-1782) parvient à extraire du sucre de la betterave.

1776. Le physicien italien Alessandro VOLTA (1745-1827) découvre le méthane, qui se forme par fermentation à partir de la décomposition de matières organiques.

Vers 1780. Le chimiste français Nicolas LEBLANC (1742-1806) invente un procédé pour produire à partir du sel (chlorure de sodium), du carbonate de sodium, nécessaire dans la fabrication du savon, du verre et du papier.

1789. Le chimiste français Claude-Louis BERTHOLLET (1748-1822) découvre les propriétés décolorantes de l'hypochlorite de sodium, qu'il appelle *eau de Javel*, du nom d'une localité près de Paris où travaillent les lavandières.

L'EAU DE JAVEL

Conception fréquente à l'époque et chez certains élèves

La seule façon de décolorer ou détacher un tissu est de le laver longtemps ou de l'exposer au soleil.

Concepts scientifiques actuels

L'*eau de Javel* est une solution d'hypochlorite de sodium (ou de potassium) dans de l'eau, de formule NaOCl. C'est un oxydant puissant, employé à diverses concentrations pour désinfecter, stériliser les eaux, blanchir les textiles. Un papier ou un tissu peuvent se décolorer en réagissant avec de l'oxygène. La lumière et la chaleur du soleil accélèrent la réaction avec l'oxygène de l'air. L'*eau de Javel* contient des atomes d'oxygène qui réagissent avec le papier.

Problème (8 ans et plus)

Comment peut-on décolorer du papier de couleur?

Matériel:

Du papier de diverses couleurs, une gomme à effacer pour crayon à mine, une gomme à effacer pour crayon à encre, du détersif à vaisselle, de l'*eau de Javel.*

Quelques solutions ou approches possibles:

- Frotter la gomme à effacer pour crayon à mine sur le papier pendant quelque temps.
- Frotter la gomme à effacer pour crayon à encre sur le papier pendant quelque temps.
- Placer le morceau de papier à un endroit ensoleillé. Le laisser à cet endroit pendant quelques jours. (Le papier doit cependant être à l'abri de la pluie ou de la neige.)
- Tremper le papier dans du détersif à vaisselle.
- Tremper le papier dans de l'*eau de Javel.*

1791. Le chimiste français Nicolas LEBLANC (1742-1806) invente un procédé pour produire du carbonate de sodium à partir du sel (chlorure de sodium). Le carbonate de sodium est nécessaire pour la fabrication du savon, du verre et du papier.

1800. Le chimiste et physicien anglais Humphry DAVY (1778-1829) découvre l'oxyde nitreux, ou gaz hilarant, et suggère son utilisation en anesthésie.

Le XIXe siècle

1816. Le chimiste français Eugène CHEVREUL (1786-1889) découvre la composition chimique du savon et fabrique les premières bougies en acide stéarique.

LE SAVON

Conception fréquente à l'époque et chez certains élèves

Le savon est un produit naturel dont la composition chimique ne peut être définie de façon simple.

Concepts scientifiques actuels

Les savons sont des sels d'acides gras. Ils sont obtenus en faisant réagir une matière grasse (exemple: huile végétale, graisse animale) avec une lessive alcaline contenant de la soude ou de la potasse et en faisant précipiter le produit obtenu avec une solution saturée de sel de table. Il est intéressant de noter que certains types de matières grasses, telles que le cholestérol, sont «insaponifiables», c'est-à-dire qu'elles ne réagissent pas avec la lessive alcaline et ne peuvent servir à fabriquer du savon.

Activités (12 ans et plus)

- Examiner divers savons solides, liquides et en pâte.
- Fabriquer du savon de la façon suivante. Verser environ 30 ml d'huile d'olive dans un contenant. Ajouter, très lentement, environ 15 ml d'une solution d'hydroxyde de sodium (concentration 7,2 mol/l ou environ 30%). Brasser durant au moins 10 minutes. Ajouter, au choix, quelques gouttes de colorant et de fragrance. Verser le liquide dans une petite boîte en plastique et laisser durcir durant environ 15 jours.

LES BOUGIES EN ACIDE STÉARIQUE

Conception fréquente à l'époque et chez certains élèves

Seule la cire naturelle permet de fabriquer des bougies.

Concepts scientifiques actuels

L'acide stéarique est une longue chaîne de 18 atomes de carbone liés à des atomes d'hydrogène qui comportent une extrémité carboxylique de formule COOH. L'acide stéarique permet de remplacer la cire naturelle dans la fabrication des bougies.

Activités (12 ans et plus)

- Comparer des bougies de cire naturelle et des bougies d'acide stéarique.

– Allumer des bougies de cire naturelle et des bougies d'acide stéarique et comparer la façon dont elles brûlent.

1816. L'inventeur français Joseph NIÉPCE (1765-1833) invente l'héliographie, un précurseur de la photographie qui nécessite plusieurs heures d'exposition et qui consiste à fixer des images sur des plaques d'étain recouvertes d'un bitume sensible à la lumière.

▶ **Voir « Le daguerréotype (1835) » dans le thème de technologie « Les techniques de la lumière, du son et des communications ».**

1823. Le chimiste écossais Charles MACINTOSH (1766-1843) confectionne les premiers imperméables à partir d'une toile de coton imprégnée d'essence de térébenthine (le solvant, qui s'évapore) et de caoutchouc (le soluté, qui reste dans la toile).

▶ **Voir « L'imperméable (1823) » dans le thème de technologie « Les techniques du vêtement et de l'alimentation ».**

Vers 1830. Le chimiste allemand Justus von LIEBIG (1803-1873), fondateur de l'agrochimie, montre que si l'on ajoute, dans le sol, des engrais chimiques comme le potassium et le phosphore, les rendements des cultures peuvent augmenter considérablement. Il améliore ainsi une pratique, commencée au siècle précédent, qui consiste à enrichir le sol avec du salpêtre (nitrate de potassium), le premier engrais chimique. (Les engrais naturels, tels que le fumier et les cendres, sont connus depuis l'Antiquité orientale.)

▶ **Voir « Les engrais chimiques (1830) » dans le thème de biologie et médecine « La cellule et la chimie du vivant ».**

Vers 1830. Les progrès de la chimie permettent d'améliorer les feux d'artifice, connus depuis plusieurs siècles, en fabriquant des fusées capables de produire diverses couleurs vives.

LES FEUX D'ARTIFICE

Conception fréquente à l'époque

Il est impossible de fabriquer des fusées éclairantes de diverses couleurs.

Concepts scientifiques actuels

Les fusées des feux d'artifice sont formées d'une cartouche de carton divisée en deux parties. Une partie, remplie de poudre noire, en contact avec la mèche, propulse la fusée vers le haut. Une autre partie, qui contient le mélange à flamme éclairante, s'enflamme quand la fusée a atteint la hauteur désirée. La lumière blanche de base s'obtient par la réaction entre du chlorate de potassium, de l'aluminium et du soufre. Les couleurs s'obtiennent en ajoutant divers sels: des sels de sodium pour le jaune, des sels de strontium pour le rouge, des sels de baryum pour le vert et des sels de cuivre pour le bleu.

Activités (8 ans et plus)

- Observer de véritables feux d'artifice ou des photographies de feux d'artifice.
- Examiner des fusées de feux d'artifice.
- Faire varier la couleur de la flamme d'un brûleur à alcool en y laissant tomber quelques grains de divers sels métalliques.

1831. Invention simultanée, en France et en Autriche, de l'allumette au phosphore blanc qui, contrairement à celle inventée par Boyle en 1680, ne nécessite pas de contact avec un corps brûlant pour s'enflammer. L'utilisation de phosphore rouge placé sur un frottoir spécial, à partir de 1847, rendra l'allumette plus sécuritaire.

L'ALLUMETTE

Conception fréquente à l'époque

Faire du feu n'est pas facile et demande des matériaux et des techniques peu accessibles.

Concepts scientifiques actuels

Il existe deux principaux types d'allumette: l'allumette de ménage, dont la tête est faite principalement de phosphore et qui s'enflamme grâce à la chaleur produite par frottement sur une surface rugueuse; l'allumette de sûreté, dont la tête est composée principalement d'un mélange de chlorate et de bichromate de potassium, de bioxyde de manganèse, de soufre et d'oxyde de fer, qui s'enflamme par frottement sur un grattoir recouvert d'une solution de phosphore et de sulfure d'antimoine, ce dernier agissant comme catalyseur pour la réaction d'inflammation.

Activité et exercice (8 ans et plus)

- Examiner des allumettes de ménage et des allumettes de sûreté.
- Se documenter pour répondre à la question suivante: Quels sont les dangers que présente la fabrication des allumettes?

1833. Invention, en France, du nitrate de cellulose, qui permettra la mise au point, en Allemagne, en 1847, du coton-poudre, un explosif très puissant.

1836. Invention, en France, de la fibre de verre, qui ne commencera cependant à être utilisée que vers 1950, dans les matériaux composites et comme isolant.

1838. L'inventeur français Jacques DAGUERRE (1787-1851) découvre une méthode de photographie, à base de sels d'argent, plus rapide que l'héliographie de Joseph Niépce.

▶ **Voir « Le daguerréotype (1835) » dans le thème de technologie « Les techniques de la lumière, du son et des communications ».**

1839. Le chimiste américain Charles GOODYEAR (1800-1860) invente la vulcanisation, un procédé qui a pour but d'augmenter la résistance du caoutchouc et qui consiste à lui ajouter du soufre et à le faire chauffer.

LA VULCANISATION

Conception fréquente à l'époque et chez certains élèves

Le caoutchouc naturel est un matériau peu résistant.

Concepts scientifiques actuels

La vulcanisation est une transformation chimique du caoutchouc naturel (latex), auquel on ajoute du soufre et qu'on chauffe, ce qui augmente le nombre de liaisons chimiques entre les chaînes des molécules. La vulcanisation conserve l'élasticité du caoutchouc naturel, mais le rend plus résistant, plus durable et moins sensible à des composés tels que les solvants et les huiles, des qualités importantes pour les pneumatiques d'automobiles. De nos jours, le caoutchouc naturel vulcanisé est surtout utilisé pour les pneus d'avion, tandis que les pneus de voiture sont faits de caoutchouc synthétique, moins coûteux.

Activité et exercice (12 ans et plus)

- Comparer un morceau de caoutchouc naturel non vulcanisé et un morceau de caoutchouc naturel vulcanisé.
- Se documenter au sujet des utilisations du caoutchouc naturel non vulcanisé (exemples: gants de chirurgie, condoms), du caoutchouc naturel vulcanisé (exemple: pneus d'avions) et du caoutchouc synthétique (exemple: pneus de voiture).

1841. Le photographe anglais William TALBOT (1800-1877) invente les négatifs photographiques, qui permettent la reproduction. Le procédé par négatifs remplacera rapidement les daguerréotypes inventés par Daguerre en 1838.

▶ **Voir « Les négatifs photographiques (1839) » dans le thème de technologie « Les techniques de la lumière, du son et des communications ».**

1853. Le chimiste français Charles GERHARDT (1816-1856) synthétise l'acide acétylsalicylique, mais ne s'intéresse pas à ses propriétés médicinales. L'aspirine deviendra un médicament très populaire à la fin du siècle.

1854. Le chimiste Henri SAINTE-CLAIRE DEVILLE (1818-1881) invente le premier procédé de fabrication industrielle de l'aluminium par réduction du chlorure d'aluminium.

▶ **Voir « L'aluminium (1886) » dans ce même thème.**

1855. Invention, aux États-Unis, de l'essence, à partir de la distillation du pétrole. À cette époque, l'essence ne sert qu'à enlever les taches sur des vêtements.

1856. L'ingénieur britannique Henry BESSEMER (1813-1898), qui développe un procédé découvert par Réaumur vers 1720, parvient à convertir de grandes quantités de fonte (alliage de fer et de carbone assez cassant) en acier (alliage de fer et de carbone plus résistant) en insufflant de l'air sous pression dans la fonte en fusion, ce qui deviendra un procédé courant pour fabriquer de l'acier en grande quantité et à faible coût.

1856. Le chimiste anglais William Henry PERKIN (1838-1907) réussit à produire des colorants de synthèse à partir de substances contenues dans le goudron de la houille.

1857. Première utilisation, en Inde, du biométhane, qui se forme à partir de la décomposition de matière organique. Le méthane est surtout utilisé pour le chauffage.

▶ **Voir « Le biométhane (1857) » dans le thème de biologie et médecine « L'environnement ».**

1859. L'industriel américain Edwin DRAKE (1819-1880) creuse et exploite le premier puits de pétrole, à Titusville aux États-Unis.

1859. Le chimiste allemand Hermann KOLBE (1818-1884) réussit la synthèse de l'acide salicylique, qui se révélera efficace comme médicament contre les rhumatismes.

1865. Synthèse du celluloïd, le premier plastique, qui servira à remplacer l'ivoire dans la fabrication des boules de billard.

LE CELLULOÏD

Conception fréquente à l'époque et chez certains élèves

Il est impossible de créer des composés entièrement différents de ceux qui existent dans la nature.

Concepts scientifiques actuels

Le celluloïd est un plastique produit à partir de cellulose, d'acide nitrique et de camphre. La cellulose, molécule abondante dans tous les végétaux, est une longue chaîne de molécules de glucose. La cellulose réagit avec l'acide nitrique et forme alors des composés appelés nitrocelluloses. Un mélange colloïdal de nitrocellulose et de camphre forme le celluloïd, un plastique bon marché et résistant qui présente toutefois l'inconvénient d'être très inflammable. Longtemps utilisé pour remplacer l'ivoire dans la fabrication des boules de billard, il sert surtout, de nos jours, à la fabrication des balles de ping-pong.

Activités (12 ans et plus)

- Examiner des échantillons de celluloïd (exemples: balles de ping-pong, anciennes boules de billard).
- Constater que le celluloïd est très inflammable en faisant brûler un petit morceau d'une balle de ping-pong.
- Dans un laboratoire de chimie, produire une petite quantité de celluloïd à partir de cellulose, d'acide nitrique et de camphre.

1867. Le chimiste et ingénieur suédois Aldred NOBEL (1833-1896) invente la dynamite, un explosif à base de nitroglycérine. Il créera plus tard les *prix Nobel*, à partir de la fortune amassée en vendant des explosifs et en exploitant des puits de pétrole.

1872. Le chimiste belge Ernest SOLVAY (1838-1922) invente le *procédé Solvay* pour produire du carbonate de sodium en grande quantité. Ce procédé, plus efficace et moins polluant que celui inventé par Leblanc vers 1780, réduira considérablement le coût de fabrication du savon et du verre.

1880. Un chimiste français invente le caoutchouc synthétique à partir de l'isoprène.

1883. Le chimiste allemand Adolf von BAEYER (1835-1917) parvient à synthétiser l'indigo, un colorant extrait d'une plante et utilisé depuis l'Antiquité.

1884. Des Allemands obtiennent un brevet pour la fabrication de papier à partir du bois.

LE PAPIER DE FIBRES DE BOIS

Conception fréquente à l'époque et chez certains élèves

Le bois est trop dur et trop rigide pour pouvoir être transformé en papier.

Concepts scientifiques actuels

Le papier peut être fabriqué à partir d'une pâte de fibres de soie, de coton, de bois ou d'un mélange de ces substances. De nos jours, c'est le bois qui est le plus utilisé. Le bois est d'abord désintégré dans de l'eau chaude, pour former une pâte mécanique. Cette pâte est ensuite traitée chimiquement pour éliminer la lignine et ne conserver que la cellulose du bois. Cette pâte est ensuite essorée, séchée et lissée en feuilles.

Activités et exercice (12 ans et plus)

- Regarder un documentaire portant sur la fabrication du papier.
- Si possible, visiter une usine de production de papier et carton.
- Observer des déchirures de papier à la loupe et au microscope.
- Fabriquer du papier recyclé de la façon suivante: déchirer du papier journal en très petits morceaux; laisser tremper le papier journal dans l'eau pendant plusieurs heures; transformer le papier journal en pâte à l'aide d'un (vieux!) mélangeur; étendre cette pâte en couche mince sur une moustiquaire; laisser sécher quelques jours. (Il est possible d'ajouter de petites fleurs séchées à la pâte pour obtenir ainsi du papier recyclé de fantaisie.)
- Se documenter pour répondre à la question suivante: Quelle est l'importance de la production du papier pour l'économie de sa région ou de son pays?

1886. Le métallurgiste français Paul-Louis HÉROULT (1863-1914) et le métallurgiste américain Charles Martin HALL (1863-1914) découvrent, de façon indépendante, le procédé d'électrolyse pour la production industrielle de l'aluminium.

L'ALUMINIUM

Conception fréquente à l'époque

L'aluminium s'obtient par une série de réactions chimiques.

Concepts scientifiques actuels

L'aluminium est un métal blanc argenté très malléable, qui est bon conducteur d'électricité et qui résiste bien à la corrosion, car il se couvre d'une fine couche d'alumine, un oxyde amorphe. Il est extrait d'un minerai connu sous le nom de bauxite. Métal le plus utilisé, après le fer et l'acier, on le retrouve dans la construction aéronautique, dans l'industrie électrique, dans le bâtiment et dans l'emballage (papier d'aluminium). L'aluminium est produit par électrolyse de l'alumine (contenue dans la bauxite) dissoute dans des bains de cryolithe, un procédé qui nécessite beaucoup d'énergie électrique.

Activités et exercice (12 ans et plus)

- Laisser des objets métalliques (fer, cuivre, aluminium, argent, bronze, acier, acier inoxydable, etc.) à l'extérieur. Comparer les objets après quelques jours.

- Si possible, visiter une aluminerie. Constater l'importance de l'électricité dans la production de l'aluminium.
- Se documenter pour répondre à la question suivante: Quelle est l'importance de la production d'aluminium pour l'économie de sa région ou de son pays?

1889. Le chimiste français Hilaire Bernigaud, comte de CHARDONNET (1839-1924) obtient le brevet pour la soie artificielle, première fibre textile artificielle, à partir de la cellulose extraite des feuilles de la plante dont se nourissent les vers à soie.

▶ **Voir «Les fibres artificielles et synthétiques (1935)» dans le thème de technologie «Les techniques du vêtement et de l'alimentation».**

1893. Invention, en France, du verre borosilicaté, qui résiste bien à de hautes températures. Ce verre est l'ancêtre du *Pyrex*, encore plus résistant.

▶ **Voir «Le Pyrex (1915)» dans ce même thème.**

1895. Invention, en Grande-Bretagne, de la rayonne, une fibre artificielle.

▶ **Voir «Les fibres artificielles et synthétiques (1935)» dans le thème de technologie «Les techniques du vêtement et de l'alimentation».**

1899. La compagnie Bayer commercialise l'aspirine (l'acide acétylsalicylique), synthétisée pour la première fois à l'état pur et stable en 1887 par Félix HOFFMANN (1868-1946), chimiste allemand qui travaille pour la compagnie. Ce nouveau médicament connaît un succès commercial extraordinaire.

▶ **Voir «L'aspirine (1899)» dans le thème de biologie et médecine «La santé et la maladie».**

1900. Invention, en France, du four à arc électrique, qui permet de produire de l'acier de bonne qualité.

Le XXe siècle

1901. Premières synthèses de polyesters, dont les premières applications commenceront en 1927.

1903. Début des travaux visant la mise au point d'un acier inoxydable.

L'ACIER INOXYDABLE

Conception fréquente à l'époque et chez certains élèves

Il est impossible de produire des métaux ou alliages qui ne s'oxydent pas.

Concepts scientifiques actuels

Plusieurs métaux s'oxydent au contact de l'oxygène de l'air. Les objets en fer et en acier ordinaire (alliage de fer et de carbone) se recouvrent rapidement d'oxyde de fer, communément appelé «rouille». L'acier «inoxydable» est un alliage de fer, de carbone et de chrome. Il n'est pas parfaitement inoxydable, mais s'oxyde beaucoup moins facilement que le fer ou l'acier ordinaire.

Activités (12 ans et plus)

- Laisser des objets métalliques (fer, cuivre, aluminium, argent, bronze, acier, acier inoxydable, etc.) à l'extérieur. Comparer les objets après plusieurs jours.
- Découvrir d'autres façons de protéger les objets métalliques de l'oxydation (exemples: peinture, vernis, graisse, huile, pellicule plastique, etc.).

1908. Invention, en Suisse, de la cellophane, un film transparent à base de cellulose et de xanthate.

LA CELLOPHANE

Conception fréquente à l'époque

Il est impossible de produire une pellicule flexible, mince et transparente.

Concepts scientifiques actuels

La cellophane est une pellicule mince et transparente d'hydrate de cellulose, obtenue par le passage de viscose filée dans un bain acide. La cellophane est très utilisée dans l'industrie de l'emballage parce qu'elle est relativement résistance et isole bien de l'oxygène et des autres gaz de l'atmosphère.

Activité (8 ans et plus)

Examiner plusieurs types de pellicules transparentes et découvrir leurs principaux usages.

1909. Le chimiste américain d'origine belge Leo BAEKELAND (1863-1944) invente la bakélite, premier plastique synthétique industriel, obtenu par condensation du phénol avec le formol.

1909. Les chimistes allemands Carl BOSCH (1874-1940) et Fritz HABER (1868-1934) réalisent la synthèse industrielle de l'ammoniac, ce qui permettra la production de fertilisants synthétiques.

1909. Invention du verre feuilleté, composé de plusieurs couches, qui deviendra particulièrement utile pour la fabrication de pare-brise de voitures plus sécuritaires.

1913. Invention, en Allemagne, du PVC, un plastique à base de chlorure de vinyle, qui connaîtra plus tard de multiples utilisations : tuyaux, isolants, gouttières, etc.

1915. Invention, aux États-Unis, du *Pyrex*, un verre résistant à la chaleur.

LE PYREX

Conception fréquente à l'époque et chez certains élèves

Il est impossible de fabriquer du verre qui résiste à des températures très élevées et à de brusques écarts de température.

Concepts scientifiques actuels

Le *Pyrex* est un verre de composition chimique spéciale, qui contient une proportion précise de borosilicate, ce qui le rend résistant à la chaleur et aux brusques variations de température. Il est particulièrement utile pour fabriquer des ustensiles de cuisine et de la verrerie de laboratoire.

Activités (8 ans et plus)

- Examiner divers contenants en *Pyrex*.
- Comparer la résistance du verre et du *Pyrex* en refroidissant d'abord un petit contenant en verre et un petit contenant en *Pyrex* dans un congélateur, puis en versant rapidement de l'eau bouillante dans les deux contenants. (Par mesure de précaution, entourer les deux contenants d'un sac en plastique transparent assez épais, pour retenir d'éventuels éclats de verre.)

1916. Invention, en Allemagne, du détergent pour la lessive.

LE DÉTERGENT POUR LA LESSIVE

Conception fréquente à l'époque et chez certains élèves

Seul le savon permet de laver les vêtements.

Concepts scientifiques actuels

Le détergent pour la lessive se présente sous la forme d'une poudre ou d'un liquide qui contient un savon ou des molécules émulsifiantes qui détachent les saletés, ainsi que des polyphosphates qui masquent la dureté de l'eau causée par la présence de sels minéraux. Certaines lessives peuvent aussi contenir des décolorants, des parfums et des enzymes qui décomposent biologiquement certaines taches.

Activités (12 ans et plus)

- Examiner des échantillons de divers détergents pour la lessive (en poudre et liquides). Comparer la liste des produits dont ils sont composés et des propriétés annoncées (lave à l'eau froide, enlève les taches, blanchit, etc.).
- Avec des morceaux de tissu identiques, tous salis de la même façon, comparer l'efficacité des divers détergents en lavant le tissu à la main dans de l'eau à la même température.

1921. Le chimiste allemand Friedrich BERGIUS (1884-1949) met au point une méthode pour synthétiser des carburants liquides à partir du charbon.

1924. Utilisation des premiers insecticides, à base d'arsenic.

1924. Invention du *plexiglas*, un plastique solide et transparent.

1925. La compagnie américaine 3M invente le ruban adhésif.

LE RUBAN ADHÉSIF

Conception fréquente à l'époque

Seule la colle liquide peut servir d'adhésif.

Concepts scientifiques actuels

Sous sa forme la plus courante, un ruban adhésif est un ruban de cellulose, de PVC ou de tissu, qui sert de support flexible, enduit, d'un seul côté ou des deux côtés, d'un adhésif dont le pouvoir collant est permanent à température ambiante. L'adhésif est soit de type caoutchouc-résine, mélange d'une gomme et d'une résine solide, soit de type acrylique, composé alors de polymères synthétiques.

Activité et exercice (8 ans et plus)

- Comparer diverses sortes de rubans adhésifs, en cellulose, en toile, en PVC, et trouver leurs usages.
- Répondre à la question suivante: Est-il parfois avantageux que certains papiers adhésifs ne soient pas très collants? (Exemple: papier adhésif de type *Post-it*.)

1930. La compagnie américaine Goodrich introduit le chlorure de polyvinyle, un plastique souple qui connaîtra de multiples utilisations.

1931. Invention, pour les réfrigérateurs, du fréon (CF_2Cl_2), un gaz moins toxique que l'ammoniac ou le dioxyde de soufre utilisés à l'époque. On découvrira plus tard qu'il détruit la couche d'ozone de l'atmosphère.

1933. Invention du polystyrène, un plastique résistant et imperméable, idéal, entre autres, pour fabriquer des contenants pour les aliments.

1935. Le chimiste américain Wallace CAROTHERS (1896-1937) invente le *nylon*, une fibre polyamide.

▶ **Voir «Les fibres artificielles et synthétiques (1935)» dans le thème de technologie «Les techniques du vêtement et de l'alimentation».**

1935. Invention du polyéthylène, qui servira surtout à la fabrication de bidons et de sacs.

1937. Invention, en Allemagne, du polyuréthane, surtout utilisé sous forme de mousse plus ou moins souple pour les matelas, coussins, semelles de chaussures, etc.

1938. Invention, aux États-Unis, du téflon, un matériau hydrophobe et antiadhérent.

1939. Le chimiste suisse Paul Herman MÜLLER (1899-1965) invente le D.D.T. (dichloro-diphényl-trichloréthane), un insecticide moins toxique que les composés à base d'arsenic utilisés à l'époque, mais qui s'avérera nocif à long terme parce qu'il s'accumule dans les tissus des animaux des régions où il est utilisé.

▶ **Voir «Les insecticides (1939)» dans le thème de biologie et médecine «L'environnement».**

1943. La compagnie Dow Corning introduit les silicones pour la fabrication de résines et de vernis.

1945. Invention du 2,4-D, un herbicide efficace.

▶ **Voir «Les herbicides (1945)» dans le thème de biologie et médecine «L'environnement».**

1945. Invention de la fluoration de l'eau, pour prévenir la carie dentaire.

▶ **Voir «La fluoration de l'eau (1945)» dans le thème de biologie et médecine «La santé et la maladie».**

1951. La compagnie BASF invente le polystyrène expansé, idéal comme isolant thermique et matériel d'emballage.

Le polystyrène expansé

Conceptions fréquentes à l'époque et chez certains élèves

- Seuls le bois, le papier et le carton peuvent servir de matériel d'emballage.
- Seules la paille et la fibre de verre peuvent servir d'isolants.

Concepts scientifiques actuels

À l'état brut, le polystyrène est un plastique vitreux qui ramollit vers 80 °C. Pénétré de petites bulles d'air soufflées alors qu'il est à l'état liquide, il devient du polystyrène expansé (appelé aussi mousse de polystyrène), utilisé comme isolant thermique et comme matériau d'emballage.

Activités et exercice (8 ans et plus)

- Examiner des morceaux de polystyrène expansé et discuter des usages de ce matériau (emballage, isolation, verres à café, flotteurs, bricolage, etc.).
- Discuter à partir de la question suivante: La mousse de polystyrène constitue-t-elle une menace pour l'environnement?
- Organiser un concours qui vise à trouver la façon la plus ingénieuse, spectaculaire ou amusante de réutiliser des morceaux de mousse de polystyrène qui proviennent d'emballages (exemples: bateaux, planeurs, sculptures, maquettes, etc.).

1952. Invention du Lycra, une fibre synthétique élastique.

1953. Le chimiste allemand Karl ZIEGLER (1898-1973) et le chimiste italien Giulio NATTA (1903-1979) découvrent une famille d'enzymes permettant de synthétiser des polymères (composés de masse moléculaire élevée, souvent en forme de longues chaînes, tels que les plastiques) de structure exacte et régulière.

1954. Invention de la soudure par bombardement électronique.

1954. Invention, en Italie, du polypropylène, un plastique très résistant, utilisé dans la fabrication d'appareils électroménagers (exemple: aspirateur) et de fibres synthétiques (exemples: tapis et moquettes).

1955. La compagnie américaine *General Electric* réussit à fabriquer les premiers diamants industriels synthétiques.

1962. La biologiste américaine Rachel CARSON (1907-1964) publie *Silent Spring*, qui explique comment des produits chimiques synthétiques, notamment le pesticide D.D.T., peuvent empoisonner la nature. Cet ouvrage marque la naissance du mouvement moderne de conservation de l'environnement.

1964. Débuts de la « révolution verte », une augmentation de la production alimentaire à l'aide de fertilisants.

1966. Première grande « marée noire », à la suite du naufrage d'un pétrolier au large des côtes de la Bretagne.

1970. Invention de la soudure au laser.

1974. On démontre que les CFC (chlorofluorocarbones) employés dans les réfrigérateurs, les climatiseurs et les bombes aérosol peuvent détruire la couche d'ozone qui nous protège des rayons ultraviolets du Soleil.

1975. Début du remplacement des essences avec plomb (le plomb augmente le rendement des moteurs, mais cause des dommages neurologiques) par des essences sans plomb.

1983. Début de l'utilisation de l'aspartame comme succédané du sucre.

1984. Une fuite de gaz toxiques dans une usine de pesticides à Bhopal, en Inde, fait plus de mille morts et une dizaine de milliers de blessés.

1985. Une expédition britannique découvre, au-dessus du pôle Sud, un trou dans la couche d'ozone, cette couche de l'atmosphère qui nous protège contre les rayons ultraviolets du Soleil.

▶ **Voir « Les CFC et la couche d'ozone (1988) » dans le thème de biologie et médecine « L'environnement ».**

1988. Signature, à Montréal, d'un protocole visant à réduire de moitié l'usage des CFC (chlorofluorocarbones), qui causent un amincissement de la couche d'ozone.

▶ **Voir « Les CFC et la couche d'ozone (1988) » dans le thème de biologie et médecine « L'environnement ».**

1989. Invention, en Italie, des premiers plastiques biodégradables, dont l'un des ingrédients est l'amidon du maïs.

L'ASTRONOMIE

L'astronomie a pour objet d'étude tous les « objets célestes », de notre système solaire jusqu'aux limites de l'Univers observable.

Cette section comporte quatre thèmes, qui présentent chacun une facette importante de l'histoire de l'astronomie :

- **la mesure du temps,**
- **le système solaire,**
- **les étoiles et les galaxies,**
- **observer, mesurer et explorer l'Univers.**

LA MESURE DU TEMPS

L'Antiquité orientale

Vers 3000 av. J.-C. Construction, en Égypte, de la plus ancienne clepsydre connue. Les clepsydres seront utilisées jusqu'au XVIIe siècle.

LA CLEPSYDRE

Conception fréquente à l'époque

Il est impossible de mesurer le temps de façon précise.

Concepts scientifiques actuels

Une clepsydre est une horloge à eau dont le principe est très simple. Un vase, qui comporte un orifice d'écoulement, est rempli d'eau, et le temps écoulé est déduit de la baisse du niveau de l'eau dans le vase ou de la quantité d'eau recueillie dans un autre vase. Une clepsydre plus précise doit cependant compenser le fait que la vitesse d'écoulement diminue à mesure que diminuent la quantité d'eau et la pression dans le vase. Cette compensation peut se faire en resserrant les repères vers le fond d'un vase cylindrique ou en donnant une forme conique au vase.

Activités (8 ans et plus)

- Examiner des photographies ou schémas de divers modèles de clepsydre.
- Construire une clepsydre rudimentaire qui ne compense pas la baisse de pression reliée à la diminution de la quantité d'eau.
- Construire une clepsydre plus précise, dont la graduation ou la forme compense la baisse de pression reliée à la diminution de la quantité d'eau.
- Comparer le fonctionnement d'une clepsydre à celui d'un sablier.

▸ **Voir «Le sablier (début XIVe siècle)» dans ce même thème.**

Vers 2800 av. J.-C. Construction, en Europe, d'alignements et de cercles de pierres, tels que ceux de Stonehenge, en Angleterre, pour l'observation des mouvements du Soleil.

Vers 1500 av. J.-C. Construction, en Égypte, du plus ancien cadran solaire connu.

LE CADRAN SOLAIRE

Conception fréquente à l'époque et chez certains élèves

La position du Soleil ne permet pas de mesurer le temps avec précision.

Concepts scientifiques actuels

Les ombres de tous les objets se déplacent, au fil des heures, parce que la Terre tourne sur elle-même, ce qui cause un déplacement apparent du Soleil dans le ciel. Un simple bâton planté dans le sol (gnomon) peut servir de cadran solaire, mais un dispositif plus élaboré comporte un gnomon incliné selon la latitude du lieu et un cadran sur lequel sont tracées des droites qui permettent de repérer les heures.

Activités (8 ans et plus)

- Examiner des photographies ou des schémas de divers modèles de cadran solaire.
- Observer le fonctionnement d'un cadran solaire déjà installé.
- Construire un cadran solaire rudimentaire à l'aide d'un simple gnomon vertical, planté dans le sol ou fixé au centre d'un objet en forme de disque.
- Construire un cadran solaire plus précis, qui comporte un gnomon incliné en fonction de la latitude du lieu, c'est-à-dire un gnomon en forme de triangle rectangle dont l'hypoténuse pointe vers l'Étoile polaire.
- Utiliser un globe terrestre pour construire un «cadran solaire universel». Pour ce faire, installer un globe terrestre à un endroit exposé au Soleil toute la journée. S'assurer que l'axe de rotation du globe terrestre pointe vers l'Étoile polaire et que le lieu d'observation (Montréal, par exemple) se trouve au sommet du globe. Constater que le globe terrestre est alors éclairé par le Soleil de la même façon que la Terre. Chaque déplacement de 15° de ligne de démarcation entre la lumière et l'ombre correspond à une heure.

L'Antiquité classique

Vers 585 av. J.-C. Le mathématicien et philosophe grec THALÈS de Milet (v. 625-v. 547 av. J.-C.) mesure le temps de façon exacte, à l'aide d'un cadran solaire, et prédit une éclipse de Soleil.

Vers 430 av. J.-C. L'astronome grec MÉTON (seconde moitié du Ve siècle av. J.-C.) améliore le calendrier grec en découvrant que la durée de 235 lunaisons équivaut pratiquement à une période de 19 ans.

LE MOIS LUNAIRE

Conception fréquente à l'époque et chez certains élèves

Il y a exactement 12 mois lunaires dans une année.

Concepts scientifiques actuels

Un mois lunaire est la durée de l'orbite de la Lune autour de la Terre, soit 29 jours et demi. Une année est la durée de l'orbite de la Terre autour du Soleil, soit 365 jours et un quart. Il n'y a donc pas un nombre entier exact de mois lunaires dans une année. Le mois lunaire n'est pas synchronisé avec les 12 mois de notre calendrier occidental moderne, qui sont plus longs que les mois lunaires (sauf en février) et de durée inégale (30 et 31 jours). Il existe toutefois des calendriers, comme le chinois, qui sont encore basés sur les vrais mois lunaires.

Activités (8 ans et plus)

- Noter la date de la pleine lune ou du premier quartier pendant quelques mois.
- Comparer la durée du mois lunaire avec celle des mois de notre calendrier.
- Comparer la durée des mois lunaires (indiqués sur le calendrier par des dessins de la Lune) avec celle des mois normaux de notre calendrier.

Vers 340 av. J.-C. Le philosophe grec HÉRACLIDE du Pont (388-310 av. J.-C.) affirme que la Terre tourne autour de son axe en 24 heures.

LE JOUR ET LA NUIT

Conception fréquente à l'époque et chez certains élèves

Le Soleil tourne autour de la Terre en 24 heures.

Concepts scientifiques actuels

La Terre tourne sur son axe en 24 heures, ce qui cause l'alternance du jour et de la nuit.

Activités (8 ans et plus)

- Se placer dans une pièce relativement sombre et représenter l'alternance du jour et de la nuit à l'aide d'un globe terrestre et d'une source de lumière.
- Observer l'alternance du jour et de la nuit à l'aide d'un modèle Soleil-Terre-Lune motorisé (parfois appelé cosmographe) qui comporte une source de lumière à l'intérieur du Soleil (disponible chez certains fournisseurs de matériel scientifique).
- À l'aide d'un globe terrestre incliné de 23° par rapport à l'horizontale et d'une source de lumière, montrer pourquoi le jour est plus long en été qu'en hiver. Montrer aussi pourquoi, près des pôles, il fait jour en été, ou nuit en hiver, pendant plusieurs semaines.

46 av. J.-C. L'empereur romain Jules César commande à l'astronome grec SOSIGÈNE d'Alexandrie (Ier siècle av. J.-C.) une réforme du calendrier, dont les mois suivaient les phases de la Lune. Le calendrier julien qui résulte de la réforme comporte presque toutes les caractéristiques (mois de 30 et de 31 jours, mois de février de 28 jours, années bissextiles, etc.) du calendrier actuel (le calendrier grégorien, conçu en 1582).

LES ANNÉES BISSEXTILES

Conception fréquente à l'époque et chez certains élèves

La durée d'une année correspond à un nombre entier de jours.

Concepts scientifiques actuels

La Terre fait le tour du Soleil en 365 jours, 6 heures, 11 minutes et 14 secondes. Par conséquent, pour rester synchronisé avec l'année astronomique, un calendrier de 365 jours doit être ajusté à intervalles réguliers. Un premier ajustement, introduit par Jules César en 46 av. J.-C., consiste à ajouter un jour supplémentaire tous les quatre ans. L'année qui comporte un jour supplémentaire est dite « bissextile », de l'expression latine *bis sextus*, qui signifie « deux fois sixième », car les Romains ajoutaient, tous les quatre ans, un « deuxième sixième jour » avant la fête des calendes de mars. Un ajustement supplémentaire sera introduit par le pape Grégoire XIII en 1582.

Activité et exercice (8 ans et plus)

- Trouver les années bissextiles des 30 prochaines années.
- Discuter des conséquences des années bissextiles. Par exemple, quand doit-on célébrer l'anniversaire d'une personne née un 29 février ?

Le Moyen Âge

723. Invention, en Chine, de l'échappement, un dispositif mécanique qui permet à un engrenage de tourner à une cadence régulière et qui deviendra le principe fondamental de toutes les horloges mécaniques.

L'ÉCHAPPEMENT MÉCANIQUE

Conception fréquente à l'époque et chez certains élèves

Il est impossible de concevoir des mécanismes d'engrenage qui tournent à une cadence vraiment régulière.

Concepts scientifiques actuels

L'échappement est un dispositif mécanique qui permet à un engrenage de tourner à une cadence régulière. Dans sa forme la plus simple, l'échappement – appelé alors folio – est un petit levier lancé d'un côté puis de l'autre par une roue dentée et qui arrête puis libère cette roue à intervalles réguliers.

Activités (12 ans et plus)

- Observer le fonctionnement d'un échappement (dans une horloge mécanique, par exemple).
- Si possible, fabriquer un mécanisme d'engrenage avec échappement (avec un jeu de type Lego-Dacta, par exemple).

Au VIIIe et IXe siècles. Établissement, dans l'Empire musulman, de tables précises du mouvement du Soleil, de la Lune et des planètes, à des fins religieuses ou astrologiques.

900. L'astronome arabe al-BATTANI (v. 858-929) effectue des observations qui permettent une meilleure connaissance des mouvements apparents du Soleil et des planètes.

999. L'inventeur français GERBERT d'AURILLAC (v. 938-1003), devenu pape sous le nom de Sylvestre II, invente l'horloge à poids.

L'HORLOGE À POIDS

Conception fréquente à l'époque

Les seuls dispositifs qui peuvent mesurer le temps sont la clepsydre et le cadran solaire.

Concepts scientifiques actuels

Une horloge à poids est un instrument de mesure du temps qui indique l'heure au moyen d'une ou de plusieurs aiguilles mues par un treuil. Celui-ci tourne sous l'action d'un poids attaché à un fil, enroulé autour du treuil, qui descend sous l'effet de la gravité. Un échappement mécanique permet à l'horloge de tourner de façon régulière. On remonte l'horloge en tournant le treuil en sens inverse pour enrouler à nouveau le fil.

Activités (12 ans et plus)

- Assembler une horloge à poids en carton ou en plastique (disponible chez certains fournisseurs de matériel scientifique et certains magasins de jouets).
- Concevoir et fabriquer une horloge à poids rudimentaire (qui comporte seulement une aiguille des heures, par exemple) à l'aide d'un jeu de type Lego-Dacta.

Début du XIVe siècle. Construction, en Europe, des premiers sabliers. (Il est probable, toutefois, que le sablier soit une invention chinoise beaucoup plus ancienne.) Le sablier sera utilisé par Galilée, au XVIIe siècle, lors de ses expériences sur le plan incliné. Il servira également à bord des navires d'exploration.

LE SABLIER

Conception fréquente à l'époque et chez certains élèves

Seule la clepsydre permet de mesure le temps au moyen de l'écoulement d'une substance.

Concepts scientifiques actuels

Le sablier est un instrument qui mesure le temps par écoulement de sable à travers un conduit reliant deux récipients fermés. Son principe de fonctionnement est très proche de celui de la clepsydre.

Activités (12 ans et plus)

- Examiner des photographies ou des schémas de divers modèles de sablier.
- Observer le fonctionnement d'un sablier.
- Construire un sablier rudimentaire, par exemple avec deux petits entonnoirs et du sable fin.
- Comparer le fonctionnement d'un sablier avec celui d'une clepsydre.

▶ **Voir «La clepsydre (1500 av. J.-C.)» dans ce même thème.**

1334. Construction à Milan, en Italie, de la première horloge sonnant les heures.

1410. L'architecte florentin Filippo BRUNELLESCHI (1377-1446) invente une horloge portable à ressort, ce qui marque l'apparition des premières horloges domestiques.

1424. Le savant d'Asie centrale ULUG BEG (1394-1449) fonde l'observatoire de Samarcande (ville de l'actuel Ouzbékistan) et rédige des tables des mouvements du Soleil et des planètes, ainsi qu'un catalogue d'étoiles.

La Renaissance

Vers 1500. Invention de la montre de poche. Les premières montres ne comportaient qu'une seule aiguille, celle des heures, et n'étaient pas très précises.

LA MONTRE DE POCHE MÉCANIQUE

Conception fréquente à l'époque et chez certains élèves

Il est impossible de fabriquer une horloge mécanique assez petite pour tenir dans la poche d'un vêtement.

Concepts scientifiques actuels

La montre de poche est une horloge mécanique mue par un ressort spiral. Elle comporte un grand nombre de pièces, notamment un balancier spiral, qui est l'équivalent du pendule des horloges à pendule. Certaines montres de poche sont de véritables œuvres d'art, qui se caractérisent par des formes harmonieuses, de belles gravures et une très grande précision d'usinage.

Activité (12 ans et plus)

Examiner le mécanisme d'une montre de poche mécanique et le comparer avec celui d'une pendule.

1582. Le pape Grégoire XIII (1502-1585) commande de légères améliorations au calendrier julien, créant ainsi le calendrier grégorien actuel.

LES ANNÉES SÉCULAIRES

Conception fréquente à l'époque et chez certains élèves

La présence d'une année bissextile à tous les quatre ans permet de synchroniser parfaitement le calendrier et l'année astronomique.

Concepts scientifiques actuels

Le calendrier julien, qui comportait une année bissextile à tous les quatre ans, n'était pas parfaitement synchronisé avec l'année astronomique. Le pape Grégoire XIII, sur les conseils des astronomes, décréta que les années séculaires (celles dont le millésime se termine par deux zéros) cesseraient d'être bissextiles sauf lorsque leur millésime serait divisible par 400. Par exemple, il décréta que 1700, 1800, 1900, qui devaient être bissextiles, ne le seraient pas, mais que 2000 serait bissextile. De même, les années 2100, 2200, 2300 ne seront pas bissextiles, mais 2400 le sera.

Activité (12 ans et plus)

Trouver les années bissextiles des 30 dernières années et des 30 prochaines années. Vérifier si l'année 2000 fut bissextile ou non.

Le XVIIe siècle

1657. Le mathématicien, physicien et astronome néerlandais Christiaan HUYGENS (1629-1695) invente l'horloge à pendule.

L'HORLOGE À PENDULE

Conception fréquente à l'époque et chez certains élèves

Le pendule et l'horloge sont deux dispositifs différents, sans rapport entre eux.

Concepts scientifiques actuels

Galilée avait démontré, en 1583, qu'un pendule oscille de part et d'autre de sa position d'équilibre, selon une durée constante appelée période. Un pendule peut donc être utilisé pour contrôler le mécanisme d'échappement, ce qui assure aux horloges un fonctionnement plus précis.

Activités et exercice (12 ans et plus)

- Examiner le mécanisme d'une horloge à pendule.
- Construire une horloge à pendule rudimentaire. (L'horloge peut être construite avec un jeu de type Lego-Dacta. Il se vend également des horloges à pendule, en carton ou en plastique, à assembler.)
- Se documenter pour répondre à la question suivante : Quels sont les faits saillants de la vie de Christiaan Huygens ? Voir les remarques portant sur cette même question dans « Le choc des corps (1656) » dans le thème de physique « Les forces et les mouvements ».

1675. Le mathématicien, physicien et astronome néerlandais Christiaan HUYGENS (1629-1695) invente l'horloge à ressort spiral.

1676. L'astronome anglais John FLAMSTEED (1646-1719) termine l'organisation de l'Observatoire de Greenwich, en Angleterre.

Le XVIIIe siècle

1736. L'horloger anglais John HARRISON (1693-1776) fabrique le premier chronomètre, indispensable à la mesure de la longitude en navigation.

▶ **Voir « La détermination de la longitude en mer (en 1736) » dans le thème de sciences de la Terre « Le globe terrestre ».**

1755. L'écrivain et inventeur français Pierre Caron de BEAUMARCHAIS (1732-1799) invente un remontoir sans clé pour montre de poche.

1777. Invention, en Suisse, de la montre de poche à remontage automatique à secousse.

Le XIXe siècle

1820. Un comité de savants français préconise l'adoption d'un « jour solaire moyen » qui, contrairement aux jours réels, soit de durée constante. Il préconise également l'adoption de la seconde, valant 1/86 400 de ce jour, comme unité de temps fondamentale.

1840. Invention, en Écosse, de l'horloge électrique. La même année commence, en Angleterre, la distribution électrique de l'heure à partir d'une horloge de référence.

1847. L'horloger français Antoine REDIER (1817-1892) invente le réveille-matin.

1857. Invention, en France, d'une horloge électrique à pendule.

1866. L'horloger français Louis BREGUET (1804-1883) fabrique la première horloge dont le mouvement soit réglé par la fréquence de vibration d'un diapason employé comme résonateur.

1875. Un congrès international décide de découper la Terre en 24 zones, qui deviendront les fuseaux horaires.

LES FUSEAUX HORAIRES

Conceptions fréquentes à l'époque et chez certains élèves

- L'heure est la même partout sur Terre en même temps.
- En chaque lieu, l'heure est déterminée par la position du Soleil dans le ciel.

Concepts scientifiques actuels

En théorie, en chaque lieu de la Terre, l'heure devrait être déterminée par la position des astres dans le ciel. Par exemple, il devrait être midi quand le Soleil est à son zénith. En pratique, cependant, ce temps théorique poserait toutes sortes de problèmes, car chaque région, ville ou village aurait alors une heure différente. Pour des raisons de commodité, la Terre est divisée en 24 zones, une pour chaque heure du jour. Chaque fuseau horaire représente 15° de longitude. L'heure à la longitude 0° est l'heure de Greenwich. La ligne de changement de date se situe à peu près à la longitude 180°.

Activité et exercices (12 ans et plus)

- À l'aide d'une carte des fuseaux horaires, trouver l'heure dans d'autres régions et pays.
- Répondre à la question suivante: La date est-elle la même partout sur Terre en même temps?
- Discuter des problèmes qui pouvaient se poser, autrefois, avant l'existence des fuseaux horaires.
- Discuter des problèmes qui pourraient se poser, de nos jours, sans l'existence des fuseaux horaires.

1885. La Conférence internationale sur le méridien adopte le méridien de Greenwich comme origine des longitudes.

Le XXe siècle

1904. Invention simultanée, en France et en Suisse, de la montre-bracelet.

1911. L'heure légale universelle passe du méridien de Paris au méridien de Greenwich pour tous les pays.

1912. Le Bureau international de l'heure, créé à Paris, se voit confier la charge de déterminer l'heure universelle et de la conserver en permanence grâce à sept pendules de précision.

1926. La compagnie suisse *Rolex* crée la première montre étanche.

1929. Invention, aux États-Unis, de l'horloge à quartz, d'une précision de 1/1 000 de seconde par jour. Dans les horloges et montres de ce type, le quartz joue le rôle d'un petit diapason, entretenu électriquement, qui vibre à une fréquence déterminée avec une grande régularité.

1955. Fabrication de la première horloge atomique, d'une précision de 1/100 000 000 000 de seconde par jour, dont le principe avait été énoncé en 1948.

1956. La définition de la seconde devient universelle. C'est une fraction de l'année ayant commencé le 1er janvier 1900 à 12 h.

1967. La Conférence générale des poids et mesures améliore la définition de la seconde adoptée en 1820 et la définit, à partir d'une horloge atomique, comme étant la durée d'un certain nombre d'oscillations des électrons de l'atome de césium. Cette mesure servira à dater les événements scientifiques et à définir le temps atomique international.

LE TEMPS ATOMIQUE INTERNATIONAL

Conception fréquente à l'époque et chez certains élèves

Les montres et horloges d'usage courant donnent l'heure exacte.

Concepts scientifiques actuels

Le temps atomique international (TAI) est donné par des horloges atomiques d'une extrême précision. Une seconde est « la durée de 9 192 631 770 périodes de la radiation électromagnétique correspondant à la transition entre deux niveaux hyperfins de l'état fondamental de l'atome de césium 133 ». Il est donné par des horloges atomiques fonctionnant en divers lieux.

Activités (12 ans et plus)

- Trouver sur Internet des sites qui donnent le temps atomique international.
- Régler diverses montres et horloges mécaniques, électriques et électroniques sur le temps atomique international. Comparer, au fil des jours et des semaines, le temps donné par ces montres et horloges avec le temps atomique donné sur le site Internet. Trouver quelles sont les montres et horloges les plus précises.

1969. La compagnie japonaise *Seiko* commercialise les premières montres à quartz.

1977. Le physicien américain Steven WEINBERG (né en 1933) affirme, dans son ouvrage *Les trois premières minutes de l'Univers*, qu'il est possible de concevoir un « temps zéro absolu ».

LE «TEMPS ZÉRO ABSOLU»

Conception fréquente à l'époque et chez certains élèves

Le temps a toujours existé et existera toujours.

Concepts scientifiques actuels

Selon Weinberg, il est logiquement possible de concevoir que l'Univers ait eu un commencement et que le temps lui-même n'existait pas avant ce commencement. De la même façon qu'une température inférieure au zéro absolu de l'échelle Kelvin n'a aucune signification, car il ne peut y avoir moins de chaleur que pas de chaleur du tout, il se peut qu'il existe un temps zéro absolu, c'est-à-dire un instant dans le passé en deçà duquel il n'y a plus d'enchaînement de causes et d'effets et en deçà duquel la notion de temps ne veut plus rien dire.

Exercice (12 ans et plus)

- Discuter des implications du fait que le temps lui-même n'a peut-être pas toujours existé. Par exemple, la question «Qu'y avait-il avant le commencement de l'Univers?» a-t-elle un sens?

LE SYSTÈME SOLAIRE

Vers 2800 av. J.-C. Construction, en Europe, d'alignements et de cercles de pierres, comme ceux de Stonehenge, en Angleterre, pour l'observation des mouvements du Soleil.

L'Antiquité orientale

Vers 2150 av. J.-C. Premier témoignage, en Chine, de l'observation d'une éclipse de Soleil.

Vers 1900 av. J.-C. Premières prédictions empiriques, à Babylone, en Mésopotamie, des dates d'éclipses de Soleil et de Lune.

Vers 1500 av. J.-C. Construction, en Égypte, du plus ancien cadran solaire connu.

▶ **Voir « Le cadran solaire (1500 av. J.-C.) » dans le thème d'astronomie « La mesure du temps ».**

Vers 700 av. J.-C. Des astronomes mésopotamiens découvrent le cycle de 54 ans qui régit le retour des éclipses de Soleil.

L'Antiquité classique

Vers 585 av. J.-C. Le mathématicien et philosophe grec THALÈS de Milet (v. 625-v. 547 av. J.-C.) mesure le temps de façon exacte, à l'aide d'un cadran solaire, et prédit une éclipse de Soleil.

Vers 500 av. J.-C. Le mathématicien et philosophe grec PYTHAGORE (v. 570-v. 480 av. J.-C.) propose une cosmologie dans laquelle l'univers est constitué de sphères, disposées selon une échelle numérique, qui produisent des sons harmonieux mais inaudibles aux êtres humains (harmonie des sphères). Il affirme que la Terre est ronde.

Vers 440 av. J.-C. Le philosophe grec ANAXAGORE (v. 500-v. 428 av. J.-C.) affirme que la Terre et la Lune sont des corps pierreux en mouvement dans l'espace qui reçoivent leur lumière du Soleil. Il est le premier à expliquer correctement les éclipses de Lune.

Vers 430 av. J.-C. L'astronome grec MÉTON (seconde moitié du Ve siècle av. J.-C.) améliore le calendrier grec en découvrant que la durée de 235 lunaisons équivaut pratiquement à une période de 19 ans.

▶ **Voir « Le mois lunaire (430 av. J.-C.) » dans le thème d'astronomie « La mesure du temps ».**

Vers 370 av. J.-C. Le philosophe grec EUDOXE de Cnide (v. 406-v. 355 av. J.-C.) propose un système cosmologique géocentrique fondé sur la combinaison des mouvements de sphères concentriques. Ces sphères cristallines, faites d'éther, constituent la mécanique céleste, et le mouvement des planètes dépend de la rotation des sept sphères planétaires.

Vers 365 av. J.-C. Des astronomes chinois observent les quatre principaux satellites de Jupiter à l'œil nu.

LES LUNES DE JUPITER

Conception fréquente à l'époque et chez certains élèves

Seule la Terre possède une lune.

Concepts scientifiques actuels

Jupiter possède 16 lunes, et les quatre plus grosses, nommées Io, Europe, Ganymède et Callisto, sont faciles à observer avec des jumelles ou un petit télescope.

Activités (8 ans et plus)

- Regarder un documentaire portant sur la planète Jupiter et ses lunes.
- Observer les quatre plus grosses lunes de Jupiter avec un petit télescope. Noter les positions de ces lunes au fil des jours.

Vers 340 av. J.-C. Le philosophe grec ARISTOTE (384-322 av. J.-C.) propose une cosmologie qui reprend le système géocentrique fondé sur la combinaison des mouvements de sphères concentriques d'Eudoxe de Cnide. Il affirme que les corps célestes sont parfaits et immuables.

Vers 340 av. J.-C. Le philosophe grec HÉRACLIDE du Pont (388-310 av. J.-C.) affirme que la Terre tourne autour de son axe en 24 heures et que la planète Vénus tourne autour du Soleil, deux idées révolutionnaires pour l'époque.

▶ **Voir « Le jour et la nuit (340 av. J.-C.) » dans le thème d'astronomie « La mesure du temps ».**

Vers 300 av. J.-C. Le savant grec AUTOLYCOS de Pitane (v. 330-v. 270 av. J.-C.) rédige son *Traité de la sphère*, un des plus anciens traités d'astronomie.

Vers 250 av. J.-C. L'astronome grec ARISTARQUE de Samos (v. 310-v. 230 av. J.-C.) est le premier à estimer le rapport entre les distances Terre-Lune et Terre-Soleil en mesurant les dimensions des cônes d'ombre lors des éclipses. Il propose un système héliocentrique, selon lequel la Terre tourne sur elle-même et les planètes tournent autour du Soleil. Ce système sera repris au XVIe siècle par Copernic.

▶ **Voir « Les distances Terre-Lune et Terre-Soleil (250 av. J.-C.) » dans le thème d'astronomie « Observer, mesurer et explorer l'Univers ».**

Vers 210 av. J.-C. Le géographe grec ÉRATOSTHÈNE de Cyrène (v. 280-v. 195 av. J.-C.) fait une évaluation correcte de la circonférence de la Terre à partir de la mesure de l'angle entre les rayons du Soleil et la verticale au moment où, à un endroit assez éloigné, un puits est éclairé jusqu'au fond par le Soleil.

▶ **Voir « La mesure de la circonférence de la Terre (210 av. J.-C.) » dans le thème de sciences de la Terre « Le globe terrestre ».**

Vers 150 av. J.-C. L'astronome grec HIPPARQUE de Rhodes (v. 190-v. 120 av. J.-C.) découvre la précession des équinoxes.

▶ **Voir « La précession des équinoxes (150 av. J.-C.) » dans le thème de sciences de la Terre « Le globe terrestre ».**

46 av. J.-C. L'empereur romain Jules César commande, à l'astronome grec SOSIGÈNE d'Alexandrie (Ier siècle av. J.-C.), une réforme du calendrier, dont les mois suivaient les phases de la Lune. Le calendrier julien qui résulte de la réforme comporte presque toutes les caractéristiques (mois de 30 et 31 jours, mois de février de 28 jours, années bissextiles, etc.) du calendrier actuel (le calendrier grégorien, conçu en 1582).

▶ **Voir « Les années bissextiles (46 av. J.-C.) » dans le thème d'astronomie « La mesure du temps ».**

Vers 150. L'astronome, mathématicien et géographe grec Claude PTOLÉMÉE (v. 100-v. 170 ap. J.-C.) rédige l'*Almageste* (le grand œuvre), dans lequel il propose un système géocentrique du mouvement du Soleil et des planètes, accepté jusqu'au XVIIe siècle. Dans ce système la Terre est fixe au centre de l'Univers, ce qui oblige à introduire des cercles secondaires, nommés épicycles, pour tenir compte des mouvements rétrogrades des planètes Mars, Jupiter et Saturne.

LES MOUVEMENTS RÉTROGRADES DES PLANÈTES

Conception fréquente à l'époque et chez certains élèves

Les planètes se déplacent toujours dans le même sens par rapport aux étoiles.

Concepts scientifiques actuels

Une planète se déplace habituellement d'ouest en est par rapport aux étoiles. Mais il arrive parfois que les planètes Mars, Jupiter et Saturne s'arrêtent momentanément par rapport aux étoiles et se déplacent pendant quelques semaines dans le sens contraire. On dit alors qu'elles effectuent un mouvement rétrograde. Elles reprennent ensuite leur course dans la direction habituelle.

Activités (12 ans et plus)

- Regarder un documentaire ou un film d'animation qui explique le mouvement rétrograde des planètes Mars, Jupiter et Saturne.
- À l'aide d'un modèle du système solaire, expliquer le mouvement rétrograde de Mars ou d'une autre planète. Expliquer aussi pourquoi ce mouvement serait difficile à expliquer si c'était la Terre qui était au centre du système solaire.

- Observer la planète Mars pendant plusieurs mois. À chaque observation, noter sa position sur une carte du ciel. Après plusieurs mois, examiner sa trajectoire sur la carte du ciel.

Le Moyen Âge

Au VIIIe et au IXe siècles. Établissement, dans l'Empire musulman, de tables précises du mouvement du Soleil, de la Lune et des planètes, à des fins religieuses ou astrologiques.

Vers 860. Le théologien irlandais Jean SCOT ÉRIGÈNE (v. 810-v. 877) propose un système héliocentrique.

900. L'astronome arabe al-BATTANI (v. 858-929) effectue des observations qui permettent une meilleure connaissance des mouvements apparents du Soleil et des planètes.

Vers 1160. Le philosophe et médecin arabe AVERROÈS (1126-1198) étudie et enseigne, dans l'Empire musulman, les cosmologies des philosophes grecs, ce qui permettra leur redécouverte en Europe pendant la Renaissance.

Vers 1280. Le philosophe anglais Roger BACON (1220-1292) signale des points vulnérables dans le système géocentrique de Ptolémée.

1424. Le savant d'Asie centrale ULUG BEG (1394-1449) fonde l'observatoire de Samarcande (ville de l'actuel Ouzbékistan) et rédige des tables des mouvements du Soleil et des planètes, ainsi qu'un catalogue d'étoiles.

La Renaissance

1440. Le philosophe et théologien allemand Nikolaus Krebs, plus connu sous le nom de NICOLAS de Cuse (1401-1464), rédige *De la docte ignorance,* dans lequel il prétend que l'Univers est infini et ne peut avoir de centre fixe.

1543. L'astronome polonais Nicolas COPERNIC (1473-1543) propose un système héliocentrique du mouvement de la Terre et des planètes, dans lequel la rotation de la Terre sur elle-même explique l'alternance du jour et de la nuit et dans lequel la Terre et les autres planètes tournent autour du Soleil. Bien que le système héliocentrique de Copernic ne soit pas vraiment plus simple, car il comporte aussi des épicycles, il s'oppose au système de Ptolémée, qui avait été accepté pendant plus de 1 200 ans et qui était la doctrine officielle de l'Église depuis le XIIIe siècle. D'une certaine façon, le système de Copernic est toutefois la continuation de l'astronomie antique, car il repose encore sur la combinaison de mouvements circulaires uniformes, qui seront abandonnés par Kepler, en 1609, et remplacés par des orbites elliptiques.

LE SYSTÈME HÉLIOCENTRIQUE

Conception fréquente à l'époque et chez certains élèves

Le Soleil tourne autour de la Terre.

Concepts scientifiques actuels

Dans un système planétaire géocentrique, la Terre est au centre, tandis que dans un système héliocentrique, c'est le Soleil qui est au centre.

Activités et exercice (8 ans et plus)

- Observer le mouvement d'un modèle portatif conçu pour démontrer le mouvement planétaire (disponible chez certains fournisseurs de matériel scientifique).
- Construire une maquette du système géocentrique de Ptolémée et du système héliocentrique de Copernic. (Des jeux de balles en polystyrène, dont les grosseurs sont proportionnelles à celles des planètes, sont disponibles chez certains fournisseurs de matériel scientifique.)
- Aller dans le gymnase ou à l'extérieur et demander à des élèves de se placer, puis de se déplacer, pour représenter eux-mêmes le Soleil et les planètes du système solaire.
- Se documenter pour répondre à la question suivante : Quels sont les faits saillants de la vie de Nicolas Copernic ? (Exemple : Il est intéressant de noter que Nicolas Copernic n'a pas eu de problèmes avec l'Église car il présentait son système comme une simple conjecture.)

1576. Le mathématicien anglais Thomas DIGGES (1546-1595) défend le système héliocentrique de Copernic et l'idée d'un univers infini.

1577. L'astronome danois Tycho BRAHE (1546-1601) réfute des théories qui avaient été énoncées par Eudoxe de Cnide et Aristote, au cours de l'Antiquité classique, en établissant que les comètes ne sont pas des phénomènes atmosphériques « sublunaires » (sous la Lune), mais des phénomènes « translunaires » (au-delà de la Lune), et en établissant aussi que leur trajectoire est incompatible avec l'existence des « sphères cristallines » sur lesquelles seraient fixées les planètes.

De 1580 à 1600. L'astronome danois Tycho BRAHE (1546-1601) effectue des observations très précises du mouvement des planètes. Ces observations aideront Kepler à formuler ses lois.

1584. Le philosophe italien Giordano BRUNO (1548-1600) rédige *Le Banquet des cendres*, dans lequel il défend le système héliocentrique de Copernic et suppose que les étoiles sont des astres semblables au Soleil. Il est brûlé vif, en 1600, sur l'ordre du Saint-Office de l'Église catholique.

1588. L'astronome danois Tycho BRAHE (1546-1601) propose un modèle mi-héliocentrique, mi-géocentrique dans lequel les planètes (sauf la Terre) tournent autour du Soleil, mais le Soleil, les planètes et la Lune tournent autour de la Terre.

Le XVIIe siècle

1609. Le physicien et astronome italien GALILÉE (1564-1642) perfectionne le télescope à réfraction et découvre les taches solaires, la rotation du Soleil sur lui-même, les cratères et les mers de la Lune, ainsi que les quatre principales lunes de Jupiter. Plusieurs années plus tard, en 1633, il sera déclaré hérétique par Rome, pour son soutien au système héliocentrique de Copernic, et devra abjurer devant l'Inquisition. Il perdra la vue, vers les dernières années de sa vie, pour avoir toujours observé le Soleil sans filtre, ne connaissant pas le danger des rayons ultraviolets (qui ne seront découverts qu'au début du XIXe siècle).

LES DÉCOUVERTES ASTRONOMIQUES DE GALILÉE

Conceptions fréquentes à l'époque et chez certains élèves

- La surface du Soleil et celle de la Lune sont parfaitement uniformes.
- Le Soleil est parfaitement immobile.
- La Terre est la seule planète à posséder une lune.

Concepts scientifiques actuels

Les taches solaires sont des orages magnétiques à la surface du Soleil. Le Soleil tourne sur lui-même (environ 1 mois pour une rotation complète). Les cratères de la Lune sont des impacts de météorites. Les mers de la Lune sont des étendues de lave solidifiée. Jupiter possède un très grand nombre de lunes et quatre d'entre elles sont faciles à observer.

Activités et exercice (8 ans et plus)

- Fabriquer un petit télescope à réfraction à l'aide d'un tube en carton et de deux lentilles.
- Observer la Lune et Jupiter avec ce télescope ou avec des jumelles. Il est possible d'apercevoir les plus gros cratères de la surface de la Lune et les quatre plus grosses lunes de Jupiter.
- Observer le Soleil avec une plaque de verre ou de plastique noir prévu à cet effet (ou par projection, sur un carton blanc, avec un télescope

ou des jumelles). Il y a généralement quelques taches à la surface du Soleil. Constater que les taches permettent de suivre, de jour en jour, la rotation du Soleil sur lui-même.

- Se documenter pour répondre à la question suivante: Quels sont les faits saillants de la vie de Galilée? Voir les remarques portant sur cette même question dans «Les lois du pendule (1583)», dans le thème de physique «Les forces et les mouvements».

1609. L'astronome allemand Johannes KEPLER (1571-1630) raffine le système de Copernic en formulant deux lois sur les orbites des planètes: 1) les orbites planétaires sont des ellipses dont le Soleil occupe un des foyers; 2) les aires balayées par les rayons vecteurs, allant du centre du Soleil au centre de la planète, sont proportionnelles aux temps employés à les décrire. Kepler devient ainsi le premier astronome à traiter l'astronomie du point de vue de la physique, et non plus selon des lois propres aux corps célestes. La troisième loi, qu'il formulera en 1618, énonce que: 3) les carrés des temps des révolutions planétaires sont proportionnels aux cubes des grands axes des orbites. Kepler affirme aussi que l'attraction gravitationnelle est une affection mutuelle entre corps parents, semblable à l'attraction magnétique.

LES LOIS DE L'ORBITE DES PLANÈTES

Conception fréquente à l'époque et chez certains élèves

Les orbites des planètes sont parfaitement circulaires.

Concepts scientifiques actuels

On sait depuis Kepler que: 1) les orbites planétaires sont des ellipses dont le Soleil occupe un des foyers; 2) les aires balayées par les rayons vecteurs, allant du centre du Soleil au centre de la planète, sont proportionnelles aux temps employés à les décrire; 3) les carrés des temps des révolutions planétaires sont proportionnels aux cubes des grands axes des orbites.

Activités et exercice (8 ans et plus)

- Tracer des ellipses avec de la ficelle et deux clous plantés dans une planche de bois.
- Observer les orbites des planètes et des comètes sur un schéma à l'échelle.
- Se documenter pour répondre à la question suivante: Quels sont les faits saillants de la vie de Johannes Kepler? Voir les remarques

portant sur cette même question dans «L'intensité de la lumière en fonction de la distance (1604)» dans le thème de physique «La lumière et le son».

1644. Le philosophe, mathématicien et physicien français René DESCARTES (1596-1650) fait paraître *Principia philsophiæ,* dans lequel il expose une physique mécaniste et corpusculaire qui attribue le déplacement des planètes autour du Soleil et la chute des corps à la poussée causée par des *vortex,* c'est-à-dire des tourbillons d'éther (matière subtile). Ce modèle mécaniste, peu mathématique, sera la vision dominante jusqu'à la fin du XVIIe siècle.

1647. Publication, en Allemagne, de la première carte détaillée de la Lune.

1655. Le mathématicien, physicien et astronome hollandais Christiaan HUYGENS (1629-1695) découvre les anneaux de Saturne et émet le premier l'hypothèse que les étoiles sont d'autres soleils, très éloignés.

LES ANNEAUX DE SATURNE

Conception fréquente à l'époque et chez certains élèves

Il est impossible que des planètes possèdent des anneaux.

Concepts scientifiques actuels

Les anneaux de Saturne sont formés d'une multitude de morceaux de roche et de glace en orbite autour de la planète. Ils sont plus ou moins faciles à observer, selon les positions relatives de Saturne, de la Terre et du Soleil.

Activités et exercice (8 ans et plus)

- Examiner des photographies de Saturne.
- Observer Saturne avec un petit télescope.
- Se documenter pour répondre à la question suivante: Quels sont les faits saillants de la vie de Christiaan Huygens? Voir les remarques portant sur cette même question dans «Le choc des corps (1656)» dans le thème de physique «Les forces et les mouvements».

1671. Les astronomes français Jean RICHER (1630-1696) et Jean-Dominique CASSINI (1625-1712) effectuent la première estimation raisonnablement précise de la distance Terre-Soleil (1 unité astronomique) en se basant sur la distance Terre-Mars qu'ils mesurent par parallaxe.

▶ **Voir « La parallaxe (1671) » dans le thème d'astronomie « Observer, mesurer et explorer l'univers ».**

1679. Le savant anglais Robert HOOKE (1635-1703) constate que les planètes sont attirées par le Soleil et que cette force d'attraction varie en sens inverse du carré de la distance entre une planète et le Soleil.

1687. Le physicien anglais Isaac NEWTON (1642-1727) publie ses célèbres *Principes mathématiques de la philosophie naturelle,* dans lesquels sont présentées la loi de la gravitation universelle ainsi que ses trois lois de la dynamique, appelées aussi *trois lois de Newton.* La loi de la gravitation universelle remplacera alors le magnétisme comme explication de l'attraction entre les corps célestes.

▶ **Voir « La loi de la gravitation universelle (1687) » et « Les trois lois de Newton (1687) » dans le thème de physique « Les forces et les mouvements ».**

Le XVIIIe siècle

1705. L'astronome et physicien anglais Edmond HALLEY (1656-1742) prédit que la comète qui est passée en 1682 – et qui portera plus tard son nom – reviendra en 1758, car elle passe près du Soleil tous les 76 ans. Cette prédiction, qui s'avérera juste, est la première – et spectaculaire justification – des *lois de Newton.* Elle mettra aussi un terme à la vieille croyance selon laquelle les comètes sont des signes annonciateurs de grandes catastrophes.

LES COMÈTES

Conceptions fréquentes à l'époque et chez certains élèves

- Les comètes sont des signes annonciateurs de grandes catastrophes.
- Les comètes et les étoiles filantes sont des corps célestes semblables, qui ne peuvent être vus qu'une seule fois.

Concepts scientifiques actuels

Une comète est en fait une très petite planète, à orbite très excentrique, appartenant au système solaire. Elle est constituée d'un noyau de glace d'eau, de dioxyde de carbone et autres éléments, et de poussières, ainsi que d'une atmosphère et d'une queue qui se forment quand la comète se rapproche du Soleil, que sa température augmente et que la matière commence à s'évaporer. Les *lois de Kepler*, ou de façon plus générale, les *lois de Newton*, permettent de déterminer l'orbite d'un corps céleste d'après quelques points de sa trajectoire. Cette orbite a toujours la forme d'une ellipse plus ou moins allongée. On connaît environ 1 500 comètes, mais il existe un nuage, appelé *nuage de Oort*, de plus de cent milliards de comètes potentielles au-delà de Pluton.

Activités et exercice (8 ans et plus)

- Observer des photographies de comètes.
- Des comètes sont assez régulièrement visibles dans le ciel. Surveiller les actualités scientifiques et, quand il en passe une, l'observer avec des jumelles ou un petit télescope.
- Se documenter pour répondre aux questions suivantes : Quelles sont les catastrophes qui ont été, autrefois, associées au passage d'une comète ? (Exemples : assassinat de César, invasion de l'Angleterre par Guillaume le Conquérant, grandes pestes, destruction de l'Empire aztèque par les Espagnols, etc.) Comment expliquer la coïncidence du passage d'une comète et d'une catastrophe ?

Vers 1715. L'astronome et physicien anglais Edmond HALLEY (1656-1742) réussit à prédire, à trente kilomètres près, la zone de visibilité des éclipses de Soleil.

LES ÉCLIPSES DE SOLEIL ET DE LUNE

Conception fréquente à l'époque et chez certains élèves

Il est impossible de prédire les dates et les zones de visibilité des éclipses.

Concepts scientifiques actuels

Une éclipse de Soleil se produit quand la Lune nous cache le Soleil. Une éclipse de Lune se produit quand la Lune passe dans l'ombre de la Terre. Les éclipses de Soleil et de Lune ont été observées dès la préhistoire et pouvaient être prédites depuis environ 700 av. J.-C., mais elles n'ont été correctement expliquées que par le système héliocentrique de Copernic et situées avec précision que grâce aux travaux de Halley.

Activités et exercice (8 ans et plus)

- Examiner des photographies ou regarder un documentaire portant sur les éclipses de Soleil et de Lune. Constater qu'il existe des éclipses totales et des éclipses partielles de Soleil, selon l'endroit d'où on les observe. Constater également que certaines éclipses de Soleil sont des éclipses annulaires, qui laissent voir un anneau du Soleil autour de la Lune.

- À l'aide d'une source de lumière qui représente le Soleil, d'un ballon qui représente la Terre et d'une balle qui représente la Lune, recréer une éclipse de Soleil et une éclipse de Lune.
- Assister, dans un planétarium, à un spectacle dans lequel des éclipses sont reproduites.
- Se documenter pour répondre à la question suivante: Pourquoi ne se produit-il pas d'éclipse de Soleil à chaque nouvelle lune, et d'éclipse de Lune à chaque pleine lune?

1734. Le mathématicien suisse Johann BERNOULLI (1667-1748) et son fils, le physicien suisse Daniel BERNOULLI (1700-1782) essaient de réconcilier les *lois de Kepler* et la théorie des vortex (tourbillons de matière) de Descartes pour expliquer les mouvements des planètes. Cependant, dès 1736, Daniel Bernoulli se laissera convaincre par le principe de l'action à distance de Newton et abandonnera la théorie des vortex.

1748. L'astronome anglais James BRADLEY (1693-1762) découvre la nutation (légère oscillation pendant la précession) de l'axe de rotation de la Terre.

1755. Le philosophe allemand Emmanuel KANT (1724-1804) suppose vraisemblable l'existence d'autres planètes au-delà de Saturne, en s'appuyant tout simplement sur la constatation que la distance entre les planètes successives augmente avec la distance au Soleil.

1781. L'astronome anglais d'origine allemande William HERSCHEL (1738-1822) découvre, par hasard, la planète Uranus. Il croit d'abord avoir affaire à une comète, mais s'aperçoit rapidement qu'il s'agit d'une huitième planète, située au-delà de Saturne.

La planète Uranus

Conception fréquente à l'époque et chez certains élèves

On peut facilement voir toutes les planètes à l'œil nu.

Concepts scientifiques actuels

La planète Uranus est située entre Saturne et Neptune. Elle nous apparaît comme une étoile peu brillante. C'est une immense boule de gaz qui entoure un noyau de roche et de métal. Elle a un axe de rotation très incliné et ce sont les pôles, et non l'équateur, qui font face au Soleil. Elle a une couleur verdâtre à cause d'une grande concentration de méthane dans sa haute atmosphère. Elle possède aussi de petits anneaux, difficiles à observer. Un des satellites d'Uranus, Miranda, dont la surface est très accidentée, possède une falaise de 10 km de hauteur.

Activités et exercices (8 ans et plus)

- À l'aide d'un tableau de données sur le système solaire, comparer Uranus avec les autres planètes.
- Examiner des photographies de la planète Uranus.
- Se documenter au sujet des sondes spatiales qui sont passées à proximité d'Uranus.
- À l'aide d'une table qui donne la position des planètes au cours de l'année, trouver la position de la planète Uranus par rapport aux étoiles. Pointer un télescope dans cette direction et essayer de trouver la planète.
- Se documenter pour répondre à la question suivante: Quels sont les faits saillants de la vie de William Herschel? Voir les remarques portant sur cette même question dans «Le rayonnement infrarouge (1800)» dans le thème de physique «La chaleur et la pression».

1794. Le physicien allemand Ernst CHLADNI (1756-1827) suggère l'origine cosmique des météorites.

▶ **Voir «Les météorites (1803)» dans ce même thème.**

1796. Le mathématicien, physicien et astronome français Pierre Simon de LAPLACE (1749-1827) formule une théorie selon laquelle le système solaire s'est formé à partir d'une masse de gaz en rotation.

Le XIXe siècle

1801. L'astronome italien Giuseppe PIAZZI (1746-1826) découvre le premier astéroïde, nommé Céres.

LES ASTÉROÏDES

Conception fréquente à l'époque et chez certains élèves

Les seules planètes sont les grosses planètes bien connues (Vénus, Mars, Jupiter, Saturne).

Concepts scientifiques actuels

Les astéroïdes sont de petits corps rocheux en orbite autour du Soleil. La plupart des astéroïdes sont situés entre les orbites de Mars et de Jupiter, mais certains de ces corps s'aventurent à l'intérieur de l'orbite de la Terre ou au-delà de celle de Pluton. Il existe environ un millier d'astéroïdes qui dépassent les 30 km de diamètre, et environ un million de plus de 1 km de diamètre. Certains astéroïdes représentent une menace pour la Terre, car ils pourraient un jour la percuter.

Activités et exercices (12 ans et plus)

- Examiner l'orbite des principaux astéroïdes sur une carte du système solaire.
- Examiner des photographies d'astéroïdes.
- Se documenter pour répondre à la question suivante: Une sonde spatiale s'est-elle déjà posée sur un astéroïde?
- Se documenter pour répondre aux questions suivantes: Des astéroïdes ont-ils déjà frappé la Terre? Cela pourrait-il se produire à nouveau? Si oui, comment pourrait-on éviter la collision?

▸ **Voir «Les extinctions massives (1953)» dans le thème de biologie et médecine «La classification et l'évolution des êtres vivants».**

1803. L'astronome et physicien français Jean-Baptiste BIOT (1774-1862) démontre l'origine cosmique des météorites, qui avait été suggérée par Ernst Chladni en 1794.

LES MÉTÉORITES

Conception fréquente à l'époque et chez certains élèves

Les météorites proviennent de l'atmosphère.

Concepts scientifiques actuels

Les météorites sont de petits corps solides provenant de l'espace et qui, à cause de la friction de l'air, se consument en traversant l'atmosphère terrestre et forment une traînée lumineuse. Il arrive parfois que des météorites plus massifs ne se consument pas entièrement et s'écrasent à la surface de la Terre, formant alors des cratères semblables à ceux de la Lune. Quand la Terre, dans son orbite autour du Soleil, traverse une zone où il y a une grande concentration de petits corps solides, il se produit une pluie d'étoiles filantes.

Activités (8 ans et plus)

- Observer une pluie d'étoiles filantes (Exemple: les Perséides).
- Examiner des photographies de météorites et de cratères terrestres formés par des impacts de météorite.
- Observer les cratères de la Lune avec des jumelles ou un petit télescope.

- Visiter un planétarium et observer de vrais météorites.
- Simuler la formation d'un cratère de la façon suivante. Dans un bol à salade, verser environ deux tasses de farine et s'assurer que la surface de la farine est plate et horizontale. Verser ensuite une tasse de poudre à lait au chocolat sur la surface de la farine et la répandre doucement pour former une deuxième couche plate et horizontale. Placer le bol à salade sur le plancher. Laisser tomber une assez grosse bille d'acier dans le bol à salade. Observer le cratère ainsi formé. Remarquer la farine projetée dans toutes les directions sur la couche de poudre de chocolat. Comparer avec des photographies de cratères lunaires.

1843. L'astronome allemand Samuel SCHWABE (1789-1875) découvre le cycle de 11 ans du nombre de taches solaires.

LE CYCLE DE 11 ANS DU NOMBRE DE TACHES SOLAIRES

Conception fréquente à l'époque et chez certains élèves

L'activité solaire est constante.

Concepts scientifiques actuels

L'activité solaire est l'ensemble des variations de la photosphère (surface visible du Soleil), de la chromosphère (couche inférieure de l'atmosphère du Soleil) et de la couronne (couche supérieure de l'atmosphère du Soleil) causées par les modifications du champ magnétique du Soleil. Cette activité solaire présente un cycle d'environ 22 ans et se manifeste principalement par la variation, à tous les 11 ans, du nombre de taches solaires. L'activité solaire a des retombées sur Terre car, pendant les maximums, l'intensité du rayonnement ultraviolet est plus grande et les perturbations du champ magnétique terrestre sont plus fréquentes.

Activités (8 ans et plus)

- Examiner des photographies de la surface du Soleil prises à diverses époques du cycle de 11 ans.
- Observer régulièrement le Soleil (à l'aide d'un petit télescope muni de l'oculaire noir approprié) et noter la variation du nombre de taches visibles. Comparer avec un calendrier du cycle de l'activité solaire.

1845. L'astronome anglais John ADAM (1819-1892) prédit, comme le fera Le Verrier l'année suivante, la découverte de la planète Neptune en analysant les perturbations de l'orbite de la planète Uranus.

1845. Première photographie astronomique du Soleil.

1846. L'astronome français Urbain LE VERRIER (1811-1877) prédit, comme l'avait fait Adam l'année précédente, la découverte de la planète Neptune en analysant les perturbations de l'orbite de la planète Uranus.

1846. L'astronome allemand Johann GALLE (1812-1910) découvre la planète Neptune en se basant sur les calculs d'Adam et de Le Verrier. Cette découverte, tout comme la prédiction faite en 1705 du retour de la comète de Halley, constitue une confirmation éclatante des *lois de Newton.*

LA PLANÈTE NEPTUNE

Conception fréquente à l'époque et chez certains élèves

La seule façon de découvrir l'existence d'une planète est de l'observer directement.

Concepts scientifiques actuels

Neptune, tout comme Uranus, est une planète dont la découverte est relativement récente. Elle est située entre Uranus et Pluton. De la Terre, elle nous apparaît comme une étoile très peu brillante. Semblable à Uranus, mais légèrement plus petite, elle est également une immense boule de gaz qui entoure un noyau de roche et de métal. Elle a une couleur verdâtre à cause d'une grande concentration de méthane dans sa haute atmosphère.

Activités et exercice (8 ans et plus)

- À l'aide d'un tableau de données sur le système solaire, comparer Neptune avec les autres planètes.
- Examiner des photographies de la planète Neptune.
- Se documenter pour répondre à la question suivante: Quelles sondes spatiales sont déjà passées à proximité de Neptune?
- À l'aide d'un tableau qui donne la position des planètes au cours de l'année, trouver la position de Neptune par rapport aux étoiles. Pointer un bon télescope dans cette direction et essayer de trouver la planète.

1849. L'astronome, mathématicien et géophysicien Édouard ROCHE (1820-1883) montre que les gros satellites naturels situés à proximité d'une planète sont soumis à un effet de marée qui peut les faire éclater, ce qui est une explication possible de la formation des anneaux de Saturne, Jupiter, Uranus et Neptune.

1859. L'astronome français Urbain LE VERRIER (1811-1877), qui avait constaté des anomalies dans l'orbite de la planète Mercure, postule, à tort, l'existence d'une planète située entre Mercure et le Soleil. Ces anomalies seront expliquées plus tard par la théorie de la relativité générale d'Einstein.

1868. L'astronome français Jules JANSSEN (1824-1907) et l'astronome anglais Joseph LOCKYER (1836-1920) découvrent la présence, dans l'atmosphère solaire, d'un élément chimique inconnu sur Terre, l'hélium.

▶ **Voir « L'hélium (1868) » dans le thème de chimie « Les éléments, les composés et les réactions chimiques ».**

1877. L'astronome italien Giovanni SCHIAPARELLI (1835-1910) croit apercevoir des bandes rectilignes à la surface de la planète Mars. On découvrira plus tard qu'il s'agit en fait d'une illusion d'optique.

1894. L'astronome amateur américain Percival LOWELL (1855-1916) avance l'idée que les bandes rectilignes observées par Schiaparelli, à la surface de Mars, sont des canaux d'irrigation pour l'agriculture. Il popularise ainsi la croyance en l'existence de Martiens.

Le XXe siècle

1906. Une énorme explosion, équivalant à celle de milliers de bombes atomiques et probablement causée par la désintégration d'une petite comète dans l'atmosphère terrestre, se produit en Sibérie.

1909. L'astronome et mathématicien William CAMPBELL (1862-1938) montre qu'aucune planète assez grosse pour perturber l'orbite de Mercure ne peut se trouver entre Mercure et le Soleil, contredisant ainsi l'hypothèse de Le Verrier.

1920. L'astrophysicien britannique Arthur EDDINGTON (1882-1944) émet l'hypothèse que l'énergie des étoiles est d'origine nucléaire.

1930. L'astronome américain Clyde TOMBAUGH (1926-1997) découvre la planète Pluton.

1950. L'astronome américain Fred WHIPPLE (né en 1906) émet l'hypothèse, qui sera confirmée lors du retour de la comète de Halley en 1986, que la matière composant la tête et la queue d'une comète est produite par l'évaporation d'un petit noyau solide au centre de la tête.

1950. L'astronome néerlandais Jan OORT (1900-1992) postule l'existence du *nuage de Oort*, un nuage de cent milliards de noyaux de comètes potentielles au-delà de l'orbite de la planète Pluton.

1962. La sonde spatiale américaine *Mariner 2* effectue le premier survol d'une planète (Vénus).

1965. La sonde spatiale américaine *Mariner 4* atteint la planète Mars.

1966. La sonde soviétique *Luna 9* se pose sur la Lune.

1969. Les astronautes américains Neil ARMSTRONG (né en 1930) et Edwin ALDRIN (né en 1930), de la mission *Apollo 11,* se posent sur la Lune le 20 juillet. En mettant le pied sur la Lune, Armstrong prononce la célèbre phrase : « C'est un petit pas pour l'homme, mais un bond gigantesque pour l'humanité. »

▶ **Voir « L'homme se pose sur la Lune (1969) » dans le thème d'astronomie « Observer, mesurer et explorer l'Univers ».**

1974. La sonde spatiale américaine *Mariner 10* frôle la planète Mercure.

1975. Les sondes spatiales américaines *Viking 1* et *Viking 2* se posent sur Mars et analysent la composition du sol.

1979 à 1989. Survol successif de Jupiter, de Saturne, d'Uranus et de Neptune par les sondes *Voyager.*

1980. À la suite de la découverte de traces d'impact au Mexique, le physicien américain Luis ALVAREZ (1911-1988) émet l'hypothèse que la disparition des dinosaures, il y a 65 millions d'années, a été causée par l'impact d'une comète sur la Terre.

▶ **Voir « Les fossiles de dinosaures (1822) » et « Les extinctions massives (1953) » dans le thème de biologie et médecine « La classification et l'évolution des êtres vivants ».**

1986. Cinq sondes spatiales rencontrent la comète de Halley.

1995. Deux astronomes de l'observatoire de Genève découvrent la première planète en dehors de notre système solaire, une grosse planète qui gravite autour de l'étoile 51 de la constellation de Pégase.

LES PLANÈTES D'AUTRES ÉTOILES

Conception fréquente à l'époque et chez certains élèves

Seul le Soleil possède des planètes.

Concepts scientifiques actuels

Le Soleil est une étoile de taille, de température et d'âge moyens. Si notre Soleil possède des planètes, il est donc fort plausible que les autres étoiles semblables, dans notre Galaxie et dans d'autres galaxies, en possèdent aussi. Effectivement, depuis quelques années, les astronomes découvrent des planètes en orbite autour d'étoiles de notre Galaxie qui sont relativement proches du Soleil.

Activité et exercice (12 ans et plus)

- Regarder un documentaire portant sur les récentes découvertes de planètes autour d'autres étoiles que le Soleil.

- Discuter à partir de la question suivante: Est-il possible qu'il existe de la vie ailleurs dans l'Univers? Pour alimenter cette discussion, se documenter pour trouver le nombre approximatif d'étoiles dans notre Galaxie et le nombre approximatif de galaxies dans l'Univers.

1995. Impacts spectaculaires de fragments de la comète Shoemaker-Levy 9 sur Jupiter.

LES IMPACTS DE LA COMÈTE SHOEMAKER-LEVY 9 SUR JUPITER

Conception fréquente à l'époque et chez certains élèves

La probabilité d'observer la chute d'une comète sur une planète est presque nulle.

Concepts scientifiques actuels

La comète Shoemaker-Levy 9, découverte en mars 1993, était composée d'une vingtaine de fragments se suivant en file indienne et se dirigeant vers Jupiter. Dès les premiers impacts, les astronomes ont été ébahis par ce qui se produisait. Des boules de feu géantes, des panaches s'élevant à 3300 kilomètres d'altitude, des retombées de débris créant des taches sombres gigantesques, dont les dimensions pouvaient atteindre quatre fois celles de notre Terre, sans oublier les effets dans l'infrarouge, l'ultraviolet et les rayons X, furent observés.

Activité et exercice (8 ans et plus)

- Examiner des photographies ou regarder un documentaire portant sur les impacts de la comète Shoemaker-Levy sur Jupiter.
- Discuter à partir de la question suivante: L'impact d'une comète sur la Terre serait-il possible?

▶ **Voir «Les fossiles de dinosaures (1822)» et «Les extinctions massives (1953)» dans le thème de biologie et médecine «La classification et l'évolution des êtres vivants».**

1997. La sonde américaine *Pathfinder* se pose sur Mars.

1997. La comète Hale-Bopp, très spectaculaire, est bien visible pendant quelques mois.

1998. Découverte sur la Lune, à l'aide de la sonde américaine *Lunar Prospector*, de glace qui provient probablement d'une comète.

LES ÉTOILES ET LES GALAXIES

L'Antiquité orientale

Vers 3300 av J.-C. Conception des premiers calendriers en Mésopotamie, en Égypte et en Chine. Définition de plusieurs constellations de l'hémisphère Nord en Mésopotamie.

LES CONSTELLATIONS DE L'HÉMISPHÈRE NORD DU CIEL

Conception fréquente à l'époque et chez certains élèves

Le ciel contient trop d'étoiles pour qu'il soit possible de s'y retrouver.

Concepts scientifiques actuels

Le ciel étoilé change avec les heures et les saisons, mais les étoiles sont toujours, à l'échelle de temps d'une vie humaine, dans la même position les unes par rapport aux autres. Les étoiles visibles dans le ciel nocturne sont regroupées, de façon arbitraire, en 88 constellations. Certaines constellations ne sont visibles que dans l'hémisphère Nord (exemple: la Petite Ourse), alors que d'autres constellations ne sont visibles que dans l'hémisphère Sud (exemple: la Croix du Sud). Les constellations situées près de l'horizon, aux latitudes des pays tempérés, sont visibles dans les deux hémisphères. Les cartes du ciel et les cherche-étoiles présentent les constellations.

Activités et problème (8 ans et plus)

- Identifier les constellations par une nuit sans nuage, dans un endroit sombre.
- Identifier les constellations projetées sur le dôme d'un planétarium.
- À l'aide d'un logiciel d'astronomie (disponible chez certains fournisseurs de matériel scientifique), identifier les constellations présentées sur l'écran d'un ordinateur.
- Comment peut-on représenter le ciel étoilé de l'hémisphère Nord?

Matériel disponible:

- Du papier, des crayons, une grande boîte en carton, du carton noir, un vieux parapluie noir, du papier journal, de la colle blanche, une petite lampe halogène, de petites étiquettes autocollantes de forme ronde, une carte du ciel. Quelques cherche-étoiles.

Quelques solutions ou approches possibles:

- Reproduire une carte du ciel de l'hémisphère Nord sur une grande feuille de papier.

- Construire un cherche-étoiles de l'hémisphère Nord. (Un cherche-étoiles est une carte du ciel de forme circulaire, munie d'un cache circulaire qui tourne par-dessus cette carte en ne laissant voir que les constellations visibles à une époque de l'année et à une heure donnée.)
- À l'aide de peinture blanche, dessiner les principales constellations de l'hémisphère Nord à l'intérieur d'un vieux parapluie.
- À l'aide de petites étiquettes autocollantes de forme ronde, reproduire les constellations en les collant sur le plafond et les murs d'une classe ou d'un autre local.
- Faire de petits trous, selon la forme de quelques constellations, dans un grand carton noir. Coller le carton dans une fenêtre par laquelle entre beaucoup de lumière. Observer le carton.
- Faire de petits trous dans une grande boîte en carton, selon la forme de quelques constellations, et placer une lampe allumée dans (ou sous) la boîte. Observer la boîte dans une pièce sombre.
- À l'aide de broche, de plusieurs épaisseurs de papier journal et de colle blanche, former une demi-sphère d'environ 40 cm de diamètre. Laisser sécher. Placer une petite lampe sans abat-jour (ou une simple ampoule sur un socle) à l'intérieur de la demi-sphère. Percer des trous dans la demi-sphère de façon à représenter les principales constellations de l'hémisphère Nord. Installer dans un local sombre et allumer la lampe. Les petits trous projettent des taches de lumière sur le plafond et les murs.

Vers 1500 av. J.-C. Débuts, en Mésopotamie, de la croyance aux horoscopes individuels, base de l'astrologie.

L'ASTROLOGIE

Conception fréquente à l'époque et chez certains élèves

La vie humaine est soumise à des forces mystérieuses ou aux caprices de dieux et est complètement imprévisible.

Concepts scientifiques actuels

L'astrologie, qui est née du désir légitime de rendre la vie humaine à la fois plus intelligible et plus prévisible, est une « pseudo-science », selon laquelle il est possible de connaître le caractère et le destin d'une personne d'après la position des constellations du zodiaque et des astres qui se déplacent dans ces constellations (le Soleil, la Lune, les planètes). L'astronomie, par contre, est la science qui étudie l'Univers.

Activité (12 ans et plus)

Débattre du thème «êtes-vous pour ou contre l'astrologie?».

Voici quelques raisons pour lesquelles l'astrologie n'est pas scientifique:

1. Sur une carte astrologique, la Terre occupe le centre, ce qui ne correspond plus à notre vision moderne du système solaire et de l'Univers.
2. Depuis la création de l'astrologie, on a découvert les planètes Neptune, Uranus, et Pluton, mais bien des astrologues ne tiennent compte que des cinq premières planètes.
3. Le système solaire est composé de milliers d'astres (exemples: lunes, comètes, astéroïdes), mais les astrologues ne tiennent compte que de l'influence de quelques-uns.
4. Les constellations n'existent pas vraiment et sont simplement un effet de perspective; les étoiles d'une même constellation sont souvent très éloignées les unes des autres et il n'y a pas de lien réel entre elles.
5. La précession des équinoxes a modifié l'orientation de l'axe de rotation de la Terre et les constellations se sont décalées dans le Zodiaque, mais les astrologues n'en tiennent pas compte. (Ainsi, les natifs du Sagittaire, par exemple, sont, astronomiquement parlant, des Scorpions.)

L'Antiquité classique

Vers 580 av. J.-C. Le philosophe grec ANAXIMANDRE (v. 610-v. 547 av. J.-C.) croit que l'Univers, tout comme une plante, résulte de la croissance d'une graine.

Vers 550 av. J.-C. Définition de nouvelles constellations de l'hémisphère Nord en Grèce.

Vers 370 av. J.-C. Le philosophe grec EUDOXE de Cnide (v. 408-v. 370 av. J.-C.) propose un système cosmologique géocentrique, fondé sur la combinaison des mouvements de sphères concentriques.

Vers 365 av. J.-C. Des astronomes chinois observent les quatre principaux satellites de Jupiter à l'œil nu.

Vers 340 av. J.-C. Le philosophe grec ARISTOTE (384-322 av. J.-C.) propose un modèle selon lequel le cosmos comporte une partie translunaire (au-delà de la Lune), celle des astres, où les mouvements sont circulaires et éternels, et une partie sublunaire (en deçà de la Lune), où les mouvements sont violents et périssables. Il propose une cosmologie qui reprend le système géocentrique fondé sur la combinaison des mouvements de sphères concentriques d'Eudoxe de Cnide. Il affirme que les corps célestes sont parfaits et immuables.

Vers 300 av. J.-C. Le savant grec AUTOLYCOS de Pitane (v. 330-v. 270 av. J.-C.) rédige le *Traité de la sphère*, un des plus anciens traités d'astronomie.

Vers 160 av. J.-C. L'astronome grec HIPPARQUE de Rhodes (v. 190-v. 120 av. J.-C.) invente l'astrolabe de type viseur.

▶ **Voir « L'astrolabe de type viseur (160 av. J.-C.) » dans le thème de sciences de la Terre « Le globe terrestre ».**

Vers 150 av. J.-C. L'astronome grec HIPPARQUE de Rhodes (v. 190-v. 120 av. J.-C.) réalise le premier catalogue d'étoiles et met au point une échelle de magnitude indiquant leur luminosité apparente. Il découvre également la précession des équinoxes.

LA MAGNITUDE DES ÉTOILES

Conception fréquente à l'époque et chez certains élèves

La magnitude des étoiles est trop aléatoire pour servir de critère de classification.

Concepts scientifiques actuels

Selon le système d'Hipparque, les étoiles sont divisées en six catégories d'intensité. Les étoiles de magnitude 1 sont les plus brillantes et les étoiles de magnitude 6 sont à la limite de visibilité à l'œil nu. Malgré la possibilité de confusion, du fait que les chiffres les plus élevés correspondent aux magnitudes les plus faibles, ce système est encore utilisé de nos jours. Les objets plus brillants que les étoiles les plus brillantes, comme la planète Vénus ou la Lune, ont des magnitudes négatives. À cause de leurs distances très variables, il n'y a aucun rapport entre la magnitude d'une étoile et sa luminosité réelle. Une étoile à peine visible, de magnitude 6, peut fort bien être une étoile très lumineuse, mais très lointaine.

Activités et exercice (8 ans et plus)

- Observer le ciel étoilé, essayer d'estimer la magnitude d'étoiles et de planètes, puis comparer les valeurs obtenues avec les valeurs réelles.

- Constater la différence entre le ciel de la ville, où la pollution lumineuse est importante, et le ciel de la campagne, beaucoup plus sombre.
- Lire un article ou regarder un documentaire portant sur le problème de la pollution lumineuse en astronomie.
- Répondre à la question suivante : Quelles sont les principales façons de réduire cette pollution lumineuse ?

Vers 150. L'astronome, mathématicien et géographe grec Claude PTOLÉMÉE (v. 100-v. 170 ap. J.-C.) rédige l'*Almageste* (le grand œuvre), dans lequel il propose un système géocentrique du mouvement du Soleil et des planètes, qui sera accepté jusqu'au XVIIe siècle et selon lequel la Terre est fixe au centre de l'Univers, ce qui oblige à introduire des cercles secondaires, nommés épicycles, pour tenir compte des mouvements rétrogrades des planètes.

Vers 450. Invention de l'astrolabe, un instrument qui permet d'obtenir une représentation simplifiée du ciel en fonction de l'heure et de la date.

L'ASTROLABE DE TYPE CHERCHE-ÉTOILES

Conception fréquente à l'époque et chez certains élèves

Le ciel contient trop d'étoiles pour pouvoir être représenté de façon simple.

Concepts scientifiques actuels

L'astrolabe de type cherche-étoiles est un instrument qui permet d'obtenir une représentation simplifiée du ciel en fonction de l'heure et de la date. Il est semblable aux cherche-étoiles modernes.

Activités (8 ans et plus)

- Utiliser un cherche-étoiles pour connaître la position des constellations à une heure et une date précises. Observer le ciel et le comparer avec le cherche-étoiles.
- Construire un cherche-étoiles simplifié.

Le Moyen Âge

1054. Des astronomes chinois observent une supernova tellement lumineuse qu'il est possible de la voir en plein jour pendant trois semaines. Cette explosion donne naissance à la nébuleuse du Crabe.

LES SUPERNOVÆ

Conception fréquente à l'époque et chez certains élèves

Les étoiles sont éternelles.

Concepts scientifiques actuels

Une supernova est le stade final de l'évolution d'une étoile massive, qui devient d'abord une supergéante rouge, s'effondre brusquement quand elle a utilisé tout son combustible nucléaire (hydrogène et hélium), puis explose, projetant une grande quantité de matière dans toutes les directions et laissant parfois au centre une naine blanche ou un trou noir. La nébuleuse du Crabe, bien visible avec un bon télescope d'amateur, est le reste de l'explosion d'une supernova.

Activités (8 ans et plus)

- Observer des photos de la nébuleuse du Crabe.
- Regarder un documentaire portant sur les supernovæ. (Il existe quelques documentaires au sujet des supernovæ en général et de l'explosion de la supernova SN 1987A, observée en 1987 dans le Grand Nuage de Magellan, une petite galaxie satellite de notre Galaxie, la Voie lactée.)

Vers 1160. Le philosophe et médecin arabe AVERROÈS (1126-1198) étudie et enseigne, dans l'Empire musulman, les cosmologies des philosophes grecs, ce qui permettra leur redécouverte en Europe pendant la Renaissance.

1424. Le savant d'Asie centrale ULUG BEG (1394-1449) fonde l'observatoire de Samarcande (ancienne ville de l'actuel Ouzbékistan) et rédige des tables des mouvements du Soleil et des planètes, ainsi qu'un catalogue d'étoiles.

La Renaissance

1440. Le philosophe et théologien allemand NICOLAS de Cuse (1401-1464) rédige *De la docte ignorance*, dans lequel il prétend que l'Univers est infini et ne peut avoir de centre fixe.

1572. L'astronome danois Tycho BRAHE (1546-1601) découvre une nova (nouvelle étoile), ce qui constitue une réfutation du modèle d'Aristote selon lequel la partie translunaire de l'Univers est parfaitement immuable.

1576. Le mathématicien anglais Thomas DIGGES (1546-1595) défend l'idée d'un univers infini.

1584. Le philosophe italien Giordano BRUNO (1548-1600) rédige *Le Banquet des cendres*, dans lequel il défend le système héliocentrique de Copernic et suppose que les étoiles sont des astres semblables au Soleil. Il est brûlé vif en 1600, sur l'ordre du Saint-Office de l'Église catholique.

Le XVIIe siècle

1603. L'homme de loi et astronome amateur allemand Johan BAYER (1572-1625) publie *Uranométrie*, le premier véritable atlas céleste moderne.

1637. Le mathématicien, physicien et philosophe français René DESCARTES (1596-1650) explique l'origine de l'Univers par le mouvement de grands tourbillons de matière.

1655. Le mathématicien, physicien et astronome hollandais Christiaan HUYGENS (1629-1695) émet le premier l'hypothèse que les étoiles sont d'autres soleils, très éloignés.

1660. L'évêque irlandais James USSHER (1581-1656) affirme, en se basant sur des calculs faits à partir de la Bible, que la création de l'Univers a eu lieu précisément en 4004 av. J.-C.

1666. Le physicien anglais Isaac NEWTON (1642-1727), qui fait des expériences avec des prismes, explique la décomposition de la lumière blanche en plusieurs couleurs. Il montre également qu'il est possible d'obtenir de la lumière blanche à partir de la lumière de plusieurs couleurs.

▶ **Voir « La décomposition de la lumière et la recomposition de la lumière (1666) » dans le thème de physique « La lumière et le son ».**

1676. L'astronome danois Olaus RÖMER (1644-1710) effectue à l'Observatoire de Paris, en observant les satellites de Jupiter, une première approximation de la vitesse de la lumière. Il constate en effet que les durées entre les éclipses des satellites de Jupier diminuent si la Terre se rapproche de Jupiter et augmentent dans le cas contraire. Il trouve une vitesse de 214 000 km/s, soit environ 30 % de moins que la valeur réelle de 300 000 km/s.

Le XVIIIe siècle

1718. L'astronome et physicien anglais Edmond HALLEY (1656-1742) découvre le mouvement propre des étoiles.

1727. L'astronome anglais James BRADLEY (1693-1762) découvre l'aberration de la lumière des étoiles.

1731. Invention de l'octant, instrument servant à prendre en mer des hauteurs d'astres et des distances. L'octant est plus précis que l'astrolabe, inventé au cours de l'Antiquité classique, mais sera lui-même remplacé en 1757 par le sextant, semblable mais encore plus précis.

▶ **Voir « Le sextant (1757) » dans le thème de sciences de la Terre « Le globe terrestre ».**

Vers 1740. Définition de plusieurs constellations de l'hémisphère Sud au cours de voyages d'exploration. Des noms d'inventions, tels le microscope, le télescope et la boussole, sont donnés à certaines de ces constellations.

LES CONSTELLATIONS DE L'HÉMISPHÈRE SUD

Conception fréquente à l'époque et chez certains élèves

Le ciel étoilé est le même partout sur Terre.

Concepts scientifiques actuels

Les étoiles visibles dans le ciel nocturne sont regroupées, de façon arbitraire, en 88 constellations. Les étoiles d'une même constellation peuvent être extrêmement éloignées les unes des autres et semblent rapprochées parce qu'elles se trouvent dans la même direction par rapport au système solaire. Certaines constellations ne sont visibles que dans l'hémisphère Sud (exemple: la Croix du Sud). Les constellations situées près de l'horizon, aux latitudes des pays tempérés, sont visibles dans les deux hémisphères. Les constellations du Zodiaque sont celles dans lesquelles semblent se déplacer le Soleil, la Lune et les planètes par rapport aux étoiles. Les cartes du ciel et les cherche-étoiles présentent les constellations.

Activités et problème (8 ans et plus)

▸ **Voir «Les constellations de l'hémisphère Nord du ciel (3300 av. J.-C.)» dans ce même thème. Reprendre les activités et le problème avec les constellations de l'hémisphère Sud.**

1750. L'astronome anglais Thomas WRIGHT (1711-1786) propose l'hypothèse selon laquelle la Voie lactée est composée d'une multitude d'étoiles.

LA VOIE LACTÉE

Conception fréquente à l'époque et chez certains élèves

La Voie lactée est formée d'un gaz lumineux et diffus.

Concepts scientifiques actuels

Notre Galaxie, très semblable à la galaxie d'Andromède, est constituée d'environ 200 milliards d'étoiles, regroupées en un gigantesque disque qui s'épaissit en un bulbe central. La Voie lactée, visible dans le ciel par une nuit sombre, est constituée des étoiles situées dans le plan central du disque, là où elles sont le plus nombreuses.

Activités (8 ans et plus)

- Examiner des photographies de la Voie lactée.
- Trouver l'orientation de la Voie lactée sur un cherche-étoiles.

- Se rendre dans un lieu éloigné des lumières et de la pollution d'une grande ville. Observer la Voie lactée à l'œil nu. Constater qu'elle apparaît comme une bande laiteuse dans le ciel.
- Observer ensuite la Voie lactée avec de bonnes jumelles ou un petit télescope. Constater qu'elle apparaît comme une multitude d'étoiles.
- Observer la Voie lactée représentée par le projecteur d'un planétarium.
- Observer la Voie lactée représentée par un logiciel de simulation du ciel étoilé (disponible chez certains fournisseurs de matériel scientifique).

1755. Le philosophe allemand Emmanuel KANT (1724-1804) avance l'idée que certaines nébuleuses sont des galaxies semblables à la nôtre, mais cette idée trouve peu d'écho dans la communauté scientifique de l'époque. Il a également l'intuition, qui sera confirmée par Slipher en 1914, que ces galaxies, de forme spirale, tournent sur elles-mêmes dans le sens des bras de la spirale.

LA GALAXIE D'ANDROMÈDE

Conception fréquente à l'époque et chez certains élèves

Toutes les taches floues visibles dans le ciel sont des masses de gaz lumineux.

Concepts scientifiques actuels

Plusieurs des taches floues visibles dans le ciel, à l'œil nu ou à la jumelle, qui étaient autrefois appelées des « nébuleuses » parce qu'on croyait qu'il s'agissait de masses de gaz lumineux, sont en fait des amas d'étoiles et des galaxies, c'est-à-dire des groupes de millions ou de milliards d'étoiles.

Activités et exercice (12 ans et plus)

- Examiner des photographies de la galaxie d'Andromède. Comparer avec des dessins qui représentent notre Galaxie telle qu'elle nous paraîtrait si on pouvait l'observer de l'extérieur.
- Trouver la galaxie d'Andromède sur un cherche-étoiles.
- Se rendre, en été ou en automne, dans un lieu sombre éloigné des lumières et de la pollution de la ville. Observer la galaxie d'Andromède à l'œil nu. Observer la galaxie d'Andromède avec des jumelles ou un petit télescope.

- Observer la galaxie d'Andromède représentée par le projecteur d'un planétarium.
- Observer la galaxie d'Andromède représentée par un logiciel de simulation du ciel étoilé (disponible chez certains fournisseurs de matériel scientifique).
- Se documenter pour répondre à la question suivante: Quels sont les faits saillants de la vie d'Emmanuel Kant? (Exemple: Emmanuel Kant est surtout célèbre pour ses travaux et ouvrages de philosophie.)

1757. Invention du sextant, instrument servant à prendre en mer des hauteurs d'astres et des distances. Le sextant remplacera peu à peu l'octant, un instrument semblable mais moins précis, inventé en 1731.

▶ **Voir « Le sextant (1757) » dans le thème de sciences de la Terre « Le globe terrestre ».**

1784. L'astronome français Charles MESSIER (1730-1817) établit un catalogue, encore utilisé de nos jours, des nébuleuses les plus importantes.

LE CATALOGUE DE MESSIER

Conception fréquente à l'époque et chez certains élèves

Les seuls objets célestes visibles la nuit sont la Lune, les planètes et les étoiles.

Concepts scientifiques actuels

Le catalogue de Messier attribue un numéro aux nébuleuses les plus importantes. Dans ce catalogue, par exemple, la galaxie d'Andromède porte le numéro M31.

Activités (8 ans et plus)

- Trouver la position des principales nébuleuses du catalogue de Messier sur un cherche-étoiles.
- Examiner des photographies de ces nébuleuses.
- Observer ces nébuleuses à l'aide de jumelles ou d'un petit télescope.
- Observer quelques nébuleuses du catalogue Messier telles que représentées par un logiciel de simulation du ciel étoilé (disponible chez certains fournisseurs de matériel scientifique).

1785. L'astronome anglais d'origine allemande William HERSCHEL (1738-1822) et sa sœur Caroline HERSCHEL (1750-1848) donnent la première description de la structure de notre Galaxie, un disque aplati d'étoiles. Ils croient cependant que le Soleil est situé approximativement au centre de ce disque.

LA STRUCTURE DE LA GALAXIE

Conception fréquente à l'époque et chez certains élèves

Le Soleil est une étoile isolée dans l'Univers.

Concepts scientifiques actuels

Le Soleil est l'une des 200 milliards d'étoiles d'une galaxie spirale appelée la Voie lactée ou la Galaxie. Le Soleil est situé relativement loin du centre de la Galaxie, dans une excroissance d'un des quatre bras spiraux.

Activité et exercice (12 ans et plus)

- Examiner un dessin qui présente la position du Soleil à l'intérieur de la Galaxie.
- Se documenter pour répondre à la question suivante: Quels sont les faits saillants de la vie de William et Caroline Herschel? Voir les remarques portant sur cette même question dans «Le rayonnement infrarouge (1800)» dans le thème de physique «La chaleur et la pression».

Le XIXe siècle

1802. Le chimiste et physicien anglais William WOLLASTON (1766-1828) observe que le spectre de la lumière du Soleil est traversé par un certain nombre de raies noires. Il faudra toutefois attendre les travaux de Fraunhoffer, en 1814, et surtout de Kirchhoff et Bunsen, en 1859, pour que la portée de cette découverte soit vraiment comprise.

1814. Le physicien allemand Joseph von FRAUNHOFER (1787-1826) précise une découverte faite par Wollaston, en 1802, et selon laquelle le spectre de la lumière du Soleil est traversé par un certain nombre de raies noires. Il faudra toutefois attendre les travaux de Kirchhoff et de Bunsen, en 1859, pour que la portée de cette découverte soit vraiment comprise.

▶ **Voir «Le spectre d'absorption (1859)» dans le thème d'astronomie «Observer, mesurer et explorer l'Univers».**

1824. Le physicien et mathématicien français Sadi CARNOT (1796-1832) énonce une première formulation du deuxième principe de la thermodynamique. Celui-ci sera précisé en 1850, quand Clausius et Thomson (lord Kelvin) introduiront le concept d'entropie.

1834. Le physicien français Émile CLAPEYRON (1799-1864) sauve de l'oubli et précise les travaux effectués en 1824 par Carnot au sujet du deuxième principe de la thermodynamique.

1838. Le mathématicien et astronome allemand Friedrich BESSEL (1784-1846) mesure la distance d'une étoile autre que le Soleil à l'aide de la parallaxe stellaire.

▶ **Voir « La parallaxe (1671) » dans le thème d'astronomie « Observer, mesurer et explorer l'Univers ».**

1842. Le physicien autrichien Christian DOPPLER (1803-1853) décrit l'*effet Doppler*, qui jouera plus tard un rôle important dans la détermination de la vitesse des objets célestes.

▶ **Voir « L'effet Doppler (1842) » dans le thème de physique « La lumière et le son ».**

1845. Première photographie astronomique du Soleil.

1849. Les physiciens français Léon FOUCAULT (1819-1868) et Hippolyte FIZEAU (1819-1896) réussissent à mesurer la vitesse de la lumière avec précision et montrent qu'elle est inversement proportionnelle à la densité du milieu de propagation, ce qui constitue un autre argument important, en plus de celui du phénomène de l'interférence lumineuse découverte par Young en 1801, en faveur de la théorie ondulatoire de la lumière.

1850. Le physicien allemand Rudolf CLAUSIUS (1822-1888) et le physicien britannique William Thomson, lord KELVIN (1824-1907) introduisent, de façon indépendante, le concept d'entropie et précisent ainsi le deuxième principe de la thermodynamique énoncé par Carnot en 1824.

1857. L'inventeur anglais Joseph SWAN (1828-1914), qui précise des découvertes faites avant lui par Brewster, Herschel, Wheatstone, Angström et d'autres, montre que le spectre de sels métalliques introduits dans une flamme comporte des lignes brillantes caractéristiques.

▶ **Voir « Le spectre d'émission (1857) » dans le thème de physique « La structure de la matière ».**

1859. Le physicien allemand Gustav KIRCHHOFF (1824-1887) et le chimiste allemand Robert BUNSEN (1811-1899) montrent qu'une substance peut également absorber les radiations qu'elle émet, ce qui explique les raies sombres dans les spectres solaires.

▶ **Voir « Le spectre d'absorption (1859) » dans le thème d'astronomie « Observer, mesurer et explorer l'Univers ».**

1860. L'astronome britannique William HUGGINS (1824-1910) effectue les premières analyses spectrales de nébuleuses, de comètes et d'étoiles.

1865. Le physicien écossais James Clerk MAXWELL (1831-1879) identifie la lumière à une onde électromagnétique et démontre théoriquement la possibilité qu'il existe des ondes électromagnétiques beaucoup plus courtes (exemple : rayons X) et beaucoup plus longues (exemple : ondes radio) que la lumière visible.

1865. Le physicien allemand Rudolf CLAUSIUS (1822-1888) applique le concept d'entropie à l'ensemble de l'Univers et en déduit une évolution allant de sa naissance à sa mort.

1867. L'astronome italien Pietro SECCHI (1818-1878) propose une classification du spectre des étoiles.

1868. L'astronome français Jules JANSSEN (1824-1907) et l'astronome anglais Joseph LOCKYER (1836-1920) découvrent la présence, dans l'atmosphère solaire, d'un élément chimique inconnu sur Terre, l'hélium.

▶ **Voir « L'hélium (1868) » dans le thème de chimie « Les éléments, les composés et les réactions chimiques ».**

1872. L'astronome américain Henry DRAPER (1837-1882) inaugure la spectrographie en prenant la première photographie du spectre d'une étoile (Véga, de la constellation de la Lyre).

1873. Le physicien écossais James Clerk MAXWELL (1831-1879) unifie les théories de l'électricité et du magnétisme en formulant les lois générales de l'électromagnétisme, appelées *lois de Maxwell.* Ces lois montrent que le champ électrique, le champ magnétique et la lumière sont tous des ondes du même type (les ondes électromagnétiques) qui se déplacent à la même vitesse.

▶ **Voir « L'électromagnétisme (1873) » dans le thème de physique « L'électricité et le magnétisme ».**

1887. Le physicien américain Albert MICHELSON (1852-1931) et le chimiste et physicien américain Edward MORLEY (1838-1923) réalisent une expérience décisive, qui montre que la vitesse de la lumière est la même dans toutes les directions de l'espace et qui, par conséquent, réfute l'existence d'un éther dans lequel se déplacerait la Terre. Cette expérience contribuera à l'élaboration de la théorie de la relativité.

1888. L'astronome danois Johan DREYER (1852-1926) publie le catalogue NGC (*New General Catalogue of Nebulae and Clusters of Stars*) qui donne la position de milliers de nébuleuses et d'amas d'étoiles

LE CATALOGUE NGC

Conception fréquente à l'époque et chez certains élèves

Il n'existe que quelques dizaines de nébuleuses et d'amas d'étoiles visibles de la Terre.

Concepts scientifiques actuels

Le catalogue NGC [*New General Catalogue of Nebulae and Clusters of Stars*], aussi connu des astronomes que le fameux catalogue de Messier, donne la position de milliers de nébuleuses et d'amas d'étoiles. Plusieurs de ces nébuleuses et de ces amas sont visibles à l'aide d'un petit télescope.

Activités (12 ans et plus)

- Trouver la position de plusieurs objets du catalogue NGC sur une carte du ciel.
- Repérer plusieurs objets du catalogue NGC à l'aide d'un petit télescope.
- Observer quelques nébuleuses du catalogue NGC représentées par un logiciel de simulation du ciel étoilé (disponible chez certains fournisseurs de matériel scientifique).

Vers 1892. Le physicien hollandais Hendrik LORENTZ (1853-1928) formule les équations connues sous le nom de *transformations de Lorentz*, avec lesquelles il tente d'expliquer les résultats de l'expérience de 1887 de Michelson et Morley en postulant la contraction d'un corps en mouvement rectiligne et uniforme. Il contribuera ainsi, indirectement, à la formulation de la théorie de la relativité par Einstein, qui conservera les transformations mais les expliquera de façon différente.

1900. L'astronome hollandais Jacobus KAPTEYN (1851-1922) effectue, par parallaxe, la mesure de la distance d'un grand nombre d'étoiles et confirme le modèle des Herschel, selon lequel le Soleil occupe le centre de notre Galaxie. (Shapley montrera, en 1917, que le Soleil est plutôt situé à mi-chemin entre le centre et le bord.)

Le XXe siècle

1904. L'astronome allemand Johannes HARTMANN (1865-1936) détecte la présence de gaz interstellaire.

1905. Le physicien allemand Albert EINSTEIN (1879-1955) rejette l'idée de la contraction d'un corps en mouvement proposée par Lorentz en 1892 et énonce la théorie de la relativité restreinte, selon laquelle la vitesse de la lumière est la plus grande vitesse possible dans l'Univers. Il montre également que la lumière est composée de photons qui possèdent à la fois les propriétés de particules et d'ondes, ce qui réconcilie la théorie corpusculaire de Newton et la théorie ondulatoire de Huygens.

1905. L'astrophysicien danois Ejnar HERTZPRUNG (1873-1967) découvre, quelques années avant Russell, qu'il existe une relation entre la luminosité et la couleur des étoiles, ce qui conduira, en 1914, à la création du diagramme de Hertzprung-Russell, un outil fondamental pour l'étude de l'évolution des étoiles.

1908. Le mathématicien allemand Hermann MINKOWSKI (1864-1909) propose une conception de l'espace-temps à quatre dimensions, qui fournit une interprétation géométrique de la théorie de la relativité restreinte énoncée par Einstein en 1905.

1912. L'astronome américaine Henrietta LEAVITT (1868-1921) découvre une relation entre la période de pulsation et la luminosité réelle d'une catégorie d'étoiles variables, les céphéides. Cette relation servira plus tard à estimer la distance d'amas d'étoiles et de galaxies.

1913. L'astrophysicien américain Henry RUSSELL (1877-1957) découvre, quelques années après Hertzprung, qu'il existe une relation entre la luminosité et la couleur des étoiles, ce qui conduira à la création du diagramme de Hertzprung-Russell.

LE DIAGRAMME DE HERTZPRUNG-RUSSELL

Conception fréquente à l'époque et chez certains élèves

Il n'y a pas de lien entre la luminosité et la couleur des étoiles.

Concepts scientifiques actuels

Le diagramme de Hertzprung-Russell, dont l'axe horizontal représente la couleur et la température, et dont l'axe vertical représente la luminosité réelle, permet de classer les étoiles. Le Soleil, qui se situe au centre de ce diagramme est une étoile jaune, de température et de luminosité moyennes. La majorité des étoiles de l'Univers se situent le long de la séquence principale de ce diagramme, qui va des étoiles rouges, les moins lumineuses, vers les étoiles bleues, les plus lumineuses. Il existe également des étoiles qui n'appartiennent pas à la série principale. Ce sont les géantes rouges, qui peuvent être des centaines de fois plus grandes que le Soleil, et les naines blanches, dont certaines ne sont pas plus grandes que la Terre. Les étoiles naissent dans des nébuleuses de poussières et de gaz qui se condensent sous l'effet de la gravité. Avant de mourir, une étoile de luminosité moyenne, comme le Soleil, deviendra une géante rouge, qui engloutira plusieurs planètes, puis une naine blanche qui se refroidira lentement.

Activité (12 ans et plus)

Examiner un diagramme de Hertzprung-Russell dans un manuel d'astronomie. Noter la position du Soleil et de quelques autres étoiles bien connues sur le diagramme.

1914. L'astronome américain Vesto SLIPHER (1875-1969) confirme par spectroscopie l'intuition énoncée par Kant, en 1755, selon laquelle les galaxies spirales tournent sur elles-mêmes dans le sens des bras de la spirale.

LA FORME ET LE SENS DE ROTATION DES GALAXIES

Conception fréquente à l'époque et chez certains élèves

Les galaxies sont des groupes d'étoiles sans forme ni mouvement particuliers.

Concepts scientifiques actuels

Les galaxies sont des groupes de milliards d'étoiles. Elles ont des diamètres qui peuvent aller de 2000 à 500000 années-lumière. On en distingue trois grandes catégories: les galaxies irrégulières, les galaxies elliptiques et lenticulaires, les galaxies spirales (barrées ou non). De plus, les grosses galaxies possèdent souvent des galaxies satellites plus petites (notre Galaxie a deux satellites: les deux Nuages de Magellan). Une grande proportion de galaxies sont des spirales qui comportent un bulbe central et des bras. Une galaxie spirale tourne sur elle-même, mais la vitesse de rotation de l'extrémité de ses bras est plus lente que celle du centre de la galaxie, ce qui lui donne sa forme caractéristique. Il existe plusieurs sous-types de galaxies spirales.

Activités et exercice (8 ans et plus)

- Examiner des photographies de diverses galaxies.
- Verser du café dans une grande tasse. Faire tourner le café avec une cuillère (comme pour y dissoudre du sucre). Retirer la cuillère et verser une très petite quantité de crème au centre de la tasse de café. Observer la forme que prend la crème à la surface du café. Comparer cette forme avec celle des galaxies spirales.
- Se documenter pour répondre à la question suivante: Peut-on classer les galaxies d'après leur forme?

1916. Le physicien allemand Albert EINSTEIN (1879-1955) énonce sa théorie de la relativité générale, qui permet d'expliquer les anomalies de l'orbite de Mercure et de prédire que le Soleil peut faire dévier la lumière en provenance d'une étoile. Il s'agit d'une révolution dans la conception de l'espace, qui n'est plus euclidien, mais courbe et déterminé par les propriétés de la matière.

1917. L'astronome américain Harlow SHAPLEY (1885-1972) montre, en étudiant la distribution des amas globulaires qui entourent notre Galaxie, qu'elle est beaucoup plus grande que ne le croyait Kapteyn et que le Soleil est situé environ à mi-chemin entre le centre et le bord.

1917. L'astrophysicien allemand Karl SCHWARZSCHILD (1873-1916) prédit l'existence des trous noirs.

1919. L'astronome britannique Arthur EDDINGTON (1882-1944) vérifie l'une des prédictions de la théorie de la relativité générale d'Einstein en observant à côté du Soleil, durant l'éclipse du 29 mai, une étoile située en fait derrière, ce qui montre que la masse du Soleil fait dévier la lumière.

1920. L'astronome britannique Arthur EDDINGTON (1882-1944) émet l'hypothèse que l'énergie des étoiles est d'origine nucléaire.

1923. L'astrophysicien américain Edwin HUBBLE (1889-1953) découvre des céphéides dans la nébuleuse (galaxie) d'Andromède et dans une nébuleuse de la constellation du Triangle, estime leur distance et peut ainsi établir l'existence de galaxies extérieures à la nôtre.

LES AUTRES GALAXIES

Conceptions fréquentes à l'époque et chez certains élèves

Les galaxies sont à peu près à la même distance que les étoiles visibles dans le ciel.

Concepts scientifiques actuels

Toutes les étoiles visibles dans le ciel sont situées dans un amas de forme spirale, appelé la Galaxie ou la Voie lactée. Il existe, dans l'Univers, des milliards d'autres amas semblables, souvent de forme spirale, appelés galaxies. Notre voisine, la galaxie d'Andromède, visible à l'œil nu comme une petite tache de lumière, ressemble beaucoup à notre Galaxie. Il y a environ 200 milliards d'étoiles dans notre Galaxie, mais il existe des galaxies elliptiques géantes qui peuvent en contenir plus de 1 000 milliards.

Activités et exercices (8 ans et plus)

- Examiner des photographies de diverses galaxies. Constater qu'il existe diverses formes de galaxies et qu'il y a même des galaxies qui entrent en collision.
- Observer la galaxie d'Andromède avec des jumelles ou un petit télescope. Observer d'autres galaxies avec un télescope de meilleure qualité.
- Se documenter pour trouver une série de photographies qui présentent les puissances de 10 et qui montrent à quel point les distances entre les étoiles d'une galaxie et les distances entre les galaxies sont grandes.

- Se documenter pour répondre à la question suivante : Quels sont les faits saillants de la vie d'Edwin Hubble ? (Edwin Hubble a d'abord fait des études en droit, puis s'est tourné vers l'astrophysique. Il a travaillé pendant de nombreuses années à l'observatoire du mont Wilson, en Californie.)

1927. L'astrophysicien et mathématicien belge Georges LEMAITRE (1894-1966) et l'astronome britannique Arthur EDDINGTON (1882-1944) énoncent la théorie de l'expansion de l'Univers.

1927. L'astronome hollandais Jan OORT (1900-1992) calcule la masse et la taille de notre Galaxie, confirmant ainsi les estimations faites par Shapley en 1917.

1930. L'astrophysicien américain Edwin HUBBLE (1889-1953) formule une loi selon laquelle les galaxies s'éloignent les unes des autres à une vitesse proportionnelle à leur distance, confirmant ainsi la théorie de l'expansion de l'Univers de Lemaître et Eddington.

1931. L'astrophysicien et mathématicien belge Georges LEMAITRE (1894-1966) formule une théorie selon laquelle l'Univers, d'abord très dense, serait entré en expansion à la suite d'une explosion.

1934. L'astronome suisse Fritz ZWICKY (1898-1974) établit la distinction entre nova et supernova.

1935. Le physicien et cosmologue américain d'origine russe George GAMOW (1904-1968) est le premier à émettre l'idée que des réactions de fusion nucléaire s'étaient produites au tout début de l'Univers.

1948. Le physicien et cosmologue américain d'origine russe George GAMOW (1904-1968) élabore la théorie du big-bang pour décrire la naissance et l'expansion de l'Univers

LA THÉORIE DU BIG-BANG

Conception fréquente à l'époque et chez certains élèves

L'Univers a toujours existé.

Concepts scientifiques actuels

Selon la théorie du big-bang, la naissance de l'Univers s'est produite grâce à une extraordinaire explosion originelle. Cette théorie explique que l'Univers actuel soit en expansion. Elle est corroborée par la présence d'un « bruit de fond » qui est le vestige de la lumière libérée peu après le big-bang. Le scénario du big-bang comporte certaines étapes, qui correspondent à l'apparition de la gravitation, de certains types de particules subatomiques, de la lumière, de l'hydrogène, de l'hélium, puis des premières étoiles.

Activité et exercices (12 ans et plus)

- Regarder un documentaire qui présente la théorie du big-bang.
- Se documenter pour répondre à la question suivante: Existe-t-il d'autres théories que le big-bang, pour expliquer la naissance et l'évolution de l'Univers? (Exemples: théorie selon laquelle il y aurait eu plusieurs big-bang dans diverses régions de l'Univers, théorie selon laquelle il y aurait eu des phases d'expansion et de contraction de l'Univers.)
- Se documenter pour répondre à la question suivante: Quels sont les faits saillants de la vie de George Gamow? (George Gamow a travaillé quelques années à l'Académie des sciences de Leningrad, mais a fait défection de l'Union soviétique en 1933 pour travailler dans des universités américaines. Il était un excellent vulgarisateur scientifique.)

1953. Découverte d'amas qui contiennent plusieurs milliers de galaxies: les « superamas ».

1960. L'astrophysicien américain Allan SANDAGE (né en 1926) découvre le premier quasar, un astre qui ressemble à une étoile, mais qui émet plus de rayonnement qu'une galaxie.

1965. L'ingénieur américain d'origine allemande Arno PENZIAS (né en 1933) et l'astrophysicien américain Robert WILSON (né en 1936) découvrent le rayonnement cosmique « fossile, vestige du big-bang », dont l'existence avait été prédite par Alpher en 1948.

1967. L'astrophysicienne irlandaise Jocelyne BELL (fréquemment appelée Bell-Burnell) (née en 1943) et l'astrophysicien anglais Antony HEWISH (né en 1924) découvrent le premier pulsar, une étoile à neutrons qui émet des ondes radio pulsées.

1967. Détection de quelques signaux astronomiques en rayonnement gamma par un satellite américain.

1987. L'astronome canadien Ian SHELTON (né en 1958) aperçoit, à l'œil nu, le début de l'explosion de la supernova SN1987A, dans le Grand Nuage de Magellan. (Étant donné que cette supernova se situe à 170 000 années-lumière, l'explosion s'est donc produite il y a 170 000 ans.)

1995. Deux astronomes de l'Observatoire de Genève découvrent la première planète en dehors de notre système solaire, une grosse planète qui gravite autour de l'étoile 51 de la constellation de Pégase.

▶ **Voir « Les planètes d'autres étoiles (1995) » dans le thème d'astronomie « Le système solaire ».**

OBSERVER, MESURER ET EXPLORER L'UNIVERS

L'Antiquité orientale

Vers 3300 av J.-C. Définition de plusieurs constellations de l'hémisphère Nord en Mésopotamie.

▶ **Voir « Les constellations de l'hémisphère Nord du ciel (3300 av. J.-C.) » dans le thème d'astronomie « Les étoiles et les galaxies ».**

Vers 2800 av. J.-C. Construction, en Europe, d'alignements et de cercles de pierres (comme ceux de Stonehenge, en Angleterre) pour l'observation des mouvements du Soleil.

Vers 2150 av. J.-C. Premier témoignage, en Chine, de l'observation d'une éclipse de Soleil.

Vers 1900 av. J.-C. Premières prédictions empiriques, à Babylone, en Mésopotamie, des dates d'éclipses de Soleil et de Lune

Vers 1500 av. J.-C. Débuts, en Mésopotamie, de la croyance aux horoscopes individuels, base de l'astrologie.

▶ **Voir « L'astrologie (1500 av. J.-C.) » dans le thème d'astronomie « Les étoiles et les galaxies ».**

L'Antiquité classique

Vers 585 av. J.-C. Le mathématicien et philosophe grec THALÈS de Milet (v. 625-v. 547 av. J.-C.) prédit une éclipse de Soleil.

Vers 550 av. J.-C. Définition de nouvelles constellations de l'hémisphère Nord en Grèce.

▶ **Voir « Les constellations de l'hémisphère Nord du ciel (3300 av. J.-C.) » dans le thème d'astronomie « Les étoiles et les galaxies ».**

Vers 440 av. J.-C. Le philosophe grec ANAXAGORE (v. 500-v. 428 av. J.-C.) est le premier à expliquer correctement les éclipses de Lune.

Vers 365 av. J.-C. Des astronomes chinois observent les quatre principaux satellites de Jupiter à l'œil nu.

▶ **Voir « Les lunes de Jupiter (365 av. J.-C.) » dans le thème d'astronomie « Le système solaire ».**

Vers 340 av. J.-C. Le philosophe grec HÉRACLIDE du Pont (388-310 av. J.-C.) affirme que la Terre tourne autour de son axe en 24 heures.

▶ **Voir « Le jour et la nuit (340 av. J.-C.) » dans le thème d'astronomie « La mesure du temps ».**

Vers 250 av. J.-C. L'astronome grec ARISTARQUE de Samos (v. 310-v. 230 av. J.-C.) est le premier à estimer le rapport entre les distances Terre-Lune et Terre-Soleil, en mesurant les dimensions des cônes d'ombre lors d'éclipses. Il propose un système héliocentrique selon lequel les planètes tournent autour du Soleil. Ce système sera repris au XVIe siècle par Copernic.

LES DISTANCES TERRE-LUNE ET TERRE-SOLEIL

Conception fréquente à l'époque et chez certains élèves

La Lune et le Soleil sont situés à la même distance de la Terre parce que leur diamètre apparent dans le ciel est le même.

Concepts scientifiques actuels

La distance Terre-Lune est d'environ 400000 kilomètres, tandis que la distance Terre-Soleil est de quelque 150 millions de kilomètres, soit 375 fois plus. Le diamètre de la Terre est d'environ 13000 kilomètres, celui de la Lune est de quelque 3500 kilomètres, soit le quart de celui de la Terre, tandis que le diamètre du Soleil est d'environ 1400000 kilomètres, soit 109 fois celui de la Terre.

Activité (8 ans et plus)

Dessiner la Terre, la Lune et le Soleil à l'échelle sur trois morceaux de papier différents et placer ces trois morceaux de papier les uns par rapport aux autres en respectant aussi les distances. Il faudra se rendre dans un endroit assez vaste, comme le gymnase ou la cour de l'école. Par exemple, en respectant toujours la même échelle: Lune = 1/2 mm de diamètre (soit un simple point); Terre = 2 mm de diamètre; Soleil = 20 cm de diamètre. Distance Terre-Lune = 6 centimètres; distance Terre-Soleil = 22 mètres. (On pourrait aussi représenter la Lune par un grain de sable, la Terre par une petite perle en plastique et le Soleil par un gros ballon de plage.)

Vers 210 av. J.-C. Le géographe grec ÉRATOSTHÈNE de Cyrène (v. 280-v. 195 av. J.-C.) fait une évaluation correcte de la circonférence de la Terre à partir de la mesure de l'angle entre les rayons du Soleil et la verticale au moment où, à un endroit assez éloigné, un puits est éclairé jusqu'au fond par le Soleil.

▶ **Voir «La mesure de la circonférence de la Terre (210 av. J.-C.)» dans le thème de sciences de la Terre «Le globe terrestre».**

Vers 160 av. J.-C. L'astronome grec HIPPARQUE de Rhodes (v. 190-v. 120 av. J.-C.) découvre des méthodes de calcul de la latitude et de la longitude, et invente l'astrolabe de type viseur.

▶ **Voir «L'astrolabe de type viseur (160 av. J.-C.)» dans le thème de sciences de la Terre «Le globe terrestre».**

Vers 150 av. J.-C. L'astronome grec HIPPARQUE de Rhodes (v. 190-v. 120 av. J.-C.) raffine le système géocentrique, réalise le premier catalogue d'étoiles et élabore une échelle de magnitude indiquant leur luminosité apparente. Il découvre également la précession des équinoxes.

▶ **Voir « La magnitude des étoiles (150 av. J.-C.) » dans le thème d'astronomie « Les étoiles et les galaxies ».**

Vers 450. Invention de l'astrolabe, un instrument qui permet d'obtenir une représentation simplifiée du ciel en fonction de l'heure et de la date.

▶ **Voir « L'astrolabe de type cherche-étoiles (450) » dans le thème d'astronomie « Les étoiles et les galaxies ».**

Le Moyen Âge

Au VIIIe et au IXe siècles. Établissement, dans l'Empire musulman, de tables précises du mouvement du Soleil, de la Lune et des planètes, à des fins religieuses ou astrologiques.

900. L'astronome arabe al-BATTANI (v. 858-929) effectue des observations qui permettent une meilleure connaissance des mouvements apparents du Soleil et des planètes.

1232. Lors de combats, des Chinois utilisent des « flèches à feu », de petites fusées propulsées par de la poudre noire.

▶ **Voir « La fusée (1232) » dans le thème de technologie « Les techniques du mouvement ».**

1424. Le savant d'Asie centrale ULUG BEG (1394-1449) fonde l'observatoire de Samarcande (ville de l'actuel Ouzbékistan) et rédige des tables des mouvements du Soleil et des planètes ainsi qu'un catalogue d'étoiles.

La Renaissance

De 1580 à 1600. L'astronome danois Tycho BRAHE (1546-1601) effectue des observations très précises du mouvement des planètes. Ces observations aideront Kepler à formuler ses lois.

Le XVIIe siècle

1608. L'opticien hollandais Hans LIPPERSHEY (v. 1570-v. 1619) invente, officiellement, le télescope à réfraction, appelé aussi lunette astronomique. Il est probable, cependant, que le principe en était connu dès le XIIIe siècle.

LE TÉLESCOPE À RÉFRACTION

Conception fréquente à l'époque et chez certains élèves

Il est impossible de voir des objets éloignés comme s'ils étaient plus rapprochés.

Concepts scientifiques actuels

Le télescope à réfraction comporte au moins deux lentilles: un objectif d'une distance focale de plusieurs centimètres (plusieurs mètres dans le cas des très gros instruments) qui concentre la lumière sur un oculaire d'une distance focale de quelques centimètres. La mise au point se fait en modifiant la distance entre l'objectif et l'oculaire.

Activités (8 ans et plus)

- Examiner une photographie d'un des premiers télescopes réfracteurs (exemple: lunette de Galilée).
- Examiner le schéma d'un télescope à réfraction.
- Observer la Lune, des planètes et d'autres objets célestes à l'aide d'un télescope à réfraction (disponible chez certains fournisseurs de matériel scientifique).
- Fabriquer un télescope à réfraction rudimentaire à l'aide de deux tubes en carton qui peuvent coulisser l'un dans l'autre et de deux lentilles, une grande lentille de faible grossissement, qui servira d'objectif, et une lentille un peu plus petite, de fort grossissement, qui servira d'oculaire. (Des lentilles sont disponibles chez certains fournisseurs de matériel scientifique.)

1609. Le physicien et astronome italien GALILÉE (1564-1642) perfectionne le télescope à réfraction et découvre les taches solaires, la rotation du Soleil sur lui-même, les cratères et les mers de la Lune, ainsi que les quatre principales lunes de Jupiter. Il perdra la vue, vers les dernières années de sa vie, pour avoir toujours observé le Soleil sans filtre, ne connaissant pas le danger des rayons ultraviolets (qui ne seront découverts qu'au début du XIXe siècle).

▶ **Voir « Les découvertes astronomiques de Galilée (1609) » dans le thème d'astronomie « Le système solaire ».**

1609. L'astronome allemand Johannes KEPLER (1571-1630) raffine le système de Copernic en formulant deux lois sur les orbites des planètes: 1) les orbites planétaires sont des ellipses dont le Soleil occupe un des foyers; 2) les aires balayées par les rayons vecteurs, allant du centre du Soleil au centre de la planète, sont proportionnelles aux temps employés à les décrire. Kepler devient ainsi le premier astronome à traiter l'astronomie du point de vue de la physique, et non plus selon des lois propres aux corps célestes. La troisième loi, qu'il formulera en 1618, énonce que: 3) les carrés des temps des révolutions planétaires sont proportionnels aux cubes des grands axes des orbites. Kepler croit toutefois que des forces magnétiques sont responsables de l'attraction entre le Soleil et les planètes.

▶ **Voir « Les lois de l'orbite des planètes (1609) » dans le thème d'astronomie « Le système solaire ».**

1666. Le physicien anglais Isaac NEWTON (1642-1727), qui fait des expériences avec des prismes, découvre que la lumière blanche est composée de lumière de plusieurs couleurs.

▶ **Voir « La décomposition et la recomposition de la lumière (1666) » dans le thème de physique « La lumière et le son ».**

1669. L'astronome français d'origine italienne Jean Dominique CASSINI (1625-1712) et l'astronome danois Olaus RÖMER (1644-1710) résolvent approximativement le problème de la détermination des longitudes, en mer, en montrant que la position des satellites de Jupiter peut servir à déterminer l'heure.

1671. L'astronome français d'origine italienne Jean-Dominique CASSINI (1625-1712) termine l'organisation de l'Observatoire de Paris.

1671. Les astronomes français Jean RICHER (1630-1696) et Jean-Dominique CASSINI (1625-1712) effectuent la première estimation raisonnablement précise de la distance Terre-Soleil (1 unité astronomique) en se basant sur la distance Terre-Mars, qu'ils mesurent par parallaxe.

LA PARALLAXE

Conception fréquente à l'époque et chez certains élèves

La distance entre la Terre et les autres corps célestes est trop grande pour être mesurée.

Concepts scientifiques actuels

La parallaxe est le déplacement apparent d'un corps observé à partir de deux points différents. La planète Mars, par exemple, ne paraît pas tout à fait à la même position par rapport aux étoiles quand on l'observe à partir de deux points situés de part et d'autre de la Terre. Plus le déplacement apparent est grand, plus l'objet est proche. La parallaxe de la Lune, par exemple, est beaucoup plus grande que celle de Mars. À l'époque de Richer et Cassini, on savait, grâce aux lois de Kepler, que la distance Mars-Soleil était environ 1,5 fois plus grande que la distance Terre-Soleil, mais on ne connaissait pas ces distances.

Activités (12 ans et plus)

- Tenir un crayon au bout d'un bras. Observer le déplacement apparent du crayon, par rapport aux objets situés derrière, quand on l'observe avec l'œil droit (œil gauche fermé), puis avec l'œil gauche (œil droit fermé).
- Mesurer, par parallaxe, la distance d'un arbre isolé qui, lorsqu'on se déplace de quelques mètres, semble se déplacer par rapport à

d'autres arbres situés beaucoup plus loin que lui. (Cette activité nécessite l'emploi de la formule suivante, dite « relation du triangle étroit » : $D/d = 57,3/\text{angle}$, où D est la distance entre l'arbre et l'observateur, d est la distance de quelques mètres entre les deux points d'observation, et « angle » est l'angle de visée entre les deux points d'observation.)

1672. Le physicien anglais Isaac NEWTON (1642-1727) invente le télescope à miroir.

LE TÉLESCOPE RÉFLECTEUR

Conception fréquente à l'époque et chez certains élèves

La seule façon de construire un télescope est d'utiliser un jeu de lentilles.

Concepts scientifiques actuels

La composante principale d'un télescope réflecteur est un miroir parabolique situé au fond du tube. Ce miroir réfléchit la lumière sur un petit miroir secondaire, qui le réfléchit à son tour vers un oculaire. La mise au point se fait en modifiant la distance entre l'oculaire et le miroir secondaire. L'avantage principal du télescope réflecteur, par rapport au télescope réfracteur, est que la lumière ne traverse pas les miroirs et que les imperfections du verre dont ils sont formés n'ont pas de conséquence sur la qualité des images. Les plus grands télescopes astronomiques sont tous des télescopes réflecteurs.

Activités et exercice (8 ans et plus)

- Examiner une photographie du premier télescope réflecteur construit par Newton.
- Examiner le schéma d'un télescope réflecteur.
- Observer la Lune, des planètes et d'autres objets célestes à l'aide d'un télescope réflecteur (disponible chez certains fournisseurs de matériel scientifique).
- Fabriquer un télescope réflecteur rudimentaire à l'aide d'un miroir parabolique, d'un petit miroir et d'un oculaire.
- Regarder un documentaire portant sur la construction d'un des grands télescopes réflecteurs du monde.

- Se documenter pour répondre à la question suivante: Quels sont les faits saillants de la vie d'Isaac Newton? Voir les remarques portant sur cette même question dans «La loi de la gravitation universelle (1687)», dans le thème de physique «Les forces et les mouvements».

1676. L'astronome danois Olaus RÖMER (1644-1710) effectue à l'Observatoire de Paris, en observant les satellites de Jupiter, une première approximation de la vitesse de la lumière. Il constate en effet que les durées entre les éclipses des satellites de Jupier diminuent si la Terre se rapproche de Jupiter et augmentent dans le cas contraire. Il trouve une vitesse de 214000 km/s, soit environ 30 % de moins que la valeur réelle de 300000 km/s.

1676. L'astronome anglais John FLAMSTEED (1646-1719) termine l'organisation de l'Observatoire de Greenwich, en Angleterre.

1679. Le savant anglais Robert HOOKE (1635-1703) constate que les planètes sont attirées par le Soleil et que cette force d'attraction varie en sens inverse du carré de la distance entre une planète et le Soleil.

1687. Le physicien anglais Isaac NEWTON (1642-1727) publie ses célèbres *Principes mathématiques de la philosophie naturelle,* dans lesquels sont présentées la loi de la gravitation universelle ainsi que ses trois lois de la dynamique, appelées aussi trois *lois de Newton.* La loi de la gravitation universelle remplacera alors le magnétisme comme explication de l'attraction entre les corps célestes.

▶ **Voir « La loi de la gravitation universelle (1687) » et « Les trois lois de Newton (1687) » dans le thème de physique « Les forces et les mouvements ».**

Le XVIIIe siècle

1704. Le physicien anglais Isaac NEWTON (1642-1727) propose une théorie selon laquelle la lumière est composée de particules.

1705. L'astronome et physicien anglais Edmond HALLEY (1656-1742) prédit que la comète qui est passée en 1682 – et qui portera plus tard son nom – reviendra en 1758, car elle passe près du Soleil tous les 76 ans. Cette prédiction, qui s'avérera juste, est la première – et spectaculaire – justification des *lois de Newton.*

▶ **Voir « Les comètes (1705) » dans le thème d'astronomie « Le système solaire ».**

1718. L'astronome et physicien anglais Edmond HALLEY (1656-1742) découvre le mouvement propre des étoiles.

1721. Le mathématicien et inventeur anglais John HADLEY (1682-1744) découvre qu'une courbure parabolique, plutôt que sphérique, du miroir des télescopes réflecteurs fait disparaître l'aberration sphérique et améliore la qualité des images.

1731. Invention de l'octant, instrument servant à prendre en mer des hauteurs d'astres et des distances. L'octant est plus précis que l'astrolabe, inventé au cours de l'Antiquité classique, mais sera lui-même remplacé en 1757 par le sextant, semblable mais encore plus précis.

▶ **Voir « Le sextant (1757) » dans le thème de sciences de la Terre « Le globe terrestre ».**

1733. L'opticien anglais Chester Moore HALL (1703-1771) construit les premières lentilles achromatiques pour télescope réfracteur, ce qui améliore grandement la qualité des images de ce type de télescope.

LES LENTILLES ACHROMATIQUES

Conception fréquente à l'époque et chez certains élèves

L'objectif d'un télescope réfracteur ne peut être formé que d'une seule grande lentille convexe (comme la lentille d'une loupe).

Concepts scientifiques actuels

L'objectif des premiers télescopes réflecteurs, comme celui de Galilée, était formé d'une seule lentille convexe. Ce type de lentille présentait une « aberration chromatique », un défaut de l'image causé par le fait que les diverses couleurs de la lumière blanche forment leur foyer en des points différents. Les lentilles achromatiques, composées de deux lentilles faites de matériaux différents, sont pratiquement dénuées d'aberration chromatique.

Activités (8 ans et plus)

- Construire un petit télescope réfracteur rudimentaire au moyen d'une lentille convexe et d'un oculaire qui ne sont pas achromatiques. Observer la Lune ou une planète.
- Observer la Lune ou une planète au moyen d'un petit télescope réfracteur muni d'un objectif achromatique. Comparer la qualité des images avec celle d'un télescope muni de lentilles non achromatiques.

1735. L'horloger anglais John HARRISON (1693-1776) fabrique le premier chronomètre, indispensable à la mesure de la longitude en navigation.

▶ **Voir « La détermination de la longitude en mer (1736) » dans le thème de sciences de la Terre « Le globe terrestre ».**

Vers 1740. Définition de plusieurs constellations de l'hémisphère Sud au cours de voyages d'exploration. Des noms d'inventions, telles que le microscope, le télescope et la boussole, sont donnés à certaines de ces constellations.

▶ **Voir « Les constellations de l'hémisphère Sud (1740) » dans le thème d'astronomie « Les étoiles et les galaxies ».**

1757. Invention du sextant, instrument servant à prendre en mer des hauteurs d'astres et des distances. Le sextant remplacera peu à peu l'octant, un instrument semblable, mais moins précis, inventé en 1731.

▶ **Voir « Le sextant (1757) » dans le thème de sciences de la Terre « Le globe terrestre ».**

1800. Le physicien et astronome allemand William HERSCHEL (1738-1822) découvre le rayonnement invisible situé en deçà de la lumière rouge et qui sera plus tard appelé rayonnement infrarouge.

▶ **Voir « Le rayonnement infrarouge (1800) » dans le thème de physique « La chaleur et la pression ».**

Le XIXe siècle

1801. Le physicien allemand Johan Wilhelm RITTER (1776-1810) découvre les rayons ultraviolets, dont il étudie l'effet chimique sur le chlorure d'argent.

▶ **Voir « Les rayons ultraviolets (1801) » dans le thème de physique « La lumière et le son ».**

1802. Le chimiste et physicien anglais William WOLLASTON (1766-1828) observe que le spectre de la lumière du Soleil est traversé par un certain nombre de raies noires. Il faudra toutefois attendre les travaux de Fraunhoffer, en 1814, et surtout de Kirchhoff et Bunsen, en 1859, pour que la portée de cette découverte soit vraiment comprise.

1814. Le physicien allemand Joseph von FRAUNHOFER (1787-1826) précise une découverte faite par Wollaston, en 1802, et selon laquelle le spectre de la lumière du Soleil est traversé par un certain nombre de raies noires. Il faudra toutefois attendre les travaux de Kirchhoff et de Bunsen, en 1859, pour que la portée de cette découverte soit vraiment comprise.

▶ **Voir « Le spectre d'absorption (1859) » dans ce même thème.**

1838. Le mathématicien et astronome allemand Friedrich BESSEL (1784-1846) mesure la distance d'une étoile autre que le Soleil à l'aide de la parallaxe stellaire.

▶ **Voir « La parallaxe (1671) » ci-dessus dans ce même thème.**

1842. Le physicien autrichien Christian DOPPLER (1803-1853) décrit l'*effet Doppler*, qui jouera plus tard un rôle important dans la détermination de la vitesse des objets célestes.

▶ **Voir « L'effet Doppler (1842) » dans le thème de physique « La lumière et le son ».**

1843. L'astronome allemand Samuel SCHWABE (1789-1875) découvre le cycle de 11 ans du nombre de taches solaires.

▶ **Voir « Le cycle de 11 ans du nombre de taches solaires (1843) » dans le thème d'astronomie « Le système solaire ».**

1845. L'astronome anglais John ADAM (1819-1892) prédit, comme le fera Le Verrier l'année suivante, la découverte de la planète Neptune en analysant les perturbations de l'orbite de la planète Uranus.

1846. L'astronome français Urbain LE VERRIER (1811-1877) prédit, comme l'a fait Adam l'année précédente, la découverte de la planète Neptune en analysant les perturbations de l'orbite de la planète Uranus.

1846. L'astronome allemand Johann GALLE (1812-1910) découvre la planète Neptune en se basant sur les calculs d'Adam et de Le Verrier. Cette découverte est une confirmation éclatante des *lois de Newton.*

▶ **Voir « La planète Neptune (1846) » dans le thème d'astronomie « Le système solaire ».**

1849. Les physiciens français Léon FOUCAULT (1819-1868) et Hippolyte FIZEAU (1819-1896) réussissent à mesurer la vitesse de la lumière avec précision.

1857. L'inventeur anglais Joseph SWAN (1828-1914), qui précise des découvertes faites avant lui par Brewster, Herschel, Wheatstone, Angström et d'autres, montre que le spectre de sels métalliques introduits dans une flamme comporte des lignes brillantes caractéristiques.

▶ **Voir « Le spectre d'émission (1857) » dans le thème de physique « La structure de la matière ».**

1859. Le physicien allemand Gustav KIRCHHOFF (1824-1887) et le chimiste allemand Robert BUNSEN (1811-1899) montrent qu'une substance peut également absorber les radiations qu'elle émet, ce qui explique les raies sombres dans le spectre solaire.

LE SPECTRE D'ABSORPTION

Conception fréquente à l'époque et chez certains élèves

Tous les spectres sont des ensembles de lignes brillantes de diverses couleurs.

Concepts scientifiques actuels

Une substance peut absorber les radiations qu'elle émet. Étant donné que le centre du Soleil émet un spectre continu et très lumineux, les substances de l'atmosphère gazeuse du Soleil, dont la température est inférieure, produisent des raies sombres d'absorption sélective. Les raies sombres de ces substances occupent les mêmes positions qu'occuperaient leurs raies brillantes dans un spectre d'émission. L'analyse des raies sombres du spectre solaire montre ainsi, par exemple, la présence de sodium, de calcium, de baryum, de nickel, de magnésium, de zinc et de cuivre dans l'atmosphère solaire.

Activité (12 ans et plus)

Examiner des photographies du spectre solaire. Découvrir les raies sombres caractéristiques de quelques éléments chimiques.

1859. L'astronome français Urbain LE VERRIER (1811-1877), qui a constaté des anomalies dans l'orbite de la planète Mercure, postule, à tort, l'existence d'une planète située entre Mercure et le Soleil. Ces anomalies seront expliquées plus tard par la théorie de la relativité générale d'Einstein.

1860. L'astronome britannique William HUGGINS (1824-1910) effectue les premières analyses spectrales de nébuleuses, de comètes et d'étoiles.

1865. Le physicien écossais James Clerk MAXWELL (1831-1879) identifie la lumière à une onde électromagnétique et démontre théoriquement la possibilité qu'il existe des ondes électromagnétiques beaucoup plus courtes (exemple: rayons X) et beaucoup plus longues (exemple: ondes radio) que la lumière visible.

1867. L'astronome italien Pietro SECCHI (1818-1878) propose une classification des spectres des étoiles.

1868. L'astronome français Jules JANSSEN (1824-1907) et l'astronome anglais Joseph LOCKYER (1836-1920) découvrent la présence, dans l'atmosphère solaire, d'un élément chimique inconnu sur Terre, l'hélium.

▶ **Voir « L'hélium (1868) » dans le thème de chimie « Les éléments, les composés et les réactions chimiques ».**

1872. L'astronome américain Henry DRAPER (1837-1882) inaugure la spectrographie en prenant la première photographie du spectre d'une étoile (Véga, de la constellation de la Lyre).

1873. Le physicien écossais James Clerk MAXWELL (1831-1879) unifie les théories de l'électricité et du magnétisme en formulant les lois générales de l'électromagnétisme, appelées *lois de Maxwell.* Celles-ci montrent que le champ électrique, le champ magnétique et la lumière sont des ondes du même type, appelées ondes électromagnétiques, qui se déplacent à la même vitesse.

▶ **Voir « L'électromagnétisme (1873) » dans le thème de physique « L'électricité et le magnétisme ».**

1877. L'astronome italien Giovanni SCHIAPARELLI (1835-1910) croit apercevoir des bandes rectilignes à la surface de la planète Mars. On découvrira plus tard qu'il s'agit en fait d'une illusion d'optique.

1887. Le physicien américain Albert MICHELSON (1852-1931) et le chimiste et physicien américain Edward MORLEY (1838-1923) réalisent une expérience décisive, qui montre que la vitesse de la lumière est la même dans toutes les directions de l'espace et, par conséquent, réfute l'existence d'un éther dans lequel se déplacerait la Terre. Cette expérience contribuera à l'élaboration de la théorie de la relativité.

Vers 1892. Le physicien hollandais Hendrik LORENTZ (1853-1928) formule les équations connues sous le nom de *transformations de Lorentz,* avec lesquelles il tente d'expliquer les résultats de l'expérience de 1887 de Michelson et Morley, tout en préservant la théorie de l'existence de l'éther. Il contribuera ainsi, indirectement, à la formulation de la théorie de la relativité par Einstein, qui conservera les transformations, mais les expliquera sans recourir à l'existence de l'éther.

1894. L'astronome amateur américain Percival LOWELL (1855-1916) avance l'idée que les bandes rectilignes observées en 1877 par Schiaparelli, à la surface de Mars, sont des canaux d'irrigation pour l'agriculture. Il popularise ainsi la croyance en l'existence de Martiens.

1897. L'astronome américain George Ellery HALE (1868-1938) met en service, aux États-Unis, le télescope réfracteur Yerkes, de 1 m de diamètre, le dernier et le plus grand des télescopes réfracteurs.

1900. L'astronome hollandais Jacobus KAPTEYN (1851-1922) mesure, par parallaxe, la distance d'un grand nombre d'étoiles et confirme le modèle de William et Caroline Herschel selon lequel le Soleil occupe le centre de notre Galaxie. Shapley montrera, en 1917, que le Soleil est plutôt situé à mi-chemin entre le centre et le bord.

Le XXe siècle

1905. Le physicien allemand Albert EINSTEIN (1879-1955) énonce la théorie de la relativité restreinte, selon laquelle la vitesse de la lumière est la plus grande vitesse possible dans l'Univers. Il montre également que la lumière est composée de photons, qui possèdent à la fois les propriétés de particules et d'ondes, ce qui réconcilie la théorie corpusculaire de Newton et la théorie ondulatoire de Huygens.

1905. L'astrophysicien danois Ejnar HERTZPRUNG (1873-1967) découvre, quelques années avant Russell, qu'il existe une relation entre la luminosité et la couleur des étoiles, ce qui conduira, en 1914, à la création du diagramme de Hertzprung-Russell, un outil fondamental pour l'étude de l'évolution des étoiles.

1908. Le mathématicien allemand Hermann MINKOWSKI (1864-1909) propose une conception de l'espace-temps à quatre dimensions qui fournit une interprétation géométrique de la théorie de la relativité restreinte énoncée par Einstein en 1905.

1909. L'astronome et mathématicien William CAMPBELL (1862-1938) montre qu'aucune planète assez grosse pour perturber l'orbite de Mercure ne peut se trouver entre Mercure et le Soleil, contredisant ainsi l'hypothèse faite par Le Verrier en 1859.

1912. L'astronome américaine Henrietta LEAVITT (1868-1921) découvre une relation entre la période de pulsation et la luminosité réelle d'une catégorie d'étoiles variables, les céphéides. Cette relation servira plus tard à estimer la distance d'amas d'étoiles et de galaxies.

1913. L'astrophysicien américain Henry RUSSELL (1877-1957) découvre, quelques années après Hertzprung, qu'il existe une relation entre la luminosité et la couleur des étoiles, ce qui conduira à la création du diagramme de Hertzprung-Russell.

▶ **Voir « Le diagramme de Hertzprung-Russell (1913) » dans le thème d'astronomie « Les étoiles et les galaxies ».**

1915. L'ingénieur américain Robert GODDARD (1882-1945) améliore considérablement le rendement des fusées à propergol solide. (Les fusées à propergol solide sont les fusées traditionnelles, comme celles qui fonctionnent à la poudre à canon.)

▶ **Voir « La fusée (1232) » dans le thème de technologie « Les techniques du mouvement ».**

1916. Le physicien allemand Albert EINSTEIN (1879-1955) énonce sa théorie de la relativité générale, qui permet d'expliquer les anomalies de l'orbite de Mercure et de prédire que le Soleil peut faire dévier la lumière en provenance d'une étoile.

1917. L'astronome américain Harlow SHAPLEY (1885-1972) montre, en étudiant la distribution des amas globulaires qui entourent notre Galaxie, qu'elle est beaucoup plus grande que ne le croyait Kapteyn et que le Soleil est situé environ à mi-chemin entre le centre et le bord.

1918. L'astronome américain George Ellery HALE (1868-1938) met en service, aux États-Unis, le télescope réflecteur de 2,5 m de diamètre du mont Wison, qui demeurera longtemps le plus grand du monde.

1919. L'astronome britannique Arthur EDDINGTON (1882-1944) vérifie l'une des prédictions de la théorie de la relativité générale d'Einstein en observant à côté du Soleil, durant l'éclipse du 29 mai, une étoile située en fait derrière, ce qui montre que la masse du Soleil fait dévier la lumière.

1923. L'astrophysicien américain Edwin HUBBLE (1889-1953) découvre des céphéides dans la nébuleuse d'Andromède et dans une nébuleuse de la constellation du Triangle, estime leur distance et peut ainsi établir l'existence de galaxies extérieures à la nôtre.

▶ **Voir « Les autres galaxies (1923) » dans le thème d'astronomie « Les étoiles et les galaxies ».**

1926. L'ingénieur américain Robert GODDARD (1882-1945) lance la première fusée à carburant liquide.

1927. L'astronome hollandais Jan OORT (1900-1992) calcule la masse et la taille de notre Galaxie, confirmant ainsi les estimations faites par Shapley en 1917.

1930. L'astrophysicien américain Edwin HUBBLE (1889-1953) formule une loi selon laquelle les galaxies s'éloignent les unes des autres à une vitesse proportionnelle à leur distance, confirmant ainsi la théorie de l'expansion de l'Univers de Lemaitre et Eddington.

1930. L'astronome américain Clyde TOMBAUGH (1906-1997) découvre la planète Pluton.

1932. L'ingénieur américain Karl JANSKY (1905-1950) détecte par hasard des ondes radio en provenance du centre de notre Galaxie et fonde ainsi la radioastronomie.

LA RADIOASTRONOMIE

Conception fréquente à l'époque et chez certains élèves

Seule la lumière provenant de diverses parties de l'Univers nous permet d'observer celui-ci.

Concepts scientifiques actuels

Plusieurs corps célestes, tels les étoiles, les galaxies, les pulsars et les quasars, émettent des ondes électromagnétiques de longueurs plus grandes ou plus petites que celles de la lumière visible. Les ondes radio sont de grande longueur d'onde et de basse fréquence. Un radiotélescope est une grande antenne, souvent de forme parabolique (ou parfois un ensemble de plusieurs antennes), qui permet de capter ces ondes radio. La radioastronomie complète l'astronomie optique et celle des rayons gamma, X, ultraviolets et infrarouges. Tous ces moyens de recherche permettent d'étudier la nature des corps célestes.

Activités et exercice (12 ans et plus)

- Examiner des photographies de radiotélescopes ou regarder un documentaire portant sur la radioastronomie.
- Si possible, visiter un radiotélescope.
- Discuter à partir de la question suivante: Si des extraterrestres vivant dans la galaxie d'Andromède, située à 2 millions d'années-lumière, nous envoyaient un message radio, combien faudrait-il de temps pour que ce message se rende jusqu'à la Terre?

1935. Le physicien écossais Robert WATSON-WATT (1892-1973) invente le radar.

▶ **Voir «Le radar (1940)» dans le thème de technologie «Les techniques militaires et policières».**

1936. L'ingénieur américain Grote REBER (1911-2002) construit la première antenne radio conçue spécialement pour l'observation astronomique.

1937. Conception, aux États-Unis, du premier véritable radiotélescope.

1939. L'ingénieur allemand Wernher von BRAUN (1912-1977) effectue des essais d'engins autopropulsés, précurseurs du missile V1 et de la fusée V2.

1946. Premières observations astronomiques dans l'ultraviolet à partir d'une fusée V2.

1948. Mise en service du télescope réflecteur Hale du mont Palomar, aux États-Unis, dont le miroir principal a 5 m de diamètre. Il restera le plus grand du monde jusqu'en 1976, date de la mise en service, en Russie, du télescope Bolchoï de 6 m.

1951. L'astronome anglais Bernard LOVELL (né en 1913) commence la supervision des travaux de construction d'un des premiers grands radiotélescopes, celui de Jodrell Bank, près de Manchester.

1957. La Russie place le premier satellite artificiel, le *Sputnik*, en orbite autour de la Terre.

1958. Les États-Unis lancent le premier satellite astronomique, *Explorer 1*, qui permet de découvrir les *ceintures de Van Allen*, des ceintures de radiation qui entourent la Terre.

1960. Mise au point, en Grande-Bretagne, du radio-interféromètre, qui sert à recueillir des signaux provenant d'une même radiosource avec deux antennes ou plus, ce qui permet d'obtenir une résolution semblable à celle d'un instrument beaucoup plus grand.

1961. Premier vol spatial humain, réalisé par le cosmonaute soviétique Yuri GAGARINE (1934-1968) à bord du *Vostok 1.*

1962. Découverte de la première source de rayons X cosmiques, dans la constellation du Scorpion.

1962. La sonde spatiale américaine *Mariner 2* effectue le premier survol d'une planète (Vénus).

1963. Construction à Porto Rico, dans la vallée naturelle incurvée d'Arecibo, du plus grand radiotélescope actuellement en service dans le monde.

1963. Premier vol spatial effectué par une femme, la cosmonaute russe Valentina TERECHKOVA (née en 1937), à bord du *Vostok 6.*

1965. La sonde spatiale américaine *Mariner 4* survole la planète Mars.

1965. Première sortie dans l'espace, réalisée par un cosmonaute russe, en orbite dans le vaisseau *Voskhod 2.*

1966. La sonde soviétique *Luna 9* se pose sur la Lune.

1967. Détection de quelques signaux astronomiques en rayonnement gamma par un satellite américain.

1967. Premier vol de la fusée américaine *Saturn 5,* conçue par l'ingénieur américain d'origine allemande Werhner von BRAUN (1912-1977). Elle servira à tous les vols lunaires.

1968. Mise en orbite de *RAE 1,* premier satellite de radioastronomie.

1968. Mise en orbite d'*OAO 2,* premier satellite d'observation du rayonnement ultraviolet en provenance d'objets célestes.

1969. Les astronautes américains Neil ARMSTRONG (né en 1930) et Edwin ALDRIN (né en 1930), de la mission *Apollo 11,* se posent sur la Lune le 20 juillet. En mettant le pied sur la Lune, Neil Armstrong prononce la célèbre phrase: « C'est un petit pas pour l'homme, mais un bond gigantesque pour l'humanité. »

L'HOMME SE POSE SUR LA LUNE

Conception fréquente à l'époque et chez certains élèves

La lune est beaucoup trop éloignée de la Terre pour qu'il soit possible d'y envoyer des astronautes.

Concepts scientifiques actuels

Le programme spatial américain d'exploration de la Lune mis en œuvre par la NASA s'est déroulé de 1967 à 1972. Six missions de ce programme ont permis de déposer des astronautes sur le sol lunaire. Toutes ces missions ont été lancées par la gigantesque fusée *Saturne V* conçue par von Braun. La mission qui est demeurée la plus célèbre est *Apollo 11*, car elle est celle qui a permis à l'homme de se poser sur la Lune pour la première fois. Les astronautes de cette mission, comme ceux des missions suivantes, ont récolté des échantillons de roches lunaires.

Activités et exercices (8 ans et plus)

- Regarder un documentaire portant sur les missions *Apollo*, et particulièrement sur *Apollo 11*.
- Visiter un musée ou un planétarium où sont exposées des roches lunaires.
- Se documenter pour répondre à la question suivante: Pourquoi les astronautes qui marchent sur la Lune ont-ils absolument besoin de leur combinaison spatiale?
- Faire une maquette qui représente, à l'échelle, la Terre et la Lune ainsi que la distance entre les deux.
- Se documenter pour répondre à la question suivante: S'il y avait une route entre la Terre et la Lune, combien faudrait-il de temps environ, en roulant jour et nuit à 100 km/h, pour s'y rendre en voiture?
- Se documenter pour répondre à la question suivante: Les missions Apollo se sont-elles toutes bien déroulées? (Voir, par exemple, le long métrage *Apollo 13*.)

1970. Mise en orbite d'*Uhuru*, premier satellite d'astronomie capable de former des images en observant le rayonnement X en provenance des objets célestes.

1970. La sonde soviétique *Venera 4* est la première à se poser sur la planète Vénus.

1971. Les Russes mettent en orbite *Saliout 1*, la première station orbitale habitée.

1971. La sonde soviétique *Mars 3* est la première à se poser sur la planète Mars.

1971. Première utilisation du *Lunar Rover*, une automobile lunaire, à l'occasion du vol *Apollo 15*.

1972. Mise en orbite de *Landsat 1*, premier satellite de télédétection. Il permet entre autres d'observer les transformations de la nature sur la Terre.

1973. Les Américains mettent en orbite *Skylab*, une station orbitale habitée.

1973 et 1974. Survol successif de Jupiter et de Saturne par les sondes *Pioneer 10* et *Pioneer 11*.

1974. La sonde spatiale américaine *Mariner 10* frôle la planète Mercure.

1975. Premier rendez-vous spatial: un vaisseau russe *Soyouz* et un vaisseau américain *Apollo* s'arriment pendant leur orbite autour de la Terre.

1975. Les sondes spatiales américaines *Viking 1* et *Viking 2* se posent sur Mars et analysent la composition du sol.

1976. Mise en service, en Russie, d'un télescope réflecteur de 6 m de diamètre.

1979 à 1989. Survol successif de Jupiter, de Saturne, d'Uranus et de Neptune par les sondes américaines *Voyager 1* et *Voyager 2.*

1979. Mise en service, aux États-Unis, du premier télescope réflecteur à miroirs multiples alignés par ordinateur.

1981. Premier vol d'essai de la navette spatiale américaine *Columbia.*

LA NAVETTE SPATIALE AMÉRICAINE

Conception fréquente à l'époque

Il est impossible de construire un vaisseau spatial habité qui puisse transporter une lourde charge et qui soit réutilisable.

Concepts scientifiques actuels

La navette spatiale américaine, dont le module habité est réutilisable, permet d'accomplir plusieurs activités spatiales, telles la mise sur orbite de satellites, la récupération de satellites déjà en orbite et la construction de la Station spatiale internationale. Elle est lancée à l'aide d'un propulseur principal à hydrogène et à oxygène et de deux propulseurs d'appoint à poudre. Elle demeure toutefois chère à utiliser et n'est pas sans risque, comme l'ont montré les catastrophes de *Challenger*, en 1986, et *Columbia*, en 2003.

Activités et exercice (12 ans et plus)

- Examiner des photographies ou regarder un documentaire montrant la navette spatiale.
- Assembler un modèle réduit de la navette spatiale (disponible chez certains fournisseurs de matériel scientifique et dans certains magasins de jouets).
- Se documenter pour répondre à la question suivante: Les scientifiques sont-ils tous en faveur de la navette spatiale? (Exposer les réserves de plusieurs scientifiques, par exemple: coût très élevé; faible valeur scientifique; risques importants; pourrait être remplacée par des sondes robotisées; etc.)
- **Voir «La Station spatiale internationale (1998)» dans ce même thème.**

1983. Mise en orbite de l'*IRAS*, premier satellite d'astronomie d'observation du rayonnement infrarouge en provenance d'objets célestes. Ce satellite permet, la même année, l'observation d'une planète en formation autour d'une étoile.

1983. Mise en orbite, par la navette spatiale américaine, de *Spacelab*, un laboratoire orbital habité conçu en Europe.

1984. Le premier astronaute canadien, Marc GARNEAU (né en 1949), effectue sa première mission dans l'espace.

1986. La navette spatiale *Challenger* explose peu après son décollage.

1986. Cinq sondes spatiales rencontrent la comète de Halley.

1986. Les Russes entreprennent la construction de la station orbitale *Mir*.

1989. Les Américains lancent la sonde *COBE* (*Cosmic Background Explorer*), qui a pour mission d'explorer le rayonnement cosmologique, vestige du big-bang.

1989. Les Américains lancent la sonde *Galileo*, qui découvrira quatre nouvelles lunes de Jupiter en 1995.

1990. Mise en orbite du télescope américain *Hubble*, qui fonctionne essentiellement en lumière visible. Il souffre toutefois d'un défaut optique qui sera corrigé trois ans plus tard.

LE TÉLESCOPE HUBBLE

Conception fréquente à l'époque et chez certains élèves

Tous les télescopes doivent être installés quelque part sur Terre.

Concepts scientifiques actuels

Le télescope Hubble, d'une longueur de 13 m et d'une masse de près de 12 t a été placé en orbite à 600 km d'altitude par la navette spatiale. Il fait le tour de la Terre en 95 minutes. Il peut observer en lumière visible, ainsi qu'en ultraviolet et en infrarouge. Il est muni de gyroscopes, qui lui permettent de s'orienter avec précision, et de panneaux solaires, qui l'alimentent en énergie électrique. Il comporte des caméras et des spectrographes pour enregistrer et analyser les images.

Activités et exercices (12 ans et plus)

- Examiner des photographies ou un modèle réduit du télescope Hubble.
- Examiner des photographies prises avec le télescope Hubble. Comparer avec des photographies équivalentes prises par des télescopes terrestres.

- Se documenter pour répondre aux questions suivantes: Quels sont les avantages d'observer l'Univers à partir d'un télescope placé en orbite? Y a-t-il d'autres endroits, dans le système solaire, qui feraient de bons points d'observation (exemple: la Lune)?
- Se documenter pour répondre à la question suivante: Quels sont les faits saillants de la vie d'Edwin Hubble? Voir les remarques portant sur cette même question dans «Les autres galaxies (1923)» dans le thème d'astronomie «Les étoiles et les galaxies».

1991. Mise en service, à Hawaï, du télescope réflecteur à miroirs multiples *Keck* équivalant à un télescope réflecteur de 10 m de diamètre.

1995. Invention, au Québec, d'un télescope à miroir liquide, un télescope dont le miroir de 3,7 m de diamètre est constitué de mercure, qui prend une forme parabolique quand on le fait tourner sur lui-même.

1997. La sonde américaine *Mars Pathfinder*, munie du robot d'exploration *Sojourner*, se pose sur Mars.

1997. Les Américains lancent la double sonde *Cassini/Huygens* vers Saturne.

1998. Découverte sur la Lune, à l'aide de la sonde américaine *Lunar Prospector*, de glace qui provient probablement d'une comète.

1998. Début de la construction de la Station spatiale internationale, qui pourra accueillir jusqu'à six astronautes. L'astronaute canadienne Julie PAYETTE (née en 1963) fait partie de la première mission.

LA STATION SPATIALE INTERNATIONALE

Conception fréquente à l'époque et chez certains élèves

Il est impossible de rester longtemps, dans des conditions confortables, en orbite autour de la Terre.

Concepts scientifiques actuels

La Station spatiale internationale est un lieu d'habitation et de travail placé en orbite autour de la Terre. Elle résulte d'un accord de coopération entre plusieurs pays, dont les États-Unis, la Russie, le Japon, le Canada et les principaux pays de l'Union européenne. Elle comporte plusieurs modules et laboratoires habitables, de grands panneaux solaires qui l'alimentent en énergie et un bras manipulateur. Elle permet des recherches en astrophysique, géophysique, biologie et physique des fluides et des matériaux, ainsi que dans plusieurs autres domaines.

Activités et exercice (12 ans et plus)

- Examiner des photographies ou regarder un documentaire montrant la Station spatiale internationale.
- Assembler un modèle réduit de la station spatiale internationale (disponible chez certains fournisseurs de matériel scientifique et dans certains magasins de jouets).
- Se documenter pour répondre à la question suivante: Les scientifiques sont-ils tous en faveur de la Station spatiale internationale? (Exposer les réserves de plusieurs scientifiques.)

▶ **Voir «La navette spatiale américaine (1981)» ci-dessus dans ce même thème.**

1998. Lancement, aux États-Unis, de la première sonde *Deep Space*, dix fois plus rapide que les sondes conventionnelles, grâce à un moteur à gaz xénon ionisé par l'énergie électrique de panneaux solaires.

2003. Désintégration, lors de la rentrée dans l'atmosphère, de la navette spatiale *Columbia*, causant la mort des sept astronautes qui étaient à bord.

LES SCIENCES DE LA TERRE

Les sciences de la Terre étudient l'écorce et l'intérieur de la Terre, ainsi que son atmosphère.

Cette section comporte trois thèmes, qui présentent chacun une facette importante de l'histoire des sciences de la Terre :

- **le globe terrestre,**
- **l'écorce terrestre et les océans,**
- **l'atmophère.**

LE GLOBE TERRESTRE

L'Antiquité orientale

Vers 1500 av. J.-C. Construction, en Égypte, du plus ancien cadran solaire connu.

▶ **Voir « Le cadran solaire (1500 av. J.-C.) » dans le thème d'astronomie « La mesure du temps ».**

L'Antiquité classique

Vers 575 av. J.-C. Le philosophe grec ANAXIMANDRE (v. 610-v. 547 av. J.-C.) dresse la première carte du monde connu à l'époque.

Vers 550 av. J.-C. Le philosophe grec XÉNOPHANE (VIe s. av. J.-C.) affirme que la Terre finira un jour par se désintégrer et disparaître.

Vers 500 av. J.-C. Le mathématicien et philosophe grec PYTHAGORE (v. 570-v. 480 av. J.-C.) affirme que la Terre est ronde.

Vers 440 av. J.-C. Le philosophe grec ANAXAGORE (v. 500-v. 428 av. J.-C.) affirme que la Terre et la Lune sont des corps pierreux en mouvement dans l'espace qui reçoivent leur lumière du Soleil.

Vers 350 av. J.-C. Le philosophe grec ARISTOTE (384-322 av. J.-C.) formule de nombreux arguments pour lesquels il faut considérer, comme Pythagore l'avait affirmé vers 500 av. J.-C., que la Terre est ronde.

Vers 340 av. J.-C. Le philosophe grec HÉRACLIDE du Pont (388-310 av. J.-C.) affirme que la Terre tourne autour de son axe en 24 heures.

▶ **Voir « Le jour et la nuit (340 av. J.-C.) » dans le thème d'astronomie « La mesure du temps ».**

Vers 210 av. J.-C. Le géographe grec ÉRATOSTHÈNE de Cyrène (v. 280-v. 195 av. J.-C.) fait une évaluation correcte de la circonférence de la Terre, à partir de la mesure de l'angle entre les rayons du Soleil et la verticale au moment où, à un endroit assez éloigné, un puits est éclairé jusqu'au fond par le Soleil.

LA MESURE DE LA CIRCONFÉRENCE DE LA TERRE

Conception fréquente à l'époque et chez certains élèves

La seule façon de mesurer la circonférence de la Terre serait d'en faire le tour en mesurant la distance parcourue.

Concepts scientifiques actuels

La Terre est une sphère légèrement aplatie, d'un diamètre d'environ 12 800 km. Son volume est de 1 080 milliards de km^3 et sa masse, de 6×10^{24} kg. Sa circonférence peut être mesurée d'après le principe suivant : le rapport entre un angle et les 360° de la circonférence est le même qu'entre la longueur qui correspond à cet angle et la longueur de la circonférence.

Activités (12 ans et plus)

- Mesurer la circonférence d'un globe terrestre ou d'un gros ballon à partir de la mesure de l'angle entre les rayons du Soleil et la verticale (l'angle peut être mesuré par un petit bâton fixé debout sur le globe terrestre) au moment où, à un autre endroit de la surface de la sphère, un petit tube est éclairé jusqu'au fond par le Soleil. Par exemple, si un angle de 30° correspond à une distance de 10 centimètres sur le ballon, alors la circonférence du globe ou du ballon, qui est de 360° (soit 12 fois plus) mesure 120 cm.

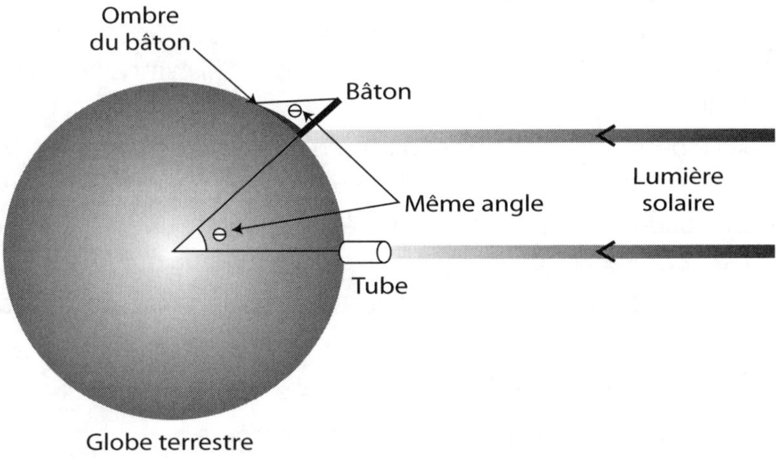

- Calculer la réponse à la question suivante : Si une route faisait le tour de la Terre, combien faudrait-il de temps pour en faire le tour en roulant jour et nuit à 100 km/h ?

Vers 160 av. J.-C. L'astronome grec HIPPARQUE de Rhodes (v. 190-v. 120 av. J.-C.) découvre des méthodes de calcul de la latitude et de la longitude et invente l'astrolabe de type viseur.

La latitude et la longitude

Conception fréquente à l'époque et chez certains élèves

Il est impossible de situer avec précision un lieu quelconque sur la surface du globe.

Concepts scientifiques actuels

Tout point de la surface du globe peut être situé à l'aide de sa latitude et de sa longitude. Les *latitudes* sont des cercles imaginaires, les parallèles, définis à partir de l'équateur. Les *longitudes* sont de grands cercles, les méridiens, qui passent tous par les pôles. Le méridien d'origine, de longitude 0°, passe par la ville de Greenwich, en Angleterre. La ville de Montréal, par exemple, est située à une latitude de 45° Nord et de 73° Ouest.

Activités et exercice (12 ans et plus)

- Essayer d'imaginer un système permettant de donner avec précision l'emplacement d'une ville sur un globe terrestre ou une carte du monde.
- À l'aide d'un globe terrestre ou d'une carte du monde, trouver la latitude et la longitude de plusieurs grandes villes du monde.
- Se documenter pour répondre à la question suivante: Existe-t-il aussi des latitudes et des longitudes sur la Lune ou sur Mars?

L'astrolabe de type viseur

Conception fréquente à l'époque et chez certains élèves

La latitude ne peut être déterminée que par la hauteur du Soleil à midi.

Concepts scientifiques actuels

L'astrolabe de type viseur est un appareil servant à la détermination de l'heure ou de la latitude par mesure de la hauteur d'un astre au-dessus de l'horizon. Les astrolabes anciens sont principalement constitués d'un cercle gradué vertical et d'un viseur (l'alidade). Ils seront, jusqu'à l'invention de l'octant, puis du sextant, au XVIIIe siècle, l'un des principaux instruments de navigation. Les astrolabes à prisme modernes permettent de déterminer l'heure et la latitude par la mesure du moment du passage d'étoiles à une hauteur déterminée.

Activités (8 ans et plus)

- Observer des photos d'anciens astrolabes de type viseur.
- Construire un astrolabe de type viseur avec un cercle gradué en degrés et un tube, servant de viseur, fixé sur un pivot placé au centre du cercle. Trouver la hauteur au-dessus de l'horizon, à une heure précise, d'une étoile facile à repérer. (La hauteur de l'étoile est l'angle entre l'étoile et un horizon bien dégagé.) Recommencer quelques semaines plus tard, à la même heure, et noter la différence de hauteur.

Vers 150 av. J.-C. L'astronome grec HIPPARQUE de Rhodes (v. 190-v. 120 av. J.-C.) découvre la précession des équinoxes.

LA PRÉCESSION DES ÉQUINOXES

Conception fréquente à l'époque et chez certains élèves

L'axe de rotation de la Terre pointe toujours dans la même direction, soit celle de l'Étoile polaire dans l'hémisphère Nord.

Concepts scientifiques actuels

La précession des équinoxes, semblable au changement de direction de l'axe de rotation d'une toupie qui tourne sur elle-même, est un changement très lent de la direction dans laquelle pointe l'axe de rotation de la Terre. Cet axe demeure toujours incliné de 23° par rapport au plan de l'orbite de la Terre autour du Soleil, mais il ne pointe pas toujours dans la même direction. La précession est causée par le fait que la Terre n'est pas une sphère parfaite et que le Soleil n'exerce pas sur elle une force de gravitation parfaitement symétrique.

Activités et exercice (12 ans et plus)

- Faire tourner une toupie et observer la précession de son axe de rotation.
- À l'aide d'un globe terrestre, représenter la précession des équinoxes.
- Se documenter pour répondre aux questions suivantes: Dans l'hémisphère Nord, quelle étoile indiquait le pôle Nord il y a plusieurs milliers d'années? Quelle étoile indiquera le pôle Nord dans plusieurs milliers d'années?

Vers 140 ap. J.-C. L'astronome, mathématicien et géographe grec Claude PTOLÉMÉE (v. 100-v. 170 ap. J.-C.) propose, dans sa *Géographie*, deux types de projections géométriques pour les cartes et dessine une carte du monde connu à l'époque, qui servira de référence jusqu'au XVIe siècle.

Vers 150 ap. J.-C. L'astronome, mathématicien et géographe grec Claude PTOLÉMÉE (v. 100-v. 170 ap. J.-C.) fait une estimation de la circonférence de la Terre beaucoup moins précise que celle d'Ératosthène, vers 210 av. J.-C. (L'estimation de Ptolmémée est malheureusement celle qui sera enseignée pendant des siècles, ce qui induira Christophe Colomb en erreur.) Il établit la liste des 48 constellations définies à l'époque.

Le Moyen Âge

Vers 1120. Premières utilisations, en Chine, de la boussole pour la navigation. (En fait, la boussole était connue, en Chine, dès le IIIe siècle ap. J.-C., mais elle était utilisée comme instrument de divination, pour prévoir l'avenir.) La boussole sera connue en Europe vers la fin du XIIe siècle.

LA BOUSSOLE

Conception fréquente à l'époque

Seule la position du Soleil ou des étoiles permet de trouver le Nord.

Concepts scientifiques actuels

L'aiguille d'une boussole est tout simplement un petit aimant qui peut tourner librement et qui s'oriente dans le sens sud-nord du champ magnétique de la Terre. La Terre est un énorme aimant, qui crée le champ magnétique terrestre. Les pôles magnétiques Nord et Sud de La Terre, qui se déplacent lentement d'année en année, sont situés près des pôles géographiques Nord et Sud. Lorsqu'on utilise une boussole, il faut s'assurer qu'il n'y a pas d'autres aimants ou de gros objets métalliques (fer, acier, nickel) à proximité, car ils pourraient modifier l'orientation de la boussole.

Activité et problème (8 ans et plus)

- Trouver le Nord à l'aide d'une boussole.
- Peut-on fabriquer une boussole?

Matériel:

- De la ficelle, un aimant droit, quelques aiguilles à coudre, un contenant en plastique transparent, du papier, des crayons de couleur, un ou deux bouchons en liège, quelques morceaux de mousse de polystyrène, un petit couteau.

Quelques solutions ou approches possibles :

- Attacher une assez longue ficelle au centre d'un aimant droit. Suspendre l'aimant. Observer.
- Frotter l'extrémité d'une aiguille à coudre contre un aimant. Verser de l'eau dans un contenant en plastique transparent. Déposer délicatement l'aiguille à la surface de l'eau pour qu'elle tienne à la surface grâce à la tension superficielle de l'eau. Observer. (On peut placer une rose des vents sous le contenant.)
- Frotter l'extrémité d'une aiguille à coudre contre un aimant. Verser de l'eau dans un contenant en plastique transparent. Déposer une petite tranche de liège ou de mousse de polystyrène très mince à la surface de l'eau. Déposer l'aiguille sur la tranche de liège. Observer. (On peut placer une rose des vents sous le contenant.)

La Renaissance

1492. Construction, en Allemagne, du premier globe terrestre pour représenter le monde connu à l'époque.

LE GLOBE TERRESTRE

Conception fréquente à l'époque

Seules des cartes permettent de représenter le monde.

Concepts scientifiques actuels

Un globe terrestre est une sphère qui tourne sur elle-même et sur laquelle sont représentés les continents, les océans et les mers. Certains globes terrestres présentent les montagnes en relief, mais ce relief n'est pas à l'échelle, car il donne l'impression que les montagnes sont beaucoup plus hautes qu'elles ne le sont en réalité.

Activités et exercice (12 ans et plus)

- Examiner des photographies d'anciens globes terrestres.
- Examiner des globes terrestres modernes de divers diamètres.
- À l'aide d'un marqueur, tracer les continents sur un ballon de plage, puis identifier ces continents ainsi que les océans et les principales mers.

- Répondre à la question suivante: Sachant que le diamètre de la Terre est d'environ 13 000 km et que la hauteur des plus hautes montagnes est d'environ 8 800 m, quelle hauteur devraient avoir ces montagnes, pour respecter l'échelle, sur un globe terrestre en relief de 26 cm de diamètre?

1569. Le mathématicien et géographe flamand Gerardus MERCATOR (1512-1594) publie des cartes qui tiennent compte des rapports des grands découvreurs et qui marquent la fin de la tradition de Ptolémée en géographie. Son nom est resté associé à la projection cylindrique qu'il utilise pour plusieurs de ces cartes.

LA PROJECTION DE MERCATOR

Conception fréquente à l'époque et chez certains élèves

Les continents ont exactement la même forme et la même aire sur un globe terrestre et une carte géographique équivalente.

Concepts scientifiques actuels

Une projection cartographique est une façon de représenter la surface sphérique de la Terre sur une surface plane. Il existe plusieurs types de projections, comme la projection plane, la projection conique et la projection cylindrique. La façon la plus courante de représenter la surface de la Terre sur une carte plane est la projection cylindrique de Mercator, dans laquelle les parallèles sont d'autant plus espacés qu'ils sont éloignés de l'équateur. Cette projection respecte les formes des continents, mais agrandit les régions situées près des pôles.

Activités (12 ans et plus)

- Examiner des cartes géographiques tracées selon diverses projections. Comparer la forme et l'aire des continents.
- Tracer une carte du monde selon une projection de Mercator.

1579. Le géographe flamand ORTELIUS (1527-1598) publie le premier grand atlas universel.

L'ATLAS

Conception fréquente à l'époque et chez certains élèves

Les cartes donnent seulement des informations au sujet de la forme des continents et pays et de la position des montagnes, des rivières, des villes et des villages.

Concepts scientifiques actuels

Un atlas, dont le nom vient du héros mythologique Atlas portant la Terre sur ses épaules, est un recueil de cartes, de planches et de graphiques ayant trait à la géographie physique, économique, politique, etc.

Activité (8 ans et plus)

- Consulter un atlas. Remarquer les divers types de cartes qu'il renferme et toutes les informations concernant la géographie physique, la faune, la flore, les climats et la géographie politique et économique.

1600. Le scientifique anglais William GILBERT (1544-1603) publie le résultat de ses expériences sur le magnétisme, qui montrent que le champ magnétique terrestre est l'équivalent de celui qui serait causé par un gigantesque aimant droit reliant le pôle Nord au pôle Sud.

LE MAGNÉTISME TERRESTRE

Conception fréquente à l'époque et chez certains élèves

Seuls des morceaux de minerai magnétique peuvent être des aimants.

Concepts scientifiques actuels

La Terre possède un champ magnétique causé par la circulation du fer liquide de son noyau externe. Elle possède donc, comme tout aimant, un pôle magnétique Nord et un pôle magnétique Sud. Ces pôles magnétiques, qui se déplacent lentement, sont situés un peu à côté des pôles géographiques, et la déclinaison nous donne l'angle entre le nord géographique et le nord magnétique. L'étude du magnétisme des roches de la Terre montre qu'il s'est produit plusieurs inversions magnétiques, au cours des temps géologiques, et le pôle magnétique Nord actuel a été, pendant de longues périodes, le pôle magnétique Sud.

Activités et exercice (12 ans et plus)

- Observer l'orientation de l'aiguille d'une boussole dans le sens sud-nord.
- Examiner un dessin qui présente les lignes de force du champ magnétique terrestre.

- Se documenter pour répondre à la question suivante : Quelle est, en ce moment, la déclinaison entre les pôles géographiques et les pôles magnétiques ?

Le XVIIe siècle

1669. L'astronome français d'origine italienne Jean Dominique CASSINI (1625-1712) et l'astronome danois Olaus RÖMER (1644-1710) résolvent approximativement le problème de la détermination des longitudes, en mer, en montrant que la position des satellites de Jupiter peut servir à déterminer l'heure.

Le XVIIIe siècle

1731. Invention de l'octant, instrument servant à prendre en mer des hauteurs d'astres et des distances. L'octant est plus précis que l'astrolabe, inventé au cours de l'Antiquité classique, mais sera lui-même remplacé en 1757 par le sextant, semblable, mais encore plus précis.

▶ **Voir « Le sextant (1757) » dans ce même thème.**

1735. Le physicien français Pierre BOUGUER (1698-1758) dirige une expédition dans les Andes pour mesurer le méridien terrestre et observe des anomalies gravitationnelles causées par la masse énorme des montagnes.

1736. L'horloger anglais John HARRISON (1693-1776) fabrique le premier chronomètre capable de donner l'heure avec une précision suffisante, ce qui était indispensable à la mesure de la longitude en navigation. Il remporte ainsi l'énorme récompense, équivalente à plusieurs millions de dollars actuels, offerte par le Parlement britannique au premier scientifique qui réglerait le problème de la détermination de la longitude en mer.

LA DÉTERMINATION DE LA LONGITUDE EN MER

Conception fréquente à l'époque

La longitude est impossible à déterminer avec précision.

Concepts scientifiques actuels

Autrefois, les navigateurs pouvaient facilement déterminer leur latitude d'après l'angle entre l'horizon et l'Étoile polaire (dans l'hémisphère Nord). La longitude, toutefois, était beaucoup plus difficile à déterminer, parce qu'il aurait fallu savoir l'heure précise au moment où une étoile quelconque passait par son zénith (point le plus haut dans le ciel). La longitude peut être trouvée à partir de la différence d'heure entre le passage d'une étoile donnée à son zénith et son passage au zénith au méridien 0°. (Puisque 360° divisés par 24 heures donnent 15° par heure, chaque heure de différence correspond à 15° de longitude). L'estimation de la longitude dépend donc d'une mesure exacte du temps.

Activité et exercice (12 ans et plus)

- Estimer la latitude et la longitude d'un lieu à l'aide de l'observation des étoiles et d'une montre. La latitude est la hauteur de l'étoile polaire au-dessus de l'horizon. La longitude peut se trouver à partir de la différence d'heure entre le passage d'une étoile donnée à son zénith et son passage au zénith au méridien de Greenwich.
- Se documenter pour répondre aux questions suivantes : Quelles ont été les principales étapes de la solution du problème de la détermination de la longitude en mer ? Quels ont été les principaux instruments fabriqués par John Harrison ?

1736. Le mathématicien et biologiste français Pierre-Louis Moreau de MAUPERTUIS (1698-1759) met en évidence l'aplatissement de la Terre aux pôles.

1744. Le naturaliste Georges Louis Leclerc, comte de BUFFON (1707-1788) énonce l'idée que la Terre est un fragment du Soleil, qu'elle existe depuis au moins 70 000 ans et qu'elle est donc beaucoup plus vieille que les 6 000 ans suggérés par la Bible.

1748. L'astronome anglais James BRADLEY (1693-1762) découvre la nutation (légère oscillation pendant la précession) de l'axe de rotation de la Terre.

1757. Invention du sextant, instrument servant à prendre en mer des hauteurs d'astres et des distances. Le sextant remplacera peu à peu l'octant, un instrument semblable, mais moins précis, inventé en 1731.

LE SEXTANT

Conception fréquente à l'époque et chez certains élèves

Il est impossible de déterminer la latitude avec précision.

Concepts scientifiques actuels

L'octant et le sextant sont des versions améliorées des astrolabes de type viseur développés au cours de l'Antiquité classique. Ils permettent d'estimer des latitudes, à partir de la hauteur des étoiles dans le ciel, et des distances.

Activités (12 ans et plus)

- Observer un sextant ou une photographie de sextant.
- Fabriquer un sextant rudimentaire à l'aide d'un tube et d'un rapporteur d'angles.

Vers 1770. Les voyages d'exploration du navigateur français Louis Antoine de BOUGAINVILLE (1729-1811) et du navigateur britannique James COOK (1728-1779) dans le Pacifique révèlent de nombreuses terres inconnues.

1798. Le physicien et chimiste britannique Henry CAVENDISH (1731-1810) détermine la densité moyenne de la Terre à l'aide d'une balance de torsion et en déduit que la Terre possède un noyau métallique très dense.

Le XIXe siècle

1835. Le physicien français Gaspard CORIOLIS (1792-1843) montre que la rotation de la Terre fait dévier tous les mouvements à sa surface sous l'effet de la *force de Coriolis.*

▶ **Voir « La force de Coriolis (1835) » dans le thème de sciences de la Terre « L'atmosphère ».**

1846. Le physicien britannique William Thomson, lord KELVIN (1824-1907), se basant sur des mesures de vitesse de refroidissement, estime que la Terre existe depuis environ 100 millions d'années, ce qui est très loin de l'estimation actuelle de 4,6 milliards d'années, mais tout de même beaucoup plus près que toutes les estimations de l'époque.

1851. Le physicien français Léon FOUCAULT (1819-1868) met en évidence la rotation de la Terre en utilisant un pendule.

Le pendule de Foucault

Conception fréquente à l'époque et chez certains élèves

La seule preuve de la rotation de la Terre sur elle-même est le mouvement apparent du Soleil et des étoiles.

Concepts scientifiques actuels

Un pendule conserve le même plan d'oscillation, même si le support auquel il est accroché subit une rotation. Étant donné que la Terre tourne sur elle-même, le plan d'oscillation d'un pendule semble tourner sur lui-même par rapport à la pièce où il est suspendu. Un pendule de Foucault, dont la masse est très lourde, est installé en permanence à l'intérieur du Panthéon, à Paris. Un pendule de Foucault dont la masse est très lourde et qui est suspendu par un câble très long peut osciller longtemps avant de s'arrêter. On lui donne une poussée quand l'amplitude de l'oscillation a diminué de façon importante.

Activités et exercice (12 ans et plus)

- Fabriquer un petit pendule suspendu à un support mobile. Faire osciller le pendule puis faire tourner doucement le support. Constater que le pendule conserve son plan d'oscillation initial.

- Construire un pendule de Foucault: une masse d'au moins 5 kg et un fil de métal ou de nylon d'au moins 2 m sont nécessaires. Observer, au fil des heures, le déplacement apparent du plan de rotation du pendule par rapport au plancher du local. (Pour suivre le déplacement du pendule, de petits traits peuvent être tracés sur une grande feuille de papier posée sur le plancher.) Un pendule plus spectaculaire peut être construit (dans le gymnase de l'école, par exemple) avec une masse plus lourde et un fil plus long.
- Se documenter pour répondre à la question suivante: Quels sont les faits saillants de la vie de Léon Foucault? (Exemples: Léon Foucault a travaillé pendant plusieurs années avec le physicien français Armand Fizeau. Il est devenu physicien à l'Observatoire de Paris en 1855.)

1852. Le physicien français Léon FOUCAULT (1819-1868) invente le gyroscope, un appareil qui fournit une direction invariable de référence grâce à la rotation rapide d'une masse autour d'un axe.

LE GYROSCOPE

Conception fréquente à l'époque et chez certains élèves

Il est impossible qu'un objet simplement appuyé sur une de ses extrémités puisse tenir en formant un angle prononcé avec la verticale.

Concepts scientifiques actuels

Le gyroscope est un appareil qui fournit une direction invariable de référence grâce à la rotation rapide d'une masse autour d'un axe. Le gyroscope a maintenant remplacé la boussole, dans les navires puis les avions, car il présente l'avantage de ne pas être influencé par les masses magnétiques locales.

Activités et exercices (8 ans et plus)

- Observer les diverses façons dont un gyroscope peut tenir en équilibre sur une de ses pointes. (Des gyroscopes sont disponibles chez des fournisseurs de matériel scientifique et chez certains marchands de jouets.)
- Se documenter pour répondre à la question suivante: Pourquoi une bicyclette ne tombe-t-elle pas sur le côté quand elle est en mouvement? (Quand elles tournent, les roues de la bicyclette agissent comme des gyroscopes et leur axe de rotation demeure dans la

même direction, parallèle au sol. C'est d'ailleurs la même chose qui se produit quand on fait tourner sur le sol un disque plat ou une assiette posés sur le côté.]

- Examiner des gyroscopes de navigation.
- Se documenter pour répondre à la question suivante: Quels sont les faits saillants de la vie de Léon Foucault? Voir les remarques portant sur cette même question dans «Le pendule de Foucault (1851)» dans ce même thème.

1875. Un congrès international décide de découper la Terre en 24 zones, qui deviendront nos fuseaux horaires.

▶ **Voir «Les fuseaux horaires (1875)» dans le thème d'astronomie «La mesure du temps».**

1885. La Conférence internationale sur le méridien adopte le méridien de Greenwich comme origine des longitudes.

Le XXe siècle

1906. Le géologue anglais Richard OLDHAM (1850-1913), qui étudie la trajectoire d'ondes sismiques, émet l'hypothèse que le noyau de la Terre est liquide.

1909. Le sismologue croate Andrija MOHOROVICIC (1857-1936) découvre la *limite de Mohorovicic*, entre la croûte et le manteau terrestres.

1909. L'explorateur américain Robert PEARY (1856-1920) atteint le pôle Nord.

1911. L'explorateur norvégien Roald AMUNDSEN (1872-1928) atteint le pôle Sud.

1913. Le géologue anglais Arthur HOLMES (1890-1965) utilise la radioactivité pour dater des roches et établit que la Terre a plus de 3 milliards d'années.

1913. Le sismologue américain d'origine allemande Beno GUTENBERG (1899-1960) découvre, en analysant la trajectoire d'ondes sismiques, la frontière entre le manteau et le noyau et estime que le rayon du noyau est de 3500 km.

1923. Le géophysicien hollandais Felix VENING MEINESZ (1887-1966) élabore une méthode précise pour mesurer l'attraction gravitationnelle, dans diverses régions de la Terre, à partir de sous-marins.

1929. Le géologue japonais Motonori MATUYAMA (1884-1958) découvre que le champ magnétique terrestre s'est inversé plusieurs fois (à tous les 100 millions d'années), au cours de l'histoire de la Terre.

LES INVERSIONS DU CHAMP MAGNÉTIQUE TERRESTRE

Conception fréquente à l'époque et chez certains élèves

L'orientation du champ magnétique de la Terre a toujours été la même.

Concepts scientifiques actuels

L'étude de roches volcaniques qui, en se refroidissant, s'aimantent selon l'orientation du champ magnétique et conservent cette orientation, permet de constater que le champ magnétique s'est inversé plusieurs fois au cours de l'histoire de la Terre, probablement à cause d'une inversion des courants de convection du magma qui causent le magnétisme terrestre. Le paléomagnétisme est le magnétisme conservé dans les roches volcaniques. Il est très utile, en géologie, pour comprendre la façon dont se sont formées certaines parties de la Terre.

Exercices et activité (12 ans et plus)

- Se documenter pour répondre à la question suivante: Combien de fois le champ magnétique terrestre s'est-il inversé au cours des derniers millions d'années de l'histoire de la Terre? (Quatre fois au cours des cinq derniers millions d'années.)
- Se documenter pour donner un exemple d'utilité du paléomagnétisme en géologie. (Exemple: la symétrie des inversions magnétiques, dans l'Atlantique, permet de comprendre l'expansion de cet océan de part et d'autre de la dorsale centrale et est un bon argument en faveur de la théorie de la tectonique des plaques.)
- À l'aide d'un matériel d'expérimentation assistée par ordinateur pour l'étude du paléomagnétisme de la croûte océanique (disponible chez certains fournisseurs de matériel scientifique), étudier une simulation du paléomagnétisme.

1940. Le chimiste américain Willard Frank LIBBY (1908-1980) commence à élaborer, avec ses collègues de l'Institut des études nucléaires de Chicago, la technique de la datation au carbone 14.

▶ **Voir « La datation au carbone 14 (1940) » dans le thème de sciences de la Terre « L'écorce terrestre ».**

1947. Des techniques de datation des roches, plus précises que celles utilisées par Holmes, vers 1913, permettent d'établir que la Terre a 4,6 milliards d'années.

1953. L'alpiniste néo-zélandais Edmund HILLARY (né en 1919) atteint le sommet de l'Everest, situé à une altitude de 8 846 m.

1958. Le physicien américain James VAN ALLEN (né en 1914) découvre les *ceintures de van Allen* à l'aide d'un compteur Geiger placé dans le satellite *Explorer 1.*

1959. Lancement, par les États-Unis, de *Transit 1*, le premier satellite d'aide à la navigation.

1959. Signature du traité de l'Antarctique, qui en fait un continent démilitarisé et réservé uniquement à la science.

1970. Début du lancement des satellites qui vont peu à peu former le GPS (*Global Positioning System*), lequel permet de connaître avec précision des coordonnées terrestres.

LE GPS

Conception fréquente à l'époque et chez certains élèves

Seuls des instruments tels que la boussole, le gyroscope, le sextant et le chronomètre permettent d'estimer une position.

Concepts scientifiques actuels

Le GPS est constitué par un ensemble de satellites, par des stations qui suivent et contrôlent ces satellites et par les milliers de récepteurs des divers utilisateurs du système. Pour déterminer sa position, un pilote d'avion, par exemple, utilise les données émises par quatre satellites à des distances différentes. Chaque satellite émet au même moment un signal se propageant à la vitesse de la lumière qui atteint le récepteur à des instants différents, ce qui permet à l'ordinateur situé dans le récepteur GPS de l'avion de déterminer la position avec une grande précision.

Activité et exercice (12 ans et plus)

- Demander à plusieurs personnes d'estimer une position à l'aide d'une méthode classique (exemple: sextant et chronomètre), puis une position à l'aide d'un récepteur GPS portatif. Comparer la précision des deux estimations.
- Se documenter pour trouver plusieurs exemples d'utilisateurs du GPS (pilotes d'avions et de navires, automobilistes, chasseurs, travailleurs forestiers, explorateurs, etc.).

1972. Mise en orbite de *Landsat 1*, premier satellite de télédétection. Il permet entre autres d'observer les transformations de la nature sur la Terre.

L'ÉCORCE TERRESTRE ET LES OCÉANS

L'Antiquité orientale

Vers 10000 av. J.-C. Début de l'exploitation de mines de charbon, en Chine, et l'utilisation du charbon comme combustible.

▶ **Voir « Le charbon (10000 av. J.-C.) » dans le thème de chimie « L'industrie chimique ».**

Vers 5000 av. J.-C. Début de l'utilisation du cuivre qui se trouve à l'état pur dans certaines roches.

Vers 3000 av. J.-C. Extraction et fonte de plusieurs minerais (argent, plomb, étain, cuivre, fer), production de bronze (alliage de cuivre et d'étain), en Mésopotamie et en Égypte. Découverte du pétrole, du bitume (utilisé pour rendre les bateaux étanches) et du naphte (utilisé dans des lampes).

▶ **Voir « Le pétrole et le bitume (3000 av. J.-C.) » dans le thème de chimie « L'industrie chimique ».**

Vers 1000 av. J.-C. Production de fer dans des fourneaux à l'aide de la chaleur produite par la combustion du charbon. Débuts de la trempe du fer.

L'Antiquité classique

Vers 700 av. J.-C. En Grèce, les forgerons utilisent le charbon comme source de chaleur.

▶ **Voir « Le charbon (10000 av. J.-C.) » dans le thème de chimie « L'industrie chimique ».**

Vers 550 av. J.-C. Le philosophe grec XÉNOPHANE (VIe s. av. J.-C.) trouve, très loin des côtes de la Méditerranée, des fossiles d'organismes marins et en déduit que la mer s'étendait autrefois jusqu'à cet endroit. Il affirme que la Terre finira un jour par se désintégrer et disparaître.

Vers 450 av. J.-C. Le philosophe grec EMPÉDOCLE (v. 490-v. 435 av. J.-C.) trouve des fossiles en Sicile et estime que les plantes, les animaux et les êtres humains sont apparus sur la Terre dans cet ordre.

Vers 450 av. J.-C. L'historien grec HÉRODOTE (v. 484-v. 420 av. J.-C.) affirme que la partie de l'Égypte située près de la Méditerranée est formée de sédiments déposés par le fleuve Nil.

LES DELTAS

Conceptions fréquentes à l'époque et chez certains élèves

La géographie d'un lieu est immuable. Il n'y a pas de cause précise aux accidents et formes géographiques.

Concepts scientifiques actuels

Un delta, de forme triangulaire, se forme par l'accumulation de matériel détritique et sédimentaire au débouché d'un cours d'eau dans un lac ou dans la mer.

Activités (8 ans et plus)

- Examiner des cartes géographiques où se trouvent des deltas (exemple: delta du Nil, en Égypte).
- Observer la formation d'un delta en créant un petit cours d'eau, au moyen d'un tuyau branché à un robinet d'eau courante, dans un grand bac en plastique qui contient une plage de sable miniature.

IVe siècle av. J.-C. Invention de la cloche de plongeur, qui emprisonne une certaine quantité d'air et permet d'aller sous l'eau et d'observer le fond d'un lac ou d'une mer.

Vers 350 av. J.-C. Le philosophe grec ARISTOTE (384-322 av. J.-C.) estime, comme Xénophane l'a affirmé vers 550 av. J.-C., que la présence des fossiles d'organismes marins sur la terre ferme permet de déduire que la mer recouvrait autrefois les régions où ils se trouvent. Il croit cependant que les éruptions volcaniques et les tremblements de terre sont causés par des vents souterrains.

Vers 300 av. J.-C. Le botaniste et géologue grec THÉOPHRASTE (v. 372-v. 287 av. J.-C.) propose une des premières tentatives de classification des minéraux et décrit un minerai noir et friable, le charbon.

▶ **Voir « Le charbon (10 000 av. J.-C.) » dans le thème de chimie « L'industrie chimique ».**

Vers 85 av. J.-C. Première carte des fonds marins d'une partie de la Méditerranée. On obtient cette carte en faisant descendre, en plusieurs endroits, une grosse pierre au bout d'une corde.

LES CARTES DES FONDS MARINS

Conceptions fréquentes à l'époque et chez certains élèves

- Les fonds marins sont plats partout.
- La seule façon de connaître le relief des fonds marins est d'aller sous l'eau et de les observer directement.

Concepts scientifiques actuels

Les fonds marins, tout comme les continents, présentent un relief très accidenté. On y retrouve des chaînes de montagnes, des volcans et des abysses. De nos jours, le sonar et l'observation à l'aide de bathyscaphes sont les principales techniques permettant d'établir les cartes des fonds marins.

Activités (8 ans et plus)

- Examiner des cartes géographiques de fonds marin.
- Placer divers objets plus denses que l'eau au fond d'un grand bac en plastique opaque assez profond. Remplir ce bac avec de l'eau

colorée en noir (pour qu'il soit impossible de voir le fond). À l'aide d'un poids attaché à un ruban gradué en centimètres que l'on fera descendre à plusieurs endroits, essayer de déduire le relief du fond du bac.

Vers 50 ap. J.-C. L'encyclopédiste romain PLINE L'ANCIEN (23-79) rédige l'*Histoire naturelle*, une encyclopédie en 37 volumes dans laquelle sont exposées les connaissances de l'époque au sujet des minéraux, des métaux, des cristaux et des pierres précieuses, des fossiles, des plantes et des animaux.

Vers 110 ap. J.-C. Le physicien chinois Zhang HENG (79-139) invente le séismoscope, constitué d'une masse métallique suspendue à l'intérieur d'un vase et relié par des tiges à des billes posées en équilibre tout autour du vase. (Une ou plusieurs billes tombent quand la terre tremble.) Il s'agit du premier appareil permettant de détecter des tremblements de terre de faible intensité.

LE SÉISMOSCOPE

Conception fréquente à l'époque et chez certains élèves

La seule façon de détecter un tremblement de terre est de sentir le sol trembler.

Concepts scientifiques actuels

Les scientifiques utilisent des sismographes pour détecter et mesurer l'amplitude des séismes. La plupart des sismographes modernes sont constitués d'une masse assez lourde, suspendue à un ressort, qui tend à rester immobile lorsque le sol se déplace. Les ondes sismiques sont enregistrées sur un rouleau de papier par une plume fixée à cette masse. L'intensité des tremblements de terre est mesurée à l'aide de l'*échelle de Richter* (qui s'étend de 0 à 9). Sur cette échelle, la plupart des petits séismes qui secouent les arbres et les voitures ont une intensité de 4 ou 5, et les grands séismes, qui peuvent détruire des bâtiments, ont une intensité de 6 ou 7.

Exercice et problème (8 ans et plus)

- Se documenter pour trouver un dessin ou une photographie du séismoscope de Heng.
- Comment peut-on construire un détecteur rudimentaire de tremblements de terre?

Matériel:

- Un verre à vin, une baguette en bois, quelques billes, un miroir, un ressort de type «Slinky», une petite boîte en carton, du carton, du papier, des crayons. Une lampe sur pied.

Quelques solutions ou approches possibles:

- Placer une bouteille à demi remplie d'eau sur une table. D'assez fortes vibrations du sol ou de la table forment de petites ondes concentriques à la surface de l'eau.
- Placer deux verres à vin sur une table de telle sorte qu'ils se touchent. D'assez fortes vibrations du sol peuvent occasionner de petits chocs entre les verres.
- Placer une bille en équilibre au sommet d'une baguette de bois verticale d'environ 1/2 cm de diamètre. D'assez fortes vibrations du sol peuvent faire tomber la bille.
- Suspendre un objet à un ressort de type «Slinky» accroché au plafond. Fixer un crayon à l'objet. Installer une feuille de papier (verticalement), de telle sorte que le crayon trace une onde quand le sol et l'objet vibrent.
- Coller un miroir sur le dossier d'une chaise. Éclairer le miroir avec une lampe sans abat-jour ou un pointeur laser. Observer la tache de lumière réfléchie sur un mur par le miroir quand on donne un petit choc à la chaise.

Le Moyen Âge

Vers 1010. Le médecin, géologue et philosophe iranien AVICENNE, en arabe Ibn Sina (980-1037), écrit des traités de géologie qui joueront un rôle considérable en Europe jusqu'au XVIIe siècle et dans lesquels il décrit les séismes, l'érosion et la sédimentation et présente de nombreux minéraux.

Début du XIIIe siècle. Des moines anglais élaborent les premières tables qui donnent l'heure des marées.

Vers 1240. Le théologien et philosophe allemand ALBERT LE GRAND (1200-1280) écrit des traités dans lesquels il est question des montagnes, des roches et des minéraux.

1311. Construction des premiers hauts fourneaux (grandes cuves pour l'extraction des métaux contenus dans des minerais) à soufflets hydrauliques. Étant donné que les autres minéraux contenus dans le charbon se mêlent aux minerais et entraînent la production de métaux de mauvaise qualité, le combustible le plus utilisé est le charbon de bois, ce qui entraînera une déforestation importante de l'Europe au cours des siècles suivants.

La Renaissance

1550. Le savant allemand Georg Bauer, dit AGRICOLA (1494-1555), publie un traité descriptif sur les fossiles.

1556. Publication de l'ouvrage *De Re Metallica* du savant allemand Georg Bauer, dit AGRICOLA (1494-1555). Il comporte un compte rendu détaillé des techniques minières de l'époque.

1565. Le naturaliste suisse Conrad GESNER (1516-1565) rédige un traité sur les fossiles dans lequel il signale des ressemblances entre certains fossiles et des animaux marins vivants.

Vers 1575. Le savant français Bernard PALISSY (v. 1510-1589) affirme que les fossiles sont les restes pétrifiés d'animaux disparus. Cette idée va à l'encontre de la croyance antique, toujours enseignée à l'époque, selon laquelle les fossiles ne sont que des « jeux de la nature » ou des restes du déluge biblique.

Le XVIIe siècle

Vers 1604. L'astronome allemand Johannes KEPLER (1571-1630) affirme que les marées sont causées par l'attraction gravitationnelle de la Lune, une idée dont Galilée se moquera dans son ouvrage *Dialogue sur les deux grands systèmes du monde,* publié en 1632.

LES MARÉES

Conception fréquente à l'époque et chez certains élèves

Les marées sont causées par les vents.

Concepts scientifiques actuels

Les marées sont des mouvements alternatifs et périodiques du niveau de la mer, engendrées par les forces d'attraction de la Lune et, dans une mesure moindre, du Soleil sur l'eau. La marée haute et la marée basse sont séparées par un intervalle de temps d'environ 6 heures. Il y a donc deux marées hautes et deux marées basses par jour complet de 24 heures. Les marées de la plus grande amplitude, appelées marées de vive-eau, se produisent à l'époque de la nouvelle lune et de la pleine lune, quand le Soleil et la Lune se situent le long d'un même axe et que leurs forces d'attraction s'additionnent. Les marées de la plus petite amplitude, appelées marées de morte-eau, se produisent à l'époque du premier et du dernier quartier, quand la Lune, la Terre et le Soleil forment un angle d'environ 90°.

Activités et exercice (12 ans et plus)

- Examiner des photographies qui montrent la marée haute et la marée basse à des endroits où la différence est très marquée (Baie de Fundy au Canada, Mont-Saint-Michel en France).
- Examiner des graphiques qui donnent l'amplitude des marées selon les phases de la Lune.
- Expliquer la marée de vive-eau et la marée de morte-eau avec un globe terrestre, une petite balle qui représente la Lune, et un très gros ballon qui représente le Soleil.
- Se documenter pour répondre à la question suivante : Quels sont les faits saillants de la vie de Johannes Kepler ? Voir les remarques portant sur cette même question dans « L'intensité de la lumière en fonction de la distance (1604) » dans le thème de physique « La lumière et le son ».

Vers 1620. Le philosophe anglais Francis BACON (1561-1626) fait remarquer, comme le fera Cyrano de Bergerac vers 1650, que la côte ouest de l'Afrique et la côte est de l'Amérique du Sud pourraient s'emboîter l'une dans l'autre.

LA FORME DE L'AMÉRIQUE DU SUD ET DE L'AFRIQUE

Conception fréquente à l'époque et chez certains élèves

La position des continents a toujours été et sera toujours la même.

Concepts scientifiques actuels

Il y a environ 220 millions d'années, les continents actuels ne formaient qu'un seul super continent, appelé Pangée, entouré d'un énorme océan, appelé Panthalassa. Ce super continent se séparera d'abord en deux, puis en plusieurs continents, qui continuent à s'éloigner les uns des autres à une vitesse d'environ 1 à 2 cm par an à cause du mouvement des plaques tectoniques de l'écorce terrestre. On remarque, par exemple, quand on les rapproche, que la côte est de l'Amérique du Sud s'emboîte dans la côte ouest de l'Afrique et que le Groenland occupe un espace vide entre l'Amérique du Nord et l'Europe.

Problème (8 ans et plus)

Pourquoi la côte est de l'Amérique du Sud a-t-elle la même forme que la côte ouest de l'Afrique ?

Matériel :

Diverses cartes du monde, de grandes feuilles de papier, de grands morceaux de carton, des ciseaux, de la pâte à modeler, une planche de mousse de polystyrène, un petit couteau à bout rond, un globe terrestre.

Quelques solutions ou approches possibles :

- Reproduire une carte du monde sur une grande feuille de papier ou de carton. Découper les continents. Essayer d'assembler les continents comme les pièces d'un puzzle. (Remarquer que la côte est de l'Amérique du Sud s'emboîte dans la côte ouest de l'Afrique.)
- Reproduire la forme des continents avec des morceaux de pâte à modeler. Essayer d'assembler les continents comme les pièces d'un puzzle.
- Reproduire la forme des continents avec des morceaux de mousse de polystyrène. Essayer d'assembler les continents comme les pièces d'un puzzle.

Vers 1650. L'écrivain français Savinien de CYRANO DE BERGERAC (1619-1655) fait remarquer, comme l'avait fait Francis Bacon vers 1620, que la côte ouest de l'Afrique et la côte est de l'Amérique du Sud pourraient s'emboîter l'une dans l'autre.

1650. L'évêque irlandais James USSHER (1581-1656) affirme, en se basant sur des calculs faits à partir de la Bible, que la création de l'Univers a eu lieu précisément en 4004 av. J.-C. Cette affirmation nuira au progrès de la géologie.

1669. L'anatomiste et géologue suédois Nicolas STÉNON (1638-1686) découvre que, dans une formation géologique, les couches rocheuses sont disposées dans un ordre chronologique, les plus profondes étant les plus anciennes, et les moins profondes, les plus récentes.

L'ORDRE DES COUCHES ROCHEUSES

Conception fréquente à l'époque et chez certains élèves

Les roches et les fossiles sont disposés de façon aléatoire dans le sol.

Concepts scientifiques actuels

La distribution, la position et la nature des fossiles contenus dans les couches de roches, ou strates, de l'écorce terrestre fournissent de précieux indices au sujet de l'histoire de la Terre. Selon le principe de superposition, dans un empilement de strates, les plus anciennes sont en bas et les plus jeunes en haut, sauf s'il y a des plis ou des failles dans l'empilement étudié. Selon le principe de recoupement, si une faille ou une intrusion de magma solidifié se trouve dans une couche de roches, elle est plus récente que ces roches. Certaines strates contiennent des fossiles, qui sont des restes de plantes et d'animaux ayant vécu il y a des millions d'années et qui ont été préservés dans les roches sédimentaires. En raison de plissements, les couches ne sont pas toujours horizontales.

Activités (12 ans et plus)

- Examiner des schémas de couches rocheuses.
- Examiner tout ce qui se trouve dans une couche de sol de quelques centimètres de profondeur et déduire l'âge approximatif de certains objets d'après leur profondeur.
- Faire le ménage de son bureau ou de sa chambre et remarquer où se trouvent les documents et les objets les plus récents et, à l'inverse, les plus anciens.
- À l'aide de couches de pâte à modeler de diverses couleurs, faire un modèle qui présente l'ordre des couches rocheuses. À l'aide de ce modèle, simuler une intrusion et un plissement.

1681. Le géologue anglais Thomas BURNET (1635-1715) propose l'idée d'une croûte terrestre solide flottant sur un intérieur liquide.

Le XVIIIe siècle

1705. Dans des travaux publiés peu après sa mort, le physicien anglais Robert HOOKE (1635-1703) avance la théorie que les fossiles sont les restes de plantes et d'animaux disparus depuis très longtemps et estime que la Terre est beaucoup plus vieille que les quelque 6000 ans qui lui sont généralement attribués.

1709. Le manufacturier anglais Abraham DARBY (1677-1717) invente un procédé pour extraire le fer du minerai à l'aide de charbon, puis du coke (combustible fabriqué à partir du charbon), ce qui permettra de cesser graduellement l'utilisation du charbon de bois, cause importante de la déforestation de l'Europe.

1721. L'astronome anglais Edmond HALLEY (1656-1742) améliore la cloche de plongeur, connue depuis l'Antiquité.

1735. Le physicien français Pierre BOUGUER (1698-1758) dirige une expédition dans les Andes pour mesurer le méridien terrestre et observe des anomalies gravitationnelles causées par la masse énorme des montagnes.

1744. Le naturaliste Georges Louis Leclerc, comte de BUFFON (1707-1788), énonce l'idée que la Terre est un fragment du Soleil, qu'elle existe depuis au moins 70000 ans et qu'elle est donc beaucoup plus vieille que les 6000 ans suggérés par la Bible.

1746. Le géologue français Jean Étienne GUETTARD (1715-1786) dresse la première carte minéralogique de la France et montre qu'il y avait autrefois des volcans actifs dans le Massif central.

Vers 1750. Le géologue allemand Johann Gottlob LEHMANN (1719-1776) montre qu'il existe des différences importantes entre les diverses strates rocheuses et que ces différences dépendent de leur origine et de leur âge.

1759. Le géologue italien Giovani ARDUINO (1714-1795) propose une classification des roches par séquences chronologiques.

1760. Le philosophe anglais John MITCHELL (1724-1793) estime que les tremblements de terre sont des ondes déclenchées par les mouvements de masses de roches à des kilomètres de profondeur. Il est aussi le premier à penser que les tsunamis, ou raz-de-marée, résultent de tremblements de terre sous-marins.

1774. Le géologue allemand Abraham Gottlob WERNER (1749-1817) propose une première classification systématique des minéraux et défend la théorie du neptunisme, selon laquelle toutes les roches sont d'anciens sédiments marins.

1784. Le minéralogiste français René Just HAÜY (1743-1822) montre que les cristaux de calcite ont une forme rhomboédrique, ce qui le conduira plus tard à énoncer les lois de base de la cristallographie.

▶ **Voir « La forme des cristaux (1784) » dans le chapitre de chimie « Les éléments, les composés et les réactions chimiques ».**

1784. Le géologue français Dieudonné DOLOMIEU (1750-1801) publie des études sur les tremblements de terre. Il a donné son nom à la dolomite, un minéral à base de carbonate de calcium et de magnésium.

1785. Le géologue britannique James HUTTON (1726-1797) énonce sa théorie du plutonisme, selon laquelle la plupart des roches sont d'origine volcanique, s'opposant ainsi à la théorie du neptunisme, selon laquelle toutes les roches sont d'anciens sédiments marins, défendue par Werner.

1788. Le géologue britannique James HUTTON (1726-1797) énonce sa théorie de l'uniformitarianisme, selon laquelle la Terre existe depuis plusieurs millions d'années et les formations géologiques sont le résultat de processus très lents encore à l'œuvre dans l'écorce terrestre, s'opposant ainsi à la théorie du catastrophisme, selon laquelle les formations géologiques sont le résultat de catastrophes, couramment acceptée à l'époque. L'uniformitarianisme sera développé par Lyell en 1830.

1793. Le naturaliste français Jean Baptiste de LAMARCK (1744-1829) affirme, comme l'a fait Hooke dans des travaux publiés en 1705, que les fossiles sont les restes de plantes et d'animaux morts il y a très longtemps.

1795. Le naturaliste français Georges CUVIER (1769-1832), fondateur de la paléontologie, constate que les os fossilisés découverts en 1766 sont ceux d'un énorme mammifère disparu.

▶ **Voir « La paléontologie (1795) » dans le thème de biologie « La classification et l'évolution des êtres vivants ».**

1796. Invention, en Allemagne, d'un premier modèle de scaphandre.

Le XIXe siècle

Vers 1810. Le géologue et physicien britannique James HALL (1761-1832) montre que des roches fondues peuvent cristalliser en se refroidissant lentement et apporte ainsi des arguments contre le *neptunisme*, qui donnait une origine marine à toute roche, et en faveur du *plutonisme*, qui attribuait une origine volcanique à la plupart d'entre elles.

1812. Le minéralogiste allemand Friedrich MOHS (1773-1839) conçoit l'*échelle de Mohs*, qui permet de classifier les minéraux selon leur dureté.

L'ÉCHELLE DE MOHS

Conception fréquente à l'époque et chez certains élèves

Les objets sont mous ou durs et il n'existe pas de degrés de dureté.

Concepts scientifiques actuels

La dureté est définie, en sciences, comme la capacité d'un objet de résister aux rayures. L'*échelle de Mohs*, permet de mesurer la dureté des minéraux, les moins durs ayant une dureté de 1 (exemple: talc) et le plus dur, une dureté de 10 (diamant). Sur cette échelle, un ongle a une dureté de 2,5 et une lame de couteau en acier inoxydable, une dureté de 5,5. Un objet peut rayer les objets qui sont moins durs que lui, mais est rayé par ceux qui sont plus durs. Le diamant est le matériau le plus dur connu sur Terre.

Minéral	Dureté
Talc	1
Gypse	2
Calcite	3
Fluorite	4
Apatite	5
Orthoclase	6
Quartz	7
Topaze	8
Corindon	9
Diamant	10

Problème (8 ans et plus)

- Quels sont les matériaux les plus durs? Quels sont les plus mous?

Matériel:

- Objets dont on vérifie la dureté: craie, gomme à effacer, morceau de glace, verre en mousse de polystyrène, chandelle, crayon en cire, objet en plastique, objet en caoutchouc, objet en bois, objet en métal, objet en verre, etc.
- Objets pour rayer les objets dont on vérifie la dureté: couteau en plastique, morceau de verre, clou ou couteau en métal, diamant industriel.

Matériel facultatif:

- Coffret de spécimens de minéraux classés selon leur dureté (disponible chez certains fournisseurs de matériel scientifique).

Quelques solutions ou approches possibles:

- Prendre deux objets et les frotter l'un contre l'autre. Regarder si l'un ou l'autre a été altéré.
- Essayer de rayer les objets avec un ongle.
- Essayer de rayer les objets avec un morceau de plastique.
- Essayer de rayer les objets avec un morceau de verre.
- Essayer de rayer les objets avec un clou ou un couteau.
- Essayer de rayer les objets avec un diamant industriel.

1812. Le naturaliste français Georges CUVIER (1769-1832), dans ses *Discours sur les révolutions de la surface du globe*, défend la théorie du *catastrophisme*, selon laquelle des catastrophes naturelles ont été la cause de l'extinction de plusieurs espèces animales et la cause principale des transformations géologiques de la Terre.

1815. L'ingénieur et géologue anglais William SMITH (1769-1839) montre que la présence de fossiles permet de dater certaines formations rocheuses.

LA DATATION DES ROCHES À L'AIDE DE FOSSILES

Conceptions fréquentes à l'époque et chez certains élèves

- Toutes les formations rocheuses datent de la même époque.
- Il est impossible de savoir à quelle époque une formation rocheuse s'est créée.

Concepts scientifiques actuels

La présence de fossiles de plantes ou d'animaux ayant vécu à une époque connue permet de dater les formations rocheuses dans lesquelles ces fossiles se trouvent.

Activité (12 ans et plus)

Examiner des fossiles ou des photographies de fossiles. Se documenter pour savoir à quelle époque ont vécu les plantes ou animaux fossilisés. Déduire l'âge approximatif des formations rocheuses dans lesquelles se trouvent ces fossiles.

1822. Le géologue anglais Gideon MANTELL (1790-1852) découvre les premiers fossiles de dinosaures.

▶ **Voir « Les fossiles de dinosaures (1822) » dans le thème de biologie « La classification et l'évolution des êtres vivants ».**

1830. Le géologue anglais Charles LYELL (1797-1875) publie ses *Principes de géologie,* dans lesquels il défend, à la suite de Hutton en 1785, la théorie de l'*uniformitarianisme* (ou *actualisme*), selon laquelle l'écorce terrestre a été façonnée graduellement, au cours des temps géologiques, par des forces telles que l'action du gel, du vent, de la pluie et du soleil qui sont encore à l'œuvre à la surface du globe. Il s'oppose ainsi au *catastrophisme* de Cuvier.

Vers 1833. Le géologue britannique Adam SEDGWICK (1785-1873) découvre des fossiles d'une période qu'il nomme le Cambrien. Une controverse, qui sera résolue en 1879 par Lapworth, naîtra entre Sedgwick et Murchison au sujet de la limite entre le Cambrien et le Silurien.

Vers 1833. Le géologue britannique Roderick MURCHISON (1792-1871) découvre des fossiles d'une période qu'il nomme le Silurien. Une controverse, qui sera résolue en 1879 par Lapworth, naîtra entre Murchison et Sedgwick au sujet de la limite entre le Cambrien et le Silurien.

1839. Le géologue britannique Roderick MURCHISON (1792-1871) montre que de nombreuses strates se caractérisent par la présence de fossiles spécifiques.

1839. Le géologue et paléontologue américain d'origine suisse Louis AGASSIZ (1807-1873) affirme que l'hémisphère Nord de la Terre était autrefois recouvert par des glaciers.

▶ **Voir « Les glaciations (1839) » dans le thème de sciences de la Terre « L'atmosphère ».**

Vers 1840. Le géologue anglais William BUCKLAND (1784-1856) explique, à la suite des travaux d'Agassiz, les glaciations en Angleterre.

1846. Le physicien britannique William Thomson, lord KELVIN (1824-1907), qui se base sur des mesures de vitesse de refroidissement, estime que la Terre existe depuis environ 100 millions d'années, ce qui est très loin de l'estimation actuelle de 4,6 milliards d'années, mais tout de même beaucoup plus près que toutes les estimations de l'époque.

1848. L'océanographe américain Matthew MAURY (1806-1873) dresse les premières cartes des courants marins et la première carte du fond de l'Atlantique Nord.

LES COURANTS MARINS

Conception fréquente à l'époque et chez certains élèves

Les seuls mouvements, dans les océans, sont les vagues causées par le vent.

Concepts scientifiques actuels

Les océans sont parcourus par un grand nombre de courants chauds et froids qui résultent de la convection causée par les différences de température et de salinité, mais qui résultent aussi, surtout pour les courants de surface, des vents dominants et de la force de Coriolis. Un des courants les plus connus est le Gulf Stream, un courant chaud qui coule du golfe du Mexique jusqu'à l'Europe.

Activités et exercices (12 ans et plus)

- Examiner une carte géographique qui présente les principaux courants chauds et froids dans les océans.
- Placer un petit élément chauffant submersible (disponible chez certains fournisseurs de matériel scientifique) dans l'un des coins inférieurs d'un très grand bac en plastique rempli d'eau. À l'aide d'une main ou d'un thermomètre, trouver les courants que cette source de chaleur crée dans le bac.
- À l'aide d'un modèle fonctionnel de la circulation océanique (disponible chez certains fournisseurs de matériel scientifique), observer l'influence de la température et de la salinité sur les courants océaniques.
- Se documenter pour répondre à la question suivante: Pourquoi le climat de l'ouest de l'Europe est-il beaucoup plus doux, en hiver, que le climat de l'Est de l'Amérique du Nord aux mêmes latitudes?
- Se documenter pour répondre à la question suivante: Les changements climatiques pourraient-ils modifier les courants marins? (Exemple: Le Gulf Stream du Pacifique pourrait s'arrêter, ce qui aurait des conséquences graves sur le climat de l'Europe.)

1851. Le géologue britannique Henry DE LA BECHE (1796-1855), connu pour ses travaux de cartographie géologique de la Grande-Bretagne, fonde un musée géologique et une école des mines à Londres.

1855. Les géophysiciens anglais George Airy BIDDELL (1801-1892) et John Henry PRATT (1809-1871) proposent la théorie de l'isostasie, selon laquelle il y a un équilibre entre les diverses parties de l'écorce terrestre.

1855. Le physicien et météorologiste italien Luigi PALMIERI (1807-1896) invente un sismographe en forme de tube, dans lequel du mercure se déplace quand la terre tremble.

1859. L'industriel américain Edwin DRAKE (1819-1880) creuse et exploite le premier puits de pétrole, à Titusville, aux États-Unis.

1859. Le géologue anglais Henry SORBY (1826-1908) établit le lien entre la structure des roches sédimentaires et la façon dont se forment les dépôts de sédiments dans les rivières et les mers actuelles.

1867. Mise au point du scaphandre autonome, qui comporte un réservoir d'air comprimé.

1869. Inauguration du canal de Suez, entre la mer Rouge et la Méditerranée, œuvre du diplomate français Ferdinand de LESSEPS (1805-1894).

1872. Le voilier britannique *Challenger* commence la première véritable exploration océanographique. Il découvre, entre autres, les premiers nodules polymétalliques qui se trouvent dans les grands fonds du Pacifique.

1873. Le géologue américain James Dwight DANA (1813-1895) propose une théorie selon laquelle les chaînes de montagnes se forment, sous l'action du poids des sédiments, dans des géosynclinaux, de grandes dépressions situées le long des continents. Cette théorie, qui ne sera jamais vérifiée sur le terrain, sera remplacée au XXe siècle par la théorie de la tectonique des plaques.

1877. Le géologue américain Grove Karl GILBERT (1843-1918) établit la distinction entre les montagnes formées par plissement de l'écorce terrestre et les blocs montagneux, des montagnes édifiées par un soulèvement massif.

1879. Le géologue britannique Charles LAPWORTH (1842-1920) résout la controverse entre Sedgwick et Murchinson au sujet de la limite entre le Cambrien et le Silurien, en montrant que ces deux périodes des temps géologiques sont séparées par une autre, qu'il nomme l'Ordovicien.

1879. Le géographe suisse François FOREL (1841-1912) montre que des courants sous-marins peuvent transporter des sédiments sur de grandes distances.

1880. L'ingénieur britannique John MILNE (1850-1913) invente un sismographe à ressort relativement précis, ancêtre de tous les sismographes actuels.

LE SISMOGRAPHE À RESSORT

Conception fréquente à l'époque et chez certains élèves

La seule façon de mesurer l'intensité d'un tremblement de terre est d'examiner la gravité des dommages causés.

Concepts scientifiques actuels

Un sismographe est composé d'une masse très lourde, placée sur l'extrémité d'une barre fixée à un support, à l'autre extrémité, par un pivot. La masse tend à rester en place en raison de son inertie, alors que le support accompagne les mouvements du sol. La barre pivotante peut être reliée à un crayon qui enregistre les mouvements sur un papier déroulant ou à un système électronique qui enregistre les données sous forme numérique. Lors d'un tremblement de terre, il se produit des mouvements du sol dans les trois directions de l'espace (une composante verticale et deux composantes horizontales perpendiculaires). On peut donc utiliser simultanément trois sismographes, un pour la composante verticale et deux pour les composantes horizontales.

Activités et exercices (8 ans et plus)

- Examiner des photographies d'un sismographe ainsi que de traces enregistrées lors d'un tremblement de terre.
- Visiter un laboratoire où se trouvent de véritables sismographes.
- Construire un sismographe rudimentaire à l'aide d'un jeu de type Lego-Dacta et d'un ressort souple.
- À l'aide d'un matériel d'expérimentation assistée par ordinateur pour simulation sismique et d'un sismographe de base (disponible chez certains fournisseurs de matériel scientifique), étudier des ondes sismiques simulées.
- Se documenter pour répondre à la question suivante: Au cours des 50, 100 ou 200 dernières années, où sont survenus les principaux séismes? Indiquer ensuite les lieux de ces séismes sur une carte du monde.
- Se documenter pour répondre à la question suivante: Sa région ou son pays sont-ils sujets à de l'activité sismique?

1885. Le géologue autrichien Eduard SUESS (1831-1914) commence la rédaction de son traité *la Face de la Terre*, dans lequel il suggère l'existence, il y a 200 millions d'années, d'un supercontinent comprenant plusieurs des continents actuels.

1892. Le géologue américain Clarence DUTTON (1841-1912), pionnier de la sismologie, explique la formation des montagnes par la théorie de l'isostasie, ou théorie de l'équilibre entre les diverses parties de l'écorce terrestre, qui a été proposée par Biddell et Pratt en 1855.

1896. Le physicien français Henri BECQUEREL (1852-1908) découvre la radioactivité, ce qui permettra plus tard de dater les roches.

▶ **Voir « La radioactivité (1896) » dans le thème de physique « La structure de la matière ».**

1898. Le physicien français Pierre CURIE (1859-1906) et la physicienne française d'origine polonaise Marie CURIE, née SKLODOWSKA (1867-1934) découvrent le polonium et le radium, deux éléments radioactifs.

1899. Le physicien anglais Ernest RUTHERFORD (1871-1937) découvre les rayonnements radioactifs alpha et bêta.

1900. Le physicien anglais Ernest RUTHERFORD (1871-1937) et le chimiste britannique Frederick SODDY (1877-1956) énoncent la loi des transformations radioactives, selon laquelle la fission d'atomes lourds entraîne la formation d'atomes plus légers ayant des propriétés chimiques différentes.

Le XXe siècle

1902. Le sismologue italien Giuseppe MERCALLI (1850-1914) invente une échelle de mesure des tremblements de terre, fondée sur leurs effets visibles, appelée *échelle de Mercalli.*

L'ÉCHELLE DE MERCALLI

Conception fréquente à l'époque et chez certains élèves

Les dommages causés par un séisme dépendent seulement de son intensité.

Concepts scientifiques actuels

L'échelle de Mercalli, qui sera perfectionnée en 1964 par les scientifiques Medvedev, Sponheur et Karnik, d'où son nom actuel d'échelle MSK, ne mesure pas l'intensité d'un séisme, comme le fait par exemple l'échelle de Richter, mais évalue l'importance des dégâts qu'il cause. Elle dépend en partie de l'intensité du séisme, mais aussi de la nature du sol (un séisme de la même intensité cause beaucoup plus de dégâts dans un sol meuble que dans un sol rocheux) et de la distance à l'épicentre. L'échelle MSK comporte douze niveaux.

Niveau	Description
1	Non perçu, sauf par quelques personnes.
2	Perçu par presque toutes les personnes immobiles. Les objets suspendus se balancent.
3	Perçu de manière sensible à l'intérieur.
4	Nettement perçu à l'intérieur. Les vitres vibrent.
5	Chute du plâtre. Bris de vitres.
6	Cheminées brisées. Meubles déplacés. Chute d'objets.
7	Perçu dans les voitures en marche. Habitations un peu abîmées.
8	Habitations très abîmées. Infrastructures lourdes un peu abîmées. Monuments démolis. Meubles renversés.
9	Plusieurs habitations détruites. Infrastructures lourdes fortement endommagées. Canalisations brisées. Sol fissuré.
10	Destruction des fondations. Voies ferrées tordues. Sol craquelé.
11	Peu de bâtiments encore debout. Canalisations hors d'usage.
12	Destruction totale. Objets projetés en l'air.

Activité et exercice (8 ans et plus)

- Examiner des photographies prises après divers séismes. Essayer d'estimer le niveau de ces séismes sur l'échelle de Mercalli à l'endroit où la photographie a été prise.
- Répondre aux questions suivantes: Avez-vous déjà vécu un séisme? D'après vous, quel était son niveau sur l'échelle de Mercalli?

▸ **Voir «L'échelle de Richter (1935)» dans ce même thème.**

1902. L'éruption du mont Pelée, en Martinique, fait 38000 morts.

1903. Le géologue américain William Morris DAVIS (1850-1934) fonde la géomorphologie et développe les idées de Hooke sur les cycles d'érosion.

LES CYCLES D'ÉROSION

Conception fréquente à l'époque et chez certains élèves

L'érosion est un phénomène local.

Concepts scientifiques actuels

L'érosion résulte des interactions entre la surface des continents, l'atmosphère, l'eau et l'ensemble des êtres vivants. Les torrents creusent des vallées dans les montagnes, les vagues rongent les falaises, le vent crée des dunes. Les reliefs sont ainsi constamment modifiés par l'érosion, et la matière se déplace constamment à la surface de l'écorce terrestre.

Activités et exercice (8 ans et plus)

- Examiner des photographies qui présentent des reliefs façonnés par l'eau, le vent, le gel et d'autres types d'érosion.
- Lors d'une sortie dans la nature, trouver des traces laissées par divers types d'érosion.
- Décrire comment un fragment de roche qui se trouve dans une région montagneuse peut devenir un grain de sable au fond de l'océan.

1903. Début de la construction du canal de Panama entre l'Atlantique et le Pacifique, en Amérique centrale.

LE CANAL DE PANAMA

Conception fréquente à l'époque et chez certains élèves

La seule façon de se rendre de l'Atlantique au Pacifique en bateau est de passer au nord de l'Amérique du Nord ou au sud de l'Amérique du Sud.

Concepts scientifiques actuels

Le canal de Panama est un canal maritime qui relie la mer des Antilles (dans l'Atlantique) au golfe de Panama (dans le Pacifique). Il a une longueur de 77 km et une largeur qui varie entre 90 et 300 m. Il comporte trois séries d'écluses. Près de 15000 navires de toutes les nationalités l'empruntent chaque année.

Activités et exercice (12 ans et plus)

- Situer le canal de Panama sur une carte du monde. Constater l'immense avantage que ce canal représente pour la navigation entre l'Atlantique et le Pacifique.
- Situer aussi, sur une carte du monde, d'autres grands canaux maritimes (le canal de Suez, la voie maritime du Saint-Laurent.)
- Se documenter pour répondre à la question suivante: La construction du canal de Panama a-t-elle été facile? (Exemple: La construction fut interrompue pendant plusieurs années parce que de nombreux travailleurs mouraient de la malaria.)

1906. Un violent tremblement de terre détruit une grande partie de la ville de San Francisco.

1908. Le physicien allemand Hans GEIGER (1882-1945) et le physicien anglais Ernest RUTHERFORD (1871-1937) mettent au point le premier *compteur Geiger* qui permet la détection des particules alpha émises par des corps radioactifs. Des compteurs plus sensibles permettront, à partir de 1928, de détecter tous les types de rayonnements radioactifs.

▶ **Voir « Le compteur Geiger-Müller (1928) » dans le thème de physique « La structure de la matière ».**

1909. Le sismologue croate Andrija MOHOROVICIC (1857-1936) découvre la *limite de Mohorovicic*, entre le manteau et la croûte terrestre.

L'ÉCORCE, LE MANTEAU ET LE NOYAU TERRESTRES

Conception fréquente à l'époque et chez certains élèves

La composition de la Terre est la même de la surface jusqu'au centre.

Concepts scientifiques actuels

La structure de la Terre peut être déduite de la façon dont se propagent les ondes sismiques produites par les tremblements de terre. En partant du centre, la Terre est formée d'un noyau interne solide, d'un noyau externe liquide, d'un manteau de roches partiellement fondues qui constitue 80% du volume total de la Terre, et d'une mince croûte terrestre dont l'épaisseur varie entre 10 kilomètres sous les océans et 60 kilomètres sous les montagnes. La *discontinuité de Gutenberg* est la limite entre le noyau externe et le manteau, tandis que la *discontinuité de Mohorovicic* est la limite entre le manteau et la croûte terrestre.

Activités (8 ans et plus)

- Examiner un schéma qui présente une vue en coupe de la Terre. Identifier le noyau interne, le noyau externe, le manteau et la croûte terrestre.
- Faire cuire un œuf assez longtemps pour que le jaune devienne ferme. Faire congeler l'œuf. Demander à un adulte de scier l'œuf en deux moitiés à l'aide d'une petite scie à découper. Toute proportion gardée, la coquille représente, de façon approximative l'écorce terrestre, le blanc de l'œuf représente le manteau et le jaune de l'œuf représente le noyau.

1912. Le physicien allemand Max von LAUE (1879-1960) montre que les cristaux peuvent diffracter des rayons X, ce qui démontre la nature ondulatoire de ces rayons et permet de déterminer la structure des cristaux.

1912. Le géologue américain Thomas JAGGAR (1871-1953) étudie les volcans d'Hawaï et fonde la volcanologie.

LES VOLCANS

Conceptions fréquentes à l'époque et chez certains élèves

- La lave des volcans provient d'un réservoir situé dans leur base.
- La lave des volcans provient du centre de la Terre.

Concepts scientifiques actuels

Un volcan est une région de la croûte terrestre où jaillissent en surface des roches fondues qui constituent le magma. Il existe environ 300 volcans actifs à la surface de la Terre. Plusieurs d'entre eux sont situés au-dessus des failles entre les plaques tectoniques, mais il existe également des volcans de points chauds, comme ceux de la chaîne des îles Hawaï, qui sont éloignés des failles. Bon nombre de volcans, tels que le Kilimandjaro au Kenya ou le Fuji-Yama au Japon, ont une forme conique caractéristique. Certaines éruptions volcaniques projettent de grandes quantités de cendres.

Activités et exercices (8 ans et plus)

- Sur une carte du monde, situer les volcans les plus célèbres et quelques volcans actifs.
- Regarder un documentaire portant sur les volcans et les éruptions volcaniques.
- Fabriquer une maquette de volcan. (Il est possible de simuler une éruption volcanique en versant du vinaigre, par la cheminée du volcan, sur un mélange de bicarbonate de sodium, de colorant rouge et d'un peu de shampoing placé dans un contenant, au fond du volcan. Pour encore plus de réalisme, le vinaigre peut être versé à l'aide d'un tube en partie caché dans la maquette.)
- Se documenter pour raconter quelques éruptions volcaniques célèbres (exemples: éruption du Vésuve en 79 ap. J.-C., éruption du Mont Pélée en 1902).

1912. Le géophysicien, météorologue et explorateur allemand Alfred WEGENER (1880-1930) propose la théorie de la dérive des continents, première esquisse de la théorie de la tectonique des plaques. Sa théorie, qui ne se sera acceptée que dans les années 1960, est aujourd'hui à la base des sciences de la Terre.

LA DÉRIVE DES CONTINENTS

Conceptions fréquentes à l'époque et chez certains élèves

Les continents ne se sont pas déplacés depuis l'origine de la Terre.

Concepts scientifiques actuels

Il y a 200 millions d'années, les continents actuels ne formaient qu'un seul super continent, appelé Pangée, entouré d'un énorme océan, appelé Panthalassa. Ce super continent s'est d'abord séparé en deux, puis en plusieurs continents, qui continuent à s'éloigner les uns des autres à une vitesse d'environ 1 à 2 cm par an. On remarque, par exemple, quand on les rapproche, que la côte est de l'Amérique du Sud s'emboîte dans la côte ouest de l'Afrique et que le Groenland occupe un espace vide entre l'Amérique du Nord et l'Europe. Dans plusieurs millions d'années, les continents ne seront pas disposés de la même façon qu'aujourd'hui.

Exercices (12 ans et plus)

- Se documenter pour trouver des cartes qui montrent la position des continents sur le globe il y a 200 millions et 100 millions d'années, ainsi que la position prévue dans 100 et 200 millions d'années.
- Se documenter pour répondre à la question suivante: Quels sont les faits saillants de la vie d'Alfred Wegener? (Exemples: La théorie de la dérive des continents proposée par Alfred Wegener a d'abord été rejetée ou ignorée par la plupart des scientifiques. Wegener est mort lors d'une expédition au Groenland.)

▶ **Voir «La forme de l'Amérique du Sud et de l'Afrique (1620)» dans ce même thème.**

1913. Le chimiste britannique Frederick SODDY (1877-1956) découvre que plusieurs éléments chimiques possèdent des isotopes, c'est-à-dire des atomes plus lourds parce que leur noyau renferme plus de neutrons.

1913. Le géologue anglais Arthur HOLMES (1890-1965) utilise la radioactivité pour dater des roches et établit que la Terre a plus de 3 milliards d'années.

1915. Les physiciens britanniques William Henry BRAGG (1862-1942) et Lawrence BRAGG (1890-1971; fils de William) inventent, à partir des observations de von Laue, la cristallographie par rayons X (étude de la structure des cristaux par diffraction des rayons X).

1915. Le physicien français Paul LANGEVIN (1872-1946) invente le sonar, qui permet la détection des sous-marins et de la partie submergée des icebergs.

LE SONAR

Conception fréquente à l'époque et chez certains élèves

La seule façon de détecter des sous-marins, des icebergs et des bancs de poissons est de les apercevoir sous l'eau.

Concepts scientifiques actuels

Le sonar (*SOund Navigation And Ranging*) est un appareil qui fonctionne selon un principe semblable à celui du radar, en émettant des ultrasons dans l'eau. Lorsque ces signaux touchent un obstacle, ils sont réfléchis puis recaptés par le sonar. En calculant le temps écoulé entre l'émission et la réception, le sonar indique la distance qui le sépare de l'obstacle.

Activités (12 ans et plus)

- Examiner des images obtenues à l'aide d'un sonar.
- Observer un sonar portatif utilisé par certains pêcheurs (en vente dans certaines boutiques de matériel sportif).
- À l'aide d'un système d'expérimention assistée par ordinateur, étudier la technique du sonar en utilisant le matériel spécialement conçu à cet effet (disponible chez certains fournisseurs de matériel scientifique).

1923. Le géophysicien hollandais Felix VENING MEINESZ (1887-1966) met au point une méthode précise pour mesurer l'attraction gravitationnelle, dans diverses régions de la Terre, à partir de sous-marins. Il deviendra l'un des premiers partisans de la théorie de la dérive des continents de Wegener.

1924. Publication des travaux fondamentaux de géomorphologie du géologue allemand Walther PENCK (1888-1923).

1925. Une expédition allemande, qui utilise des sonars, découvre la dorsale médio-atlantique, une crête montagneuse sous-marine qui délimite des plaques tectoniques.

1928. Le géologue anglais Arthur HOLMES (1890-1965) indique que des courants de convection, dans le manteau de la Terre, pourraient expliquer la dérive des continents proposée par Wegener en 1912.

1928. Le pétrologiste américain d'origine canadienne Norman Levi BOWEN (1887-1956) montre que les minéraux se forment par refroidissement des roches magmatiques.

1929. Le géologue japonais Motonori MATUYAMA (1884-1958) découvre que le champ magnétique terrestre s'est inversé plusieurs fois, à tous les 100 millions d'années, au cours de l'histoire de la Terre.

▶ **Voir « Les inversions du champ magnétique terrestre (1929) » dans le thème de sciences de la Terre « Le globe terrestre ».**

1930. Invention, aux États-Unis, de la bathysphère, ancêtre du bathyscaphe, qui peut atteindre une profondeur de 1000 m.

1935. Le géologue américain Charles RICHTER (1900-1985) met au point l'*échelle de Richter* pour mesurer l'énergie libérée par les séismes.

L'ÉCHELLE DE RICHTER

Conception fréquente à l'époque et chez certains élèves

La seule façon de mesurer l'intensité d'un séisme est d'évaluer les dégâts qu'il cause.

Concepts scientifiques actuels

L'échelle de Richter, qui va de 0 à 9, permet de mesurer la magnitude des séismes, c'est-à-dire l'énergie qu'ils libèrent. Étant donné que cette échelle est logarithmique, un accroissement d'une unité Richter correspond à une dissipation d'énergie 10 fois plus grande. À titre d'exemples, le séisme de 1995 à Kobe (Japon), qui a causé la mort de 5500 personnes, avait une magnitude de 6,9, tandis que celle du séisme de 1923 à Tokyo (Japon), qui a fait 143000 victimes, était de 7,9. Il ne faut pas confondre l'échelle de Richter avec l'échelle de Mercalli (ou échelle MSK), qui permet d'évaluer qualitativement l'importance des dégâts causés par les séismes.

Exercices (12 ans et plus)

- Se documenter pour répondre à la question suivante : Quelle était la magnitude, sur l'échelle de Richter, des grands tremblements de terre des 50 ou 100 dernières années ?
- Répondre aux questions suivantes : Avez-vous déjà vécu un séisme ? D'après vous, quelle était sa magnitude sur l'échelle de Richter ?
- **Voir « L'échelle de Mercalli (1902) » dans ce même thème.**

1937. Le géologue sud-africain Alexander DU TOIT (1878-1948) appuie la théorie de la dérive des continents de Wegener, en montrant que les continents de l'hémisphère Sud formaient autrefois un supercontinent qu'il nomme Gondwana.

1940. Le chimiste américain Willard Frank LIBBY (1908-1980) commence à développer, avec ses collègues de l'Institut des études nucléaires de Chicago, la technique de la datation au carbone 14.

LA DATATION AU CARBONE 14

Conception fréquente à l'époque et chez certains élèves

La seule façon de dater une roche est d'identifier la strate géologique à laquelle elle appartient.

Concepts scientifiques actuels

Une petite proportion des molécules de gaz carbonique de l'atmosphère comporte des atomes de carbone 14, un isotope radioactif du carbone. Ces atomes se retrouvent, dans la même proportion, dans la cellulose des végétaux qui utilisent le gaz carbonique. À la mort du végétal, le carbone 14 commence à se décomposer et cette proportion diminue de moitié tous les 5730 ans. La proportion de carbone 14 dans un spécimen qui contient de la cellulose (un morceau de bois, par exemple) permet donc d'estimer son âge. Cette technique ne permet pas de remonter très loin dans le passé, mais une technique semblable, basée sur le potassium 40, permet de remonter jusqu'aux débuts de la Terre.

Exercice (12 ans et plus)

Se documenter pour donner des exemples de spécimens archéologiques, de fossiles ou de roches dont on connaît l'âge grâce à la datation au carbone 14 ou au potassium 40.

1943. Découverte du plus grand cratère météorique du monde, en Ungava.

1947. Des techniques de datation des roches plus précises que celles utilisées Holmes, vers 1913, permettent d'établir que la Terre a 4,6 milliards d'années.

1948. Le scientifique français Auguste PICCARD (1884-1962) invente le bathyscaphe, un engin de plongée qui peut atteindre de très grandes profondeurs. Il sera utilisé pour étudier les fonds océaniques. Un modèle plus récent atteindra une profondeur de près de 11 000 m en 1960.

LE BATHYSCAPHE

Conception fréquente à l'époque et chez certains élèves

Il est impossible, à cause de la pression, de descendre sous l'eau à des profondeurs de plus d'une centaine de mètres.

Concepts scientifiques actuels

Le bathyscaphe est un submersible capable de résister à de très grandes pressions et de descendre à des profondeurs pouvant atteindre environ 1400 m. Il descend grâce à des ballasts, qui sont d'abord remplis d'un liquide moins dense que l'eau qui est graduellement remplacé par de l'eau, plus dense. Il remonte en lâchant du lest constitué de grenaille de plomb. Il ne peut toutefois pas explorer les abysses les plus profonds, dont la profondeur dépasse 2000 m.

Activités et exercices (12 ans et plus)

- Examiner des photographies de bathyscaphes et de sous-marins qui peuvent atteindre de grandes profondeurs.
- Sur une carte des fonds marins, repérer quelques abysses.
- Regarder un documentaire portant sur des explorations sous-marines réalisées à l'aide d'un bathyscaphe.
- Se documenter pour donner des exemples de découvertes effectuées grâce aux premiers bathyscaphes.
- Se documenter pour répondre à la question suivante: Quels sont les faits saillants de la vie d'Auguste Piccard? (Exemples: Auguste Piccard a été professeur de physique à Bruxelles pendant une grande partie de sa vie. Hergé, créateur de *Tintin*, s'est inspiré d'Auguste Piccard pour son personnage du professeur Tournesol.)

▶ **Voir «La faune des abysses sous-marins (1885)» dans le thème de biologie et médecine «Les animaux».**

Vers 1950. Le sismologue japonais Kiyoo WADATI (1920-1992) et le sismologue américain Hugo BENIOFF (1899-1968) montrent que les foyers des séismes se trouvent à de grandes profondeurs, et souvent au voisinage des fosses océaniques.

1953. L'alpiniste néo-zélandais Edmund HILLARY (né en 1919) atteint le sommet de l'Everest, situé à une altitude de 8846 m.

1956. L'océanologue américain Bruce HEEZEN (1924-1977) et le géologue américain William EWING (1906-1974) montrent que le fond des océans est composé de roches volcaniques récentes et que la surface du globe se divise en plusieurs plaques.

1959. Signature du traité de l'Antarctique, qui en fait un continent démilitarisé et réservé uniquement à la science.

1962. Le géologue américain Harry HESS (1906-1969) propose la notion d'expansion des fonds océaniques, un des concepts importants de la théorie de la tectonique des plaques.

Vers 1965. Le géophysicien canadien John Tuzo WILSON (1908-1993) raffine la théorie de la tectonique des plaques, en montrant que des *points chauds* fixes, dans le manteau, forment des îles volcaniques, comme celles d'Hawaï, par remontée du magma. Il montre aussi qu'il existe des régions où les plaques tectoniques coulissent l'une contre l'autre.

LES VOLCANS DE POINTS CHAUDS

Conception fréquente à l'époque et chez certains élèves

Tous les volcans se situent à la jonction de plaques tectoniques.

Concepts scientifiques actuels

Un volcan de point chaud est un volcan qui, contrairement à bien d'autres, est situé à une grande distance d'une limite entre des plaques tectoniques. Ils sont associés à des points chauds du manteau, c'est-à-dire à des endroits où le magma effleure en surface la croûte terrestre. Les volcans d'Hawaï sont de ce type.

Activités (12 ans et plus)

- Examiner des photographies de divers volcans. Constater les différences entre les volcans de points chauds, comme ceux d'Hawaï, et d'autres volcans.
- Regarder un documentaire portant sur les volcans d'Hawaï.

▶ **Voir «Les volcans (1912)» dans ce même thème.**

1967. Le géophysicien français Xavier LE PICHON (né en 1937) démontre la justesse du modèle d'expansion des fonds océaniques de Hess.

1972. Mise en orbite de Landsat 1, premier satellite de télédétection. Il permet d'observer les transformations de la nature sur la Terre.

1980. À la suite de la découverte de traces d'impact au Mexique, le physicien américain Luis ALVAREZ (1911-1988) émet l'hypothèse que la disparition des dinosaures, il y a 65 millions d'années, a été causée par l'impact d'une comète sur la Terre.

▶ **Voir « Les extinctions massives (1953) » dans le thème de biologie et de médecine « La classification et l'évolution des êtres vivants ».**

1991. Une équipe de scientifiques russes, qui poursuit un forage commencé au cours des années 1970 dans la péninsule de Kola, en Arctique, atteint une profondeur de 12000 m et y mesure une température de 210 °C.

1992. Lancement, par les États-Unis et la France, du satellite *Topex-Poseidon,* qui permet de mesurer en permanence l'altitude de la surface océanique avec une grande précision. Ce satellite montrera que le niveau moyen de la mer s'élève progressivement.

L'ATMOSPHÈRE

L'Antiquité classique

IVe siècle av. J.-C. Invention, aux Indes, du pluviomètre. Il réapparaîtra en Asie vers 1440 et en Italie à partir de 1669.

LE PLUVIOMÈTRE

Conception fréquente à l'époque et chez certains élèves

Il est difficile de mesurer les précipitations.

Concepts scientifiques actuels

Le pluviomètre est un instrument permettant de mesurer la quantité de précipitations qui tombent en un lieu donné. Sous sa forme la plus simple, il est constitué d'un entonnoir placé dans un contenant gradué du même diamètre. L'entonnoir permet d'éviter que des gouttes d'eau soient projetées à l'extérieur du contenant. Un pluviomètre muni d'une surface chauffante fait fondre la neige et permet ainsi de mesurer la quantité de précipitations qui tombent à l'état solide.

Activités (8 ans et plus)

- Examiner des photographies et, si possible, de véritables pluviomètres utilisés dans les stations météorologiques.
- Imaginer et construire un pluviomètre rudimentaire. À l'aide de ce pluviomètre, mesurer la quantité de pluie qui tombe au cours d'une période donnée.

Vers 370 av. J.-C. Le philosophe grec EUDOXE de Cnide (v. 408-v. 370 av. J.-C.) établit une distinction entre les phénomènes « sublunaires » (en deçà de la Lune) et les phénomènes « translunaires » (au-delà de la Lune).

Vers 340 av. J.-C. Le philosophe grec ARISTOTE (384-322 av. J.-C.) reprend la distinction établie par Eudoxe de Cnide entre les phénomènes sublunaires et les phénomènes translunaires. Il croit, par exemple, que les comètes sont des phénomènes atmosphériques sublunaires. Son traité *Les Météorologiques* constitue la première étude scientifique de l'atmosphère.

Vers 250 av. J.-C. Le scientifique grec PHILON de Byzance (IIIe s. av. J.-C.) conçoit un thermoscope, ancêtre du thermomètre, qui permet de constater des différences de température. Le fonctionnement du thermoscope repose sur la dilatation d'une certaine quantité d'air, qui provoque le déplacement d'un certain volume d'eau.

▶ **Voir « Le thermoscope (250 av. J.-C.) » dans le thème de physique « La chaleur et la pression ».**

Le Moyen Âge

Vers 1110. Le médecin, géologue et philosophe iranien AVICENNE, en arabe Ibn Sina (980-1037), écrit des traités de géologie, qui joueront un rôle considérable en Europe jusqu'au XVIIe siècle et dans lesquels il décrit, entre autres, l'érosion causée par les précipitations et le vent.

La Renaissance

1450. Le mathématicien et scientifique italien Leone Battista ALBERTI (1404-1472) établit le principe de l'anémomètre à palette, dont le premier modèle sera construit par Hooke en 1664.

1577. L'astronome danois Tycho BRAHE (1546-1601) réfute des théories énoncées par Eudoxe de Cnide et Aristote, au cours de l'Antiquité classique, en établissant que les comètes ne sont pas des phénomènes atmosphériques sublunaires, mais des phénomènes translunaires, et en établissant aussi que leur trajectoire est incompatible avec l'existence des « sphères cristallines » sur lesquelles seraient fixées les planètes.

1593. Le physicien et astronome italien GALILÉE (1564-1642) invente un thermomètre à gaz, descendant du thermoscope de Philon de Byzance.

▶ **Voir « Le thermomètre (1593) » dans le thème de physique « La chaleur et la pression ».**

Le XVIIe siècle

1612. Le médecin italien SANTORIO (1561-1636) invente un thermomètre à eau.

▶ **Voir « Le thermomètre (1593) » dans le thème de physique « La chaleur et la pression ».**

1621. Le philosophe français Pierre GASSENDI (1592-1655) fait la première description scientifique d'une aurore boréale. Il ne peut cependant pas l'expliquer de façon satisfaisante.

LES AURORES AUSTRALES ET BORÉALES

Conception fréquente à l'époque et chez certains élèves

Les aurores australes et boréales sont causées par le reflet de la lumière du Soleil ou de la Lune sur les glaces des pôles.

Concepts scientifiques actuels

Les aurores australes et boréales sont des phénomènes lumineux de la haute atmosphère qui apparaissent la nuit, généralement en direction du pôle, sous forme de draperies ou de rideaux. Leur formation est causée par l'arrivée de particules énergétiques chargées d'électricité et émises par le Soleil qui entrent en collision avec les atomes et les molécules de la haute atmosphère, à environ 200 km d'altitude, et les excitent, en provoquant une émission lumineuse caractéristique de chaque élément rencontré. Ces particules sont orientées par le champ magnétique terrestre, dont les lignes convergent vers les deux pôles magnétiques, ce qui explique que les aurores soient plus fréquemment visibles au nord ou au sud.

Activités (8 ans et plus)

- Examiner des photographies ou regarder un documentaire qui présente des aurores australes ou boréales.
- Décrire des aurores australes ou boréales déjà observées.

1641. Invention, en Italie, du thermomètre à alcool.

▶ **Voir « Le thermomètre (1593) » dans le thème de physique « La chaleur et la pression ».**

1643. Le physicien et mathématicien italien Evangelista TORRICELLI (1608-1647) montre que l'atmosphère possède un poids et exerce une pression, en concevant le premier baromètre, un tube de verre rempli de mercure.

▶ **Voir « Le baromètre (1643) » dans le thème de physique « La chaleur et la pression ».**

1648. Le philosophe, mathématicien et physicien français Blaise PASCAL (1623-1662) montre que la pression atmosphérique diminue avec l'altitude.

LA PRESSION ATMOSPHÉRIQUE ET L'ALTITUDE

Conception fréquente à l'époque et chez certains élèves

La pression atmosphérique est la même partout où il y a de l'air.

Concepts scientifiques actuels

La pression atmosphérique, dont la valeur moyenne est de 1013 millibars (mbar) ou 101,3 kilopascals (kPa) au niveau de la mer diminue d'environ 55 mbar (ou 5,5 kPa) par kilomètre. Elle n'est plus que d'environ 100 mbar (ou 10 kPa) à 16 km d'altitude. Un baromètre précis peut mesurer une diminution de la pression entre la base et le sommet d'un édifice de quelques dizaines d'étages.

Activités et exercice (8 ans et plus)

- À l'aide d'un baromètre relativement précis, mesurer la pression à la base, puis au sommet d'une petite montagne.
- À l'aide d'un baromètre relativement précis, mesurer la pression à la base, puis au sommet d'un édifice de 20 étages ou plus.

- Se documenter pour répondre à la question suivante: Quels sont les faits saillants de la vie de Blaise Pascal? Voir les remarques portant sur cette même question dans «La presse hydraulique (1648)», dans le thème de physique «La chaleur et la pression».

1664. Le savant anglais Robert HOOKE (1635-1703) invente un anémomètre à palette qui fonctionne selon un principe établi par Alberti en 1450.

L'ANÉMOMÈTRE

Conception fréquente à l'époque et chez certains élèves

Il est impossible de mesurer la vitesse du vent.

Concepts scientifiques actuels

L'anémomètre est un instrument qui sert à mesurer la vitesse du vent. Les plus connus sont les anémomètres mécaniques, dans lesquels le vent pousse sur une plaque fixée à un ressort et l'incline plus ou moins, ou dans lesquels le vent fait tourner une hélice munie de coquilles (appelées aussi coupelles).

Activités et exercice (12 ans et plus)

- Examiner des photographies et, si possible, de véritables anémomètres utilisés dans les stations météorologiques.
- Imaginer et construire un anémomètre à palette ou à hélice rudimentaire. À l'aide de cet anémomètre, estimer la vitesse du vent. (Il est possible de calibrer cet anémomètre à partir d'un autre anémomètre et d'un ventilateur électrique.)
- Se documenter pour répondre à la question suivante: Quels sont les faits saillants de la vie de Robert Hooke? Voir les remarques concernant cette même question dans «La loi de Hooke (1676)» dans le thème de physique «Les forces et les mouvements».

1664. Le savant italien Francesco FOLLI (1624-1685) invente l'hygromètre.

L'HYGROMÈTRE

Conception fréquente à l'époque et chez certains élèves

Il est impossible de mesurer le taux d'humidité de l'air.

Concepts scientifiques actuels

L'hygromètre est un instrument qui permet de mesurer le taux d'humidité de l'air. Il en existe plusieurs types. L'hygromètre à cheveu fonctionne grâce à la variation de la longueur d'un cheveu en fonction de l'humidité. L'hygromètre à condensation donne le taux d'humidité à partir de la température à laquelle se forme une condensation sur un réservoir qui contient un liquide froid. L'hygromètre à absorption donne le taux d'humidité en fonction de la quantité de vapeur d'eau absorbée par certains composés chimiques ou du changement de couleur de certains composés (exemple: chlorure de cobalt) en présence de vapeur d'eau. Le psychromètre donne le taux d'humidité à partir de la différence de température entre un thermomètre relié à une mèche mouillée et un thermomètre sec.

Activités et exercices (12 ans et plus)

- Mesurer le taux d'humidité de l'air à l'aide d'un hygromètre vendu dans le commerce et suivre la variation du taux d'humidité, de jour en jour, à l'aide d'un graphique.
- Fabriquer un hygromètre de type psychromètre à l'aide de deux thermomètres et d'une mèche qui trempe dans l'eau. Se documenter pour trouver une table qui donne le taux d'humidité de l'air en fonction de la différence de température entre les deux thermomètres.
- Se documenter pour trouver un modèle simple d'hygromètre construit à partir d'un cheveu. Construire cet hygromètre.
- Se documenter pour répondre à la question suivante: Comment les cônes de certains conifères peuvent-ils constituer un hygromètre rudimentaire? (Les cônes sont plus ou moins ouverts, selon le taux d'humidité.)

Vers 1665. Le chimiste et physiologiste anglais John MAYOW (1640-1679) affirme que l'air est un mélange de gaz.

1686. L'astronome et physicien anglais Edmond HALLEY (1656-1742) montre que le vent est engendré par les différences de pression atmosphérique et établit la première carte météorologique.

LES CARTES MÉTÉOROLOGIQUES

Conception fréquente à l'époque et chez certains élèves

Les phénomènes météorologiques sont trop aléatoires et imprévisibles pour qu'il soit possible de les représenter par des cartes.

Concepts scientifiques actuels

Une carte météorologique, qui peut être mise à jour plusieurs fois par jour, représente les zones de basse pression (dépressions), les zones de haute pression (anticyclones), la direction des vents, les fronts chauds, les fronts froids et les zones de précipitation d'une région donnée. Le vent souffle des zones de haute pression vers les zones de basse pression, mais sa trajectoire est incurvée par la force de Coriolis, qui résulte de la rotation de la Terre.

Activité (12 ans et plus)

Examiner une carte météorologique. Remarquer les zones de basse pression (dépressions), les zones de haute pression (anticyclones) et la direction des vents.

Le XVIIIe siècle

1735. Le physicien anglais George HADLEY (1685-1768) propose un modèle de circulation atmosphérique, connu sous le nom de *cellule de Hadley*, selon lequel l'air chaud s'élève audessus de l'équateur, se déplace vers le nord, se refroidit, redescend, retourne vers l'équateur, tout en étant dévié par la rotation de la Terre.

LES CELLULES DE CIRCULATION DES VENTS

Conception fréquente à l'époque et chez certains élèves

La direction des vents est aléatoire et imprévisible.

Concepts scientifiques actuels

La plupart des régions sont soumises à un vent dominant, qui est celui qui souffle le plus souvent. À Montréal, par exemple, le vent dominant vient de l'ouest. Il existe trois grandes cellules de circulation des vents dominants dans chaque hémisphère. Dans l'hémisphère Nord, par exemple, se trouvent la cellule polaire, où les vents dominants de surface soufflent du nord vers le sud, la cellule des latitudes moyennes, où les vents dominants de surface soufflent de l'ouest vers l'est, et la cellule de Hadley, entre le tropique et l'équateur, où les vents de surface, nommés alizés, soufflent du nord-est vers le sud-ouest. Ces cellules sont séparées par des courants-jets, une étroite ceinture de vents d'ouest à haute altitude, dont la vitesse peut atteindre 370 km/h.

Activités (12 ans et plus)

- Examiner un schéma des cellules de circulation de l'ensemble de la Terre.
- Noter la direction du vent à la même heure tous les jours. Découvrir la direction des vents dominants de sa région.

1752. L'homme politique et physicien américain Benjamin FRANKLIN (1706-1790) utilise un cerf-volant pour montrer que les éclairs sont causés par une décharge électrique et il invente le paratonnerre.

▶ **Voir « Le paratonnerre (1752) » dans le thème de physique « L'électricité et le magnétisme ».**

1754. Le physicien et chimiste britannique Joseph BLACK (1728-1799) identifie chimiquement le gaz carbonique (dioxyde de carbone) découvert par van Helmont et déduit de ses observations la présence de ce gaz dans l'atmosphère.

Vers 1766. Le physicien et chimiste britannique Henry CAVENDISH (1731-1810) découvre l'azote, qu'il appelle « air vicié », en faisant passer de l'air atmosphérique sur du charbon ardent.

1773. Le chimiste suédois Carl SCHEELE (1742-1786) précise le rôle de l'oxygène dans la respiration des plantes et des animaux et estime que l'atmosphère comporte environ 25 % d'« air respirable » (oxygène) et 75 % d'« air vicié » (azote), valeurs assez proches des 21 et 79 % qui seront déterminées plus tard par des moyens plus précis.

1783. Le chimiste anglais Henry CAVENDISH (1731-1810) effectue la première analyse relativement précise de la composition de l'air. Il trouve 20,8 % d'oxygène, 79,2 % d'azote et environ 1 % d'autres gaz.

Le XIXe siècle

1803. Le météorologiste anglais Luke HOWARD (1773-1864) propose un système de classification des formes et des effets des nuages qui, pour l'essentiel, est encore utilisé de nos jours.

LA CLASSIFICATION DES NUAGES

Conception fréquente à l'époque et chez certains élèves

Les nuages ont des formes trop aléatoires pour qu'il soit possible d'en faire une classification.

Concepts scientifiques actuels

Il existe plusieurs types de nuages. Ceux qui sont situés à haute altitude ont un nom qui commence par «cire». Ceux qui sont situés à une altitude moyenne ont un nom qui commence par «alto». Ceux qui sont à basse altitude ont un nom qui commence par «stras». Ceux qui sont à développement vertical ont un nom qui commence par «cum». Les 10 principaux types de nuages sont les cirrus, les cirrostratus, les cirrocumulus, les altostratus, les altocumulus, les stratus, les stratocumulus, les cumulus, les cumulonimbus et les nimbostratus.

Activités et exercice (12 ans et plus)

- Examiner des photographies des principaux types de nuages.
- Se documenter pour répondre aux questions suivantes: Quelles sont les caractéristiques des principaux types de nuages? La présence de certains types de nuages est-elle associée à du beau temps? La présence d'autres types est-elle associée à du mauvais temps?
- Observer le ciel pendant plusieurs jours et noter les types de nuages qui s'y trouvent et la façon dont ils évoluent.
- Essayer de faire des prévisions météorologiques d'après la présence de certains types de nuages.

1806. L'hydrographe britannique Francis BEAUFORT (1774-1857) propose l'*échelle de Beaufort*, une échelle d'estimation de la vitesse du vent d'après ses effets observables.

L'ÉCHELLE DE BEAUFORT

Conception fréquente à l'époque et chez certains élèves

Il est impossible d'estimer la vitesse du vent sans appareil.

Concepts scientifiques actuels

L'échelle de Beaufort permet de mesurer la force du vent d'après ses effets observables.

Degré	Terme descriptif	Effet observable	Vitesse (km/h)	Hauteur probable des vagues (en m)
0	calme	Fumée monte verticalement.	<1	0
1	très légère brise	Fumée déviée.	1 à 5	0,1
2	légère brise	Feuilles frémissent.	6 à 11	0,2 à 0,3
3	petite brise	Feuilles et banches agitées. Drapeaux flottent.	12 à 19	0,6 à 1
4	jolie brise	Poussière et papiers soulevés.	20 à 28	1 à 1,5
5	bonne brise	Arbrisseaux s'agitent.	29 à 38	2 à 2,5
6	vent frais	Grandes branches agitées. Fils électriques sifflent.	39 à 49	3 à 4
7	grand frais	Arbres agités. Marche difficile contre le vent.	50 à 61	4 à 5,5
8	coup de vent	Branches cassées. Marche impossible contre le vent.	62 à 74	5,5 à 7,5
9	fort coup de vent	Tuiles et cheminées arrachées.	75 à 88	7 à 10
10	tempête	Arbresdéracinés. Maisons endommagées.	89 à 102	9 à 12,5
11	violente tempête	Maisons lourdement endommagées.	103 à 117	11,5 à 14
12	ouragan	Observable seulement sur l'océan.	118 et plus	14 et plus

Activité (8 ans et plus)

- Estimer la vitesse du vent à partir des effets observables décrits par l'échelle de Beaufort. Comparer cette estimation avec les mesures plus précises (exemple: la vitesse du vent en kilomètres à l'heure) obtenues à l'aide d'anémomètres ou disponibles sur des sites métérologiques.

1824. Le mathématicien et physicien français Joseph FOURIER (1768-1830) affirme que la température du sol est augmentée par l'interposition de l'atmosphère, parce que le rayonnement solaire, à l'état de lumière, trouve moins d'obstacles pour pénétrer l'air qu'il n'en trouve pour repasser dans l'air après avoir été converti en chaleur obscure (rayons infrarouges). Ce concept sera précisé par Tyndall en 1863.

▶ **Voir « L'effet de serre (1863) » dans ce même thème.**

1835. Le physicien français Gaspard CORIOLIS (1792-1843) montre que la rotation de la Terre fait dévier tous les mouvements à sa surface sous l'effet de la *force de Coriolis.*

La force de Coriolis

Conception fréquente à l'époque et chez certains élèves

La rotation de la Terre est imperceptible et ne produit pas d'effet observable sur les mouvements à sa surface.

Concepts scientifiques actuels

La *force de Coriolis* est une force fictive qui résulte de l'accélération causée par la rotation de la Terre. Dans l'hémisphère Nord, elle fait dévier les objets en mouvement vers la droite et, dans l'hémisphère Sud, elle fait dévier les objets vers la gauche. La *force de Coriolis* se manifeste de façon évidente lors du tir de projectiles lourds à de grandes distances, ainsi que dans la direction des vents.

Exercice et activité (12 ans et plus)

- Se documenter pour trouver la correction nécessaire, lors du tir d'un projectile, pour tenir compte de la *force de Coriolis*.
- Examiner, sur une carte météorologique, l'effet de la *force de Coriolis* sur la direction des vents qui soufflent vers une zone de basse pression.

1839. Le géologue et paléontologue américain d'origine suisse Louis AGASSIZ (1807-1873) affirme que l'hémisphère Nord de la Terre était autrefois recouvert par des glaciers.

LES GLACIATIONS

Conception fréquente à l'époque et chez certains élèves

Les glaciers ont toujours été situés près des pôles et dans les grandes chaînes de montagnes.

Concepts scientifiques actuels

Près des pôles se trouvent de grandes étendues de glace, appelées inlandsis, qui forment les calottes polaires. L'inlandsis du Groenland, par exemple, couvre une immense surface continentale. Dans certaines chaînes de montagnes se trouvent aussi d'immenses masses de glace, appelées glaciers, qui s'écoulent lentement sous l'action de la gravité. Toutefois, à certaines époques, la Terre a été beaucoup plus froide qu'elle ne l'est aujourd'hui et, dans l'hémisphère Nord, la glace recouvrait d'immenses portions de l'Amérique du Nord et de l'Europe d'une couche qui pouvait atteindre 5 km d'épaisseur. Le dernier âge glaciaire s'est achevé il y a 10000 ans. Les inlandsis et les glaciers causent une érosion glaciaire importante, qui se caractérise par des lacs remplis d'eau de fonte, des vallées en auge, des fjords, des surfaces de roches arrondies, ainsi que par des blocs erratiques et des amas de roches ou de sable laissés par les glaces disparues. Au Québec, dans les Laurentides, de nombreux indices (lacs, blocs erratiques, sable, etc.) témoignent du dernier âge glaciaire.

Activités (12 ans et plus)

- Examiner des dessins et des maquettes de glaciers et inlandsis actuels.
- Regarder un documentaire portant sur les âges glaciaires.
- Lors d'une sortie dans la nature, observer les effets de la glaciation (forme des lacs, blocs erratiques, présence de sable dans le sol, etc.).

1840. Le naturaliste et voyageur allemand Alexander von HUMBOLDT (1769-1859) propose une théorie au sujet de la répartition des climats à la surface du globe.

La répartition des climats

Conception fréquente à l'époque et chez certains élèves

Le climat est trop variable pour être associé à des régions spécifiques du globe.

Concepts scientifiques actuels

Le climat d'un lieu se caractérise principalement par la température de l'air, la pluviométrie (quantité de précipitations), l'ensoleillement, l'humidité de l'air et la vitesse du vent. Les principaux types de climat sont le climat polaire, le climat de toundra, le climat tempéré, le climat désertique et aride, le climat tropical et le climat de montagne.

Activités et exercice (12 ans et plus)

- Examiner, dans un atlas, une carte de la répartition des climats de la planète.
- Discuter des conséquences des changements climatiques pour diverses régions du globe.
- Se documenter pour répondre à la question suivante: Quels sont les faits saillants de la vie d'Alexander von Humboldt? (Exemple: Alexander von Humboldt fut un grand explorateur et se rendit dans plusieurs régions du monde.)

Vers 1840. Le géologue anglais William BUCKLAND (1784-1856) explique, à la suite des travaux d'Agassiz, les glaciations en Angleterre.

1846. L'astronome irlandais Thomas ROBINSON (1792-1882) invente l'anémomètre à coupelles, prototype des anémomètres modernes.

1852. Le physiologiste allemand Ernst von BRÜCKE (1819-1892) explique la couleur bleue du ciel par une diffusion de la lumière solaire par de très fines particules en suspension dans l'atmosphère. Cette explication sera reprise par Tyndall en 1860 et améliorée par Rayleigh en 1871.

▶ **Voir « La couleur bleue du ciel (1871) » dans ce thème.**

1855. L'astronome français Urbain LE VERRIER (1811-1877) constate qu'il aurait été possible de prévoir une violente tempête qui a coulé plus de 40 navires des flottes anglaise et française en mer Noire, l'année précédente, et fonde ainsi la météorologie moderne.

1857. Le mathématicien, physicien et météorologue anglais Buys BALLOT (1817-1890) montre que les vents sont déviés et tournent en spirale en soufflant vers les zones de basse pression. Dans l'hémisphère Nord, ils tournent dans le sens contraire des aiguilles d'une montre, vers les zones de basse pression, et en sens inverse dans l'hémisphère Sud.

LA DIRECTION DES VENTS

Conception fréquente à l'époque et chez certains élèves

Le vent souffle toujours directement de la zone de haute pression vers la zone de basse pression.

Concepts scientifiques actuels

D'une façon générale, il est vrai que les vents soufflent des zones de haute pression vers les zones de basse pression, mais aux latitudes tempérées et près des pôles, où la *force de Coriolis* causée par la rotation de la Terre est importante, les vents sont déviés et tournent en spirale en soufflant vers les zones de basse pression. Dans l'hémisphère Nord, ils tournent dans le sens contraire des aiguilles d'une montre, vers les zones de basse pression, et en sens inverse dans l'hémisphère Sud.

Activités (12 ans et plus)

- Examiner une carte météorologique qui présente les zones de haute pression et de basse pression, et la direction des vents.
- Lors d'une tempête, déduire la direction dans laquelle se trouve la zone de basse pression à partir de la direction du vent. (Dans l'hémisphère Nord, la dépression se trouve généralement à droite par rapport à la direction vers laquelle souffle le vent.)

1863. Le physicien irlandais John TYNDALL (1820-1893), précisant une idée émise par Fourier en 1824, propose le concept d'effet de serre, qui établit un lien entre une augmentation de la concentration de dioxyde de carbone et une augmentation de la température de l'atmosphère. Il reprend l'explication proposée par von Brücke en 1852 au sujet de la couleur bleue du ciel.

L'EFFET DE SERRE

Conceptions fréquentes à l'époque et chez certains élèves

- La proportion de gaz carbonique dans l'atmosphère a toujours été et sera toujours la même.
- Il n'y a pas de rapport entre la composition chimique de l'atmosphère et la température.
- L'effet de serre est un phénomène récent et anormal.

Concepts scientifiques actuels

Certains gaz contenus dans l'atmosphère, tels le gaz carbonique et le méthane, absorbent les rayons infrarouges émis par la Terre et maintiennent la température à un niveau qui permet la vie. L'effet de serre est donc bénéfique; sans lui, il ferait beaucoup trop froid sur Terre. Depuis quelques décennies, les émissions causées par les activités humaines augmentent la concentration de ces gaz, ce qui cause un réchauffement climatique inquiétant.

Activités et exercices (12 ans et plus)

- Construire une serre miniature avec des baguettes de bois et de la pellicule plastique. Placer la serre au soleil. À l'aide de thermomètres, comparer la température à l'intérieur et à l'extérieur de la serre.
- À l'aide d'un thermomètre et d'une maquette pour l'étude de l'effet de serre (disponible chez certains fournisseurs de matériel scientifique) qui comporte des filtres sélectifs interchangeables, mesurer l'augmentation de la température.
- Répondre à la question suivante: Qu'observe-t-on en ouvrant les portières d'une voiture restée stationnée au soleil?
- Examiner un graphique de l'augmentation des températures moyennes à la surface de la Terre.
- Discuter des moyens de réduire l'augmentation de l'effet de serre dans l'atmosphère terrestre.

1863. Publication, en France, des premières cartes météorologiques isobares.

1871. Le physicien anglais John Strutt, baron RAYLEIGH (1842-1919), améliore l'explication proposée par von Brücke en 1852 et par Tyndall en 1860, au sujet de la couleur bleue du ciel, en affirmant que la diffusion de la lumière solaire ne se fait pas sur des poussières ou des gouttelettes, mais bien sur les molécules d'oxygène et d'azote de l'air.

LA COULEUR BLEUE DU CIEL

Conception fréquente à l'époque et chez certains élèves

Le ciel est bleu parce qu'il réfléchit la couleur de l'eau des océans.

Concepts scientifiques actuels

Les molécules d'azote et d'oxygène de l'atmosphère absorbent une partie de la lumière du Soleil, mais en réfléchissent une autre partie dans toutes les directions, ce qui cause une diffusion de cette lumière. La lumière bleue est moins absorbée que les autres couleurs, ce qui explique que le ciel nous paraît bleu.

Activités (8 ans et plus)

- Remplir un aquarium ou un très grand pot transparent avec de l'eau et une petite quantité de lait. Observer, dans le liquide, la diffusion de la lumière émise par une lampe de poche qui éclaire la surface de l'eau et trouver la couleur qui en résulte.
- Observer les variations de couleur d'un lac en fonction de celles de la couleur du ciel.

1894. Les physiciens anglais William RAMSEY (1852-1916) et John Strutt, baron RAYLEIGH (1842-1919), décèlent dans l'air, par analyse spectroscopique, la présence d'un premier gaz inerte, qu'ils nomment l'argon.

1898. Lancement, en France, des premiers ballons-sondes destinés à recueillir des données atmosphériques en altitude.

1896. Le physicien et chimiste suédois Svante ARRHENIUS (1859-1927) montre le lien entre une augmentation de la concentration de dioxyde de carbone et une augmentation de la température de l'atmosphère, ce qui confirme le concept d'effet de serre proposé par Fourier en 1824 et Tyndall en 1863.

Le XXe siècle

1903. Le géologue américain William Morris DAVIS (1850-1934) fonde la géomorphologie et développe les idées de Hooke sur les cycles d'érosion.

▶ **Voir « Les cycles d'érosion (1903) » dans le thème de sciences de la Terre « L'écorce terrestre et les océans ».**

1913. Le physicien français Charles FABRY (1867-1945) découvre l'existence d'une couche d'ozone, dans la haute atmosphère, et montre qu'elle bloque une partie des rayons ultraviolets en provenance du Soleil.

▶ **Voir « Les CFC et la couche d'ozone (1988) » dans le thème de biologie et médecine « L'environnement ».**

1918. Le climatologue allemand Wladimir KÖPPEN (1846-1940) propose une classification des climats du globe: climats tropicaux, climats arides, climats tempérés chauds, climats tempérés froids et climats polaires.

LES CLIMATS

Conception fréquente à l'époque et chez certains élèves

Il n'existe que des climats chauds et des climats froids.

Concepts scientifiques actuels

Le climat se caractérise principalement par ses températures moyennes mensuelles plus ou moins élevées et ses précipitations moyennes mensuelles plus ou moins abondantes. Les trois grandes zones climatiques du globe sont les régions polaires, les régions tempérées et les régions tropicales. Dans les régions polaires, le Soleil est toujours bas sur l'horizon et ne se lève pas pendant plusieurs semaines ou plusieurs mois, selon la latitude. Les régions tempérées connaissent des étés chauds et des hivers froids. Les régions tropicales sont très chaudes: certaines sont des déserts, car elles sont situées sous des anticyclones qui maintiennent l'air sec; d'autres sont des jungles luxuriantes, car les pluies y sont régulières et abondantes; d'autres sont affectées par des vents de mousson qui leur donnent une saison sèche et une saison des pluies. Partout sur le globe les régions côtières, au climat océanique, connaissent souvent du temps plus humide et plus variable que les régions continentales, tandis que les régions montagneuses connaissent habituellement le climat de montagne, plus froid et plus humide que celui des plaines, à basse altitude.

Activité et exercices (12 ans et plus)

- Dans un atlas, examiner une carte des grandes zones climatiques du globe.
- Décrire les caractéristiques du climat de sa région.

– Répondre à la question suivante: Le climat de sa région a-t-il changé de façon perceptible au cours des dernières années?

1920. Le géophysicien norvégien Vilhelm BJERKNES (1862-1951) développe le modèle des fronts chauds et froids, ce qui améliore grandement la précision des prévisions météorologiques.

LES FRONTS ATMOSPHÉRIQUES

Conception fréquente à l'époque et chez certains élèves

Une baisse de la pression atmosphérique est la seule façon de prévoir des précipitations.

Concepts scientifiques actuels

Un front atmosphérique est la rencontre de deux masses d'air de températures différentes. Un front froid est caractérisé par une forte baisse de la température, une rotation du vent et, fréquemment, des précipitations de forte intensité, mais d'assez courte durée. Un front chaud est caractérisé par de l'air chaud et humide et des précipitations de faible intensité, mais de longue durée.

Activités (12 ans et plus)

– Simuler la rencontre d'une masse d'air froid et d'une masse d'air chaud de la façon suivante: séparer un aquarium en deux parties à l'aide d'une planche et de gommette adhésive (pour l'étanchéité) appliquée sur tout le tour de la planche; remplir un côté avec de l'eau froide, salée, colorée en bleu et l'autre côté avec de l'eau chaude colorée en rouge; enlever la planche en la tirant verticalement vers le haut; observer comment les deux masses d'eau se mélangent.
– Examiner une carte météorologique. Remarquer les zones de basse pression (dépressions), les zones de haute pression (anticyclones), la direction des vents et la position des fronts chauds et des fronts froids.
– À l'aide de ses sens et d'instruments de météorologie (thermomètre, baromètre, hygromètre, anémomètre, pluviomètre) observer et décrire le changement du temps lors du passage d'un front froid et d'un front chaud.

1920. Le physicien yougoslave Milutin MILANKOVIC (1879-1958) avance l'idée d'un cycle climatique, lié aux variations de l'orbite de la Terre autour du Soleil, qui comporte des périodes glaciaires de 10 000 ans et des périodes plus chaudes de 30 000 ans.

1922. Invention, en Grande-Bretagne, du concept de prévision numérique, qui consiste à faire des prévisions météorologiques à l'aide d'équations mathématiques. À cette époque, les calculs sont effectués par une équipe d'êtres humains.

1925. Le physicien anglais Edward APPLETON (1892-1965) découvre la réflexion des ondes radio par l'ionosphère.

LA RÉFLEXION DES ONDES RADIO PAR L'IONOSPHÈRE

Conception fréquente à l'époque et chez certains élèves

Il est impossible de capter des ondes radio émises à des milliers de kilomètres sans utiliser un relais.

Concepts scientifiques actuels

L'ionosphère est une couche de l'atmosphère comprise entre 70 km et 750 km d'altitude. Elle est ionisée par les rayons X et ultraviolets du Soleil (d'où son nom) et a la propriété de réfléchir certaines ondes radio, ce qui permet leur réception, sans relais ou satellite, en des lieux distants de près de 2 000 km du lieu d'émission, ce qui serait normalement impossible à cause de la forme ronde de la Terre. Cette réflexion des ondes fonctionne toutefois mieux la nuit que le jour, car l'ionosphère n'est pas perturbée par le rayonnement solaire pendant la nuit.

Activités (12 ans et plus)

- Examiner un schéma qui présente les diverses couches de l'atmosphère.
- À l'aide d'un récepteur à ondes courtes, essayer de capter, le jour et le soir, des émissions provenant de diverses régions du globe. Sur une carte du monde, situer les émetteurs qu'il est possible d'identifier.

1927. Lancement, en France, de la première radiosonde, un ballon-sonde qui transmet immédiatement ses données météorologiques par radio.

1931. Invention, pour les réfrigérateurs, du fréon (CF_2Cl_2), un gaz moins toxique que l'ammoniac ou le dioxyde de soufre utilisés à l'époque. On découvrira plus tard qu'il détruit la couche d'ozone de l'atmosphère.

1935. Le physicien écossais Robert WATSON-WATT (1892-1973) invente le radar.

▶ **Voir « Le radar météorologique (1949) » dans ce même thème.**

1940. Le météorologue américain d'origine suédoise Carl-Gustaf ROSSBY (1898-1957) propose un modèle de prévision météorologique de cinq jours basé sur la circulation des courants-jets à haute altitude.

1946. Premières expériences, aux États-Unis, d'ensemencement des nuages pour produire de la pluie.

1948. Le météorologue américain Jule CHARNEY (1917-1981) simplifie le système d'équations du modèle de prévision météorologique proposé par Bjerknes vers 1920.

1949. Début, aux États-Unis, de l'utilisation du radar en cartographie météorologique.

LE RADAR MÉTÉOROLOGIQUE

Conception fréquente à l'époque et chez certains élèves

Le radar ne sert qu'à détecter la présence d'avions.

Concepts scientifiques actuels

Le radar, acronyme de l'expression anglaise *RAdio Détection And Ranging* (détection et télémétrie à l'aide d'ondes radio) est un système de détection et de télémétrie d'objets dans l'air. Le radar envoie des ondes radio qui sont réfléchies par les objets, captées par une antenne et traitées pour former une image sur un écran.

En météorologie, le radar permet de repérer les formations nuageuses et de déterminer la répartition des gouttelettes dans les nuages et des précipitations dans l'atmosphère.

Activité (12 ans et plus)

- Sur un site Web de météorologie, examiner des cartes de précipitations établies à l'aide d'un radar météorologique. Associer chacune des couleurs utilisées à une certaine intensité de précipitations.

▶ **Voir « Le radar (1940) » dans le thème de technologie « Les techniques militaires et policières ».**

1950. Le météorologiste américain Jule CHARNEY (1917-1981) et le mathématicien américain d'origine hongroise John von NEUMANN (1903-1957) effectuent les premières prévisions météorologiques à l'aide d'un ordinateur.

1958. Le physicien américain James VAN ALLEN (né en 1914) découvre les *ceintures de Van Allen* à l'aide d'un compteur Geiger placé dans le satellite *Explorer 1*.

1959. Signature du traité de l'Antarctique, qui en fait un continent démilitarisé et réservé uniquement à la science.

1960. Les États-Unis mettent en orbite le premier satellite météorologique, *TIROS 1.*

1972. Lancement, aux États-Unis, de *Landsat 1,* qui permet d'observer l'évolution de divers types de pollution.

1974. Des scientifiques américains montrent que les CFC (chlorofluorocarbones) employés dans les réfrigérateurs, les climatiseurs et les bombes aérosol peuvent détruire la couche d'ozone qui nous protège des rayons ultraviolets du Soleil.

1979. Première conférence mondiale sur le climat, à Genève.

1981. L'Organisation météorologique mondiale reçoit un avis de scientifiques qui estiment que l'augmentation du gaz carbonique dans l'atmosphère cause un accroissement de la température de la Terre.

1985. Une expédition britannique découvre, au-dessus du pôle Sud, un trou dans la couche d'ozone, cette couche de l'atmosphère qui nous protège contre les rayons ultraviolets du Soleil.

▶ **Voir « Les CFC et la couche d'ozone (1988) » dans le thème de biologie et médecine « L'environnement ».**

1988. Signature, à Montréal, d'un protocole visant à réduire de moitié l'usage des CFC (chlorofluorocarbones), qui causent un amincissement de la couche d'ozone.

▶ **Voir « Les CFC et la couche d'ozone (1988) » dans le thème de biologie et médecine « L'environnement ».**

1992. Conférence des Nations Unies sur l'environnement et le développement, à Rio de Janeiro, au Brésil. Signature, par 178 pays, de conventions portant sur les changements climatiques et sur la biodiversité. Ces conventions seront peu respectées.

1995. Lancement d'*ERS-2,* un satellite européen qui permet l'étude précise de la couche d'ozone.

1995. Les Nations Unies appuient officiellement un rapport faisant état de la réalité du réchauffement planétaire et des changements climatiques.

▶ **Voir « Les changements climatiques (1995) » dans le thème de biologie et médecine « L'environnement ».**

1996. Des mesures montrent que le protocole de Montréal est efficace et que la couche d'ozone se reforme.

1997. Des représentants de plus de 150 pays se rencontrent à Kyoto, au Japon, où ils signent un protocole visant la réduction de l'émission des gaz à effet de serre.

LA BIOLOGIE ET LA MÉDECINE

La biologie a pour objet d'étude la vie et le fonctionnement des êtres vivants.

Cette section comporte six thèmes, qui présentent chacun une facette importante de l'histoire de la biologie :

- **la classification et l'évolution des êtres vivants,**
- **les animaux,**
- **les végétaux,**
- **la cellule et la chimie du vivant,**
- **l'environnement,**
- **la santé et la maladie.**

LA CLASSIFICATION ET L'ÉVOLUTION DES ÊTRES VIVANTS

L'Antiquité classique

Vers 570 av. J.-C. Le philosophe grec ANAXIMANDRE (v. 610-v. 547 av. J.-C.) énonce une première théorie de la génération spontanée, selon laquelle des êtres vivants peuvent se former spontanément à partir de matières minérales ou de substances organiques en décomposition. Cette théorie sera reprise, sous une forme différente, par Lamarck, au XIXe siècle.

Vers 550 av. J.-C. Le philosophe grec XÉNOPHANE (VIe siècle av. J.-C.) trouve, très loin des côtes de la Méditerranée, des fossiles d'organismes marins et en déduit que la mer s'étendait autrefois jusqu'à cet endroit. Il affirme que la Terre finira un jour par se désintégrer et disparaître.

LES FOSSILES

Conception fréquente à l'époque et chez certains élèves

Les mers et les océans ont toujours été situés aux mêmes endroits.

Concepts scientifiques actuels

Plusieurs régions des continents actuels se situaient autrefois sous des mers ou des océans. C'est pour cette raison qu'on y retrouve des fossiles d'animaux marins. La région de Montréal, par exemple, qui était autrefois sous la mer de Champlain, est riche en fossiles de petits mollusques.

Activités (8 ans et plus)

- Examiner une carte montrant l'emplacement des mers et des océans à diverses époques des temps géologiques relativement récents.
- Rechercher des fossiles à des endroits où se trouvent maintenant des roches sédimentaires (exemple : dans la vallée du Saint-Laurent, au Québec).
- Identifier des reproductions en plastique de divers fossiles (disponibles chez certains fournisseurs de matériel scientifique).
- À l'aide d'un logiciel d'identification de fossiles (disponible chez certains fournisseurs de matériel scientifique), identifier des fossiles virtuels.

Vers 460 av. J.-C. Le philosophe grec EMPÉDOCLE d'Agrigente (v. 490-v. 435 av. J.-C.) étudie la respiration, les caractères sexuels et la formation du fœtus et compare les organes et les fonctions dans les règnes animal et végétal. Il affirme également que les êtres vivants inadaptés doivent périr, ce qui est un lointain pressentiment de la théorie de la sélection naturelle qui sera formulée par Darwin au XIXe siècle. Il trouve des fossiles en Sicile et estime que les plantes, les animaux et les êtres humains sont apparus sur la Terre dans cet ordre, ce qui correspond aux théories actuelles.

Vers 350 av. J.-C. Le philosophe grec ARISTOTE (384-322 av. J.-C.) propose une classification des animaux basée en partie sur leur apparence extérieure et leur habitat. Son système de classification, qui peut paraître un peu étrange de nos jours, comporte neuf groupes. Les cinq premiers sont ceux des animaux à sang rouge:

- les quadrupèdes vivipares (qui engendrent des petits vivants),
- les oiseaux,
- les quadrupèdes ovipares (qui pondent des œufs) tels que les reptiles et les batraciens,
- les cétacés, tels que les baleines et les dauphins,
- les poissons.

Les quatre autres groupes sont ceux des animaux qu'il croit dépourvus de sang. Ce sont:

- les mollusques,
- les crustacés supérieurs,
- les ostracodermes, ou animaux qui possèdent une coquille,
- les animaux articulés tels que les insectes, les arachnides et les vers.

LES PREMIÈRES CLASSIFICATIONS DES ANIMAUX

Conception fréquente à l'époque et chez certains élèves

Les animaux doivent être classés selon leur apparence et leur habitat.

Concepts scientifiques actuels

De l'Antiquité à nos jours, de multiples systèmes de classification des animaux ont été proposés. De nos jours, les animaux sont classés en *règne*, *embranchement*, *classe*, *ordre*, *famille*, *genre* et *espèce*. Par exemple, le loup fait partie du règne animal, de l'embranchement des cordés, de la classe des mammifères, de l'ordre des carnivores, de la famille des canidés, du genre *canis* et de l'espèce *lupus*.

Exercice et problème (8 ans et plus)

- Se documenter pour répondre à la question suivante: Quels sont les faits saillants de la vie d'Aristote? (Exemples: Aristote est un philosophe grec qui fonda à Athènes sa propre école: le Lycée. Il est l'auteur de traités de logique, de politique, de biologie, de physique et de métaphysique. En biologie, ses observations reposaient souvent sur des dissections.)
- Résoudre le problème suivant: Comment peut-on classifier les animaux?

Matériel:

Des photographies, des dessins représentant des animaux de toutes sortes (insectes, poissons, mollusques, mammifères, oiseaux, etc.), une grande feuille de carton, un crayon à mine, des crayons de couleur, des ciseaux et de la colle blanche.

Quelques solutions ou approches possibles:

- Classer par taille;
- Classer par couleur;
- Classer par nombre de pattes;
- Classer par surface externe (plumes, poils, peau nue, écailles);
- Classer par habitat (eau, air, terre);
- Classer par climat;
- Classer par forme;
- Classer par mode de nutrition (herbivore, carnivore);
- Classer par mode de reproduction (œufs, larves, petits développés).

On peut également comparer ces systèmes de classification avec la classification d'Aristote et la classification moderne des animaux.

Vers 300 av. J.-C. Le botaniste et géologue grec THÉOPHRASTE (v. 372-v. 287 av. J.-C.), qui sera plus tard considéré comme le père de la botanique, décrit correctement plus de 500 espèces de plantes et leur mode de reproduction. Il propose un premier système de classification des plantes en arbres, arbrisseaux et herbes qui sera utilisé jusqu'au XVIe siècle.

LES PREMIÈRES CLASSIFICATIONS DES PLANTES

Conception fréquente à l'époque et chez certains élèves

Les animaux doivent être classés selon leur apparence et leur habitat.

Concepts scientifiques actuels

De l'Antiquité à nos jours, de multiples systèmes de classification des plantes ont été proposés. De nos jours, les plantes sont classées en *règne, embranchement, classe, ordre, famille, genre* et *espèce.*

Problème (8 ans et plus)

Comment peut-on classifier les plantes?

Matériel:

Des photographies, des dessins représentant des plantes de toutes sortes (arbres, plantes à fleurs de jardins, cactus, algues, fougères, mousses, etc.), une grande feuille de carton, un crayon à mine, des crayons de couleur, des ciseaux et de la colle blanche.

Quelques solutions ou approches possibles:

- Classer par taille;
- Classer par couleur;
- Classer par texture (lisse, rugueuse, piquante, etc.);
- Classer par habitat (eau, terre noire, sable);
- Classer par climat;
- Classer par forme;
- Classer par mode de nutrition (exemple: plantes carnivores);
- Classer par mode de reproduction (spores, graines).

On peut également comparer ces systèmes de classification avec la classification de Théophraste et avec la classification moderne des plantes.

Vers 50 ap. J.-C. L'encyclopédiste romain PLINE L'ANCIEN (23-79) rédige l'*Histoire naturelle*, une encyclopédie en 37 volumes dans laquelle sont exposées les connaissances de l'époque au sujet des métaux, des minéraux, des cristaux et pierres précieuses, des fossiles, des plantes et des animaux.

Le Moyen Âge

Ve siècle ap. J.-C. Sous l'influence de la Bible et de l'Église, le fixisme, selon lequel chaque espèce vivante a été créée grâce à la volonté prédéterminée de Dieu, devient la théorie dominante au sujet de l'apparition des êtres vivants.

LE FIXISME ET LE CRÉATIONNISME

Conception fréquente à l'époque et chez certains élèves

L'apparition des êtres vivants n'est pas explicable.

Concepts scientifiques actuels

Le fixisme est une théorie selon laquelle chaque espèce vivante a été créée grâce à la volonté prédéterminée d'une force divine. Le créationnisme n'est pas nécessairement du fixisme, car il est possible de croire, comme certains scientifiques chrétiens contemporains, que Dieu a créé l'univers initial mais l'a laissé libre d'évoluer.

Exercices (12 ans et plus)

- Discuter de la question suivante: Quelle est la différence entre le fixisme et le créationnisme?
- Se documenter pour répondre à la question suivante: Quelles sont les religions et les sectes qui croient au fixisme et/ou au créationnisme?
- Exprimer ses opinions personnelles au sujet du fixisme et du créationnisme et les comparer avec celles des autres.

Vers 1010. Le médecin, géologue et philosophe iranien AVICENNE, en arabe Ibn Sina (980-1037), écrit des traités de médecine et de géologie qui joueront un rôle considérable en Europe jusqu'au XVIIe siècle.

1270. Le théologien et philosophe allemand ALBERT LE GRAND (1200-1280) écrit un traité sur les animaux et perfectionne la classification zoologique d'Aristote.

1316. Création du premier jardin botanique à Hambourg, en Allemagne. D'autres jardins botaniques seront créés au XVIe siècle à Padoue et à Pise, en Italie, ainsi qu'à Bologne et à Montpellier, en France.

▶ **Voir «Les jardins botaniques (1316)» dans le thème de biologie et médecine «Les végétaux».**

La Renaissance

XVe siècle. Création des premiers musées d'histoire naturelle en Italie.

1550. Le savant allemand Georg Bauer, dit AGRICOLA (1494-1555), publie un traité descriptif sur les fossiles.

Vers 1550. Débuts de la confection d'herbiers, qui sont des collections de plantes séchées, pour l'étude et la classification des plantes.

▶ **Voir « L'herbier (1550) » dans le thème de biologie et médecine « Les végétaux ».**

1551. Le naturaliste suisse Conrad GESNER (1516-1565) commence la publication de sa monumentale *Histoire des animaux*, qui servira de base à la plupart des traités de zoologie jusqu'au milieu du XVIIIe siècle.

1555. Le médecin et naturaliste français Pierre BELON (1517-1564) fait remarquer un certain nombre d'analogies entre les squelettes d'un oiseau et d'un être humain. C'est une idée tellement originale pour l'époque qu'elle sera oubliée pendant trois siècles, avant d'être reprise par Geoffroy Saint-Hilaire en 1830.

Vers 1560. Le médecin et naturaliste italien Ulisse ALDROVANDI (1522-1605) propose une classification des animaux divisée en deux grandes sections : les animaux à sang rouge et les autres.

1565. Le naturaliste suisse Conrad GESNER (1516-1565) rédige un traité sur les animaux. Il écrit également un traité sur les fossiles dans lequel il signale des ressemblances entre certains fossiles et animaux marins vivants.

1580. Le savant français Bernard PALISSY (v. 1510-1589) affirme que les fossiles, appelés à cette époque « pierres figurées », sont les restes pétrifiés d'animaux disparus. Cette idée va à l'encontre de la croyance antique, toujours enseignée à l'époque, selon laquelle les fossiles ne sont que des « jeux de la nature » ou des restes du déluge biblique.

1583. Le médecin italien André de CÉSALPIN (1519-1603) propose une classification des plantes basée sur leurs propriétés et similitudes physiques. Il reprend la distinction, proposée par Théophraste vers 300 av. J.-C., entre arbres, arbrisseaux et herbes.

1596. Publication, en Chine, du *Ben Cao Gang Mu*, une encyclopédie qui fait la somme des connaissances accumulées depuis plusieurs siècles et qui décrit un millier de plantes, un millier d'animaux et plus de huit mille prescriptions médicales.

Le XVIIe siècle

1603. L'anatomiste et zoologiste italien Girolamo Fabricius D'ACQUAPENDENTE (1533-1619) est le premier à reconnaître le sexe chez les fleurs mais ne pense pas à l'utiliser pour la classification des plantes. Vers la même époque, il découvre également les valvules des veines et des artères.

1623. Les naturalistes et médecins suisses d'origine française Jean BAUHIN (1541-1613) et Gaspard BAUHIN (1560-1624) recensent, décrivent et classifient plus de 6000 espèces de plantes.

1660. L'évêque irlandais James USSHER (1581-1656) affirme, en se basant sur des calculs faits à partir de la Bible, que la création de l'Univers a eu lieu précisément en 4004 av. J.-C. Cette affirmation nuira au progrès de la géologie.

1669. L'anatomiste et géologue suédois Nicolas STÉNON (1638-1686) découvre que dans une formation géologique les couches rocheuses sont disposées dans un ordre chronologique, les plus profondes étant les plus anciennes, et les moins profondes, les plus récentes.

▶ **Voir « L'ordre des couches rocheuses (1669) » dans le thème de sciences de la Terre « L'écorce terrestre et les océans ».**

Vers 1680. Le naturaliste hollandais Antonie VAN LEEUWENHOEK (1632-1723) perfectionne le microscope à lentille unique et découvre l'existence de plusieurs espèces d'organismes microscopiques. Il croit cependant à la génération spontanée, c'est-à-dire au fait que des organismes microscopiques puissent apparaître spontanément dans de la matière en décomposition.

▶ **Voir « Les organismes microscopiques (1680) » dans le thème de biologie et médecine « La cellule et la chimie du vivant ».**

1682. Le naturaliste anglais John RAY (1627-1705) propose une classification des plantes qui fait la distinction entre les monocotylédones et les dicotylédones et subdivise ces dernières d'après la disposition des fleurs, le nombre de pétales et la forme des fruits. Il propose aussi une classification des animaux fondée sur des critères anatomiques, et non pas sur la seule forme extérieure des organismes.

LES MONOCOTYLÉDONES ET LES DICOTYLÉDONES

Conception fréquente à l'époque et chez certains élèves

Les graines sont une petite quantité de matière organique sans structure particulière.

Concepts scientifiques actuels

La classe des angiospermes, ou plantes à fleurs, regroupe les végétaux qui produisent des graines se développant dans un organe protecteur, l'ovaire. Cette classe comprend la sous-classe des monocotylédones, des plantes dont les graines renferment un seul cotylédon, un lobe foliacé qui joue le rôle de réserve de nourriture, et la sous-classe des dicotylédones, des plantes dont les graines renferment deux cotylédons. La distinction entre monocotylédones et dicotylédones est encore utilisée de nos jours, car elle est pratique, mais a perdu de son importance dans les nouveaux systèmes de classification.

Activités (8 ans et plus)

- Découvrir, à l'œil nu ou à la loupe, la différence entre des graines de monocotylédones (exemples: blé, maïs, riz) et de dicotylédones (exemples: pois, haricot, tournesol).

– À l'aide d'un guide d'identification des plantes, identifier des monocotylédones et des dicotylédones de son environnement.

1694. Le botaniste français Joseph Pitton de TOURNEFORT (1656-1708) établit une classification des plantes d'après les caractères de la corolle (ensemble des pétales d'une fleur) : simple ou composée, monopétale ou polypétale, régulière ou irrégulière. Plusieurs des familles de plantes qu'il crée sont encore utilisées de nos jours : labiées, crucifères, ombellifères, liliacées, etc.

Le XVIIIe siècle

1703. Le naturaliste anglais John RAY (1627-1705) définit l'espèce à partir de la capacité des organismes qui en font partie de se reproduire sexuellement entre eux.

1705. Le physicien anglais Robert HOOKE (1635-1703) avance, dans des travaux publiés peu après sa mort, la théorie selon laquelle les fossiles sont les restes de plantes et d'animaux disparus depuis très longtemps. Il croit aussi que la Terre est beaucoup plus vieille que les quelque 6 000 ans qui lui sont généralement attribués.

1735. Le naturaliste suédois Carl von LINNÉ (1707-1778) crée la classification systématique des plantes et des animaux par règnes, embranchements, classes, ordres, familles, genres et espèces. Il est le premier à adopter une nomenclature binominale consistant à désigner chaque être vivant par un double nom, le premier correspondant au genre, le second à l'espèce (exemple : *Felis catus*, qui signifie félin et chat). Il classe les plantes selon le caractère du pistil et le nombre et la disposition des étamines. Il est cependant un fixiste, c'est-à-dire qu'il croît que les espèces n'ont subi aucune évolution depuis leur création supposée.

1744. Le mathématicien et naturaliste français Pierre de MAUPERTUIS (1698-1759), précurseur du transformisme des espèces, énonce une conception selon laquelle les espèces se sont graduellement transformées. Il pressent également la possibilité de mutations.

1748. Le naturaliste français Benoît de MAILLET (1656-1738), dans un traité paru dix ans après sa mort, émet l'hypothèse d'une évolution des espèces.

1749. Le naturaliste, philosophe et écrivain français Georges Louis Leclerc, comte de BUFFON (1707-1788), entreprend la rédaction de l'*Histoire naturelle*, un traité en 44 volumes. Il contribue à l'hypothèse d'une évolution des espèces. Il affirme, comme Palissy en 1580, que les fossiles sont les restes pétrifiés d'animaux disparus, mais se heurte aux railleries du philosophe Voltaire.

Vers 1750. Le botaniste français Bernard de JUSSIEU (1699-1777), membre d'une célèbre famille de botanistes, perfectionne le système de classification élaboré par Linné en 1735, en proposant le principe de subordination. Ce système trouvera sa justification dans la théorie de l'évolution, un siècle plus tard.

LE PRINCIPE DE SUBORDINATION

Conception fréquente à l'époque et chez certains élèves

Il n'existe pas de façon rigoureuse d'établir des liens de parenté entre les espèces.

Concepts scientifiques actuels

Selon le principe de subordination, les caractères qui définissent les espèces sont plus spécifiques que ceux qui déterminent les genres, ces caractères étant eux-mêmes plus spécifiques que ceux qui déterminent les familles, puis les ordres, puis les classes. Par exemple, le loup se distingue des autres espèces du genre *canis* par quelques caractères, des autres espèces de la famille des canidés par plus de caractères, des autres espèces de l'ordre des carnivores par encore plus de caractères et de la classe des mammifères par toujours plus de caractères.

Activité (12 ans et plus)

En appliquant le principe de subordination, trouver les caractéristiques communes d'espèces qui font partie des mêmes genres. Faire de même pour des espèces plus éloignées qui font partie des mêmes familles; pour des espèces plus éloignées qui font partie des mêmes ordres; pour des espèces plus éloignées qui font partie des mêmes classes.

LA CLASSIFICATION SYSTÉMATIQUE DES PLANTES ET DES ANIMAUX

Conception fréquente à l'époque et chez certains élèves

Les êtres vivants doivent être classés selon leur apparence et leur habitat.

Concepts scientifiques actuels

Les êtres vivants sont classés en *règnes*, *embranchements*, *classes*, *ordres*, *familles*, *genres* et *espèces*. Le système de classification moderne comprend cinq grands règnes: les *procaryotes*, qui sont des unicellulaires sans noyau (exemples: bactéries, algues bleues); les *protistes*, qui sont des unicellulaires avec noyau, dont certains présentent des caractéristiques «végétales» (exemple: diatomées) et d'autres présentent des caractéristiques «animales» (exemple:

amibes]; les *champignons*, qui ne font pas de photosynthèse; les *végétaux*, qui fabriquent leur propre nourriture par photosynthèse; les *animaux*.

Activité et exercice (8 ans et plus)

- En se basant sur une classification moderne simplifiée des plantes et des animaux, classer correctement plusieurs espèces connues de plantes et d'animaux.
- Se documenter pour répondre à la question suivante: Quels sont les faits saillants de la vie de Carl von Linné? (Exemple: Carl von Linné a d'abord été professeur de médecine, mais il est ensuite devenu professeur de botanique, la discipline qu'il préférait.)

1766. Découverte des os fossilisés d'un très gros animal inconnu. Cuvier montrera en 1795 qu'il s'agit des os d'un énorme mammifère disparu.

Vers 1770. Les voyages d'exploration du navigateur français Louis Antoine de BOUGAINVILLE (1729-1811) et du navigateur anglais James COOK (1728-1779) dans le Pacifique révèlent une grande variété de nouvelles espèces végétales et animales.

1789. Le botaniste français Antoine-Laurent de JUSSIEU (1748-1836), membre d'une célèbre famille de botanistes, publie *Genera plantarum*, un important ouvrage de botanique.

1793. Le naturaliste français Jean Baptiste de LAMARCK (1744-1829) affirme, comme l'avait fait Hooke dans des travaux publiés en 1705, que les fossiles sont les restes de plantes et d'animaux morts il y a très longtemps.

1794. Le naturaliste anglais Erasmus DARWIN (1731-1802) élabore une théorie de l'évolution dont s'inspirera son petit-fils, Charles Darwin.

1795. Le naturaliste français Georges CUVIER (1769-1832) montre que certains fossiles sont les vestiges d'énormes quadrupèdes disparus et fonde ainsi la paléontologie.

LA PALÉONTOLOGIE

Conception fréquente à l'époque et chez certains élèves

Tous les êtres vivants préhistoriques (premiers êtres humains, mammouths, dinosaures, trilobites, etc.) ont vécu à la même époque.

Concepts scientifiques actuels

Le temps géologique est divisé en intervalles, qui comportent des subdivisions. Les intervalles les plus longs sont les *ères*, qui se divisent en *périodes*, puis parfois en époques et en âges. Les dinosaures, par exemple, dominaient la Terre il y a environ 160 millions d'années, à l'ère mésozoïque (ou ère secondaire) et à la période jurassique.

Activités et exercice (8 ans et plus)

- Examiner des illustrations qui représentent des animaux préhistoriques. Bien distinguer les reptiles des mammifères. Bien distinguer les ères, périodes, époques et âges pendant lesquels ils ont vécu. Les mammouths, par exemple, sont disparus il y a relativement peu de temps (environ 20000 ans) et les hommes les ont déjà chassés, tandis que les dinosaures sont disparus il y a très longtemps (environ 65 millions d'années), bien avant l'apparition des premiers êtres humains.
- À l'aide d'un logiciel d'identification des fossiles (disponible chez certains fournisseurs de matériel scientifique), identifier des fossiles virtuels.
- Se documenter pour répondre à la question suivante : Quels sont les faits saillants de la vie de Georges Cuvier ? (Exemples : Cuvier a travaillé plusieurs années au Jardin des Plantes, à Paris, où il disposait d'une grande variété de spécimens et de fossiles de la faune et de la flore de plusieurs régions du globe. Il s'est opposé vivement, à tort, au transformisme des espèces vivantes.)

1798. Le pasteur et économiste anglais Thomas MALTHUS (1766-1834) publie L'*Essai sur le principe de la population*, dans lequel il montre l'accroissement rapide des populations, ce qui permettra plus tard à Darwin de comprendre la concurrence vitale dans la nature et d'énoncer son principe de la sélection naturelle.

Le XIXe siècle

1802. Le naturaliste français Jean-Baptiste LAMARCK (1744-1829) et le naturaliste allemand Gottfried TREVIRANUS (1776-1837) proposent, de façon indépendante, le terme « biologie » pour désigner une science qui étudie les différentes formes de vie et les conditions et lois qui régissent l'organisation et le fonctionnement des êtres vivants.

1806. Le botaniste suisse Augustin Pyrame de CANDOLLE (1778-1841) commence à dresser une classification botanique de milliers d'espèces de plantes en familles, genres et espèces.

1809. Le naturaliste français Jean-Baptiste de LAMARCK (1744-1829) énonce une première théorie de l'évolution, la théorie de la transformation des espèces, mais croit que ce transformisme découle principalement de l'hérédité des caractères acquis, une théorie qui sera réfutée par Weismann en 1885. La théorie de Lamarck, qui est la première théorie transformiste cohérente, constitue tout de même une révolution conceptuelle importante puisque la théorie en vigueur à l'époque, et ce, depuis les débuts de l'ère chrétienne, était celle du fixisme, selon laquelle chaque espèce vivante avait été créée de façon indépendante par Dieu.

LE TRANSFORMISME

Conception fréquente à l'époque et chez certains élèves

Tous les êtres vivants ont été créés de façon indépendante par Dieu.

Concepts scientifiques actuels

Le transformisme, qui est le concept de base de toutes les théories de l'évolution, stipule que les espèces vivantes se transforment avec le temps. Selon la théorie de Lamarck, ou lamarckisme, les espèces se transforment sous l'action directe du milieu, du fait de l'usage ou du non-usage de parties ou fonctions de leur organisme, et transmettent ces transformations à leurs descendants. Par exemple, selon un exemple célèbre donné par Lamarck, les girafes, à force de brouter le feuillage des arbres, ont vu leur cou et leurs pattes de devant s'allonger de plus en plus. De nos jours, le transformisme est encore accepté, mais ses mécanismes sont expliqués de façon différente.

Exercices (12 ans et plus)

- Se documenter pour répondre à la question suivante: Trouver des exemples de transformisme naturel (exemple: apparition de toutes les espèces d'équidés, tels le cheval et le zèbre) et de transformisme causé par les êtres humains (exemple: apparition de plusieurs races de chiens et de chats.)
- Répondre à la question suivante: Un homme et une femme qui font beaucoup d'exercices de musculation auront-ils des enfants plus musclés que s'ils ne faisaient pas de musculation?
- Se documenter pour répondre à la question suivante: Quels sont les faits saillants de la vie de Jean-Baptiste de Lamarck? (Exemple: Jean-Baptiste de Lamarck est mort oublié, victime de la conspiration du

silence de naturalistes, tels que Cuvier, qui s'opposaient au transformisme.)

1812. Le naturaliste français Georges CUVIER (1769-1832) publie des recherches sur les ossements fossiles qui en font le créateur de la paléontologie des vertébrés. Il croit cependant que les espèces sont immuables et que seuls des cataclysmes peuvent en faire disparaître, une conception connue sous le nom de *catastrophisme*. Il demeure fermement opposé à toute transformation des espèces et attaque violemment la théorie proposée par Lamarck en 1809.

1815. L'ingénieur et géologue anglais William SMITH (1769-1839) montre que la présence de fossiles permet de dater certaines formations rocheuses.

▶ **Voir « La datation des roches à l'aide de fossiles (1815) » dans le thème de sciences de la Terre « L'écorce terrestre et les océans ».**

1817. Le naturaliste français Georges CUVIER (1769-1832) propose une classification selon laquelle les animaux sont divisés en sous-groupes, tels que les mollusques et les vertébrés.

1822. Le géologue anglais Gideon MANTELL (1790-1852) découvre les premiers fossiles de dinosaures.

LES FOSSILES DE DINOSAURES

Conception fréquente à l'époque et chez certains élèves

Les seules espèces de reptiles qui aient jamais existé sur Terre sont celles qui existent encore de nos jours (exemples: crocodiles, lézards, tortues, etc.).

Concepts scientifiques actuels

Les dinosaures étaient des espèces de reptiles dont les dernières disparurent il y a 70 millions d'années. La plupart des fossiles de dinosaures que l'on trouve de nos jours sont de type empreinte, c'est-à-dire qu'ils se sont formés quand des minéraux ont rempli les creux laissés par les carcasses décomposées de ces animaux dans le sol.

Activités et exercices (12 ans et plus)

- Examiner des photographies de fossiles de dinosaures.
- Visiter un musée où se trouvent des fossiles de dinosaures.
- À l'aide d'un logiciel d'identification de fossiles (disponible chez certains fournisseurs de matériel scientifique), identifier des fossiles virtuels de dinosaures.

- Se documenter pour répondre à la question suivante: Quelles étaient les principales espèces de dinosaures?
- Regarder un documentaire qui reconstitue l'habitat et le mode de vie des dinosaures.

▶ **Voir «Les extinctions massives (1953)» dans ce même thème.**

1830. Le naturaliste français Étienne GEOFFROY SAINT-HILAIRE (1772-1844) publie d'importants travaux d'anatomie comparée dans lesquels il reprend une idée d'abord proposée par Belon en 1555, selon laquelle il existe une unité de plan anatomique chez les animaux. Il défend un transformisme des espèces semblable à celui de Lamarck. Il en résulte un affrontement avec Cuvier, un défenseur du fixisme.

▶ **Voir «L'unité de plan anatomique des vertébrés (1830)» dans le thème de biologie et médecine «Les animaux».**

1830. Le géologue écossais Charles LYELL (1797-1875) montre que l'écorce terrestre a été façonnée graduellement, au cours des temps géologiques, par des forces telles que l'action du gel, du vent, de la pluie et du Soleil, qui sont encore à l'œuvre. Il s'oppose ainsi au catastrophisme de Cuvier. Ses travaux fourniront à Darwin des preuves importantes pour la théorie de l'évolution.

Vers 1833. Le géologue britannique Adam SEDGWICK (1785-1873) découvre des fossiles d'une période qu'il nomme le Cambrien. Une controverse, qui sera résolue en 1879 par Lapworth, naîtra entre Sedgwick et Murchison au sujet de la limite entre le Cambrien et le Silurien.

Vers 1833. Le géologue britannique Roderick MURCHISON (1792-1871) découvre des fossiles d'une période qu'il nomme le Silurien. Une controverse, qui sera résolue en 1879 par Lapworth, naîtra entre Murchinson et Sedgwick au sujet de la limite entre le Cambrien et le Silurien.

1839. Le géologue britannique Roderick MURCHISON (1792-1871) montre que de nombreuses strates se caractérisent par la présence de fossiles spécifiques.

1839. Le géologue et paléontologue américain d'origine suisse Louis AGASSIZ (1807-1873) affirme que l'hémisphère Nord de la Terre était autrefois recouvert par des glaciers.

▶ **Voir «Les glaciations (1839)» dans le thème de sciences de la Terre «L'atmosphère».**

Vers 1840. Le géologue anglais William BUCKLAND (1784-1856) explique, à la suite des travaux d'Agassiz, les glaciations en Angleterre.

1846. Le physicien britannique William Thomson, lord KELVIN (1824-1907), se basant sur des mesures de vitesse de refroidissement, estime que la Terre existe depuis environ 100 millions d'années, ce qui est très loin de l'estimation actuelle de 4,6 milliards d'années, mais s'en rapproche beaucoup plus que toutes les estimations qui existent à l'époque.

1848. Découverte des premiers squelettes de l'homme de Neandertal, une des premières espèces d'*Homo sapiens.*

1850. Le botaniste et explorateur anglais Joseph HOOKER (1817-1911) rapporte en Angleterre un grand nombre de nouvelles espèces de plantes provenant de diverses parties du monde et crée l'*Index Kewensis*, une immense banque de données sur les plantes.

1858. Le naturaliste, anthropologue et explorateur anglais Charles DARWIN (1809-1882) et le naturaliste anglais Alfred WALLACE (1823-1913) présentent tous les deux à Londres, mais indépendamment l'un de l'autre, un mémoire portant sur l'évolution des espèces par sélection naturelle.

1859. Le naturaliste, anthropologue et explorateur anglais Charles DARWIN (1809-1882) publie *L'origine des espèces,* dans lequel il expose sa théorie de l'évolution des espèces basée sur la sélection naturelle. Même si Darwin admettait lui aussi l'hérédité des caractères acquis, sa théorie de l'évolution a détrôné celle de Lamarck car la sélection naturelle en expliquait mieux la cause. Certains scientifiques, tels Owen et Agassiz, refusent d'admettre la théorie de Darwin, mais d'autres, comme Spencer et Huxley, la défendent de façon convaincante.

La théorie de l'évolution de Darwin

Conception fréquente à l'époque et chez certains élèves

Tous les êtres vivants ont été créés en même temps.

Concepts scientifiques actuels

La théorie actuelle de l'évolution est une version moderne de la théorie avancée par Darwin. Elle est basée sur le processus de la sélection naturelle, selon lequel seuls les plantes et les animaux les mieux adaptés à leur environnement survivent et se reproduisent, ce qui augmente la probabilité de transmettre leurs caractères aux générations suivantes. Cette théorie s'oppose au fixisme, selon lequel les êtres vivants auraient tous été créés à peu près en même temps.

Activités et exercice (12 ans et plus)

- Examiner un schéma de l'arbre de l'évolution des animaux. Remarquer les liens entre l'arbre de l'évolution et l'arbre de la classification.
- Étudier l'évolution de quelques espèces animales simples et fictives au moyen d'un logiciel qui permet de simuler certains aspects de la théorie de l'évolution. (Logiciels disponibles chez certains fournisseurs de matériel scientifique.)
- Se documenter pour répondre à la question suivante : Quels sont les faits saillants de la vie de Charles Darwin ? (La carrière scientifique de Charles Darwin débuta par sa participation à un long voyage

d'exploration à bord d'un navire, le *Beagle*. Par la suite, pendant une grande partie de sa vie, il fut déchiré entre son éducation religieuse et sa théorie, contraire aux croyances de l'époque.)

Vers 1860. Le chimiste et biologiste français Louis PASTEUR (1822-1895) confirme, d'une façon qu'il croit définitive, l'impossibilité de la génération spontanée.

1861. Le naturaliste anglais Henry BATES (1825-1892) propose l'idée selon laquelle certains animaux inoffensifs ont évolué de telle sorte qu'ils ressemblent à des animaux dangereux, une forme de mimétisme appelée mimétisme batésien, du nom de son découvreur.

▶ **Voir « Le mimétisme (1861) » dans le thème de biologie et médecine « Les animaux ».**

1865. Le religieux et botaniste autrichien Gregor Johann MENDEL (1822-1884) découvre les lois fondamentales de l'hérédité, notamment l'existence de caractères dominants et récessifs, mais le mémoire qu'il publie sur le sujet passe complètement inaperçu à l'époque de sa publication.

▶ **Voir « L'hérédité (1865) » dans le thème de biologie et médecine « La cellule et la chimie du vivant ».**

1865. Le biologiste et botaniste français Charles NAUDIN (1815-1899) publie un mémoire sur les hybrides du règne végétal, dans lequel il établit l'indépendance de certains caractères à partir de croisements réalisés chez des plantes telles que le tabac.

1866. Le zoologiste et biologiste allemand Ernst HAECKEL (1834-1919) affirme que le noyau de la cellule transmet l'information héréditaire. Il formule la loi de la récapitulation, selon laquelle l'ontogénie, c'est-à-dire le développement embryonnaire d'une espèce, résumerait la phylogénie, c'est-à-dire l'évolution de cette espèce. Bien qu'elle soit en partie exacte pour certains organes, cette loi trop générale sera réfutée plus tard. Il crée le terme « écologie » pour désigner l'étude des organismes en fonction de leur milieu.

LA SIMILITUDE ENTRE LES EMBRYONS DES VERTÉBRÉS

Conception fréquente à l'époque et chez certains élèves

Les embryons des poissons, des amphibiens, des reptiles, des oiseaux et des mammifères n'ont rien en commun.

Concepts scientifiques actuels

Au stade précoce de leur développement, les embryons de toutes les espèces de vertébrés se ressemblent étrangement. Par exemple, les embryons des mammifères passent par un stade pendant lequel le développement de leur système respiratoire donne l'impression que des branchies, comme celles des poissons, commencent à se former.

Il est toutefois trop général d'affirmer que le développement embryonnaire d'une espèce résume son évolution, car après les premiers stades, la diversification des embryons s'amplifie rapidement.

Activités (8 ans et plus)

- Examiner des photographies des premiers stades de développement d'embryons de diverses espèces de vertébrés (poissons, amphibiens, reptiles, oiseaux, mammifères). Constater que ces embryons se ressemblent beaucoup.
- Examiner des photographies de stades de plus en plus avancés du développement d'embryons de diverses espèces de vertébrés. Constater les différences importantes qui commencent à apparaître.

1866. Le zoologiste et biologiste allemand Ernst HAECKEL (1834-1919) propose d'ajouter au règne animal et au règne végétal le règne des protistes, ou unicellulaires, qui regroupe les bactéries, les champignons microscopiques et les algues microscopiques. Cette classification sera modifiée vers le milieu du XXe siècle quand sera reconnue la distinction entre les eucaryotes, unicellulaires qui possèdent un noyau organisé, et les procaryotes, unicellulaires sans noyau organisé.

1867. Le botaniste suisse Simon SCHWENDENER (1829-1919) découvre que les lichens sont formés par une association entre un champignon et une algue.

▶ **Voir « Les lichens (1867) » dans le thème de biologie et médecine « Les végétaux ».**

1868. Découverte des premiers squelettes de l'homme de Cro-Magnon, ancêtre direct des êtres humains actuels.

LES HOMINIDÉS

Conception fréquente à l'époque et chez certains élèves

L'être humain a été créé sous sa forme actuelle.

Concepts scientifiques actuels

En plus de notre espèce, appelée *Homo sapiens*, plusieurs autres espèces d'êtres humains, classés dans la famille des hominidés, ont déjà existé sur Terre. L'homme de Cro-Magnon était un ancêtre direct des êtres humains actuels. L'homme de Neandertal était une autre forme d'*Homo sapiens*, qui a disparu il y a environ 30 000 ans. Parmi les espèces plus anciennes, on compte *Homo erectus*, éteint il y a environ 500 000 ans, et *Homo habilis*, disparu il y a quelque 2 millions d'années.

Activités (8 ans et plus)

- Examiner des photographies de squelettes de diverses espèces d'hominidés.
- Examiner des reproductions en plastique des crânes des principales espèces d'hominidés (disponibles chez certains fournisseurs de matériel scientifique).
- Examiner des dessins qui représentent les principales espèces d'hominidés.
- Examiner un arbre généalogique des principales espèces d'hominidés.
- Regarder un documentaire portant sur le travail de paléontologues à la recherche de squelettes d'hominidés.

1872. Le microbiologiste polonais Ferdinand COHN (1828-1898) définit quatre groupes de bactéries et fonde la bactériologie morphologique.

▶ **Voir « Les groupes de bactéries (1872) » dans le thème de biologie et médecine « La cellule et la chimie du vivant ».**

1879. Le géologue britannique Charles LAPWORTH (1842-1920) résout la controverse entre Sedgwick et Murchison au sujet de la limite entre le Cambrien et le Silurien en montrant que ces deux périodes des temps géologiques sont séparées par une autre, qu'il nomme l'Ordovicien.

1885. Le biologiste allemand August WEISMANN (1834-1914) réfute la théorie de l'hérédité des caractères acquis de Lamarck, à laquelle adhérait également Darwin, en montrant que les cellules reproductrices sont indépendantes des autres cellules du corps, et fonde ainsi le néo-darwinisme.

LE NÉO-DARWINISME

Conception fréquente à l'époque et chez certains élèves

Les caractères acquis par un organisme vivant se transmettent à ses descendants.

Concepts scientifiques actuels

La théorie de l'évolution de Charles Darwin postulait que les caractères acquis par un organisme se transmettaient à ses descendants. La théorie actuelle de l'évolution, ou néo-darwinisme, énoncée par Dobzhansky en 1937, tient compte du fait démontré par Weismann que les caractères acquis ne sont pas héréditaires et montre que les variations génétiques, qui se transmettent selon les lois de l'hérédité de Mendel, peuvent aboutir à la formation de races de plus en plus différenciées, puis de nouvelles espèces.

Exercice (12 ans et plus)

Discuter de la différence entre le darwinisme, qui postule l'hérédité des caractères acquis, et le néo-darwinisme, qui postule la transmission héréditaire de mutations. Illustrer cette différence en expliquant l'apparition d'une espèce telle que la girafe.

Vers 1888. Le biologiste néerlandais Hugo DE VRIES (1848-1935) observe des mutations dans une espèce de plante à fleurs et postule que ces mutations peuvent donner naissance à de nouvelles espèces, ce qui contribue à éclairer la théorie de l'évolution.

1891. Le paléontologue néerlandais Eugène DUBOIS (1858-1940) découvre les os fossilisés d'un hominidé, l'*Homo erectus.*

1894. Le biologiste anglais William BATESON (1861-1926) affirme que les êtres vivants évoluent par bonds, séparés par des périodes de petits changements.

1897. Le bactériologiste hollandais Martinus BEIJERINCK (1851-1931) découvre qu'il existe des agents infectieux plus petits que des bactéries. Il les appelle les virus.

▶ **Voir « Les virus (1897) » dans le thème de biologie et médecine « La cellule et la chimie du vivant ».**

Le XXe siècle

1901. Création, par des commissions internationales, du code international de nomenclature zoologique.

1913. Le géologue anglais Arthur HOLMES (1890-1965) utilise la radioactivité pour dater des roches et établit que la Terre a plus de 3 milliards d'années.

1920. Le physicien yougoslave Milutin MILANKOVIC (1879-1958) avance l'idée d'un cycle climatique, lié aux variations de l'orbite de la Terre autour du Soleil, qui comporte des périodes glaciaires de 10 000 ans séparées par des périodes plus chaudes de 30 000 ans.

1922. Le biologiste russe Aleksander OPARINE (1894-1980) estime que des biomolécules complexes auraient pu se former à partir de molécules simples, comme l'hydrogène sulfuré, l'ammoniaque, le gaz carbonique et le méthane, présents dans l'atmosphère primitive de la Terre, sous l'influence de la radiation ultraviolette provenant du Soleil. La célèbre expérience qui sera effectuée par Miller en 1952 s'inspirera de ce principe.

1924. Découverte du premier fossile d'australopithèque, un primate de la famille des hominidés.

1926. Découverte d'œufs fossilisés de dinosaure dans le désert de Gobi, en Mongolie.

1930. Le biologiste et mathématicien indien d'origine britannique John Burdon HALDANE (1892-1964), le biologiste et mathématicien britannique Ronald Aylmer FISHER (1890-1962) et le statisticien et généticien américain Sewal WRIGHT (1889-1988) fondent la théorie synthétique de l'évolution, une synthèse du néo-darwinisme et des théories sur les mutations génétiques.

1935. Le botaniste canadien Conrad Kirouac, frère MARIE-VICTORIN (1885-1944), publie *La flore laurentienne*, un ouvrage magistral sur la flore du Québec et de l'Est du Canada.

1936. Le généticien russe Trofim LYSSENKO (1898-1976), qui étudiait les techniques de reproduction des cultures sur la base des idées erronées d'hérédité des caractères acquis de Lamarck, profite de la notoriété acquise par ses travaux sur la vernalisation – une méthode pour accélérer la germination des graines, au printemps – pour paralyser les recherches des généticiens russes partisans des théories de Darwin et Mendel.

1938. On pêche au large des côtes du Mozambique le premier exemplaire d'un cœlacanthe, poisson dont on connaissait des fossiles mais qu'on croyait disparu depuis au moins 80 millions d'années, ce qui fait de lui un véritable «fossile vivant».

LES «FOSSILES VIVANTS»

Conception fréquente à l'époque et chez certains élèves

Toutes les espèces de plantes et d'animaux qui vivaient il y a des millions d'années sont maintenant disparues.

Concepts scientifiques actuels

Certaines espèces de végétaux et d'animaux, telles que les fougères ou les requins, sont demeurées à peu près identiques à ce qu'elles étaient il y a des dizaines ou des centaines de millions d'années. On les appelle parfois des «fossiles vivants».

Activités (8 ans et plus)

- Examiner des photographies de cœlacanthes et de fossiles de cœlacanthe. Comparer ces photographies.
- Trouver d'autres exemples de «fossiles vivants», c'est-à-dire de plantes (exemples: mousses, fougères, conifères, etc.) et d'animaux (exemples: requins, crocodiles, tortues, etc.) qui n'ont pratiquement pas changé depuis des millions d'années.

1940. Le chimiste américain Willard Frank LIBBY (1908-1980) commence à développer, avec ses collègues de l'Institut des études nucléaires de Chicago, la technique de la datation au carbone 14.

▶ **Voir « La datation au carbone 14 (1940) » dans le thème de sciences de la Terre « L'écorce terrestre et les océans ».**

1947. Des techniques de datation des roches plus précises que celles utilisées par Holmes vers 1913, permettent d'établir que la Terre a 4,6 milliards d'années.

1950. L'entomologiste et biologiste allemand Willi HENNIG (1913-1976) remet en cause la classification systématique traditionnelle et fonde une méthode de classification appelée « cladisme » qui s'appuie sur les arbres généalogiques des êtres vivants. Cette méthode explique bien le principe de subordination proposé par Bernard Jussieu en 1750.

LA CLASSIFICATION PHYLOGÉNÉTIQUE DES ÊTRES VIVANTS

Conception fréquente à l'époque et chez certains élèves

Les êtres vivants doivent être classés selon la classification systématique proposée par Linné et ses successeurs.

Concepts scientifiques actuels

La classification phylogénétique des êtres vivants est construite selon le cladisme, ou degré de parenté entre les êtres vivants, qui dépend lui-même du moment où des espèces ont divergé au cours de l'évolution. Plus des espèces ont divergé tard, dans l'évolution, plus elles ont de caractères communs. Par exemple, le chat et le lion ont des liens de parenté plus étroits que le chat et le chien, car ils ont un ancêtre commun beaucoup plus récent que le chat et le chien. Le cladisme explique bien le principe de subordination des êtres vivants.

Activité (12 ans et plus)

Consulter un arbre généalogique de l'évolution des animaux. Classer plusieurs espèces d'animaux bien connues dans l'une ou l'autre des branches de cet arbre généalogique.

1952. Le biochimiste américain Stanley MILLER (né en 1930), s'inspirant d'un principe proposé par Oparine en 1922, réussit à produire des acides aminés en faisant passer des décharges électriques, qui simulent les orages, dans un flacon reproduisant l'atmosphère primitive de la Terre. Cette expérience suggère la façon dont la vie aurait pu apparaître sur Terre.

▶ **Voir « La formation d'acides aminés dans l'atmosphère primitive (1952) » dans le thème de biologie et médecine « La cellule et la chimie du vivant ».**

1953. Le paléontologue américain George G. SIMPSON (1902-1984) évalue le nombre d'espèces qui ont existé depuis l'apparition de la vie jusqu'à l'époque actuelle à 500 millions environ et estime également que 99 % de ces espèces ont disparu, principalement lors de périodes d'extinctions massives.

LES EXTINCTIONS MASSIVES

Conception fréquente à l'époque et chez certains élèves

Seule une minorité d'espèces, telles que les dinosaures, ont disparu de la surface de la Terre.

Concepts scientifiques actuels

L'évolution de la vie sur Terre a été marquée par cinq extinctions massives d'espèces végétales et animales. Il y a 650 millions d'années, durant le Précambrien, près de 70% des espèces d'algues marines ont disparu. Il y a 510 millions d'années, à la fin du Cambrien, de nombreuses espèces d'invertébrés marins ont disparu. Il y a 355 millions d'années, à la fin du Dévonien, les trilobites ainsi que de nombreuses espèces de corail ont disparu. Il y a 250 millions d'années, à la fin du Permien, près de 90% des espèces marines ainsi que de nombreux reptiles ont disparu à cause de la dérive rapide des continents. Il y a 65 millions d'années, à la fin du Crétacé, les dinosaures et plusieurs autres espèces ont disparu à la suite de l'impact d'un astéroïde. Plusieurs biologistes estiment que l'activité humaine est en train de causer une sixième extinction massive d'espèces végétales et animales.

Exercices (8 ans et plus)

- Se documenter pour répondre à la demande suivante : Donner des exemples d'espèces disparues à diverses époques de l'évolution de la vie sur Terre.
- Se documenter pour répondre à la demande suivante : Donner des exemples d'espèces disparues au cours des derniers siècles.
- Discuter de l'impact de l'activité humaine sur la vie animale et végétale.

1960. Les paléontologues britanniques Louis LEAKY (1903-1972) et Mary LEAKY (1913-1996) découvrent les restes d'un hominidé, un *Homo habilis* qui vivait il y a 1,7 million d'années.

1965. Une analyse de l'hémoglobine de diverses espèces d'animaux permet de déterminer que le nombre d'acides aminés qu'elle contient est proportionnel au nombre de fois qu'une espèce a divergé d'un ancêtre commun, ce qui permet d'utiliser l'hémoglobine comme une horloge moléculaire.

1972. Le paléontologue américain Stephen J. GOULD (1941-2002) précise, au sujet de l'évolution, la théorie des équilibres ponctués, déjà suggérée par Darwin, selon laquelle un grand nombre de nouvelles espèces peuvent apparaître brusquement.

1974. Découverte en Éthiopie de *Lucy*, fossile d'un primate hominidé femelle de plus de trois millions d'années.

1980. À la suite de la découverte de traces d'impact au Mexique, le physicien américain Luis ALVAREZ (1911-1988) émet l'hypothèse selon laquelle la disparition des dinosaures, il y a 65 millions d'années, a été causée par l'impact d'une comète sur la Terre.

1982. Une analyse génétique comparative de l'albumine du sang des êtres humains, des chimpanzés et des gorilles permet de déterminer que ces trois espèces descendent d'un ancêtre commun, qui vivait il y a environ 5 millions d'années.

1987. La population de la Terre, qui a quintuplé depuis le début du XXe siècle, atteint 5 milliards d'individus.

1991. Découverte, dans la glace des Alpes autrichiennes, du cadavre parfaitement préservé d'un homme mort il y a 5000 ans.

1995. Un nouveau phylum ne contenant qu'une seule espèce est créé pour le Cycliophore, un parasite du homard qui ne pouvait être classé dans aucun autre des phylums d'êtres vivants.

LES ANIMAUX

Préhistoire

Vers 35 000 av. J.-C. Apparition de l'art rupestre (peinture sur les murs de grottes), qui témoigne d'une connaissance approfondie des comportements et de l'anatomie des animaux chassés.

L'Antiquité orientale

XVe siècle av. J.-C. Des manuscrits babyloniens contiennent des descriptions anatomiques et mentionnent l'importance du cœur. On pratique les dissections d'animaux, mais elles sont fondées sur la croyance, qui se prolongera jusqu'à la fin de l'Antiquité classique, selon laquelle l'examen des viscères permet de prévoir l'avenir.

Vers 9500 av. J.-C. Début de la domestication et de l'élevage des animaux au Proche-Orient.

LA DOMESTICATION ET L'ÉLEVAGE DES ANIMAUX

Conception fréquente à l'époque et chez certains élèves

L'intérieur du corps est un milieu visqueux et mal défini.

Concepts scientifiques actuels

Toutes les espèces d'animaux domestiques et d'animaux d'élevage ont d'abord été des espèces sauvages, mais ont continué à évoluer à la suite de la sélection artificielle et des croisements effectués par les êtres humains. Le premier animal à avoir été domestiqué est le chien, suivi peu après par le mouton, la chèvre, le bœuf le chameau et le chat. En Europe, on a également domestiqué le renne et plus tard, vers le VIe siècle av. J.-C., le porc, le lapin ainsi que plusieurs espèces d'oiseaux de basse-cour. Le cheval a été domestiqué en Asie vers la même époque.

Exercices (8 ans et plus)

- Se documenter pour répondre à la question suivante: Quelles sont les principales espèces d'animaux domestiques et d'animaux d'élevage de sa région et de son pays?
- Se documenter pour répondre à la question suivante: Existe-t-il des espèces d'insectes domestiques? (Exemples: le ver à soie, l'abeille.)
- Se documenter pour répondre à la question suivante: Existe-t-il des exemples de domestication et d'élevage récents? (Exemples: élevage de l'autruche, aquaculture de certains mollusques et poissons.)

Vers 2000 av. J.-C. Dissections d'animaux et fabrication de modèles en terre cuite de divers organes.

Vers 1600 av. J.-C. Rédaction, en Égypte, du plus ancien traité d'anatomie humaine connu. Ce traité révèle une bonne connaissance des organes les plus importants du corps humain, mais une mauvaise compréhension de leur fonction. À cette époque, les organes sont considérés comme les unités de base des êtres vivants.

LES PRINCIPAUX ORGANES DU CORPS HUMAIN

Conception fréquente à l'époque et chez certains élèves

L'intérieur du corps est un milieu visqueux et mal défini.

Concepts scientifiques actuels

Les principaux organes sont le cerveau, le cœur, les poumons, le foie, les reins, les intestins et les organes reproducteurs. L'anatomie macroscopique moderne regroupe les organes en systèmes ou appareils (exemples: appareil digestif, appareil cardiovasculaire, appareil respiratoire, appareil urogénital, etc.), mais ne les considère plus comme les unités de base des êtres vivants, qui sont plutôt les cellules.

Activité (8 ans et plus)

Observer des planches et des modèles anatomiques du corps humain. Se familiariser avec les noms des principaux organes.

L'Antiquité classique

Vers 570 av. J.-C. Le philosophe grec ANAXIMANDRE (v. 610-v. 547 av. J.-C.) énonce une première théorie de la génération spontanée, selon laquelle des êtres vivants peuvent se former spontanément à partir de matières minérales ou de substances organiques en décomposition. Cette théorie sera reprise, sous une forme différente, par Lamarck au XIXe siècle.

Vers 500 av. J.-C. Le philosophe grec ALCMÉON de Crotone (VIe siècle av. J.-C.) effectue des dissections et réalise les premières études de la structure et du comportement des animaux. Contrairement à la plupart des autres philosophes grecs, il prétend que c'est le cerveau, et non le cœur, qui est le siège de la pensée et de la sensation, mais c'est la théorie sur le cœur qui sera enseignée pendant des siècles.

Vers 460 av. J.-C. Le philosophe grec EMPÉDOCLE d'Agrigente (v. 490-v. 435 av. J.-C.) étudie la respiration, les caractères sexuels et la formation du fœtus et compare les organes et les fonctions dans les règnes animal et végétal.

Vers 450 av. J.-C. Le médecin grec HIPPOCRATE de Cos (v. 460-v. 377 av. J.-C.) énonce la théorie de la pangénèse, qui porte sur la reproduction et selon laquelle la semence provient de toutes les parties du corps. Il croit en l'existence d'une semence mâle et d'une semence femelle. Il énonce les principes d'une démarche expérimentale.

Vers 350 av. J.-C. Le philosophe grec ARISTOTE (384-322 av. J.-C.) rédige des traités sur *L'histoire des animaux*. En grec, le mot « histoire » désigne la recherche et la connaissance de faits particuliers relatifs à une science, ce qui explique que l'expression « histoire naturelle » sera utilisée jusqu'au XVIIIe siècle pour désigner l'étude des êtres vivants. Il propose une classification des animaux et reconnaît que des organes comparables par leur rôle, mais différents par leur structure, sont observés dans divers groupes. Il expose, à la suite d'Anaximandre, la théorie de la génération spontanée. Il croit que le système circulatoire transporte de l'air et du sang. Au sujet de la reproduction, il réfute la théorie de la pangénèse d'Hippocrate et affirme que les semences mâle et femelle proviennent du sang. Au sujet du développement de l'embryon, il avance une conception épigénétique selon laquelle l'embryon se construit graduellement par l'addition de parties qui ne préexistent pas. Cette conception sera reprise, sous une forme différente, par Harvey, au XVIIe siècle. Il constate l'existence de caractères héréditaires.

Vers 375 av. J.-C. L'anatomiste et médecin grec HÉROPHILE (335-280 av. J.-C.) effectue des dissections de corps humains et comprend la fonction de l'encéphale.

Vers 300 av. J.-C. Le mathématicien grec EUCLIDE (IIIe siècle av. J.-C.) propose l'idée selon laquelle la lumière est un « feu visuel » émis par l'œil et qui rend la vision possible. Cette idée s'oppose à l'idée proposée par Leucippe et reprise par Épicure selon laquelle la lumière est un « feu externe » composé de particules de même nature que les objets visibles qui les ont produites. La théorie du « feu visuel », bien que considérée comme peu adéquate de nos jours, fut mieux acceptée que celle du « feu externe » et fut enseignée jusqu'au Xe siècle, pendant lequel elle fut réfutée par Alhazen.

Vers 270 av. J.-C. L'anatomiste et médecin grec ÉRASISTRATE (v. 305-v. 250 av. J.-C.) effectue des dissections de corps humains et soupçonne le rôle joué par les poumons dans l'« aération sanguine » et celui du cœur dans la distribution du sang « aéré » dans tout le corps, préfigurant ainsi les travaux de Harvey, au XVIIe siècle.

Vers 200 av. J.-C. Les Chinois énoncent l'idée d'une circulation du sang dans le corps.

Vers 50 ap. J.-C. L'encyclopédiste romain PLINE L'ANCIEN (23-79) rédige l'*Histoire naturelle*, une encyclopédie en 37 volumes dans laquelle sont exposées les connaissances de l'époque au sujet des métaux, des minéraux, des cristaux et des pierres précieuses, des fossiles, des plantes et des animaux.

Vers 175 ap. J.-C. Le médecin romain GALIEN (129-v. 200) publie de nombreux traités qui influenceront la médecine arabe et occidentale jusqu'au XVIIIe siècle. Il est le premier à pratiquer l'expérimentation animale en étudiant les effets paralysants de la section de la moelle épinière à différents niveaux. Tout comme Aristote, il croit à l'existence de semences mâle et femelle dont le mélange produit le fœtus. Il affirme que le sang est produit par le foie à partir des aliments ingérés, qu'il est aspiré vers le cœur, qu'il passe dans de minuscules pores du ventricule droit au ventricule gauche, et qu'il est consommé au cours de son trajet par les divers organes. Il croit également que les artères transportent de l'air. Cette conception de la circulation du sang ne sera sérieusement remise en question qu'au XVIIe siècle, avec les travaux de Harvey.

Le Moyen Âge

Vers 840. Le médecin et érudit arabe HUNAYN IBN ISHAQ (808-873) réalise les plus anciens schémas anatomiques de l'œil connus.

L'ANATOMIE DE L'ŒIL

Conception fréquente à l'époque et chez certains élèves

L'œil est une simple bille remplie de gelée.

Concepts scientifiques actuels

Les principales parties de l'œil des mammifères sont:

- La sclérotique, membrane qui entoure l'œil et dont la partie antérieure, transparente s'appelle la cornée.
- L'iris, qui détermine la couleur de l'œil, un diaphragme optique dont l'ouverture centrale, la pupille, diminue de diamètre quand l'intensité de la lumière augmente.
- Le cristallin, lentille transparente biconvexe située derrière l'iris, dont la convexité naturelle peut être modifiée et étirée par des muscles.
- La rétine, qui contient les cônes et les bâtonnets, des cellules sensibles à la lumière.
- L'humeur aqueuse et le corps vitré, des substances gélatineuses transparentes qui remplissent les parties antérieures et postérieures de l'œil.

Activités (12 ans et plus)

- Examiner un schéma ou un modèle en trois dimensions de l'anatomie de l'œil.
- Effectuer la dissection d'un œil de bœuf et en identifier les principales parties.

IXe siècle. L'érudit arabe AL-DJAHIZ (v. 780- v. 868) rédige un *Livre des animaux* dans lequel il traduit et commente des ouvrages de l'Antiquité classique.

Vers 1000. Le physicien arabe Ibn al-Haythaam ALHAZEN (965-1039) réfute la théorie du philosophe grec Euclide, selon laquelle l'œil émet un «feu visuel» qui rend la vision possible. Il distingue clairement les concepts d'éclairement et de vision.

Vers 1230. L'empereur germanique FRÉDÉRIC II de Hohenstaufen (1194-1250) rédige un traité de fauconnerie, premier véritable ouvrage d'ornithologie, et promulgue un édit autorisant les dissections de cadavres humains qui sera révoqué par l'Église après sa mort.

Vers 1240. Le médecin syrien IBN AL-NAFIS (1210-1288) énonce le principe de la circulation pulmonaire, qui sera redécouvert par Servet au XVIe siècle.

LA CIRCULATION PULMONAIRE

Conception fréquente à l'époque et chez certains élèves

La circulation sanguine du corps humain ne forme qu'un seul grand circuit qui part du cœur et retourne au cœur.

Concepts scientifiques actuels

Le système circulatoire des oiseaux et des mammifères est plus complexe que celui des autres animaux. Il comporte deux grandes boucles: la grande circulation pour l'ensemble des organes et tissus de l'organisme, et la circulation pulmonaire pour les poumons. La grande circulation part du ventricule gauche du cœur et revient à l'oreillette droite. La petite circulation part du ventricule droit et retourne à l'oreillette gauche.

Activités (12 ans et plus)

- Examiner des schémas et des modèles de la double circulation (circulation pulmonaire et circulation pour le reste du corps) des oiseaux et des mammifères.
- À l'aide d'un modèle fonctionnel de la circulation sanguine humaine (disponible chez certains fournisseurs de matériel scientifique), observer une représentation de la circulation pulmonaire.

1270. Le théologien et philosophe allemand ALBERT LE GRAND (1200-1280) écrit un traité sur les animaux et perfectionne la classification zoologique d'Aristote.

1315. Le médecin et anatomiste italien MONDINO DEI LIUCCI (v. 1270-1326) pratique des dissections et rédige un important traité d'anatomie.

La Renaissance

XVe siècle. Création des premiers musées d'histoire naturelle en Italie.

Vers 1490. L'artiste et savant italien LÉONARD DE VINCI (1452-1519) pratique des dissections et produit des dessins anatomiques détaillés.

Vers 1520. Le médecin français Jacques DUBOIS, en latin Jacobus Sylvius (1478-1555), pratique des dissections et décrit des structures anatomiques inconnues à l'époque.

1543. L'anatomiste flamand André VÉSALE (1514-1564) rédige *De corporis humani fabrica*, qui marque les débuts de l'anatomie moderne.

Vers 1550. Le médecin italien Bartolomeo EUSTACHI (1503-1574) fait des observations sur les reins, les dents, et les vaisseaux sanguins et lymphatiques. Il a donné son nom au canal (trompe d'Eustache) reliant l'oreille moyenne au pharynx.

LES TROMPES D'EUSTACHE

Conception fréquente à l'époque et chez certains élèves

Les oreilles et la bouche ne sont pas reliées.

Concepts scientifiques actuels

La trompe d'Eustache est un canal d'une longueur d'environ 4 cm, en partie osseux, qui va de l'oreille à la gorge. L'une de ses extrémités se prolonge dans la caisse du tympan, l'autre s'ouvre à la partie latérale et supérieure du pharynx. Elle permet à l'air extérieur de pénétrer dans la caisse du tympan à chaque mouvement de déglutition, ce qui a pour effet d'égaliser la pression atmosphérique de chaque côté de la membrane du tympan.

Activités (12 ans et plus)

- Examiner un schéma ou une maquette anatomiques de l'oreille interne, des trompes d'Eustache et du pharynx.
- Prendre conscience des phénomènes qui se produisent dans l'oreille quand l'altitude change rapidement.
- Avaler à plusieurs reprises ou augmenter la pression dans le nez maintenu bouché lors d'un changement d'altitude. Expliquer pourquoi ces manœuvres peuvent rééquilibrer la pression dans l'oreille.

1551. Le naturaliste suisse Conrad GESNER (1516-1565) commence la publication de sa monumentale *Histoire des animaux*, qui servira de base à la plupart des traités de zoologie jusqu'au milieu du XVIIIe siècle.

1553. Le médecin et théologien espagnol Michel SERVET (1511-1553) établit, trois siècles après Ibn al-Nafis, le principe de la circulation pulmonaire et nie la communication entre les deux ventricules du cœur. Ayant mis en doute certains dogmes de la religion, il est déclaré hérétique par Calvin et brûlé vif avec ses écrits.

1554. Le naturaliste français Guillaume RONDELET (1507-1556) publie une *Histoire complète des poissons,* dans laquelle il décrit plus de 300 espèces d'animaux marins et d'eau douce (poissons, mammifères et invertébrés).

1555. Le médecin et naturaliste français Pierre BELON (1517-1564) fait remarquer un certain nombre d'analogies entre les squelettes d'un oiseau et d'un être humain. C'est une idée tellement originale pour l'époque qu'elle sera oubliée pendant trois siècles, avant d'être reprise par Geoffroy Saint-Hilaire en 1830.

Vers 1560. L'anatomiste italien Realdo COLOMBO (1520-1599) précise la circulation pulmonaire décrite par Servet en 1553 et avance l'idée, contraire aux enseignements de Galien, que le sang se mélange à l'air en passant par les poumons.

Vers 1560. L'anatomiste et chirurgien italien Gabriel FALLOPE (1523-1562) découvre les *trompes de Fallope,* qui relient les ovaires à l'utérus, et décrit le tympan, l'intestin grêle, les nerfs de l'œil et les vaisseaux cérébraux.

1565. Le naturaliste suisse Conrad GESNER (1516-1565) rédige un traité sur les fossiles dans lequel il signale des ressemblances entre des fossiles et des animaux marins vivants.

Vers 1580. Le médecin italien André de CÉSALPIN (1519-1603) pressent la circulation sanguine sans toutefois pouvoir en faire la démonstration.

1590. Construction des premiers microscopes composés de plusieurs lentilles.

▶ **Voir « Le microscope à lentilles multiples (1590) » dans le thème de technologie « Les techniques de la lumière, du son et des communications ».**

1596. Publication, en Chine, du *Ben Cao Gang Mu,* une encyclopédie qui fait la somme de connaissances accumulées depuis plusieurs siècles et décrit un millier de plantes, un millier d'animaux et plus de huit mille prescriptions médicales.

Le XVIIe siècle

Vers 1610. Le médecin, alchimiste et chimiste flamand Jan Baptist van HELMONT (1579-1644) découvre le suc gastrique et son rôle dans la digestion. Il fonde ainsi l'iatrochimie, selon laquelle la vie se réduit à un ensemble de réactions chimiques.

1626. Le médecin italien SANTORIO, en latin SANCTORIUS (1561-1636), invente un thermomètre à eau pour mesurer la température corporelle.

1628. Le médecin et anatomiste anglais William HARVEY (1578-1657) publie ses travaux sur la grande circulation du sang, qui réfutent les conceptions proposées par Galien en 175 et selon lesquelles la cloison entre les ventricules du cœur était criblée de trous et les artères transportaient de l'air. Toutefois, comme Harvey ne connaît pas l'existence des capillaires, il croit que le sang passe des artères aux veines par évaporation. Sa théorie sur la circulation du sang déclenchera une polémique dans toute l'Europe, et nombreux sont les naturalistes et médecins qui continueront à préférer les conceptions de Galien. Il fait des expériences avec des animaux, une pratique qui avait été interrompue depuis le IIe siècle.

La grande circulation du sang

Conceptions fréquentes à l'époque et chez certains élèves

- La cloison entre les ventricules du cœur est criblée de trous et les artères distribuent de l'air dans l'organisme.
- La quantité totale de sang qui passe par le cœur est relativement faible.

Concepts scientifiques actuels

L'appareil circulatoire, composé de vaisseaux sanguins, transporte le sang dans tout le corps d'un animal. Chez certains animaux, comme les poissons, le sang circule en une seule boucle du cœur vers tout le corps: c'est la circulation simple. Chez les oiseaux et les mammifères, le sang circule dans deux boucles distinctes, soit une boucle pour les poumons (circulation pulmonaire) et une boucle pour le reste du corps (grande circulation): c'est la double circulation. Chez l'être humain, le cœur se contracte en moyenne 70 fois par minute. Au cours d'une vie complète, il bat donc environ 300 milliards de fois et fait circuler plus de 200 millions de litres de sang.

Activités et exercice (8 ans et plus)

- Examiner un schéma ou un modèle du système circulatoire humain. Distinguer la grande circulation de la petite circulation.
- À l'aide d'un modèle fonctionnel de la circulation sanguine humaine (disponible chez certains fournisseurs de matériel scientifique), observer une représentation de la circulation du sang.
- Écouter les battements du cœur d'une autre personne.
- Prendre son pouls au repos et après un exercice.
- Se documenter pour répondre à la question suivante: Quels sont les faits saillants de la vie de William Harvey? (Exemple: William Harvey fut, pendant plusieurs années, le médecin officiel du roi d'Angleterre.)

1630. Le médecin italien SANTORIO, en latin SANCTORIUS (1561-1636) mesure un écart significatif entre le poids des aliments ingérés et le poids des excréments, attribue cette différence à une transpiration insensible qu'il nomme « perspiration » et postule que les maladies résultent d'un problème de cette perspiration.

Vers 1640. Le physiologiste et physicien italien Giovani BORELLI (1608-1679), applique la physique aux phénomènes de la vie, notamment le vol des oiseaux, et fonde ainsi l'iatrophysique, selon laquelle l'être vivant est une machine mécanique.

LE VOL DE L'OISEAU

Conceptions fréquentes à l'époque et chez certains élèves

- Les oiseaux volent parce qu'ils sont plus légers que l'air.
- Le battement des ailes de l'oiseau n'est qu'un simple battement de haut en bas.

Concepts scientifiques actuels

Les ailes d'un oiseau, tout comme celles d'un avion, ont une forme spéciale, courbée de l'avant vers l'arrière. L'écoulement de l'air sur les ailes produit une portance, qui est une force vers le haut. Le battement des ailes, qui est un peu l'équivalent des moteurs d'un avion, n'est pas qu'un simple mouvement de haut en bas, mais un mouvement de rotation, semblable à celui des rames d'une chaloupe, qui propulse l'oiseau vers l'avant.

Activités (8 ans et plus)

- Examiner une série de photographies ou regarder un documentaire qui présente, au ralenti, le vol d'un oiseau.
- Se procurer un oiseau mécanique (jouet propulsé par la torsion d'un élastique). Tenir l'oiseau et observer attentivement la façon dont battent ses ailes.

1644. Le philosophe, mathématicien et physicien français René DESCARTES (1596-1650) fait paraître *Principia philsophiæ,* dans lequel il expose une physique mécaniste et corpusculaire. À cette époque, un débat opposera les médecins qui, influencés par Descartes, sont des «iatromécanistes», c'est-à-dire qu'ils considèrent le corps comme une machine, et ceux qui, influencés par Sanctorius, sont des «iatrochimistes», c'est-à-dire qu'ils considèrent que le corps comme un laboratoire de chimie.

L'ORGANISME: MACHINE OU LABORATOIRE?

Conception fréquente à l'époque et chez certains élèves

Le fonctionnement du corps est régi par la volonté divine.

Concepts scientifiques actuels

Bien que certains organes de tout organisme vivant (exemples: le cœur, les membres et la vessie chez les mammifères) fonctionnent en partie comme les pièces d'une machine, l'organisme est principalement régi par les milliers de réactions chimiques qui font intervenir des composés tels que les protides, les lipides, les glucides et les enzymes.

Activités et exercice (12 ans et plus)

- Identifier des organes et fonctions d'organismes vivants qui peuvent être comparés au fonctionnement d'une machine.
- Identifier des fonctions d'organismes vivants qui s'expliquent principalement par des réactions chimiques.
- Se documenter pour répondre à la question suivante : Quels sont les faits saillants de la vie de René Descartes ? Voir les remarques portant sur cette même question dans « La loi de la réfraction (1637) » dans le thème de physique « La lumière et le son ».

1651. Le médecin et anatomiste anglais William HARVEY (1578-1657) expose une conception épigénétique du développement des animaux selon laquelle l'embryon se construit graduellement par l'addition de parties qui ne préexistent pas. Cette conception s'oppose à la conception préformiste de Swammerdam et Malpighi, selon laquelle le nouvel être existerait déjà tout formé, en miniature, dans l'ovule, ou à celle de Hartsoeker, selon laquelle il existerait déjà tout formé dans le spermatozoïde. Harvey croit cependant que l'œuf engendré par la mère est l'unique élément reproducteur et que le mâle n'intervient que par une « vapeur » émise par le sperme.

1651. Le médecin et anatomiste français Jean PECQUET (1622-1674) démontre l'existence d'une circulation de la lymphe, comparable à celle du sang. Cette découverte, comme celle de la circulation du sang, contribue à l'abandon progressif de la médecine antique héritée d'Hippocrate et de Galien.

Vers 1655. Le naturaliste hollandais Jan SWAMMERDAM (1637-1680) décrit et illustre les métamorphoses et l'anatomie de plusieurs espèces d'insectes, dont l'abeille, l'éphémère et la libellule.

La métamorphose des insectes

Conception fréquente à l'époque et chez certains élèves

Tous les insectes conservent la même forme de leur naissance à leur mort.

Concepts scientifiques actuels

Plusieurs invertébrés, notamment des insectes, subissent en grandissant des changements importants, connus sous le nom de métamorphoses. Certains insectes, tels que les punaises, les libellules, les termites et les sauterelles, subissent une modification progressive appelée métamorphose incomplète et muent quelques fois avant d'atteindre leur taille adulte. D'autres insectes, tels que les papillons, les coccinelles, les mouches et les moustiques, subissent une métamorphose complète et passent par un stade de nymphe pendant lequel la larve reste immobile et se transforme complètement.

Activités et exercice (8 ans et plus)

- Examiner des planches qui présentent les stades des métamorphoses, complètes ou incomplètes, de diverses espèces d'insectes.
- Observer la métamorphose de larves d'insectes conservées dans un terrarium ou une cage à suspendre (exemple: chenilles) ou un aquarium (exemple: larves de moustiques).
- Visiter un insectarium et s'informer au sujet des métamorphoses de diverses espèces d'insectes.
- Se documenter pour répondre à la question suivante: Quels sont les faits saillants de la vie de Jan Swammerdam? (Exemples: Jan Swammerdam a étudié, mais n'a jamais pratiqué la médecine. Ses travaux ne furent publiés qu'en 1737, longtemps après sa mort.)

1656. Le physiologiste et physicien italien Giovani BORELLI (1608-1679) émet l'idée selon laquelle la fonction de la respiration est de faire circuler le sang. Il affirme également que la digestion est une activité mécanique, qui consiste à pulvériser les aliments.

1657. Le naturaliste italien Ulisse ALDROVANDI (1522-1605) commence la publication d'un important traité d'histoire naturelle.

1661. Le médecin et naturaliste italien Marcello MALPIGHI (1628-1694) découvre les capillaires sanguins à l'aide du microscope, qu'il est d'ailleurs l'un des premiers à utiliser pour l'étude des différentes structures animales et végétales. Tout comme Swammerdam, il énonce une conception préformiste du développement des animaux, selon laquelle le nouvel être existerait déjà tout formé, en miniature, dans l'ovule.

Vers 1665. Le naturaliste hollandais Jan SWAMMERDAM (1637-1680) observe la parthénogenèse du puceron, c'est-à-dire la capacité de reproduction des femelles sans intervention d'aucun mâle, mais ces observations demeurent inédites jusqu'en 1738.

1665. Le savant anglais Robert HOOKE (1635-1703) perfectionne le microscope et décrit diverses structures animales et végétales, notamment de petites structures du liège qu'il nomme «cellules», mais sans saisir l'importance de sa découverte. Il montre également que la fonction de la respiration consiste à ventiler le sang, confirmant ainsi l'idée avancée par Colombo vers 1550.

1667. Le naturaliste danois Nicolas STÉNON (1638-1686) repère les ovaires de poissons vivipares femelles.

1668. Le médecin italien Francesco REDI (1626-1697) démontre qu'en protégeant la viande pour empêcher les mouches d'y pondre des œufs aucun asticot ne s'y développe, ce qui constitue un premier pas vers la remise en question de la théorie de la génération spontanée.

LA PROTECTION DES ALIMENTS

Conception fréquente à l'époque et chez certains élèves

Des vers ou des mouches peuvent apparaître spontanément dans les aliments.

Concepts scientifiques actuels

Selon la théorie de la génération spontanée, énoncée au cours de l'Antiquité grecque, on croyait que des êtres vivants pouvaient apparaître spontanément dans des aliments ou de la matière organique. Les travaux de Redi, et plus tard de Spallanzani et surtout de Pasteur, confirmèrent l'impossibilité de la génération spontanée et donnèrent naissance à la loi de la biogenèse, selon laquelle la vie ne peut provenir que de la vie (sauf, évidemment, au moment de l'apparition de la vie sur Terre). Quand des vers ou des mouches apparaissent dans des aliments, c'est parce que des œufs y ont été pondus.

Activités (8 ans et plus)

- Observer, dans une épicerie ou une fruiterie, les petites mouches qui volent autour des fruits.
- Laisser plusieurs tomates à l'air libre pendant plusieurs jours. Observer. Refaire l'expérience après avoir bien lavé les tomates et les avoir placées dans une gaze ou une moustiquaire très fines ou dans un sac en plastique (exemple: sac à sandwich) hermétiquement fermé.

1669. Le naturaliste hollandais Jan SWAMMERDAM (1637-1680) découvre les globules rouges dans le sang d'une grenouille. Ses observations sur le développement des œufs d'insectes et de grenouilles le conduisent à énoncer une conception préformiste du développement des animaux, selon laquelle le nouvel être existerait déjà tout formé, en miniature, dans l'ovule. Cette conception s'oppose à la conception épigénétique du développement des animaux de Harvey selon laquelle l'embryon se construit graduellement par l'addition de parties qui ne préexistent pas.

LES GLOBULES ROUGES ET LES CAPILLAIRES

Conceptions fréquentes à l'époque et chez certains élèves

- Le sang est un liquide homogène entièrement rouge ou bleu.
- Tous les vaisseaux sanguins sont assez gros pour être visibles à l'œil nu.

Concepts scientifiques actuels

Les *globules rouges*, appelés aussi hématies, sont des cellules sans noyau qui ont la forme d'un disque plus mince au centre que sur les bords. Ils contiennent de l'hémoglobine, protéine qui leur donne une couleur rouge quand elle est chargée d'oxygène et leur permet d'assurer le transport des gaz respiratoires (oxygène et gaz carbonique) entre les poumons et les tissus. L'hémoglobine change de couleur et devient bleue quand elle est chargée de gaz carbonique. Les *capillaires* sont de minuscules vaisseaux situés entre une artériole et une veinule et au niveau desquelles se font les échanges nutritifs et respiratoires entre le sang et les cellules.

Activités et exercice (12 ans et plus)

- Examiner des photographies de capillaires et de globules rouges.
- Observer des préparations microscopiques de globules rouges et de sections de capillaires (disponibles chez certains fournisseurs de matériel scientifique). On peut également observer des préparations virtuelles à l'aide de certains logiciels de microscopie.
- Observer la palme d'une patte de grenouille vivante au microscope. Il est possible d'apercevoir les globules rouges qui circulent dans les vaisseaux capillaires.
- Se documenter pour répondre à la question suivante: Quels sont les faits saillants de la vie de Jan Swammerdam? Voir les remarques portant sur cette même question dans «La métamorphose des insectes (1655)» dans ce même thème.

1669. Le médecin anglais Richard LOWER (1631-1691) publie le premier grand traité de cardiologie qui présente la conception moderne de la circulation du sang (double circulation, fonctionnement du cœur, rôles des artères, des veines et des capillaires, etc.).

Vers 1670. Le physicien et chimiste irlandais Robert BOYLE (1627-1691) observe que les animaux meurent dans des récipients dont il retire l'air, et conclut qu'il y a dans l'air une matière essentielle à la vie.

1672. Le médecin et naturaliste italien Marcello MALPIGHI (1628-1694) entreprend l'étude du développement de l'embryon du poulet, premiers travaux d'embryologie descriptive.

LE DÉVELOPPEMENT DE L'EMBRYON DU POULET

Conception fréquente à l'époque et chez certains élèves

Le développement de l'embryon est l'augmentation de taille d'un petit organisme déjà structuré.

Concepts scientifiques actuels

Lors du développement embryonnaire, l'œuf fécondé, qui n'est en fait qu'une seule cellule, se transforme en organisme pluricellulaire complexe. Les cellules commencent par se multiplier, s'organisent ensuite en tissus distincts, puis forment les organes spécifiques.

Activités et exercice (8 ans et plus)

- Examiner une série de photographies ou de modèles en plastique du développement de l'embryon du poulet.
- Construire un incubateur rudimentaire à l'aide d'une boîte en carton et d'une source de chaleur (une ampoule). Placer des œufs fécondés dans l'incubateur. Observer l'éclosion des œufs. (La durée d'incubation des œufs de poulet est de 21 jours.)
- Se documenter pour répondre à la question suivante: Quels sont les faits saillants de la vie de Marcello Malpighi? (Exemples: Marcello Malpighi devint membre honoraire de la Société Royale en 1667. Il fut aussi médecin officiel du pape Innocent XII.)

1672. Le médecin et physiologiste hollandais Reinier DE GRAAF (1641-1673) effectue la première description des follicules ovariens et reprend la conception préformiste du développement des animaux énoncée par Malpighi en 1661, selon laquelle le nouvel être existerait déjà tout formé, en miniature, dans l'ovule.

1677. Le médecin hollandais Jan HAMM (XVIIe siècle) découvre les spermatozoïdes, mais leur rôle fécondant ne sera compris que 150 ans plus tard, par Prévost et Dumas.

1679. Le médecin suisse Théophile BONET (1620-1689) publie un traité d'anatomie pathologique qui ouvre la voie aux travaux de Morgagni.

Vers 1680. Le naturaliste hollandais Antonie VAN LEEUWENHOEK (1632-1723) perfectionne le microscope à lentille unique et découvre l'existence de plusieurs espèces d'organismes microscopiques, nommés alors «infusoires». Ses observations du spermatozoïde conduiront à une nouvelle conception préformiste selon laquelle le nouvel être existerait déjà tout formé, en miniature, dans le spermatozoïde, et non dans l'ovule comme l'affirment Swammerdam, Malpighi et De Graaf.

▶ **Voir « Les organismes microscopiques (1680) » dans le thème de biologie et médecine « La cellule et la chimie du vivant ».**

1694. Le physicien hollandais Nicolaas HARTSOEKER (1656-1725), partisan de la conception préformiste de Van Leeuwenhoek, croit apercevoir un petit homme accroupi à l'intérieur de la tête des spermatozoïdes.

Le XVIIIe siècle

1703. Le naturaliste anglais John RAY (1627-1705) définit l'espèce à partir de la capacité des organismes qui en font partie de se reproduire sexuellement entre eux.

1733. Le physiologiste anglais Stephen HALES (1677-1761), qui utilise des chevaux pour ses recherches, est le premier à mesurer les variations de la pression sanguine. Sa technique pour mesurer la pression est toutefois compliquée et dangereuse pour le cheval, car elle nécessite l'insertion d'un tube creux dans une artère du cou.

LA PRESSION SANGUINE

Conception fréquente à l'époque et chez certains élèves

La pression sanguine est faible et constante.

Concepts scientifiques actuels

Le sang circule dans les artères sous forte pression, produisant une pression sanguine (ou tension artérielle) qui dépend du travail du cœur et de la résistance de la paroi artérielle. Chez un adulte normal, dans les grosses artères où elle est habituellement mesurée, la pression artérielle maximale se situe entre 120 et 140 mm de mercure, et la minimale, entre 70 et 90 mm de mercure. L'athérosclérose, maladie dégénérative des artères, peut causer une augmentation de la pression sanguine. Elle peut être prévenue par de saines habitudes de vie.

Activité et exercice (8 ans et plus)

- À l'aide d'un sphygmomanomètre, mesurer la pression sanguine d'une autre personne, au repos et après un exercice intense.
- Se documenter au sujet des dangers de l'hypertension artérielle et au sujet des habitudes de vie qui permettent de la prévenir.

1740. Le naturaliste et philosophe suisse Charles BONNET (1720-1793) démontre, à la suite des observations de Swammerdam, la parthénogenèse du puceron, c'est-à-dire la capacité de reproduction des femelles sans intervention d'aucun mâle et pendant plusieurs générations, ce qui relance la conception préformiste du développement des animaux, énoncée par Swammerdam, Malpighi et De Graaf, selon laquelle le nouvel être existerait déjà tout formé, en miniature, dans l'ovule.

Vers 1740. Le naturaliste suisse Abraham TREMBLEY (1710-1784), qui croit que l'hydre d'eau douce est une plante qu'il peut bouturer, comme toute autre plante, démontre sa capacité de se régénérer complètement à partir d'un tronçon. Lorsqu'il fut reconnu, peu après, que l'hydre d'eau douce n'était pas une plante, mais un animal, sa découverte prit une toute autre dimension.

La régénération de l'hydre d'eau douce

Conception fréquente à l'époque et chez certains élèves

Seules les plantes peuvent se régénérer à partir d'un tronçon, lors d'une bouture.

Concepts scientifiques actuels

L'hydre d'eau douce et d'autres animaux à l'anatomie très simple peuvent se régénérer en un animal complet à partir d'un tronçon. D'autres animaux, plus complexes, comme la salamandre, sans pouvoir se régénérer en un animal complet à partir d'un tronçon, peuvent toutefois régénérer un membre coupé.

Activités (12 ans et plus)

- Examiner des photos ou regarder un documentaire qui présentent la régénération d'une hydre d'eau douce à partir d'un tronçon.
- Recueillir des hydres d'eau douce dans un étang. Les placer dans un aquarium. En couper une en quelques morceaux. Observer la régénération des morceaux en un animal complet.

1742. Le physicien et naturaliste français René de RÉAUMUR (1683-1757) termine la publication de l'*Histoire des insectes*, dans laquelle il présente notamment l'anatomie de plusieurs espèces d'insectes.

L'ANATOMIE DES INSECTES

Conception fréquente à l'époque et chez certains élèves

L'anatomie des insectes est semblable à celle d'animaux tels que les mammifères.

Concepts scientifiques actuels

L'anatomie des insectes est très différente de celle des vertébrés. Tous les insectes ont six pattes et un corps segmenté en trois parties. Les pièces buccales et les organes sensoriels, qui comprennent souvent une paire d'yeux composés, sont situés sur la tête. Le thorax possède trois paires de pattes et, chez plusieurs insectes, une ou deux paires d'ailes. L'abdomen renferme l'appareil digestif et les organes reproducteurs. Les insectes respirent au moyen de petits orifices, appelés spiracles, situés partout sur leur corps.

Activités (8 ans et plus)

- Examiner des planches et modèles anatomiques de diverses espèces d'insectes. Identifier les principales parties du corps de ces insectes. Comparer l'anatomie des insectes avec celle d'autres invertébrés et avec celle de vertébrés.
- Capturer divers insectes. Observer leur anatomie à l'œil nu ou à la loupe.
- Faire l'élevage de divers insectes (exemples: fourmi, phasme).

1748. Le médecin français Julien Offray de LA METTRIE (1709-1751) publie *L'Homme Machine*, dans lequel il expose une conception matérialiste et mécaniste de la vie.

1749. Le naturaliste, philosophe et écrivain français Georges Louis Leclerc, comte de BUFFON (1707-1788), entreprend la rédaction de l'*Histoire naturelle*, un traité de 44 volumes. Il propose le terme «zoologie» pour désigner la science qui étudie les animaux.

1750. Le médecin et botaniste suisse Albrecht von HALLER (1708-1777) postule l'idée de propriétés vitales (sensibilité, contractilité, irritabilité), distinctes des organes, ce qui est une forme de vitalisme, conception selon laquelle la vie s'explique par l'action d'un principe vital immatériel qui ne peut être réduit à la seule action des lois physiques et chimiques.

Vers 1750. Le physiologiste français Jean ASTRUC (1684-1766) crée le terme «réflexe», qu'il emploie dans le sens général de réponse automatique de l'organisme.

LES RÉFLEXES

Conception fréquente à l'époque et chez certains élèves

Tous les mouvements du corps sont commandés de façon consciente.

Concepts scientifiques actuels

Le réflexe est une activité nerveuse involontaire. Il existe divers types de réflexes. Par exemple, le réflexe rotulien, qui cause une extension de la jambe après la percussion du tendon de la rotule, ou le réflexe achilléen, qui cause une extension du pied après percussion du tendon d'Achille, sont des réflexes moteurs. D'autres réflexes, tels que le réflexe conditionné du chien qui salive en entendant la sonnerie qui annonce son repas, sont des réflexes sécrétoires (exemple: sécrétion de salive par les glandes salivaires).

Activités (8 ans et plus)

- Trouver la meilleure façon de déclencher les réflexes rotulien et achilléen chez une autre personne.
- À l'aide d'un logiciel de simulation des réflexes (disponible chez certains fournisseurs de matériel scientifique), étudier des réflexes moteurs virtuels chez un vertébré.

▶ **Voir «Les réflexes conditionnés (1903)» dans ce même thème.**

1752. Le physicien et naturaliste français René de RÉAUMUR (1683-1757) montre que les aliments sont en partie digérés dans l'estomac des animaux, même s'ils sont placés dans des tubes de fer-blanc troués à l'une de leurs extrémités, ce qui contredit l'idée de Borelli selon laquelle la digestion est une activité strictement mécanique, qui consiste à pulvériser les aliments.

▶ **Voir «La digestion initiale des aliments (1752)» dans le chapitre de biologie «La cellule et la chimie du vivant».**

1757. L'anatomiste anglais Alexander MONRO (1697-1767) identifie le système lymphatique.

1759. L'embryologiste allemand Kaspar WOLFF (1733-1794), qui étudie le développement de l'embryon du poulet, réfute la conception préformiste selon laquelle le nouvel être existerait déjà tout formé dans l'ovule ou le spermatozoïde, et confirme la conception épigénétique selon laquelle l'embryon se construit graduellement par l'addition de parties qui ne préexistent pas.

Vers 1760. Le naturaliste français Louis DAUBENTON (1716-1800), collaborateur de Buffon, publie dans l'*Histoire naturelle* des travaux détaillés sur l'anatomie des mammifères.

L'ANATOMIE DES MAMMIFÈRES

Conception fréquente à l'époque et chez certains élèves

Le cœur est le siège des émotions.

Concepts scientifiques actuels

L'anatomie macroscopique moderne regroupe les organes en systèmes ou appareils (exemples: appareil digestif, appareil cardiovasculaire, appareil respiratoire, appareil urogénital, etc.).

Activité (8 ans et plus)

Examiner des planches et modèles anatomiques de diverses espèces de mammifères. Se familiariser avec les noms et fonctions des principaux organes. Constater que l'anatomie de certains organes est spécifique à certaines familles de mammifères (exemple: estomac des ruminants).

Vers 1770. Le médecin et chimiste allemand Georg STAHL (1660-1734) avance la conception animiste selon laquelle l'âme pénètre toutes les parties du corps, ce qui est une forme de vitalisme, conception selon laquelle la vie s'explique par l'action d'un principe vital immatériel qui ne peut être réduit à la seule action des lois physiques et chimiques.

1771. Le philosophe et chimiste britannique Joseph PRIESTLEY (1733-1804) découvre que l'air usé, qui ne permet plus à un animal de survivre, n'empêche cependant pas une plante de le faire.

1773. Le chimiste suédois Carl SCHEELE (1742-1786) découvre le rôle de l'oxygène dans la respiration des plantes et des animaux.

Vers 1775. Le biologiste italien Lazzaro SPALLANZANI (1729-1799) étudie la circulation du sang, la digestion, la fécondation et les animaux microscopiques. Il réfute la théorie de la génération spontanée en montrant qu'aucune moisissure ne se développe dans un bouillon qu'on a fait bouillir et que l'on a placé dans un récipient scellé. Tout comme van Helmont, au XVIIe siècle, il montre, en plaçant des aliments dans du suc gastrique, que la digestion est un phénomène chimique. Il réalise les premières inséminations artificielles chez la grenouille.

1777. Le chimiste et physiologiste français Antoine Laurent de LAVOISIER (1743-1794) découvre le rôle de l'oxygène dans la respiration et montre que la chaleur animale ne provient pas d'un «feu obscur et inné du cœur», comme on le croyait à l'époque, mais des réactions chimiques d'oxydation qui se produisent continuellement dans l'organisme.

1786. Le médecin et physicien italien Luigi GALVANI (1737-1798) découvre, à partir d'expériences menées sur les grenouilles, l'action de l'électricité sur la contraction musculaire.

L'ÉLECTRICITÉ ET LA CONTRACTION MUSCULAIRE

Conception fréquente à l'époque et chez certains élèves

Seul le cerveau peut causer une contraction musculaire.

Concepts scientifiques actuels

L'impulsion produite par les neurones du cerveau pour contracter les muscles est de nature électrique. Un petit choc électrique peut également causer une contraction musculaire.

Activités et exercice (12 ans et plus)

- Regarder un film dans lequel on présente la contraction des muscles d'une cuisse de grenouille sous l'effet d'un petit choc électrique.
- Observer le fonctionnement d'un appareil de «conditionnement physique» (d'ailleurs très peu efficace!) qui cause, sans effort, des contractions des muscles de l'abdomen à l'aide d'impulsions électriques.
- Se documenter pour répondre à la question suivante: Quels sont les faits saillants de la vie de Luigi Galvani? (Exemple: Luigi Galvani fut professeur d'anatomie à Bologne, mais a préféré démissionner plutôt que de prêter allégeance à Napoléon.)

1799. L'inventeur anglais George CAYLEY (1773-1857) définit les forces qui agissent sur une aile et lui permettent de se maintenir dans les airs.

▶ **Voir «L'aile (1799)» dans le thème de technologie «Les techniques du mouvement».**

Le XIXe siècle

1801. L'anatomiste et physiologiste français Xavier BICHAT (1771-1802) postule que les tissus, et non les organes, sont les briques élémentaires des organismes vivants. Il distingue de nombreux types de tissus simples, parmi lesquels les tissus cartilagineux, fibreux, musculaires, muqueux, etc. En 1839, Schleiden et Schwann proposeront la théorie cellulaire, et la cellule remplacera alors les tissus en tant qu'élément constitutif de l'organisme vivant.

LES TISSUS VIVANTS

Conception fréquente à l'époque et chez certains élèves

Les organes sont les plus petits constituants des êtres vivants.

Concepts scientifiques actuels

Les organes sont formés de tissus, qui sont eux-mêmes composés de cellules. Chez l'animal, les principaux tissus sont le tissu musculaire, le tissu nerveux, le tissu conjonctif (exemples: os, cartilage, sang) et le tissu épithélial (exemple: peau).

Activités (12 ans et plus)

- Faire la dissection d'un petit vertébré. Identifier du tissu musculaire, nerveux, conjonctif et épithélial.
- À l'aide d'un microscope, observer des préparations microscopiques de divers types de tissus vivants (musculaire, nerveux, conjonctif, épithélial; disponibles chez certains fournisseurs de matériel scientifique). On peut également observer des préparations virtuelles à l'aide de certains logiciels de microscopie.

1801. Le physicien, chimiste et médecin anglais Thomas YOUNG (1773-1829) montre que la perception des couleurs s'explique par l'existence de trois types de récepteurs sur la rétine, chacun d'eux étant responsable de la perception d'une des trois couleurs primaires.

1802. Le naturaliste français Jean-Baptiste LAMARCK (1744-1829) et le naturaliste allemand Gottfried TREVIRANUS (1776-1837) proposent, de façon indépendante, le terme «biologie» pour désigner une science qui étudie les différentes formes de vie et les conditions et lois qui régissent l'organisation et le fonctionnement des êtres vivants.

1817. Le naturaliste français Georges CUVIER (1769-1832) propose une classification selon laquelle les animaux sont divisés en sous-groupes, tels que les mollusques et les vertébrés.

1819. Le médecin français Jean-Louis POISEUILLE (1799-1869) invente l'hémanomètre, ou manomètre à mercure, pour mesurer la tension artérielle.

1824. Le médecin suisse Jean-Louis PRÉVOST (1790-1850) et le chimiste français Jean-Baptiste DUMAS (1800-1884) découvrent le pouvoir fertilisant des spermatozoïdes que certains scientifiques considéraient à tort comme des parasites de la semence. Ils soutiennent que le nouvel organisme se développe progressivement et n'existe pas à l'état préformé dans l'œuf et défendent ainsi la conception épigénétique selon laquelle l'embryon se construit graduellement par l'addition de parties qui ne préexistent pas.

Vers 1825. Le biologiste français François-Vincent RASPAIL (1794-1878) découvre que l'utilisation de colorants permet de mieux observer les cellules et les tissus.

▶ **Voir «L'utilisation de colorants en microscopie (1825)» dans le thème de biologie et médecine «La cellule et la chimie du vivant».**

1827. Le biologiste russe d'origine allemande Karl Ernst von BAER (1792-1876) découvre l'ovule des mammifères et décrit les premiers stades du développement de l'œuf fécondé.

▶ **Voir «Le développement de l'embryon (1845)» dans ce même thème.**

1827. Le médecin, botaniste et physiologiste français Henri DUTROCHET (1776-1847) découvre le phénomène de l'osmose.

▶ **Voir « L'osmose (1827) » dans le thème de chimie « Les éléments, les composés et les réactions chimiques ».**

1830. Le biologiste russe d'origine allemande Karl Ernst von BAER (1792-1876) démontre l'absence de fondement du concept de préformation de l'embryon.

1830. Le naturaliste français Étienne GEOFFROY SAINT-HILAIRE (1772-1844) publie d'importants travaux d'anatomie comparée dans lesquels il reprend une idée d'abord proposée par Belon en 1555, selon laquelle il existe une unité de plan anatomique non seulement chez les vertébrés, mais chez tous les animaux pluricellulaires, une idée qui sera vivement critiquée par Cuvier et abandonnée, mais réhabilitée 150 ans plus tard par Lewis. Il défend un transformisme des espèces semblable à celui de Lamarck.

L'UNITÉ DE PLAN ANATOMIQUE DES VERTÉBRÉS

Conception fréquente à l'époque et chez certains élèves

Les squelettes d'un reptile, d'un oiseau et d'un mammifère ont peu de caractéristiques communes.

Concepts scientifiques actuels

Il existe une unité fondamentale du plan d'organisation chez tous les animaux pluricellulaires. Cette unité est relativement évidente chez les vertébrés, qui possèdent tous un crâne, une colonne vertébrale, des côtes, etc. Elle est moins évidente chez les invertébrés.

Activité et exercice (8 ans et plus)

- Comparer des photographies de squelettes, et si possible de véritables squelettes ou modèles de squelettes, de plusieurs espèces de vertébrés (poissons, amphibiens, reptiles, oiseaux, mammifères). Trouver des caractéristiques communes à tous ou à plusieurs de ces squelettes.
- Se documenter pour répondre à la question suivante: Quels sont les faits saillants de la vie d'Étienne Geoffroy Saint-Hilaire? (Exemples: Étienne Geoffroy Saint-Hilaire devint professeur au Musée d'histoire naturelle de Paris dès l'âge de 21 ans. Il a participé, en tant que scientifique, à la campagne d'Égypte de Napoléon.)

1837. Le biologiste cellulaire tchèque Jan PURKINJE (1787-1869) découvre des neurones hautement ramifiés dans le cerveau.

▶ **Voir « Les neurones (1837) » dans le thème de biologie et médecine « La cellule et la chimie du vivant ».**

1839. Les biologistes allemands Jakob SCHLEIDEN (1804-1881) et Theodor SCHWANN (1810-1882) fondent la théorie cellulaire. La cellule remplace alors les tissus en tant qu'élément constitutif de l'organisme végétal ou animal.

▶ **Voir « La théorie cellulaire (1839) » dans le thème de biologie et médecine « La cellule et la chimie du vivant ».**

1840. Le physiologiste italien Carlo MATTEUCI (1811-1868) publie des études sur l'activité électrique du muscle.

1842. Le médecin allemand Robert von MAYER (1814-1878), qui déduit de ses observations que la chaleur du corps humain provient de la conversion de l'énergie chimique des aliments, propose une première formulation du premier principe de la thermodynamique (principe de la conservation de l'énergie), selon lequel lors du passage d'une forme d'énergie à une autre, la quantité d'énergie avant et après est la même. Ce principe sera formulé avec plus de précision par von Helmholtz en 1848.

▶ **Voir « L'alimentation et l'énergie (1842) » dans le thème de biologie et médecine « La cellule et la chimie du vivant ».**

1843. Le physiologiste allemand Emil DU BOIS-REYMOND (1818-1896) construit un appareil pour mesurer l'influx nerveux qu'il utilise pour l'étude du nerf et du muscle.

1845. Le biologiste russe d'origine allemande Karl Ernst von BAER (1792-1876) constate que le développement de l'embryon du poulet s'effectue à partir de trois feuillets germinatifs.

LE DÉVELOPPEMENT DE L'EMBRYON

Conception fréquente à l'époque et chez certains élèves

L'embryon a la même structure tout au long de son développement et augmente simplement de taille.

Concepts scientifiques actuels

Le développement de l'embryon se fait en plusieurs phases:

- L'œuf se divise en cellules de plus en plus petites qui forment une petite sphère ressemblant à une mûre et appelée « morula ».
- La morula se creuse d'une cavité et forme la blastula.
- La blastula se sépare en trois ensembles cellulaires, appelés feuillets: ectoderme à l'extérieur, endoderme à l'intérieur, mésoderme entre les deux. Ces trois feuillets forment la gastrula.
- L'ectoderme se transforme en ectoderme proprement dit (qui formera l'épiderme de la peau) et en plaque neurale (qui composera le système nerveux), formant ainsi la neurula.
- Les organes se forment dans la neurula.

Activités (12 ans et plus)

- Examiner des photographies et dessins des premiers stades du développement d'un oiseau. Remarquer la formation et le développement des trois feuillets germinatifs. Comparer avec le développement d'un embryon humain.
- À l'aide d'un microscope, observer des préparations microscopiques des premiers stades du développement de l'embryon (disponibles chez certains fournisseurs de matériel scientifique). On peut également observer des préparations virtuelles à l'aide de certains logiciels de microscopie.
- À l'aide d'un cédérom sur le développement de l'embryon humain (disponible chez certains fournisseurs de matériel scientifique), suivre au jour le jour l'évolution de l'embryon et du fœtus.

1848. Le physiologiste français Claude BERNARD (1813-1878) découvre la première sécrétion interne, le glycogène, produit par le foie pour contrôler le taux de sucre dans l'organisme. Il avance l'idée de l'homéostasie, c'est-à-dire la capacité des êtres vivants de maintenir un état interne stable en dépit des variations des conditions extérieures.

1848. Le physicien et physiologiste allemand Herman von HELMHOLTZ (1821-1894) identifie le travail musculaire comme source de la chaleur corporelle et mesure la vitesse de transmission des influx nerveux dans les nerfs.

1849. Le médecin anglais Thomas ADDISON (1793-1860) étudie les glandes surrénales et contribue à fonder la science de l'endocrinologie.

1854. Le botaniste français Gustave THURET (1817-1875) observe la première fécondation, chez des algues, mais sans réussir à apercevoir la pénétration du gamète (cellule reproductrice) mâle dans le gamète femelle.

1855. Le botaniste allemand Nathaniel PRINGSHEIM (1823-1894) est le premier à observer, chez des algues, la pénétration d'un gamète mâle dans un gamète femelle lors d'une fécondation.

Vers 1855. Le physiologiste français Claude BERNARD (1813-1878) découvre le rôle des sécrétions du pancréas dans la digestion, devenant ainsi le premier à montrer l'action des ferments, qui seront plus tard appelés enzymes, dans l'organisme.

1861. Le naturaliste anglais Henry BATES (1825-1892) propose l'idée selon laquelle certains animaux inoffensifs ont évolué de telle sorte qu'ils ressemblent à des animaux dangereux, une forme de mimétisme appelée « mimétisme batésien », du nom de son découvreur.

LE MIMÉTISME

Conception fréquente à l'époque et chez certains élèves

Les animaux qui ont la même apparence font partie de la même famille.

Concepts scientifiques actuels

Le mimétisme est un phénomène par lequel des animaux présentent des formes et des couleurs qui les rendent semblables à des animaux dangereux (mimétisme batésien) ou à leur environnement (mimétisme cryptique). Par exemple, certaines espèces de mouches ressemblent à des abeilles (mimétisme batésien) et certains insectes ont la forme et la couleur des feuilles des plantes sur lesquelles ils vivent (mimétisme cryptique).

Activités (8 ans et plus)

- Se documenter pour trouver des photographies d'animaux qui illustrent le mimétisme batésien et le mimétisme cryptique.
- Découvrir des exemples de mimétisme batésien et de mimétisme cryptique chez des insectes et autres animaux de sa région.

1865. Le religieux et botaniste autrichien Gregor Johann MENDEL (1822-1884) découvre les lois fondamentales de l'hérédité, notamment l'existence de caractères dominants et récessifs, mais le mémoire qu'il publie sur le sujet passe complètement inaperçu à l'époque de sa publication.

▶ **Voir « L'hérédité (1865) » dans le thème de biologie et médecine « La cellule et la chimie du vivant ».**

1875. Le biologiste allemand Oscar HERTWIG (1849-1922) observe la première fécondation chez un animal, l'oursin, et décrit la pénétration du spermatozoïde dans l'ovule.

▶ **Voir « La fécondation (1875) » dans le thème de biologie « La cellule et la chimie du vivant ».**

1879. L'entomologiste français Jean Henri FABRE (1823-1915) commence la rédaction de son traité sur l'instinct et le comportement des insectes.

L'INSTINCT ET LE COMPORTEMENT DES INSECTES

Conception fréquente à l'époque et chez certains élèves

Le comportement des insectes est acquis.

Concepts scientifiques actuels

L'instinct est un système composé de réactions simples et stéréotypées. Il est à la fois parfaitement adapté à la situation qui le déclenche, mais limité par son manque de souplesse. La plupart des comportements des fourmis, par exemple, sont instinctifs et présentent peu de capacité d'adaptation. Les comportements instinctifs d'un organisme sont inscrits dans son patrimoine génétique et n'ont pas à être appris.

Activités (8 ans et plus)

- Observer le comportement de fourmis près de leur fourmilière.
- À l'aide d'une pelle, extraire du sol une motte de terre dans laquelle se trouve une fourmilière. Placer la motte de terre entre deux plaques de verre. Recouvrir le tout d'une pièce de tissu noir et, pendant quelques jours, laisser les fourmis reconstruire leur colonie. Observer les comportements des fourmis dans la colonie reconstruite. (On peut également placer les fourmis dans une fourmilière artificielle, un ensemble de contenants en plastique transparent pour l'élevage et l'étude de fourmis disponible chez certains fournisseurs de matériel scientifique.)

1881. Invention, en France, du sphygmomanomètre, plus pratique que l'hémanomètre inventé par Poiseuille en 1819, pour mesurer la tension artérielle.

Vers 1885. Le naturaliste français Alphonse MILNE-EDWARDS (1835-1900) publie des travaux sur la faune des abysses sous-marins.

LA FAUNE DES ABYSSES SOUS-MARINS

Conception fréquente à l'époque et chez certains élèves

Aucun animal marin ne peut vivre à de très grandes profondeurs.

Concepts scientifiques actuels

L'obscurité est totale, dans les fonds océaniques, à partir d'une profondeur de 600 m et, faute de lumière, les végétaux producteurs de chlorophylle y sont totalement absents. Toutefois, certains animaux arrivent à y vivre, et certains dans des fosses de milliers de mètres de profondeur. On y trouve, entre autres, des espèces disparues ailleurs depuis des millions d'années. Parmi les principales espèces de ces zones, on peut mentionner des éponges, des oursins, des poissons aux yeux hypertrophiés ou, à l'inverse, aveugles mais munis d'organes tactiles. Plusieurs espèces sont munies d'organes lumineux ou photogènes qui leur permettent de communiquer, d'aveugler un adversaire menaçant ou d'attirer une proie.

Activités (8 ans et plus)

- Examiner des photographies d'animaux qui vivent dans les abysses sous-marins.
- Regarder un documentaire portant sur la faune des abysses sous-marins.

1891. Le paléontologue néerlandais Eugène DUBOIS (1858-1941) découvre les os fossilisés d'un hominidé, l'*Homo erectus.*

1900. Le botaniste allemand Carl CORRENS (1864-1933), le botaniste néerlandais Hugo DE VRIES (1849-1935) et le botaniste autrichien Erich TSCHERMAK von SEYSENEGG (1871-1962) redécouvrent simultanément et indépendamment les lois fondamentales de l'hérédité découvertes par Mendel en 1865.

Le XXe siècle

1903. Le médecin et neurologue espagnol Santiago RAMÓN Y CAJAL (1852-1934) décrit la structure du système nerveux, dont la cellule de base est le neurone.

1903. Le physiologiste russe Ian PAVLOV (1849-1936) établit de façon expérimentale, chez des animaux, des liaisons fonctionnelles entre des stimuli et des sécrétions glandulaires et formule la théorie des réflexes conditionnés.

Les réflexes conditionnés

Conception fréquente à l'époque et chez certains élèves

Tous les mouvements du corps sont commandés de façon consciente.

Concepts scientifiques actuels

Un réflexe est une activité nerveuse involontaire. Il existe divers types de réflexes. Un réflexe conditionné est un réflexe établi en associant des stimuli. Le réflexe sécrétoire du chien qui salive en entendant la sonnerie qui annonce son repas est un exemple de réflexe conditionné.

Activités (8 ans et plus)

- Regarder un documentaire qui présente le conditionnement de diverses espèces d'animaux.
- Si possible, développer un réflexe conditionné chez un animal à l'aide d'une sonnerie.

1907. Premières cultures de cellules animales *in vitro*, aux États-Unis, une méthode qui consiste à maintenir des cellules vivantes hors de leur milieu naturel.

1915. L'embryologiste allemand Hans SPEMANN (1869-1941) découvre qu'il existe des régions de l'embryon qui contrôlent son développement.

1919. Le zoologiste autrichien Karl von FRISCH (1886-1982) découvre la « danse des abeilles », qui permet à ces insectes de se communiquer l'emplacement des fleurs.

LA DANSE DES ABEILLES

Conception fréquente à l'époque et chez certains élèves

Les mouvements des abeilles dans la ruche sont désordonnés et sans signification précise.

Concepts scientifiques actuels

Les abeilles sont capables de communiquer, par une danse, la direction et l'éloignement de sources de nectar par rapport à la ruche. La danse ronde signale l'existence de sources proches, sans indication de distance ou de direction, tandis que la danse frétillante, en huit, indique l'abondance et l'éloignement de la source. Le contenu de l'information est exprimé par la durée et le rythme de la danse. Les danses sont différentes d'une espèce à l'autre.

Activités (8 ans et plus)

- Lire un texte ou regarder un documentaire qui présente la danse des abeilles.
- Rendre visite à des apiculteurs et observer les ruches en prenant les précautions requises.

1924. Découverte du premier fossile d'australopithèque, un primate de la famille des hominidés.

1935. Le zoologiste autrichien Konrad LORENZ (1903-1989) décrit le phénomène de l'empreinte, un attachement particulier du nouveau-né à l'égard du premier animal qu'il voit.

L'EMPREINTE

Conception fréquente à l'époque et chez certains élèves

Un animal qui vient de naître ne peut s'attacher qu'à ses parents.

Concepts scientifiques actuels

L'empreinte est une forme d'apprentissage, liée au développement des instincts, qui consiste, chez le jeune animal, à suivre le premier objet mobile qu'il voit juste après sa naissance. L'empreinte s'établit généralement sur la mère mais, en son absence, peut s'établir sur tout autre être vivant ou objet facile à reconnaître. L'empreinte se produit pendant les premiers jours de la vie de l'animal, qui est une période critique, et une fois acquise, elle est irréversible.

Activité (8 ans et plus)

Regarder un documentaire qui montre que certaines espèces d'animaux, et notamment les oies, peuvent établir l'empreinte sur des êtres humains pendant les premiers jours de leur vie. Constater que l'empreinte permet ensuite de filmer les oies en vol, car elles suivent ces êtres humains lorsqu'ils pilotent des avions ultralégers.

1938. On pêche au large des côtes du Mozambique le premier exemplaire d'un cœlacanthe, poisson dont on connaissait des fossiles mais qu'on croyait disparu depuis au moins 80 millions d'années.

▶ **Voir « Les fossiles vivants (1938) » dans le thème de biologie et médecine « La classification et l'évolution des êtres vivants ».**

1948. Mise au point du premier bathyscaphe, un petit sous-marin qui peut atteindre de très grandes profondeurs. Il sera utilisé pour étudier la faune et la flore des fonds océaniques.

1951. Le zoologiste britannique d'origine hollandaise Nikolaas TINBERGEN (1907-1988) commence la publication d'une célèbre série d'études sur le rôle de l'instinct dans le comportement animal.

1960. La biologiste anglaise Jane GOODALL (née en 1934) commence l'étude du comportement des chimpanzés sauvages de la région du lac Tanganyika et contribue à leur protection.

1968. L'endocrinologiste américain d'origine française Roger GUILLEMIN (né en 1924) et l'endocrinologiste américain d'origine lithuanienne Andrew SCHALLY (né en 1926) découvrent des hormones produites par l'hypothalamus, une petite région de la base du cerveau.

1975. L'entomologiste et biologiste américain Edward WILSON (né en 1929) publie un ouvrage dans lequel il présente les fondements d'une nouvelle discipline, la sociobiologie.

1977. Des chercheurs français démontrent que les mammifères supérieurs et l'homme communiquent aussi de façon chimique, au moyen de phéromones.

1978. Le généticien américain Edouard LEWIS (né 1918), réhabilite une idée d'abord proposée par Geoffroy Saint-Hilaire en 1830, selon laquelle il existe une unité de plan anatomique chez tous les animaux pluricellulaires, en montrant comment certains gènes, dits homéotiques, ont pour effet de sculpter la morphologie des différents segments du corps.

1993. Une nouvelle espèce de bovidés est découverte au Vietnam.

LA DÉCOUVERTE DE NOUVELLES ESPÈCES ANIMALES

Conception fréquente à l'époque et chez certains élèves

Toutes les espèces animales sont connues depuis longtemps.

Concepts scientifiques actuels

À ce jour, environ 1,4 million d'espèces animales ont été recensées. On estime cependant que ce nombre ne représente que 20% des espèces qui vivent sur Terre. La majorité des espèces non recensées sont des invertébrés, notamment des insectes. Même dans le groupe des mammifères, 742 espèces, parmi les 4600 connues, ont été nommées depuis 1930 seulement et certaines découvertes sont très récentes. Toutefois, au rythme où la destruction des habitats fait maintenant disparaître les animaux, il est fort probable que de nombreuses espèces s'éteindront avant même d'avoir été découvertes.

Exercice (12 ans et plus)

Se documenter pour répondre à la question suivante: Existe-t-il des espèces d'animaux dont la découverte est relativement récente? (Exemples: micropotamogale de Guinée en 1954, nouvelle espèce de singe au Gabon en 1984, 130 espèces de blattes en Guyenne en 1991, etc.)

LES VÉGÉTAUX

L'antiquité orientale

Vers 3000 av. J.-C. Premières cultures hydroponiques en Égypte.

▶ **Voir « La culture hydroponique (1860) » dans ce même thème.**

L'Antiquité classique

Vers 300 av. J.-C. Le botaniste et géologue grec THÉOPHRASTE (v. 372-v.-287 av. J.-C.), qui sera plus tard considéré comme le père de la botanique, décrit correctement plus de 500 espèces de plantes et leur mode de reproduction.

37 ap. J.-C. Construction, à Rome, de la première serre, utilisée pour faire pousser des concombres, en hiver, pour Tibère.

▶ **Voir « La serre (XVIe siècle) » dans le thème de technologie « Les techniques du vêtement et de l'alimentation ».**

Vers 50 ap. J.-C. L'encyclopédiste romain PLINE L'ANCIEN (23-79) rédige l'*Histoire naturelle*, une encyclopédie en 37 volumes dans laquelle sont exposées les connaissances de l'époque au sujet des métaux, des minéraux, des cristaux et des pierres précieuses, des fossiles, des plantes et des animaux.

Vers 50 ap. J.-C. Le botaniste et médecin grec DIOSCORIDE (20-70) rédige *De Materia Medica*, qui sera considéré, jusqu'à la Renaissance, comme un traité de base sur les plantes médicinales.

Le Moyen Âge

Vers 1175. Le philosophe, théologien et médecin juif andalou Moïse MAÏMONIDE (1135-1204) écrit le *Traité des poisons*, dans lequel il décrit des plantes vénéneuses et certains antidotes.

1316. Création du premier jardin botanique à Hambourg, en Allemagne. D'autres jardins botaniques seront créés au XVIe siècle à Padoue, à Pise et à Bologne, en Italie, ainsi qu'à Montpellier, en France.

LES JARDINS BOTANIQUES

Conception fréquente à l'époque et chez certains élèves

Les plantes de pays et de continents lointains ne peuvent survivre dans un jardin.

Concepts scientifiques actuels

Les premiers jardins botaniques servaient principalement à la culture des plantes médicinales. Ils devinrent par la suite des centres de recherche sur les végétaux. Ils jouent maintenant un rôle important dans la sauvegarde d'espèces menacées.

Activité (8 ans et plus)

- Visiter un jardin botanique. Observer des espèces d'arbres et de plantes exotiques regroupées selon divers habitats. Si possible, visiter les laboratoires de recherche de l'établissement.

▶ **Voir «Les plantes médicinales (3000 av. J.-C.)» dans le thème de biologie et médecine «La santé et la maladie».**

La Renaissance

1496. Les Européens découvrent le tabac en Amérique.

XVIe siècle. Le riz, importé d'Asie, et la pomme de terre, la tomate, le maïs, la courge, le tabac, le cacao et le poivron, importés d'Amérique, deviennent des produits agricoles en Europe.

Vers 1550. Débuts de la confection d'herbiers, collections de plantes séchées, pour l'étude et la classification des plantes.

L'HERBIER

Conception fréquente à l'époque et chez certains élèves

Une plante morte ne peut être conservée très longtemps.

Concepts scientifiques actuels

Un herbier est une collection de plantes séchées collées sur des feuilles et convenablement identifiées.

Activités (8 ans et plus)

- Examiner des herbiers appartenant à des institutions d'enseignement, des musées ou des jardins botaniques.
- Confectionner un herbier selon la description suivante. Des plantes sauvages sont recueillies, si possible avec leurs racines, lors d'une sortie dans la nature. Chaque plante est mise à sécher à plat, pendant quelques semaines, entre des feuilles de papier buvard ou de papier journal que l'on presse fortement à l'aide d'une presse ou d'un poids. Puis la plante est fixée, avec du papier adhésif, sur un carton de grand format: on écrit sur une étiquette le nom scientifique de la plante, son nom populaire, la famille à laquelle elle appartient, le lieu où on l'a trouvée, la date de la récolte, etc. L'identification des plantes peut se faire à l'aide des clés d'identification qui se trouvent dans la plupart

des guides portant sur la flore de sa région. L'ensemble de l'herbier est mis à l'abri dans un endroit sec, dont la température est à peu près constante, pour que les plantes séchées conservent le plus longtemps possible leur aspect et leur couleur d'origine.

1565. Le naturaliste suisse Conrad GESNER (1516-1565) rédige un traité sur les fossiles dans lequel il signale des ressemblances entre des fossiles et des animaux marins vivants.

Vers 1575. Le savant français Bernard PALISSY (v. 1510-1589) prône l'usage d'engrais chimique.

1583. Le médecin italien André de CÉSALPIN (1519-1603) propose une classification des plantes basée sur leurs propriétés et similitudes physiques.

1596. Publication, en Chine, du *Ben Cao Gang Mu*, une encyclopédie faisant la somme de connaissances accumulées depuis plusieurs siècles, qui décrit un millier de plantes, un millier d'animaux et plus de huit mille prescriptions médicales.

Le XVIIe siècle

1603. L'anatomiste et zoologiste italien Girolamo Fabricius D'ACQUAPENDENTE (1533-1619) est le premier à reconnaître le sexe chez les fleurs, mais ne peut utiliser cet élément pour la classification des plantes.

1619. Le médecin, alchimiste et chimiste flamand Jan Baptist VAN HELMONT (1577-1644) établit la distinction entre le concept « air » et le concept « gaz » et découvre le gaz carbonique, qu'il nomme « gaz sylvestre ».

1623. Les naturalistes et médecins suisses d'origine française Jean BAUHIN (1541-1613) et Gaspard BAUHIN (1560-1624) recensent, décrivent et classifient plus de 6000 espèces de plantes.

Vers 1640. Le médecin, alchimiste et chimiste flamand Jan Baptist VAN HELMONT (1577-1644) montre qu'une plante n'utilise qu'une très petite quantité de la matière solide contenue dans la terre. Il croit cependant que toute la matière dont est formée la plante provient de l'eau d'arrosage. (Hales montrera en 1727 que l'autre composante indispensable, plus tard connue sous le nom de gaz carbonique, provient de l'air.)

La matière dont est formée une plante

Conception fréquente à l'époque et chez certains élèves

La plante «digère» la terre pour en faire la matière dont elle est formée.

Concepts scientifiques actuels

La matière dont est formée la plante provient de l'eau qu'elle puise dans la terre et du gaz carbonique de l'air. La plante n'utilise qu'une très petite quantité des minéraux qui sont présents dans la terre.

Activité (8 ans et plus)

Remplir un grand contenant avec de la terre. Peser le contenant plein de terre. Planter des graines de plantes à croissance rapide dans la terre. Quelques mois plus tard, quand les plantes sont devenues grandes, les déraciner, bien remettre dans le contenant toute la terre collée aux racines et peser les plantes. Peser à nouveau le contenant plein de terre. Discuter des résultats obtenus.

1665. Le savant anglais Robert HOOKE (1635-1703) perfectionne le microscope et décrit diverses structures animales et végétales, notamment de petites structures du liège qu'il nomme «cellules», mais sans saisir toute la portée de sa découverte.

Vers 1680. Le naturaliste hollandais Antonie VAN LEEUWENHOEK (1632-1723) perfectionne le microscope à lentille unique et découvre l'existence de plusieurs espèces d'organismes microscopiques.

▶ **Voir «Les organismes microscopiques (1680)» dans le thème de biologie et médecine «La cellule et la chimie du vivant».**

Vers 1680. Le botaniste anglais Nehemiah GREW (1661-1712) est le premier à étudier au microscope la structure tissulaire des plantes. Il établit que les étamines sont les organes sexuels mâles des fleurs.

La structure de la fleur

Conception fréquente à l'époque et chez certains élèves

L'ensemble des pétales est la partie la plus importante de la fleur.

Concepts scientifiques actuels

À l'exception des mousses, fougères et conifères, la plupart des plantes courantes sont des angiospermes ou plantes à fleurs. Chez ces plantes, les fleurs favorisent la pollinisation et produisent les éléments nécessaires à la reproduction. Le pistil, partie femelle de la fleur, porte les ovules. Les étamines, partie mâle, produisent du pollen. Chez plusieurs plantes, comme le lis, le pistil et les étamines sont dans la même fleur. Chez certaines plantes, comme le concombre, le pistil et les étamines sont dans des fleurs différentes. Chez d'autres plantes, comme l'actinidia (qui produit le kiwi), le pistil et les étamines sont dans des fleurs différentes et sur des pieds différents. Les fleurs peuvent être uniques, en capitule, en épi, en ombelle ou en grappe.

Activités (8 ans et plus)

- Observer la structure d'une fleur simple ou d'un modèle de fleur simple (exemple: la tulipe).
- Observer la structure de fleurs plus complexes ou de modèles de fleurs plus complexes: en capitule (exemple: marguerite), en ombelle (exemple: persil), en chaton (exemple: saule), etc.

1682. Le naturaliste anglais John RAY (1627-1705) propose une classification des plantes qui fait la distinction entre les monocotylédones et les dicotylédones, ainsi qu'une classification des animaux.

▶ **Voir «Les monocotylédones et les dicotylédones (1682)» dans le thème de biologie et médecine «La classification et l'évolution des êtres vivants».**

1694. Le botaniste français Joseph Pitton de TOURNEFORT (1656-1708) établit une classification des plantes d'après les caractères de la corolle (ensemble des pétales d'une fleur): simple ou composée, monopétale ou polypétale, régulière ou irrégulière. Plusieurs des familles de plantes qu'il a créées sont encore utilisées de nos jours: labiées, crucifères, ombellifères, liliacées, etc.

1694. Le naturaliste allemand Rudolf Jakob CAMERARIUS (1665-1721) démontre expérimentalement que les plantes à fleurs se reproduisent sexuellement.

LA POLLINISATION ET LA REPRODUCTION DES PLANTES À FLEURS

Conception fréquente à l'époque et chez certains élèves

Toute fleur produira nécessairement des fruits et des graines.

Concepts scientifiques actuels

Pour qu'une plante à fleurs produise des fruits et des graines, il faut que ses ovules soient fécondés par du pollen. Le pollen est parfois transporté par le vent, mais le plus souvent, il est transporté par des insectes, qui jouent donc un rôle fondamental dans la reproduction d'un très grand nombre de végétaux. Les fleurs sont d'ailleurs conçues pour attirer les insectes et les couvrir de pollen.

Activités et exercice (8 ans et plus)

- Regarder un documentaire portant sur la pollinisation par les insectes.
- Observer des abeilles et d'autres insectes qui butinent de fleur en fleur. Remarquer l'accumulation de pollen sur certaines parties des insectes.
- Se documenter pour répondre à la question suivante: Depuis quelques années, un parasite s'attaque aux abeilles. Une diminution importante du nombre d'abeilles pourrait-elle avoir des conséquences graves?

1699. Le naturaliste anglais John WOODWARD (1667-1752) découvre que le rendement des cultures hydroponiques est meilleur dans les réservoirs d'eau qui contiennent aussi une certaine quantité de terre, qui ajoute des substances nutritives.

Le XVIIIᵉ siècle

1727. Le physiologiste anglais Stephen HALES (1677-1761) montre qu'en plus de l'eau, qui provient du sol, l'autre composante indispensable à la croissance des plantes provient de l'air. Ingen-Housz découvrira en 1779 que le gaz que les plantes absorbent est du gaz carbonique.

1735. Le naturaliste suédois Carl von LINNÉ (1707-1778) crée le système de classification des plantes et des animaux par genres, ordres et classes. Il est le premier à adopter une nomenclature binominale consistant à désigner chaque être vivant par un double nom, le premier correspondant au genre, le second à l'espèce. Il est cependant un fixiste, c'est-à-dire qu'il croit que les espèces biologiques n'ont subi aucune évolution depuis leur création supposée.

1747. Le chimiste allemand Andreas Sigismund MARGGRAF (1709-1782) parvient à extraire du sucre de la betterave.

1749. Le naturaliste, philosophe et écrivain français Georges Louis Leclerc, comte de BUFFON (1707-1788), entreprend la rédaction de l'*Histoire naturelle*, un traité de 44 volumes. Il contribue à l'hypothèse d'une évolution des espèces.

1754. Le physicien et chimiste écossais Joseph BLACK (1728-1799) identifie chimiquement le gaz carbonique (dioxyde de carbone), qui avait été découvert par Van Helmont, et déduit de ses observations la présence de ce gaz dans l'atmosphère.

Vers 1770. Les voyages d'exploration du navigateur français Louis Antoine de BOUGAINVILLE (1729-1811) et du navigateur anglais James COOK (1728-1779) dans le Pacifique révèlent une grande variété de nouvelles espèces végétales et animales.

1771. Le philosophe et chimiste britannique Joseph PRIESTLEY (1733-1804) découvre que l'air usé, qui ne permet plus à un animal de survivre, n'empêche cependant pas une plante de le faire.

1773. Le chimiste suédois Carl SCHEELE (1742-1786) découvre le rôle de l'oxygène dans la respiration des plantes et des animaux.

1774. Le chimiste anglais Joseph PRIESTLEY (1733-1804) constate que la décomposition de l'oxyde rouge de mercure par la chaleur produit un gaz que Lavoisier appellera l'oxygène.

1779. Le naturaliste hollandais Johannes INGEN-HOUSZ (1730-1799) découvre que les plantes transforment l'« air fixe » (gaz carbonique) en « air respirable » (oxygène) lorsqu'elles sont éclairées par la lumière, mais qu'elles transforment au contraire l'« air respirable » en « air fixe » lorsqu'elles sont dans l'obscurité. Il interprète cependant ses résultats en fonction de la théorie du phlogistique énoncée par Stahl en 1697 et croit que l'air respirable est de l'air « déphlogistiqué ».

1782. Le naturaliste suisse Jean SENEBIER (1742-1809) montre que la présence d'« air fixe » (gaz carbonique) accélère la production d'« air respirable » par les plantes. Hill montrera toutefois, en 1940, que les deux phénomènes ne sont pas directement liés, car l'oxygène produit par les plantes ne provient pas des molécules de gaz carbonique, mais plutôt des molécules d'eau.

LA RESPIRATION DES PLANTES

Conceptions fréquentes à l'époque et chez certains élèves

- Les végétaux respirent de l'oxygène et rejettent du gaz carbonique, comme les animaux et les êtres humains.
- Les végétaux se nourrissent principalement des substances qu'ils puisent dans la terre.

Concepts scientifiques actuels

La photosynthèse est un processus au moyen duquel les végétaux utilisent l'énergie lumineuse pour fabriquer du glucose à partir de gaz carbonique et d'eau, en libérant de l'oxygène par de minuscules ouvertures, les stomates, situées sur l'épiderme des feuilles. L'oxygène pur rend toutes les combustions beaucoup plus vives que dans l'air. (L'air ne contient que 21 % d'oxygène.)

Activité (8 ans et plus)

Verser de l'eau tiède dans un grand bac en plastique. Remplir un pot transparent d'eau tiède et le renverser dans le bac de manière qu'il demeure plein. Insérer l'extrémité d'une tige de plante grimpante (lierre, philodendron) dans le pot, en prenant soin de ne pas introduire d'air. Placer le montage dans un endroit ensoleillé de la classe. Effectuer des observations à intervalles réguliers et noter ces observations. Refaire l'expérience en plaçant le montage dans un endroit sombre. (On peut vérifier la nature du gaz produit en le recueillant dans une éprouvette dans laquelle on introduira ensuite une longue allumette enflammée. On peut aussi utiliser un indicateur liquide au manganèse pour déterminer la concentration d'oxygène dissous dans l'eau. On peut également placer un pH-mètre électronique dans le pot. L'augmentation du pH, en effet, est en corrélation avec la baisse de la proportion de gaz carbonique et l'augmentation de la proportion d'oxygène.)

1789. Le botaniste français Antoine-Laurent de JUSSIEU (1748-1836), membre d'une célèbre famille de botanistes, publie *Genera plantarum*, un important ouvrage de botanique.

Le XIXe siècle

1802. Le naturaliste français Jean-Baptiste LAMARCK (1744-1829) et le naturaliste allemand Gottfried TREVIRANUS (1776-1837) proposent, de façon indépendante, le terme « biologie » pour désigner une science qui étudie les différentes formes de vie et les conditions et lois qui régissent l'organisation et le fonctionnement des êtres vivants.

1804. Le chimiste et naturaliste suisse Nicolas de SAUSSURE (1767-1845) démontre le rôle de l'eau dans la respiration des plantes.

Vers 1825. Le biologiste français François-Vincent RASPAIL (1794-1878) découvre que l'utilisation de colorants permet de mieux observer les cellules et les tissus.

▶ **Voir « L'utilisation de colorants en microscopie (1825) » dans le thème de biologie et médecine « La cellule et la chimie du vivant ».**

1827. Le médecin, botaniste et physiologiste français Henri DUTROCHET (1776-1847) découvre le phénomène de l'osmose.

▶ **Voir « L'osmose (1827) » dans le thème de chimie « Les éléments, les composés et les réactions chimiques ».**

Vers 1830. Le chimiste allemand Justus von LIEBIG (1803-1873), fondateur de l'agrochimie, montre que si l'on ajoute dans le sol des engrais chimiques, comme le potassium et le phosphore, les rendements des cultures peuvent augmenter considérablement. Il améliore ainsi une pratique, commencée au siècle précédent, qui consiste à enrichir le sol avec du salpêtre (nitrate de potassium), le premier engrais chimique. (Les engrais naturels, tels que le fumier et les cendres, étaient connus depuis l'Antiquité orientale.)

▶ **Voir « Les engrais chimiques (1830) » dans le thème de biologie et médecine « La cellule et la chimie du vivant ».**

1833. Le botaniste écossais Robert BROWN (1773-1858) décrit le premier noyau cellulaire, celui de l'épiderme des orchidées.

1839. Les biologistes allemands Jakob SCHLEIDEN (1804-1881) et Theodor SCHWANN (1810-1882) fondent la théorie cellulaire. La cellule remplace alors les tissus en tant qu'élément constitutif de l'organisme végétal ou animal.

▶ **Voir « La théorie cellulaire (1839) » dans le thème de biologie et médecine « La cellule et la chimie du vivant ».**

1850. Le botaniste et explorateur anglais Joseph HOOKER (1817-1911) rapporte en Angleterre un grand nombre de nouvelles espèces de plantes provenant de diverses parties du monde et crée l'*Index Kewensis*, une immense banque de données sur les plantes.

1851. Le chimiste français Jean-Baptiste BOUSSINGAULT (1802-1887) montre que les plantes de la famille des pois peuvent fixer (c'est-à-dire assimiler) de l'azote qui provient de l'air. Il croit cependant que cette source d'azote est la faible proportion d'ammoniac qui se trouve dans l'air.

Vers 1852. Le chimiste français Georges VILLE (1824-1897) montre que l'azote fixé par des plantes comme le pois ou le trèfle ne provient pas de l'ammoniac, comme l'avait affirmé Boussingault en 1851, mais directement de l'azote de l'air.

1854. Le botaniste français Gustave THURET (1817-1875) observe la première fécondation, chez des algues, mais sans réussir à apercevoir la pénétration du gamète (cellule reproductrice) mâle dans le gamète femelle.

1855. Le botaniste allemand Nathaniel PRINGSHEIM (1823-1894) est le premier à observer, chez des algues, la pénétration d'un gamète mâle dans un gamète femelle lors d'une fécondation.

1860. Le botaniste allemand Julius von SACHS (1832-1897) établit la liste des principaux minéraux qui doivent être ajoutés à l'eau pour permettre la croissance des plantes et fonde ainsi la culture hydroponique moderne.

LA CULTURE HYDROPONIQUE

Conception fréquente à l'époque et chez certains élèves

Toutes les plantes, sauf les plantes aquatiques, doivent être plantées dans le sol pour croître de façon normale.

Concepts scientifiques actuels

La culture hydroponique est une culture sans sol, où les racines des plantes baignent dans une solution minérale nutritive. Cette solution nutritive doit contenir des sels d'azote, de phosphore, de soufre, de potassium, de calcium et de magnésium. D'autres sels minéraux, tels que des sels de fer, de manganèse, de bore, de zinc et de cuivre, sont également nécessaires, mais en quantités plus petites. Il se vend, dans le commerce, des liquides ou des poudres qui contiennent tous ces minéraux et qu'il suffit d'ajouter à l'eau.

Activités (8 ans et plus)

- Visiter des serres où se pratique la culture hydroponique.
- Comparer le goût de tomates hydroponiques avec celui de tomates qui ont poussé dans la terre.
- Faire pousser diverses plantes selon la méthode de la culture hydroponique.
- À l'aide d'un ensemble pour l'étude des besoins des plantes en substances minérales (disponible chez certains fournisseurs de matériel scientifique), mettre en évidence ces besoins ainsi que les effets des carences.

1864. Le botaniste allemand Julius von SACHS (1832-1897) établit l'équation chimique de la photosynthèse et montre qu'elle se produit dans les chloroplastes des cellules végétales.

L'ÉQUATION DE LA PHOTOSYNTHÈSE

Conception fréquente à l'époque et chez certains élèves

Le gaz carbonique et l'eau utilisés par la plante se combinent dans des proportions quelconques.

Concepts scientifiques actuels

La photosynthèse est le processus au moyen duquel les végétaux, sous l'action de la lumière, utilisent un nombre égal de molécules de gaz carbonique et d'eau pour fabriquer du glucose, ce qui libère de l'oxygène. La formule en est:

$$6CO_2 + 6H_2O \longrightarrow C_6H_{12}O_6 + 6O_2$$

La photosynthèse se produit dans les chloroplastes, qui sont des organites des cellules végétales. Le principal pigment impliqué dans la photosynthèse est la chlorophylle, de couleur verte.

Activités (12 ans et plus)

- Comparer l'équation chimique de la photosynthèse avec celle de la respiration aérobie. Constater que ces deux réactions sont l'inverse l'une de l'autre.

- À l'aide d'un microscope, observer une préparation microscopique qui présente les chloroplastes de cellules végétales (disponibles chez certains fournisseurs de matériel scientifique). On peut également observer des préparations virtuelles à l'aide de certains logiciels de microscopie.
- À l'aide d'une plante verte, d'une source de lumière, d'un capteur d'oxygène et d'un logiciel d'expérimentation assistée par ordinateur (disponibles chez certains fournisseurs de matériel scientifique), constater la libération d'oxygène lors de la photosynthèse.
- Étudier la photosynthèse de façon virtuelle à l'aide d'un logiciel de simulation (disponible chez certains fournisseurs de matériel scientifique).
- Recouvrir une partie de la feuille d'un arbre ou d'une plante (feuille vivante qui se trouve dans l'arbre ou dans la plante) avec un petit morceau de tissu adhésif opaque. Laisser le tissu en place quelques jours. Enlever le tissu et examiner la partie de la feuille où il se trouvait. Constater que la lumière est essentielle à la vie des feuilles.

1865. Le religieux et botaniste autrichien Gregor Johann MENDEL (1822-1884) découvre les lois fondamentales de l'hérédité, notamment l'existence de caractères dominants et récessifs, mais le mémoire qu'il publie sur le sujet passe complètement inaperçu à l'époque de sa publication.

▶ **Voir « L'hérédité (1865) » dans le thème de biologie et médecine « La cellule et la chimie du vivant ».**

1865. Le biologiste et botaniste français Charles NAUDIN (1815-1899) publie un mémoire sur les hybrides du règne végétal dans lequel il établit l'indépendance de certains caractères à partir de croisements réalisés chez des plantes telles que le tabac.

1867. Le botaniste suisse Simon SCHWENDENER (1829-1919) découvre que les lichens sont formés par une association entre une algue et un champignon.

LES LICHENS

Conception fréquente à l'époque et chez certains élèves

Les lichens sont des espèces de mousses ou de champignons.

Concepts scientifiques actuels

Les lichens, qui vivent sur des troncs d'arbres, des roches ou des murs forment des taches de couleur verte, grise, orange ou noire. Ils sont formés par l'association d'une algue et d'un champignon qui vivent en symbiose, ce qui signifie qu'ils tirent des avantages réciproques de cette association.

Activités (8 ans et plus)

- Lors d'une sortie dans la nature, recueillir des échantillons de lichen et de mousse et trouver les différences entre eux.
- À l'aide d'un microscope, observer une préparation microscopique de lichens. Découvrir les champignons et les algues dont le lichen est constitué (disponibles chez certains fournisseurs de matériel scientifique). On peut également observer des préparations virtuelles à l'aide de certains logiciels de microscopie.

1900. Le botaniste allemand Carl CORRENS (1864-1933), le botaniste néerlandais Hugo DE VRIES (1848-1935) et le botaniste autrichien Erich TSCHERMAK VON SEYSENEGG (1871-1962) redécouvrent, simultanément et indépendamment, les lois fondamentales de l'hérédité découvertes par Mendel en 1865.

Le XXe siècle

1901. Le botaniste néerlandais Hugo DE VRIES (1849-1935) observe les premières mutations chez des plantes.

1905. Le botaniste anglais Frederick BLACKMAN (1866-1947) montre que les plantes échangent des gaz par l'intermédiaire de leurs stomates, petites ouvertures dans l'épiderme des feuilles. Il montre également qu'une partie de la photosynthèse, la phase obscure, ne nécessite pas de lumière et produit du gaz carbonique.

LA PHASE OBSCURE DE LA PHOTOSYNTHÈSE

Conception fréquente à l'époque et chez certains élèves

Les plantes n'utilisent jamais d'oxygène et ne rejettent jamais de gaz carbonique.

Concepts scientifiques actuels

La photosynthèse comporte une phase lumineuse et une phase obscure. Au cours de la phase lumineuse, qui nécessite de la lumière, les molécules d'eau sont décomposées pour former de l'adénosine-triposphate (A.T.P.) qui transporte de l'énergie. Au cours de la phase obscure, qui peut se produire dans l'obscurité, l'énergie de l'A.T.P. est utilisée pour former du glucose. La phase obscure utilise un peu d'oxygène et libère un peu de gaz carbonique, ce qui réduit le bilan global de la production d'oxygène par les végétaux.

Activités et exercice (8 ans et plus)

- Placer un plateau de service au fond d'un grand sac en plastique transparent. Sur le plateau, déposer une plante d'intérieur (dans son pot) et, à côté, un verre qui contient de l'eau de chaux. Fermer le sac en plastique de façon hermétique. Laisser le tout dans un endroit éclairé pendant 24 heures. Examiner l'eau de chaux. Constater qu'elle n'a pas changé d'apparence. Refaire, mais en laissant le tout dans l'obscurité pendant 24 heures. Constater que l'eau de chaux est troublée, ce qui indique la présence de gaz carbonique.
- Étudier la photosynthèse de façon virtuelle à l'aide d'un logiciel de simulation (disponible chez certains fournisseurs de matériel scientifique).
- Répondre à la question suivante: Pourquoi est-il préférable de ne pas laisser plusieurs plantes dans la chambre d'une personne malade?

1909. Les chimistes allemands Carl BOSCH (1874-1940) et Fritz HABER (1868-1934) réalisent la synthèse industrielle de l'ammoniac, ce qui permettra la production de fertilisants synthétiques.

1921. Création d'une variété de maïs hybride, à haut rendement.

1931. Premières cultures de cellules végétales *in vitro*, en France et aux États-Unis, une méthode qui consiste à maintenir ces cellules hors de leur milieu naturel.

1935. Le botaniste canadien Conrad Kirouac, devenu frère MARIE-VICTORIN (1885-1944), publie *La flore laurentienne*, un ouvrage magistral sur la flore du Québec et de l'Est du Canada.

1936. Le généticien russe Trofim LYSSENKO (1898-1976), qui étudiait les techniques de reproduction des cultures sur la base des idées erronées d'hérédité des caractères acquis de Lamarck, profite de la notoriété acquise par ses travaux sur la vernalisation – une méthode pour accélérer la germination des graines, au printemps – pour paralyser les recherches des généticiens russes partisans des théories de Darwin et de Mendel.

1940. Le biochimiste britannique Robert HILL (1899-1991) montre que, même si la présence de gaz carbonique favorise la production d'oxygène par les plantes, les deux phénomènes ne sont pas directement liés, car l'oxygène produit par les plantes ne provient pas des molécules de gaz carbonique, mais plutôt des molécules d'eau.

1945. Invention du 2,4-D, un herbicide efficace.

1952. Premières multiplications végétatives complètes *in vitro*, en France. Cette technique permet d'obtenir une plante complète transplantable à partir de quelques cellules.

1964. Débuts de la « révolution verte », c'est-à-dire l'augmentation de la production alimentaire à l'aide de fertilisants.

1983. Création de la première plante transgénique (tabac).

1994. Commercialisation des premières tomates transgéniques.

LA CELLULE ET LA CHIMIE DU VIVANT

L'Antiquité orientale

Vers 3000 av. J.-C. Culture de divers légumes en Mésopotamie et en Égypte. Utilisation des premiers engrais naturels.

LES ENGRAIS NATURELS

Conception fréquente à l'époque et chez certains élèves

Il est impossible d'augmenter le rendement d'un sol.

Concepts scientifiques actuels

La matière organique en décomposition et les excréments d'animaux renferment de nombreux sels minéraux, principalement des nitrates et des phosphates, qui enrichissent le sol et augmentent le rendement des récoltes.

Activité (8 ans et plus)

Faire pousser des plantes dans une terre noire sans engrais et dans une terre noire enrichie avec de l'engrais d'origine naturelle. Comparer les plantes. (L'engrais naturel le plus hygiénique est le compost produit par une boîte à compostage.)

L'Antiquité classique

Vers 570 av. J.-C. Le philosophe grec ANAXIMANDRE (v. 610-v. 547 av. J.-C.) énonce une première théorie de la génération spontanée, selon laquelle des êtres vivants peuvent se former spontanément à partir de matières minérales ou de substances organiques en décomposition. Cette théorie sera reprise, sous une forme différente, par Lamarck au XIXe siècle.

Vers 400 av. J.-C. Découverte, aux Indes, du fait que l'urine des diabétiques contient du sucre.

▶ **Voir « Le diabète et la détection du sucre (1660) » dans le thème de biologie « La santé et la maladie ».**

Le Moyen Âge

1420. Invention, en France, de la fécondation artificielle des œufs de poissons pour augmenter la quantité de poissons disponibles.

La Renaissance

Vers 1560. L'anatomiste italien Realdo COLOMBO (1520-1559) précise la circulation pulmonaire décrite par Servet en 1553 et avance l'idée, contraire aux enseignements de Galien, selon laquelle le sang se mélange à l'air en passant par les poumons.

Vers 1575. Le savant français Bernard PALISSY (v. 1510-1589) prône l'usage d'engrais chimiques.

Vers 1590. Invention, en Hollande, du microscope composé à plusieurs lentilles. Pendant longtemps, le microscope composé sera moins utilisé que le microscope simple, à une seule lentille, à cause de la piètre qualité des images due à l'aberration chromatique.

Le XVIIe siècle

Vers 1610. Le médecin, alchimiste et chimiste flamand Jan Baptist VAN HELMONT (1577-1644) découvre le suc gastrique et son rôle dans la digestion et fonde ainsi l'iatrochimie, selon laquelle la vie se réduit à un ensemble de réactions chimiques.

1619. Le médecin, alchimiste et chimiste flamand Jan Baptist VAN HELMONT (1579-1644) établit la distinction entre le concept « air » et le concept « gaz » et découvre le gaz carbonique, nommé alors « air fixe » ou « gaz sylvestre ».

1630. Le médecin italien SANTORIO (en latin SANCTORIUS) (1561-1636) mesure un écart significatif entre le poids des aliments ingérés et le poids des excréments, attribue cette différence à une transpiration insensible qu'il nomme « perspiration » et postule que les maladies résultent d'un problème de cette perspiration.

Vers 1640. Le médecin, alchimiste et chimiste flamand Jan Baptist VAN HELMONT (1579-1644) fait une expérience restée célèbre sur la croissance des végétaux : le poids de la terre contenue dans un grand récipient ne diminue pratiquement pas au fur et à mesure qu'un arbre y pousse. Il en déduit, à tort, que la matière dont est formé l'arbre ne provient que de l'eau d'arrosage. Hales montrera, en 1727, que cette matière provient de l'eau d'arrosage et de l'« air fixe » (gaz carbonique) contenu dans l'air.

1656. Le physiologiste et physicien italien Giovani BORELLI (1608-1679) émet l'idée selon laquelle la fonction de la respiration est de faire circuler le sang. Il affirme également que la digestion est une activité mécanique, qui consiste à pulvériser les aliments.

Vers 1660. Le médecin anglais Thomas WILLIS (1621-1675) redécouvre le fait, déjà observé par des médecins indiens vers 400 av. J.-C., que l'urine des diabétiques contient du sucre.

▶ **Voir « Le diabète et la détection du sucre (1660) » dans le thème de biologie « La santé et la maladie ».**

1665. Le savant anglais Robert HOOKE (1635-1703) perfectionne le microscope simple, à une seule lentille, et décrit diverses structures animales et végétales, notamment de petites structures du liège qu'il nomme « cellules », mais sans saisir toute la portée de sa découverte. Il montre également que la fonction de la respiration consiste à ventiler le sang, confirmant ainsi l'idée émise par Colombo vers 1560.

LES CELLULES DU LIÈGE

Conception fréquente à l'époque et chez certains élèves

Les tissus sont la plus petite structure des êtres vivants.

Concepts scientifiques actuels

Le liège est un tissu végétal qui se retrouve dans les racines et les tiges des plantes. Il est constitué de cellules mortes dont les parois sont imprégnées de subérine, une substance légère et résistante. Le liège commercial provient du chêne-liège, un arbre qui produit dans son tronc, sous son écorce, une couche particulièrement épaisse de liège, qui est exploitée pour la fabrication de bouchons, de plaques de revêtement, de flotteurs, etc.

Activité et exercice (8 ans et plus)

- Observer une préparation microscopique d'une coupe de liège. Constater l'existence d'un réseau de subérine dont les espaces vides sont les endroits où se trouvaient les cellules végétales (disponible chez certains fournisseurs de matériel scientifique). On peut également observer des préparations virtuelles à l'aide de certains logiciels de microscopie.
- Se documenter pour répondre à la question suivante : Quels sont les faits saillants de la vie de Robert Hooke ? Voir les remarques portant sur cette même question dans « La loi de Hooke (1676) » dans le thème de physique « Les forces et les mouvements ».

1669. L'alchimiste allemand Hennig BRAND (v. 1625-1692) découvre le phosphore lors d'une expérimentation avec de l'urine humaine.

Vers 1670. Le physicien et chimiste irlandais Robert BOYLE (1627-1691) démontre que les animaux meurent, dans des récipients dont il retire l'air, et conclut qu'il y a dans l'air une matière essentielle à la vie. Il observe également qu'un animal ne peut survivre dans une atmosphère confinée, si l'air n'est pas constamment renouvelé.

Vers 1680. Le naturaliste hollandais Antonie VAN LEEUWENHOEK (1632-1723) perfectionne le microscope à lentille unique et découvre l'existence de plusieurs espèces d'organismes microscopiques. Il décrit sous le nom d'« animalcules spermatiques » les spermatozoïdes dans le sperme de plusieurs animaux. Après avoir découvert que des organismes microscopiques vivent sur les dents, il prend l'habitude de se nettoyer régulièrement les dents.

Les organismes microscopiques

Conception fréquente à l'époque et chez certains élèves

Il n'existe pas d'êtres vivants trop petits pour être visibles à l'œil nu.

Concepts scientifiques actuels

Il existe plusieurs espèces d'organismes difficiles ou impossibles à voir à l'œil nu. Certains sont des organismes pluricellulaires tels que les puces, tandis que d'autres sont des organismes unicellulaires, avec ou sans noyau. Les unicellulaires avec noyau, qui constituent le règne des protistes, se subdivisent en deux embranchements: celui des algues unicellulaires, qui présentent des caractéristiques «végétales» (exemples: algue verte, diatomée), et celui des protozoaires, qui présentent des caractéristiques «animales» (exemples: amibe, paramécie). Les unicellulaires sans noyau sont des bactéries.

Activités et exercices (8 ans et plus)

- Observer des caractères d'imprimerie à travers une petite bille de verre transparent (principe du microscope de Van Leeuwenhoek).
- Laisser tremper de l'herbe dans de l'eau pendant quelques jours, puis examiner l'eau avec un petit microscope. Il est assez facile d'y observer des paramécies, et parfois des algues et des amibes.
- Observer des préparations microscopiques de micro-organismes (disponibles chez certains fournisseurs de matériel scientifique). On peut également observer des préparations virtuelles à l'aide de certains logiciels de microscopie.
- Se documenter pour répondre à la question suivante: Pourquoi est-il important de se brosser les dents (exemple: présence de bactéries dans la bouche et sur les dents)?
- Se documenter pour répondre à la question suivante: Quels sont les faits saillants de la vie d'Antonie VAN Leeuwenhoek? (Exemple: Pendant longtemps, la Société royale, à laquelle Antonie VAN Leeuwenhoek envoyait ses dessins et descriptions d'organismes microscopiques, ne prenait pas ses travaux au sérieux. Mais vers la fin de sa vie, il était devenu célèbre et recevait la visite des rois de plusieurs pays.)

1697. Le chimiste allemand Georg STAHL (1660-1734) propose une théorie, qui sera plus tard démentie par Lavoisier, selon laquelle les corps inflammables contiennent un

« élément inflammable », nommé le phlogistique. Selon cette théorie, plus la combustion d'un corps est vive, plus ce corps contient de phlogistique.

Le XVIIIe siècle

1727. Le physiologiste anglais Stephen HALES (1677-1761) montre qu'en plus de l'eau, qui provient du sol, l'autre composante indispensable à la croissance des plantes provient de l'air. Ingen-Housz découvrira en 1779 que le gaz que les plantes absorbent est de l'« air fixe » (gaz carbonique).

1747. Le chimiste allemand Andreas Sigismund MARGGRAF (1709-1782) parvient à extraire du sucre de la betterave.

1748. Le médecin français Julien Offray de LA METTRIE (1709-1751) publie l'*Homme Machine*, dans lequel il expose une conception matérialiste et mécaniste de la vie.

1750. Le médecin et botaniste suisse Albrecht von HALLER (1708-1777) postule l'idée de propriétés vitales (sensibilité, contractilité, irritabilité), distinctes des organes, ce qui est une théorie différente de l'animisme et du vitalisme en vigueur à l'époque.

1752. Le physicien et naturaliste français René de RÉAUMUR (1638-1757) montre que les aliments sont en partie digérés dans l'estomac des animaux, même s'ils sont placés dans des tubes de fer-blanc troués à l'une de leurs extrémités et avalés par les animaux. Cette observation contredit l'idée énoncée par Borelli en 1656 et très répandue à l'époque selon laquelle la digestion est une activité strictement mécanique, qui consiste à pulvériser les aliments.

LA DIGESTION INITIALE DES ALIMENTS

Conception fréquente à l'époque et chez certains élèves

La digestion est une activité strictement mécanique, au cours de laquelle les aliments sont pétris et broyés par les organes du système digestif.

Concepts scientifiques actuels

La digestion des aliments s'effectue en plusieurs étapes, sous l'action de divers composés chimiques. Une des étapes importantes de la digestion est la digestion initiale, qui se produit dans l'estomac sous l'action du suc gastrique, un acide fort qui transforme les aliments en chyme gastrique, lequel parvient ensuite dans l'intestin grêle. Les parois de l'estomac sont protégées du suc gastrique par un mucus.

Activité (12 ans et plus)

Observer la décomposition d'un morceau de viande placé dans un acide fort, tel que l'acide chlorhydrique, l'acide sulfurique ou l'acide nitrique.

1754. Le physicien et chimiste écossais Joseph BLACK (1728-1799) identifie chimiquement l'« air fixe » ou « gaz sylvestre (dioxyde de carbone) qui avait été découvert par VAN Helmont, et déduit de ses observations la présence de ce gaz dans l'atmosphère. Il découvre également que ce gaz est expiré par les animaux et ne peut entretenir la vie animale.

1756. Le médecin et botaniste suisse Albrecht von HALLER (1708-1777) découvre que des stimuli transmis par les nerfs déclenchent les contractions musculaires. Il précise également la différence entre la vie végétative (non soumise à un contrôle conscient) et la vie de relation (soumise à un contrôle conscient).

Vers 1766. Le physicien et chimiste britannique Henry CAVENDISH (1731-1810) découvre l'azote, qu'il appelle « air vicié », en faisant passer de l'air atmosphérique sur du charbon ardent.

Vers 1770. Le médecin et chimiste allemand Georg STAHL (1660-1734) émet la conception animiste selon laquelle l'âme pénètre toutes les parties du corps, ce qui est une forme de vitalisme, conception selon laquelle la vie s'explique par l'action d'un principe vital immatériel qui ne peut être réduit à la seule action des lois physiques et chimiques.

1771. Le philosophe et chimiste britannique Joseph PRIESTLEY (1733-1804) découvre que l'air usé, qui ne permet plus à un animal de survivre, n'empêche cependant pas une plante de le faire. Il interprète toutefois sa découverte en fonction de la théorie du phlogistique énoncée par Stahl en 1697 et croit que la plante a rendu l'air respirable en retirant son phlogistique.

1772. Le chimiste et physiologiste français Antoine de LAVOISIER (1743-1794) montre que toute combustion résulte d'une combinaison avec l'oxygène de l'air, ce qui conduit à l'abandon de la théorie du phlogistique.

▶ **Voir « La combustion (1772) » dans le thème de chimie « Les éléments, les composés et les réactions chimiques ».**

1773. Le chimiste suédois Carl SCHEELE (1742-1786) précise le rôle de l'oxygène dans la respiration des plantes et des animaux et estime que l'atmosphère comporte environ 25 % d'« air respirable » (oxygène) et 75 % d'« air vicié » (azote), valeurs assez proches des 21 % et 79 % qui seront déterminées plus tard par des moyens plus précis.

1774. Le chimiste anglais Joseph PRIESTLEY (1733-1804) constate que la décomposition de l'oxyde rouge de mercure par la chaleur produit un gaz que Lavoisier appellera l'oxygène.

Vers 1775. Le biologiste italien Lazzaro SPALLANZANI (1729-1799) étudie la circulation du sang, la digestion, la fécondation et les animaux microscopiques. Il réfute la théorie de la génération spontanée en montrant qu'aucune moisissure ne se développe dans un bouillon qu'on a fait bouillir et placé dans un récipient scellé. Tout comme VAN Helmont au XVIIe siècle, il montre, en plaçant des aliments dans du suc gastrique, que la digestion est un phénomène chimique. Il élucide le mécanisme de la fécondation des œufs de grenouilles et réalise les premières inséminations artificielles sur une chienne.

1777. Le chimiste et physiologiste français Antoine Laurent de LAVOISIER (1743-1794) découvre le rôle de l'oxygène dans la respiration et montre que la chaleur animale ne provient pas d'un «feu obscur et inné du cœur», comme on le croyait à l'époque, mais des réactions chimiques d'oxydation qui se produisent continuellement dans l'organisme.

1779. Le naturaliste hollandais Johannes INGEN-HOUSZ (1730-1799) découvre que les plantes transforment l'«air fixe» (gaz carbonique) en «air respirable» (oxygène) lorsqu'elles sont éclairées par la lumière, mais qu'elles transforment au contraire l'«air respirable» en «air fixe» lorsqu'elles sont dans l'obscurité. Il interprète cependant ses résultats en fonction de la théorie du phlogistique énoncée par Stahl en 1697 et croit que l'air respirable est de l'air «déphlogistiqué».

1782. Le naturaliste suisse Jean SENEBIER (1742-1809) montre que la présence d'«air fixe» (gaz carbonique) favorise la production d'«air respirable» par les plantes. Hill montrera toutefois, en 1940, que les deux phénomènes ne sont pas directement liés, car l'oxygène produit par les plantes ne provient pas des molécules de gaz carbonique, mais plutôt des molécules d'eau.

▶ **Voir «La respiration des plantes (1782)» dans le thème de biologie et médecine «Les végétaux».**

Le XIXe siècle

1801. L'anatomiste et physiologiste français Xavier BICHAT (1771-1802) postule que les tissus, et non les organes, sont les briques élémentaires des organismes vivants. Il distingue de nombreux types de tissus simples, parmi lesquels les tissus cartilagineux, fibreux, musculaires, muqueux, etc. En 1839, Schleiden et Schwann proposeront la théorie cellulaire, et la cellule remplacera alors les tissus en tant qu'élément constitutif de l'organisme vivant.

1802. Le naturaliste français Jean-Baptiste LAMARCK (1744-1829) et le naturaliste allemand Gottfried TREVIRANUS (1776-1837) proposent, de façon indépendante, le terme «biologie» pour désigner une science qui étudie les différentes formes de vie et les conditions et lois qui régissent l'organisation et le fonctionnement des êtres vivants.

1804. Le chimiste et naturaliste suisse Nicolas de SAUSSURE (1767-1845) démontre le rôle de l'eau dans la respiration des plantes.

1805. L'entomologiste allemand Lorenz OKEN (1779-1851), précurseur de la théorie cellulaire, émet l'hypothèse selon laquelle tous les organismes sont formés de cellules. La théorie cellulaire sera formulée de façon définitive par Schleiden et Schwann en 1839.

1815. Le chimiste français Eugène CHEVREUL (1786-1889) isole le cholestérol et montre qu'il s'agit d'une matière grasse «insaponifiable», c'est-à-dire qui ne réagit pas avec la soude et ne peut servir à fabriquer du savon.

1820. Le chimiste français Henri BRACONNOT (1780-1855) isole les deux premiers acides aminés, la leucine et le glycolle.

1824. Le médecin suisse Jean-Louis PRÉVOST (1790-1850) et le chimiste français Jean-Baptiste DUMAS (1800-1884) découvrent le pouvoir fertilisant des spermatozoïdes, que certains scientifiques considéraient à tort comme des parasites de la semence. Ils soutiennent que le nouvel organisme se développe progressivement et n'existe pas à l'état préformé dans l'œuf. Ils défendent ainsi la conception épigénétique selon laquelle l'embryon se construit graduellement par l'addition de parties qui ne préexistent pas.

1824. Le médecin, botaniste et physiologiste français Henri DUTROCHET (1776-1847), précurseur de la théorie cellulaire, émet une hypothèse déjà proposée par Oken en 1805 et selon laquelle tous les tissus animaux et végétaux sont formés de cellules. La théorie cellulaire sera formulée de façon définitive par Schleiden et Schwann en 1839.

Vers 1825. Le biologiste français François-Vincent RASPAIL (1794-1878) découvre que l'utilisation de colorants naturels permet de mieux observer les cellules et les tissus.

L'UTILISATION DE COLORANTS EN MICROSCOPIE

Conception fréquente à l'époque et chez certains élèves

La meilleure façon d'observer des cellules et des tissus est de les laisser dans leur état naturel.

Concepts scientifiques actuels

Divers colorants, qui réagissent différemment avec les structures cellulaires selon leur composition chimique ou leur activité enzymatique, permettent de mieux observer les cellules et les tissus. Ces colorants peuvent être d'origine végétale, minérale ou synthétique (exemples: bleu de méthylène, carmin indigo, fuchsine, violet de gentiane, etc.).

Activité (12 ans et plus)

Observer des préparations microscopiques (exemple: cellules de l'oignon) sans colorant et avec colorant. Noter les différences.

Vers 1825. Le physiologiste français François MAGENDIE (1783-1855) montre que des chiens qui ne consomment que des sucres et des graisses dépérissent en quelques semaines et que l'alimentation doit comporter un apport azoté, qui provient d'un groupe alimentaire qui sera plus tard appelé le groupe des protéines.

1827. Le médecin et chimiste britannique William PROUT (1785-1850) confirme les conclusions de Magendie sur la nécessité d'un apport azoté et propose une classification des aliments en trois groupes: les hydrates de carbone ou sucres, les graisses et les substances albuminoïdes. (Ce dernier groupe, dont la composition sera précisée par Müller vers 1830, sera plus tard appelé le groupe des protéines.)

LES GROUPES ALIMENTAIRES

Conception fréquente à l'époque et chez certains élèves

Pour être bien nourri, il suffit de disposer d'une quantité suffisante de nourriture.

Concepts scientifiques actuels

Une alimentation équilibrée doit comporter environ 30% de protéines, 30% de lipides, de préférence non saturés, et 40% de glucides, de préférence complexes. Elle doit également comporter de l'eau et de petites quantités de vitamines et de minéraux. L'alimentation occidentale moderne comporte souvent trop de lipides saturés (exemples: graisses animales, graisses végétales hydrogénées), trop de sucres simples (exemples: saccharose et glucose) et trop de sel. Le respect des proportions des catégories d'aliments suggérées par les guides alimentaires (viandes et substituts, fruits et légumes, produits laitiers, etc.) permet un bon équilibre alimentaire.

Exercice et activités (8 ans et plus)

- Se documenter pour répondre à la question suivante: Quelles sont les proportions de protéines, de lipides et de glucides de divers aliments courants?
- Lire les étiquettes de divers aliments pour connaître les ingrédients avec lesquels ils sont préparés.
- Consulter un guide alimentaire.
- Trouver des exemples d'aliments populaires très riches en lipides saturés ou en sucres simples.

1827. Le médecin, botaniste et physiologiste français Henri DUTROCHET (1776-1847) découvre le phénomène de l'osmose.

▶ **Voir « L'osmose (1827) » dans le thème de chimie « Les éléments, les composés et les réactions chimiques ».**

1828. Le chimiste allemand Friedrich WÖHLER (1800-1882) réalise les premières synthèses organiques, dont celle de l'acide oxalique, puis celle de l'urée, qui mettent en cause les théories « vitalistes » selon lesquelles les substances organiques ne peuvent être synthétisées que par les êtres vivants.

La synthèse de l'urée

Conception fréquente à l'époque et chez certains élèves

Les composés produits par les êtres vivants ne peuvent être synthétisés que par les êtres vivants.

Concepts scientifiques actuels

L'urée est un solide cristallin inodore et incolore, de formule chimique NH_2-CO-NH_2, présent en solution dans le sang, l'urine et la sueur. Wöhler en a réalisé la synthèse en faisant chauffer du cyanate d'ammonium. De nos jours, on prépare l'urée industriellement en faisant réagir de l'ammoniac et du gaz carbonique. On utilise l'urée comme engrais azoté ainsi que dans la fabrication de certaines résines.

Activités et exercices (12 ans et plus)

- Examiner des cristaux d'urée.
- Se documenter pour répondre à la question suivante : Quels sont les principaux usages industriels de l'urée ?
- Visiter un laboratoire de chimie et observer la synthèse de l'urée.
- Trouver d'autres exemples de produits organiques qui peuvent être obtenus par synthèse.
- Se documenter pour répondre à la question suivante : Quels sont les faits saillants de la vie de Friedrich Wöhler ? (Exemple : Friedrich Wöhler fut professeur de chimie à Göttingen et collègue du chimiste Justus von Liebig.)

1830. Le biologiste russe d'origine allemande Karl Ernst von BAER (1792-1876) démontre l'absence de fondement du concept de préformation de l'embryon.

Vers 1830. Le physiologiste allemand Johannes MÜLLER (1801-1858) découvre les protéines.

Les protéines

Conception fréquente à l'époque et chez certains élèves

Il suffit de manger une quantité suffisante de nourriture pour bien s'alimenter.

Concepts scientifiques actuels

Les protéines, fondamentales pour tous les êtres vivants, sont de grosses molécules du groupe des protides, qui contiennent toutes du carbone, de l'hydrogène, de l'oxygène et de l'azote. Les protéines sont formées d'une combinaison de petits protides appelés acides aminés. Une alimentation équilibrée doit comporter des quantités suffisantes des vingt acides aminés de base, de façon à ce que l'organisme puisse synthétiser toutes les protéines nécessaires à son bon fonctionnement.

Exercices (8 ans et plus)

- Se documenter pour répondre à la question suivante: Quelles sont les meilleures sources de protéines d'origine animale (exemples: viande, poisson, œufs, produits laitiers)? D'origine végétale (exemples: soya, noix)?
- Se documenter pour répondre à la question suivante: Pourquoi est-il difficile, pour un végétarien, d'avoir une alimentation équilibrée?

Vers 1830. Le chimiste allemand Justus von LIEBIG (1803-1873), fondateur de l'agrochimie, montre que si l'on ajoute dans le sol des engrais chimiques, comme le potassium et le phosphore, les rendements des cultures peuvent augmenter considérablement. Il améliore ainsi une pratique, commencée au siècle précédent, qui consiste à enrichir le sol avec du salpêtre (nitrate de potassium), le premier engrais chimique. (Les engrais naturels, tels que le fumier et les cendres étaient connus depuis l'Antiquité orientale.)

LES ENGRAIS CHIMIQUES

Conception fréquente à l'époque et chez certains élèves

Seules des matières organiques d'origine naturelle (exemples: fumier, poissons en décomposition) peuvent servir d'engrais.

Concepts scientifiques actuels

Les engrais chimiques sont des composés obtenus par synthèse industrielle qui permettent, tout comme les engrais naturels, de compenser les carences d'un sol insuffisamment riche. Les nitrates et les phosphates synthétiques sont les principaux engrais chimiques.

Activités et exercice (8 ans et plus)

- Regarder un documentaire portant sur la production et l'utilisation d'engrais chimiques.
- Faire pousser des plantes dans de la terre sans engrais et dans de la terre à laquelle ont été ajoutés des engrais chimiques.

- Discuter du fait qu'à notre époque, près de 60% des cultures de la Terre sont produites à l'aide d'engrais chimiques et s'informer des conséquences sur l'environnement de cette utilisation massive d'engrais (exemple: eutrophisation des lacs et cours d'eau).

1831. Le physicien anglais Robert BROWN (1773-1858) décrit un gros corpuscule sphérique et sombre dans des cellules végétales. Il s'agit d'une des premières observations du noyau de la cellule.

1833. Le biologiste français François-Vincent RASPAIL (1794-1878), précurseur de la biologie cellulaire, émet l'hypothèse selon laquelle les cellules ont la propriété de puiser dans le milieu ambiant les éléments nécessaires à leur élaboration.

1833. Les chimistes français Anselme PAYEN (1795-1871) et Jean-François PERSOZ (1805-1868) découvrent un premier ferment (substance qui sera plus tard appelée enzyme), celui qui est responsable de la transformation de l'amidon en saccharose.

1835. Le chimiste français Charles CAGNIARD DE LATOUR (1777-1859) démontre le rôle de la levure dans la fermentation du glucose. Ce rôle est confirmé par les cytologistes allemands Theodor SCHWANN (1810-1882) et Friedrich KÜTZING (1807-1897). Ces trois scientifiques postulent que les cellules de la levure, un champignon microscopique, contiennent des catalyseurs ou ferments qui assurent la transformation du glucose en éthanol. Les célèbres chimistes Liebig et Berzélius s'opposent toutefois à cette théorie cellulaire de la fermentation et croient plutôt que celle-ci s'effectue grâce à des modifications chimiques spontanées liées à la putréfaction de la levure. La prise de position de Pasteur en faveur de la production de ferments par la levure, en 1857, donnera finalement raison à Cagniard de Latour, Schwann et Kützing.

LA FERMENTATION ET LES ENZYMES

Conception fréquente à l'époque et chez certains élèves

Les fermentations sont dues à la putréfaction.

Concepts scientifiques actuels

Les enzymes sont des catalyseurs solubles produits par des organismes vivants. Chaque enzyme agit comme catalyseur pour une réaction biochimique spécifique. (Exemple: l'enzyme lactase permet la digestion des produits laitiers.) Les enzymes extraites de levures utilisées lors des fermentations sont suffisantes pour produire ces fermentations. Les enzymes portent toutes le suffixe «-ase» (exemples: lactase, amylase, protéinase, peroxydase, catalase, etc.).

Activités et exercices (8 ans et plus)

- Mastiquer de la mie de pain. Comparer son goût lors des premières secondes et après quelques secondes. Réaliser que l'amylase, une enzyme contenue dans la salive, transforme l'amidon du pain en saccharose, un sucre simple.
- Placer un morceau de foie de poulet, de foie de bœuf cru, de céleri cru ou de pomme de terre crue dans une petite quantité de peroxyde d'hydrogène 3% (liquide utilisé pour désinfecter les plaies). Observer la formation de bulles d'oxygène, qui s'explique par le fait qu'une enzyme, la catalase, présente dans le foie et les légumes dégrade le peroxyde d'hydrogène (qui est un poison pour les êtres vivants) en eau et en oxygène. Refaire avec du foie cuit, du céleri cuit ou de la pomme de terre cuite. Constater l'absence de réaction, qui s'explique par le fait que la cuisson détruit les enzymes.
- À l'aide d'un ensemble pour l'étude de la digestion des glucides (disponible chez certains fournisseurs de matériel scientifique), mettre en évidence l'action des enzymes du pancréas sur l'albumine de l'œuf.
- À l'aide d'un ensemble pour l'étude de la digestion des protides (disponible chez certains fournisseurs de matériel scientifique) mettre en évidence l'action de l'amylase de la salive sur l'amidon.
- Se documenter pour répondre à la question suivante: Comment faut-il procéder pour faire du vin à l'aide de jus de raisin et de levure? Si possible, faire une petite quantité de vin.
- Se documenter pour répondre à la question suivante: Pourquoi certaines personnes doivent-elles prendre des comprimés de lactase avant de consommer des produits laitiers?

1837. Le biologiste cellulaire tchèque Jan PURKINJE (1787-1869) découvre des neurones hautement ramifiés dans le cerveau.

Les neurones

Conception fréquente à l'époque et chez certains élèves

Les cellules du cerveau ne sont pas tellement différentes des autres cellules du corps, comme celles de la peau ou des muscles.

Concepts scientifiques actuels

Le neurone est le type de cellule qui constitue l'unité de base du système nerveux. Il peut transmettre et recevoir des informations sous forme de signaux électriques. Le cerveau humain en contient plus de cent milliards. Un neurone est constitué de quatre grandes régions: le corps cellulaire, ou soma, les dendrites, les axones et les terminaisons présynaptiques. Les dendrites sont les voies par lesquelles l'information arrive. L'axone, qui est la voie privilégiée de sortie de l'information, peut atteindre 1 mètre de longueur. Près de sa terminaison, l'axone se divise en fines ramifications, les terminaisons présynaptiques.

Activités (12 ans et plus)

- Examiner des schémas qui présentent la structure d'un neurone et la façon dont ils s'agencent et agissent entre eux.
- Observer des préparations microscopiques de neurones (disponibles chez certains fournisseurs de matériel scientifique). On peut également observer des préparations virtuelles à l'aide de certains logiciels de microscopie.

1839. Les biologistes allemands Jakob SCHLEIDEN (1804-1881) et Theodor SCHWANN (1810-1882) proposent une première formulation de la théorie cellulaire. La cellule remplace alors le tissu en tant qu'élément constitutif de l'organisme végétal ou animal. La théorie cellulaire sera rapidement acceptée en Allemagne et en Angleterre, mais sera d'abord dénoncée par Comte, puis finalement acceptée par Bernard en 1878 en France. Schleiden et Schwann croyaient cependant qu'une cellule se formait indépendamment des autres cellules en organisant la matière organique de son milieu environnant, matière qu'ils appelaient le «cytoblatème». Ce concept sera réfuté par Remak et Virchow en 1855.

La théorie cellulaire

Conception fréquente à l'époque et chez certains élèves

Les cellules ne se retrouvent que dans certaines parties des organismes vivants.

Concepts scientifiques actuels

La cellule est l'unité structurale et fonctionnelle de base d'un être vivant, végétal ou animal. Toute cellule se forme à partir d'une cellule préexistante. La *cellule végétale* capte l'énergie du Soleil et produit sa propre nourriture, à partir de gaz carbonique et d'eau, grâce à l'action de la chlorophylle. Elle est entourée d'une paroi cellulaire rigide et d'une membrane plasmique. Elle renferme un noyau et des organites, dont les principaux sont les chloroplastes, qui contiennent la chlorophylle. La plupart des cellules végétales contiennent des vacuoles remplies de suc. Étant donné qu'elle produit sa propre nourriture, la cellule végétale est dite autotrophe. La *cellule animale* tire son énergie des aliments. Elle est constituée d'une membrane plasmique souple, de cytoplasme, d'un noyau qui renferme les chromosomes, et de divers organites. Les principaux organites présents dans le cytoplasme sont les mitochondries, qui assurent la respiration, le réticulum endoplasmique, qui fabrique des protéines, des lipides et des hormones, et l'appareil de Golgi, qui collecte et protège les enzymes et les hormones. Étant donné qu'elle ne peut produire sa propre nourriture et doit tirer son énergie des aliments, la cellule animale est dite hétérotrophe.

Activités et exercice (12 ans et plus)

- Examiner des schémas ou modèles de la cellule végétale et de la cellule animale.
- Observer des préparations microscopiques de divers types de cellules végétales et animales. Parmi les cellules les plus faciles à observer, on compte les cellules de l'oignon (cellules végétales) et les globules rouges du sang (cellules animales) (disponibles chez certains fournisseurs de matériel scientifique). On peut également observer des préparations virtuelles à l'aide de certains logiciels de microscopie.
- Se documenter pour répondre à la question suivante: Étant donné qu'il était possible de voir des cellules dès le XVIIe siècle, avec le microscope de Van Leeuwenhoek, pourquoi a-t-il fallu attendre le XIXe siècle pour que la théorie cellulaire soit énoncée? (Il y a une grande différence entre le fait d'apercevoir des cellules et celui d'affirmer que la cellule est l'unité de base de tous les tissus vivants.)

1842. Le médecin allemand Robert von MAYER (1814-1878), qui déduit de ses observations que la chaleur du corps humain provient de la conversion de l'énergie chimique des aliments, propose une première formulation du premier principe de la thermodynamique (principe de la conservation de l'énergie), selon lequel, lors du passage d'une forme d'énergie à une autre, la quantité d'énergie avant et après est la même. Ce principe sera formulé avec plus de précision par von Helmholtz en 1847.

L'ALIMENTATION ET L'ÉNERGIE

Conception fréquente à l'époque et chez certains élèves

La chaleur du corps est causée par les mouvements des membres et les battements du cœur.

Concepts scientifiques actuels

La chaleur du corps humain provient de la conversion de l'énergie chimique des aliments lors de réactions exothermiques, qui libèrent de la chaleur. Selon le premier principe de la thermodynamique (principe de la conservation de l'énergie), lors du passage d'une forme d'énergie à une autre, la quantité d'énergie avant et après est la même. Dans ce cas, par exemple, l'énergie chimique potentielle des aliments utilisés par le corps est égale à l'énergie mécanique, calorifique et chimique produite par le corps.

Activité et exercice (8 ans et plus)

- Constater qu'une activité physique intense et soutenue ainsi qu'une température froide augmentent les besoins en nourriture.
- Se documenter pour répondre à la question suivante: Quel est le nombre de calories nécessaires en fonction des types d'activités pratiquées (lecture, marche, course, etc.)?

1848. Le physiologiste français Claude BERNARD (1813-1878) découvre la fonction glycogénique du foie, c'est-à-dire sa capacité de fabriquer et de sécréter du glucose, à partir de molécules de nature différente, ce qui permet d'en maintenir un taux constant dans le sang. Cette découverte contredit une conception fréquente à l'époque et selon laquelle : 1) toutes les synthèses chimiques sont réalisées par les plantes; 2) les animaux sont des consommateurs de produits synthétisés par les plantes. Cette découverte marque une étape importante dans l'étude du métabolisme des êtres vivants et met un terme définitif au vitalisme, selon lequel la vie s'explique par un « principe vital » différent des lois de la chimie. Bernard émet aussi l'idée d'homéostasie, c'est-à-dire la capacité des êtres vivants de maintenir un état physico-chimique interne stable, en dépit des variations des conditions extérieures.

1848. Le physicien et physiologiste allemand Herman von HELMHOLTZ (1821-1894) identifie le travail musculaire comme source de la chaleur corporelle.

1849. Le médecin anglais Thomas ADDISON (1793-1860) montre le rôle d'une insuffisance des glandes surrénales dans certaines maladies et contribue ainsi à fonder la science de l'endocrinologie.

1850. Le chimiste, physicien et biologiste français Louis PASTEUR (1822-1895) découvre que certaines molécules sont chirales, c'est-à-dire qu'elles peuvent exister sous des configurations différentes mais symétriques.

▶ **Voir « Les molécules chirales (1850) » dans le thème de chimie « Les éléments, les composés et les réactions chimiques ».**

1851. Le chimiste français Jean-Baptiste BOUSSINGAULT (1802-1887) montre que les plantes de la famille des pois peuvent fixer directement l'azote de l'air.

Vers 1855. Le physiologiste français Claude BERNARD (1813-1878) découvre le rôle des sécrétions du pancréas dans la digestion, devenant ainsi l'un des premiers, après Payen et Persoz en 1833, à montrer l'action des ferments, qui seront plus tard appelés enzymes, dans l'organisme. Il montre ainsi, par ses découvertes, que l'étude des fonctions physiologiques doit primer sur celle du seul rôle des organes.

1857. Le chimiste, physicien et biologiste français Louis PASTEUR (1822-1895) montre que les fermentations sont dues à l'action de micro-organismes. Il met au point une méthode de conservation des bières par chauffage, la pasteurisation.

▶ **Voir « La pasteurisation (1860) » dans le thème de technologie « Les techniques du vêtement et de l'alimentation ».**

Vers 1855. L'embryologiste et neurologue allemand Robert REMAK (1815-1865) et le médecin allemand Rudolf VIRCHOW (1821-1902) précisent la théorie cellulaire formulée par Schleiden et Schwann en 1839. Ils réfutent le concept de « cytoblastème » et montrent que toute cellule se forme à partir d'une cellule préexistante.

1858. Le médecin allemand Rudolf VIRCHOW (1821-1902) fonde l'histopathologie en découvrant que les pathologies tissulaires et l'aspect des cellules sont déductibles l'une de l'autre.

Vers 1860. Le chimiste, physicien et biologiste français Louis PASTEUR (1822-1895) confirme l'impossibilité de la génération spontanée.

1863. L'anatomiste, embryologiste et pathologiste allemand Wilhelm von WALDEYER-HARTZ (1836-1921) crée les termes « chromosome » et « neurone » et décrit le mécanisme d'évolution des pathologies cancéreuses.

1864. Le botaniste allemand Julius von SACHS (1832-1897) établit l'équation chimique de la photosynthèse et montre qu'elle se produit dans les chloroplastes des cellules végétales.

▶ **Voir « L'équation de la photosynthèse (1864) » dans le thème de biologie et médecine « Les végétaux ».**

1865. Le religieux et botaniste autrichien Gregor Johann MENDEL (1822-1884), en étudiant des générations successives de pois, découvre les lois fondamentales de l'hérédité, notamment l'existence de caractères dominants et récessifs, mais le mémoire qu'il publie sur le sujet passe complètement inaperçu à l'époque de sa publication.

L'HÉRÉDITÉ

Conceptions fréquentes à l'époque et chez certains élèves

- Seules les caractéristiques des parents immédiats (père et mère) se transmettent aux enfants.
- Les caractéristiques des descendants s'expliquent par le mélange aléatoire de celles des parents et grands-parents.

Concepts scientifiques actuels

L'hérédité est le lien qui existe entre les générations successives d'êtres vivants. Dans les cellules humaines, un gène se présente sous deux ou plusieurs formes, appelées allèles. Les allèles dominants font partie du génotype (le bagage génétique) et sont également exprimés dans le phénotype (les caractéristiques visibles), tandis que les allèles récessifs, qui sont masqués par les allèles dominants, font partie du génotype, mais ne sont souvent pas exprimés dans le phénotype. Un allèle récessif (exemple: allèle des yeux bleus) masqué par un allèle dominant (exemple: allèle des yeux bruns) ne peut s'exprimer, dans un individu de la génération suivante, que s'il est associé à un allèle récessif identique. Le principe à la base des *lois de Mendel* est celui de l'uniformité, principe selon lequel la première génération est homogène (mêmes phénotype et génotype) pour un caractère donné. La première *loi de Mendel* est celle de l'indépendance: les individus de la première génération produisent des cellules reproductrices qui se répartissent en quatre catégories génotypiques équiprobables. La deuxième *loi de Mendel* est celle de la disjonction: les deux allèles d'un gène se séparent lors de la formation des cellules reproductrices. Selon ces lois, on peut prévoir la proportion de descendants dont le phénotype présentera les caractères dominants ou récessifs.

Activités et exercices (12 ans et plus)

- Examiner des photographies des membres de quelques générations d'une même famille (frères, sœurs, parents, cousins, cousines, oncles, tantes, grands-parents, grands-oncles, grand-tantes, etc.).

Trouver des ressemblances et des différences entre les divers membres de la famille.

- Se documenter pour trouver des exemples de tableaux d'hérédité qui présentent, pour la première et la deuxième génération, la répartition des caractères de pois (jaunes, verts, lisses, ridés).
- À l'aide d'un logiciel de simulation d'expérimentations génétiques (disponible chez certains fournisseurs de matériel scientifique), étudier les *lois de Mendel*.
- Se documenter pour répondre à la question suivante: Quels sont les faits saillants de la vie de Gregor Mendel? (Exemples: Gregor Mendel est devenu moine en 1843. Il a fait presque toutes ses recherches à partir de plants de pois qu'il cultivait dans les jardins de son monastère.)

1865. Le biologiste et botaniste français Charles NAUDIN (1815-1899) publie un mémoire sur les hybrides du règne végétal, répertoire dans lequel il établit l'indépendance de certains caractères à partir de croisements réalisés chez des plantes telles que le tabac.

1867. Le chirurgien anglais Joseph LISTER (1827-1912) montre l'importance de procédures antiseptiques en chirurgie et contribue à réduire les maladies et décès postopératoires. Pour cette contribution importante, il sera ennobli et nommé président de la Société royale de Londres.

▶ **Voir « L'antisepsie et l'asepsie en chirurgie (1867) » dans le thème de biologie et médecine « La santé et la maladie ».**

1870. Début de l'utilisation de colorants synthétiques en microscopie.

1872. Le microbiologiste polonais Ferdinand COHN (1828-1898) définit quatre groupes de bactéries et fonde la bactériologie morphologique.

LES GROUPES DE BACTÉRIES

Conception fréquente à l'époque et chez certains élèves

Toutes les bactéries sont semblables.

Concepts scientifiques actuels

Les bactéries sont des organismes microscopiques unicellulaires. Les principaux groupes de bactéries sont les *bacilles*, bactéries en forme de bâtonnets, souvent dotés de flagelles, les *cocci* (singulier, coccus), bactéries sphériques qui peuvent former des chaînes (streptocoques) ou s'agglutiner en paquets (staphylocoques), les *spirilles*, bactéries en forme de spirale ou de virgule, et les *mycoplasmes*, qui n'ont pas de forme déterminée.

Activités et exercices (12 ans et plus)

- Examiner des photographies de plusieurs espèces de bactéries. Imaginer un système de classification de ces bactéries. Comparer cette classification avec un tableau de classification des bactéries.
- Observer des préparations microscopiques de diverses espèces de bactéries (disponibles chez certains fournisseurs de matériel scientifique). On peut également observer des préparations virtuelles à l'aide de certains logiciels de microscopie.
- À l'aide d'un logiciel de simulation de travaux de bactériologie (disponible chez certains fournisseurs de matériel scientifique), identifier un certain nombre d'espèces bactériennes.
- Se documenter pour pouvoir donner un ou des exemples de maladies causées par des bactéries de chacun des groupes.
- Se documenter pour répondre à la question suivante: Les bactéries sont-elles toutes et toujours nuisibles? (Non, les bactéries utilisées dans la fabrication du yaourt, par exemple, sont utiles.)

1874. Le chimiste français Achille LE BEL (1847-1930) et le chimiste néerlandais Jacobus VAN'T HOFF (1852-1911) développent indépendamment le concept de molécules chirales, découvert par Pasteur en 1850, et créent la stéréochimie, qui étudie l'arrangement tridimensionnel des atomes dans les molécules.

1875. Le botaniste polonais Edward STRASBURGER (1844-1912) observe la duplication des chromosomes et décrit la mitose (formation de deux cellules à partir d'une seule) des cellules végétales.

LA MITOSE

Conception fréquente à l'époque et chez certains élèves

Une cellule se multiplie en «pondant» une autre cellule.

Concepts scientifiques actuels

Dans un organisme végétal ou animal, les cellules se multiplient par un type de division cellulaire appelé mitose. La mitose comporte plusieurs phases (prophase, métaphase, anaphase, télophase et interphase), au cours desquelles les chromosomes se copient, se séparent, puis forment deux noyaux distincts.

Activité (12 ans et plus)

À l'aide d'un microscope, observer une préparation de cellules végétales ou animales qui se divisent. Identifier les divers stades de la mitose (disponible chez certains fournisseurs de matériel scientifique). On peut également observer des préparations virtuelles à l'aide de certains logiciels de microscopie.

1875. Le biologiste allemand Oscar HERTWIG (1849-1922) observe la première fécondation chez un animal, l'oursin, et décrit la pénétration du spermatozoïde dans l'ovule.

LA FÉCONDATION

Conception fréquente à l'époque et chez certains élèves

Le sperme favorise la fécondation, mais les spermatozoïdes ne jouent pas de rôle direct.

Concepts scientifiques actuels

L'ovule exerce une attraction biochimique sur les spermatozoïdes, qui s'agitent en grand nombre à l'extérieur, près de sa membrane. Un seul spermatozoïde parvient à pénétrer la paroi de l'ovule. Des modifications se produisent alors dans la membrane de l'ovule, qui déclenchent un mécanisme de blocage et interdisent la pénétration d'autres spermatozoïdes.

Activités (12 ans et plus)

- Examiner des photographies de pénétration d'un spermatozoïde dans un ovule.
- À l'aide d'un microscope, observer une préparation qui renferme un ovule et des spermatozoïdes (disponible chez certains fournisseurs de matériel scientifique). On peut également observer des préparations virtuelles à l'aide de certains logiciels de microscopie.

1879. Le biologiste allemand Walther FLEMMING (1843-1905) généralise aux animaux les observations faites en 1875 par Starsburger sur les plantes, en montrant que le noyau de la cellule se sépare en deux lors de la mitose.

Vers 1882. L'embryologiste allemand Wilhelm ROUX (1850-1924) explique la mitose en faisant l'hypothèse que les caractères d'un organisme sont contrôlés par des particules, situées dans le noyau de la cellule, rangées les unes à côté des autres, comme les perles d'un collier, et qui se divisent de façon longitudinale.

1883. Le zoologue et biologiste russe Élie METCHNIKOV (1845-1916) met en évidence le phénomène de phagocytose, c'est-à-dire l'absorption des bactéries par les globules blancs, découvrant ainsi l'immunité cellulaire. On découvrira plus tard que l'immunité cellulaire est une caractéristique de tout le règne animal. Cette découverte, qui se heurte d'abord à de violentes attaques, est finalement reconnue et met un terme à la croyance, très répandue à l'époque, selon laquelle les globules blancs n'étaient pas des tueurs mais, au contraire, des vecteurs de bactéries.

La phagocytose

Conception fréquente à l'époque et chez certains élèves

Les globules blancs répandent les bactéries dans l'organisme.

Concepts scientifiques actuels

L'immunité est la capacité qu'ont les organismes vivants de se défendre contre les agents étrangers (virus, parasites, bactéries...). Elle résulte d'une grande variété de mécanismes cellulaires. Un de ses mécanismes les plus simples est la phagocytose, accomplie par certains types de leucocytes (globules blancs) du sang. La phagocytose consiste en l'ingestion de bactéries, de cellules mortes ou de substances étrangères, puis en leur destruction par l'action de substances toxiques.

Activités et exercice (12 ans et plus)

- Examiner des photographies microscopiques de la phagocytose.
- Observer des préparations microscopiques de phagocytose (disponibles chez certains fournisseurs de matériel scientifique). On peut également observer des préparations virtuelles à l'aide de certains logiciels de microscopie.
- À l'aide d'amibes vivantes, d'une hydre coupée en très petits morceaux et d'un microscope, observer la phagocytose des morceaux d'hydre par les amibes.
- Se documenter pour donner des exemples d'organismes unicellulaires qui s'alimentent par phagocytose (exemples: amibe, paramécie).

1883. Le biologiste belge Édouard VAN BENEDEN (1846-1910) montre que le noyau des gamètes (les ovules et les spermatozoïdes, chez les animaux) contient deux fois moins de chromosomes que celui des autres cellules de l'organisme.

LE NOYAU DES GAMÈTES

Conception fréquente à l'époque et chez certains élèves

Le noyau des gamètes contient le même nombre de chromosomes que celui des autres cellules du corps.

Concepts scientifiques actuels

Les gamètes, ou cellules reproductrices (les ovules et les spermatozoïdes, chez les animaux), se forment par division des cellules germinales de l'organisme. Pendant cette division, appelée méiose, le nombre de chromosomes diminue de moitié. Lors de la fécondation, qui est la rencontre d'un gamète mâle et d'un gamète femelle, se forme une cellule œuf contenant deux moitiés de patrimoine génétique.

Activité et exercice (12 ans et plus)

- À l'aide d'un microscope, observer des préparations qui présentent la méiose de cellules germinales et la formation de gamètes (disponibles chez certains fournisseurs de matériel scientifique). On peut également observer des préparations virtuelles à l'aide de certains logiciels de microscopie.
- Discuter des avantages de la reproduction sexuée par rapport à la reproduction non sexuée. (La reproduction sexuée produit des individus différents, dont le patrimoine génétique provient de deux organismes distincts. La reproduction asexuée produit des clones, dont le patrimoine ne provient que d'un seul organisme.)

1884. Le biologiste allemand Walther FLEMMING (1843-1905) généralise aux cellules animales les observations de Strasburger sur la duplication des chromosomes et la mitose des cellules végétales.

1884. Le bactériologiste danois Christian GRAM (1853-1938) met au point une technique de coloration qui permet de préciser la classification des bactéries.

1885. Le biologiste allemand Auguste WEISMANN (1834-1914) élabore la théorie selon laquelle les cellules sexuelles ne dérivent jamais des autres cellules du corps, ce qui réfute toute possibilité d'hérédité des caractères acquis. Par exemple, des souris dont la queue a été coupée donnent naissance à des petits dont la queue est normale.

1885. Le chimiste, physicien et biologiste français Louis PASTEUR (1822-1895) met au point un vaccin contre la rage.

▶ **Voir « Le vaccin contre la rage (1885) » dans le thème « La santé et la maladie ».**

1887. Le zoologiste et biologiste allemand Theodor BOVERI (1862-1915) découvre le centrosome, structure cellulaire à l'origine du phénomène de division.

1888. L'embryologiste allemand Wilhelm ROUX (1850-1924) découvre qu'en détruisant l'un des deux blastomères de la première division d'un œuf de grenouille fécondé, on obtient la formation anormale d'un demi-embryon. Il propose alors le modèle de la mosaïque, selon lequel le développement global est la somme des différenciations séparées de chaque blastomère. Ce modèle sera contredit par Driesh en 1892, qui proposera plutôt le modèle de l'équipotentialité de toutes les cellules formées lors des premières divisions.

1889. Le biochimiste allemand Oscar MINKOWSKI (1858-1895) montre que l'ablation du pancréas, chez le chien, cause le diabète.

1890. Le médecin allemand Emil von BEHRING (1854-1917) découvre l'immunité humorale en montrant que le sérum d'un animal ayant eu le tétanos ou la diphtérie, injecté à un autre animal, préserve ce dernier de ces maladies. La production massive de sérum antidiphtérique, à l'aide de chevaux, commencera en 1892 et sauvera la vie de milliers d'enfants. On découvrira plus tard que l'immunité humorale n'existe, dans le règne animal, que chez les vertébrés.

1890. Premières naissances après transfert d'embryons chez le lapin.

1892. Le zoologiste allemand Hans DRIESH (1867-1941) contredit le modèle de la mosaïque énoncé par Roux en 1888 et propose plutôt le modèle de l'équipotentialité de toutes les cellules formées lors des premières divisions. Son modèle se heurte à la communauté universitaire qui l'oblige à démissionner. Wilson montrera, vers 1899, que le modèle de l'équipotentialité est exact pour plusieurs espèces.

1894. Le chimiste allemand Emil FISCHER (1852-1919) énonce la notion de stéréospécificité des enzymes, selon laquelle un enzyme n'agit que sur un seul substrat et n'agit pas sur d'autres, même ceux qui ont la même composition chimique mais une structure différente.

Vers 1895. Le bactériologiste allemand Richard PETRI (1852-1921), un élève de Koch, invente la « boîte de Petri », qui est encore couramment utilisée de nos jours pour faire des cultures bactériennes.

LA BOÎTE DE PETRI

Conception fréquente à l'époque et chez certains élèves

Il est difficile d'étudier la multiplication de bactéries à l'extérieur d'un organisme vivant.

Concepts scientifiques actuels

La boîte de Petri est une petite boîte cylindrique en verre ou en plastique transparent utilisée pour détecter la présence de bactéries et observer leur multiplication. Il s'agit d'y verser un milieu de culture liquide, à base de gélose, qui se solidifie et sur lequel se développeront les colonies de bactéries ensemencées par la suite.

Activités (8 ans et plus)

- Examiner une véritable boîte de Petri dans laquelle s'est développée une colonie de bactéries inoffensives.
- Fabriquer une boîte de Petri artisanale en versant un peu de gélose (agar-agar) liquide dans le fond d'un petit pot de verre.
- Faire une culture bactérienne dans cette boîte de Petri artisanale. Les bactéries peuvent provenir, par exemple, d'une aiguille trempée dans du yogourt, puis frottée contre la gélose de la boîte.
- À l'aide d'un logiciel de simulation de travaux de bactériologie (disponible chez certains fournisseurs de matériel scientifique), identifier un certain nombre d'espèces bactériennes.

1897. Le médecin français Charles GARNIER (1875-1958) décrit le réticulum endoplasmique.

1897. Le chimiste allemand Eduard BUCHNER (1860-1917) cause une grande surprise en montrant que la fermentation du glucose en éthanol est possible si on remplace la levure par un simple extrait limpide de levure qui ne contient aucune cellule vivante et aucun débris membranaire. En d'autres termes, il montre qu'un composé chimique spécifique, une enzyme, produit par la levure est suffisant pour que se déroule la fermentation.

▶ **Voir « La fermentation et les enzymes (1835) » dans ce même thème.**

1897. Le bactériologiste hollandais Martinus BEIJERINCK (1851-1931) découvre qu'il existe des agents infectieux plus petits que les bactéries. Il les appelle les virus.

LES VIRUS

Conception fréquente à l'époque et chez certains élèves

Les bactéries sont les plus petits organismes qui puissent causer des infections.

Concepts scientifiques actuels

Les virus, qui causent de nombreuses maladies chez tous les êtres vivants, sont des parasites beaucoup plus petits que les bactéries. Chez l'être humain, les virus sont responsables de maladies telles que le rhume, la grippe, les encéphalites, la rubéole, la rougeole, la rage, la fièvre jaune, la poliomyélite, l'herpès et le SIDA. Les virus, qui à l'état libre ont des caractéristiques plus proches de celles de la matière inerte que de celles d'un être vivant, sont essentiellement des séquences d'ARN ou d'ADN (molécules porteuses d'informations génétiques) qui se multiplient en parasitant les cellules d'un organisme vivant.

Activité et exercice (12 ans et plus)

- Examiner des photographies de divers virus. Si possible, les comparer avec des photographies de bactéries grossies le même nombre de fois.
- Se documenter pour répondre à la question suivante: Quelles sont les principales maladies virales? Quelles sont les façons de les éviter et de les soigner?
- Se documenter pour répondre à la question suivante: Certaines bactéries, comme celles qui entrent dans la fabrication du yaourt, sont utiles. Existe-t-il des virus utiles? (Non, mais on commence à utiliser certains virus modifiés dans le traitement de maladies génétiques.)
- Discuter de la question suivante: De nos jours, pourquoi certains virus se propagent-ils plus rapidement qu'autrefois sur toute la surface du globe?

1897. Le physiologiste hollandais Christiaan EIJKMAN (1858-1930) montre l'importance d'une substance contenue dans le riz entier, nommée plus tard la thiamine ou vitamine B1, dans la prévention d'une maladie, le béribéri.

▶ **Voir « Les vitamines (1906) » dans ce même thème.**

1898. L'histologiste et cytologiste italien Camillo GOLGI (1843-1926) publie des travaux sur la cellule dans lesquels il décrit, entre autres, l'*appareil de Golgi*, un organite qui collecte et protège diverses substances telles que les enzymes et les hormones.

1898. Le médecin et microbiologiste belge Jules BORDET (1870-1961) met en évidence les anticorps dans les sérums d'animaux immunisés contre une maladie.

Vers 1899. Le zoologiste et embryologiste américain Edmund WILSON (1856-1939) montre que le modèle de l'équipotentialité proposé par Driesch en 1892 est exact pour plusieurs espèces.

1900. Le botaniste allemand Carl CORRENS (1864-1933), le botaniste néerlandais Hugo DE VRIES (1849-1935) et le botaniste autrichien Erich TSCHERMAK VON SEYSENEGG (1871-1962) redécouvrent simultanément et indépendamment les lois fondamentales de l'hérédité découvertes par Mendel en 1865.

Le XXe siècle

Vers 1901. Le microbiologiste britannique Charles Ernst OVERTON (1865-1933) découvre le rôle fondamental de la membrane cellulaire dans la régulation des échanges de la cellule avec l'extérieur.

1901. Le biochimiste américain d'origine japonaise Jokichi TAKEMINE (1854-1922) isole l'adrénaline produite par la glande surrénale.

1902. Les physiologistes anglais William BAYLISS (1860-1924) et Ernest STARLING (1866-1927) découvrent que les hormones agissent comme messagers chimiques, et contribuent au développement de l'endocrinologie. Cette découverte met un terme définitif à la vieille théorie des « humeurs », héritée d'Hippocrate.

1903. Le chimiste russe d'origine italienne Mikhail TSWETT (1872-1919) invente la chromatographie, une technique permettant de séparer des pigments. Cette séparation s'effectue dans des tubes de verre remplis de craie ou d'alumine.

▶ **Voir « La chromatographie dans un tube (1903) » dans le thème de chimie « Les éléments, les composés et les réactions chimiques ».**

1903. Le médecin et neurologue espagnol Santiago RAMÓN Y CAJAL (1852-1934) décrit la structure du système nerveux, dont la cellule de base est le neurone.

1904. La biologiste américaine Nettie STEVENS (1861-1912) montre que le sexe est déterminé par des chromosomes spécifiques.

LES CHROMOSOMES X ET Y

Conception fréquente à l'époque et chez certains élèves

Le sexe est déterminé par plusieurs chromosomes.

Concepts scientifiques actuels

Le sexe est déterminé par des chromosomes spécifiques. Chez l'être humain, qui possède vingt-trois paires de chromosomes, le sexe est déterminé par l'une de ces paires, appelée par convention la vingt-troisième paire. Chez la femme, cette paire est composée de deux chromosomes X identiques et forme une paire XX. Chez l'homme, elle est composée de deux chromosomes différents, un X et un Y. Chez d'autres espèces, telle la mouche, c'est le contraire : la femelle est XY, alors que le mâle est XX.

Activités (12 ans et plus)

- Examiner des photographies microscopiques de paires de chromosomes XX et de paires de chromosomes XY.
- Observer des préparations microscopiques de paires de chromosomes XX et de paires de chromosomes XY (disponibles chez certains fournisseurs de matériel scientifique). On peut également observer des préparations virtuelles à l'aide de certains logiciels de microscopie.

- À l'aide d'un logiciel de simulation d'expérimentations génétiques (disponible chez certains fournisseurs de matériel scientifique), étudier l'hérédité liée au sexe.

1905. Le botaniste anglais Frederick BLACKMAN (1866-1947) montre que les plantes échangent des gaz par l'intermédiaire de leurs stomates, petites ouvertures dans l'épiderme des feuilles. Il montre également qu'une partie de la photosynthèse, la phase obscure, ne nécessite pas de lumière.

▶ **Voir « La phase obscure de la photosynthèse (1905) » dans le thème de biologie et médecine « Les végétaux ».**

1906. Le biochimiste anglais Frederick Gowland HOPKINS (1861-1947) montre qu'il existe des acides aminés essentiels à l'organisme et que des substances nutritives – que Funk appellera vitamines – autres que les protides, les lipides et les glucides sont indispensables à l'organisme.

LES VITAMINES

Conception fréquente à l'époque et chez certains élèves

Une alimentation qui contient des protides, des lipides et des glucides est complète.

Concepts scientifiques actuels

Les vitamines sont des micronutriments indispensables à l'organisme. De nos jours, une quinzaine de vitamines sont identifiées. Elles se divisent en deux grands groupes. Les vitamines liposolubles (solubles dans l'huile), telles que les vitamines A, D et E, et les vitamines hydrosolubles (solubles dans l'eau), telles que les vitamines C et B1 à B12. Une carence en vitamines peut entraîner diverses maladies. Par exemple, une carence en vitamine B1 cause le béribéri et une carence en vitamine C cause le scorbut.

Activités et exercice (12 ans et plus)

- Construire un tableau qui présente les principales vitamines, leur rôle, les sources et les apports quotidiens recommandés.
- Discuter de l'utilité des suppléments de vitamines.
- Examiner des comprimés de vitamines liposolubles et hydrosolubles.
- Broyer divers comprimés de vitamines et essayer de les dissoudre dans de l'huile végétale et de l'eau.

1907. Le chimiste allemand Adolf WINDAUS (1876-1959) synthétise l'histamine, un acide aminé indispensable à la croissance. On découvrira plus tard que l'histamine intervient dans les allergies, ce qui conduira à l'invention des antihistaminiques, en 1937.

1908. Le médecin anglais Archibald GARROD (1857-1936) montre que l'expression des gènes correspond à la fabrication de protéines et découvre les causes biochimiques de certaines maladies génétiques.

1910. Le physiologiste et chirurgien français Alexis CARREL (1873-1944) réalise les premières cultures de cellules *in vitro.*

1911. Les généticiens américains Thomas Hunt MORGAN (1866-1945) et Alfred STURTEVANT (1891-1970), qui étudient la mouche drosophile, montrent que les unités héréditaires se trouvent dans les chromosomes. Ils produisent ensuite la première carte génétique, sur laquelle sont localisés quelques gènes. Ils énoncent la notion de liaison réciproque (*linkage*), selon laquelle certains gènes sont liés (exemple: gènes des yeux blancs et des ailes vestigiales chez la mouche) et la notion d'enjambement (*crossing-over*), selon laquelle des chromosomes peuvent échanger des gènes.

1912. Le biochimiste polonais (qui obtiendra plus tard la nationalité américaine) Casimir FUNK (1884-1967) isole la première vitamine, la thiamine ou vitamine B1.

1914. Le cytologiste allemand Theodor BOVERI (1862-1915) émet l'idée selon laquelle des cancers sont causés par des altérations chromosomiques au sein des cellules.

1915. Les physiciens britanniques William Henry BRAGG (1862-1942) et Lawrence BRAGG (1890-1971; fils de William) inventent la cristallographie par rayons X (étude de la structure des cristaux par diffraction des rayons X), qui permettra plus tard de découvrir la structure de la vitamine B12, de la pénicilline et de l'ADN.

1915. L'embryologiste allemand Hans SPEMANN (1869-1941) découvre que certaines régions de l'embryon contrôlent son développement.

1915. Le microbiologiste britannique Frederick TWORT (1877-1950) découvre les bactériophages, des virus qui se répliquent en attaquant des bactéries.

1920. Le biochimiste américain d'origine allemande Otto MEYERHOF (1884-1951) découvre comment l'acide lactique se forme dans les muscles.

1921. Les médecins et physiologistes canadiens Frederick BANTING (1891-1941) et Charles BEST (1899-1978) découvrent le rôle de l'insuline dans le traitement du diabète.

1926. Le biologiste américain Joseph Hermann MULLER (1890-1967) découvre que les rayons X peuvent causer des mutations génétiques.

1927. Synthèse de la thyroxine, une hormone produite par la glande thyroïde.

1927. On isole la cortisone, une hormone sécrétée par les glandes surrénales.

1928. Découverte presque simultanée, par des scientifiques hongrois et américains, de la vitamine C.

1928. Le bactériologiste britannique Fred GRIFFITH (1877-1941) montre qu'une bactérie peut être modifiée par une substance provenant d'une autre bactérie. Avery montrera en 1944 que cette substance est l'ADN.

1928. Le biochimiste allemand Karl LOHMANN (1898-1978) découvre l'adénosine triphosphate (ATP). Son rôle dans le stockage et le transfert d'énergie, dans le métabolisme cellulaire, sera élucidé au cours des années 1940.

Vers 1930. Le biochimiste allemand Otto WARBURG (1883-1970) montre comment certains enzymes permettent les réactions chimiques intervenant dans la respiration cellulaire.

1931. Le chimiste allemand Adolf BUTENANDT (1903-1995) réussit à isoler 15 mg de l'hormone mâle stéroïde androstérone, sous forme pure cristallisée, à partir de 15 000 litres d'urine.

1932. Le médecin et bactériologiste américain d'origine canadienne Oswald AVERY (1877-1955) montre à son tour, comme l'avait fait Griffith en 1928, qu'une bactérie peut être modifiée par une substance provenant d'une autre bactérie. Avec ses collègues, il montrera en 1944 que cette substance est l'ADN.

1932. Le biochimiste allemand Hans KREBS (1900-1981) décrit les réactions métaboliques du cycle de l'urée.

1933. Le biochimiste suisse Tadeus REICHSTEIN (1897-1996) synthétise la vitamine C.

1934. Construction, à Berlin, du premier microscope électronique.

Vers 1935. Les chimistes américains Max BERGMAN (1886-1944) et Carl NIEMANN (1908-1964) énoncent le concept selon lequel il existe une périodicité dans la structure des protéines. Ce concept sera réfuté vers le milieu des années 1950.

1935. Le biochimiste américain Wendell STANLEY (1904-1971) isole un virus à l'état cristallisé.

1937. Le biochimiste allemand Hans KREBS (1900-1981) décrit les réactions métaboliques de la respiration cellulaire, ou *cycle de Krebs.* L'article qui présente ce concept majeur de la biochimie cellulaire est refusé par la revue *Nature,* puis finalement publié par le nouveau périodique *Enzymologia.*

1937. Mise au point de la technique de l'électrophorèse, méthode d'analyse des protéines qui consiste à les faire se déplacer dans un liquide stationnaire soumis à un champ électrique.

1938. Le biochimiste américain William ROSE (1887-1985) montre qu'une dizaine d'acides aminés (lysine, tryptophane, histidine, phénylalanine, leucine, isoleucine, thréonine, méthionine, valine et arginine) sont absolument indispensables dans l'alimentation des mammifères, mais qu'ils peuvent synthétiser la dizaine d'autres acides aminés qui entrent dans la composition de leurs protéines.

1938. L'embryologiste allemand Hans SPEMANN (1869-1941) met en évidence les mécanismes du développement embryonnaire et son organisation. Il montre notamment l'influence de diverses régions d'un embryon sur le développement.

1940. Les biologistes américains George BEADLE (1903-1989) et Edward TATUM (1909-1975) montrent que l'expression de certains gènes correspond à la fabrication de protéines d'un type particulier, les enzymes.

1940. Le biochimiste américain d'origine hongroise Albert SZENT-GYÖRGYI (1893-1986) découvre le mécanisme biochimique de la contraction des protéines musculaires.

1940. Le biochimiste britannique Robert HILL (1899-1991) montre que, même si la présence de gaz carbonique favorise la production d'oxygène par les plantes, les deux phénomènes ne sont pas directement liés, car l'oxygène produit par les plantes ne provient pas des molécules de gaz carbonique, mais plutôt des molécules d'eau.

1944. Le biochimiste britannique Archer MARTIN (1910-2002) et le biochimiste britannique Richard SYNGE (1914-1994) développent la technique de la chromatographie sur papier pour l'analyse des mélanges de composés organiques.

▶ **Voir « La chromatographie sur papier (1944) » dans le thème de chimie « Les éléments, les composés et les réactions chimiques ».**

1944. Le médecin et bactériologiste américain d'origine canadienne Oswald AVERY (1877-1955) et ses collègues montrent que l'ADN est porteuse d'information génétique.

1945. Les biologistes britanniques Alan Lloyd HODGKIN (1914-1998) et Andrew Fielding HUXLEY (né en 1917) amorcent d'importants travaux au sujet du mécanisme des échanges ioniques à l'origine de l'influx nerveux.

Vers 1945. Le biologiste belge Albert CLAUDE (1899-1983) met au point la méthode de fractionnement des constituants cellulaires par ultracentrifugation.

1946. Le physicien américain d'origine suisse Felix BLOCH (1905-1983) et le physicien américain Edward PURCELL (1912-1997) mettent au point la résonance magnétique nucléaire (RMN), qui consiste à orienter des noyaux atomiques dans un champ magnétique de façon à étudier la structure des molécules. À partir du début des années 1980, cette technique sera également utilisée en médecine, principalement pour localiser des tumeurs.

1948. Mise au point de l'immunoélectrophorèse, une technique basée sur la vitesse de migration d'une macromolécule soumise à un champ électrique, pour l'étude qualitative des protéines dans les liquides biologiques.

1949. Le biochimiste américain Melvin CALVIN (1911-1997) commence la description précise de l'ensemble des réactions chimiques de la photosynthèse.

1949. Première congélation et utilisation subséquente de sperme de taureau.

Vers 1950. La biochimiste britannique Rosalind FRANKLIN (1920-1958) et le biophysicien britannique Maurice WILKINS (né en 1916) mettent au point des techniques de cristallographie par rayons X qui leur permettent de déterminer la forme torsadée et complexe de l'ADN. Leurs travaux aideront Crick et Watson à déterminer la structure exacte de l'ADN en 1953.

1950. Le biochimiste américain d'origine tchécoslovaque Erwin CHARGAFF (1905-2002) montre comment les quatre bases, c'est-à-dire la cytosine, la guanine, l'adénine et la thymine, s'associent par paires dans la molécule d'ADN.

1952. Les biochimistes américains Alfred Day HERSHEY (1908-1997) et Martha CHASE (1869-1963) apportent une confirmation décisive sur le rôle de l'ADN comme support de l'hérédité.

1952. Le biochimiste américain Stanley MILLER (né en 1930) réussit à produire des acides aminés en faisant passer des décharges électriques, qui simulent les orages, dans un flacon reproduisant l'atmosphère primitive de la Terre.

LA FORMATION D'ACIDES AMINÉS DANS L'ATMOSPHÈRE PRIMITIVE

Conception fréquente à l'époque et chez certains élèves

Les molécules qui constituent les êtres vivants ne peuvent apparaître de façon spontanée.

Concepts scientifiques actuels

Les premières molécules organiques sont apparues il y a environ quatre milliards d'années, c'est-à-dire 500 millions d'années après que la température de surface du globe terrestre est passée au-dessous de 100 °C. À cette époque, l'atmosphère était riche en hydrogène sulfuré, produit par l'activité volcanique, en gaz carbonique, en azote et en vapeur d'eau, et contenait un peu d'ammoniac et de méthane. L'oxygène était absent de cette atmosphère. Les molécules organiques se sont formées sous l'effet des décharges électriques des orages et des rayons ultraviolets du Soleil.

Activité (12 ans et plus)

Examiner un schéma de l'expérience de Miller. Établir la correspondance entre le montage et l'atmosphère primitive. (Exemples: Les décharges électriques simulent les éclairs. L'eau simule les océans. Les gaz simulent l'atmosphère.)

1952. Premier clonage chez un animal, avec des œufs de grenouille, aux États-Unis.

1953. Le chimiste anglais Frederick SANGER (né en 1918) détermine, pour la première fois, la séquence complète des acides aminés d'une protéine, dans ce cas précis une hormone, l'insuline.

1953. Le biologiste britannique Francis CRICK (né en 1916) et le biologiste américain James WATSON (né en 1928) découvrent la structure en double hélice de la molécule d'ADN, l'acide désoxyribonucléique.

LA STRUCTURE DE L'ADN

Conception fréquente à l'époque et chez certains élèves

L'ADN est une longue chaîne simple.

Concepts scientifiques actuels

L'ADN ou acide désoxyribonucléique, qui est le constituant essentiel des chromosomes de la cellule, est le support de l'information héréditaire. Une molécule d'ADN est constituée de deux chaînes enroulées l'une autour de l'autre en forme de double hélice. Les chaînes comportent des maillons, ou nucléotides, comportant chacun un sucre à cinq atomes de carbone (le désoxyribose), une base organique et une molécule d'acide phosphorique. Il existe quatre bases organiques différentes, qui s'associent deux à deux selon un ordre rigoureusement invariable (la thymine avec l'adénine, la guanine avec la cytosine) ce qui lie les deux chaînes complémentaires par un pont d'atomes d'hydrogène.

Activités et exercice (12 ans et plus)

- Examiner une photographie et, si possible, un modèle en trois dimensions de la structure de l'ADN.
- À l'aide d'un jeu de pièces pour modèles moléculaires génétiques (disponible chez certains fournisseurs de matériel scientifique), construire un modèle simplifié, en trois dimensions, de la molécule d'ADN.
- Se documenter pour répondre à la question suivante: Quels sont les faits saillants de la vie de Francis Crick et de celle de James Watson? (Exemples: Pendant la guerre, Francis Crick s'est d'abord interessé à la mise au point du radar, puis a bifurqué vers la biologie moléculaire. James Watson s'est intéressé d'abord aux virus, puis à la biologie moléculaire. Les deux scientifiques se sont rencontrés au début des années 1950.)

1954. Le scientifique américain d'origine russe George GAMOW (1904-1968) croit que les bases de l'ADN pourraient constituer un code génétique.

1954. Première synthèse *in vitro* d'une protéine, aux États-Unis.

1955. Le biologiste américain d'origine belge Albert CLAUDE (1898-1983), le biologiste et biochimiste belge Christian de DUVE (né en 1917) et le biologiste américain d'origine roumaine George PALADE (né en 1912) découvrent les ribosomes, organites de la cellule intervenant dans la synthèse des protéines.

1956. Le biologiste américain Arthur KORNBERG (né en 1918) identifie l'*ADN polymérase*, l'enzyme qui permet à l'ADN de se répliquer.

1956. Le biochimiste américain Mahlon HOAGLAND (né en 1921) découvre l'ARN de transfert, un acide nucléique qui joue un rôle essentiel dans la synthèse des protéines à l'intérieur des cellules.

1957. Première modification, en France, de caractères sexuels secondaires d'un animal (plumage d'un oiseau) par injection d'ADN.

1958. Le biologiste britannique Francis CRICK (né en 1916) démontre que l'information des gènes est transmise de l'ADN à l'ARN, puis aux protéines.

1960. Le biochimiste britannique d'origine autrichienne Max PERUTZ (1914-2002) et le biochimiste anglais John KENDREW (1917-1997) découvrent la structure chimique de l'hémoglobine, une protéine des globules rouges du sang, et de la myoglobine, une protéine des muscles.

1961. Le biologiste moléculaire américain Paul BERG (né en 1926), le médecin et biologiste français François JACOB (né en 1920) et le biochimiste américain Matthew MESELSON (né en 1930) proposent le concept d'*ARN messager.*

1961. Le biochimiste américain d'origine indienne Har Gobind KHORANA (né en 1922), le biochimiste américain d'origine espagnole Severo OCHOA Y ALBORNOZ (1905-1993), le biochimiste américain Robert HOLLEY (1922-1993) et le biochimiste américain Marshall NIRENBERG (né en 1927) commencent le décryptage du code génétique. Ils le termineront en 1965.

1962. Le médecin et biologiste français François JACOB (né en 1920) et le biologiste français Jacques MONOD (1910-1976) démontrent la réalité de l'ARN messager imaginé par Berg, Jacob et Meselson en 1961.

1966. Le chimiste américain Charles PEDERSEN (1904-1989) élabore des macromolécules organiques synthétiques dont le comportement chimique est semblable à celui d'enzymes d'organismes vivants.

1966. Le code génétique est déchiffré. Un acide aminé précis est associé à chacun des 64 triplets de nucléotides de l'ADN.

1968. L'endocrinologiste américain d'origine française Roger GUILLEMIN (né en 1924) et l'endocrinologiste américain d'origine lithuanienne Andrew SCHALLY (né en 1926) découvrent des hormones produites par l'hypothalamus, une petite région de la base du cerveau.

1968. Le biologiste américain Arthur KORNBERG (né en 1918) réalise la première synthèse *in vitro* de l'ADN d'un virus. Il s'agit d'une démonstration éclatante du fait que les phénomènes de la vie peuvent se reproduire en éprouvette.

Vers 1968. Découverte des rétrovirus, c'est-à-dire des virus dont l'ARN peut se transcrire en ADN et s'intégrer dans le génome d'une cellule. (Le virus du SIDA, qui sera découvert en 1983, est un rétrovirus.) Cette découverte remet en question la théorie en vigueur à l'époque selon laquelle la transcription génétique se faisait toujours à sens unique, de l'ADN vers l'ARN.

1969. Le chimiste américain Bruce MERRIFIELD (né en 1921) réussit la première synthèse chimique d'un enzyme.

1970. Première naissance d'un têtard de grenouille à partir d'un noyau de cellule somatique (non sexuelle) implantée dans un œuf. On commence alors à parler de « manipulations génétiques ».

1971. Les microbiologistes américains Daniel NATHANS (1928-1999) et Hamilton SMITH (né en 1931) utilisent des enzymes pour séparer des molécules d'ADN.

1972. Le biologiste moléculaire américain Paul BERG (né en 1926) soude des morceaux de molécules d'ADN qu'il a séparés à l'aide d'enzymes. Cette technique, le séquençage de l'ADN, deviendra essentielle en génie génétique.

1972. Première souris née d'un embryon congelé.

1973. Des scientifiques américains introduisent des gènes dans une bactérie, obtenant ainsi le premier organisme transgénique.

LES ORGANISMES TRANSGÉNIQUES

Conception fréquente à l'époque et chez certains élèves

Il est impossible de modifier artificiellement le code génétique d'une plante ou d'un animal.

Concepts scientifiques actuels

Un organisme transgénique, ou organisme génétiquement modifié (OGM), est une plante ou un animal dont le code génétique a été modifié. La méthode la plus généralement utilisée pour introduire un fragment d'ADN (appelé transgène) dans le bagage génétique est la micro-injection dans le noyau de l'œuf fécondé. Toutes les cellules issues de cette cellule initiale génétiquement transformée contiendront également le transgène. Celui-ci sera transmis avec le reste des gènes de la plante ou de l'animal lors des multiples divisions cellulaires successives aboutissant à la formation de l'organisme définitif. L'organisme ainsi obtenu est dit transgénique, car il possède le transgène dans toutes ses cellules, au même titre que ses propres caractères héréditaires. Comme ce transgène est également présent dans les cellules de la lignée germinale, il sera transmis à la descendance, comme le reste du patrimoine génétique, permettant ainsi d'établir des lignées d'organismes transgéniques.

Activité et exercices (12 ans et plus)

- Examiner des photographies d'organismes génétiquement modifiés très spectaculaires (exemples: des espèces de plantes et d'animaux rendues phosphorescentes).
- Se documenter pour pouvoir donner des exemples d'organismes transgéniques utiles dans le domaine de l'agriculture, de la recherche ou de la médecine.
- Se documenter pour répondre aux questions suivantes: La consommation d'aliments provenant d'organismes génétiquement modifiés présente-t-elle un risque pour la santé? La présence d'organismes génétiques modifiés dans la nature présente-t-elle un risque pour l'environnement?

1974. Le biologiste moléculaire américain Paul BERG (né en 1926) lance une première demande pour un moratoire international sur les manipulations génétiques.

1975. Le biologiste moléculaire britannique Cesar MILSTEIN (1927-2002) et l'immunologiste allemand George KÖHLER (1946-1995) produisent les premiers anticorps monoclonaux qui s'avéreront particulièrement utiles pour l'élaboration de tests immunologiques de dépistage.

1975. L'endocrinologiste américain d'origine française Roger GUILLEMIN (né en 1924) découvre les endorphines, des analgésiques naturels produits par le cerveau, qui inaugurent une nouvelle ère dans l'étude de la chimie du cerveau.

Vers 1975. Début de l'utilisation de la technique de la résonance magnétique nucléaire (RMN) pour l'étude des réactions métaboliques de cellules vivantes.

1976. Des chercheurs américains réussissent à synthétiser un gène, celui de l'hémoglobine des globules rouges du lapin.

1977. Le biologiste moléculaire américain Paul BERG (né en 1926), le biochimiste américain Walter GILBERT (né en 1932) et le biochimiste anglais Frederick SANGER (né en 1918) annoncent qu'ils ont réussi à établir la séquence de plus de 5000 nucléotides d'un fragment d'ARN viral.

1977. Des chercheurs français démontrent que les mammifères supérieurs et l'homme communiquent aussi de façon chimique, au moyen de phéromones, comme le font les insectes.

1980. Première implantation, chez une souris, d'un gène provenant d'une autre souris, ce qui crée le premier mammifère transgénique.

1980. La Cour suprême des États-Unis statue que les êtres vivants créés ou modifiés génétiquement peuvent être brevetés. Cette décision ouvre la voie à la création d'OGM (organismes génétiquement modifiés) à des fins industrielles et commerciales.

1982. Découverte, aux États-Unis, des ribozymes, c'est-à-dire d'enzymes qui ne sont pas des protéines mais plutôt de l'ARN.

1982. Débuts, grâce au génie génétique, de la production d'insuline humaine par une bactérie.

1982. Création, aux États-Unis, d'une souris transgénique « géante », obtenue par l'implantation du gène, d'origine humaine, de l'hormone de croissance.

1984. Création de la première plante transgénique (OGM végétal), un plant de tabac résistant à la kanamycine (un antibiotique).

1985. Des chercheurs américains isolent le rétinoblastome, premier gène responsable d'un cancer chez les êtres humains.

1985. Mise au point, aux États-Unis, de la technique de polymérisation en chaîne, une technique qui permet de reproduire un fragment d'ADN en laboratoire, à l'aide d'une enzyme.

1988. Début du projet HUGO (Human Genome Organization), dont l'objectif est d'établir la séquence de tous les gènes de l'ADN humain.

1989. Une équipe de chercheurs français élucide le mécanisme de la barrière génétique, qui empêche des espèces différentes de se croiser. Cette barrière est due à l'action d'enzymes capables de reconnaître et d'éliminer de l'ADN étranger.

1998. Création d'une souris transgénique qui produit de l'insuline humaine et obtention du premier brevet accordé pour un vertébré fabriqué par génie génétique.

1992. Des chercheurs de l'Université de Californie réussissent à stimuler la multiplication de neurones isolés provenant du cerveau d'une souris, contredisant la théorie selon laquelle les neurones ne peuvent être remplacés.

1993. Des chercheurs américains réussissent à cloner des cellules d'embryons humains et les laissent se multiplier pendant plusieurs jours

1994. Commercialisation des premières tomates transgéniques.

1997. Production de la brebis Dolly, premier animal cloné à partir d'une cellule animale adulte.

LE CLONAGE

Conception fréquente à l'époque et chez certains élèves

Seuls les plantes et quelques invertébrés simples peuvent être clonés.

Concepts scientifiques actuels

Un clone est une cellule ou un organisme génétiquement identique à celui dont il est issu. Dans ce sens, bien des plantes sont des clones, car elles sont entièrement produites à partir d'une partie d'une autre plante et non par fusion de deux cellules sexuelles. Chez les animaux et les êtres humains, les jumeaux identiques sont également des clones. La fabrication artificielle d'un clone animal consiste à remplacer le noyau d'un ovule par le noyau d'une cellule de l'animal que l'on veut cloner, à implanter cet ovule dans l'utérus d'une femelle et à le laisser se multiplier pour former un embryon puis un animal complet.

Activités et exercice (12 ans et plus)

- Produire un clone végétal en utilisant une technique de reproduction asexuée d'une plante (exemple: bouturage).
- Produire un clone animal en utilisant une technique de reproduction asexuée d'un invertébré simple. (Exemple: couper une hydre d'eau douce en deux morceaux.)
- Regarder un documentaire portant sur le clonage de mammifères.
- Discuter de la question suivante: Le clonage d'un être humain est-il souhaitable?

1997. Création de la première plante «humanisée», du tabac produisant de l'hémoglobine humaine.

1999. Première culture de cellules souches à partir de cellules d'embryons humains. Ces cellules, qui sont à l'origine de tous les types de cellules du corps humain, pourraient éventuellement servir à créer des tissus et des organes de remplacement.

2000. Le projet HUGO (Human Genome Organization) dont l'objectif était d'établir la séquence de tous les gènes de l'ADN humain est pratiquement terminé.

L'ENVIRONNEMENT

L'Antiquité orientale

Vers 10 000 av. J.-C. Début de l'exploitation de mines de charbon, en Chine, et de l'utilisation du charbon comme combustible.

▶ **Voir « Le charbon (10 000 av. J.-C.) » dans le thème de chimie « L'industrie chimique ».**

Vers 3000 av. J.-C. Culture de divers légumes en Mésopotamie et en Égypte. Utilisation des premiers engrais naturels.

▶ **Voir « Les engrais naturels (3000 av. J.-C.) » dans le thème de biologie et de médecine « La cellule et la chimie du vivant ».**

Vers 3000 av. J.-C. Construction d'aqueducs et d'égouts en Mésopotamie et en Égypte.

L'Antiquité classique

Vers 500 av. J.-C. Développement, en Chine, de techniques permettant de faire du compost à partir de résidus organiques.

Vers 400 av. J.-C. Création, à Athènes, du premier dépotoir municipal.

LE DÉPOTOIR

Conception fréquente à l'époque et chez certains élèves

Les déchets peuvent être jetés n'importe où.

Concepts scientifiques actuels

Jusqu'à tout récemment, les dépotoirs étaient des lieux où l'on jetait pêle-mêle toutes sortes de déchets. Depuis les années 1960, toutefois, des règlements de plus en plus contraignants régissent l'utilisation des dépotoirs, dans les pays industrialisés, et des normes environnementales plus strictes sont appliquées. De plus, le recyclage réduit la quantité de déchets. Les dépotoirs continuent cependant à poser de graves problèmes environnementaux, surtout près des grandes villes, qui produisent une énorme quantité de déchets, et dans les pays peu développés, où aucune réglementation n'est appliquée.

Exercices et activité (12 ans et plus)

- Se documenter pour répondre à la question suivante: Quelle est la quantité de déchets produite par une grande ville de sa région?
- Se documenter pour pouvoir donner des exemples de problèmes causés par les déchets. (Exemple: Certaines villes se débarrassent de leurs déchets en les exportant dans d'autres régions ou d'autres pays.)

- Se documenter pour répondre à la question suivante: Comment peut-on réduire la quantité de déchets produite par les entreprises et les foyers?
- Visiter un dépotoir moderne. S'informer au sujet des mesures prises pour protéger l'environnement.

▶ **Voir aussi «Le recyclage (1970)» dans ce même thème.**

Vers 400 av. J.-C. Construction, en Grèce, des premières maisons solaires rudimentaires. Les maisons sont orientées selon un axe est-ouest pour tenir compte de la trajectoire du Soleil dans le ciel et comportent des parties à l'abri du Soleil, pour l'été, et des parties exposées au Soleil, pour l'hiver.

▶ **Voir «La maison solaire (1939)» dans ce même thème.**

Vers 150 av. J.-C. En agriculture, les Romains inventent la jachère, une technique qui consiste à laisser reposer la terre après un certain temps d'exploitation et qui augmente le rendement des récoltes.

LA JACHÈRE

Conception fréquente à l'époque et chez certains élèves

La composition de la terre est toujours la même et n'a pas d'influence sur le rendement des récoltes.

Concepts scientifiques actuels

La jachère consiste à laisse la terre sans culture pendant un an ou deux pour lui permettre de reconstituer ses réserves en eau et en azote. De nos jours, l'emploi d'engrais chimiques permet de l'éviter, mais les agriculteurs qui utilisent des méthodes biologiques la pratiquent encore.

Activité (8 ans et plus)

Visiter une exploitation agricole biologique et se familiariser avec les méthodes utilisées pour la culture de divers végétaux.

37 ap. J.-C. Construction, à Rome, de la première serre, utilisée pour faire pousser des concombres, en hiver, pour Tibère.

▶ **Voir «La serre (XVIe siècle)» dans le thème de technologie «Les techniques du vêtement et de l'alimentation».**

Vers 100 ap. J.-C. Les systèmes d'aqueduc et d'égout des Romains surpassent tout ce qui s'est fait jusqu'alors et tout ce qui sera fait en Occident jusqu'au XIXe siècle.

L'AQUEDUC ET L'ÉGOUT

Conceptions fréquentes à l'époque et chez certains élèves

L'eau potable peut être puisée directement dans un lac ou une rivière. Les eaux usées peuvent être rejetées n'importe où.

Concepts scientifiques actuels

Un aqueduc est un canal en pente constante qui amène l'eau d'un lieu à un autre. Les parties les plus remarquables des anciens aqueducs sont les ponts à arcades qui traversent un ravin ou une rivière. De nos jours, les systèmes de pompage et les conduites étanches souterraines ont remplacé les aqueducs. Un égout est une canalisation qui recueille les eaux usées et les rejette dans un lac, un cours d'eau ou l'océan. De nos jours, les eaux usées de la plupart des villes de pays industrialisés sont traitées avant d'être rejetées.

Activités et exercice (12 ans et plus)

- Examiner des photographies et dessins des aqueducs et égouts de l'Empire romain.
- Se documenter pour répondre à la question suivante: Quels étaient les problèmes d'hygiène causés, au Moyen Âge, par l'utilisation de l'eau non traitée des rivières et par le rejet des eaux usées dans les rues des villes et villages?
- Examiner une carte du réseau de distribution de l'eau potable et du réseau d'égouts de sa municipalité.
- Visiter une usine de filtration et de chloration de l'eau potable, ainsi qu'une usine d'épuration des eaux usées.

▶ **Voir également «L'épuration des eaux usées (1889)» dans ce même thème.**

▶ **Voir également «La stérilisation de l'eau (1886)» dans le thème de biologie et médecine «La santé et la maladie».**

Vers 100 ap. J.-C. Construction, à Rome, des premières fenêtres munies de panneaux de verre, ce qui garde les maisons plus chaudes, en hiver, grâce à l'effet de serre qui en résulte.

▶ **Voir « La maison solaire (1939) » dans ce même thème.**

Vers 200 ap. J.-C. Mise en place, à Rome, d'un système de collecte des ordures ménagères. Des équipes ramassent les ordures déposées le long des rues, les mettent dans des voitures tirées par des chevaux et vont les porter dans un dépotoir. Cette pratique sera perdue avec la chute de l'Empire et ne réapparaîtra qu'au XIXe siècle.

Vers 250 ap. J.-C. Les Chinois utilisent des fourmis pour protéger les citronniers contre d'autres insectes, une pratique efficace encore utilisée de nos jours. Il s'agit du premier exemple connu de protection biologique des végétaux.

LA PROTECTION BIOLOGIQUE

Conception fréquente à l'époque et chez certains élèves

Il est impossible de protéger les arbres fruitiers contre les insectes.

Concepts scientifiques actuels

L'agriculture biologique, qui évite l'emploi de produits chimiques, utilise des méthodes naturelles pour combattre les insectes qui dévorent les récoltes. Par exemple, il est possible d'avoir recours à des bactéries qui parasitent les insectes nuisibles ou à d'autres espèces d'insectes qui les mangent. Il est également possible de favoriser la présence d'espèces d'oiseaux qui se nourrissent des insectes indésirables.

Activité (8 ans et plus)

Visiter une exploitation agricole biologique et se familiariser avec les méthodes utilisées pour la culture de divers végétaux.

Vers 450 ap. J.-C. Le médecin indien SUSRUTA (Ve siècle) établit un lien entre la malaria et les moustiques, de même qu'entre la peste et les rats.

Le Moyen Âge

Vers 600. Invention, en Perse, du moulin à vent à axe vertical et pales horizontales.

▶ **Voir « Le moulin à vent (600) » dans le thème de technologie « Les techniques du vêtement et de l'alimentation ».**

Vers 700. Débuts de l'utilisation, en Europe, de la méthode de l'assolement triennal (rotation des récoltes et de la jachère entre trois parties d'une terre) en agriculture. Cette méthode sera généralisée au XIIIe siècle.

Vers 1100. Construction, en Europe, de nombreux moulins à eau.

▶ **Voir « Le moulin à eau (100 av. J.-C.) » dans le thème de technologie « Les techniques du vêtement et de l'alimentation ».**

Vers 1110. Le médecin, géologue et philosophe iranien AVICENNE, en arabe Ibn Sina (980-1037), écrit des traités de géologie qui joueront un rôle considérable en Europe jusqu'au XVIIe siècle et dans lesquels il décrit, entre autres, l'érosion causée par les précipitations et le vent.

Vers 1200. Construction, en Europe, des premiers moulins à vent à axe horizontal et pales verticales.

▶ **Voir « Le moulin à vent (600) » dans le thème de technologie « Les techniques du vêtement et de l'alimentation ».**

1311. Construction des premiers hauts fourneaux (grandes cuves pour l'extraction des métaux contenus dans des minerais) à soufflets hydrauliques. Étant donné que les autres minéraux contenus dans le charbon se mêlent au minerai et entraînent la production de métaux de mauvaise qualité, le combustible le plus utilisé est le charbon de bois, ce qui entraînera une déforestation considérable de l'Europe au cours des siècles suivants.

1316. Création du premier jardin botanique à Hambourg, en Allemagne. D'autres jardins botaniques seront créés au XVIe siècle à Padoue, à Pise et à Bologne, en Italie, ainsi qu'à Montpellier, en France.

▶ **Voir « Les jardins botaniques (1316) » dans le thème de biologie et médecine « Les végétaux ».**

1347. La peste noire se manifeste en Italie. Elle se propagera rapidement dans toute l'Europe et fera 75 millions de victimes, soit près du quart de la population européenne.

1388. Le parlement anglais interdit de jeter des déchets dans les fossés et les cours d'eau.

La Renaissance

1496. Les Européens découvrent le tabac en Amérique.

XVe siècle. Invention, en Hollande, du moulin à vent à tour, d'abord utilisé pour actionner des vis d'Archimède qui évacuent l'eau des terres basses. Il sera ensuite utilisé un peu partout, au nord de l'Europe, en remplacement des moulins à eau.

▶ **Voir « Le moulin à vent (600) » dans le thème de technologie « Les techniques du vêtement et de l'alimentation ».**

XVe siècle. Création des premiers musées d'histoire naturelle en Italie.

XVIe siècle. Le riz, importé d'Asie, et la pomme de terre, la tomate, le maïs, la courge, le tabac, le cacao et le poivron, importés d'Amérique, deviennent des productions agricoles en Europe.

1515. L'artiste et inventeur italien LÉONARD DE VINCI (1452-1519) conçoit un miroir parabolique pour faire bouillir de l'eau dans une fabrique de teinture de tissus.

▶ **Voir « Le concentrateur solaire (1515) » dans le thème de technologie « Les techniques de la chaleur ».**

1551. Un commerçant allemand invente les premiers emballages pour ses produits, des paquets de feuilles de papier. Les emballages deviendront, au cours des siècles suivants, une cause importante de l'augmentation des déchets.

L'EMBALLAGE

Conception fréquente à l'époque

Tous les produits doivent être vendus en vrac.

Concepts scientifiques actuels

Les lois de l'hygiène, les méthodes de distribution des produits et la croissance du pouvoir d'achat expliquent la pratique croissante de l'emballage. Les principaux produits d'emballage sont les matières plastiques, telles que les feuilles de polyéthylène (recouvrement) et la mousse de polyuréthane (protection contre les chocs), le fer-blanc et l'aluminium (conserves), le verre (bouteilles), le bois (caisses), le papier et le carton. Les produits d'emballages, dont plusieurs sont recyclables mais pas toujours recyclés, constituent une proportion importante du volume des déchets.

Activités et exercice (12 ans et plus)

- Faire la collection et l'identification des matériaux qui constituent divers types d'emballages (exemples: papier et plastique des sacs d'épicerie, carton des boîtes de céréales, métal des boîtes de conserve, papier des sacs de biscuits, pellicule plastique de certains aliments, plastique des objets de quincaillerie, etc.).
- Examiner, dans quelques sacs de déchets domestiques et dans quelques bacs de recyclage, la proportion des matériaux qui proviennent des emballages.
- Discuter des façons de réduire l'emballage et les déchets qu'il cause. (Exemples: achat d'aliments en vrac, utilisation de ses propres sacs à l'épicerie, etc.)
- Trouver des façons de réutiliser certains emballages.

Vers 1575. Le céramiste et savant français Bernard PALISSY (v. 1510-v. 1590) prône l'emploi d'engrais chimiques.

1595. Invention, en Angleterre, de la chasse d'eau pour vider les toilettes.

Le XVIIe siècle

1662. Le savant et philosophe français Blaise PASCAL (1623-1662) imagine pour Paris un système de carrosse à tarification unique parcourant un itinéraire fixe, avec des points d'arrêts déterminés et un horaire précis. Le système périclite assez rapidement à cause des frictions entre voyageurs de couches sociales différentes. Il ne réapparaîtra, à Paris, qu'en 1819, sous la forme d'omnibus tirés par des chevaux.

LE TRANSPORT EN COMMUN URBAIN

Conception fréquente à l'époque et chez certains élèves

Chaque voyageur ou petit groupe de voyageurs doit organiser son propre transport.

Concepts scientifiques actuels

Le transport en commun urbain permet de réduire le nombre de véhicules en circulation et d'accélérer les transports. De nos jours, les principaux modes de transport en commun urbain sont le tramway (apparu en 1832), le métro (dont le premier, à Londres, date de 1863), le trolleybus électrique (apparu en 1888), l'autobus à essence ou diesel (apparu en 1905) et le train régional. Par ailleurs, la marche et le vélo sont de plus en plus encouragés comme solution de remplacement au transport en commun urbain, car ils ne génèrent pas de pollution.

Activités et exercices (12 ans et plus)

- Établir la liste de tous les modes de transport en commun urbain d'une grande ville de sa région.
- Se documenter pour trouver les avantages et les inconvénients de quelques modes de transport en commun.
- Faire une visite guidée du siège social d'une société de transport en commun urbain. S'informer au sujet des plans de gestion des déplacements.
- Discuter des meilleures façons d'inciter plus de gens à utiliser un autre mode de transport que leur voiture.
- En compagnie d'adultes, participer à une «course» entre divers modes de transport (métro, autobus, voiture, vélo, marche, etc.) pour un trajet de quelques kilomètres dans une grande ville. Discuter des résultats.
- Se documenter pour répondre à la question suivante: Quels sont les faits saillants de la vie de Blaise Pascal? Voir les remarques portant sur cette même question dans «La presse hydraulique (1648)», dans le thème de physique «La chaleur et la pression».

1690. Établissement, aux États-Unis, d'une première usine de recyclage du papier.

Le XVIIIe siècle

1709. Le manufacturier anglais Abraham DARBY (1677-1717) invente un procédé pour extraire le fer du minerai à l'aide de charbon, puis de coke (combustible fabriqué à partir du charbon), ce qui permettra de cesser graduellement l'utilisation du charbon de bois, cause majeure de la déforestation de l'Europe.

1754. Le physicien et chimiste écossais Joseph BLACK (1728-1799) identifie chimiquement le gaz carbonique (dioxyde de carbone), qui a été découvert par Van Helmont, et déduit de ses observations la présence de ce gaz dans l'atmosphère.

Vers 1770. Les voyages d'exploration du navigateur français Louis Antoine de BOUGAINVILLE (1729-1811) et du navigateur anglais James COOK (1728-1779) dans le Pacifique révèlent une grande variété de nouvelles espèces végétales et animales.

1771. Construction et mise en service, en Angleterre, de la première fabrique de coton dont les métiers sont mus par des machines à vapeur. Cette mise en service marque les débuts de la Révolution industrielle.

1775. Invention, en Angleterre, du tramway tiré par des chevaux. Il est destiné au transport en commun urbain.

1775. Un médecin anglais constate que l'incidence de certains cancers est plus élevée chez les ramoneurs, constamment exposés à la suie, que dans la population en général. C'est la première fois qu'un lien est établi entre le cancer et un facteur environnemental.

L'ENVIRONNEMENT ET LA MALADIE

Conception fréquente à l'époque et chez certains élèves

Sauf dans le cas de certaines maladies infectieuses, il n'y a pas de lien direct entre l'environnement et la maladie.

Concepts scientifiques actuels

De nos jours, des millions de personnes chaque année, dont plusieurs sont des enfants, sont victimes de leur environnement. Par exemple, les maladies intestinales liées à la mauvaise qualité de l'eau potable et à une mauvaise hygiène expliquent à elles seules la mort de plus d'un million d'enfants par année. D'autres meurent ou sont gravement intoxiqués par des infections respiratoires associées à la pollution de l'air domestique (cuisinières et chauffage). L'exposition au plomb, au mercure, aux pesticides, aux polluants organiques, à d'autres produits chimiques dans l'eau ou dans l'air cause aussi de nombreuses maladies, dont plusieurs formes de cancer.

Exercice (12 ans et plus)

Se documenter pour répondre à la question suivante : Quels sont les principaux problèmes environnementaux de sa ville ou de sa région qui peuvent être des causes de maladie ? (Exemples : pollution de l'air par des gaz et des particules ; pollution de l'eau potable par des pesticides, hydrocarbures, médicaments ; contamination des aliments, etc.)

Vers 1780. Le chimiste et physiologiste français Antoine de LAVOISIER (1743-1794) invente un four solaire, composé de deux grandes lentilles qui concentrent la lumière du Soleil et permettent d'atteindre des températures de plus de 1800 °C et de faire fondre des métaux tels que le platine.

▶ **Voir « Le four solaire (1780) » dans le thème de technologie « Les techniques de la chaleur ».**

1784. Invention, en Angleterre, du mécanisme à valve et siphon pour la chasse d'eau des toilettes. Ce mécanisme, encore utilisé de nos jours, n'entrera dans la plupart des immeubles qu'à la fin du XIXe siècle, en même temps que l'eau courante.

LA CHASSE D'EAU

Conception fréquente à l'époque et chez certains élèves

Une toilette à chasse d'eau n'est qu'un réservoir qui se vide quand on actionne la valve.

Concepts scientifiques actuels

La cuvette d'une toilette comporte un passage sinueux moulé dans sa partie arrière. Ce passage est un siphon, où l'eau se trouve au même niveau que dans le reste de la cuvette. Le fait d'ajouter un peu d'eau ne change pas le niveau, qui se répartit entre la cuvette et le siphon et s'écoule en partie dans le tuyau d'évacuation. Par contre, le fait de vider le réservoir vide la toilette, car le siphon se remplit et l'eau est tirée par le poids de la colonne d'eau descendante.

Activités et exercice (12 ans et plus)

- Fabriquer un siphon rudimentaire à l'aide de deux récipients et d'un boyau flexible.
- Examiner le schéma d'une toilette avec valve et siphon.
- Observer le fonctionnement d'une toilette avec valve et siphon.

- Discuter de la question suivante: Comment peut-on réduire la consommation des chasses d'eau? (Exemples: Ne pas actionner la chasse inutilement. Placer une brique dans le réservoir pour réduire la quantité d'eau qu'il contient.)

Le XIXe siècle

1801. Le physicien allemand Johan Wilhelm RITTER (1776-1810) découvre les rayons ultraviolets.

▶ **Voir «Les rayons ultraviolets (1801)» dans le thème de physique «La lumière et le son».**

Vers 1810. Invention de l'éolienne mécanique en métal, surtout utilisée dans les régions rurales pour le pompage de l'eau.

▶ **Voir «L'éolienne (1890)» dans ce même thème.**

1810. Invention, à Londres, de la boîte de conserve en fer-blanc. Les boîtes de conserve deviendront une importante cause de pollution au cours des décennies suivantes.

1818. Mise en service, en Italie, d'une première installation géothermique, qui exploite la vapeur chaude se dégageant naturellement du sol.

1824. Le mathématicien et physicien français Joseph FOURIER (1768-1830) donne une première description de l'effet de serre en affirmant que la température du sol est augmentée par l'interposition de l'atmosphère. Le rayonnement solaire, à l'état de lumière, trouve moins d'obstacles pour pénétrer l'air qu'il n'en trouve pour repasser dans l'air après avoir été converti en chaleur obscure (rayons infrarouges), ce qui piège la chaleur près du sol. Ce concept sera précisé par Tyndall en 1863.

▶ **Voir «L'effet de serre (1863)» dans le thème de sciences de la Terre «L'atmosphère».**

1825. Mise en service, en France, des premiers omnibus, de grandes diligences tirées par des chevaux qui pouvaient accueillir 15 passagers.

Vers 1830. Le chimiste allemand Justus von LIEBIG (1803-1873), fondateur de l'agrochimie, montre que si l'on ajoute dans le sol des engrais chimiques, comme le potassium et le phosphore, les rendements des cultures peuvent augmenter considérablement. Il améliore ainsi une pratique, commencée au siècle précédent, qui consiste à enrichir le sol avec du salpêtre (nitrate de potassium), le premier engrais chimique. (Les engrais naturels, tels que le fumier et les cendres étaient connus depuis l'Antiquité orientale.)

▶ **Voir «Les engrais chimiques (1830)» dans le thème de biologie et médecine «La cellule et la chimie du vivant».**

1831. Mise en service, en Angleterre, du premier autobus à moteur.

1831. L'inventeur américain Cyrrus McCORMICK (1809-1884) invente la moissonneuse, qui marque les débuts de la mécanisation de l'agriculture.

▶ **Voir «La moissonneuse (1831)» dans le thème de technologie «Les techniques du vêtement et de l'alimentation».**

Vers 1850. Le naturaliste et voyageur allemand Alexander von HUMBOLDT (1769-1859) publie des travaux dans lesquels il établit les relations entre l'environnement physique, la faune et la flore et devient ainsi l'un des fondateurs de l'écologie.

1857. Première utilisation, en Inde, du biométhane, qui se forme à partir de la décomposition de matières organiques. Le méthane est surtout utilisé pour le chauffage.

LE BIOMÉTHANE

Conception fréquente à l'époque et chez certains élèves

La décomposition de la matière organique ne produit que des gaz malodorants sans utilité.

Concepts scientifiques actuels

La fermentation anaérobie (en l'absence d'oxygène) des déchets végétaux produit un gaz composé de méthane et de dioxyde de carbone. Dans les marais, ce gaz se forme naturellement dans la vase et produit un phénomène appelé «feu follet» quand il s'échappe et s'enflamme au contact de l'air. La décomposition du fumier et du purin produit aussi une grande quantité de biométhane. Le biométhane est l'un des gaz responsables de l'effet de serre et des changements climatiques.

Activités et exercices (12 ans et plus)

- Dans un grand pot à fleurs rempli de terre, enfouir une bonne quantité de matière organique végétale à quelques centimètres de profondeur. Planter une paille dans le sol jusqu'à la matière organique. Fixer un petit sac en plastique (exemple: sac à sandwich) qui ne contient pas d'air, à l'autre extrémité de la paille, de façon à ce qu'il puisse recueillir les gaz. Quelques jours plus tard, quand le sac est gonflé, essayer d'enflammer le gaz contenu dans le sac à l'aide d'une allumette. (Se placer dans une pièce sombre pour mieux voir la flamme.)
- Se documenter pour répondre à la question suivante: Comment sont faits les systèmes de cuisson domestique et de chauffage qui utilisent le biométhane produit par le fumier animal?
- Visiter une usine d'extraction du biométhane qui s'échappe d'un ancien dépotoir.

- Se documenter pour répondre aux questions suivantes : Les gaz intestinaux produits par les animaux et les êtres humains sont-ils inflammables ? (Oui, il s'agit de biométhane.) Représenteront-ils un problème environnemental ? (Oui, le biométhane produit par les ruminants est un gaz à effet de serre important.)

1861. L'ingénieur français Bernard MOUCHOT (1825-1921) invente le premier moteur à vapeur, dont la source de chaleur est un capteur solaire à concentration.

1863. Le physicien irlandais John TYNDALL (1820-1893) précise une idée énoncée par Fourier en 1824 et propose le concept d'effet de serre, qui établit un lien entre une augmentation de la concentration de dioxyde de carbone et l'augmentation de la température de l'atmosphère.

▶ **Voir « L'effet de serre (1863) » dans le thème de sciences de la Terre « L'atmosphère ».**

1863. La ville de Londres construit le Metropolitain Railway, premier métro souterrain, exemple qui sera suivi par plusieurs autres grandes villes du monde, car il réduit la congestion et la pollution causée par les voitures et les autobus.

1864. Le naturaliste américain George MARSH (1801-1881) publie *L'homme et la nature*, premier traité portant sur l'impact des activités humaines sur l'environnement.

1872. Ouverture, aux États-Unis, du parc de Yellowstone, premier parc national de conservation au monde. Au cours des années et décennies suivantes, de nombreux autres parcs nationaux seront créés aux États-Unis et dans plusieurs autres pays du monde.

LES PARCS NATIONAUX

Conception fréquente à l'époque et chez certains élèves

La Terre est tellement vaste qu'aucune mesure spéciale n'est nécessaire pour protéger la nature.

Concepts scientifiques actuels

Jusqu'au XIXe siècle, les ressources de la planète paraissaient infinies, la nature semblait pouvoir être exploitée indéfiniment et les êtres humains poursuivaient sans relâche l'occupation de nouvelles terres. Ce sont les Américains qui, les premiers, ont eu l'idée de mettre en réserve des portions de leur territoire afin de les conserver intactes pour les générations futures et d'en préserver la faune, la flore, l'eau et les sols. De nos jours, presque tous les pays du monde comptent des parcs nationaux. Certains de ces parcs, qui abritent des espèces animales ou végétales menacées, font même partie du patrimoine naturel mondial de l'UNESCO.

Activités et exercice (8 ans et plus)

- Situer, sur une carte géographique, les principaux parcs de conservation de sa région et de son pays.
- Se documenter pour répondre à la question suivante : Quelle est la date de fondation du premier parc de conservation de son pays, ainsi que des autres principaux parcs de sa région ou de son pays ?
- Visiter un parc de conservation de sa région en compagnie d'un guide. S'informer de l'importance de ce parc pour la conservation de la faune, de la flore, de l'eau et des sols.

1872. Le chimiste écossais Robert SMITH (1817-1884) décrit le phénomène des pluies acides. Des recherches menées dans diverses régions du monde confirmeront, en 1961, que les pluies acides tuent certaines espèces animales et végétales dans les lacs.

LES PLUIES ACIDES

Conception fréquente à l'époque et chez certains élèves

Il n'y a pas de lien entre la pollution atmosphérique et le taux d'acidité de l'eau des précipitations.

Concepts scientifiques actuels

Les pluies acides sont causées par le dioxyde de soufre et les oxydes d'azote, deux polluants atmosphériques qui proviennent en grande partie des centrales thermiques et des aciéries qui utilisent du charbon, des fonderies de nickel et de cuivre et des véhicules automobiles. En suspension dans l'air, le dioxyde de soufre se transforme par réaction chimique avec les vapeurs d'eau en acide sulfurique et, de la même façon, les oxydes d'azote forment de l'acide nitrique. Ces acides, mêlés à la pluie ou à la neige, retombent ensuite sur le sol, affectent les forêts et les lacs et menacent même la santé humaine. Le pH normal des précipitations se situe entre 5,6 et 6,6, tandis qu'une précipitation est considérée comme acide quand son pH est inférieur à 5,6.

Exercices et activités (8 ans et plus)

- Se documenter pour répondre à la question suivante : Quelles sont les principales régions du monde affectées par les pluies acides. Les situer sur une carte du monde (exemples : est de l'Amérique du Nord, pays scandinaves).

- Si possible, faire la visite guidée d'un territoire affecté par les pluies acides (exemples: certains lacs et érablières) et noter les principales conséquences des pluies acides sur la faune et la flore.
- À l'aide d'un papier indicateur de pH, mesurer le taux d'acidité des précipitations de sa région et comparer ce taux avec le taux normal.
- Se documenter pour répondre à la question suivante: Quelles mesures devraient être prises pour réduire le taux d'acidité des précipitations?

1874. Début, à Nottingham en Angleterre, de l'incinération systématique des ordures ménagères.

1878. Invention, aux Indes, par un ingénieur britannique, du four solaire vertical stationnaire, chauffé par des miroirs orientables placés sur le sol.

1882. Construction, aux États-Unis, du premier barrage hydroélectrique, source d'énergie renouvelable.

LE BARRAGE HYDROÉLECTRIQUE

Conception fréquente à l'époque et chez certains élèves

La seule façon de produire de l'électricité est de faire tourner une turbine à l'aide de la vapeur produite par une centrale thermique.

Concepts scientifiques actuels

Le barrage hydroélectrique, descendant des anciens moulins, est une installation dans laquelle l'eau fait tourner des turbines hydrauliques couplées à des alternateurs, produisant ainsi de l'électricité. Le barrage crée une retenue d'eau dans le cours d'une rivière, ce qui permet d'utiliser l'énergie potentielle de l'eau accumulée. Suivant la hauteur de chute, on distingue les usines de haute chute et de moyenne chute, et les usines au fil de l'eau. L'énergie hydroélectrique est renouvelable car elle utilise le cycle naturel et continu de l'eau.

Activités et exercice (12 ans et plus)

- Construire une maquette fonctionnelle de barrage hydroélectrique qui comporte une dynamo ou un alternateur muni d'une hélice ou d'une turbine tournant sous l'action d'un petit courant d'eau.
- Faire la visite guidée d'un barrage hydroélectrique.
- Se documenter pour répondre à la question suivante: Quels sont les avantages et inconvénients, pour l'environnement, de produire de

l'électricité à l'aide de barrages hydroélectriques ? Comparer avec les avantages et inconvénients des autres façons de produire de l'électricité (centrale thermique, centrale nucléaire, parc d'éoliennes, etc.).

1882. Invention, en Allemagne, du trolleybus, un autobus alimenté en courant électrique par des fils aériens. Il est encore utilisé dans quelques villes du monde et connaît même un certain regain de popularité car il est non polluant.

1884. Le préfet Eugène POUBELLE (1831-1907) invente la poubelle et réinvente la collecte des ordures ménagères, déjà inventée par les Romains vers 200 ap. J.-C.

1885. Invention, en France, d'un capteur solaire plan pour chauffer de l'ammoniac contenu dans des tubes, augmenter sa pression et actionner une pompe à eau. De nos jours, les capteurs solaires utilisés pour chauffer l'eau sont conçus selon le même principe.

LE CAPTEUR SOLAIRE PLAN

Conception fréquente à l'époque et chez certains élèves

L'énergie solaire est difficile à utiliser de façon pratique.

Concepts scientifiques actuels

Un capteur solaire plan est une grande boîte mince, dont l'intérieur est souvent noir pour absorber le maximum de rayonnement, qui est munie d'un couvercle de verre et qui renferme une longue canalisation parcourue par de l'eau (fluide caloporteur). Il permet de produire l'eau chaude d'une maison. Il est souvent couplé à un chauffe-eau électrique pour les jours sans soleil.

Activités (8 ans et plus)

- Examiner le schéma de fonctionnement d'un capteur solaire plan et, si possible, un véritable capteur solaire.
- À l'aide d'une grande boîte mince, d'un long tuyau flexible de petit diamètre et d'une plaque de verre, fabriquer un capteur solaire rudimentaire pour réchauffer de l'eau.

1886. Début de la stérilisation de l'eau destinée à la consommation humaine.

▶ **Voir « La stérilisation de l'eau (1886) » dans le thème de biologie et médecine « La santé et la maladie ».**

1889. Construction, en Grande-Bretagne, sur la Tamise, de la première station d'épuration des eaux usées.

L'ÉPURATION DES EAUX USÉES

Conception fréquente à l'époque et chez certains élèves

Les eaux usées peuvent être rejetées directement dans les cours d'eau.

Concepts scientifiques actuels

Les eaux usées peuvent être des eaux de ruissellement et de drainage (exemples: pluie, lavage des rues, terres agricoles), des eaux domestiques et des eaux industrielles. Dans les deux derniers cas surtout, ces eaux aboutissent, par un réseau d'égouts, à une station d'épuration. L'épuration se fait en deux étapes. La première étape, l'épuration mécanique, consiste à séparer la boue des eaux usées. Cette boue, dont la décomposition produit du biométhane, est parfois utilisée comme source d'énergie pour l'usine d'épuration ou comme engrais par des agriculteurs de la région. La deuxième étape, l'épuration biologique, consiste à aérer l'eau usée pour l'oxygéner et faciliter la dégradation, par des bactéries, des fines particules résiduelles. L'eau épurée est ensuite retournée dans la nature (rivière, lac, mer).

Activités et exercice (8 ans et plus)

- Examiner un schéma de fonctionnement d'une usine d'épuration moderne.
- Si possible, faire une visite guidée d'une usine d'épuration.
- Concevoir un système de filtre pour faire l'épuration mécanique d'une eau à laquelle une certaine quantité de terre a été mêlée.
- À l'aide d'un modèle de station d'épuration miniature (disponible chez certains fournisseurs de matériel scientifique), observer les principales étapes du traitement de l'eau.
- Se documenter pour répondre à la question suivante: Quelles sont les substances qui ne devraient jamais se retrouver dans les égouts, car elles résistent à l'épuration et contaminent les cours d'eau? (Exemples: médicaments, peinture, huile à moteur, produits chimiques, etc.)

Vers 1890. Première application moderne du principe de la lutte biologique. L'introduction de vignes sauvages résistantes importées des États-Unis permet de sauver les vignobles français dévastés par le phylloxéra, un puceron également venu des États-Unis.

Vers 1890. Invention, au Danemark, des premières éoliennes qui produisent de l'électricité.

L'ÉOLIENNE

Conception fréquente à l'époque et chez certains élèves

Le vent peut produire de l'énergie mécanique, mais ne peut produire de l'énergie électrique.

Concepts scientifiques actuels

L'éolienne, descendante des anciens moulins à vent, est généralement une hélice orientable qui produit, sous l'action du vent, non plus de l'énergie mécanique, mais de l'électricité, en faisant tourner un alternateur. Longtemps expérimentales et utilisées à petite échelle, elles se multiplient rapidement depuis le début des années 1990, particulièrement dans le nord de l'Europe et aux États-Unis, où sont construites des «fermes» d'éoliennes qui peuvent en comporter plusieurs dizaines.

Activités et exercice (8 ans et plus)

- Construire une éolienne miniature qui comporte une dynamo ou un alternateur muni d'une hélice ou d'une turbine qui tourne sous l'action du vent. (On peut également utiliser une trousse sur les énergies renouvelables de type Lego-Dacta.)
- Si possible, faire la visite guidée d'un parc d'éoliennes
- Se documenter pour répondre à la question suivante: Quels sont les avantages et les inconvénients de produire de l'électricité à l'aide d'éoliennes. Comparer avec les avantages et les inconvénients d'autres façons de produire de l'électricité (barrage hydroélectrique, centrale thermique, centrale nucléaire, etc.).

1891. Invention, aux États-Unis, de la voiture électrique. Toutefois, la voiture entièrement électrique n'a jamais réussi à rivaliser sérieusement avec la voiture à essence, principalement parce que les piles sont trop lourdes.

LA VOITURE ÉLECTRIQUE

Conception fréquente à l'époque et chez certains élèves

Seul un moteur à combustion interne peut propulser une voiture.

Concepts scientifiques actuels

Une voiture électrique ne comporte qu'un moteur électrique. Ce moteur peut être alimenté par des piles rechargeables ou, si la voiture est très légère, par des panneaux solaires. Pour l'instant, la plupart de ces voitures ne sont que des prototypes ou des véhicules spécialisés (exemple: voiturette de terrain de golf), mais certains modèles urbains deviennent disponibles.

Activités et exercice (12 ans et plus)

- Examiner des photographies et, si possible, de véritables véhicules entièrement électriques.
- Construire un modèle réduit de voiture électrique à partir d'un jeu de construction de type Lego-Dacta.
- Discuter des avantages et inconvénients des voitures entièrement électriques. (Exemple: pas de pollution lors de leur utilisation, mais pollution possible si l'électricité utilisée pour les recharger est produite par des centrales thermiques.)

▶ **Voir «La voiture hybride (1990)» dans ce même thème.**

1896. Le physicien et chimiste suédois Svante ARRHENIUS (1859-1927) montre le lien entre une augmentation de la concentration de dioxyde de carbone et l'augmentation de la température de l'atmosphère, ce qui confirme le concept d'effet de serre proposé par Fourier en 1824 et précisé par Tyndall en 1863.

1897. Le médecin britannique Ronald ROSS (1857-1932) découvre que ce sont les moustiques anophèles qui transportent les hématozoaires responsables de la malaria.

1897. Création, à New York, d'un centre de recyclage de certains matériaux.

Le XXe siècle

1904. Début, aux États-Unis, du recyclage industriel de l'aluminium.

1908. Invention, en Suisse, de la cellophane, un plastique transparent qui sera utilisé pour la fabrication de nouveaux et nombreux emballages, devenant ainsi une cause importante de pollution.

1909. Les chimistes allemands Carl BOSCH (1874-1940) et Fritz HABER (1868-1934) réalisent la synthèse industrielle de l'ammoniac, ce qui permettra la production de fertilisants synthétiques.

1909. Invention, en France, du pot catalytique pour le système d'échappement des voitures, qui transforme certains polluants gazeux des voitures en substances inoffensives. Sa commercialisation commencera vers la fin des années 1970.

LE POT CATALYTIQUE

Conception fréquente à l'époque et chez certains élèves

Il est impossible de modifier la composition chimique des gaz d'échappement d'une voiture.

Concepts scientifiques actuels

Le pot catalytique est une boîte métallique par laquelle passent les gaz d'échappement d'une voiture. Cette boîte contient un catalyseur, souvent du platine dispersé sur des grains d'alumine, qui permet une combustion complète des gaz d'échappement, ce qui réduit la quantité de monoxyde de carbone, d'oxydes d'azote et d'hydrocarbures, toxiques pour l'environnement. La durée de vie d'un pot catalytique n'est toutefois pas illimitée parce que certaines substances, telles le soufre contenu dans l'essence, réduisent peu à peu son efficacité et parce que les grains finissent par s'agglomérer. De plus, le pot catalytique ne réduit pas la quantité des gaz, tels que le dioxyde de carbone, qui contribuent à l'effet de serre.

Activité et exercice (12 ans et plus)

- Examiner un pot catalytique.
- Se documenter pour répondre à la question suivante: Quelles sont les limites du pot d'échappement catalytique, notamment au sujet de son fonctionnement au démarrage, quand il est encore froid, et au sujet de sa longévité?

1913. Le physicien français Charles FABRY (1867-1945) découvre l'existence d'une couche d'ozone, dans la haute atmosphère, et montre qu'elle bloque une partie des rayons ultraviolets en provenance du Soleil.

1914. Extinction, dans un jardin zoologique des États-Unis, de Martha, le dernier pigeon migrateur, qui deviendra un symbole de la lutte contre l'extinction des espèces.

▶ **Voir « Les extinctions massives (1953) » dans le thème de biologie et médecine « La classification et l'évolution des êtres vivants ».**

Vers 1920. Début de la production d'essences au plomb. Le plomb augmente l'efficacité des moteurs, mais on découvrira plus tard qu'il est très polluant.

Vers 1920. Début, en Europe, de l'utilisation de la technique du compostage pour réduire la quantité des déchets domestiques.

LE COMPOSTAGE

Conception fréquente à l'époque et chez certains élèves

Les déchets organiques se décomposent vite, sentent mauvais et ne sont d'aucune utilité.

Concepts scientifiques actuels

Le compostage, utilisé surtout pour les ordures de nature organique (restes de fruits, légumes, herbe coupée, etc.), consiste à laisser se décomposer les déchets, sans apport d'air, dans une boîte spécialement conçue à cette fin. Bien effectué, le compostage est pratiquement inodore et le compost peut ensuite être utilisé comme engrais pour les pelouses et jardins. Le compostage permet de réduire la quantité de déchets domestiques.

Exercice et activités (12 ans et plus)

- Se documenter pour répondre à la question suivante: Y a-t-il des programmes de compostage domestique en vigueur dans sa région?
- Examiner une boîte conçue pour le compostage domestique des déchets organiques.
- Dans une boîte spécialement conçue à cette fin, faire du compost à partir de déchets domestiques et utiliser le compost ainsi produit comme engrais pour un jardin ou des pots de fleurs.

1924. Invention des premiers insecticides, à base d'arsenic.

1926. Le biologiste américain Joseph Hermann MULLER (1890-1967) découvre que les rayons X peuvent causer des mutations génétiques.

Vers 1930. Le médecin français James REILLY (1887-1974) publie d'importants travaux sur les réactions non spécifiques de l'organisme aux agressions.

1931. Invention, pour les réfrigérateurs, du fréon (CF_2Cl_2), communément appelé CFC, un gaz moins toxique que l'ammoniac ou le dioxyde de soufre utilisés à l'époque. On découvrira plus tard qu'il détruit la couche d'ozone de l'atmosphère.

1933. Découverte du polyéthylène, un plastique résistant et imperméable, idéal, entre autres, pour fabriquer des contenants pour les aliments. Malheureusement, il deviendra une importante cause de pollution, car il n'est pas biodégradable.

1935. Le botaniste canadien Conrad Kirouac, devenu frère MARIE-VICTORIN (1885-1944), publie *La flore laurentienne*, un ouvrage magistral sur la flore du Québec et de l'Est du Canada.

1935. Invention, aux États-Unis, de la canette de bière, qui deviendra une importante cause de pollution, surtout avant l'instauration de la consignation vers 1970.

1939. Le chimiste suisse Paul Herman MÜLLER (1899-1965) invente le D.D.T (dichloro-diphényl-trichloréthane), un insecticide moins toxique que les composés à base d'arsenic utilisés à l'époque, mais qui s'avérera nocif à long terme parce qu'il s'accumule dans les tissus des animaux des régions où il est utilisé.

LES INSECTICIDES

Conception fréquente à l'époque et chez certains élèves

Seul un produit chimique tel que l'arsenic, qui est un poison pour toutes les espèces animales, permet de tuer les insectes.

Concepts scientifiques actuels

Les insecticides tuent les insectes par contact, par inhalation ou par ingestion. Il existe des insecticides naturels, tels que la nicotine, des insecticides inorganiques, comme les composés à base d'arsenic, des insecticides organiques, telles les huiles à base de goudron, et des insecticides de synthèse, à base de chlore de phosphore ou de carbamate. Tous les insecticides doivent être utilisés avec précaution, car ils peuvent être toxiques pour les êtres humains, les animaux et parfois les végétaux.

Activité et exercices (12 ans et plus)

- Examiner divers types d'insecticides pour usage agricole et domestique.
- Se documenter pour répondre à la question suivante: Quelles sont les précautions à prendre lors de l'utilisation de divers insecticides?
- Se documenter pour répondre à la question suivante: Les insecticides peuvent-ils aider à prévenir certaines maladies? (Exemple: Insecticides qui tuent les larves de moustiques qui transmettent la malaria ou le virus du Nil occidental.)

- Se documenter pour répondre à la question suivante: Les insecticides peuvent-ils être la cause de maladies et de problèmes environnementaux? (Exemple: Le D.D.T. est toxique pour les animaux.)

1939. Construction, aux États-Unis, par le Massachusetts Institute of Technology (MIT), de la première maison solaire moderne.

LA MAISON SOLAIRE

Conception fréquente à l'époque et chez certains élèves

Le Soleil ne peut constituer qu'une énergie d'appoint, pour des usages restreints.

Concepts scientifiques actuels

Une maison solaire est une maison dont toute l'énergie, ou une grande partie, de l'énergie utilisée provient du rayonnement solaire. Une maison solaire comporte généralement des capteurs solaires plans, pour le chauffage de l'eau, et des panneaux photovoltaïques, qui produisent de l'électricité, et des caractéristiques qui réduisent la consommation totale d'énergie (fermée vers le nord, ouverte au sud, bien isolée, effet de serre et éclairage à l'aide de puits de lumière, etc.). Dans les régions nordiques, un système de chauffage d'appoint doit être prévu.

Activités (12 ans et plus)

- Examiner un schéma d'une maison solaire et, si possible, visiter une véritable maison solaire moderne.
- Construire un modèle réduit de maison solaire, qui comporte des puits de lumière et un éclairage électrique, à l'aide de panneaux solaires miniatures. (Des panneaux solaires miniatures sont disponibles chez certains fournisseurs de matériel scientifique et font partie de certains ensembles de type Lego-Dacta.)

▶ **Voir «Le capteur solaire plan (1885)» dans ce même thème.**

▶ **Voir «La cellule photoélectrique (1905)» dans le thème de physique «L'électricité et le magnétisme».**

1943. Invention, aux États-Unis, de la bombe aérosol, dont les gaz de type CFC utilisés comme propulseurs deviendront, jusqu'à la signature du protocole de Montréal en 1988, une importante cause d'amincissement de la couche d'ozone de l'atmosphère.

1944. Invention aux États-Unis, par la compagnie Dow Chemical, de la mousse polystyrène, qui deviendra une cause de pollution importante, car elle n'est pas biodégradable.

1945. Invention du 2,4-D, un herbicide efficace.

LES HERBICIDES

Conception fréquente à l'époque et chez certains élèves

La seule façon de se débarrasser des plantes indésirables est de les arracher.

Concepts scientifiques actuels

Les anciens herbicides, maintenant abandonnés parce qu'ils étaient trop toxiques, étaient des produits tels que l'acide sulfurique et des composés à base d'arsenic ou de cyanure. On emploie maintenant des composés organiques tels que des huiles minérales et des dérivés du phénol. On emploie aussi des hormones de synthèse, qui déséquilibrent la croissance des plantes et les tuent, mais dont l'usage soulève des craintes, car ces hormones ressemblent à des hormones animales et humaines et pourraient être la cause d'infertilités et de cancers.

Activité et exercices (12 ans et plus)

- Examiner divers types d'herbicides utilisés en agriculture.
- Se documenter pour répondre à la question suivante: Quelles sont les précautions à prendre lors de l'utilisation d'herbicides?
- Se documenter pour répondre à la question suivante: Quels sont les règlements de sa municipalité concernant l'utilisation des herbicides?
- Se documenter pour répondre à la question suivante: Les herbicides peuvent-ils être la cause de maladies et de problèmes environnementaux?

1945. Invention de la fluoration de l'eau, pour prévenir la carie dentaire.

▶ **Voir « La fluoration de l'eau (1945) » dans le thème de biologie et médecine « La santé et la maladie ».**

1949. Première conférence mondiale des Nations Unies, à New York, sur la conservation et l'utilisation des ressources naturelles.

1952. Une période de smog intense, à Londres, cause près de 4000 décès.

Vers 1950. La croissance de la population mondiale s'accélère de façon très marquée.

L'EXPLOSION DÉMOGRAPHIQUE

Conception fréquente à l'époque et chez certains élèves

La population mondiale a toujours augmenté, et augmente encore, de façon lente et constante.

Concepts scientifiques actuels

La croissance de la population mondiale a longtemps été relativement lente. En 1700, par exemple, il y avait 800 millions d'êtres humains sur Terre et en 1800, il y en avait 900 millions. En 1900, le nombre d'êtres humains atteint 1,6 milliard, soit un doublement en deux siècles. Une véritable explosion démographique se produit à partir de la fin de la Seconde Guerre mondiale. La population passe de 2,5 milliards, en 1950, à 5 milliards en 1987, soit un doublement en 37 ans seulement. On prévoit que la Terre comptera 10 milliards d'individus en 2050.

Exercices et activité (12 ans et plus)

- Se documenter pour répondre à la question suivante : Quelle était la population mondiale à diverses époques de l'histoire, ancienne et récente, de l'humanité ?
- Examiner ou tracer un graphique de la croissance de la population mondiale en fonction du temps. Décrire les caractéristiques de ce graphique.
- Discuter des conséquences de l'explosion démographique (exemples : problèmes de densité élevée de la population dans certaines régions, épuisement des ressources naturelles, manque d'eau et de nourriture, destruction de l'environnement, etc.).
- Se documenter pour répondre à la question suivante : Est-il possible que la croissance de la population ralentisse au cours des prochaines décennies ?

1954. Première conférence mondiale des Nations Unies, à Rome, sur la population et la croissance démographique.

1955. Établissement d'un lien entre l'exposition à l'amiante et le cancer du poumon.

1956. Le médecin canadien d'origine autrichienne Hans SELYE (1907-1982), se basant en partie sur les travaux de Reilly au sujet des réactions non spécifiques de l'organisme aux agressions, publie *The Stress of Life*, une première description médicale du stress.

1957. Explosion accidentelle de déchets nucléaires en Ural, une région de l'Union Soviétique. Les radiations affectent une immense région, et plusieurs villages doivent être évacués de façon permanente.

1957. L'écologiste québécois Pierre DANSEREAU (né en 1911) développe le concept d'écosystème dans son ouvrage *Biogeography and Ecological Perspective.*

LES ÉCOSYSTÈMES

Conception fréquente à l'époque et chez certains élèves

Plusieurs êtres vivants d'un milieu sont indépendants les uns des autres.

Concepts scientifiques actuels

Un écosystème est un ensemble écologique constitué par un milieu (sol, eau, etc.) et des êtres vivants (bactéries, protistes, champignons, végétaux, animaux, etc.) entre lesquels existent plusieurs types de relations. Un lac, une forêt, une plaine, un aquarium en équilibre biologique sont des exemples d'écosystèmes. La Terre entière est aussi un immense écosystème. Tous les êtres vivants d'un écosystème sont interdépendants.

Exercice et activités (12 ans et plus)

- Se documenter pour répondre à la question suivante : Quels sont les principaux écosystèmes de sa région et de son pays ? (Exemples : forêts de feuillus, forêt boréale, toundra, lacs, etc.)
- Faire une visite guidée d'un écosystème de sa région. (Exemple : visite guidée d'un parc national.)
- Aménager un écosystème en équilibre biologique. (Exemples : un aquarium, un terrarium ou une serre miniature autosuffisants.)

1959. Signature du traité de l'Antarctique, qui fait de ce continent un territoire démilitarisé et réservé à la science.

1960. La biologiste anglaise Jane GOODALL (née en 1934) commence l'étude du comportement des chimpanzés sauvages de la région du lac Tanganyika et contribue à leur protection.

1960. Construction, au Turkménistan, de la première centrale solaire.

LA CENTRALE SOLAIRE

Conception fréquente à l'époque et chez certains élèves

Seule la combustion de charbon, du gaz naturel ou du pétrole permet de produire de l'électricité à l'aide de la chaleur.

Concepts scientifiques actuels

Dans une centrale thermique solaire, le rayonnement du Soleil est concentré, à l'aide de miroirs, sur une chaudière à vapeur qui fait tourner une turbine produisant de l'électricité.

Activités (12 ans et plus)

- Regarder un documentaire portant sur la production d'électricité à l'aide d'une centrale solaire.
- Construire un dispositif qui permet de faire bouillir de l'eau, produire de la vapeur et faire tourner une petite turbine à l'aide de l'énergie solaire. (Exemple: une grande lentille concentre la lumière du soleil sur une petite boîte métallique qui contient de l'eau et qui est percée d'un trou par lequel s'échappe la vapeur qui fait tourner une petite hélice.)

1961. Des recherches menées dans diverses régions du monde confirment que les pluies acides tuent certaines espèces animales et végétales dans les lacs.

1961. Première conférence mondiale des Nations Unies, à Rome, sur les nouvelles sources d'énergie.

1962. La biologiste américaine Rachel CARSON (1907-1964) publie *Silent Spring*, qui explique comment des produits chimiques synthétiques, notamment le pesticide D.D.T et les déchets toxiques, peuvent empoisonner la nature. Cet ouvrage marque la naissance du mouvement moderne de conservation de l'environnement.

1963. Dépôt, aux États-Unis et en France, des premiers brevets pour la bouteille en plastique. Les bouteilles en plastique deviendront de plus en plus populaires à partir de la fin des années 1970 et seront une importante source de pollution.

1964. Débuts de la « révolution verte », une augmentation de la production alimentaire à l'aide de fertilisants.

1966. Première grande « marée noire », à la suite du naufrage d'un pétrolier au large des côtes de la Bretagne.

1967. Des scientifiques américains prédisent que l'augmentation de gaz carbonique dans l'atmosphère causera éventuellement un réchauffement de la planète.

1968. Début, aux États-Unis, du recyclage des déchets domestiques en aluminium (canettes, cadres de fenêtres, etc.).

1970. Création, aux États-Unis, de l'Agence de protection de l'environnement, qui contribuera, par son exemple et son influence, à l'instauration de pratiques bénéfiques pour l'environnement dans plusieurs pays du monde.

1970. Lors du premier «Jour de la Terre», aux États-Unis, des écologistes proposent l'instauration d'un système de collecte des matières recyclables. Le premier système, qui commencera par le recyclage du papier, sera implanté en 1974 dans quelques villes américaines.

LE RECYCLAGE

Conception fréquente à l'époque et chez certains élèves

Tous les déchets doivent être jetés dans les dépotoirs.

Concepts scientifiques actuels

Le recyclage consiste à utiliser des déchets ou des objets usagés, dans un processus de fabrication, en vue d'obtenir des produits neufs. Les principaux déchets domestiques qui peuvent être recyclés sont le papier, le carton, le verre, certains plastiques et certains métaux. Le recyclage permet de réduire les quantités d'ordures qui se retrouvent dans les dépotoirs et de réduire l'utilisation de ressources naturelles.

Exercices et activité (8 ans et plus)

- Se documenter pour répondre à la question suivante: Quelles sont les matières qui peuvent être recyclées dans sa municipalité et quelles sont celles qui ne peuvent l'être?
- Décrire comment se déroule, dans sa municipalité, la collecte sélective des matières recyclables.
- Se documenter pour répondre à la question suivante: Quelles sont les principales utilisations des matières recyclables (papier, plastique, métal, etc.)?
- Visiter un centre de tri des matières recyclables.
- Se documenter pour répondre à la question suivante: Quels sont les progrès et les reculs du recyclage dans le monde? (Exemple: Certaines villes ont cessé le recyclage de certains matériaux.)

▶ **Voir «La consignation (vers 1970)» dans ce même thème.**

Vers 1970. Début, aux États-Unis, du système de consignation pour certaines bouteilles en verre.

LA CONSIGNATION

Conception fréquente à l'époque et chez certains élèves

Tous les déchets doivent être jetés dans les dépotoirs.

Concepts scientifiques actuels

La consignation d'objets tels que des bouteilles, des canettes ou des pneus consiste à rembourser une partie de leur prix de vente en cas de restitution, ce qui incite les acheteurs à les rapporter et favorise le recyclage.

Exercices et activité (8 ans et plus)

- Se documenter pour répondre à la question suivante: Dans son pays ou sa région, quels sont les objets consignés et quels sont ceux qui ne le sont pas? (Exemples d'objets consignés: bouteilles de bière en verre, bouteilles de boissons gazeuses en plastique, canettes, pneus, etc. Exemples d'objets non consignés: bouteilles de vin, certaines bouteilles de jus, etc.)
- Décrire la façon dont se déroule la collecte des objets consignés dans sa municipalité.
- Se documenter pour répondre à la question suivante: Quelles sont les principales utilisations des objets consignés? (Exemples: réutilisation des bouteilles en verre, recyclage des bouteilles en plastique et des canettes en aluminium, etc.)

▶ **Voir «Le recyclage (1970)» dans ce même thème.**

1972. L'agence américaine de protection de l'environnement interdit la vente et l'utilisation de D.D.T., un insecticide toxique pour l'environnement.

1972. Un groupe d'économistes, connu sous le nom du Club de Rome, rappelle que les ressources naturelles ne sont pas illimitées et que la croissance ne peut se poursuivre indéfiniment.

1972. Lancement, aux États-Unis, de *Landsat 1*, un satellite qui permet d'observer l'évolution de divers types de pollution.

1973. Des scientifiques américains introduisent des gènes dans une bactérie, obtenant ainsi le premier organisme transgénique.

▶ **Voir «Les organismes transgéniques (1973)» dans le thème de biologie «La cellule et la chimie du vivant».**

1973. Adoption de la Convention sur le commerce international des espèces menacées d'extinction (CITES, Convention on International Trade of Endangered Species). Cette « convention de Washington » interdit de transiger sur les espèces menacées d'extinction.

1974. Des scientifiques américains montrent que les CFC (chlorofluorocarbones) employés dans les réfrigérateurs, les climatiseurs et les bombes aérosol peuvent détruire la couche d'ozone qui nous protège des rayons ultraviolets du Soleil.

1974. Début des opérations d'un système de collecte des matières recyclables dans quelques villes américaines.

1975. Début du remplacement des essences avec plomb, qui augmentent le rendement des moteurs, mais causent des dommages neurologiques, par des essences sans plomb.

1976. Invention, aux États-Unis, d'un procédé de purification et de réutilisation des huiles de lubrification.

1977. Les bouteilles en plastique commencent à remplacer les bouteilles en verre pour les boissons gazeuses, les jus et l'eau. Malgré la consignation et le recyclage, elles deviendront une importante cause de pollution de l'environnement. On en retrouve maintenant, dispersées dans la nature, presque partout sur la Terre.

1979. L'explosion partielle du réacteur nucléaire de Three Mile Island, aux États-Unis, émet des radiations nocives dans l'environnement immédiat.

1979. Première conférence mondiale sur le climat, à Genève.

1981. L'Organisation météorologique mondiale reçoit un avis de scientifiques qui estiment que l'augmentation de gaz carbonique dans l'atmosphère cause un accroissement de la température de la Terre.

1982. Les Nations Unies adoptent une charte mondiale de protection de la nature.

1983. Création de la première plante transgénique (tabac).

1984. Une fuite de gaz toxique dans une usine de pesticides de la compagnie américaine Union Carbide, à Bhopal, en Inde, fait plus de mille morts et une dizaine de milliers de blessés.

1984. Premier élevage industriel, en France, d'un insecte qui parasite d'autres insectes qui s'attaquent à certaines cultures.

1985. Une expédition britannique découvre, au-dessus du pôle Sud, un trou dans la couche d'ozone, cette couche de l'atmosphère qui nous protège contre les rayons ultraviolets du Soleil.

▶ **Voir « Les CFC et la couche d'ozone (1988) » dans ce même thème.**

1986. Début d'un arrêt complet, partout au monde, de la chasse à la baleine.

1986. Premiers cas de la maladie de la « vache folle » en Grande-Bretagne.

La maladie de la « vache folle »

Conception fréquente à l'époque et chez certains élèves

Les ruminants peuvent manger des protéines provenant de carcasses d'animaux morts de maladies neurologiques.

Concepts scientifiques actuels

La maladie de la « vache folle », dont le nom scientifique est l'encéphalopathie spongiforme bovine (ESB), se caractérise par des lésions du système nerveux qui entraînent une incoordination motrice puis la mort des vaches laitières. Elle est causée par une alimentation comprenant des farines d'origine animale produites à partir de carcasses de moutons morts d'une maladie semblable (tremblante du mouton). Ces carcasses contiennent des prions (composés semblables à des protéines) responsables de la maladie. La maladie de la vache folle est d'autant plus grave qu'elle peut se transmettre aux êtres humains et se manifester sous la forme d'une variante de la maladie neurologique de Creutzfeldt-Jakob. Pour cette raison, les farines d'origine animale sont maintenant interdites dans certains pays.

Exercices (12 ans et plus)

- Se documenter pour répondre à la question suivante : Quelles ont été les conséquences de la maladie de la vache folle sur l'économie de la Grande-Bretagne ?
- Discuter de la pratique qui consiste à nourrir des herbivores avec des protéines d'origine animale.
- Se documenter pour répondre à la question suivante : Quelle est la réglementation de sa région ou de son pays concernant l'alimentation des animaux (bovins, poulet, porcs, etc.) ?

1986. Explosion d'un des réacteurs de la centrale nucléaire de Tchernobyl, en Ukraine. Les rejets radioactifs font 8000 morts et affectent des millions d'habitants.

1987. La population de la Terre, qui a quintuplé depuis le début du XXe siècle, atteint 5 milliards d'individus.

1987. La politicienne et médecin norvégienne Gro Harlem BRUNTDLAND (née en 1939) propose le concept de développement durable.

LE DÉVELOPPEMENT DURABLE

Conception fréquente à l'époque et chez certains élèves

Le développement économique pourrait se poursuivre indéfiniment sous sa forme actuelle.

Concepts scientifiques actuels

Les ressources de la Terre ne sont pas illimitées. Le développement durable est un mode de développement qui répond aux besoins des générations présentes, à commencer par ceux des plus démunis, sans compromettre la capacité des générations futures de répondre aux leurs. Il suppose, de préférence, une utilisation d'énergies renouvelables et une exploitation des ressources végétales et animales (exemples: forêts, poissons, etc.) qui tiennent compte de leur rythme de croissance et de reproduction.

Exercices (12 ans et plus)

- Se documenter pour répondre à la question suivante: Quelles pratiques de sa région et de son pays sont incompatibles avec le développement durable? (Exemples: surexploitation de la forêt, des sols, des poissons, etc.).
- Se documenter pour trouver des exemples de pratiques quotidiennes qui favorisent le développement durable. (Exemples: limiter l'utilisation des voitures et de l'emballage, recycler tous les produits recyclables, éviter le gaspillage d'eau et d'énergie, etc.)

1987. Le pire feu de forêt de l'histoire ravage 18 millions d'acres de forêt en Russie et en Chine.

1988. Les États-Unis interdisent le déversement de déchets industriels toxiques dans les océans.

1988. Création d'une souris transgénique, qui produit de l'insuline humaine, et obtention du premier brevet accordé pour un vertébré fabriqué par génie génétique.

1988. Mise en application, aux États-Unis, d'un système de codification pour les divers types de plastique utilisés dans la fabrication de bouteilles, contenants et autres objets. Ce système vise à faciliter le recyclage.

Le numéro d'identification des plastiques

Conception fréquente à l'époque et chez certains élèves

Tous les plastiques sont équivalents et aussi faciles à recycler.

Concepts scientifiques actuels

Toutes les bouteilles et contenants, de même qu'un grand nombre d'autres objets en plastique portent un numéro de code (numéros 1 à 7), inscrit à l'intérieur du pictogramme du recyclage, qui permet d'identifier le type de plastique en vue de son recyclage. 1 : Terephthalate de polyéthylène (PETE). 2 : Polyéthylène de haute densité (HDPE). 3 : Chlorure de polyvinyle (V). 4 : Polyéthylène de faible densité (LDPE). 5 : Polypropylène (PP). 6 : Polystyrène (PS). 7 : Autres plastiques (Other). De façon générale, plus le numéro est élevé, plus le plastique est difficile à recycler.

Activité (8 ans et plus)

Recueillir un grand nombre de bouteilles, contenants et autres objets en plastique. Les classer en fonction de leur code d'identification (numéros 1 à 7). Identifier les objets faciles (1 à 4) et difficiles (5 à 7) à recycler. Vérifier si les objets difficiles à recycler possèdent des équivalents dans les catégories des objets dont le recyclage est plus facile.

1988. Signature, à Montréal, d'un protocole visant à réduire de moitié l'usage des CFC (chlorofluorocarbures), qui causent un amincissement de la couche d'ozone. Des mesures montreront, en 1996, que ce protocole est efficace et que la couche d'ozone se reforme.

Les CFC et la couche d'ozone

Conception fréquente à l'époque et chez certains élèves

Un gaz inerte ne peut causer de réactions chimiques dommageables pour l'environnement.

Concepts scientifiques actuels

Les CFC, ou chlorofluorocarbures, sont des gaz dérivés des hydrocarbures saturés. On les obtient en substituant aux atomes d'hydrogène des atomes de chlore et de fluor dans les molécules des hydrocarbures. Les CFC sont utilisés notamment comme gaz propulseur dans les bombes aérosol, comme liquide réfrigérant et dans la fabrication des mousses isolantes. On a longtemps pensé qu'ils étaient inertes et sans danger pour l'environnement, mais, libérés dans l'atmosphère, les CFC sont décomposés par l'action du rayonnement ultraviolet, libérant des atomes de chlore qui entraînent la destruction de l'ozone des couches supérieures de la stratosphère. Depuis la signature du protocole de Montréal, ils sont de plus en plus remplacés par des gaz moins dommageables pour l'environnement.

Exercices (12 ans et plus)

- Se documenter pour répondre aux questions suivantes : Les CFC sont-ils encore utilisés dans la fabrication de produits d'usage courant (bombes aérosol, mousses, liquides réfrigérants, etc.) ? Sont-ils encore utilisés dans certaines régions du monde ?
- Se documenter pour répondre à la question suivante : Quels sont les problèmes causés par les réfrigérateurs et climatiseurs qui se retrouvent dans les dépotoirs ?

1989. Invention, en Italie, des premiers plastiques biodégradables, dont l'un des ingrédients est l'amidon de maïs.

1989. Naufrage du pétrolier *Exxon Valdez*, qui cause le déversement de 35 000 tonnes de pétrole sur les côtes de l'Alaska.

1990. Commercialisation de la première voiture hybride, de marque Audi.

LA VOITURE HYBRIDE

Conception fréquente à l'époque et chez certains élèves

Une voiture ne peut comporter qu'un seul moteur.

Concepts scientifiques actuels

Une voiture hybride est une voiture qui comporte généralement un moteur à essence et un moteur électrique, et qui fonctionne alternativement avec l'un ou l'autre, selon les conditions routières. Lorsqu'il fonctionne, le moteur à essence, en plus de propulser la voiture, recharge les piles du moteur électrique. Les performances des voitures hybrides se rapprochent de celles des voitures à essence, mais elles consomment et polluent beaucoup moins.

Activités (12 ans et plus)

- Examiner le schéma de fonctionnement d'une voiture hybride.
- Visiter un concessionnaire automobile qui vend des voitures hybrides. Se documenter au sujet des caractéristiques de ces voitures.

1991. Lancement d'*ERS-1*, un satellite européen qui permet l'étude de l'environnement global de la Terre.

1991. Lors de la Guerre du Golfe, l'Iraq déverse plus d'un million de tonnes de pétrole du Koweit dans le Golfe Persique.

1992. Conférence des Nations Unies sur l'environnement et le développement, à Rio de Janeiro, au Brésil. Signature, par 178 pays, de conventions portant sur les changements climatiques et sur la biodiversité. Ces conventions seront malheureusement peu respectées.

1994. Commercialisation des premières tomates transgéniques.

1995. Lancement d'*ERS-2*, un satellite européen qui permet l'étude précise de la couche d'ozone.

1995. Les Nations Unies endossent officiellement un rapport faisant état de la réalité du réchauffement planétaire et des changements climatiques.

LES CHANGEMENTS CLIMATIQUES

Conception fréquente à l'époque et chez certains élèves

Le climat de la Terre a toujours été et sera toujours le même.

Concepts scientifiques actuels

Les climats ont changé, de façon naturelle, dans le passé et la Terre a déjà connu des ères chaudes et des ères glaciaires. Mais le développement des activités humaines s'ajoute maintenant aux causes naturelles des changements climatiques. Plus la quantité de dioxyde de carbone et de méthane augmente, dans l'atmosphère, plus l'effet de serre se renforce, ce qui cause une augmentation de quelques degrés des températures moyennes et entraîne des bouleversements climatiques. La principale conséquence des changements climatiques est l'augmentation du nombre et de l'intensité de certains phénomènes météorologiques destructeurs tels que les inondations, les sécheresses, les ouragans, les tornades, le verglas, etc. Une augmentation du niveau de la mer est également prévisible, avec des conséquences graves dans les régions basses. De plus, certains écosystèmes, tels que la forêt, pourraient être modifiés de façon irréversible.

Exercices (12 ans et plus)

- Se documenter pour répondre à la question suivante: Quelles sont les données et prévisions les plus récentes au sujet des changements climatiques?

- Discuter des conséquences des changements climatiques dans son pays et sa région.
- Se documenter pour donner des exemples de gestes simples et concrets qui peuvent contribuer à réduire les changements climatiques.
- Se documenter pour répondre à la question suivante : Des solutions techniques réalistes pourraient-elles être envisagées pour éviter les changements climatiques ?

▶ **Voir « L'effet de serre (1863) » dans le thème des sciences de la Terre « L'atmosphère ».**

1996. Des mesures montrent que le protocole de Montréal est efficace et que la couche d'ozone se reforme.

1997. Création de la première plante « humanisée », du tabac producteur d'hémoglobine humaine.

1997. Des représentants de plus de 150 pays se rencontrent à Kyoto, au Japon, où ils signent un protocole visant la réduction des émissions de gaz à effet de serre.

1998. Lancement, par la France, du satellite *Spot 4*, qui comporte un module permettant le suivi du couvert végétal de la Terre.

1999. Commercialisation des premières voitures fonctionnant avec une pile à combustible à hydrogène liquide.

▶ **Voir « La pile à combustible (1839) » dans le thème de physique « L'électricité et le magnétisme ».**

2002. Sommet mondial des Nations Unies, à Johannesburg en Afrique du Sud, sur le développement durable.

LA SANTÉ ET LA MALADIE

Préhistoire

Vers 12000 av. J.-C. Premières tentatives de chirurgie crânienne, des trépanations qui ont aussi un caractère rituel.

L'Antiquité orientale

Vers 4500 av. J.-C. Établissement, en Chine, d'un système de connaissances anatomiques, physiologiques et médicales reposant sur l'association de cinq organes (poumons, cœur, foie, rate, reins) à cinq éléments (bois, terre, métal, eau, fer).

Vers 3500 av. J.-C. Établissement, en Inde, d'un système de connaissances physiologiques et médicales reposant sur cinq éléments (terre, eau, feu, vent, espace).

Vers 3000 av. J.-C. Utilisation, en Égypte, de plantes à des fins médicales et pour l'embaumement des morts. Tout au long de l'histoire de l'humanité, et même encore de nos jours, les plantes serviront à la préparation de nombreux remèdes.

LES PLANTES MÉDICINALES

Conception fréquente à l'époque

Seules certaines pratiques rituelles peuvent guérir les maladies.

Concepts scientifiques actuels

Plusieurs espèces de plantes contiennent des substances actives sur le plan médical. Par exemple, la quinine, l'aspirine et la digitaline ont d'abord été extraites de plantes. De nouvelles substances actives sont encore régulièrement découvertes de nos jours, ce qui est un argument important en faveur de la préservation de la biodiversité végétale.

Exercices et activités (12 ans et plus)

- Se documenter pour répondre aux questions suivantes : Quelles sont les principales plantes médicinales utilisées depuis l'Antiquité ? (Exemples : l'acacia, l'aloès, le basilic, le chanvre, le cumin, la menthe, l'ail, la moutarde, la myrrhe, le persil, l'oignon, le sésame, le thym, le pavot, etc.) Quelle est l'efficacité de ces plantes ?
- Se documenter pour répondre à la question suivante : Quelles sont les plantes sauvages de sa région qui possèdent des propriétés médicinales ?

- Visiter un magasin de produits naturels et s'informer au sujet des propriétés médicinales de tisanes, d'huiles essentielles, de comprimés, de crèmes et autres produits à base de plantes.
- Trouver des exemples de médicaments relativement nouveaux dont les principes actifs sont tirés de plantes. (Exemple: le taxol, un médicament contre le cancer à base d'if, un conifère).

Vers 3000 av. J.-C. Invention, en Égypte, de la première méthode de contention pour le traitement des fractures. Des bandelettes trempées dans la boue durcissent et maintiennent l'os fracturé en place.

Vers 2500 av. J.-C. Invention de l'acupuncture en Chine.

L'ACUPUNCTURE

Conception fréquente à l'époque

Seules les plantes médicinales permettent de traiter des maladies.

Concepts scientifiques actuels

L'acupuncture est une méthode qui consiste à traiter des maladies en introduisant des aiguilles en des points précis de la peau. Elle postule l'existence de canaux, ou méridiens, et de courants énergétiques. Son efficacité semble limitée à des maladies bénignes, telles que les céphalées et l'anxiété, et à certains types de spasmes et de douleurs.

Activités et exercice (12 ans et plus)

- Regarder un documentaire portant sur l'acupuncture.
- Si possible, visiter une clinique d'acupuncture.
- Se documenter pour répondre à la question suivante: Quelle est l'efficacité réelle de l'acupuncture?

Vers 2500 av. J.-C. Invention de la contraception, en Égypte, à l'aide d'un tampon vaginal imbibé de liquides réputés spermicides.

▶ **Voir « La contraception (1560) » dans ce même thème.**

Vers 2300 av. J.-C. Première fabrication d'une prothèse externe (prothèse du pied) en Égypte. Pendant des siècles, les prothèses ne seront que de simples morceaux de bois ou de métal rigides et peu confortables, attachés à l'aide de lanières de cuir. Vers 1560, Paré inventera d'ingénieux modèles de prothèses plus confortables, en cuir bouilli, qui seront utilisés jusqu'au XXe siècle.

LES PROTHÈSES EXTERNES

Conception fréquente à l'époque et chez certains élèves

Il est impossible de remplacer un membre ou une partie d'un membre.

Concepts scientifiques actuels

Les prothèses externes remplacent un membre ou une partie d'un membre. De nos jours, il existe des prothèses de l'avant-bras ou de la jambe qualifiées d'intelligentes, car elles sont munies de moteurs, de capteurs et d'électrodes qui permettent de reproduire des mouvements semblables à ceux du membre ou de la partie de membre remplacés.

Activités (8 ans et plus)

- Regarder un documentaire ou examiner des photographies qui présentent divers modèles de prothèses externes, des plus rudimentaires (exemples: jambe de bois, crochet pour l'avant-bras) aux plus sophistiqués (exemple: prothèses articulées «intelligentes» de la main ou de la jambe).
- Si possible, visiter une clinique de réadaptation où des patients apprennent à utiliser une prothèse.

Vers 2200 av. J.-C. Premières obturations dentaires, faites en or, en Égypte.

LES OBTURATIONS DENTAIRES

Conception fréquente à l'époque et chez certains élèves

La carie entraîne la perte définitive de la dent.

Concepts scientifiques actuels

La carie est une maladie de la dent causée par l'acide produit par les bactéries présentes dans la bouche. D'abord superficielle, la carie entraîne la formation d'une cavité dans la couronne ou le canal radiculaire d'une dent. L'obturation est le remplissage de cette cavité. Les principaux matériaux utilisés sont l'or, des alliages qui contiennent du mercure et des résines composites.

Activités et exercice (8 ans et plus)

- Examiner un modèle ou un schéma de la dentition complète d'une adulte.

- Examiner un modèle ou un schéma de l'anatomie de la dent.
- Examiner un modèle ou un schéma d'une carie.
- Se documenter pour répondre aux questions suivantes: Comment se forment les caries? Comment est-il possible de les éviter? Comment une dent cariée peut-elle être réparée? (Exemples: obturations, couronnes, implants, etc.)
- Faire des simulations d'obturation dentaire en représentant les dents par des morceaux de craie et le métal (ou le composite) par de la pâte à modeler. Faire une cavité dans la craie et la remplir avec de la pâte à modeler.

Vers 2000 av. J.-C. Rédaction, en Mésopotamie, de tablettes médicales qui se présentent sous la forme de listes de symptômes et de traitements. Dissections d'animaux et fabrication de modèles en terre cuite de divers organes.

Vers 2000 av. J.-C. La maladie est conçue, en Égypte, comme un déséquilibre entre trois éléments fondamentaux: le sang, l'air et l'eau.

Vers 1600 av. J.-C. Rédaction, en Égypte, du plus ancien traité d'anatomie et de chirurgie connu. Ce traité révèle une bonne connaissance des organes les plus importants du corps, mais une mauvaise compréhension de leur fonction. La douleur, lors de chirurgies visant surtout à traiter des fractures, des abcès ou des blessures, est plus ou moins contrôlée à l'aide de pavot ou de chanvre indien. Les plaies sont refermées à l'aide de bandes de tissus imprégnées de gomme. Les Égyptiens pratiquent également le lavement intestinal pour soigner certaines maladies.

Vers 1300 av. J.-C. Opérations de la cataracte en Égypte.

L'OPÉRATION DE LA CATARACTE

Conception fréquente à l'époque et chez certains élèves

Il est impossible de guérir un malade qui commence à perdre la vue à cause de la cataracte.

Concepts scientifiques actuels

La cataracte est une maladie du cristallin de l'œil, qui est opaque et laisse peu passer la lumière. Il s'agit souvent d'une maladie à évolution lente, causée par exemple par le vieillissement, l'abus de rayons ultraviolets du soleil ou le diabète. Le traitement consiste en l'ablation du cristallin, des verres correcteurs compensant la perte d'accommodation de l'œil.

Activité et exercices (12 ans et plus)

- Examiner une photographie qui montre un œil atteint de cataracte.
- Se documenter pour répondre à la question suivante: Comment peut-on prévenir la cataracte? (Exemple: en portant des verres fumés pour éviter l'exposition aux rayons ultraviolets du Soleil)
- Se documenter pour répondre à la question suivante: De nos jours, comment pratique-t-on l'opération de la cataracte?

Vers 1000 av. J.-C. Premières utilisations, en Inde, de sangsues à des fins médicales. La sangsue, utilisée tout au long de l'histoire de la médecine comme traitement universel, souvent sans réel bénéfice, fut abandonnée vers le début du XXe siècle. Elle connaîtra un regain de popularité vers 1980 quand on découvrira son utilité en chirurgie plastique et reconstructive.

L'UTILISATION DE SANGSUES À DES FINS MÉDICALES

Conception fréquente à l'époque et chez certains élèves

La présence de vers, insectes et autres invertébrés sur une plaie est indésirable.

Concepts scientifiques actuels

La plus connue des sangsues est l'espèce dite «médicinale» (*Hirudo medicinalis*). Sa bouche comporte trois mâchoires cornées et dentelées et sa salive contient un liquide anticoagulant, l'hirudine. Vingt-deux poches internes permettent à l'animal d'avaler jusqu'à huit fois son propre poids de sang. De nos jours, les sangsues sont utilisées pour faciliter la cicatrisation, surtout lors de chirurgies plastiques et reconstructives. La sangsue sécrète un anesthésique, ce qui rend sa morsure indolore.

Activités (12 ans et plus)

- Examiner des photographies de sangsues.
- Se rendre au bord d'un lac ou d'un étang pour y recueillir des sangsues. Observer leurs mâchoires.
- Regarder un documentaire ou examiner des photographies qui présentent la façon moderne d'utiliser des sangsues lors de chirurgies plastiques ou reconstructives.

VIIe siècle av. J.-C. Invention, en Assyrie, des premiers pansements et bandages.

L'Antiquité classique

Vers 500 av. J.-C. Invention, en Grèce, de la baignoire, faite en marbre ou en argent.

Vers 420 av. J.-C. Le médecin grec HIPPOCRATE de Cos (v. 460-v. 377 av. J.-C.) affirme que les maladies ont des causes naturelles et donne ses lettres de noblesse à la médecine, souvent méprisée à l'époque et pratiquée par des guérisseurs de basse classe sociale. Il établit un vaste système de connaissances, en anatomie et en physiologie, reposant sur l'altération de quatre humeurs (bile jaune, pituite ou flegme, bile noire et sang) de l'organisme. Au sujet de la reproduction, il énonce la théorie de la pangenèse selon laquelle la semence provient de toutes les parties du corps. Il découvre le premier antipyrétique, ou médicament contre la fièvre, la camomille. Il croit toutefois que la fièvre est une maladie à part entière et non un symptôme. Il invente aussi des purgatifs et des vomitifs. Il préconise la saignée contre certaines maladies. Il énonce les principes d'une démarche expérimentale. Il est à l'origine des règles de base de l'éthique et de la déontologie médicale, avec notamment le fameux Serment concernant les devoirs du médecin, qui est encore prononcé de nos jours par les finissants en médecine.

Vers 400 av. J.-C. Découverte, aux Indes, du fait que l'urine des diabétiques contient du sucre.

▶ **Voir «Le diabète et la détection du sucre (1660)» dans ce même thème.**

Vers 370 av. J.-C. Le médecin grec CHRYSIPPE de Cnide (IVe siècle av. J.-C.) propose une classification des maladies selon les organes affectés.

Vers 350 av. J.-C. Le philosophe grec ARISTOTE (384-322 av. J.-C.) croit que le cœur est le siège de l'âme et de la pensée et que le système circulatoire transporte de l'air et du sang. Au sujet de la reproduction, il réfute la théorie de la pangenèse d'Hippocrate et affirme que les semences mâle et femelle proviennent du sang. Au sujet du développement de l'embryon, il avance une conception épigénétique selon laquelle l'embryon se construit graduellement par l'addition de parties qui ne préexistent pas. Cette conception sera reprise, sous une forme différente, par Harvey, au XVIIe siècle.

Vers 375 av. J.-C. L'anatomiste et médecin grec HÉROPHILE (335-280 av. J.-C.) dissèque des corps humains, distingue les artères des veines et découvre les nerfs.

IIIe siècle av. J.-C. Des chirurgiens grecs tentent les premières opérations esthétiques du nez.

Vers 270 av. J.-C. L'anatomiste et médecin grec ÉRASISTRATE (v. 305-v. 250 av. J.-C.) dissèque des corps humains, découvre les valvules cardiaques et soupçonne le rôle joué par les poumons dans l'«aération sanguine» et celui du cœur dans la distribution du sang «aéré» dans tout le corps, préfigurant ainsi les travaux de William Harvey, au XVIIe siècle. Il affirme que le cerveau, et non le cœur, est le siège de la pensée. Ses travaux trouvent peu d'écho dans la médecine de l'époque, soumise aux théories d'Aristote.

Ier siècle av. J.-C. Début, en Grèce, de l'utilisation de ventouses à des fins médicales. Les ventouses, utilisées jusqu'au XIXe siècle, étaient censées éliminer les humeurs nocives d'un corps malade.

Vers 85 av. J.-C. Le médecin grec ASCLÉPIADE de Bithynie (124-40 av. J.-C.) s'oppose à la doctrine des humeurs d'Hippocrate et considère que la mauvaise disposition des « atomes » du corps humain cause les maladies.

Vers 50 ap. J.-C. Le botaniste et médecin grec DIOSCORIDE (20-70) rédige *De Materia Medica,* qui sera considéré comme un traité de base sur les plantes médicinales, jusqu'à la Renaissance.

Vers 90 ap. J.-C. Le médecin grec ARET de Cappadoce (fin du Ier siècle ap. J.-C.) se distingue par ses travaux de pneumologie et de physiopathologie. Il décrit correctement le diabète.

Ier siècle ap. J.-C. Le médecin hellénistique ATHÉNÉE d'Attalia (Ier siècle ap. J.-C.) fonde l'école de médecine des Pneumatistes, qui expliquent toute maladie par une altération du *pneuma,* souffle vital unique. Cette théorie, reprise par Galien vers 175 ap. J.-C., influencera la biologie et la médecine jusqu'au XIXe siècle

Ier siècle ap. J.-C. Le médecin romain CELSE (Ier siècle ap. J.-C.) établit une classification rationnelle des maladies selon leurs symptômes. Il fait une description toujours valable des quatre signes de l'inflammation : rougeur et tuméfaction avec chaleur et douleur. Il invente un médicament, à base de mandragore et de jusquiame, contre l'insomnie.

Ier siècle ap. J.-C. Le médecin hellénistique RUFUS d'Éphèse (Ier siècle ap. J.-C.), de l'école des Éclectiques, fait une description précise de la peste bubonique et de la lèpre. En psychiatrie, l'importance qu'il reconnaît, dans les troubles mentaux, au refoulement et à la pulsion sexuelle en fait un lointain précurseur de Freud.

Ier siècle ap. J.-C. Le médecin indien CHAKARA (Ier siècle ap. J.-C.) rédige un traité de médecine.

Vers 100 ap. J.-C. Les systèmes d'aqueduc et d'égout des Romains surpassent tout ce qui s'est fait jusqu'alors et tout ce qui sera fait en Occident jusqu'au XIXe siècle.

Début du IIe siècle ap. J.-C. Le médecin hellénistique SORANOS d'Éphèse (98-138), de l'école des Méthodiques, se distingue par ses travaux de gynécologie et d'obstétrique. Il croit toutefois que l'étude du corps sain est inutile pour progresser en médecine.

Vers 175 ap. J.-C. Le médecin romain GALIEN (129-v. 200), chirurgien des gladiateurs, publie de nombreux traités qui influenceront la médecine arabe et occidentale jusqu'au XVIIIe siècle. Il reprend et diffuse la théorie des humeurs énoncée par Hippocrate de Cos vers 420 av. J.-C. Il reprend également la théorie du *pneuma,* ou souffle vital, énoncée par Athénée au Ier siècle ap. J.-C. Il découvre et améliore de nombreux médicaments à base de plantes qui forment la pharmacopée dite « galénique ». Tout comme Aristote, il croit à l'existence de semences mâle et femelle dont le mélange produit le fœtus. Il affirme que le sang est produit par le foie à partir des aliments ingérés, qu'il est aspiré vers le cœur, qu'il passe dans de minuscules pores du ventricule droit au ventricule gauche, et qu'il est consommé au cours de son trajet par les divers organes. Cette conception de la circulation du sang ne sera sérieusement remise en question qu'au XVIIe siècle, avec les travaux de Harvey.

Vers 360 ap. J.-C. Le médecin byzantin ORIBASE (325-403) rédige *Collecta medicinalia*, un traité de 70 livres qui constitue la somme exhaustive et systématique de la médecine de son temps et qui fut utilisé jusqu'au XVIIIe siècle.

Le Moyen Âge

V^{e} au VIIIe siècle ap. J.-C. L'Église s'approprie entièrement la pratique médicale, interdit les chirurgies et les dissections et instaure l'application de reliques saintes pour soigner les maladies. L'interdiction de verser du sang imposée aux hommes d'Église a comme conséquence que des « barbiers » relativement peu instruits s'improvisent chirurgiens. (Les barbiers indiquent l'endroit où ils pratiquent en fixant des bandages tachés de sang à un bâton planté près de leur porte, d'où la traditionnelle colonne blanche et rouge qui les identifie encore de nos jours.) Les médicaments sont vendus par des épiciers et des apothicaires.

Ve siècle ap. J.-C. Le médecin indien SUSRUTA (Ve siècle) établit un lien entre la malaria et les moustiques, et entre la peste et les rats. Il pratique l'ablation de pierres aux reins ainsi que des accouchements par césarienne.

VIe siècle. Le pape Pélage II interdit aux moines de s'intéresser aux médicaments. La plupart des monastères, ignorant cet interdit, cultivent des plantes médicinales, produisent des médicaments et transmettent ainsi les connaissances développées au cours de l'Antiquité.

Vers 560. Le médecin byzantin ALEXANDRE de Tralles (525-605) écrit un traité de médecine interne qui restera une référence jusqu'au XVIIIe siècle. Il prescrit l'ingestion de poudre de fer contre l'anémie.

LA PRÉVENTION ET LE TRAITEMENT DE L'ANÉMIE

Conception fréquente à l'époque

L'anémie est causée par une altération des « humeurs ».

Concepts scientifiques actuels

L'anémie est définie comme un taux d'hémoglobine trop faible dans le sang. Il existe plusieurs types et plusieurs causes d'anémies. Certains types d'anémies sont causés par une carence en acide folique, en vitamine B12 ou en fer. Des suppléments de vitamines et de fer peuvent prévenir et traiter ces anémies.

Exercices (12 ans et plus)

- Se documenter pour répondre à la question suivante : Quels sont les aliments riches en acide folique, en vitamine B12 et en fer ?
- Discuter de la relative difficulté, pour les végétariens, d'avoir une alimentation suffisamment riche en fer. Trouver des moyens, pour eux, d'éviter une carence.

Vers 840. Le médecin et érudit arabe HUNAYN IBN ISHAQ (808-873) réalise les plus anciens schémas anatomiques de l'œil connus.

▶ **Voir « L'anatomie de l'œil (840) » dans le thème de biologie et médecine « Les animaux ».**

IXe siècle. Fondation de la première école de médecine à Salerne, en Italie.

Vers 900. Le médecin et alchimiste persan RHAZÈS, en arabe Ibn Zakariyya ar-Razi (v. 860-v. 925), décrit la rougeole et la variole.

Vers 970. Le chirurgien arabe ABULCASIS, en arabe Abu al-Qasim al-Zahrawi (936-1013), écrit un célèbre traité de chirurgie en 30 volumes.

Vers 1000. Invention, en Extrême-Orient, de la variolisation, qui consiste à attraper délibérément la variole pour devenir immunisé. Cette pratique est dangereuse et cause de nombreux décès.

Vers 1010. Le médecin, géologue et philosophe iranien AVICENNE, en arabe Ibn Sina (980-1037), écrit des traités de médecine qui joueront un rôle considérable en Europe jusqu'au XVIIe siècle.

XIe siècle. Fondation d'écoles de médecine à Bologne, Montepellier et Paris et dans plusieurs autres villes d'Europe.

XIe siècle. La sage-femme TROTULA (XIe siècle) écrit une œuvre d'obstétrique sur les maladies qui peuvent survenir avant, pendant et après les couches.

Vers 1073. Le médecin arabe andalou AVENZOAR, en arabe Abu Marwan Ibn Zuhr (v. 1090-1162), s'intéresse aux maladies cérébrales.

Vers 1160. Le philosophe et médecin arabe andalou AVERROÈS, en arabe Abu al-Walid ibn Ruchd (1126-1198), constate que la variole n'affecte jamais deux fois le même individu et reconnaît le rôle de la rétine.

Vers 1175. Le philosophe, théologien et médecin juif andalou Moïse MAÏMONIDE (1138-1204) écrit un *Traité des poisons* dans lequel il décrit des plantes vénéneuses et certains antidotes. Il est également célèbre pour son traité sur l'asthme.

XIIIe siècle. Le métier d'apothicaire, ancêtre des pharmaciens, commence à être reconnu et à se distinguer de celui de simple épicier. À Paris, vers 1200, il y a déjà 32 boutiques d'apothicaires.

XIIIe et XIVe siècles. Les facultés de médecine et l'Église autorisent progressivement les chirurgiens « à robe longue », instruits de façon théorique, à pratiquer des interventions chirurgicales, ce qui entraînera un mépris grandissant pour les « barbiers » ou chirurgiens « à robe courte ».

Vers 1240. Le médecin syrien IBN AL-NAFIS (1210-1288) énonce le principe de la circulation pulmonaire, qui sera redécouvert par Michel Servet au XVIe siècle.

▶ **Voir « La circulation pulmonaire (1240) » dans le thème de biologie et médecine « Les animaux ».**

1285. Première utilisation, en Italie, de lunettes correctrices pour la vue (des lentilles convergentes destinées aux hypermétropes et aux presbytes).

▶ **Voir « Les lunettes correctrices pour la vue (1285) » dans le thème de technologie « Les techniques de la lumière, du son et des communications ».**

Vers 1300. Invention des essences de plantes à base d'alcool. Les essences de plantes seront beaucoup utilisées par les apothicaires, ancêtres des pharmaciens.

▶ **Voir « Les essences de plantes (1300) » dans le thème de chimie « L'industrie chimique ».**

1315. Le médecin et anatomiste italien MONDINO DEI LIUCCI (v. 1270-1376) pratique des dissections et rédige un important traité d'anatomie.

1316. Création du premier jardin botanique à Hambourg, en Allemagne. D'autres jardins botaniques seront créés au XVIe siècle à Padoue, à Pise et à Bologne, en Italie, ainsi qu'à Montpellier, en France. Les premiers jardins botaniques servaient principalement à la culture des plantes médicinales.

▶ **Voir « Les jardins botaniques (1316) » dans le thème de biologie et médecine « Les végétaux ».**

1347. La peste noire se manifeste en Italie. Elle se propagera rapidement dans toute l'Europe et fera 75 millions de victimes, soit près du quart de la population européenne.

La Renaissance

1457. Suite à l'invention de l'imprimerie, publication du premier livre médical, un traité sur les purgations.

1478. Première autorisation, à Paris, après des siècles d'interdiction, d'une dissection publique.

1490. Inauguration de l'amphithéâtre anatomique de la faculté de médecine de Padoue, où se pratiquent des dissections publiques.

Vers 1490. L'artiste et savant italien LÉONARD DE VINCI (1452-1519) pratique des dissections et produit des dessins anatomiques détaillés. Le fonctionnement des articulations, des muscles et des tendons est de mieux en mieux compris. Léonard de Vinci découvre également le principe du verre de contact, un petit tube rempli d'eau et fermé par une lentille.

Vers 1520. Le médecin français Jacques DUBOIS, en latin Jacobus Sylvius (1478-1555), pratique des dissections et décrit des structures anatomiques inconnues à l'époque.

1527. Le médecin et alchimiste suisse PARACELSE (v. 1493-1541) brûle publiquement à Bâle, lors de la Saint-Jean, les œuvres d'Hippocrate, de Galien, d'Aristote et d'Avicenne pour marquer son mépris de la médecine des Anciens. Il fait connaître de nombreux « simples », c'est-à-dire des plantes médicinales utilisées sous forme de tisanes. Il invente un médicament contre la syphilis, à base de sels de mercure, qui sera utilisé jusqu'au XXe siècle.

1530. Première utilisation de l'opium en guise d'analgésique.

1543. L'anatomiste flamand André VÉSALE (1514-1564) rédige *De corporis humani fabrica*, qui marque les débuts de l'anatomie moderne et dans lequel il reconnaît et corrige certaines erreurs de Galien, et crée une nomenclature des os, des muscles et des vaisseaux. Il sera forcé de s'expatrier parce qu'il pratique des dissections sur des cadavres humains.

1546. Le médecin et érudit italien Jérôme FRACASTOR (1483-1553) a l'intuition que la syphilis, qui connaît une extension terrifiante à l'époque, est causée par des organismes microscopiques.

Vers 1550. Le médecin italien Bartolomeo EUSTACHI (1503-1574) fait des observations sur les reins, les dents et les vaisseaux sanguins et lymphatiques. Il a donné son nom au canal (trompe d'Eustache) reliant l'oreille moyenne au pharynx.

1553. Le médecin et théologien espagnol Michel SERVET (1511-1553) établit, trois siècles après Ibn an-Nafis, le principe de la circulation pulmonaire et nie la communication entre les deux ventricules du cœur. Ayant mis en doute certains dogmes de la religion, il est déclaré hérétique par Calvin et brûlé vif avec ses écrits.

Vers 1560. L'anatomiste et chirurgien italien Gabriel FALLOPE (1523-1562) découvre les *trompes de Fallope*, qui relient les ovaires à l'utérus, et décrit le tympan, l'intestin grêle, les nerfs de l'œil et les vaisseaux cérébraux. Il invente aussi le préservatif, maintenant appelé également condom, pour prévenir la transmission des maladies vénériennes et comme méthode de contraception.

LA CONTRACEPTION

Conception fréquente à l'époque

Il est difficile d'empêcher une relation sexuelle d'être la cause d'une conception.

Concepts scientifiques actuels

Les méthodes de contraception visent à éviter qu'une relation sexuelle cause une conception. Il existe un grand nombre de méthodes contraceptives. Certaines existent depuis des millénaires, d'autres sont relativement récentes. Dans l'ordre d'apparition: le tampon vaginal (Antiquité égyptienne), le préservatif masculin (v. 1560), le diaphragme (1881), le stérilet (1928), la méthode naturelle (les années 1960), la pilule (1954), le préservatif féminin (1994) et la pilule du lendemain (1999). Aucune méthode de contraception n'est efficace à 100%. Certaines, dont principalement le préservatif, sont également efficaces contre la transmission de maladies vénériennes.

Activité et exercices (12 ans et plus)

- Inviter une personne qui travaille dans le domaine de la santé à venir présenter les diverses méthodes contraceptives.

- Se documenter pour répondre à la question suivante: Quelle est l'efficacité des diverses méthodes de contraception?
- Se documenter pour répondre à la question suivante: Quelles méthodes de contraception sont également efficaces contre la transmission des maladies vénériennes?

Vers 1560. Le chirurgien français Ambroise PARÉ (1509-1590) met au point des techniques, telles que la ligature artérielle, qui améliorent le traitement des hémorragies et des fractures et invente d'ingénieux modèles de prothèses en cuir bouilli qui seront utilisées jusqu'au XXe siècle. En préconisant l'usage de pansements propres, il pressent l'importance de l'asepsie, qui ne sera vraiment reconnue qu'au XIXe siècle.

Vers 1590. Le médecin allemand Fabrice de HILDEN (1560-1634) améliore la technique des amputations et le traitement des brûlures.

1590. Construction des premiers microscopes composés de plusieurs lentilles.

▶ **Voir « Le microscope à lentilles multiples (1590) » dans le thème de technologie « Les techniques de la lumière, du son et des communications ».**

1596. Publication, en Chine, du *Ben Cao Gang Mu*, une encyclopédie qui, faisant la somme de connaissances accumulées depuis plusieurs siècles, décrit un millier de plantes, un millier d'animaux et plus de huit mille prescriptions médicales.

Le XVIIe siècle

XVIIe siècle. Les Indiens du Pérou confient aux missionnaires jésuites les secrets de l'écorce de quinquina contre les fièvres dues au paludisme. L'élément actif, la quinine, sera isolé en 1820.

XVIIe siècle. Des chirurgiens italiens réussissent des restaurations faciales à l'aide de greffes cutanées de lambeaux de peau provenant d'autres parties du corps.

1628. Le médecin et anatomiste anglais William HARVEY (1578-1657) publie ses travaux sur la circulation du sang, qui réfutent les conceptions proposées par Galien en 175 ap. J.-C. et selon lesquelles la cloison entre les ventricules du cœur était criblée de trous et les artères transportaient de l'air. Toutefois, comme Harvey ne connaît pas l'existence des capillaires, il croit que le sang passe des artères aux veines par évaporation. Sa théorie sur la circulation du sang déclenchera une polémique à travers toute l'Europe et nombreux sont les naturalistes et médecins qui continueront à préférer les conceptions de Galien.

▶ **Voir « La grande circulation du sang (1628) » dans le thème de biologie et médecine « Les animaux ».**

1630. Le médecin italien SANTORIO, en latin SANCTORIUS (1561-1636), mesure un écart significatif entre le poids des aliments ingérés et le poids des excréments, attribue cette différence à une transpiration insensible qu'il nomme « perspiration » et postule que les maladies résultent d'un problème de cette perspiration.

1638. Un registre des médicaments, publié à Paris, mentionne de nouveaux médicaments, tels que le thé et le café, contre la fatigue, l'ipéca, un vomitif, et le quinquina, importé du Pérou, contre la fièvre.

1657. Invention, en Angleterre, de la seringue à injection. Il faudra toutefois attendre 1852 pour que soit inventée la seringue hypodermique à aiguille creuse.

Vers 1660. Le médecin anglais Thomas WILLIS (1621-1675) redécouvre le fait, déjà observé par des médecins indiens vers 400 av. J.-C., que l'urine des diabétiques contient du sucre.

LE DIABÈTE ET LA DÉTECTION DU SUCRE

Conception fréquente à l'époque et chez certains élèves

La seule façon de détecter la présence de sucre dissous dans un liquide est de goûter le liquide.

Concepts scientifiques actuels

Le diabète sucré est une maladie chronique causée par un trouble du métabolisme des sucres lié à une insuffisance totale ou relative de la sécrétion d'insuline par le pancréas. Le manque d'insuline entraîne une accumulation de glucose dans les tissus, révélée par une élévation anormale du taux de glucose dans le sang et par la présence de glucose dans l'urine. De petits appareils électroniques peuvent mesurer le taux de sucre dans le sang à partir d'une goutte de sang. Le diabète se traite par des injections régulières d'insuline.

Il existe plusieurs méthodes pour détecter du sucre en solution dans l'eau :

- L'eau sucrée est légèrement adhésive et laisse les doigts ou la surface d'une table collante.
- En faisant évaporer l'eau, le sucre en solution se dépose au fond de la casserole.
- Les fourmis sont attirées par de l'eau sucrée, dont elles boivent pour se nourrir.
- La solution sucrée est plus visqueuse que l'eau douce et coule plus lentement que l'eau dans une paille.
- La liqueur de Fehling est un indicateur chimique qui change de couleur dans l'eau sucrée.
- L'indice de réfraction de l'eau varie avec la concentration de sucre.

Exercice et problème (8 ans et plus)

- Se documenter pour répondre à la question suivante : Quelles sont les façons de prévenir le diabète de type 2, souvent relié à de mauvaises habitudes alimentaires ?
- Peut-on savoir, sans y goûter, lequel d'un échantillon d'eau douce et d'un échantillon d'eau sucrée est l'échantillon d'eau sucrée ?

Matériel :

Quelques récipients, du sucre, de l'eau, quelques pailles, un compte-gouttes, une plaque chauffante ou un élément chauffant, quelques casseroles, de la liqueur de Fehling (indicateur chimique ; matériel facultatif).

Quelques solutions ou approches possibles :

Après avoir préparé une solution très sucrée, les méthodes suivantes sont possibles :

- Tremper les doigts d'une main dans de l'eau et les doigts de l'autre main dans une solution sucrée. Observer les doigts.
- Verser sur une table quelques gouttes d'eau et, à quelques centimètres, quelques gouttes de solution sucrée. Laisser évaporer. Observer l'endroit où étaient les gouttes d'eau et de solution.
- Verser un peu d'eau au fond d'une casserole. Faire évaporer l'eau en plaçant la casserole sur une plaque chauffante. Observer. Verser ensuite un peu de solution sucrée dans une casserole. Faire évaporer l'eau en la plaçant sur une plaque chauffante. Observer.
- Placer de l'eau douce et de l'eau sucrée au congélateur. Observer.
- Aspirer de l'eau à l'aide d'un compte-gouttes. Tenir une paille verticalement au-dessus d'une assiette. Verser assez rapidement (mais pas brusquement) le contenu du compte-gouttes dans la paille. Observer. Faire la même chose avec la solution sucrée (Si l'on désire recommencer, bien rincer la paille après l'avoir utilisée avec de l'eau sucrée.)
- À l'aide d'un compte-gouttes, verser un peu de liqueur de Fehling dans de l'eau, puis dans de l'eau sucrée. Observer.
- En septembre, octobre, mai ou juin, aller à l'extérieur et trouver une fourmilière. Placer quelques gouttes d'eau près de l'entrée de la fourmilière et, de l'autre côté, quelques gouttes de solution sucrée. Observer le comportement des fourmis.

– À l'aide d'un réfractomètre à main à teneur en sucre (disponible chez certains fournisseurs de matériel scientifique) comparer la concentration de sucre d'un échantillon d'eau douce et d'un échantillon d'eau sucrée.

1667. Premières transfusions sanguines, de l'animal à l'homme, qui se soldent par des résultats désastreux en raison du phénomène du rejet. La transfusion sera alors interdite et ne reprendra, de l'être humain à l'être humain, qu'au début du XXe siècle.

Vers 1670. Le médecin et biologiste anglais Thomas SYDENHAM (1624-1689) propose une taxinomie des maladies dans laquelle il décrit, entre autres, la goutte, la dysenterie, la scarlatine, la rougeole et la variole. Il propose toutefois très peu de traitements efficaces et présente la saignée comme remède universel.

1679. Le médecin suisse Théophile BONET (1620-1689) publie un traité d'anatomie pathologique qui ouvre la voie aux travaux de Morgagni.

Vers 1680. Le naturaliste hollandais Antonie VAN LEEUWENHOEK (1632-1723) perfectionne le microscope à lentille unique et découvre l'existence de plusieurs espèces d'organismes microscopiques. Son observation d'organismes microscopiques présents dans la bouche et sur les dents l'amène à proposer l'idée de se nettoyer régulièrement les dents.

1687. Deux élèves de Redi découvrent, à l'aide du microscope, le minuscule acarien responsable de la gale, une maladie de la peau. C'est la première fois qu'un être vivant est reconnu cause d'une maladie.

1697. Le chimiste et apothicaire français Nicolas LÉMERY (1645-1715) rédige la *Pharmacopée universelle*, une synthèse des connaissances de l'époque sur les médicaments.

Le XVIIIe siècle

Début du XVIIIe siècle. La découverte de la circulation du sang et de la lymphe, au XVIIe siècle, donne naissance à de nouvelles conceptions de la maladie qui visent à remplacer la théorie des humeurs d'Hippocrate et de Galien : la congestion, la stase (arrêt ou ralentissement de la circulation) et la pléthore (excès de sang).

Vers 1710. Le médecin et chimiste allemand Georg Ernst STAHL (1660-1734), fondateur de la théorie chimique du phlogistique, fait de l'animisme une doctrine médicale selon laquelle le fonctionnement du corps humain est réglé par une « âme sensible » qui s'oppose à la mort. Cette théorie entraînera la création de systèmes de classification des maladies (des « nosologies ») basées sur le degré et le type d'altération de cette « âme sensible ».

Vers 1710. Le médecin et chimiste hollandais Hermann BOERHAAVE (1668-1738) fonde la première clinique médicale destinée à l'étude de maladies spécifiques.

1735. Première opération, en Angleterre, de l'appendicite.

1748. Le médecin français Julien Offray de LA METTRIE (1709-1751) publie *L'Homme Machine*, dans lequel il expose une conception matérialiste et mécaniste de la vie.

1748. Première opération de la cataracte, en France, par extraction du cristallin.

Vers 1750. Le médecin anglais James LIND (1716-1794) découvre que la consommation d'agrumes permet de prévenir une maladie grave, le scorbut. On découvrira beaucoup plus tard, vers 1930, que le scorbut est causé par une carence en vitamine C et que cette vitamine est présente dans les agrumes.

LA PRÉVENTION DU SCORBUT

Conception fréquente à l'époque et chez certains élèves

Le scorbut est causé par une hygiène déficiente.

Concepts scientifiques actuels

Le scorbut est une maladie grave, qui peut être mortelle et qui se manifeste entre autres par des lésions de la bouche et des gencives ainsi que par des problèmes sanguins. Il est causé par une carence en vitamine C.

Activités et exercices (8 ans et plus)

- Examiner des photographies de personnes atteintes du scorbut.
- Se documenter pour répondre à la question suivante: Quels étaient les ravages causés par le scorbut aux premiers temps de la colonisation de l'Amérique du Nord?
- Se documenter pour répondre à la question suivante: Quelles sont les principales sources de vitamine C? (Exemples: fruits, légumes, suppléments de vitamines, etc.)

1761. L'anatomiste et pathologiste italien Giambattista MORGAGNI (1682-1771) publie une œuvre monumentale, basée sur plus de 600 autopsies, qui comporte la description de tissus malades, et fonde l'anatomie pathologique moderne.

1761. Le médecin autrichien Léopold AUENBRÜGGER (1722-1809) préconise une méthode d'inspection clinique des lésions pulmonaires et cardiaques par la percussion thoracique. Ses travaux passent inaperçus jusqu'à leur traduction en français par Corvisart en 1808.

1762. Le médecin français Samuel-Auguste TISSOT (1728-1797) publie un traité dans lequel il propose des mesures d'hygiène publique visant à prévenir les fréquentes épidémies (diphtérie, coqueluche, oreillons, peste, variole, etc.) qui déciment la population européenne. L'aménagement d'égouts, la réglementation des usines chimiques et des abattoirs ainsi que le déplacement des cimetières hors des villes font partie des mesures qui se généralisent à cette époque.

L'HYGIÈNE PUBLIQUE

Conception fréquente à l'époque

Les épidémies sont des châtiments imposés par Dieu.

Concepts scientifiques actuels

Des bactéries, des virus, des champignons microscopiques et des parasites peuvent facilement causer l'infection ou la contamination si certaines règles d'hygiène ne sont pas respectées. Dans la vie de tous les jours, boire de l'eau propre, manger des aliments frais et bien se laver sont les plus importantes.

Exercices et activité (8 ans et plus)

- Se documenter pour répondre à la question suivante: Quelles sont les principales infections et contaminations qui peuvent être causées par un manque d'hygiène?
- Revoir les règles d'hygiène de base de la vie courante.
- Se documenter pour répondre à la question suivante: Quelles sont les différences entre les conditions d'hygiène publique des pays occidentaux et celles de certains pays pauvres d'Afrique, d'Amérique latine et d'Asie?

1768. Le chirurgien et zoologiste écossais John HUNTER (1728-1793) invente des techniques chirurgicales novatrices et fonde la pathologie expérimentale.

Vers 1770. Les médecins français Paul Joseph BARTEZ (1734-1806) et Théophile de BORDEU (1722-1776) font du vitalisme une doctrine médicale selon laquelle le corps humain est ni une machine, ni un laboratoire, mais est animé par un «élan vital» immatériel dont l'altération provoque la maladie. Tout comme la théorie de l'animisme proposée par Stahl vers 1710, cette théorie entraînera la création de systèmes de classification des maladies (des «nosologies») basés sur le degré et le type d'altération de cet «élan vital».

Vers 1775. Le biologiste italien Lazzaro SPALLANZANI (1729-1799) qui étudie la fécondation des œufs de grenouilles, réalise l'une des premières inséminations artificielles.

L'INSÉMINATION ARTIFICIELLE

Conception fréquente à l'époque et chez certains élèves

L'insémination ne peut se faire que de façon naturelle.

Concepts scientifiques actuels

L'insémination artificielle est surtout utilisée par les éleveurs de bovins. Cette technique évite le contact entre les animaux et permet d'éliminer tout risque de transmission de certaines maladies. Elle permet surtout de choisir comme reproducteurs les mâles de haute valeur génétique, qui peuvent ainsi avoir de milliers de descendants. Dans le domaine médical, l'insémination artificielle permet à une femme seule ou à un couple dont l'homme est stérile d'avoir un enfant en ayant recours à du sperme provenant d'une banque de sperme.

Activités (8 ans et plus)

- Regarder un documentaire portant sur l'insémination artificielle des animaux d'élevage.
- Visiter des installations où se pratique l'insémination artificielle (piscicultures, fermes bovines, etc.).

1777. Fondation, en France, du Collège de pharmacie, qui remplace l'ancien Jardin des apothicaires.

1785. Le médecin et botaniste anglais William WITHERING (1741-1799) découvre l'efficacité de la digitaline, un extrait de la digitale pourprée, dans le traitement de certaines maladies du cœur.

1795. Première utilisation, en France, de l'électrothérapie, qui est d'abord utilisée pour le traitement de paralysies faciales.

1796. Le médecin anglais Edward JENNER (1749-1823), qui constate que les fermières, dont les mains sont en contact constant avec les vaches, ne contractent jamais la variole, réalise la première vaccination en montrant qu'un extrait des pustules causées par une maladie bovine, le *cow pox,* protège les êtres humains contre la variole. Plusieurs médecins s'opposent d'abord vivement à la vaccination, qu'ils considèrent comme dangereuse, mais elle finira par s'imposer vers le début du XIXe siècle et des campagnes massives de vaccination seront organisées dans toute l'Europe.

LA VACCINATION

Conception fréquente à l'époque et chez certains élèves

Il est impossible de se protéger des maladies bactériennes et virales.

Concepts scientifiques actuels

Au cours des grandes épidémies des siècles passés, on avait remarqué que les personnes contaminées qui avaient survécu pouvaient s'occuper d'autres personnes atteintes sans tomber à nouveau malades. Le principe de la vaccination, qui repose sur cette observation, consiste à mettre l'organisme en contact avec une forme atténuée de la bactérie ou du virus de la maladie combattue, afin que le système immunitaire l'élimine et en garde le souvenir. Un contact ultérieur avec la même maladie entraîne une réaction rapide et intense de l'organisme et une protection contre la maladie.

Activités et exercices (12 ans et plus)

- Regarder un documentaire portant sur l'éradication de la variole dans le monde.
- Se documenter pour répondre à la question suivante : Quels sont les vaccins obligatoires et suggérés dans son pays et sa région ?
- Observer comment se déroule une vaccination (exemple : vaccination contre la méningite).
- Discuter de la question suivante : De nos jours, certaines personnes s'opposent encore vivement à toute vaccination. Cette opinion est-elle fondée ? (Exemple : La vaccination cause – très rarement – des décès, qui sont toutefois beaucoup moins nombreux que ceux qui surviendraient en l'absence de vaccination.)

1796. Le médecin allemand Samuel HAHNEMANN (1755-1843) invente l'homéopathie, qui consiste à traiter un malade par des doses infinitésimales des substances qui provoqueraient chez un individu sain les mêmes symptômes que ceux du malade. De nos jours, la plupart des scientifiques sont persuadés que l'homéopathie ne peut être vraiment efficace.

1798. Le médecin français Philippe PINEL (1745-1826) révolutionne le traitement des maladies mentales par une approche médicale très différente de l'approche carcérale alors en vigueur.

Vers 1800. Le physicien et chimiste John DALTON (1766-1844) étudie sur lui-même l'anomalie de la perception des couleurs, appelée depuis daltonisme.

LE DALTONISME

Conception fréquente à l'époque et chez certains élèves

Tout le monde perçoit les couleurs de la même façon.

Concepts scientifiques actuels

Le daltonisme est une anomalie de la perception des couleurs. Dans sa forme la plus sévère, elle cause une perception de l'environnement en diverses nuances de gris (comme avec un téléviseur noir et blanc). Dans ses formes moins sévères, elle entraîne une perception identique de certaines couleurs (exemple : difficulté à distinguer le rouge du vert).

Activités et exercice (8 ans et plus)

- Observer des illustrations conçues pour vérifier la perception des couleurs et détecter le daltonisme. Déterminer si les yeux de la personne qui observe perçoivent correctement toutes les couleurs.
- Examiner des photographies qui montrent comment certaines espèces d'animaux perçoivent leur environnement. Constater que plusieurs espèces ne perçoivent pas, ou peu, les couleurs.
- Se documenter pour répondre à la question suivante : Quels sont les faits saillants de la vie de John Dalton ? Voir les remarques portant sur cette même question dans « La loi des proportions multiples (1804) » dans le thème de chimie « Les éléments, les composés et les réactions chimiques ».

1800. Le chimiste et physicien anglais Humphry DAVY (1778-1829) découvre l'oxyde nitreux, ou gaz hilarant, et suggère son utilisation en anesthésie.

Le XIXe siècle

1801. Le physicien, chimiste et médecin anglais Thomas YOUNG (1773-1829) montre que la perception des couleurs s'explique par l'existence de trois types de récepteurs sur la rétine, chacun d'eux étant responsable de la perception d'une des trois couleurs primaires.

1803. On isole la morphine à partir de graines de pavot. De nombreux autres principes actifs de plantes employées depuis des millénaires seront extraits au cours des décennies suivantes, ce qui permettra de mieux doser plusieurs médicaments : la quinine, contre la fièvre, et la caféine, un stimulant, en 1820 ; le chloroforme, un anesthésique, en 1831 ; l'aspirine en 1856 ; la digitaline, contre l'insuffisance cardiaque, en 1871.

1803. Une loi oblige les pharmaciens français à exiger une ordonnance signée par un médecin pour vendre plusieurs médicaments.

1806. Découverte, en France, de la morphine, isolée à partir de l'opium.

1807. Le médecin français Théophile LAENNEC (1781-1826) invente le stéthoscope, qui n'est d'abord qu'un simple cylindre en bois placé entre l'oreille du médecin et le corps du patient, et développe l'auscultation médicale.

LE STÉTHOSCOPE

Conceptions fréquentes à l'époque et chez certains élèves

- La seule façon d'écouter le cœur ou les poumons d'un patient est de coller son oreille contre sa poitrine.
- Les seules informations utiles qui peuvent être recueillies en écoutant le cœur et les poumons d'un patient sont la fréquence cardiaque et la fréquence respiratoire.

Concepts scientifiques actuels

Le stéthoscope biauriculaire moderne est constitué d'une pièce réceptrice des sons, recouverte d'une membrane vibrante, à laquelle aboutissent deux tiges creuses et flexibles, terminées par des embouts se plaçant dans les oreilles de l'examinateur.

Activités et exercice (8 ans et plus)

- Fabriquer un stéthoscope rudimentaire à l'aide d'un simple tube de carton ou encore à l'aide d'un petit entonnoir et d'un tube flexible. Écouter les bruits produits par le cœur et les poumons d'une autre personne.
- Écouter le cœur et les poumons d'une autre personne à l'aide d'un stéthoscope biauriculaire médical moderne (disponible chez certains fournisseurs de matériel scientifique).
- Se documenter pour répondre à la question suivante : Quels sont les bruits normaux et anomaux produits par le cœur et les poumons ?

1807. Invention de l'endoscope, qui permet l'exploration interne des organes et conduits creux.

1808. Le médecin français Jean Nicolas, baron CORVISART (1755-1821), fait connaître les travaux publiés par Auenbrügger en 1761 et généralise la méthode de la percussion dans l'exploration du thorax, particulièrement dans la recherche des maladies cardiaques.

1820. Découverte, en France, de la quinine, isolée à partir de l'écorce du quinquina, un médicament naturel contre la fièvre connu depuis des siècles en Amérique du Sud.

1828. Début de l'intégration des laboratoires d'analyse aux hôpitaux avec la quantification de l'urée. La glycémie suivra en 1848 et l'albuminurie en 1874.

1826. Première endoscopie, une technique qui permet de voir à l'intérieur du corps humain. Il s'agit d'une endoscopie de la vessie, à l'aide d'un spéculum éclairé par des bougies.

1836. Le médecin français Alfred DONNÉ (1801-1878) montre pour la première fois qu'un micro-organisme peut être la cause d'une maladie en identifiant *Trichomonas*, un protozoaire parasite du vagin.

Vers 1840. Le médecin français Pierre Charles LOUIS (1787-1872), pionnier de la statistique médicale moderne, fait la promotion d'une «méthode numérique» qui consiste à recueillir des données sur la répétition et la fréquence des symptômes, afin d'améliorer le diagnostic et le pronostic et de mieux connaître l'efficacité des traitements.

Vers 1840. Le physiologiste et neurologue français François MAGENDIE (1783-1855), partisan de l'expérimentation animale, précise les fonctions motrices et sensitives du système nerveux.

1842. Le chirurgien américain Crawford William LONG (1815-1878) pratique la première chirurgie sous anesthésie générale, un type d'anesthésie beaucoup plus efficace que les anesthésies partielles provoquées depuis des siècles par le pavot (opium), le chanvre indien (haschich) ou l'alcool. Son exemple sera suivi peu après par le dentiste Horace WELLS (1815-1848), puis par les dentistes William MORTON (1819-1868) et Charles JACKSON (1805-1880). Les composés chimiques utilisés lors de ces premières anesthésies générales sont le protoxyde d'azote, appelé aussi «gaz hilarant», l'éther ou le chloroforme, tous administrés par inhalation.

L'ANESTHÉSIE GÉNÉRALE

Conceptions fréquentes à l'époque

- La chirurgie sans douleur est impossible.
- Les seules substances capables de réduire la douleur sont l'alcool, le pavot et le chanvre indien.

Concepts scientifiques actuels

L'anesthésie générale permet d'éviter la douleur et de protéger des perturbations physiologiques qui pourraient être provoquées par la chirurgie. Elle se déroule en trois phases: 1) suppression de la sensibilité; 2) sommeil; 3) abolition des réflexes et relâchement musculaire. L'anesthésie générale peut être provoquée par inhalation de gaz, tels que le protoxyde d'azote et l'halothane, mélangés à de l'oxygène. Elle peut aussi être provoquée par injection de drogues telles que le penthotal et des dérivés de l'acide barbiturique.

Activités (12 ans et plus)

- Regarder un documentaire qui présente le déroulement d'une intervention chirurgicale sous anesthésie générale.
- Inviter une personne qui travaille dans le domaine de la santé à venir expliquer le déroulement d'une anesthésie générale.

Vers 1850. Le médecin français Jean-Baptiste BOUILLAUD (1796-1881) montre qu'une lésion des lobes antérieurs du cerveau peut causer des troubles du langage et montre aussi que le rhumatisme articulaire aigu peut être la cause de maladies cardiaques.

1850. Le médecin français Casimir DAVAINE (1812-1882) montre pour la première fois, en étudiant la maladie du charbon, qu'une bactérie peut être la cause d'une maladie.

LA MALADIE DU CHARBON

Conception fréquente à l'époque et chez certains élèves

Il n'existe pas de maladies causées par des organismes invisibles à l'œil nu.

Concepts scientifiques actuels

La maladie du charbon, ou anthrax, est causée par une bactérie naturellement présente dans le sol. Chez l'homme, elle se limite habituellement à une affection cutanée localisée, mais il existe également une forme beaucoup plus virulente qui s'attaque aux poumons et cause rapidement la mort.

Activités et exercices (12 ans et plus)

- Examiner des photographies de la bactérie du charbon.
- Examiner des photographies d'affections cutanées causées par la maladie du charbon.
- Se documenter pour répondre à la question suivante: Existe-t-il un vaccin contre la maladie du charbon?
- Se documenter pour répondre à la question suivante: L'anthrax pourrait-il être utilisé comme arme bactériologique?

1851. Le physicien et physiologiste allemand Herman von HELMHOLTZ (1821-1894) invente l'ophtalmoscope, un appareil qui envoie un rayon de lumière dans l'œil et permet d'examiner la rétine.

L'OPHTALMOSCOPE

Conception fréquente à l'époque et chez certains élèves

Il est impossible d'observer la rétine sans disséquer l'œil.

Concepts scientifiques actuels

L'ophtalmoscope est un appareil optique qui permet l'examen du fond de l'œil. Dans sa forme de base, peu utilisée maintenant, il est constitué d'un miroir concave percé d'un trou central fixé au front de l'observateur. Le fond de l'œil est éclairé par un faisceau lumineux provenant d'une source de lumière placée derrière la tête du sujet et réfléchi par le miroir. Par interposition d'une loupe tenue devant l'œil, l'image de la région rétinienne que l'observateur regarde par le trou central du miroir est grossie environ 5 fois.

Activités (12 ans et plus)

- Observer la rétine de l'œil avec un ophtalmoscope simple et une loupe.
- Examiner des photographies de diverses pathologies de la rétine.

1852. Invention, en France, de la seringue hypodermique à aiguille creuse, qui augmente beaucoup l'utilité de la seringue à injection inventée en 1657.

1853. Le chimiste français Charles GERHARDT (1816-1856) synthétise l'acide acétylsalicylique, mais ne s'intéresse pas à ses propriétés médicinales. L'aspirine deviendra un médicament très populaire à la fin du siècle.

1858. Le médecin et anthropologue allemand Rudolf VIRCHOW (1821-1902) découvre qu'il y a un lien entre les pathologies des tissus et les pathologies des cellules, fondant ainsi l'histopathologie.

1859. Le chimiste allemand Hermann KOLBE (1818-1884) réussit la synthèse de l'acide salicylique qui se révélera efficace comme médicament contre les rhumatismes.

Vers 1860. Le chimiste, physicien et biologiste français Louis PASTEUR (1822-1895) montre que les fermentations sont dues à l'action de micro-organismes et élabore une méthode de conservation des bières par chauffage, la pasteurisation.

1860. Le médecin hongrois Ignac SEMMELWEIS (1818-1865) démontre que la prolifération des infections dans les hôpitaux est due à l'ignorance des règles d'hygiène par les médecins. Dans son hôpital, le taux de mortalité à la suite des accouchements passe de 30 % à moins de 1 %, mais ses travaux demeurent peu connus.

LES INFECTIONS ET LES RÈGLES D'HYGIÈNE

Conception fréquente à l'époque et chez certains élèves

Les infections sont une conséquence des maladies ou de la fatigue des personnes hospitalisées.

Concepts scientifiques actuels

Des bactéries, des virus, des champignons microscopiques et des parasites peuvent facilement causer l'infection ou la contamination si certaines règles d'hygiène ne sont pas respectées. Dans la vie de tous les jours, boire de l'eau propre, manger des aliments frais et bien se laver sont les plus importantes. En milieu hospitalier, la désinfection qui consiste à détruire les agents infectieux au moyen de produits chimiques dans les plaies et dans l'environnement, et la stérilisation des instruments, par chauffage à haute température sont essentielles.

Exercice et activités (12 ans et plus)

- Se documenter pour répondre à la question suivante: Quelles sont les infections et contaminations qui peuvent être causées par un manque d'hygiène?
- Revoir les règles d'hygiène de base de la vie courante.
- Expliquer pourquoi il peut être dangereux d'utiliser le même couteau et la même planche avant et après la cuisson d'un morceau de viande? (Les bactéries qui se trouvaient dans la viande crue peuvent contaminer à nouveau la viande cuite.)
- Apprendre comment nettoyer une plaie, la désinfecter avec du peroxyde d'hydrogène et la protéger avec un pansement.
- Stériliser des ustensiles. (Exemples de techniques: eau bouillante, autoclave, alcool, etc.)

▸ **Voir «L'antisepsie et l'asepsie en chirurgie (1867)» dans ce même thème.**

1860. Le médecin orthopédiste français Charles PRAVAZ (1791-1853) invente la seringue à injection à piston, qui permettra, entre autres, les premières anesthésies générales par injection.

1863. L'anatomiste, embryologiste et pathologiste allemand Wilhelm von WALDEYER-HARTZ (1836-1921) crée les termes «chromosome» et «neurone» et décrit le mécanisme d'évolution des pathologies cancéreuses.

Vers 1863. Le physicien irlandais John TYNDALL (1820-1893) découvre l'effet du champignon *penicillium* sur les bactéries, mais sa découverte passe inaperçue.

1865. Le physiologiste français Claude BERNARD (1813-1878) publie *Introduction à l'étude de la médecine expérimentale*, qui définit les principes de base de la recherche scientifique. Il attribue une fonction à chaque tissu, découvre la fonction glycogénique du foie et établit la distinction entre les glandes à sécrétion interne (endocrines) et à sécrétion externe (exocrines).

1867. Le chirurgien anglais Joseph LISTER (1827-1912) montre, à partir de travaux sur la gangrène, l'importance des procédures antiseptiques en chirurgie et contribue à réduire les maladies et les décès postopératoires. Il invente un appareil à pulvériser de l'acide phrénique dans la salle d'opération, recommande de laisser tremper les instruments dans du phénol et insiste sur la propreté des mains, des blouses et des pansements. Pour cette contribution importante, il sera ennobli et nommé président de la Société royale de Londres. Vers 1885 sera également découvert le principe de l'asepsie, qui consiste à éliminer le plus de bactéries possible avant l'intervention en stérilisant les instruments et les bandages et en désinfectant la peau du patient.

L'ANTISEPSIE ET L'ASEPSIE EN CHIRURGIE

Conceptions fréquentes à l'époque et chez certains élèves

- Il n'est pas nécessaire de se laver les mains et de stériliser les instruments avant de pratiquer une intervention chirurgicale.
- L'apparition de pus dans une plaie est un facteur de cicatrisation.

Concepts scientifiques actuels

Toute plaie est un milieu propice à la multiplication des bactéries qui causent des infections et la présence de pus est un signe d'infection. Par conséquent, toute intervention chirurgicale, même mineure, doit être effectuée dans des conditions d'hygiène rigoureuses, pour réduire au minimum la contamination par des bactéries. L'antisepsie, qui consiste à désinfecter les plaies et l'environnement en détruisant les bactéries au moyen de produits chimiques, ainsi que l'asepsie, qui consiste à stériliser les instruments par chauffage à haute température, sont deux volets essentiels de cette hygiène chirurgicale.

Exercices et activités (12 ans et plus)

- Se documenter pour répondre à la question suivante : La découverte de l'importance des procédures antiseptiques et aseptiques en chirurgie a-t-elle fait baisser le taux de mortalité dans les hôpitaux ?
- Apprendre comment traiter une blessure mineure avec une solution désinfectante et un pansement (antisepsie).
- Apprendre comment stériliser des instruments, par exemple en les faisant chauffer avec un peu d'eau dans un autocuiseur, pendant plusieurs minutes, après les avoir lavés (asepsie).
- Se documenter pour répondre à la question suivante : De nos jours, les bactéries causent-elles encore des problèmes en milieu hospitalier ?

1872. Le microbiologiste polonais Ferdinand COHN (1828-1898) définit quatre groupes de bactéries et fonde la bactériologie morphologique.

▶ **Voir « Les groupes de bactéries (1872) » dans le thème de biologie et médecine « La cellule et la chimie du vivant ».**

1872. Invention, dans une prison de France, de la douche, pour améliorer l'hygiène de l'établissement.

1877. Le zoologiste et microbiologiste russe Ilia METCHNIKOV (1845-1916) découvre le système immunitaire en montrant que certaines cellules du sang peuvent phagocyter des microbes.

1878. Le chimiste, physicien et biologiste français Louis PASTEUR (1822-1895) isole le staphylocoque, une bactérie responsable des furoncles et de l'ostéomyélite. Il isolera le streptocoque, une bactérie responsable de la fièvre puerpérale, l'année suivante.

1880. Le médecin français Alphonse LAVERAN (1845-1922) découvre l'hématozoaire, un organisme unicellulaire responsable de la malaria.

LA MALARIA

Conception fréquente à l'époque et chez certains élèves

La malaria est causée par la mauvaise qualité de l'air de certaines régions chaudes et humides du globe.

Concepts scientifiques actuels

La malaria, ou paludisme, est une maladie tropicale causée par diverses espèces d'hématozoaires (organismes unicellulaires). Ces hématozoaires sont transmis par la piqûre de l'anophèle (une espèce de moustique) femelle. Chez l'homme, les hématozoaires se reproduisent dans le foie et sont ensuite libérés dans le sang. La malaria se manifeste par de violents accès de fièvre et peut entraîner la mort. Elle se prévient et se traite à l'aide de la quinine et de ses dérivés.

Activités et exercice (8 ans et plus)

- À l'aide d'un microscope, examiner des préparations microscopiques de l'hématozoaire qui cause la malaria (disponibles chez certains fournisseurs de matériel scientifique). On peut également observer des préparations virtuelles à l'aide de certains logiciels de microscopie.
- Examiner une carte qui indique les régions du monde où sévit la malaria.
- Lire les conseils donnés aux voyageurs qui se rendent dans ces régions.
- Se documenter pour répondre à la question suivante : Quels sont les ravages causés par la malaria en Afrique et en Asie ?

1882. Le médecin et bactériologiste allemand Robert KOCH (1843-1910) identifie la bactérie responsable de la tuberculose. Il identifiera la bactérie responsable du choléra l'année suivante.

1885. Le chimiste, physicien et biologiste français Louis PASTEUR (1822-1895) met au point un vaccin contre la rage.

LE VACCIN CONTRE LA RAGE

Conception fréquente à l'époque et chez certains élèves

La seule façon de se protéger contre la rage est d'éviter les morsures d'animaux atteints.

Concepts scientifiques actuels

La rage est causée par le virus rabique. Sous sa forme «urbaine», le vecteur en est généralement le chien, surtout dans les pays où ils ne sont pas vaccinés. Sous sa forme «sylvatique», les vecteurs sont surtout le renard, le raton-laveur, la moufette et la chauve-souris. La maladie cause d'abord des troubles comportementaux, moteurs et digestifs, puis aboutit à la mort. Les vaccins modernes, obtenus par génie génétique, renferment le matériel génétique de la variole et de la rage et protègent contre ces deux maladies.

Activité et exercices (8 ans et plus)

- Lire un texte ou regarder un documentaire portant sur la mise au point du vaccin contre la rage par Pasteur.
- Se documenter pour répondre aux questions suivantes: Est-il possible que des animaux de sa région soient atteints de la rage? Si oui, que faut-il faire pour éviter de contracter la maladie?
- Se documenter pour répondre à la question suivante: Quels sont les faits saillants de la vie de Louis Pasteur? Voir les remarques portant sur cette même question dans «Les molécules chirales (1850)», dans le thème de chimie «Les éléments, les composés et les réactions chimiques».

1885. Mise au point, aux États-Unis, des gants en caoutchouc pour usage médical et chirurgical.

1886. Début de la stérilisation de l'eau destinée à la consommation humaine. Cette stérilisation se fait principalement par filtration et oxygénation. La chloration débutera en 1908.

LA STÉRILISATION DE L'EAU

Conception fréquente à l'époque et chez certains élèves

Toute eau limpide est potable.

Concepts scientifiques actuels

L'eau, même quand elle semble propre, peut contenir des bactéries et des virus qui peuvent provoquer des maladies graves, telles que le choléra, des gastro-entérites et des diarrhées. La contamination de l'eau est en grande partie due à la pollution par des matières fécales animales et humaines, mais aussi à la pollution industrielle. Le traitement de l'eau destinée à la consommation humaine comporte une épuration mécanique, qui enlève une grande partie des particules en suspension, une épuration biologique par enrichissement artificiel en oxygène, qui tue bon nombre de micro-organismes, et une stérilisation par ajout de chlore, qui tue presque tous les micro-organismes restants. Encore de nos jours, une grande partie de la population du globe ne dispose pas d'eau potable stérilisée.

Activités et exercice (8 ans et plus)

- Examiner des préparations microscopiques d'eau non stérilisée et d'eau stérilisée (disponibles chez certains fournisseurs de matériel scientifique). On peut également observer des préparations virtuelles à l'aide de certains logiciels de microscopie.
- Visiter une usine de filtration et de traitement de l'eau.
- Apprendre à stériliser l'eau dans une situation où l'eau potable n'est pas accessible. (Exemples: filtrer l'eau, la faire bouillir, ajouter des capsules de produits chimiques pour la stériliser.)
- Se documenter pour répondre à la question suivante: Une eau potable de qualité est-elle disponible partout sur Terre?

1887. Le physiologiste anglais Augustus WALLER (1856-1922) enregistre un premier électrocardiogramme. Il faudra toutefois attendre 1901 pour qu'apparaisse l'électrocardiographie sous sa forme moderne.

1887. Invention des premiers verres de contact.

1890. Le médecin allemand Emil von BEHRING (1854-1917) découvre l'immunité humorale en montrant que le sérum d'un animal ayant eu le tétanos ou la diphtérie, injecté à un autre animal, préserve cet autre animal de ces maladies.

1890. Standardisation de la technique de la ponction lombaire, qui permet un examen chimique, cellulaire et bactériologique du liquide céphalo-rachidien.

1894. Le bactériologiste français d'origine suisse Alexandre YERSIN (1863-1943) isole le bacille de la peste.

1895. Le physicien allemand Wilhelm RÖNTGEN (1845-1923) découvre les rayons X, qui deviendront très utiles en médecine et en biologie. La première radiographie médicale aux rayons X, prise l'année suivante, est celle d'une main humaine.

LA RADIOGRAPHIE AUX RAYONS X

Conception fréquente à l'époque et chez certains élèves

Il est impossible de voir à l'intérieur de plusieurs parties du corps sans couper.

Concepts scientifiques actuels

La radiographie aux rayons X est fondée sur le principe de la différence d'absorption des rayons par les différents tissus du corps. Par exemple, les rayons X traversent facilement les cavités de l'organisme contenant de l'air, ainsi que les tissus mous, mais sont arrêtés par les os, les dents et les métaux. Par conséquent, sur une plaque photographique sensible à ces rayons, les cavités et les tissus mous paraîtront plus foncés que les parties dures des os et des dents.

Activités et exercices (12 ans et plus)

- Examiner des radiographies prises à l'aide de rayons X (exemples: radiographies des os, des dents, des poumons).
- Si possible, visiter un cabinet de dentiste, une clinique ou un hôpital et examiner comment sont prises les radiographies aux rayons X.
- Se documenter pour répondre à la question suivante: Quelles sont les blessures et maladies que des radiographies aux rayons X permettent de détecter?
- Se documenter pour répondre à la question suivante: Quelles sont les précautions qui doivent être prises lors d'une séance de radiographie aux rayons X?

1896. Le médecin tchèque Leopold FREUND (1868-1943) fonde la radiothérapie en découvrant que les rayons X permettent de traiter certaines maladies de la peau.

1896. Le médecin autrichien Sigmund FREUD (1856-1939) commence à révolutionner la psychologie et la psychiatrie en montrant le rôle de l'inconscient dans certains troubles mentaux.

1896. Le médecin italien Scipione RIVA-ROCCI (1863-1937) invente, pour mesurer la tension artérielle, le premier sphygmomanomètre fiable et pratique, un appareil qui comporte une colonne de mercure.

1897. Le bactériologiste hollandais Martinus BEIJERINCK (1851-1931) découvre qu'il existe des agents infectieux plus petits que des bactéries. Il les appelle les virus.

▶ **Voir « Les virus (1897) » dans le thème de biologie et médecine « La cellule et la chimie du vivant ».**

1897. Le physiologiste hollandais Christiaan EIJKMAN (1858-1930) montre l'importance d'une substance contenue dans le riz entier, nommée plus tard la thiamine ou vitamine B1, dans la prévention d'une maladie, le béribéri.

▶ **Voir « Les vitamines (1906) » dans le thème de biologie et médecine « La cellule et la chimie du vivant ».**

1897. Le médecin britannique Ronald ROSS (1857-1932) découvre que ce sont les moustiques anophèles qui transportent les hématozoaires responsables de la malaria.

1897. On commence à utiliser la radiographie pour le dépistage systématique de la tuberculose pulmonaire.

1897. Invention, aux États-Unis, de la chiropraxie, qui consiste à traiter certaines maladies par des manipulations des vertèbres.

1898. Le médecin et microbiologiste belge Jules BORDET (1870-1961) met en évidence les anticorps dans les sérums d'animaux immunisés contre une maladie.

1898. Le microbiologiste allemand Friedrich LÖFFLER (1852-1915) découvre, pour la première fois, qu'un virus est la cause d'une maladie qui peut affecter des animaux et des êtres humains, la fièvre aphteuse.

1899. La compagnie Bayer commercialise l'aspirine (l'acide acétylsalicylique) synthétisée pour la première fois à l'état pur et stable en 1887 par Félix HOFFMANN (1868-1946), un chimiste allemand qui travaille pour la compagnie. Ce nouveau médicament connaît un succès commercial extraordinaire.

L'ASPIRINE

Conception fréquente à l'époque et chez certains élèves

Il est impossible de produire artificiellement les produits actifs dans les infusions de plantes.

Concepts scientifiques actuels

L'aspirine, ou acide acétylsalicylique, appartient à une famille de molécules, les salicylés, présentes à l'état naturel dans des plantes telles que le saule, ce qui explique que des infusions de feuilles ou d'écorce de saule aient des propriétés semblables à celles de l'aspirine. L'aspirine est très utile, car c'est un antipyrétique (médicament contre la fièvre), un analgésique (médicament contre la douleur), un anti-inflammatoire (médicament contre l'inflammation) qui possède également des propriétés antiagrégantes (contre l'agrégation des plaquettes du sang).

Activités et exercice (8 ans et plus)

- Sentir et goûter une infusion de feuilles ou d'écorce de saule. Comparer avec le goût d'un petit morceau d'aspirine.
- À l'aide d'un microscope, observer des cristaux d'aspirine.
- Se documenter pour répondre à la question suivante: Existe-t-il d'autres médicaments contre la fièvre, la douleur et l'inflammation? (Exemples: acétaminophème contre la fièvre et la douleur; ibuprofène contre la fièvre, la douleur et l'inflammation.)

1900. Le médecin américain Walter REED (1851-1902) montre que le virus de la fièvre jaune est transmis par un moustique. L'éradication de ce moustique permettra la reprise des travaux de construction du canal de Panama, interrompus au cours des années 1880 en raison de la mort de plus de 20000 ouvriers à cause de cette maladie.

Vers 1900. Invention, en France, de la tente à oxygène, qui permet de soigner des malades atteints de certaines maladies respiratoires.

Le XXe siècle

1901. Invention, aux Pays-Bas, de l'électrocardiographie sous sa forme moderne, qui permet d'étudier le fonctionnement du cœur. Les premiers appareils pesaient toutefois plus de 300 kg.

L'ÉLECTROCARDIOGRAPHIE

Conception fréquente à l'époque et chez certains élèves

Seule l'auscultation permet d'étudier le fonctionnement du cœur.

Concepts scientifiques actuels

L'électrocardiographie est une technique médicale qui permet de recueillir, d'amplifier et d'enregistrer les courants d'action du myocarde, le muscle qui constitue le cœur. Ces courants sont recueillis par des électrodes, placées aux poignets, aux chevilles et au thorax, qui sont reliées à un appareil spécial, l'électrocardiographe. L'électrocardiographie permet de diagnostiquer diverses maladies cardiaques.

Activités et exercice (12 ans et plus)

- Si possible, visiter une clinique ou un hôpital et observer comment se prend un électrocardiogramme.
- Examiner des exemples d'électrocardiogrammes normaux et anormaux.
- À l'aide d'un ensemble pour expérimentation assistée par ordinateur sur l'électrocardiographie, produire et observer des électrocardiogrammes.
- Se documenter pour répondre à la question suivante: Quelles sont les habitudes de vie nocives et bénéfiques pour la santé du cœur?

1902. Le médecin américain Karl LANDSTEINER (1868-1943) découvre les groupes sanguins du système A, B et O, ce qui permettra de réduire énormément le nombre de réactions graves qui surviennent lors de transfusions sanguines.

Les groupes sanguins

Conception fréquente à l'époque et chez certains élèves

Un être humain peut recevoir du sang de n'importe quel autre être humain et donner du sang à n'importe quel autre être humain.

Concepts scientifiques actuels

Les membranes des globules rouges humains possèdent des antigènes dont la présence ou l'absence permet de répartir les individus en quatre groupes principaux. Le groupe A, le groupe B, le groupe AB (deux antigènes) et le groupe O (aucun antigène). Des réactions graves surviennent lorsque du sang est transfusé à un sujet dont le groupe sanguin est incompatible avec celui du donneur. Les personnes du groupe AB peuvent recevoir du sang de tous les groupes, tandis que celles du groupe O peuvent donner du sang à tous les groupes. Le sang du groupe AB ne peut être transfusé qu'au groupe AB; le sang du groupe A peut être transfusé au groupe A et au groupe AB; le sang du groupe B peut être transfusé au groupe B et au groupe AB. Les groupes sanguins se répartissent de la façon suivante dans la population: 45% de O; 44% de A; 8% de B; 3% de AB.

Activités (12 ans et plus)

- Demander à plusieurs personnes qui connaissent leur groupe sanguin à quel groupe elles appartiennent. Déterminer quelles personnes pourraient, sans danger, donner du sang à quelles personnes. Déterminer quelles personnes pourraient recevoir du sang de quelles personnes.
- Inviter une personne qui travaille dans une banque de sang à venir parler du don de sang et des transfusions.
- À l'aide de sérum anti-A (qui fait agglutiner le sang du groupe A), de sérum anti-B (qui fait agglutiner le sang du groupe B), de lames jetables et d'une lancette stérile, déterminer son groupe sanguin. (Le sang du groupe O ne s'agglutine dans aucun des deux sérums. Le sang du groupe AB s'agglutine dans les deux sérums.)
- À l'aide des liquides et du matériel pour la simulation des réactions d'agglutination (disponible chez certains fournisseurs de matériel scientifique) simuler la détermination de groupes sanguins. (Aucune manipulation de sang n'est nécessaire.)

1902. Les physiologistes anglais William BAYLISS (1860-1924) et Ernest STARLING (1866-1927) découvrent que les hormones agissent comme messagers chimiques. Ils contribuent ainsi au développement de l'endocrinologie.

1902. Les physiologistes français Charles RICHET (1850-1935) et Paul PORTIER (1866-1962) découvrent le phénomène de l'allergie.

LES ALLERGIES

Conception fréquente à l'époque et chez certains élèves

Certains individus sont plus sensibles que d'autres.

Concepts scientifiques actuels

L'allergie est une hypersensibilité développée par l'organisme lors d'un premier contact, par voie respiratoire, digestive ou cutanée, à une ou plusieurs substances (poils, poussières, aliments, médicaments, etc.). Lors des contacts suivants, cette hypersensibilité se manifeste par une ou des réactions qui peuvent être très diverses: irritation cutanée bénigne, irritation oculaire, congestion nasale, indigestion et, dans les cas les plus graves, choc anaphylactique qui peut être mortel.

Exercices (12 ans et plus)

- Se documenter pour répondre à la question suivante: Quelles sont les allergies les plus courantes? (Exemples: au pollen, à la poussière, aux poils d'animaux, etc.)
- Discuter des façons de réduire l'exposition aux allergènes.
- Se documenter pour répondre à la question suivante: Quels sont les principaux médicaments qui permettent de réduire la sévérité des réactions allergiques?
- Se documenter pour répondre aux questions suivantes: Quelles allergies sont particulièrement dangereuses? (Exemples: allergies aux noix et arachides, aux piqûres de guêpes.) Quelles sont les mesures à prendre en cas de choc anaphylactique? (Exemple: injection d'adrénaline.)

1902. La synthèse du *véronal* permet l'essor de l'anesthésie intraveineuse.

1903. Premiers barbituriques, utilisés contre l'insomnie et l'épilepsie.

1905. Découverte de *Spirocheta pallida*, la bactérie qui cause la syphilis.

1905. Premières utilisations, en chirurgie, de la novocaïne, un anesthésiant local.

1906. Le biochimiste anglais Frederick Gowland HOPKINS (1861-1947) montre qu'il existe des acides aminés essentiels à l'organisme et que des substances nutritives – que Funk appellera vitamines – autres que les protides, les lipides et les glucides sont indispensables à l'organisme.

▶ **Voir «Les vitamines (1906)» dans le thème de biologie et médecine «La cellule et la chimie du vivant».**

1906. Première tentative, en France, de transplantation d'organe. Il s'agit de la transplantation d'un rein de porc à un homme. C'est un échec, qu'on expliquera plus tard par les réactions de rejet de l'organisme.

1907. Le chimiste allemand Adolf WINDAUS (1876-1959) synthétise l'histamine, un acide aminé indispensable à la croissance. On découvrira plus tard que l'histamine est impliquée dans les allergies, ce qui conduira à l'invention des antihistaminiques, en 1937.

1908. Le médecin anglais Archibald GARROD (1857-1936) montre que l'expression des gènes correspond à la fabrication de protéines. Il découvre les causes biochimiques de certaines maladies génétiques.

1908. Début, aux États-Unis, de la chloration à grande échelle de l'eau potable, ce qui en élimine presque toutes les bactéries.

1910. Le biochimiste allemand Paul EHRLICH (1854-1915) met au point le premier agent chimique antibactérien spécifique, le Salvarsan, un remède contre la syphilis.

1913. Mise au point d'un vaccin contre la tuberculose.

1914. Le cytologiste allemand Theodor BOVERI (1862-1915) émet l'idée selon laquelle des cancers sont causés par des altérations chromosomiques au sein des cellules.

1917. Invention d'une méthode de conservation du sang à l'aide de citrate de soude, qui empêche la coagulation mais n'interdit pas la transfusion.

1918. Premières interventions modernes de neurochirurgie.

1919. Une épidémie de grippe très virulente, surnommée la «grippe espagnole», fait plus de 20 millions de morts.

1921. Les médecins et physiologistes canadiens Frederick BANTING (1891-1941) et Charles BEST (1899-1978) découvrent le rôle de l'insuline dans le traitement du diabète.

1921. Le médecin américain d'origine canadienne John LARSON (1892-1965), qui étudie les variations de la conductivité de la peau en fonction du travail des glandes sudoripares, invente le polygraphe, ou «détecteur de mensonge».

▶ **Voir «Le polygraphe (1921)» dans le thème de technologie «Les techniques militaires et policières».**

1922. Les médecins et bactériologistes français Albert CALMETTE (1863-1933) et Camille GUÉRIN (1872-1961) inventent le BCG (vaccin bilié de Calmette-Guérin), un vaccin contre la tuberculose.

1924. La société américaine Kimberly-Clark invente le mouchoir de papier jetable, commercialisé sous le nom de Kleenex.

1926. Le biologiste américain Joseph Hermann MULLER (1890-1967) découvre que les rayons X peuvent causer des mutations génétiques.

1927. Synthèse de la thyroxine, une hormone produite par la glande thyroïde.

1927. On isole la cortisone, une hormone sécrétée par les glandes surrénales.

1927. Invention, aux États-Unis, du poumon d'acier qui facilite la respiration d'un malade.

1928. Le bactériologiste anglais Alexander FLEMING (1881-1955) découvre la pénicilline et ses effets pour traiter les maladies causées par des bactéries.

1928. Découverte presque simultanée, par des scientifiques hongrois et américains, de la vitamine C.

1928. Mise au point du test de grossesse.

1928. Invention, en Allemagne, du stérilet.

1929. Invention, en Allemagne, de l'électroencéphalographie, qui permet d'étudier le fonctionnement du cerveau. Il faudra toutefois attendre 1934 pour que cette technique soit acceptée par la communauté médicale.

L'ÉLECTROENCÉPHALOGRAPHIE

Conception fréquente à l'époque et chez certains élèves

Seuls le comportement et les habiletés mentales d'un individu permettent d'étudier le fonctionnement de son cerveau.

Concepts scientifiques actuels

L'électroencéphalographie est une technique médicale qui permet de recueillir, d'amplifier et d'enregistrer l'activité des champs électriques des neurones du cerveau. Elle permet de constater les modifications de divers types d'ondes (delta, thêta, alpha et bêta) causées par les excitations sensorielles, l'activité mentale, le sommeil ou certaines maladies cérébrales, telle l'épilepsie.

Activités et exercices (12 ans et plus)

- Si possible, visiter une clinique ou un hôpital et observer comment se prend un électroencéphalogramme.
- Examiner des exemples d'électroencéphalogrammes normaux et anormaux.
- Se documenter pour répondre à la question suivante : Quelles sont les habitudes de vie nocives et bénéfiques pour la santé mentale ?
- Se documenter pour répondre à la question suivante : Certaines maladies mentales ont-elles une composante génétique (exemples : schizophrénie, autisme) ?

Vers 1930. Le médecin français James REILLY (1887-1974) publie d'importants travaux sur les réactions non spécifiques de l'organisme aux agressions.

1931. Le physicien allemand Ernst RUSKA (1906-1988) invente le microscope électronique.

1932. Un sulfamide permet pour la première fois de guérir une septicémie (infection généralisée) causée par des staphylocoques. Les sulfamides seront les principaux antibiotiques jusqu'au début de l'utilisation de la pénicilline, en 1943.

1933. Le biochimiste suisse Tadeus REICHSTEIN (1897-1996) synthétise la vitamine C.

1934. Début de la radiothérapie, qui est l'utilisation de rayonnements à des fins thérapeutiques.

1934. Construction, à Berlin, du premier microscope électronique.

1935. Première lobotomie, qui consiste à traiter une maladie mentale en enlevant une partie du cerveau.

1937. Découverte des antihistaminiques, qui atténuent les effets de l'histamine (un acide aminé naturellement présent dans le corps) et permettent le traitement des allergies.

1937. Premiers électrochocs, ou électroconvulsothérapie, qui consistent à traiter une maladie mentale à l'aide de chocs électriques au cerveau.

1937. Découverte de l'héparine, un anticoagulant efficace contre certaines maladies cardio-vasculaires.

1941. Le biochimiste anglais d'origine allemande Ernst CHAIN (1906-1979) et le pathologiste australien Howard FLOREY (1898-1968) isolent et décrivent la pénicilline, qui avait été découverte par Fleming, ce qui permettra sa production industrielle et son utilisation médicale dès 1943. Le premier succès spectaculaire de la pénicilline sera son effet extraordinairement puissant contre la syphilis Les médecins disposeront enfin d'une façon efficace de lutter contre les infections et les épidémies, fléaux de l'humanité depuis des millénaires.

LES ANTIBIOTIQUES

Conception fréquente à l'époque et chez certains élèves

Seule une hygiène rigoureuse permet de se protéger contre les infections et les épidémies.

Concepts scientifiques actuels

Les antibiotiques sont des composés chimiques qui tuent des bactéries. Ils sont efficaces contre les infections courantes et contre la plupart des maladies qui causaient autrefois de graves épidémies (peste, choléra, lèpre, maladies vénériennes, etc.). Les antibiotiques ne sont d'aucune utilité contre les maladies virales (exemples: rhume, grippe), sauf si elles dégénèrent en maladies infectieuses (exemple: grippe qui se complique d'une pneumonie).

Exercices (12 ans et plus)

- Se documenter pour répondre à la question suivante: Avant la découverte des antibiotiques, pourquoi toutes les blessures et toutes les interventions chirurgicales pouvaient-elles s'avérer très dangereuses?
- Se documenter pour répondre à la question suivante: Quelles sont les maladies courantes contre lesquelles les antibiotiques sont utiles et quelles sont celles contre lesquelles ils sont inutiles?
- Se documenter pour répondre aux questions suivantes: Les bactéries peuvent-elles devenir résistantes aux antibiotiques? Si oui, quelles sont les façons de réduire cette résistance aux antibiotiques?

1941. Découverte, dans le sang d'un macaque de l'espèce rhésus, du « facteur Rhésus », un antigène sanguin dont il faut tenir compte lors des transfusions.

1944. Invention du rein artificiel, un épurateur situé à l'extérieur du corps et fonctionnant par dialyse.

LE REIN ARTIFICIEL

Conception fréquente à l'époque et chez certains élèves

Une personne dont les reins ont cessé de fonctionner est condamnée à mourir rapidement.

Concepts scientifiques actuels

Le rein artificiel permet de pallier une insuffisance rénale qui cause l'accumulation des déchets toxiques dans l'organisme. Il fonctionne selon le principe de la dialyse, qui consiste à dériver le sang d'une artère, à le diriger vers un appareil qui le purifie et à le réinjecter dans une veine. Les séances de dialyse ont lieu deux à quatre fois par semaine.

Activités et exercice (12 ans et plus)

- Regarder un documentaire portant sur les maladies rénales et la dialyse.
- Si possible, visiter un hôpital et observer une séance de dialyse.
- Se documenter pour répondre à la question suivante : Quelles sont les habitudes de vie nocives et bénéfiques pour la santé des reins ?

1945. Invention de la fluoration de l'eau, pour prévenir la carie dentaire.

LA FLUORATION DE L'EAU

Conception fréquente à l'époque et chez certains élèves

La seule façon de prévenir la carie dentaire est de se brosser régulièrement les dents.

Concepts scientifiques actuels

Le fluor est un élément chimique de la famille des halogènes. On en trouve naturellement dans les os et les dents, où il joue un rôle important contre la carie. La fluoration de l'eau potable permet une légère augmentation de la quantité de fluor absorbée par les êtres humains et améliore la protection naturelle contre la carie. Absorbé dans le corps par diffusion à travers les muqueuses gastriques et intestinales, il est ensuite véhiculé par le sang.

Exercice et activité (12 ans et plus)

- Se documenter pour répondre aux questions suivantes: L'eau potable de sa municipalité est-elle fluorée? En plus de la fluoration de l'eau potable, quelles sont les autres façons de bénéficier de la protection qu'offre le fluor contre la carie (exemples: dentifrice, rince-bouche qui contiennent un composé à base de fluor; traitement annuel à l'aide d'un composé à base de fluor)?
- Examiner des exemples de produits (dentifrice, rince-bouche, gel pour traitement annuel) qui contiennent un composé à base de fluor pour aider à prévenir la carie dentaire.

1946. Le physicien américain d'origine suisse Felix BLOCH (1905-1983) et le physicien américain Edward PURCELL (1912-1997) mettent au point la résonance magnétique nucléaire (RMN), qui consiste à orienter des noyaux atomiques dans un champ magnétique de façon à étudier la structure des molécules. Au début des années 1980, cette technique sera également utilisée en médecine, principalement pour localiser des tumeurs.

1948. Découverte des anticoagulants, qui permettront d'éviter les accidents thrombotiques (formation de caillots) responsables de plusieurs mortalités postopératoires.

1949. Découverte des propriétés du carbonate de lithium dans le traitement des psychoses maniaco-dépressives. Il s'agit du premier médicament vraiment efficace contre une maladie mentale.

1950. Invention du stimulateur cardiaque.

1950. Invention d'une prothèse de la hanche en acrylique.

1952. Le médecin américain Jonas SALK (1914-1995) élabore un vaccin contre la polio.

1952. Invention du respirateur artificiel.

1952. Première synthèse totale de la cortisone, un corticoïde qui permettra de soulager les personnes souffrant de rhumatismes.

1952. Invention, aux États-Unis, de l'échographie, qui est d'abord utilisée pour examiner le cœur.

1953. Invention de la circulation extracorporelle, pour les opérations à cœur ouvert, qui permet de maintenir l'irrigation des autres organes pendant l'arrêt temporaire du cœur.

1954. Le médecin américain Gregory PINCUS (1903-1967) et ses collaborateurs conçoivent la pilule contraceptive, des comprimés de noréthynodrel qui inhibent l'ovulation. La pilule contraceptive sera commercialisée à partir de 1959.

1954. Première implantation d'une prothèse de la hanche.

1955. Établissement d'un lien entre l'exposition à l'amiante et le cancer du poumon.

1956. Le médecin canadien d'origine autrichienne Hans SELYE (1907-1982), se basant en partie sur les travaux de Reilly au sujet des réactions non spécifiques de l'organisme aux agressions, publie *The Stress of Life*, une première description médicale du stress.

LE STRESS

Conception fréquente à l'époque et chez certains élèves

La réaction de l'organisme est toujours spécifique au type d'agression qu'il subit.

Concepts scientifiques actuels

Le stress est une réponse non spécifique de l'organisme à une agression physique (forte chaleur, froid intense, variation brutale de température, radiation ionisante, traumatisme, brûlures, intervention chirurgicale), infectieuse ou psychique (émotion violente). Les manifestations du stress évoluent en trois phases: une phase d'alarme avec sécrétion accrue d'hormone corticosurrénale; une phase d'adaptation; une phase d'épuisement si l'agression perdure. Le stress peut être la cause de certaines maladies chroniques.

Activités et exercice (12 ans et plus)

- Regarder un documentaire portant sur les effets du stress chez les animaux.
- Donner des exemples de situations qui pourraient être une cause de stress pour un animal familier ou un animal sauvage.
- Se documenter pour répondre à la question suivante: Quelles sont les façons de réduire le stress dans sa vie quotidienne?

1957. Découverte de l'immunothérapie, qui coïncide avec celle de l'interféron, une protéine qui bloque la contamination des cellules par les virus et qui s'avérera efficace contre certains cancers.

1958. Le médecin français Jean DAUSSET (né en 1916) découvre un système d'antigènes qui gouverne la compatibilité des tissus lors de la transplantation.

1958. L'obstétricien anglais Ian DONALD (1910-1987) applique la technique de l'échographie à l'examen de l'utérus et du fœtus.

L'ÉCHOGRAPHIE

Conception fréquente à l'époque et chez certains élèves

Il est impossible de voir le fœtus à l'intérieur du ventre de sa mère.

Concepts scientifiques actuels

La technique de l'échographie, un peu semblable à celle du radar, consiste à examiner un organe ou un fœtus à l'aide d'ultrasons qui sont plus ou moins bien réfléchis par les divers tissus.

Activités et exercice (12 ans et plus)

- Examiner des photographies d'appareils servant à faire des échographies. Examiner aussi des échographies d'un fœtus et d'un cœur.
- Si possible, visiter une clinique ou un hôpital où se trouve un appareil servant à faire des échographies et observer le déroulement d'une séance de prise d'images.
- Se documenter pour donner des exemples d'utilisation de la technique de l'échographie en diagnostic médical (exemple: malformation cardiaque chez l'embryon, l'enfant ou l'adulte).

1958. Mise au point du Librium, un nouveau type de médicament contre l'anxiété et l'insomnie.

1958. Première transplantation d'organe réussie. Il s'agit de la transplantation d'un rein entre deux jumeaux identiques, ce qui explique que le phénomène du rejet n'a pas posé de problèmes.

1958. Invention, aux États-Unis, du *pacemaker*, un stimulateur cardiaque électrique.

1959. Le généticien français Jerôme LEJEUNE (1926-1994) montre, pour la première fois, qu'une anomalie chromosomique peut être la cause d'une maladie humaine, la trisomie, parfois appelée « mongolisme ».

1961. Invention de la scintigraphie, une technique qui permet d'observer des organes à l'aide de substances radioactives.

1962. Premières tentatives modernes de xénogreffes, c'est-à-dire de greffes d'organes d'animaux à des êtres humains. Maintenant suspendues, les xénogreffes ont toutes été des échecs, mais seront peut-être éventuellement possibles grâce à des organes provenant d'animaux génétiquement modifiés.

1964. Débuts, aux États-Unis, de la chimiothérapie pour le traitement de certains cancers.

1965. Invention de la mammographie pour la détection des tumeurs du sein.

1966. L'Académie des sciences de la France définit la mort comme étant la cessation de l'activité cérébrale.

1967. Le médecin et chirurgien sud-africain Christian BARNARD (1922-2001) réalise la première transplantation cardiaque chez l'être humain.

LA TRANSPLANTATION D'ORGANES

Conception fréquente à l'époque et chez certains élèves

Il est impossible de transplanter un organe d'un être humain à un autre.

Concepts scientifiques actuels

Le principal obstacle à la transplantation d'organes d'un individu à un autre est le phénomène de rejet. En effet, lorsque les antigènes de type HLA (complexe d'histocompatibilité) de l'organe greffé sont reconnus comme étrangers et incompatibles, les globules blancs de l'individu qui a reçu l'organe greffé se multiplient et attaquent l'organe jusqu'à sa destruction. Pour éviter le rejet, il faut donc avoir recours à des médicaments, tels que la ciclosporine, qui favorisent l'acceptation de la greffe par l'organisme hôte.

Activité et exercices (12 ans et plus)

- Regarder un documentaire portant sur la transplantation d'organes.
- Se documenter pour répondre à la question suivante: Pourquoi les premières tentatives de transplantation ont-elles été des échecs? (Rejet de l'organe transplanté.)
- Se documenter pour répondre à la question suivante: Quels sont les organes et parties du corps qu'il est maintenant possible de transplanter (exemples: cœur, poumon, rein, main, etc.)?
- Se documenter pour répondre à la question suivante: La transplantation d'organes de l'animal à l'homme est-elle totalement impensable?

1970. Découverte des oncogènes, c'est-à-dire des gènes à l'origine de certains cancers.

1970. Mise au point, aux États-Unis, du défibrillateur, qui permet de contrôler les contractions désordonnées du muscle cardiaque

1972. L'ingénieur anglais Godfrey HOUNSFIELD (né en 1919) révolutionne la radiologie médicale en inventant le scanner (ou tomodensitomètre) aux rayons X.

LE SCANNER

Conception fréquente à l'époque et chez certains élèves

Seules les radiographies conventionnelles permettent d'observer l'intérieur du corps.

Concepts scientifiques actuels

Un scanner, ou tomodensitomètre, utilise des rayons X, ou la résonance magnétique des atomes d'hydrogène des molécules d'eau du corps, et un ordinateur pour construire une image numérisée constituée de plusieurs coupes transversales de l'organe observé. Le scanner a d'abord été utilisé comme moyen d'exploration du cerveau, mais il est maintenant utilisé pour plusieurs autres organes du corps.

Activités et exercice (12 ans et plus)

- Examiner des photographies de scanners ainsi que des photographies de divers organes prises à l'aide d'un scanner.
- Si possible, visiter une clinique ou un hôpital où se trouve un scanner et observer le déroulement d'une séance de prise d'images d'un organe.
- Se documenter pour répondre à la question suivante: Quels sont les diagnostics médicaux qu'il serait plus difficile d'établir sans scanner (exemples: tumeur au cerveau, lésion des sinus, etc.)?

1972. Invention, aux États-Unis, de l'imagerie médicale par résonance magnétique, encore plus précise que l'imagerie par scanner aux rayons X.

1972. Découverte, en Suisse, de la ciclosporine, une substance extraite d'un champignon, dont les propriétés immunosuppressives évitent les rejets lors de greffes.

1973. Une société américaine invente l'implant cochléaire, qui stimule la cochlée ou oreille interne, pour les sourds. La première implantation se fera en 1977.

1973. Création des premières banques de sperme.

1975. Le biologiste moléculaire britannique César MILSTEIN (1927-2002) et l'immunologiste allemand George KÖHLER (1946-1995) produisent les premiers anticorps monoclonaux, qui s'avéreront particulièrement utiles pour l'élaboration de tests immunologiques de dépistage.

1976. Le médecin américain John BISHOP (né en 1936) et le microbiologiste américain Harold VARMUS (né en 1939) montrent que les oncogènes, qui sont des gènes à l'origine de certains cancers découverts en 1970, sont dérivés de gènes normaux de la cellule, les protooncogènes, qui se sont incorporés au génome de certains virus.

1977. Premiers cas de SIDA (syndrome de l'immunodéficience acquise) aux États-Unis. On pensait au début qu'il s'agit d'une forme de cancer, mais on découvrira rapidement que cette maladie est causée par un virus. Le sida fera près de 14 millions de morts dans le monde au cours des 20 années suivantes.

1977. Mise au point de l'angioplastie, une méthode pour débloquer les artères du cœur qui peut dans certains cas remplacer les pontages coronariens.

1978. Naissance, en Angleterre, du premier « bébé-éprouvette », c'est-à-dire du premier bébé dont la fécondation a été réalisée en laboratoire.

1979. Découverte de l'interleukine, un nouvel agent immunothérapeutique.

1979. Mise au point d'une technique d'intervention au laser qui permet d'opérer un œil sans l'ouvrir.

1979. Première utilisation de corail pour réparer des os.

1980. L'Organisation mondiale de la santé annonce qu'elle a réussi à enrayer la variole de la surface de la Terre.

Vers 1980. Regain de popularité de la sangsue, utilisée depuis l'Antiquité mais abandonnée au début du XXe siècle, quand on découvre qu'elle facilite la cicatrisation lors de chirurgies plastiques et reconstructives.

1981. Mise en marché du premier médicament transdermique (*patch*), un autocollant appliqué sur la peau contre le mal des voyages.

1982. Débuts, grâce au génie génétique, de la production d'insuline humaine par une bactérie.

1982. Greffe d'un premier cœur artificiel chez un être humain, qui mourra 112 jours plus tard.

Le cœur artificiel

Conception fréquente à l'époque et chez certains élèves

Seule la greffe d'un cœur vivant permet de remplacer un cœur malade.

Concepts scientifiques actuels

Un cœur artificiel est une pompe mécanique, composée d'éléments de métal et de plastique. Les premiers cœurs artificiels, semblables à ceux qui sont utilisés lors des opérations à cœur ouvert, étaient reliés à une lourde machinerie extérieure qui lui fournissait de l'énergie et contrôlait son débit. Les nouveaux modèles, plus petits, sont presque entièrement autonomes. La durée de survie des patients demeure encore relativement limitée car de nombreuses complications peuvent survenir, surtout à cause du manque de compatibilité entre les tissus vivants et les matériaux synthétiques.

Activités (12 ans et plus)

- Regarder un documentaire qui présente le développement du cœur artificiel, ainsi que celui du nouveau cœur artificiel portatif autonome.
- Si possible, inviter un professionnel du milieu de la santé à venir présenter un cœur artificiel autonome.

1982. Découverte, aux États-Unis, du prion, un nouvel agent infectieux qui n'est ni un virus ni une bactérie, mais une protéine.

1983. Le médecin français Luc MONTAGNIER (né en 1932) identifie le VIH, virus responsable du sida.

1983. Lancement de l'Humulin, premier produit commercial du génie génétique.

1984. Première intervention chirurgicale sur un fœtus, dans un hôpital du Colorado, aux États-Unis.

1985. Des chercheurs américains isolent le rétinoblastome, premier gène responsable d'un cancer chez les êtres humains.

1985. Premiers cas de la maladie de la « vache folle » en Angleterre. Cette maladie causée par un prion, un composé semblable à une protéine, peut se transmettre aux êtres humains et se manifester sous la forme d'une variante de la maladie neurologique de Creutzfeldt-Jakob.

▶ **Voir « La maladie de la « vache folle » (1986) » dans le thème de biologie et médecine « L'environnement ».**

1985. Mise au point, en France, du premier test de dépistage du sida.

1989. Découverte, à l'Institut Armand-Frappier au Canada, du 3TC, un médicament important dans le traitement du sida.

1995. Débuts de la télémédecine, qui permet par exemple des analyses d'images et des consultations à distance.

1998. Création d'une souris transgénique qui produit de l'insuline humaine et obtention du premier brevet accordé pour un vertébré fabriqué par génie génétique.

1989. Premières greffes de tissus fœtaux cérébraux pour le traitement de la maladie de Parkinson.

1989. Mise au point de la « pilule du lendemain », une pilule abortive dont l'ingrédient actif est le RU 486, une hormone stéroïde.

1991. Première utilisation réussie d'une thérapie génétique dans le traitement d'une maladie héréditaire.

1997. Production de la brebis Dolly, premier animal cloné à partir d'une cellule animale adulte.

▶ **Voir « Le clonage (1997) » dans le thème de biologie et médecine « La cellule et la chimie du vivant ».**

1997. Création de la première plante « humanisée », du tabac producteur d'hémoglobine humaine.

1998. Mise en marché du Viagra, un premier médicament contre les problèmes d'érection.

1998. Premières fabrications, au Québec, de vaisseaux sanguins totalement biologiques, à partir de cellules humaines provenant du patient qui doit les recevoir.

1998. Premières utilisations expérimentales de robots chirurgiens contrôlés par des médecins.

1999. Première culture de cellules souches à partir de cellules d'embryons humains. Ces cellules, qui sont à l'origine de tous les types de cellules du corps humain, pourraient éventuellement servir à créer des tissus et des organes de remplacement.

2000. Le projet HUGO (Human Genome Organization), dont l'objectif était d'établir la séquence de tous les gènes de l'ADN humain, est pratiquement terminé.

2002. Une bactérie, le streptocoque doré, devient résistante à presque tous les antibiotiques connus.

LA TECHNOLOGIE

La technologie est l'ensemble des savoirs et des principes fondés sur des bases scientifiques utilisés pour la fabrication d'outils, de machines, d'appareils et de procédés de la vie courante et de l'industrie.

Cette section comporte six thèmes, qui présentent chacun une facette importante de l'histoire de la technologie :

- **les techniques de l'architecture et de la construction,**
- **les techniques du mouvement,**
- **les techniques de la lumière, du son et des communications,**
- **les techniques de la chaleur,**
- **les techniques militaires et policières,**
- **les techniques du vêtement et de l'alimentation.**

LES TECHNIQUES DE L'ARCHITECTURE ET DE LA CONSTRUCTION

L'Antiquité orientale

Vers 4300 av. J.-C. Invention de la roue en Mésopotamie.

▶ **Voir «La roue (4300 av. J.-C.)» dans le thème de physique «Les forces et les mouvements».**

Vers 3500 av. J.-C. Les Sumériens construisent les premières arches en pierre.

L'ARCHE

Conception fréquente à l'époque et chez certains élèves

La seule façon de faire tenir des pierres au-dessus du sol est de le poser sur d'autres pierres ou sur une poutre.

Concepts scientifiques actuels

L'arche est souvent utilisée en architecture, car elle permet de construire des structures à la fois élégantes et solides. Sa forme permet une répartition des forces qui fait en sorte que les blocs sont coincés les uns contre les autres et ne peuvent tomber. Le bloc le plus important est la «clé de voûte», située au sommet de l'arche, qui assure la cohésion de l'ensemble.

Activités (8 ans et plus)

- Construire une arche avec des cubes de mousse de polystyrène.
- Construire une arche avec un ensemble pour structures, ponts et tours de type Lego-Dacta (disponible chez certains fournisseurs de matériel scientifique).
- Trouver des édifices et structures de sa région qui comportent des arches en pierre.

IIIe millénaire av. J.-C. Construction des premiers barrages, digues de roches et de terre, qui servent à constituer des réserves d'eau.

▶ **Voir «Le barrage (1861)» dans ce même thème.**

Vers 2500 av. J.-C. Construction des grandes pyramides d'Égypte.

LA PYRAMIDE

Conception fréquente à l'époque et chez certains élèves

Il est impossible de construire un édifice qui comporte des millions de blocs de 2 à 3 tonnes sans machinerie motorisée.

Concepts scientifiques actuels

Les grandes pyramides d'Égypte, sépultures des pharaons, sont considérées comme l'une des grandes merveilles du monde. La plus grande, celle de Kheops, mesure environ 230 mètres de côté à sa base et a une hauteur d'environ 140 mètres. Elle contient environ 2,3 millions de blocs de grès pesant entre deux et trois tonnes chacun. Ces blocs étaient extraits de carrières avoisinantes et le tout était probablement revêtu de calcaire finement travaillé.

Activités et exercice (8 ans et plus)

- Examiner des photographies des grandes pyramides d'Égypte.
- Se documenter pour répondre à la question suivante : Comment les Égyptiens procédaient-ils pour construire les grandes pyramides ? (Remarquer l'utilisation du plan incliné et de billes de bois pour monter les pierres.)
- Construire une maquette qui présente la façon dont les grandes pyramides ont été construites.
- Construire une pyramide d'au moins 1 mètre de hauteur à l'aide de matériaux récupérés (exemples : litres de lait en carton, bouteilles de boisson gazeuse de 2 litres, boîtes de conserve toutes identiques, blocs de mousse de polystyrène, etc.).

Vers 2000 av. J.-C. Construction des premières tours, qui faisaient partie de l'enceinte fortifiée de Babylone.

LA TOUR

Conceptions fréquentes à l'époque

La seule façon de voir au-dessus des obstacles est de monter au sommet d'une montagne, d'une colline ou d'un arbre.

Concepts scientifiques actuels

La tour, d'abord utilisée comme flanquement d'une muraille, a été en usage dès l'Antiquité la plus lointaine (enceinte de Babylone). Au

Moyen Âge, la tour devint un élément indispensable des châteaux fortifiés, qui en comportaient plusieurs, les plus importantes étant généralement situées aux angles des murailles. L'une d'elles, isolée et spécialement aménagée (le donjon), servait de réduit. De nos jours, il existe de nombreux types de tours, dont plusieurs sont à la fois des attractions touristiques et des supports pour des systèmes de télécommunication.

Activités (8 ans et plus)

- Construire une tour avec du matériel de récupération ou du matériel peu coûteux.
- Construire une tour avec un ensemble pour structures, ponts et tours de type Lego-Dacta (disponible chez certains fournisseurs de matériel scientifique).
- Organiser un concours qui consiste à construire la plus haute tour possible avec une boîte de cure-dents et de petites guimauves.
- Visiter une tour moderne.

Vers 1300 av. J.-C. Construction des grandes pyramides précolombiennes en Amérique centrale et en Amérique du Sud.

L'Antiquité classique

VIIe siècle av. J.-C. Construction, en Chine, des premiers ponts à arc de pierre.

VIIe siècle av. J.-C. Les Étrusques construisent les premiers édifices munis de voûtes ou de dômes.

▶ **Voir « Le dôme (120 ap. J.-C.) » dans ce même thème.**

Vers 440 av. J.-C. Construction du Parthénon, à Athènes, chef-d'œuvre de l'architecture occidentale.

LE TEMPLE GREC

Conception fréquente à l'époque et chez certains élèves

Il est impossible de soulever de lourds blocs de marbre sans machinerie motorisée.

Concepts scientifiques actuels

Les temples grecs, dont le plus parfait est le Parthénon d'Athènes, sont constitués de blocs, souvent de marbre, taillés sur mesure et dont plusieurs sont ornés de sculpture. De plus, pour corriger certaines illusions d'optique, les colonnes ne sont ni perpendiculaires au sol ni parallèles entre elles, leur diamètre n'est pas le même de la base au sommet et la surface des marches n'est pas horizontale mais convexe. Les éléments de base de l'architecture classique du temple grec furent repris dans d'innombrables constructions des siècles suivants et sont encore souvent utilisés de nos jours.

Activités et exercice (8 ans et plus)

- Examiner des photographies de ruines de temples grecs et des photographies d'édifices plus récents de même style.
- Se documenter pour répondre à la question suivante : Comment les Grecs procédaient-ils pour construire les grands temples ?
- Assembler un casse-tête en trois dimensions qui représente un temple grec.
- Construire une maquette de temple grec avec des morceaux de mousse de polystyrène.
- Visiter un édifice néo-classique qui comporte plusieurs caractéristiques d'un temple grec.

IVe siècle av. J.-C. Un traité de physique grec mentionne l'existence de la poulie, du treuil (cylindre autour duquel s'enroule un câble, pour soulever un objet) et de la manivelle.

▶ **Voir « La poulie et le palan (390 av. J.-C.) » dans le thème de physique « Les forces et les mouvements ».**

Vers 390 av. J.-C. Le philosophe grec ARCHYTAS de Tarente (430-360 av. J.-C.) invente le palan, un ensemble de poulies qui permet de multiplier la force appliquée.

▶ **Voir « La poulie et le palan (390 av. J.-C.) » dans le thème de physique « Les forces et les mouvements ».**

285 av. J.-C. Construction du phare d'Alexandrie, une tour de plus de 130 m de hauteur au sommet de laquelle un feu de bois était entretenu toute la nuit pour guider les navires.

LE PHARE MARITIME

Conception fréquente à l'époque

Pendant la nuit, un navire ne peut se guider que sur les étoiles.

Concepts scientifiques actuels

Un phare maritime est une grande tour bâtie sur un littoral ou sur une île et munie d'un système d'éclairage qui guide les navires pendant la nuit. La lumière des premiers phares provenait d'un feu de bois, qui fut remplacé par une lampe à huile au Ier siècle ap. J.-C., puis par une lampe électrique au XIXe siècle. Les phares étaient tenus par un gardien, mais ils sont maintenant automatisés.

Activités et exercices (8 ans et plus)

- Examiner des photographies de phares maritimes construits à diverses époques et dans diverses régions du globe.
- Se documenter pour répondre à la question suivante: Comment les phares maritimes ont-ils évolué? (Exemples: sources de lumière de plus en plus puissantes, automatisation.)
- Visiter un phare maritime.
- Construire une maquette de phare maritime qui comporte une source de lumière.
- Se documenter pour répondre à la question suivante: Depuis l'arrivée du système GPS (Global Positioning System) pour la navigation, les phares maritimes sont-ils encore utiles?

Vers 250 av. J.-C. Le scientifique grec ARCHIMÈDE (287-212 av. J.-C.) énonce le principe du levier, déjà utilisé depuis des millénaires. Pour montrer que la multiplication de la force que permet un levier est théoriquement infinie, il prononce sa célèbre phrase: «Donnez-moi un point d'appui et je soulèverai le monde.»

▶ **Voir «Le levier (250 av. J.-C.)» dans le thème de physique «Les forces et les mouvements».**

IIe siècle av. J.-C. Les Romains construisent des routes qui comportent de solides fondations, ce qui les rend très durables. Ce principe, oublié pendant des siècles, ne sera à nouveau appliqué qu'au XVIIIe siècle.

LES ROUTES

Conception fréquente à l'époque et chez certains élèves

Une route n'est qu'une mince couche de gravier ou d'asphalte posée sur le sol.

Concepts scientifiques actuels

Une route moderne comporte une fondation de pierres calibrées, serrées et comprimées à l'aide d'un rouleau compresseur. Son assèchement est assuré par des fossés profonds. Elle peut être pavée à l'aide d'asphalte ou, dans le cas des routes à grand débit, de béton.

Activité et exercices (8 ans et plus)

- Examiner une carte qui montre les principales routes de l'Empire romain.
- Se documenter pour répondre à la question suivante: Comment les Romains procédaient-ils pour construire leurs routes?
- Se documenter pour répondre aux questions suivantes: Comment les routes et autoroutes sont-elles construites de nos jours? Quels sont les principaux matériaux utilisés?

IIe siècle av. J.-C. Invention, par les Romains, du ciment et du mortier.

Vers 100 av. J.-C. Construction des premiers moulins à eau en Asie mineure.

▶ **Voir « Le moulin à eau (100 av. J.-C.) » dans le thème de technologie « Les techniques du vêtement et de l'alimentation ».**

Vers 120 ap. J.-C. Les romains construisent le Panthéon, qui comporte un grand dôme en maçonnerie, une réalisation qui ne sera surpassée que quelques siècles plus tard.

LE DÔME

Conception fréquente à l'époque et chez certains élèves

Un grand dôme ne peut tenir sans poutres pour le supporter.

Concepts scientifiques actuels

Le dôme, tout comme l'arche, est souvent utilisé en architecture, car il permet de construire des structures à la fois élégantes et solides. Sa forme permet une répartition des forces. Dans le cas d'un dôme constitué de blocs, le bloc le plus important est la « clé de voûte », située au sommet, qui assure la cohésion de l'ensemble.

Exercices et activités (8 ans et plus)

- Se documenter pour répondre à la question suivante: Comment les Romains ont-ils construit le Panthéon?
- Assembler un casse-tête en trois dimensions qui représente un édifice muni d'un dôme.
- Construire un dôme avec des cubes de mousse de polystyrène.
- Construire un igloo avec des cubes de neige tassée.

- Se documenter pour trouver d'autres exemples d'édifices célèbres qui comportent des dômes (exemples: Sainte-Sophie, Saint-Pierre de Rome).
- Visiter un édifice qui comporte un grand dôme.

Vers 450 ap. J.-C. Construction des grandes pyramides en Méso-Amérique, actuel Mexique.

Le Moyen Âge

VIe siècle. Construction, en Chine, des premiers ponts suspendus en bois et câbles.

▶ **Voir «Le pont suspendu métallique (1809)» dans ce même thème.**

Vers 600. Invention, en Perse, du moulin à vent à axe vertical et pale horizontales.

▶ **Voir «Le moulin à vent (600)» dans le thème de technologie «Les techniques du vêtement et de l'alimentation».**

XIIe siècle. Construction des premières cathédrales gothiques, qui comportent des arcs-boutants, des arcs en ogive et de grands vitraux.

LA CATHÉDRALE GOTHIQUE

Conception fréquente à l'époque et chez certains élèves

Une cathédrale gothique n'est pas solide parce qu'une grande proportion de l'aire de ses murs est faite de vitraux.

Concepts scientifiques actuels

L'art gothique est un style architectural qui s'est imposé en Europe entre le XIIe et le XVIe siècles. Plusieurs cathédrales gothiques sont de spectaculaires exemples de ce style. La cathédrale gothique se caractérise par quelques innovations techniques qui lui assurent une grande solidité: l'*arc brisé*, plus solide que l'arc semi-circulaire, car il facilite la répartition vers le bas des poussées nées du poids de la maçonnerie et évite ainsi l'écrasement; la *voûte d'ogives*, comportant des cintres de pierre qui canalisent les poussées vers des supports; et l'*arc-boutant*, un élément de butée en forme de demi-arc situé à l'extérieur et qui soutient le mur aux endroits où s'exercent les plus fortes poussées des voûtes.

Exercices et activités (8 ans et plus)

- Se documenter pour répondre à la question suivante: Comment les grandes cathédrales gothiques ont-elles été construites?

- Assembler un casse-tête en trois dimensions qui représente une cathédrale gothique.
- Se documenter pour trouver des exemples de cathédrales gothiques ou néo-gothiques célèbres (exemples: Notre-Dame de Paris et Chartres, en France).
- Visiter une cathédrale gothique ou néo-gothique.

Vers 1300. Invention de la brouette en Europe.

LA BROUETTE

Conception fréquente à l'époque et chez certains élèves

La seule façon pratique de soulever et de transporter de la terre est d'utiliser une pelle.

Concepts scientifiques actuels

La brouette est une sorte de levier. Tous les leviers sont constitués d'une barre rigide, mobile autour d'un axe ou d'un point fixe. Dans le cas de la brouette, le point d'application de la puissance (force de l'utilisateur) et celui de la résistance (le poids de la terre dans la brouette) sont du même côté du pivot (la roue). Étant donné qu'une partie du poids de la terre soulevée repose sur la roue de la brouette, la force requise pour soulever l'objet est moins grande avec la brouette que sans brouette. De plus, cette roue permet de déplacer l'objet plus facilement.

Activités (8 ans et plus)

- Soulever et déplacer des objets assez lourds (exemple: une boîte pleine de livres) sans brouette et avec une brouette.
- À l'aide d'un dynamomètre (balance à ressort) ou d'un pèse-personne, mesurer la force nécessaire pour soulever un objet assez lourd sans brouette, puis avec une brouette.

1420. Début de la construction de la cathédrale de Florence, qui comporte une coupole à double coque, pour alléger la structure.

La Renaissance

Vers 1490. L'artiste et inventeur italien LÉONARD DE VINCI (1452-1519) dessine les plans de plusieurs machines telles que le vérin hydraulique.

Le XVIIe siècle

Vers 1695. Le mathématicien et physicien français Pierre VARIGNON (1654-1722) énonce la loi fondamentale de la statique, selon laquelle, lorsqu'un corps est en équilibre sous l'action de forces concourantes, la résultante de ces forces est nulle.

▶ **Voir « L'équilibre (1695) » dans le thème de physique « Les forces et les mouvements ».**

Le XVIIIe siècle

1773. Construction du premier pont métallique, dont l'une des formes géométriques de base est le triangle.

LES STRUCTURES À BASE DE TRIANGLES

Conception fréquente à l'époque et chez certains élèves

Le carré est la forme géométrique de base la plus rigide.

Concepts scientifiques actuels

Le triangle est une forme géométrique qui constitue l'unité de base d'un grand nombre de structures telles que les tours, les ponts et les dômes. En effet, le triangle, contrairement au carré, au pentagone ou à l'hexagone, ne se déforme pas facilement, car toute modification de ses angles impliquerait une modification de la longueur de ses côtés. Quand le carré est utilisé comme unité de base, il est souvent traversé par des diagonales qui le divisent en triangles.

Activités (8 ans et plus)

- Construire une maquette de structure à base de triangles, tels une tour, un pont ou un dôme, avec des cure-dents et de petites guimauves.
- Construire une maquette de structure à base de triangles, tels un pont ou une tour, avec un ensemble pour structures, ponts et tours de type Lego-Dacta (disponible chez certains fournisseurs de matériel scientifique).

Le XIXe siècle

1809. Construction, aux États-Unis, du premier pont suspendu à câbles métalliques.

LE PONT SUSPENDU À CÂBLES MÉTALLIQUES

Conception fréquente à l'époque et chez certains élèves

Un pont doit être supporté par des arches ou par une structure de poutres.

Concepts scientifiques actuels

Un pont suspendu est un pont dont le tablier est soutenu par des câbles métalliques fixés à deux ou plusieurs pylônes. Certains ponts suspendus ont une longueur de plus d'un kilomètre. Un des ponts suspendus classiques les plus célèbres est le Golden Gate, à San Francisco, aux États-Unis. Plusieurs ponts suspendus modernes sont des ponts à haubans, qui ne comportent pas de câbles porteurs principaux, mais plusieurs haubans qui relient directement le tablier aux pylônes.

Activités et exercice (12 ans et plus)

- Examiner des photographies de divers types de pont suspendu.
- Construire une maquette de pont suspendu avec du matériel tel que de la ficelle, du carton et des baguettes de bois.
- Construire une maquette de pont suspendu avec un ensemble pour structures, ponts et tours de type Lego-Dacta (disponible chez certains fournisseurs de matériel scientifique).
- Regarder un documentaire portant sur l'effondrement du pont Tacoma, en 1940, aux États-Unis. Discuter des causes de cet effondrement (instabilité aéroélastique).

1815. L'ingénieur écossais John McADAM (1756-1836) invente le macadam, revêtement à base de pierre concassée et de sable aggloméré au moyen de rouleaux compresseurs, pour la construction des routes.

1826. Construction, en Angleterre, du premier tunnel ferroviaire.

LE TUNNEL

Conception fréquente à l'époque et chez certains élèves

Il est impossible de percer une montagne.

Concepts scientifiques actuels

Un tunnel permet le passage d'une voie ferrée ou d'une route sous une colline ou une montagne. Le percement d'un tunnel nécessite une expertise géologique préalable pour connaître les risques d'instabilité qui pourraient être liés à des cavités naturelles ou à des assises fissurées. Le percement se fait à l'aide de dynamite, de marteaux pneumatiques et de tunneliers munis de foreuses rotatives. Le soutènement du tunnel se fait à l'aide de poutres en acier ou de béton. Certains tunnels atteignent des dizaines de kilomètres de longueur.

Activités (8 ans et plus)

- Regarder un documentaire portant sur la construction d'un grand tunnel (exemple : Eurotunnel sous la Manche).
- Construire une maquette de tunnel passant sous une colline ou une montagne. Installer une voie ferrée pour modèle réduit de train électrique dans ce tunnel.

1845. Invention du ciment armé, précurseur du béton armé.

1857. L'ingénieur américain Elisha OTIS (1811-1861) invente le premier ascenseur suffisament sécuritaire pour les premiers gratte-ciel, grâce à un dispositif d'arrêt automatique en cas de rupture du câble.

▶ **Voir « L'ascenseur (1857) » dans le thème de technologie « Les techniques du mouvement ».**

1859. Invention, en France, du rouleau compresseur pour la construction des routes.

1861. Construction, en France, du premier barrage en maçonnerie.

LE BARRAGE

Conception fréquente à l'époque et chez certains élèves

La seule façon de construire un barrage est d'empiler des pierres, du sable et de la terre.

Concepts scientifiques actuels

Un barrage est une construction qui permet de retenir l'eau pour l'irrigation, pour maîtriser la crue d'un cours d'eau ou pour produire de l'énergie. Pendant des millénaires, les barrages n'ont été que des digues de terre et de pierre de faible hauteur. Plus tard, comme sous l'Empire romain, les barrages prirent la forme plus élaborée de voûtes en pierre. Les barrages modernes furent d'abord des ouvrages en maçonnerie, puis en béton, mais des remblais de pierre et de terre sont encore utilisés dans certains cas. Quelques barrages modernes atteignent plus de 200 mètres de hauteur.

Activités (8 ans et plus)

- Examiner des photographies de divers types de barrages.

- Visiter un barrage hydroélectrique.
- À l'aide de pâte à modeler résistante à l'eau ou d'argile, construire, dans un bac en plastique, une maquette de barrage qui puisse retenir une petite quantité d'eau.

1861. Invention, en France, du marteau-piqueur pneumatique lors du percement du tunnel du Mont-Cenis.

1879. Invention du béton armé.

1885. Construction, à Chicago, aux États-Unis, du premier gratte-ciel.

LE GRATTE-CIEL

Conception fréquente à l'époque

Il est impossible de construire des édifices fonctionnels de plus d'une dizaine d'étages.

Concepts scientifiques actuels

Le gratte-ciel, qui est la forme architecturale la plus caractéristique des XXe et XXIe siècles, a été rendu possible par l'invention de la structure portante métallique, des murs-rideaux et de l'ascenseur. Certains gratte-ciel représentent de véritables prouesses techniques qui comportent plus de 100 étages et atteignent des centaines de mètres de hauteur.

Activités et exercice (8 ans et plus)

- Examiner des photographies de divers gratte-ciel.
- Regarder un documentaire portant sur la construction d'un grand gratte-ciel.
- Assembler un casse-tête en trois dimensions qui représente un gratte-ciel.
- À l'aide d'un jeu de construction, construire une maquette de gratte-ciel.
- Discuter à propos de la question suivante : Dans une grande ville, quels avantages les gratte-ciel présentent-ils sur d'autres types de construction (exemple : une grande densité de personnes sur une petite superficie de terrain) ?

1889. L'ingénieur Gustave EIFFEL (1832-1923) et son équipe terminent la construction, à Paris, de la tour Eiffel.

LA TOUR EIFFEL

Conception fréquente à l'époque et chez certains élèves

Il est impossible de construire une tour dont la hauteur se mesure en centaines de mètres.

Concepts scientifiques actuels

La tour Eiffel, dont la construction démarra en 1887 et se termina en 1889, comporte 15 000 pièces d'acier assemblées par 2 500 000 rivets. Elle mesure environ 320 mètres de hauteur et pèse 7 200 tonnes. Bien qu'elle soit très solide, son sommet peut s'écarter de son axe de près de 12 cm, les jours de grand vent, en raison de la flexibilité de l'acier. De plus, selon la température, sa hauteur peut varier de 15 cm, en raison de la dilatation ou de la contraction du métal.

Activités et exercices (8 ans et plus)

- Examiner des photographies de la tour Eiffel.
- Se documenter pour répondre à la question suivante : Quand et comment la tour Eiffel a-t-elle été construite ?
- Construire une maquette de la tour Eiffel avec de petites baguettes de bois ou avec un ensemble pour structures, ponts et tours de type Lego-Dacta (disponible chez certains fournisseurs de matériel scientifique).
- Se documenter pour répondre à la question suivante : Quels sont les faits saillants de la vie de Gustave Eiffel ? (Exemples : Gustave Eiffel fonda sa firme d'ingénierie en 1867 et devint vite célèbre pour ses réalisations, parmi lesquelles, en plus de sa célèbre tour, se trouvent le pont d'acier d'Oporto, au Portugal, et l'armature de la statue de la Liberté, à New York.)

Le XXe siècle

1917. Invention aux États-Unis, du principe de la structure gonflable, une toile maintenue en place par la pression d'une pompe. La première utilisation, en 1948, abritera des radars.

LA STRUCTURE GONFLABLE

Conception fréquente à l'époque et chez certains élèves

Tout édifice doit être supporté par une structure rigide.

Concepts scientifiques actuels

Une structure gonflable est une toile épaisse et imperméabilisée maintenue en place par la pression d'une pompe qui fonctionne continuellement. Les portes permettant de pénétrer dans la structure sont munies d'un sas qui permet de communiquer avec l'extérieur sans modifier la pression de l'air à l'intérieur.

Activités (8 ans et plus)

- Examiner des photographies de structures gonflables.
- Construire une maquette de structure gonflable à l'aide de pellicules plastiques, de ruban adhésif et d'une petite pompe à air. Si possible, installer aussi une porte double agissant comme un sas.
- Si possible, visiter une véritable structure gonflable. (Exemple: Il existe quelques terrains de tennis recouverts d'une structure gonflable.)

1928. Invention du béton précontraint.

1953. L'architecte américain Buckminster FULLER (1895-1983) invente le dôme géodésique, une structure en tubes métalliques qui a la forme d'une sphère.

LE DÔME GÉODÉSIQUE

Conception fréquente à l'époque et chez certains élèves

La sphère n'est pas une forme appropriée pour la construction d'édifices.

Concepts scientifiques actuels

Le dôme géodésique est une structure en forme de sphère constituée de tubes métalliques retenus par des pièces appelées «nœuds». Cette structure peut être habillée d'une toile ou de panneaux faits en divers matériaux. Le dôme géodésique présente bien des qualités, notamment un grand volume pour une faible surface d'enveloppe, un grand espace autoportant sans piliers internes, une grande rigidité et une économie de matériaux.

Activités (12 ans et plus)

- Examiner des photographies de dômes géodésiques.
- Construire une maquette de dôme géodésique avec des cure-dents et des petites guimauves.
- Construire une maquette de dôme géodésique avec un ensemble pour structures, ponts et tours de type Lego-Dacta (disponible chez certains fournisseurs de matériel scientifique).
- Si possible, visiter un véritable dôme géodésique (exemple: la Biosphère, à Montréal).

LES TECHNIQUES DU MOUVEMENT

Préhistoire

Vers 30 000 av. J.-C. Invention des raquettes pour se déplacer sur la neige.

LES RAQUETTES

Conception fréquente à l'époque et chez certains élèves

Il est impossible de marcher sur une épaisse couche de neige sans s'enfoncer.

Concepts scientifiques actuels

Les raquettes à neige peuvent être décrites comme de très larges semelles qui s'adaptent aux chaussures et permettent de marcher sur la neige sans s'y enfoncer. Elles fonctionnent selon le principe suivant: lorsqu'une force est appliquée sur l'ensemble d'une surface, la pression qui s'exerce est le quotient de cette force par l'aire de la surface. Pour une personne qui porte des raquettes, la pression exercée sur la neige est égale au poids de la personne divisé par la surface de contact. Plus la surface des raquettes est grande, plus la pression par unité de surface est petite, ce qui permet de marcher en s'enfonçant très peu dans la neige.

Activités et exercice (8 ans et plus)

- Examiner divers modèles de raquettes. S'informer au sujet des avantages et inconvénients de chaque modèle. Remarquer les nouveaux modèles, qui comportent des crampons permettant de monter une pente sans reculer.
- Marcher dans de la neige épaisse sans raquettes, puis avec des raquettes.
- À l'aide de broches, de ficelle, de carton, de pellicule plastique ou d'autres matériaux simples, concevoir un modèle réduit de raquette pour une grande poupée. Essayer ces raquettes dans la neige.
- Discuter à partir de la question suivante: Il arrive parfois qu'il soit possible, même sans raquettes, de marcher sur une épaisse couche de neige sans s'enfoncer. Quand cela est-il possible? (Quand la neige a été recouverte d'une épaisse couche de pluie verglaçante.)

Vers 20 000 av. J.-C. Invention du patin à glace, qui sera longtemps fait en os.

► **Voir « Le patin à glace (XIIIe siècle) » dans ce même thème.**

L'Antiquité orientale

Vers 7 000 av. J.-C. Invention des skis pour se déplacer sur la neige.

LES SKIS

Conception fréquente à l'époque

Il est impossible de se déplacer rapidement dans la neige.

Concepts scientifiques actuels

Les skis peuvent être décrits comme de très longues semelles qui permettent de glisser sur la neige sans s'y enfoncer. Tout comme les raquettes, les skis répartissent le poids sur une grande surface, ce qui permet d'enfoncer très peu dans la neige. Par ailleurs, la surface des skis est lisse, ce qui leur permet de glisser facilement sur la neige.

Activité et exercice (8 ans et plus)

- Examiner et essayer divers types de skis alpins et de skis de fond. S'informer au sujet de la façon d'utiliser chaque type de skis.
- Se documenter pour pouvoir décrire l'évolution des skis de fond et des skis alpins, principalement au cours des dernières décennies.

Vers 5 000 av. J.-C. Invention du traîneau pour tirer des objets sur la neige.

Vers 4 300 av. J.-C. Invention de la roue en Mésopotamie.

► **Voir « La roue (4300 av. J.-C.) » dans le thème de physique « Les forces et les mouvements ».**

Vers 4 000 av. J.-C. Invention des navires à voile en Égypte.

LES PREMIERS VOILIERS

Conception fréquente à l'époque

Seules des rames permettent de faire avancer une embarcation.

Concepts scientifiques actuels

Les premiers voiliers n'utilisaient que la force appliquée directement sur la voilure, et la navigation se faisait uniquement aux allures portantes, c'est-à-dire du vent de travers au vent arrière. Ces voiliers n'avaient qu'une seule voile, en forme de trapèze.

Activité (8 ans et plus)

Construire des modèles réduits de voiliers semblables aux premiers navires à voile égyptiens. Utiliser des matériaux tels que des morceaux de mousse de polystyrène, des baguettes de bois, du papier, du tissu, de la ficelle, des petits clous et des punaises. Mettre à l'essai ces voiliers sur un plan d'eau.

Vers 2000 av. J.-C. Début de l'utilisation d'animaux de trait et de chariots à quatre roues.

Vers 2000 av. J.-C. Invention, en Chine, du cerf-volant.

LE CERF-VOLANT

Conception fréquente à l'époque et chez certains élèves

Un morceau de tissu ou de papier peut être emporté par le vent, mais ne peut voler de façon continue.

Concepts scientifiques actuels

Le cerf-volant est composé d'une toile fixée à un cadre. Cette toile agit comme une surface portante qui empêche le cerf-volant de piquer rapidement vers le sol. Alors que les modèles les plus simples sont guidés par un seul fil, des modèles plus complexes sont pilotés par un système à deux ou quatre fils qui permet de changer l'angle d'incidence de l'appareil par rapport au vent et d'effectuer des figures acrobatiques.

Activités (8 ans et plus)

- Examiner des photographies de divers modèles de cerf-volant.
- À l'aide de fines baguettes de bois et de papier de soie, construire un de ces modèles de cerf-volant et le faire voler.
- Organiser le concours du cerf-volant qui atteint la plus haute altitude.

L'Antiquité classique

Vers 500 av. J.-C. Invention, par les Romains, du char à deux roues, plus léger et plus rapide que le chariot à quatre roues.

IVe siècle av. J.-C. Un traité de physique grec mentionne l'existence de la poulie, du treuil (cylindre autour duquel s'enroule un câble, pour soulever un objet) et de la manivelle.

▶ **Voir « La poulie et le palan (390 av. J.-C.) » dans le thème de physique « Les forces et les mouvements ».**

Vers 390 av. J.-C. Le philosophe grec ARCHYTAS de Tarente (430-360 av. J.-C.) invente le palan, un ensemble de poulies qui permet de multiplier la force appliquée.

▶ **Voir « La poulie et le palan (390 av. J.-C.) » dans le thème de physique « Les forces et les mouvements ».**

Vers 250 av. J.-C. Le scientifique grec ARCHIMÈDE (287-212 av. J.-C.) utilise des poulies et des palans pour tirer un navire sur une assez grande distance hors de l'eau.

▶ **Voir « La poulie et le palan (390 av. J.-C.) » dans le thème de physique « Les forces et les mouvements ».**

Vers 200 av. J.-C. Invention des engrenages à roues dentées.

Vers 200 av. J.-C. Invention de la voile latine triangulaire, qui permet aux bateaux d'aller contre le vent.

LA VOILE TRIANGULAIRE

Conception fréquente à l'époque et chez certains élèves

Un voilier ne peut avancer que si le vent le pousse et il ne peut se déplacer contre le vent.

Concepts scientifiques actuels

Un voilier se déplace grâce à l'énergie cinétique du vent. Les premiers voiliers ne pouvaient se déplacer que par vent arrière ou par vent de travers. La voile triangulaire, semblable en cela à une aile d'avion, tire profit du fait que le vent s'écoule à des vitesses différentes sur les deux faces d'une voile, ce qui induit des différences de pression. C'est la résultante de ces différences de pression qui constitue la force aérodynamique de propulsion du voilier. Cette force se manifeste même quand le vent souffle dans une direction contraire à celle du déplacement du voilier.

Activités (8 ans et plus)

- Examiner des dessins de voiliers à voile triangulaire.
- Construire des modèles réduits de voiliers à voile triangulaire. Utiliser des matériaux tels que des morceaux de mousse de polystyrène, des baguettes de bois, du papier, du tissu, de la ficelle, des petits clous et des punaises. Essayer les voiliers sur un plan d'eau.

Vers 100 av. J.-C. Construction des premiers moulins à eau en Asie mineure.

▶ **Voir « Le moulin à eau (100 av. J.-C.) » dans le thème de technologie « Les techniques du vêtement et de l'alimentation ».**

Vers 50 av. J.-C. Début de l'utilisation de pigeons voyageurs pour le transport de messages. Ces pigeons peuvent parcourir jusqu'à 800 km, à des vitesses atteignant 70 km/h.

Vers 50 ap. J.-C. Le mathématicien et ingénieur grec HÉRON d'Alexandrie (Ier siècle ap. J.-C.) invente une fontaine et une pompe. Il invente même une petite turbine à vapeur qui n'avait toutefois, à l'époque, aucune utilité pratique.

▶ **Voir « L'éolipile (50 ap. J.-C.) » dans le thème de physique « La chaleur et la pression ».**

Vers 100 ap. J.-C. Invention, en Europe, du fer à cheval fixé au sabot par des lanières de cuir.

LE FER À CHEVAL

Conceptions fréquentes à l'époque et chez certains élèves

Les sabots du cheval sont très durs et ne nécessitent aucune protection.

Concepts scientifiques actuels

Les sabots ne sont pas très durs et peuvent être abîmés par des cailloux, ce qui peut causer des blessures au cheval. Les premiers fers, utilisés par les Gaulois et les Romains pour protéger les sabots, étaient fixés par des lanières de cuir. Les fers cloués, plus solides, apparurent à Byzance vers la fin du premier millénaire.

Activités (8 ans et plus)

- Examiner un fer à cheval.
- Si possible, visiter une écurie et observer comment on fixe les fers aux sabots des chevaux.

Le Moyen Âge

Vers 600. Débuts de l'utilisation, en Perse, du moulin à vent à pales horizontales.

▶ **Voir « Le moulin à vent (600) » dans le thème de technologie « Les techniques du vêtement et de l'alimentation ».**

723. Invention, en Chine, de l'échappement, un dispositif mécanique qui permet à un engrenage de tourner à une cadence régulière et qui deviendra le principe fondamental de toutes les horloges mécaniques.

▶ **Voir « L'échappement mécanique (723) » dans le thème d'astronomie « La mesure du temps ».**

Vers 1000. L'invention du fer à cheval cloué et du collier d'épaule permettent le remplacement graduel du bœuf par le cheval en agriculture et en transport.

Vers 1100. Construction, en Europe, de nombreux moulins à eau.

Vers 1100. Débuts de l'utilisation, en Europe, du moulin à vent à pales verticales.

XIIIe siècle. Invention, aux Pays-Bas, du patin à glace en fer.

LES PATINS À GLACE

Conception fréquente à l'époque

Il est plus difficile d'avancer rapidement sur la glace que sur une surface plus rugueuse.

Concepts scientifiques actuels

Le principe du patin à glace est l'inverse de celui de la raquette ou du ski. Alors que, dans le cas de la raquette et du ski, le poids est réparti sur une grande surface (pour réduire la pression par unité de surface), dans le cas du patin, il est réparti sur une très petite surface, ce qui augmente la pression par unité de surface. Cette pression permet de couper la surface de la glace, ce qui empêche le patin de déraper, et permet de faire fondre une très petite quantité de glace en eau liquide, ce qui lubrifie l'espace entre le patin et la glace et permet le glissement. Cette eau regèle aussitôt après le passage du patin.

Activités et exercice (8 ans et plus)

- Examiner divers types de patins à glace (patins de hockey sur glace, patins de patinage artistique, patins de vitesse). Expliquer les avantages et inconvénients de chaque type.
- Si possible, essayer divers types de patins à glace.
- Se documenter pour répondre à la question suivante: Quelles ont été les principales étapes de l'évolution du patin à glace?

Vers 1200. Invention, pour les navires, du gouvernail d'étambot, qui facilitera les longs voyages d'exploration des siècles suivants.

LE GOUVERNAIL D'ÉTAMBOT

Conception fréquente à l'époque et chez certains élèves

Un navire à voiles ne peut se manœuvrer qu'en modifiant l'orientation des voiles ou à l'aide de rames.

Concepts scientifiques actuels

L'étambot est la poutre principale de la charpente d'un navire et s'élève sur l'extrémité arrière de la quille. Le gouvernail d'étambot, fixé à cette poutre, sert à manœuvrer et à conduire le navire. Il se compose d'un safran, pièce plane tournant autour d'un axe vertical fixé sur l'étambot, et d'une barre ou d'une roue qui commande l'angle donné au safran par rapport à l'axe du navire.

Activités (12 ans et plus)

- Examiner des photos de divers types de navires et remarquer les gouvernails.
- Observer un modèle réduit de navire muni d'un gouvernail mobile. Placer le gouvernail dans une orientation quelconque, donner une poussée au navire pour qu'il avance dans l'eau et observer sa trajectoire. Recommencer en modifiant l'orientation du gouvernail.
- Construire un modèle réduit de navire muni d'un gouvernail.

1232. Lors de combats, des Chinois utilisent des « flèches à feu », de petites fusées propulsées par de la poudre noire.

LA FUSÉE

Conception fréquente à l'époque

La seule façon de propulser un projectile est de le lancer avec les mains, un arc ou une catapulte.

Concepts scientifiques actuels

Le principe de propulsion d'une fusée est la troisième *loi de Newton*. Selon cette loi, une action induit une réaction. Dans la chambre à combustion d'une fusée, les forces de la combustion vont dans toutes les directions, mais s'annulent en raison de la forme de cette chambre. Une seule force n'est pas annulée, celle qui va vers le haut, puisque des gaz sortent rapidement par la tuyère (orifice servant à l'expulsion et à l'accélération des gaz de la chambre à combustion). Cette force propulse la fusée vers le haut.

Activités et exercice (8 ans et plus)

- Regarder un documentaire portant sur les fusées.
- Gonfler un ballon de baudruche et le lâcher. Observer son mouvement.

- Lancer une petite fusée à carburant solide (disponible chez certains fournisseurs de matériel scientifique).
- Se documenter pour répondre à la question suivante: Quelles ont été les principales étapes de l'évolution de la fusée?

Vers 1300. Invention de la brouette en Europe.

▶ **Voir «La brouette (1300)» dans le thème de technologie «Les techniques de l'architecture et de la construction».**

La Renaissance

Vers 1490. L'artiste et inventeur italien Léonard DE VINCI (1452-1519) dessine les plans de plusieurs machines telles que le vérin hydraulique et le parachute.

LE PARACHUTE

Conception fréquente à l'époque et chez certains élèves

Il est impossible de ralentir la chute d'un objet.

Concepts scientifiques actuels

Un parachute ralentit la vitesse de chute d'un objet ou d'une personne, car sa grande surface augmente la résistance de l'air. De façon générale, les modèles de parachute efficaces sont faits d'un matériau très léger et comportent un assez grand nombre de ficelles plutôt longues. La forme de la toile n'a pas tellement d'importance.

Exercice et problème (8 ans et plus)

- Se documenter pour répondre à la question suivante: Quels sont les faits saillants de la vie de Léonard de Vinci? (Exemples: Léonard de Vinci est célèbre pour ses travaux dans les domaines tant artistique que médical et technique. Remarquer sa façon particulière d'écrire pour ne pas pouvoir être lu facilement.)
- Comment peut-on construire un parachute qui descend lentement?

  Matériel:

  Quelques sacs d'épicerie en plastique, quelques sacs pour envelopper les vêtements après un nettoyage à sec, du papier de soie, quelques morceaux de divers tissus, de la ficelle blanche, de petits objets à suspendre au parachute, des ciseaux. Quelques chronomètres.

Quelques solutions ou approches possibles:

- Les parachutes peuvent être faits de divers matériaux.
- Les parachutes peuvent être plus ou moins grands.
- Les parachutes peuvent avoir diverses formes (ronds, carrés, rectangulaires, en étoile, etc.).
- Les parachutes peuvent comporter un nombre plus ou moins grand de ficelles (4, 6, 8, etc.).
- Les ficelles peuvent être plus ou moins longues.

(Remarque: Si toutes les équipes utilisent un même objet à accrocher au parachute, on peut organiser le concours du parachute qui descend le plus lentement.)

1545. Le savant italien Gerolamo CARDANO (1501-1576) invente le cardan, un dispositif qui sert à transmettre un mouvement de rotation avec un certain angle.

LE CARDAN

Conception fréquente à l'époque et chez certains élèves

Il est impossible de plier un axe pour transmettre un mouvement de rotation avec un certain angle.

Concepts scientifiques actuels

Un cardan (ou joint de cardan) est un dispositif qui sert à transmettre un mouvement de rotation avec un certain angle, un peu comme s'il était possible de plier l'axe de rotation. Il se compose de deux fourchettes reliées à un croisillon. Les cardans sont très utilisés pour la transmission de la force de traction des véhicules automobiles. L'angle maximal de renvoi est d'environ 25° pour un cardan simple.

Activités (8 ans et plus)

- Examiner le schéma d'un cardan.
- Examiner le fonctionnement d'un cardan (cardan d'automobile ou cardan d'un ensemble de mécanismes de type Lego-Dacta).
- Examiner un axe de rotation flexible qui peut, dans certains cas, remplacer un cardan.

Le XVIIe siècle

1602. Invention, en Angleterre, des premiers rails pour le guidage des roues. Ces premiers rails, faits en bois, étaient utilisés dans les mines pour des chariots tirés par des hommes ou des chevaux.

1624. Invention, en Angleterre, d'un sous-marin rudimentaire mû par la force humaine.

1648. Le philosophe, mathématicien et physicien français Blaise PASCAL (1623-1662) découvre le *principe de Pascal* selon lequel la pression exercée en un point d'une masse fluide se transmet en tout point du fluide en conservant son intensité. Pascal applique ce principe à la fabrication d'une presse hydraulique. Il découvre également les lois de la pression atmosphérique.

▶ **Voir «La presse hydraulique (1648)» dans le thème de physique «La chaleur et la pression».**

1662. Le philosophe, mathématicien et physicien français Blaise PASCAL (1623-1662) imagine pour Paris un système de carrosse à tarification unique, parcourant un itinéraire fixe, avec des points d'arrêts déterminés et un horaire précis.

▶ **Voir «Le transport en commun urbain (1662)» dans le thème de biologie «L'environnement».**

1673. Le physicien hollandais Christiann HUYGENS (1629-1695) fait la première démonstration d'un moteur à piston, dont le combustible est de la poudre à canon.

1690. Le physicien et inventeur français Denis PAPIN (1647-v. 1712) conçoit une pompe à piston actionnée par la vapeur.

1698. L'ingénieur anglais Thomas SAVERY (1650-1715) utilise la vapeur comme force de pompage.

Le XVIIIe siècle

1705. Les inventeurs anglais Thomas NEWCOMEN (1663-1729) et Thomas SAVERY (1650-1715) construisent la première machine à vapeur.

▶ **Voir «Le moteur à vapeur (1765)» dans le thème de technologie «Les techniques de la chaleur».**

1707. Le physicien et inventeur français Denis PAPIN (1647-v. 1712) conçoit les plans d'un bateau à vapeur dont il n'arrivera pas à terminer la construction.

1733. L'inventeur anglais John KAY (v. 1704-1780) invente la navette, une pièce de métier à tisser qui facilite la fabrication des tissus.

1738. L'inventeur et mécanicien français Jacques de VAUCANSON (1709-1782) expose un automate en forme de canard capable de battre des ailes, de nager, de se lisser les plumes, de boire, de becqueter et d'évacuer les aliments ingérés sous forme de matière molle.

1743. Construction, en France, au palais de Versailles, du premier ascenseur, mû par la force humaine.

Vers 1765. L'ingénieur écossais James WATT (1736-1819) construit le premier moteur à vapeur ayant un certain rendement et capable de faire fonctionner des machines industrielles. Les moteurs à vapeur entraîneront la révolution industrielle en Occident.

▶ **Voir « Le moteur à vapeur (1765) » dans le thème de technologie « Les techniques de la chaleur ».**

1771. L'ingénieur français Joseph CUGNOT (1725-1804) construit le *fardier*, premier véhicule automobile à vapeur. Il est destiné au transport de canons et sa vitesse maximale est de 3,5 km/h.

L'AUTOMOBILE

Conception fréquente à l'époque

Seule la force motrice d'un animal ou d'un être humain permet de faire avancer un véhicule.

Concepts scientifiques actuels

L'automobile est un véhicule terrestre destiné au transport individuel, généralement à quatre roues, qui n'utilise pas de rails et qui est propulsé par un moteur. La plupart des véhicules automobiles sont munis d'un moteur à essence qui comporte des cylindres et des pistons, mais il existe d'autres types de moteurs (rotatifs, diesels, électriques, hybrides, etc.). On trouve des automobiles à traction, à propulsion et à transmission intégrale.

Activités et exercices (8 ans et plus)

- Regarder un documentaire portant sur la conception et l'assemblage d'une automobile moderne.
- À l'aide d'un ensemble de type Lego-Dacta, construire un modèle réduit d'automobile propulsé par un moteur à ressort ou par un moteur électrique.
- Se documenter pour répondre à la question suivante: Quelles ont été les principales étapes de l'évolution de l'automobile?
- Discuter à partir de la question suivante: Quels sont les avantages et les inconvénients du fait que l'automobile soit le principal moyen de transport des sociétés modernes?

1771. Construction et mise en service, en Angleterre, de la première fabrique de coton dont les métiers sont mus par des machines à vapeur. Cette mise en service marque les débuts de la révolution industrielle.

1775. Invention, en Angleterre, du tramway tiré par des chevaux. Il était destiné au transport en commun.

1775. L'inventeur américain David BUSHNELL (1742-1824) construit un sous-marin mû par la force humaine plus performant que le modèle inventé en Angleterre en 1620.

1777. Construction, en Angleterre, du premier bateau métallique.

1778. L'ingénieur français Claude de JOUFFROY D'ABBANS (1751-1832) réussit à faire naviguer le premier bateau à vapeur, un bateau dont les rames sont actionnées par un moteur à vapeur.

1782. Les industriels français Joseph MONTGOLFIER (1740-1810) et Étienne MONTGOLFIER (1745-1799) construisent et font voler le premier ballon à l'air chaud, aussi appelé montgolfière. Le premier vol libre avec un passager humain aura lieu l'année suivante.

LE BALLON À AIR CHAUD

Conception fréquente à l'époque

L'être humain ne peut pas se déplacer dans les airs.

Concepts scientifiques actuels

Les molécules d'azote et d'oxygène sont plus espacées dans l'air chaud que dans l'air froid; l'air chaud est donc moins dense que l'air froid et «flotte» sur l'air froid. La montgolfière s'élève jusqu'à ce qu'elle atteigne une couche d'air froid de même densité que l'air chaud qu'elle contient. (L'air est de moins en moins dense à mesure que l'altitude augmente.)

Activités (8 ans et plus)

- Regarder un documentaire portant sur la montgolfière et, si possible, observer une véritable montgolfière en vol.
- Construire une petite montgolfière en papier de soie d'environ 40 cm de diamètre. La source de chaleur peut être un tampon d'ouate imbibé d'alcool (auquel on met le feu) fixé à une petite croix en broche légère. (Faire voler la montgolfière au-dessus d'un grand terrain vacant, de préférence en hiver par une journée sans vent.)

1783. L'ingénieur français Claude de JOUFFROY D'ABBANS (1751-1832) met à l'essai le premier bateau à vapeur à roues.

LE BATEAU À VAPEUR

Conception fréquente à l'époque et chez certains élèves

Le moteur à vapeur est trop lourd pour servir de force motrice à un bateau.

Concepts scientifiques actuels

Le bateau à vapeur est un bateau dans lequel un moteur à vapeur fait tourner une roue à aubes ou une hélice. Les moteurs à vapeur de ces bateaux, tout comme ceux des trains à vapeur, utilisaient le plus souvent du charbon comme combustible.

Activités (8 ans et plus)

- Regarder un documentaire qui présente le fonctionnement d'un bateau à vapeur.
- Construire un bateau à vapeur rudimentaire à l'aide d'un petit bateau en plastique, d'une source de chaleur (brûleur à alcool) et d'une bouilloire miniature (tube de cigare en métal muni d'un bouchon et d'un tube de verre qui laisse échapper la vapeur). Ce bateau fonctionne par réaction.
- Construire un bateau à vapeur plus élaboré à l'aide d'un moteur à vapeur, d'une roue à aubes et d'un petit bac en plastique (pour faire la coque du bateau).
- Visiter un musée où sont exposés des modèles d'anciens bateaux à vapeur munis de roues à aubes.

1783. Le physicien français Jacques CHARLES (1746-1823) invente le ballon à gaz, un ballon gonflé à l'hydrogène.

1789. Invention en Angleterre du système d'aiguillage pour les rails.

1790. Invention en France de l'hélice pour la propulsion des navires.

L'HÉLICE DE NAVIRE

Conception fréquente à l'époque et chez certains élèves

Les méthodes de propulsion visibles, comme les rames ou les roues à aubes, sont les seules façons de faire avancer un navire.

Concepts scientifiques actuels

Une hélice peut être considérée comme une aile tournante. Elle propulse le bateau pour deux raisons: 1) elle attaque l'eau avec un certain angle, ce qui cause une force résultante vers l'avant; 2) elle a une forme courbée, réduisant la pression de l'eau sur les faces avant de l'hélice, ce qui propulse également le bateau vers l'avant.

Activités (8 ans et plus)

- Examiner des hélices de moteurs hors-bord.
- Observer le fonctionnement d'un modèle réduit de bateau à hélice.

1797. Un Français effectue le premier saut en parachute, à partir d'un ballon.

1799. L'inventeur anglais George CAYLEY (1773-1857) définit les forces qui agissent sur une aile et lui permettent de se maintenir dans les airs.

L'AILE

Conception fréquente à l'époque et chez certains élèves

Le battement des ailes permet aux oiseaux de voler.

Concepts scientifiques actuels

Une aile permet à un oiseau, un planeur ou un avion de se maintenir dans les airs pour les deux raisons principales suivantes: 1) elle attaque l'air avec un certain angle, un peu comme un cerf-volant, ce qui cause une force résultante vers l'avant; 2) elle a une forme courbée, ce qui réduit la pression de l'air qui s'écoule au-dessus de l'aile et la soulève vers le haut. De plus, le battement des ailes de l'oiseau pousse l'air vers le bas et vers l'arrière, ce qui le propulse vers le haut et vers l'avant.

Activités (8 ans et plus)

- Observer l'aile d'un modèle réduit d'avion.
- Fixer une aile de modèle réduit d'avion à l'un des plateaux d'une balance à fléau. Équilibrer la balance à l'aide d'un poids. Souffler sur le bord d'attaque de l'aile au moyen d'un ventilateur électrique. Constater que l'aile se soulève et semble moins lourde.

▶ **Voir «Le vol de l'oiseau (1640)» dans le thème de biologie «Les animaux».**

1800. L'ingénieur écossais John McADAM (1756-1836) invente le revêtement de gravier aggloméré pour les chaussées.

Le XIXe siècle

1804. L'ingénieur anglais Richard TREVITHICK (1771-1833) construit la première locomotive à vapeur commerciale.

LA LOCOMOTIVE À VAPEUR

Conception fréquente à l'époque et chez certains élèves

Un moteur à vapeur est trop lourd pour permettre de construire des véhicules terrestres vraiment utiles.

Concepts scientifiques actuels

Une locomotive à vapeur est un moteur à vapeur monté sur des roues. La locomotive de Trevithick était tellement lourde qu'elle détériorait les rails sur lesquels elle circulait, mais d'autres constructeurs réussirent, quelques années plus tard, à construire des locomotives plus opérationnelles.

Activités (8 ans et plus)

- Assembler et faire fonctionner un petit train électrique qui comporte une réplique de locomotive à vapeur.
- Faire fonctionner un modèle réduit de moteur à vapeur (disponible chez certains fournisseurs de matériel scientifique).
- Aller visiter un musée où se trouve une véritable locomotive à vapeur.

1807. L'ingénieur américain Robert FULTON (1765-1815) construit le *Clermont*, premier bateau commercial à vapeur, propulsé par des roues à aubes, qui relie Albany à New York, sur le fleuve Hudson.

1817. L'inventeur allemand Carl DRAIS VON SAUERBRONN (1785-1851), construit la première draisienne, ancêtre de la bicyclette.

LA DRAISIENNE

Conception fréquente à l'époque

La course est la façon la plus rapide de se déplacer avec la force humaine.

Concepts scientifiques actuels

La draisienne, ancêtre de la bicyclette, est un véhicule fait d'un cadre de bois s'appuyant sur deux roues et muni d'un guidon pour le diriger.

L'utilisateur se propulsait en poussant alternativement sur chaque jambe. La draisienne pouvait atteindre une vitesse de 12 km/h en terrain plat.

Activités (8 ans et plus)

- Examiner un dessin de draisienne.
- Simuler la conduite d'une draisienne en faisant avancer une petite bicyclette pour enfants, sans utiliser les pédales, en poussant sur le sol avec les pieds alternativement.

1819. Première traversée de l'Atlantique du bateau américain *Savannah*, muni à la fois d'un moteur à vapeur et de voiles.

1821. Le physicien et chimiste anglais Michael FARADAY (1791-1867) construit le premier moteur électrique.

▶ **Voir «Le moteur électrique à courant continu (1821)» dans le thème de physique «L'électricité et le magnétisme».**

1825. Mise en service, en France, des premiers omnibus, de grandes diligences tirées par des chevaux qui pouvaient accueillir 15 passagers.

1825. Construction et mise en service, entre Stockton et Darlington, en Angleterre, de la première ligne de chemin de fer.

LE CHEMIN DE FER

Conception fréquente à l'époque

Le train n'est pas un moyen de transport assez fiable, pratique et sécuritaire pour parcourir de longues distances.

Concepts scientifiques actuels

Le chemin de fer résulte de deux inventions différentes: les rails et la machine à vapeur. Les rails datent de 1602, époque à laquelle ils étaient utilisés dans les mines, pour guider des wagons tirés par des hommes ou des chevaux. La première machine à vapeur industrielle, inventée par Watt, date de 1769. La première locomotive roulant sur rails fut l'œuvre du Britannique Trevithick, en 1804. La première ligne de chemin de fer fut mise en service en Angleterre.

Activités (8 ans et plus)

- Construire une ligne de chemin de fer miniature avec un jeu de trains électriques.

- Examiner des cartes des principaux réseaux de chemins de fer actuels (exemples: réseaux de la France ou de la Grande-Bretagne).

1827. Invention, en France, du différentiel, qui deviendra une pièce importante du système de transmission du mouvement du moteur aux roues d'une automobile.

LE DIFFÉRENTIEL

Conception fréquente à l'époque et chez certains élèves

Il est impossible que deux roues motrices mues par le même moteur tournent à des vitesses différentes.

Concepts scientifiques actuels

Le différentiel est un mécanisme qui permet de transmettre la rotation du moteur aux roues motrices en les laissant de tourner à des vitesses différentes dans les virages, où la roue extérieure doit tourner plus vite que la roue intérieure, car elle a une plus grande distance à parcourir. Le différentiel comprend quatre engrenages coniques, dont deux sont montés sur un arbre solidaire d'une pièce appelée la «cage d'écureuil». Les différentiels modernes se bloquent quand l'une des roues motrices s'emballe dans de la boue ou sur de la glace.

Activités (12 ans et plus)

- Examiner un différentiel de voiture.
- Construire un différentiel à l'aide d'un jeu d'engrenages de type Lego-Dacta.

1829. Construction, à Londres, dans le Coliseum de Regent's Park, du premier ascenseur à moteur.

1831. Mise en service, en Angleterre, du premier autobus à moteur.

1839. Le chimiste américain Charles GOODYEAR (1800-1860) invente la vulcanisation, un procédé qui a pour but d'augmenter la résistance du caoutchouc et qui consiste à lui ajouter du soufre et à le faire chauffer.

▶ **Voir «La vulcanisation (1839)» dans le thème de chimie «L'industrie chimique».**

1839. Invention d'une bicyclette dont les pédales doivent, à l'époque, être poussées de l'arrière vers l'avant.

▶ **Voir «La bicyclette (1879)» dans ce même thème.**

1840. Construction des premiers navires en fer.

1850. Invention du patin à glace en acier.

1856. Premier vol d'un planeur piloté par un être humain.

1857. L'ingénieur américain Elisha OTIS (1811-1861) invente le premier ascenseur assez sécuritaire pour les premiers gratte-ciel, grâce à un dispositif d'arrêt automatique en cas de rupture du câble.

L'ASCENSEUR

Conception fréquente à l'époque et chez certains élèves

En cas de rupture du câble, un ascenseur tombe nécessairement en chute libre.

Concepts scientifiques actuels

La cabine d'un ascenseur se déplace le long de guides et est équilibrée par un contrepoids également guidé. L'ensemble est relié par un ou plusieurs câbles, sur lesquels le moteur agit par l'intermédiaire d'une poulie ou d'un treuil. Tous les ascenseurs comportent des cliquets qui se coincent automatiquement dans les cannelures des guides et immobilisent l'ascenseur en cas de rupture du câble.

Activités et exercice (12 ans et plus)

- Examiner le mécanisme de fonctionnement d'un ascenseur.
- Regarder une vidéo qui présente le fonctionnement du dispositif d'arrêt automatique, en cas de rupture du câble.
- À l'aide d'un jeu de type Lego-Dacta, construire un modèle réduit d'ascenseur qui comporte des guides, un contrepoids et, si possible, des cliquets de sécurité.
- Se documenter pour répondre à la question suivante: Quels édifices possèdent les ascenseurs les plus rapides au monde?

1859. L'industriel et ingénieur américain Edwin DRAKE (1819-1880) creuse et exploite le premier puits de pétrole, à Titusville, aux États-Unis.

1859. L'ingénieur français d'origine belge Étienne LENOIR (1822-1900) invente le premier moteur à combustion interne utilisable, un moteur à deux temps. Le carburant de ce moteur est du gaz de charbon.

▶ **Voir « Le moteur à deux temps (1879) » dans le thème de technologie « Les techniques de la chaleur ».**

1860. Invention, en France, d'une bicyclette dont les pédales tournent, au lieu d'être poussées de l'arrière vers l'avant. Vers la même époque est inventé le «grand bicycle» dont la roue avant, motrice, peut atteindre un diamètre de 1,50 mètre et dont la selle est perchée en haut de cette roue, ce qui rend l'engin très dangereux.

▶ **Voir «La bicyclette (1879)» dans ce même thème.**

1862. L'ingénieur français Alphonse Eugène BEAU DE ROCHAS (1815-1893) conçoit et fait breveter le principe de fonctionnement du moteur à explosion selon le cycle à quatre temps. (En 1876, l'ingénieur allemand Otto inventera également, de façon indépendante, un moteur à combustion interne à quatre temps.)

▶ **Voir «Le moteur à quatre temps (1876)» dans le thème de technologie «Les techniques de la chaleur».**

1863. Construction du premier métro (abréviation du mot «métropolitain»), celui de Londres.

1869. Invention, en France, d'une bicyclette qui possède une roue directrice et une roue arrière motrice de diamètres semblables, un pédalier et une transmission par chaîne. Elle restera toutefois à l'état de prototype.

▶ **Voir «La bicyclette (1879)» dans ce même thème.**

1869. Invention, en France, du principe de l'hydroptère, un bateau muni d'ailerons qui soulèvent la coque hors de l'eau quand le bateau atteint une vitesse suffisante, ce qui réduit le frottement avec l'eau.

1871. Construction, en France, d'un prototype de bicyclette à moteur, ancêtre de la motocyclette.

1876. L'ingénieur allemand Nikolaus OTTO (1832-1891), qui refait une invention dont le principe avait déjà été breveté par l'ingénieur français Beau De Rochas en 1862, conçoit un moteur à combustion interne à quatre temps, dont des versions améliorées sont encore utilisées de nos jours dans la plupart des véhicules automobiles.

▶ **Voir «Le moteur à quatre temps (1876)» dans le thème de technologie «Les techniques de la chaleur».**

1879. Invention, en Suisse, de la chaîne à rouleaux, qui permet de construire les premières bicyclettes semblables aux bicyclettes modernes.

LA BICYCLETTE

Conception fréquente à l'époque et chez certains élèves

La roue motrice d'une bicyclette ne peut tourner qu'à la même vitesse que le pédalier.

Concepts scientifiques actuels

La bicyclette était le premier moyen de transport terrestre ne requérant ni de traction animale ni de moteur. Elle est souvent considérée comme un véhicule idéal, car elle exploite de façon très efficace l'énergie dépensée. Le système de transmission avec chaîne et le dérailleur permettent de démultiplier la vitesse de rotation du pédalier de la façon la plus efficace pour chaque type de conditions routières. La bicyclette est une des solutions au problème de la congestion et de la pollution dans les grandes villes.

Activités et exercices (8 ans et plus)

- Examiner des dessins et photographies d'anciennes bicyclettes et d'anciens «grands bicycles».
- Observer le fonctionnement de la chaîne, du dérailleur et des freins d'une bicyclette.
- Discuter des avantages et inconvénients de divers modèles de vélos: vélo de ville, vélo de course, vélo de montagne, vélo hybride, etc.
- Trouver d'autres exemples de moyens de transport qui ne nécessitent ni traction animale ni moteur.
- Discuter des avantages de la bicyclette sur le plan environnemental.

1882. Construction, aux États-Unis, du premier barrage hydroélectrique, une source d'énergie renouvelable.

▶ **Voir «Le barrage hydroélectrique (1882)» dans le thème de biologie «L'environnement».**

1882. Invention, en Allemagne, du trolleybus, un autobus alimenté en courant électrique par des fils aériens. Il est encore utilisé dans plusieurs villes du monde.

1883. Construction, en France, du premier véhicule routier équipé d'un moteur à quatre temps.

1884. L'aérostat *La France*, un dirigeable (ballon à gaz muni d'un moteur), réussit un premier vol en circuit fermé.

1885. Les ingénieurs allemands Karl BENZ (1844-1929) et Gottlieb DAIMLER (1834-1900) lancent les premières automobiles modernes fonctionnant avec de l'essence.

1887. L'ingénieur américain Frank Julian SPRAGUE (1857-1934) construit le premier tramway électrique.

1888. Le savant écossais John Boyd DUNLOP (1840-1921) met au point le pneumatique. D'abord utilisé pour la bicyclette, il sera rapidement adopté pour l'automobile.

LE PNEU

Conception fréquente à l'époque et chez certains élèves

Une roue de bicyclette ou de voiture est nécessairement très rigide.

Concepts scientifiques actuels

Le pneu (abréviation du mot pneumatique) amortit les chocs et améliore la traction. Il se compose d'une chambre en caoutchouc, gonflée d'air, insérée dans une enveloppe de caoutchouc doublée de toile et enchâssée dans une armature métallique. La chambre à air procure l'élasticité, et l'enveloppe extérieure assure la résistance du pneu. La plupart des pneus modernes de voiture sont sans chambre à air, la partie vide du pneu servant elle-même de chambre à air.

Activités et exercice (8 ans et plus)

- Examiner des photographies de divers types de pneus (de bicyclettes, de voitures de grande série, de voitures de course, d'avions, etc.) et les comparer entre eux.
- Conduire une vieille bicyclette avec les pneus, puis sans les pneus. Énumérer les avantages de rouler avec des pneus.
- Se documenter pour répondre à la question suivante: Pourquoi les pneus d'avion sont-ils en caoutchouc naturel et non en caoutchouc synthétique?

1888. Construction, aux États-Unis, de la première ligne de tramway électrique.

1889. Invention du dérailleur pour la bicyclette.

1890. L'ingénieur français Clément ADER (1841-1925) réussit un petit saut d'une cinquantaine de mètres dans un avion équipé d'un moteur à vapeur. Le premier véritable vol soutenu sera celui réalisé par les frères Wright en 1903.

1891. Invention, aux États-Unis, de la voiture électrique.

▶ **Voir « La voiture électrique (1891) » dans le thème de biologie « L'environnement ».**

1891. L'inventeur allemand Otto LILIENTHAL (1848-1896) démontre, en fabriquant de nombreux planeurs, que des ailes dont les surfaces sont courbées sont beaucoup plus efficaces que des ailes aux surfaces plates.

LE PLANEUR

Conception fréquente à l'époque et chez certains élèves

Les planeurs volent parce qu'ils sont soulevés par le vent.

Concepts scientifiques actuels

Un planeur est un avion sans moteur. Tout comme l'avion, il tient dans les airs grâce au principe de Bernoulli, selon lequel plus l'air circule rapidement, plus la pression qu'il exerce est faible. Les ailes d'un planeur et d'un avion sont conçues pour que l'air qui passe au-dessus de l'aile circule plus rapidement que l'air qui passe sous l'aile. En tenant compte du *principe de Bernoulli*, la pression au-dessus de l'aile est inférieure à celle sous l'aile, ce qui crée une force qui s'oppose à la gravité et permet au planeur ou à l'avion de rester en suspension. Pour voler, le planeur doit cependant se déplacer à une vitesse suffisante, ce qu'il fait en descendant constamment, parfois dans une masse d'air ascendante, qui lui permet alors de rester plus longtemps dans les airs.

Activités (8 ans et plus)

- Si possible, visiter un petit aéroport où volent des planeurs.
- Construire divers types de planeur à l'aide d'une trousse de matériel portant sur le «monde volant» (disponible chez certains fournisseurs de matériel scientifique).
- Faire un concours scientifique qui consiste à construire, avec des matériaux simples, comme du carton, du papier, du ruban adhésif et de la colle, le planeur qui franchira la plus grande distance (dans le gymnase de l'école, par exemple).

1893. L'ingénieur allemand Rudolf DIESEL (1858-1913) conçoit le *moteur diesel*, un moteur à combustion interne sans bougie d'allumage dont le combustible est de l'huile.

▶ **Voir «Le moteur diesel (1893)» dans le thème de technologie «Les techniques de la chaleur».**

1896. Première utilisation de la ceinture de sécurité lors d'une course automobile.

1897. Construction, en France, de la première motocyclette.

1898. L'ingénieur français Louis RENAULT (1877-1944) invente la boîte de vitesse pour les voitures.

1900. Invention, en France, d'une boîte de vitesse automatique pour les voitures.

1900. L'ingénieur allemand Ferdinand, comte von ZEPPELIN (1838-1917) fait voler le premier dirigeable rigide.

LE DIRIGEABLE

Conception fréquente à l'époque et chez certains élèves

Il est impossible de diriger un appareil volant plus léger que l'air.

Concepts scientifiques actuels

Le dirigeable est un ballon de forme allongé, rempli d'hydrogène ou d'hélium, qui peut être dirigé grâce à des gouvernails et à des moteurs. Les dirigeables du début du XXe siècle étaient remplis d'hydrogène, un gaz très explosif, ce qui causa quelques catastrophes.

Activités (8 ans et plus)

- Regarder un documentaire portant sur les grands dirigeables du début du XXe siècle.
- Observer un dirigeable moderne (exemple: dirigeables utilisés pour faire de la publicité).
- Construire un modèle réduit de dirigeable. (Pour construire un modèle réduit qui vole, utiliser un ballon gonflé à l'hélium pour la partie principale.)

Le XXe siècle

1903. Le scientifique soviétique Konstantin TSIOLKOVSKY (1857-1935) publie ses premiers travaux sur la construction et le vol des fusées.

1903. Les aviateurs américains Orville WRIGHT (1871-1948) et Wilbur WRIGHT (1867-1912) expérimentent avec succès le premier avion à moteur.

L'AVION

Conception fréquente à l'époque

Il est impossible de construire un planeur qui décolle grâce à la poussée d'un moteur.

Concepts scientifiques actuels

Un avion est un planeur muni d'un ou de plusieurs moteurs. Tout comme un planeur, il tient dans les airs grâce au *principe de Bernoulli*, selon lequel plus l'air circule rapidement, plus la pression qu'il exerce est faible. Les ailes d'un planeur et d'un avion sont conçues pour que l'air qui passe au-dessus de l'aile circule plus rapidement que l'air qui passe sous l'aile. En tenant compte du *principe de Bernoulli*, la pression au-dessus de l'aile est inférieure à celle sous l'aile, ce qui crée une force qui s'oppose à la gravité et permet au planeur ou à l'avion de rester en suspension. Pour voler, l'avion doit cependant se déplacer à une vitesse suffisante, ce qui est possible grâce à la poussée du ou des moteurs.

Activités et exercice (8 ans et plus)

- À l'aide de jumelles, observer les avions qui passent dans le ciel. Dire s'il s'agit d'avions à hélices, à réaction, de monomoteurs, de bimoteurs, etc.
- Assembler un modèle réduit d'avion en plastique.
- Assembler et faire voler un modèle réduit d'avion à hélice dont l'hélice tourne grâce à la torsion d'une bande élastique, à l'aide d'un petit moteur électrique ou à l'aide d'un petit moteur à essence.
- Construire et faire voler divers types d'avion à hélice à l'aide d'une trousse de matériel portant sur le «monde volant» (disponible chez certains fournisseurs de matériel scientifique).
- Visiter un aéroport ou un musée de l'aviation.
- Se documenter pour répondre à la question suivante: Quelles ont été les principales étapes de l'évolution de l'avion?

1904. Fin de la construction du Transsibérien, un chemin de fer de plus de 6000 kilomètres, le plus long au monde.

1907. Premier décollage, en France, d'un hélicoptère à hélice horizontale

1908. L'ingénieur russe Igor SIKORSKY (1889-1972) invente le rotor, qui deviendra l'une des pièces principales des futurs hélicoptères.

1910. Invention, en Allemagne, de la boîte de vitesse automatique à convertisseur hydraulique de couple dont le principe est encore beaucoup utilisé de nos jours.

1910. Premier vol, en France, d'un hydravion.

1912. Naufrage du paquebot géant *Titanic.*

1912. La société américaine Cadillac lance la première voiture à démarrage électrique.

1913. L'industriel américain Henry FORD (1863-1947) met au point la technique de la chaîne d'assemblage mobile pour la construction d'une voiture, la *Ford Modèle T*, dont il vendra plus de 15 millions d'exemplaires.

LA CHAÎNE D'ASSEMBLAGE MOBILE

Conception fréquente à l'époque et chez certains élèves

La seule façon d'assembler un objet complexe est qu'une personne ou une petite équipe en assemble toutes les pièces.

Concepts scientifiques actuels

Sur une chaîne d'assemblage mobile, les ouvriers restent à une place précise et la marchandise à assembler passe devant eux. Chaque ouvrier n'assemble qu'un nombre limité de pièces et lorsqu'il les a placés, la marchandise passe à un autre ouvrier qui continue le travail.

Activités et exercice (8 ans et plus)

- Regarder un documentaire portant sur les chaînes d'assemblage et sur leur évolution.
- Construire plusieurs exemplaires identiques d'un modèle réduit, en pièces de Lego ou autres, selon la technique de la chaîne d'assemblage. Chaque participant ne pose qu'une ou deux pièces, toujours les mêmes.
- Discuter des avantages et des inconvénients du travail à la chaîne.

1914. Installation du premier feu rouge électrique, pour contrôler la circulation automobile, à l'intersection de deux rues de la ville de Cleveland, aux États-Unis.

LES FEUX DE CIRCULATION

Conception fréquente à l'époque

Seul un policier peut contrôler adéquatement la circulation.

Concepts scientifiques actuels

Les feux de circulation sont généralement composés de trois couleurs (rouge, jaune et vert) et sont disposés aux intersections les plus achalandées. Ces feux ont pour but d'améliorer la circulation automobile et de réduire le nombre d'accidents.

Exercices (8 ans et plus)

- Se documenter pour répondre à la question suivante: Dans une grande ville, pourquoi est-il préférable que les feux de circulation d'une même rue soient synchronisés?

- Discuter à partir de la question suivante: Le virage à droite au feu rouge devrait-il être autorisé à tous les feux de circulation?

1919. Les aviateurs britanniques John W. ALCOCK (1892-1919) et Arthur W. BROWN (1886-1948) réussissent en 16 heures, entre Terre-Neuve et l'Irlande, le premier vol transatlantique sans escale.

1920. Invention, au Canada, d'une automobile sur chenilles qui peut rouler sur la neige.

1923. Construction de la première locomotive diesel, dans laquelle un moteur diesel produit de l'électricité utilisée pour faire tourner un moteur électrique.

LA LOCOMOTIVE DIESEL

Conception fréquente à l'époque et chez certains élèves

Un moteur à combustion interne ne peut faire tourner les roues que par l'intermédiaire d'une boîte de vitesses.

Concepts scientifiques actuels

La locomotive diesel est une locomotive avec un moteur diesel. Ce type de moteur utilise un dérivé du pétrole plus lourd que l'essence traditionnelle. Il offre un bon rendement, est plus économique en carburant et nécessite moins d'entretien qu'un moteur à essence. Mais le moteur diesel ne fait pas tourner les roues directement. Il fait tourner une génératrice qui produit de l'électricité et fait tourner un moteur électrique qui fait tourner les roues. Malgré la perte d'énergie, ce système est le meilleur pour une locomotive, car le moteur électrique est fort même à basse vitesse, ce qui élimine la nécessité d'une boîte de vitesses.

Activités (8 ans et plus)

- Examiner un schéma du fonctionnement d'une locomotive diesel.
- Visiter un musée ou sont exposées des locomotives diesel.
- Aller dans une gare ou une cour de triage et examiner des locomotives diesel.
- Faire fonctionner les répliques de locomotives diesel d'un jeu de train électrique.

1924. Un hélicoptère construit en France effectue le premier vol complet en circuit fermé.

1925. L'inventeur canadien Arthur SICARD (1876-1946) conçoit et fabrique la première souffleuse à neige.

1926. L'ingénieur américain Robert GODDARD (1882-1945) effectue le premier lancement d'une fusée à carburant liquide.

1927. L'aviateur américain Charles LINDBERGH (1902-1974) réussit, en 33 heures, dans son monomoteur nommé le *Spirit of Saint. Louis,* le premier vol solo sans escale entre l'Amérique et l'Europe.

1929. L'ingénieur britannique Frank WHITTLE (1907-1996) invente le moteur à réaction.

▶ **Voir « Le moteur à réaction (1929) » dans le thème de technologie « Les techniques de la chaleur ».**

1930. Vol du premier hélicoptère.

L'HÉLICOPTÈRE

Conception fréquente à l'époque et chez certains élèves

Seules des ailes permettent à un appareil plus lourd que l'air de voler.

Concepts scientifiques actuels

Un hélicoptère est surmonté de deux ou plusieurs pales disposées symétriquement ou en étoile. La forme de ces pales est semblable à celle des ailes des avions. Lors de leur rotation, ces hélices font circuler l'air autour de celles-ci et la pression au-dessus de l'hélice devient inférieure à celle sous l'hélice. La force résultante s'oppose à celle de la gravité et permet à l'hélicoptère de monter et de tenir dans les airs.

Activités (8 ans et plus)

- Examiner des photographies d'hélicoptère.
- Regarder un documentaire portant sur les hélicoptères.
- Assembler un modèle réduit d'hélicoptère en plastique.
- Si possible, visiter un héliport ou un aéroport où se trouvent des hélicoptères.
- Faire voler une hélice horizontale munie d'un axe en la faisant tourner rapidement sur elle-même (disponible dans certains magasins de jouets.)
- Faire voler un modèle réduit d'hélicoptère (disponible dans certains magasins de jouets).

1932. Premier vol d'un être humain en ballon dans la stratosphère, à 16000 mètres d'altitude.

1933. Mise en service du premier avion de ligne, le *Boeing 247,* qui peut transporter 10 passagers.

1934. La firme Citroën construit les premières voitures à traction.

1939. L'ingénieur allemand Wernher von BRAUN (1912-1977) réalise des essais d'engins autopropulsés, précurseurs du missile V1 et de la fusée V2.

1939. Premier vol d'un avion à réaction.

▶ **Voir « Le moteur à réaction (1929) » dans le thème de technologie « Les techniques de la chaleur ».**

1945. Premiers vols transatlantiques commerciaux en avion.

1947. Invention, aux États-Unis, du Frisbee, un jouet volant.

LE FRISBEE

Conception fréquente à l'époque et chez certains élèves

Le Frisbee est un simple disque qui avance en tournant sur lui-même.

Concepts scientifiques actuels

Le Frisbee peut être considéré comme une aile tournante. Il se maintient dans les airs grâce au *principe de Bernoulli*, selon lequel plus l'air circule rapidement, plus la pression qu'il exerce est faible. Le Frisbee a une forme bombée et l'air qui passe au-dessus circule plus rapidement que l'air qui passe en dessous. La pression au-dessus du Frisbee est donc inférieure à celle en dessous, ce qui crée une force qui s'oppose à la gravité et permet au Frisbee de rester en suspension tant qu'il se déplace assez rapidement. Par ailleurs, la rotation du Frisbee sur lui-même lui procure de la stabilité, comme dans le cas d'un gyroscope.

Activité (8 ans et plus)

Organiser un concours qui consiste à lancer un Frisbee, d'une assez grande distance, pour qu'il tombe le plus près possible du centre d'une cible tracée sur le sol.

1947. Premier vol supersonique d'un avion à réaction.

1948. Premier vol du *Viscount V 630*, un avion de ligne à turbopropulseurs.

▶ **Voir « Le turbopropulseur (1948) » dans le thème de technologie « Les techniques de la chaleur ».**

1948. Invention du deltaplane, une aile souple à structure rigide de forme triangulaire.

1948. Mise au point du premier bathyscaphe, un petit sous-marin qui peut atteindre de très grandes profondeurs. Il sera utilisé pour étudier les fonds océaniques.

▶ **Voir « Le bathyscaphe (1948) » dans le thème de sciences de la Terre « L'écorce terrestre et les océans ».**

1952. Invention, aux États-Unis, du coussin gonflable pour les voitures. Il sera commercialisé à partir de 1981, d'abord dans les voitures allemandes de la marque *Mercedes*.

1955. Construction, aux États-Unis, du premier sous-marin nucléaire.

1955. L'ingénieur anglais Christopher COCKERELL (1910-1999) invente l'aéroglisseur.

L'AÉROGLISSEUR

Conception fréquente à l'époque et chez certains élèves

L'air n'est pas assez dense pour assurer la sustentation d'un véhicule au-dessus du sol.

Concepts scientifiques actuels

Un aéroglisseur est un véhicule amphibien capable de rester en sustention au-dessus du sol. La base de l'aéroglisseur est une jupe flexible qui permet de créer un coussin d'air. Sous le véhicule se trouve un fort ventilateur qui assure une grande quantité d'air dans la jupe, et l'excédent d'air est évacué en soulevant l'aéroglisseur.

Activités (8 ans et plus)

- Examiner des photographies d'aéroglisseur.
- Si possible, observer un véritable aéroglisseur en mouvement.
- Visiter un laboratoire de physique où sont utilisés des disques qui se déplacent sur un coussin d'air. Comparer leur principe à celui de l'aéroglisseur.

1959. L'industriel canadien Joseph-Armand BOMBARDIER (1908-1964) invente la motoneige.

LA MOTONEIGE

Conception fréquente à l'époque et chez certains élèves

Un véhicule automobile ne peut se déplacer sur la neige sans s'enfoncer.

Concepts scientifiques actuels

Une motoneige est propulsée grâce à un moteur (généralement à deux temps), qui entraîne une chenille sous l'engin. La direction est assurée par deux skis reliés au guidon et situés à l'avant du véhicule.

Activités et exercice (8 ans et plus)

- Examiner un schéma du fonctionnement d'une motoneige.
- Si possible, observer le fonctionnement d'une véritable motoneige.
- Discuter des avantages et inconvénients de la motoneige (exemples: moyen de transport utile, véhicule polluant et bruyant).

1961. Commercialisation, aux États-Unis, du premier robot industriel.

LE ROBOT INDUSTRIEL

Conception fréquente à l'époque et chez certains élèves

Seuls les êtres humains peuvent assembler des appareils et machines complexes.

Concepts scientifiques actuels

Le robot industriel s'adapte parfaitement au principe de la chaîne d'assemblage mobile. La seule différence vient du fait que les hommes sont remplacés par des robots. Cette robotisation offre plusieurs avantages, dont celui de faire des tâches répétitives ou dangereuses pour l'homme.

Activités et exercice (12 ans et plus)

- Regarder un documentaire portant sur les robots industriels.
- À l'aide d'un ordinateur et d'un ensemble de robotique (disponible chez certains fournisseurs de matériel scientifique), assembler et programmer un petit robot pour lui faire accomplir une tâche simple.
- Discuter à partir de la question suivante: Les robots pourront-ils un jour remplacer les êtres humains pour effectuer des tâches domestiques telles que l'entretien ménager ou pour occuper des emplois comme ceux de vendeur ou de caissier dans une grande surface?

1964. Mise en service, au Japon, des premiers trains à grande vitesse, qui peuvent atteindre 270 km/h.

1966. Construction, en France, d'une centrale marémotrice, qui produit de l'électricité à partir du déplacement de l'eau causé par les marées.

1967. Expérimentation, aux États-Unis, d'un train à sustentation magnétique.

1968. Mise en service, par les Russes, du *Tupolev-144,* le premier avion supersonique civil. Il peut atteindre la vitesse de 2400 kilomètres à l'heure.

1969. Mise en service, par les Français et les Britanniques, du *Concorde*, un avion supersonique civil.

1969. Mise en service du *Boeing 747*, ou *Jumbo Jet*.

1972. Mise en service, en France, de la première ligne de TGV (train à grande vitesse).

1975. Vol des premiers ULM (avions ultralégers motorisés).

1990. Commercialisation de la première voiture hybride, une voiture de marque *Audi*.

▶ **Voir « La voiture hybride (1990) » dans le thème de biologie « L'environnement ».**

1999. Commercialisation des premières voitures dont l'énergie est produite par une pile à combustible.

▶ **Voir « La pile à combustible (1839) » dans le thème de physique « L'électricité et le magnétisme ».**

1999. Le ballon *Breitling Orbiter 3* effectue le premier tour du monde de ballon sans escale.

LES TECHNIQUES DE LA LUMIÈRE, DU SON ET DES COMMUNICATIONS

Préhistoire

Vers 1400000 av. J.-C. Les êtres humains domestiquent le feu.

Vers 30000 av. J.-C. Invention du tambour, une peau d'animal tendue sur un morceau de bois creux.

▶ **Voir « Les instruments de musique (3000 av. J.-C.) » dans ce même thème.**

Vers 30000 av. J.-C. Invention de la flûte, qui n'est d'abord qu'un os creux ou une tige de roseau.

▶ **Voir « Les instruments de musique (3000 av. J.-C.) » dans ce même thème.**

Vers 20000 av. J.-C. Confection de vases de pierre pour la combustion d'huile à des fins d'éclairage.

Vers 20000 av. J.-C. Invention de l'arc musical, dérivé de l'arc utilisé pour lancer des flèches. L'arc musical est l'ancêtre de la harpe.

▶ **Voir « Les instruments de musique (3000 av. J.-C.) » dans ce même thème.**

L'Antiquité orientale

Vers 10000 av. J.-C. Création, en Perse, d'un service postal qui comporte des relais pour les chevaux.

Vers 4000 av. J.-C. Apparition, à Sumer, de l'écriture cunéiforme, le plus ancien système d'écriture connu.

Vers 3000 av. J.-C. Apparition de l'écriture hiéroglyphique en Égypte.

Vers 3000 av. J.-C. Débuts de l'utilisation du papyrus, un papier rudimentaire fabriqué à partir de la moelle de la tige d'un roseau, en Égypte.

LE PAPYRUS

Conception fréquente à l'époque

Seules la pierre ou la terre cuite peuvent servir de support à l'écriture.

Concepts scientifiques actuels

Le papyrus est une plante de la famille des cypéracées qui pousse surtout en Afrique. Dans l'Égypte antique, sa moelle, découpée en bandelettes disposées en couches perpendiculaires pressées et séchées, servait de support à l'écriture.

Activité (8 ans et plus)

Examiner des photographies et, si possible, des échantillons de papyrus (le papyrus est encore vendu, en Égypte et ailleurs dans le monde, comme article d'artisanat).

Vers 3 000 av. J.-C. Apparition des idéogrammes en Chine.

Vers 3 000 av. J.-C. Invention des premières harpes, dérivées de l'arc musical connu depuis la Préhistoire.

LES INSTRUMENTS DE MUSIQUE

Conception fréquente à l'époque

Seule la voix humaine permet de produire des mélodies harmonieuses.

Concepts scientifiques actuels

Les tout premiers instruments de musique datent de la Préhistoire. Il existe plusieurs façons de classer les instruments de musique. On distingue souvent, par exemple, les cordes, les bois, les cuivres, les percussions et les claviers, mais ces catégories ne sont pas tellement scientifiques. Le piano, par exemple, est à la fois un instrument à cordes, à percussion et à clavier. Une classification plus scientifique, proposée par Sachs et von Hornbostel en 1914, distingue les *cordophones* (instruments à cordes) tels que le piano, le violon et la kora; les *aérophones* (instruments à vent) tels que l'orgue, l'harmonica et le basson; les *idiophones* (instruments en bois ou métal résonnant) tels que le triangle, le xylophone et les cymbales; les *membranophones* (instruments composés d'une membrane tendue) tels que les tambours et les timbales; les électrophones ou instruments électroacoustiques, qui comprennent les instruments électroniques inventés surtout au XXe siècle.

Activités (8 ans et plus)

- Examiner divers instruments de musique et imaginer une façon de les classer. Par la suite, comparer cette classification avec la classification scientifique.
- Écouter une pièce instrumentale jouée avec plusieurs instruments de musique. Essayer d'identifier tous les instruments utilisés.

– Concevoir et construire un instrument de musique rudimentaire de chacun des types suivants : cordophone, aérophone, idiophone, membranophone.

Vers 2 500 av. J.-C. Invention, en Chine, de l'encre, qui est composée de suie et de colle.

Vers 2 000 av. J.-C. Invention, par les Phéniciens, de l'écriture alphabétique.

Vers 2 000 av. J.-C. Invention, en Égypte, de la trompette, qui est d'abord droite et faite en bronze.

Vers 1 000 av. J.-C. Invention, en Assyrie, du *kettarah*, ancêtre de la guitare.

L'Antiquité classique

Vers 900 av. J.-C. Construction du premier phare maritime au cap Sigée à l'entrée de l'Hellespont (actuelles Dardanelles, détroit de Turquie).

▶ **Voir « Le phare maritime (285 av. J.-C.) » dans le thème de technologie « Les techniques de l'architecture et de la construction ».**

285 av. J.-C. Construction du phare d'Alexandrie, une tour de plus de 130 m de hauteur au sommet de laquelle un feu de bois était entretenu toute la nuit pour guider les navires.

▶ **Voir « Le phare maritime (285 av. J.-C.) » dans le thème de technologie « Les techniques de l'architecture et de la construction ».**

Vers 220 av. J.-C. Invention, en Grèce, de l'orgue, qui est d'abord une grande flûte de pan munie de soufflets.

Vers 190 av. J.-C. Invention, à Pergame (ancienne ville de l'Asie mineure) du parchemin, une peau d'animal spécialement traitée pour l'écriture. Son usage deviendra courant au VIIIe siècle et durera jusqu'au XIVe siècle, alors qu'il sera remplacé par le papier.

LE PARCHEMIN

Conception fréquente à l'époque

Seuls des matériaux durs, comme les os, la pierre et le bois, peuvent servir de support à l'écriture.

Concepts scientifiques actuels

Le parchemin est une peau d'animal traitée pour servir de support à l'écriture. Sa préparation est semblable à celle du cuir, mais il est généralement plus mince.

Activités (8 ans et plus)

- Si possible, observer un véritable parchemin (ou, sinon, la photo d'un parchemin).
- Écrire à l'endos d'un morceau de cuir. (L'endos d'un morceau de cuir est semblable à un parchemin.)

Vers 150 av. J.-C. Invention du papier, à partir de fibres de soie, en Chine.

LE PAPIER DE FIBRES DE SOIE

Conception fréquente à l'époque

Seuls le parchemin, le papyrus et le tissu peuvent servir de support souple à l'écriture.

Concepts scientifiques actuels

Le papier est fait à partir d'une pâte de fibres de soie, de coton, de bois ou d'un mélange de ces substances.

Activité (8 ans et plus)

Observer des papiers fabriqués à partir de fibres végétales généralement utilisées pour les tissus (soie, coton). Comparer avec des papiers faits de fibres de bois. (Par exemple, il existe des essuie-tout très résistants qui contiennent une bonne proportion de fibres de coton.)

Vers 50 av. J.-C. Début de l'utilisation de pigeons voyageurs pour le transport de messages. Ces pigeons peuvent parcourir jusqu'à 800 km, à des vitesses atteignant 70 km/h.

Le Moyen Âge

Vers 1000. Le physicien arabe Ibn al-Haythaam ALHAZEN (965-1039) réfute la théorie proposée par Euclide, selon laquelle l'œil émet un « feu visuel » qui rend la vision possible, et distingue nettement les concepts d'éclairement et de vision. Il montre que sur tous les miroirs, plans et non plans, le rayon incident et le rayon réfléchi se trouvent toujours dans le même plan que la normale au miroir. Il décrit deux nouvelles inventions, les lentilles et la chambre noire (qui permet de projeter l'image d'un objet extérieur à l'intérieur d'une boîte).

▶ **Voir « Les lentilles et la chambre noire (1000) » dans le thème de physique « La lumière et le son ».**

Vers 1040. Invention, en Chine, d'un système d'imprimerie à caractères mobiles.

L'IMPRIMERIE À CARACTÈRES MOBILES

Conception fréquente à l'époque et chez certains élèves

La seule façon d'imprimer une page de texte est de graver toute la page sur une planche de bois ou une plaque de métal.

Concepts scientifiques actuels

Dès le VIe siècle, les Chinois imprimaient du texte et des illustrations à l'aide de grandes plaques de bois gravées en relief. Il était cependant fastidieux de graver une plaque différente pour chaque page de texte. Le Chinois Pi-Cheng aurait été le premier, vers 1040, à imprimer du texte avec des caractères mobiles en bois ou en céramique.

Activité (8 ans et plus)

Écrire des mots et des phrases avec un jeu d'imprimerie à caractères mobiles. (Les jeux d'imprimerie existent sous forme de jouets pour enfant.)

Vers 1100. Première fabrication de papier en Europe.

1285. Première utilisation, en Italie, de lunettes correctrices pour la vue (des lentilles convergentes destinées aux hypermétropes et aux presbytes).

LES LUNETTES CORRECTRICES POUR LA VUE

Conception fréquente à l'époque et chez certains élèves

La seule façon de corriger les problèmes de vision est d'utiliser une loupe.

Concepts scientifiques actuels

Les trois principaux problèmes que les lunettes permettent de corriger sont la myopie, l'hypermétropie et la presbytie. Dans le cas d'un œil myope, qui converge trop, l'image d'un objet se forme en avant de la rétine, et des lentilles divergentes (creuses au centre) sont nécessaires. Dans le cas d'un œil hypermétrope, qui ne converge pas assez, l'image se forme en arrière de l'œil et des lentilles convergentes (bombées au centre) sont nécessaires. Dans le cas de l'œil presbyte, qui n'accommode pas bien, des lentilles à double foyer (partie divergente et partie convergente) sont nécessaires.

Activités (12 ans et plus)

- Essayer toutes les lentilles d'un jeu de lentilles convergentes et divergentes (jeu de lentilles vendues dans les boutiques d'équipement scientifique pour les expériences d'optique.) Trouver les lentilles qui permettent d'améliorer la vue d'élèves hypermétropes et celles qui permettent d'améliorer la vue d'élèves myopes.
- Essayer diverses paires de lunettes (exemple: les lunettes en vente libre dans les pharmacies). Trouver les caractéristiques des paires de lunettes qui permettent d'améliorer la vue d'élèves hypermétropes et celles qui permettent d'améliorer la vue d'élèves myopes.
- Observer le fonctionnement d'un modèle de l'œil (disponible chez certains fournisseurs de matériel scientifique) qui comporte une lentille qui représente le cristallin, une enveloppe qui représente la rétine, un support pour les verres de correction et un jeu de verres de correction.

XIVe siècle. Invention du clavecin.

Vers 1447. L'imprimeur allemand Johannes GENSFLEISCH dit GUTENBERG (1398-1468) invente la presse à imprimer et perfectionne la typographie à caractères mobiles inventée en Chine vers 1040.

LA PRESSE À IMPRIMER

Conception fréquente à l'époque et chez certains élèves

La seule façon d'imprimer une page de texte est de graver toute la page sur une planche de bois ou une plaque de métal.

Concepts scientifiques actuels

Les premières presses à imprimer se composaient d'un pressoir à vis et d'un jeu de caractères mobiles métalliques. Ce système permettait d'exercer une plus grande pression sur le parchemin ou le papier à imprimer que les systèmes antérieurs, ce qui améliorait la qualité de l'impression. Les presses à imprimer modernes sont des machines rotatives à très haut débit et entièrement automatisées.

Activités et exercice (12 ans et plus)

- Examiner des photographies de textes imprimés à l'époque de Gutenberg.

- Fabriquer une presse à imprimer miniature avec un jeu d'imprimerie à caractères mobiles et les pièces d'un jeu de type Lego-Dacta.
- Regarder un documentaire qui présente le fonctionnement d'une presse à imprimer moderne.
- Visiter une imprimerie moderne.
- Se documenter pour répondre à la question suivante: Pourquoi l'invention de la presse à imprimer a-t-elle modifié profondément la civilisation occidentale?

La Renaissance

1560. Le savant italien Gerolamo CARDANO (1501-1576) place une lentille biconvexe devant le petit trou d'une chambre noire et invente ainsi le principe de l'objectif, qui sera plus tard utilisé pour les appareils photographiques.

1564. Invention, en Angleterre, du crayon, dont la mine est en graphite.

1590. Construction des premiers microscopes composés de plusieurs lentilles.

LE MICROSCOPE À LENTILLES MULTIPLES

Conception fréquente à l'époque et chez certains élèves

La seule façon de grossir de petits objets et êtres vivants est d'utiliser une loupe.

Concepts scientifiques actuels

Le microscope à lentilles multiples comporte au moins deux lentilles: un objectif d'une distance focale de quelques millimètres, séparé par une distance fixe de 15 à 18 cm d'un oculaire positif d'une distance focale de quelques centimètres. La mise au point se fait en déplaçant l'ensemble.

Activités (8 ans et plus)

- Examiner le schéma d'un microscope à lentilles multiples.
- Examiner divers petits objets ou êtres vivants à l'aide d'un microscope moderne à lentilles multiples.
- Fabriquer un microscope rudimentaire à lentilles multiples à l'aide d'un jeu de lentilles.

Le XVIIe siècle

1608. L'opticien hollandais Hans LIPPERSHEY (v. 1570-v. 1619) invente, officiellement, le télescope à réfraction, appelé aussi lunette astronomique. Il est probable, cependant, que le principe en était connu dès le XIIIe siècle.

▶ **Voir « Le télescope à réfraction (1608) » dans le thème d'astronomie « Observer, mesurer et explorer l'Univers ».**

1642. Le savant, philosophe et écrivain français Blaise PASCAL (1623-1662) construit la première machine à calculer numérique.

1653. Invention, en France, de la boîte aux lettres publique, pour déposer les lettres qui doivent être postées.

1669. L'astronome français d'origine italienne Jean Dominique CASSINI (1625-1712) et l'astronome danois Olaus RÖMER (1644-1710) résolvent approximativement le problème de la détermination des longitudes, en mer, en montrant que la position des satellites de Jupiter peut servir à déterminer l'heure.

1671. Le mathématicien allemand Gottfried Wilhelm LEIBNIZ (1646-1716) perfectionne la machine à calculer numérique inventée par Pascal en 1642.

1694. Le mathématicien allemand Gottfried Wilhelm LEIBNIZ (1646-1716) invente une calculatrice mécanique capable d'effectuer des additions, des soustractions, des multiplications et des divisions.

Le XVIIIe siècle

1710. Invention, en Italie, du *pianoforte*, ancêtre du piano.

1711. Invention, en Angleterre, du diapason.

1721. Le mathématicien et inventeur anglais John HADLEY (1682-1744) découvre qu'une courbure parabolique, plutôt que sphérique, du miroir des télescopes réflecteurs fait disparaître l'aberration sphérique et améliore la qualité des images.

1733. L'opticien anglais Chester Moore HALL (1703-1771) construit les premières lentilles achromatiques pour télescope réfracteur, ce qui améliore grandement la qualité des images de ce type de télescope.

▶ **Voir « Les lentilles achromatiques (1733) » dans le thème d'astronomie « Observer, mesurer et explorer l'Univers ».**

Vers 1770. Invention, au Portugal, de la gomme à effacer.

1793. L'ingénieur français Claude CHAPPE (1763-1865) invente le télégraphe optique, appelé aussi sémaphore. Ce type de télégraphe transmet des messages au moyen de signaux effectués par des bras articulés établis sur des séries de tours.

LE TÉLÉGRAPHE OPTIQUE

Conception fréquente à l'époque

La seule façon de transmettre un message à distance est de l'écrire sur une feuille de papier et d'envoyer cette feuille.

Concepts scientifiques actuels

Le télégraphe optique, appelé aussi sémaphore, transmettait des messages au moyen de signaux effectués par des bras articulés établis sur des séries de tours. Des observateurs postés dans chacune des tours relayaient les messages transmis à de grandes distances. De nos jours, la télégraphie optique, utilisée dans certaines circonstances, consiste à envoyer un message codé en *morse* à l'aide d'impulsions lumineuses.

Activités (8 ans et plus)

- Examiner des dessins qui présentent les anciens sémaphores.
- Fabriquer un modèle réduit de sémaphore. Inventer un code pour la position des bras articulés. Transmettre un message au moyen de ce code.

1796. Invention, en Allemagne, de la lithographie pour l'impression d'images.

Le XIXe siècle

1804. L'inventeur français Joseph-Marie JACQUARD (1752-1834) invente la carte perforée pour contrôler le fonctionnement de ses métiers à tisser.

LA CARTE PERFORÉE

Conception fréquente à l'époque et chez certains élèves

Les perforations, dans une carte, ne sont qu'une façon de représenter des caractères ou des codes.

Concepts scientifiques actuels

La carte perforée est une façon simple de faire du tri, des opérations logiques et du contrôle numérique. Les perforations laissent passer des tiges, qui peuvent ainsi retenir les cartes qui correspondent aux caractéristiques souhaitées.

Activité (12 ans et plus)

Élaborer un système de cartes perforées pour faire des tris et des opérations logiques simples. (Pour faciliter le tri, on peut utiliser deux types de perforations situées sur le pourtour des cartes: des trous ronds entièrement entourés par du carton et des trous en U ouverts sur le pourtour. Une tige retient la carte quand elle passe dans un trou rond, mais la laisse tomber quand elle passe dans un trou en U.)

1816. Le chimiste français Eugène CHEVREUL (1786-1889) fabrique les premières bougies en acide stéarique.

▶ **Voir « Les bougies en acide stéarique (1816) » dans le thème de chimie « L'industrie chimique ».**

1826. L'inventeur français Joseph NIÉPCE (1765-1833), qui avait déjà obtenu une image sur un papier imprégné de chlorure d'argent en 1816, invente l'héliographie, un précurseur de la photographie qui nécessite plusieurs heures d'exposition et qui consiste à fixer des images sur des plaques d'étain recouvertes d'un bitume sensible à la lumière. Il invente également le diaphragme à iris, pour régler la quantité de lumière traversant l'objectif.

▶ **Voir « Le daguerréotype (1835) » dans ce même thème.**

1827. Invention des allumettes.

▶ **Voir « L'allumette (1831) » dans le thème de chimie « L'industrie chimique ».**

1829. L'inventeur français Louis BRAILLE (1809-1852), lui-même aveugle depuis l'enfance à la suite d'un accident, met au point un système d'écriture pour les aveugles.

L'ALPHABET BRAILLE

Conception fréquente à l'époque et chez certains élèves

Il est impossible de lire sans voir.

Concepts scientifiques actuels

Le système le plus couramment utilisé par les aveugles, pour lire, est le système de Louis Braille, un inventeur français. L'alphabet braille, qu'on peut trouver dans un bon dictionnaire, représente les lettres et les chiffres au moyen de petits points en relief sur du papier ou du carton.

Problème (8 ans et plus)

Peut-on imaginer un système simple qui permet de lire sans voir?

Matériel disponible :

Du papier, du carton, une boîte de cure-dents, de la pâte à modeler, de la colle, de minuscules billes de sucre coloré utilisées pour la décoration des gâteaux, des dessins de divers pictogrammes. Des exemples de mots ou de textes écrits en braille (à présenter après l'activité seulement).

Quelques solutions ou approches possibles :

- Écrire une phrase en formant des lettres à l'aide de cure-dents ou de morceaux de cure-dents collés sur une feuille de papier ou de carton. Lire la phrase en identifiant chacune des lettres par le toucher.
- Écrire un message à l'aide de pictogrammes formés de morceaux de cure-dents collés sur une feuille de papier ou de carton, ou formés de pâte à modeler en relief. Par exemple, les pictogrammes utilisés pour représenter certains dangers (explosif, corrosif, poison, etc.) peuvent être dessinés en relief.
- Écrire une phrase à l'aide d'un alphabet de petits points, selon le principe du braille (mais le code peut être différent). Les petits points peuvent être formés en poussant avec la pointe d'un crayon une feuille de carton mince placée sur plusieurs feuilles de papier journal. Ils peuvent également être formés d'une petite goutte de colle qu'on laisse sécher ou de minuscules billes de sucre coloré (pour la décoration des gâteaux) collées sur du papier ou du carton. (Si le code est inventé, on peut ensuite le comparer au braille présenté dans un dictionnaire.)

1832. Invention, en Belgique, du phénakistiscope, un appareil optique qui permet, pour la première fois, de voir bouger une image.

LE PHÉNAKISTISCOPE

Conception fréquente à l'époque

Il est impossible de produire une image qui donne l'impression du mouvement.

Concepts scientifiques actuels

Il s'agit d'un disque où sont dessinées 12 images, les unes à la suite des autres. Chaque image diffère légèrement, ce qui, lors de la rotation du disque, crée une illusion de mouvement.

Activité (12 ans et plus)

Construire un dispositif équivalent au phénakistiscope en dessinant une série d'images légèrement différentes les unes des autres dans le coin inférieur droit des pages d'un calepin, d'un vieux livre ou d'un vieil annuaire téléphonique. Faire défiler rapidement les images pour voir l'animation.

1835. Le mathématicien et économiste anglais Charles BABBAGE (1792-1871) conçoit une machine à calculer analytique à cartes perforées qui, même si elle ne sera jamais construite, est considérée comme l'ancêtre de l'ordinateur.

1835. L'inventeur américain Samuel MORSE (1791-1872) et Joseph HENRY (1797-1878) inventent le télégraphe électromagnétique. De plus, Samuel Morse invente le *code morse* pour la télégraphie.

LE TÉLÉGRAPHE ÉLECTROMAGNÉTIQUE

Conception fréquente à l'époque

La seule façon d'envoyer un message à distance est par un système optique, tel que les sémaphores.

Concepts scientifiques actuels

Le télégraphe envoie deux sortes d'impulsions électriques. Des impulsions longues pour les traits et des impulsions courtes pour les points. Le code morse peut aussi servir pour des messages lumineux.

Activités (12 ans et plus)

- Examiner des photographies d'anciens appareils de télégraphie électromagnétique.
- Faire fonctionner un télégraphe électromagnétique simple (disponible chez certains fournisseurs de matériel scientifique).
- Fabriquer un télégraphe électromagnétique rudimentaire, avec un émetteur, qui est tout simplement un interrupteur, un *récepteur*, qui est un électroaimant qui attire une bande de tôle mince en acier flexible, et une *pile électrique*. Quand l'émetteur (interrupteur) permet le passage du courant, l'électroaimant attire la bande en acier, ce qui produit un petit bruit. L'émetteur peut être construit avec une bande en acier flexible pliée et des punaises fortes. Le récepteur peut être construit avec un petit support en bois, un électroaimant (fil enroulé autour d'un gros clou) et une bande en acier flexible dont l'une des extrémités est juste au-dessus de l'électroaimant.

- Envoyer des messages en *code morse* avec le télégraphe électrique ou avec une source de lumière. (Le *code morse* se trouve dans la plupart des dictionnaires.)

1835. L'inventeur français Jacques DAGUERRE (1787-1851) invente le daguerréotype un procédé pour capter l'image d'un objet sur une plaque métallique recouverte de sels d'argent, plus rapide que l'héliographie de Niépce.

LE DAGUERRÉOTYPE

Conception fréquente à l'époque

La photographie est un procédé lent, qui donne des résultats d'une piètre qualité.

Concepts scientifiques actuels

Le daguerréotype, ancêtre du film photographique, est une surface d'argent plaquée sur cuivre et sensibilisée à l'iode. Placé dans une chambre noire munie d'un objectif, le daguerréotype permet de produire rapidement des images de grande qualité, qui ne peuvent toutefois pas être reproduites.

Activités (12 ans et plus)

- Dans un livre ou sur un site Web qui présente l'évolution de la photographie, comparer des photographies prises selon les procédés de l'héliographie, du daguerréotype et du négatif.
- Prendre une photographie selon un procédé semblable au daguerréotype, à l'aide d'un papier spécial recouvert de sels d'argent placé dans une chambre noire (avec ou sans objectif).

▸ **Voir «Les lentilles et la chambre noire (1000)» dans le thème de physique «La lumière et le son».**

1837. Le physicien anglais Charles WHEATSTONE (1802-1875) installe un télégraphe électrique dans lequel une aiguille indique, l'une après l'autre, les lettres qui forment les mots. À partir de 1844, ce système sera rapidement remplacé par le télégraphe électromagnétique transmettant des messages en *code morse.*

1838. Invention du stéréoscope, qui permet de voir une image en relief.

1839. Le photographe français Hippolyte BAYARD (1801-1887) et le photographe anglais William TALBOT (1800-1877) inventent, de façon indépendante, les négatifs photographiques, qui permettent la reproduction sur papier. Le procédé par négatifs et la photographie sur papier remplaceront rapidement le daguerréotype inventé par Daguerre en 1838.

LES NÉGATIFS PHOTOGRAPHIQUES

Conception fréquente à l'époque et chez certains élèves

Un film photographique produit directement une photographie positive.

Concepts scientifiques actuels

Avec le procédé par négatif, le film exposé, qui contient des grains de sels d'argent impressionnés par la lumière, est immergé dans des solutions de traitement, ce qui transforme l'image latente en image négative. Pour obtenir une épreuve positive, il faut alors projeter de la lumière à travers le négatif pour impressionner une feuille de papier sensible. Un négatif permet ainsi d'obtenir un nombre illimité de photographies positives.

Activités (12 ans et plus)

- Examiner des négatifs photographiques.
- Dans une pièce sombre (chambre noire de photographe), produire des photographies positives à partir de négatifs.

1840. Début, en Angleterre, de l'utilisation du timbre-poste.

1840. Invention, en France, d'un premier procédé de photographie en couleur.

1843. Le scientifique anglais Alexander BAIN (1810-1877) invente un procédé, ancêtre du télécopieur, pour envoyer des images à distance à l'aide de l'électricité.

1850. Invention du flash, en fils de magnésium, pour la photographie.

1851. Installation entre Douvres et Calais, en Europe, du premier câble sous-marin pour la transmission de télégrammes.

1854. Le souffleur de verre allemand Heinrich GEISSLER (1814-1879) invente le *tube de Geissler*, ancêtre du tube à décharge.

▶ **Voir « Le tube à décharge (1870) » dans le thème de physique « L'électricité et le magnétisme ».**

1865. Le physicien écossais James Clerk MAXWELL (1831-1879) identifie la lumière à une onde électromagnétique et démontre théoriquement la possibilité qu'il existe des ondes électromagnétiques beaucoup plus courtes (exemple : rayons X) et beaucoup plus longues (exemple : ondes radio) que la lumière visible.

1866. Installation du premier câble télégraphique transatlantique.

1868. Le physicien allemand Johann Wilhelm HITTORF (1824-1914) découvre les rayons cathodiques, constitués d'électrons qui se déplacent dans un tube à décharge électrique à basse pression.

▶ **Voir « Les rayons cathodiques (1868) » dans le thème de physique « L'électricité et le magnétisme ».**

Vers 1870. Le physicien anglais William CROOKES (1832-1919) améliore le tube à décharge inventé par Geissler en 1854.

▶ **Voir « Le tube à décharge (1870) » dans le thème de physique « L'électricité et le magnétisme ».**

1870. Invention de la première machine à écrire d'utilisation pratique par la firme *Sholes and Remington.*

LA MACHINE À ÉCRIRE

Conception fréquente à l'époque

La seule façon simple et pratique d'écrire, pour une personne, est d'écrire à la main.

Concepts scientifiques actuels

Une machine à écrire, qui permet à une personne d'écrire rapidement des textes constitués de caractères d'imprimerie, se compose d'un clavier, d'un chariot mobile et d'un ruban encreur. La frappe des touches du clavier actionne des leviers portant à leur extrémité un caractère gravé en relief. Le caractère frappé s'imprime, par l'intermédiaire du ruban, sur une feuille de papier portée par le rouleau du chariot.

Activité et exercice (12 ans et plus)

- Examiner divers modèles, plus ou moins anciens, de machines à écrire mécaniques et électriques.
- Discuter des raisons pour lesquelles les machines à écrire ne sont presque plus utilisées de nos jours.

1871. L'ingénieur italien Antonio MEUCCI (1808-1889) dépose une demande de brevet pour un téléphone assez semblable à celui qui sera inventé par Bell en 1876, mais ne réussit pas, faute de moyens financiers suffisants, à obtenir le brevet.

1874. Un étudiant canadien invente l'ampoule électrique et vend le brevet à Edison, qui la perfectionnera.

1876. L'inventeur américain Alexander Graham BELL (1847-1922) invente le téléphone.

LE TÉLÉPHONE

Conception fréquente à l'époque et chez certains élèves

Il est impossible de transmettre des sons et des voix par l'entremise d'un courant électrique.

Concepts scientifiques actuels

Le téléphone, qui comporte un microphone et un haut-parleur, transmet des messages parlés en convertissant le son en signal électrique et le signal électrique en son. Cette conversion du son peut se faire de façon analogique, en convertissant le son en impulsions électriques de même forme que les ondes sonores, ou, de plus en plus, de façon numérique, en convertissant le son sous forme de séquences de nombres transmis de façon électrique (dans les fils) et optique (dans les fibres optiques).

Activités et exercice (12 ans et plus)

- Examiner des photographies d'anciens appareils de téléphonie et constater leur évolution.
- Fabriquer un téléphone analogique rudimentaire à l'aide de deux microphones, deux haut-parleurs, du fil électrique et des piles. (Des ensembles haut-parleurs et microphones didactiques sont disponibles chez certains fournisseurs de matériel scientifique).
- Se documenter pour répondre à la question suivante: Quels sont les faits saillants de la vie d'Alexander Graham Bell? (Exemple: Alexander Graham Bell n'est pas le seul inventeur du téléphone. Il avait été précédé par les travaux d'Antonio Meucci.)

1877. L'inventeur américain Thomas EDISON (1847-1931) invente le phonographe et réalise le premier enregistrement d'un son.

▶ **Voir « Le gramophone (1888) » dans ce même thème.**

1877. Premier brevet pour le haut-parleur, dont les premiers modèles opérationnels seront construits en 1924.

1878. Installation, aux États-Unis, du premier central téléphonique. Il dessert 21 abonnés et fonctionne de façon manuelle.

1879. Le physicien anglais Joseph SWAN (1828-1914) et l'inventeur américain Thomas EDISON (1847-1931) perfectionnent l'ampoule électrique inventée par un étudiant canadien en 1874.

L'AMPOULE ÉLECTRIQUE

Conception fréquente à l'époque et chez certains élèves

Seule une combustion permet de produire de la lumière artificielle.

Concepts scientifiques actuels

Le filament électrique d'une ampoule est une résistance qui chauffe et devient brillante au passage du courant électrique. L'ampoule est vide ou remplie d'un gaz inerte pour éviter toute réaction chimique avec le filament chauffé. La difficulté, pour les concepteurs d'ampoules, a été de trouver des matériaux qui pouvaient résister longtemps à des températures très élevées.

Activités et exercices (8 ans et plus)

- Examiner des photographies des premières ampoules électriques.
- Fabriquer une ampoule électrique rudimentaire avec une pile électrique et un fil spécial qui oppose une résistance au courant et émet de la lumière.
- Se documenter pour répondre à la question suivante: Quels sont les matériaux utilisés dans la construction des filaments des ampoules modernes?
- Se documenter pour répondre à la question suivante: Quels sont les faits saillants de la vie de Thomas Edison? (Exemple: Thomas Edison a fondé l'un des premiers centres de recherche et développement technologique modernes.)

1879. Invention, aux États-Unis, d'une caisse enregistreuse mécanique.

1881. Le scientifique français Clément ADER (1841-1926) réussit à produire des sons en stéréophonie. Le procédé contemporain de la stéréophonie ne sera toutefois commercialisé qu'en 1964.

1882. Invention, en France, de la chronophotographie, un procédé qui permet de prendre des photos successives pour étudier la locomotion animale (vol de l'oiseau, galop du cheval, etc.).

1884. L'ingénieur allemand Paul NIPKOW (1860-1940) invente le découpage d'une image en points et en lignes, qui deviendra plus tard le principe de base de la formation d'une image télévisuelle.

1886. Le statisticien Hermann HOLLERITH (1860-1929) met au point le totalisateur électrique, un système de classement et de comptabilisation à cartes perforées qui sera utilisé lors du recensement américain de 1890.

1888. Le physicien allemand Heinrich HERTZ (1857-1894) réussit à produire des ondes radio à l'aide d'un éclateur de son invention, confirmant ainsi la théorie de Maxwell.

▶ **Voir « La télégraphie sans fil (1895) » dans ce même thème.**

1888. L'inventeur américain d'origine allemande Émile BERLINER (1851-1929) invente le gramophone, semblable au phonographe imaginé par Edison en 1877, mais qui enregistre les sons sur un disque de zinc recouvert de cire au lieu d'un cylindre. Il fondera dix ans plus tard, en Allemagne, la célèbre maison de disques Deutsche Grammophon Gesellschaft.

LE GRAMOPHONE

Conception fréquente à l'époque

Il est impossible d'enregistrer un son (voix, musique, etc.) et de l'écouter plus tard.

Concepts scientifiques actuels

Le gramophone fait tourner un disque sur lequel est gravé un sillon musical. Ce sillon est lu par une pointe reliée à un pavillon acoustique. La rotation du disque est activée par un ressort spiral d'horlogerie. La qualité des enregistrements du gramophone était plutôt médiocre et les disques s'usaient vite sous la pression de la pointe.

Activités (8 ans et plus)

- Examiner des photographies de gramophones ou visiter un musée où divers modèles sont exposés.
- Écouter un enregistrement sonore qui donne une idée de la qualité d'enregistrement des gramophones.
- Identifier d'autres technologies, plus ou moins modernes, d'enregistrement de sons (exemples: phonographe, disque en vinyle, bande magnétique, disque compact, DVD, etc.).

1888. Invention, en Angleterre, du principe du magnétophone. Un prototype rudimentaire sera construit dix ans plus tard, mais le premier modèle pratique ne sera fabriqué qu'en 1935.

1888. Le photographe américain George EASTMAN (1854-1932) invente le Kodak, un appareil photographique simple, léger et peu coûteux.

1888. Découverte, en Allemagne, des cristaux liquides, qui serviront à la fabrication d'écrans pour calculatrices et montres à compter de 1971.

1889. La société américaine Eastman met au point la pellicule photographique transparente en bobine.

1890. Le physicien français Édouard BRANLY (1844-1940) démontre qu'il est possible de détecter des ondes radio à l'aide d'un cohéreur à limaille, un dispositif de son invention.

▶ **Voir « La télégraphie sans fil (1895) » dans ce même thème.**

1891. Dépôt, aux États-Unis, du brevet pour un central téléphonique automatique.

1894. Le physicien Oliver LODGE (1851-1940) réussit à transmettre un message par radio, en code morse, sur une distance d'environ un kilomètre.

1895. L'inventeur italien Guglielmo MARCONI (1874-1937) réussit à transmettre un message par radio, en morse, sur une distance de 145 kilomètres, ce qui marque la naissance de la télégraphie sans fil (T.S.F.).

La télégraphie sans fil

Conception fréquente à l'époque et chez certains élèves

Il est impossible d'envoyer un message télégraphique sans utiliser de fil électrique, d'impulsions lumineuses ou d'impulsions sonores.

Concepts scientifiques actuels

La télégraphie sans fil consiste à transmettre un message codé à l'aide d'ondes radio. Les premiers télégraphes de Marconi utilisaient l'éclateur inventé par Hertz pour l'émission des ondes, et le cohéreur à limaille inventé par Branly pour la réception des ondes.

Activités et exercice (12 ans et plus)

- Examiner des photographies d'anciens appareils de télégraphie sans fil ou visiter un musée où ils sont exposés.
- Construire deux émetteurs et un récepteur rudimentaires de télégraphie sans fil à l'aide d'éclateurs (émission), de cohéreurs (réception) et d'antennes, et transmettre des messages en morse. (Des éclateurs et cohéreurs didactiques sont disponibles chez certains fournisseurs de matériel scientifique.)
- Se documenter pour répondre à la question suivante : Quels sont les faits saillants de la vie de Guglielmo Marconi ? (Exemple : Gugliemo Marconi a étudié avec quelques professeurs italiens, mais n'a jamais suivi de cours de niveau universitaire. Il vécut longtemps à bord d'un yacht privé qui lui servait aussi de laboratoire.)

1895. Les scientifiques français Auguste LUMIÈRE (1862-1954) et Louis LUMIÈRE (1864-1948) inventent le cinématographe.

LE CINÉMA

Conception fréquente à l'époque

La photographie ne peut produire que des images fixes.

Concepts scientifiques actuels

Le cinématographe consiste à photographier puis à projeter sur un écran une série de photographies qui présentent les phases des mouvements filmés. Entre chaque photographie, lors de la projection, un obturateur coupe le faisceau lumineux du projecteur afin de dissimuler l'avance du film jusqu'à la photo suivante. Les premiers films muets utilisaient une cadence de 16 images par seconde, ce qui donnait des mouvements saccadés, mais le passage à une cadence de 24 images par seconde a donné une fluidité naturelle aux mouvements.

Activités (8 ans et plus)

- Examiner une à une la suite des photographies d'un film pour cinéma.
- Observer le fonctionnement d'un projecteur de films.
- Remarquer les mouvements saccadés des personnages des premiers films muets en noir et blanc.

1897. Le physicien allemand Karl BRAUN (1850-1918) invente le *tube de Braun*, un oscillateur cathodique, ancêtre du tube cathodique du téléviseur.

1897. Premières tentatives, en France, de cinéma en trois dimensions avec des lunettes aux verres filtrants colorés.

1900. L'ingénieur canadien Reginald FESSENDEN (1866-1932) invente le principe de la modulation d'amplitude (AM) pour la transmission par radio. Il construit également le premier radiophone.

▶ **Voir « La radio AM et FM (1906) » dans ce même thème.**

Le XXe siècle

1900. Première projection, en France, d'un film accompagné du son produit par un phonographe.

1903. Invention, aux États-Unis, de la photocopie. Un premier modèle de photocopieur sera commercialisé en 1907, mais la photocopie ne deviendra d'usage courant que dans les années 1960, après l'invention de la xérographie en 1938.

1904. Le physicien et ingénieur anglais John FLEMING (1849-1945) invente la diode.

▶ **Voir « La diode (1904) » dans le thème de physique « L'électricité et le magnétisme ».**

1904. Mise au point, en France, de la technique du ralenti au cinéma.

1906. Le physicien américain Lee DE FOREST (1873-1961) invente la triode, une valve électronique qui permettra le développement de la radio, du radar et de la télévision.

▶ **Voir « La triode (1906) » dans le thème de physique « L'électricité et le magnétisme ».**

1906. Le physicien canadien Reginald FESSENDEN (1866-1932) réussit la première transmission de paroles et de musique par modulation d'amplitude (AM) dont il avait inventé le principe en 1900.

1906. L'inventeur italien Guglielmo MARCONI (1874-1937) réussit la première transmission de paroles par modulation de fréquence (FM).

La radio AM et FM

Conception fréquente à l'époque et chez certains élèves

Seules les impulsions du code morse peuvent être transmises par des ondes radio.

Concepts scientifiques actuels

La radio AM et FM suppose un émetteur et un récepteur. L'émetteur produit une onde dite « porteuse ». Pour transmettre un son, l'émetteur doit « moduler » l'onde porteuse. Le récepteur capte l'onde modulée et en fait ressortir le son original. Dans le cas de la radio AM (Amplitude Modulation), c'est l'amplitude de l'onde porteuse qui varie, tandis que dans le cas de la radio FM (Frequency Modulation), c'est sa fréquence. La modulation d'amplitude produit des sons de fidélité moindre que la modulation de fréquence. Elle est de moins en moins utilisée.

Activités (8 ans et plus)

- Comparer la qualité du son de la radio AM et celle de la radio FM.
- Compter le nombre de stations de radio AM et le nombre de stations de radio FM qu'il est possible de capter dans sa région. Vérifier si le nombre est le même le jour et après le coucher du Soleil.

▶ **Voir « La réflexion des ondes radio par l'ionosphère (1925) » dans le thème de sciences de la Terre « L'atmosphère ».**

1908. Réalisation des premiers films d'animation.

1909. Le savant français Georges CLAUDE (1870-1960) invente l'éclairage au moyen de tubes à décharge au néon.

1910. Invention du poste à galène, le premier poste de radio.

LE POSTE DE RADIO

Conception fréquente à l'époque

Les ondes radio ne peuvent être captées qu'avec de l'équipement de laboratoire très coûteux.

Concepts scientifiques actuels

Un poste de radio est constitué d'une antenne qui capte les ondes et qui les convertit en oscillations électriques, d'un amplificateur qui accroît l'intensité des oscillations et d'un haut-parleur qui transforme ces dernières en ondes sonores audibles.

Activités (12 ans et plus)

- Examiner des postes de radio de diverses époques. Constater la taille de plus en plus réduite des principales composantes.
- À l'aide d'un jeu d'électronique (disponible dans certains magasins de jouets), construire un poste de radio rudimentaire et capter quelques stations.

1910. Invention, en Nouvelle-Orléans, aux États-Unis, de la batterie, un instrument de musique d'abord utilisé par des formations de jazz.

1914. Le musicologue allemand Curt SACHS (1881-1959) et l'ethnomusicologue autrichien Erich Moritz von HORNBOSTEL (1877-1935) mettent au point la classification scientifique moderne des instruments de musique.

▶ **Voir « Les instruments de musique (3000 av. J.-C.) » dans ce même thème.**

1915. Le physicien français Paul LANGEVIN (1872-1946) invente le sonar, qui permet la détection des sous-marins et de la partie submergée des icebergs.

▶ **Voir « Le sonar (1915) » dans le thème des sciences de la Terre « L'écorce terrestre et les océans ».**

1916. Invention, aux États-Unis, du téléscripteur, ou télex, qui permet d'envoyer des messages écrits par ligne téléphonique. Il sera commercialisé à partir de 1931.

1917. Invention, simultanément en France et aux États-Unis, du récepteur à changement de fréquence, qui permet de rechercher les stations en tournant un bouton.

1920. Mise en service, à Pittsburgh, aux États-Unis, de la première station de radiodiffusion.

1923. Invention de la cellule photoélectrique, qui peut convertir la lumière en électricité.

▶ **Voir « La cellule photoélectrique (1905) » dans le thème de physique « L'électricité et le magnétisme ».**

1923. L'ingénieur américain d'origine russe Vladimir ZWORYKIN (1889-1982) met au point l'iconoscope, ancêtre des caméras de télévision.

1923. Invention du téléphone à cadran, qui permet d'établir la communication sans l'aide d'une téléphoniste.

1924. Démonstration, aux États-Unis, d'un télécopieur expérimental pour la transmission de photos par ligne téléphonique. Il sera commercialisé sous sa forme moderne à partir de 1973.

1925. Le physicien anglais Edward APPLETON (1892-1965) découvre la réflexion des ondes radio par l'ionosphère.

▶ **Voir « La réflexion des ondes radio par l'ionosphère (1925) » dans le thème de sciences de la Terre « L'atmosphère ».**

1925. Invention du microphone, qui transforme la voix en courant électrique.

LE MICROPHONE

Conception fréquente à l'époque

La seule façon d'enregistrer un son est d'utiliser un immense pavillon acoustique qui fait vibrer une aiguille.

Concepts scientifiques actuels

Un microphone reçoit les ondes sonores et les transforme en signal électrique. Les ondes font vibrer une membrane (le diaphragme) et celui-ci va activer un mécanisme qui produira des signaux électriques. Un des mécanismes les plus courants est celui à condensateur. Deux minces plaques en métal jouent le rôle de condensateur. La première plaque est fixe et la seconde sert de diaphragme. Lorsque des ondes le touchent, la distance entre les deux plaques varie et sa capacité change. Ces variations de capacité font varier les signaux électriques.

Activités (12 ans et plus)

- Amplifier le son de sa voix à l'aide d'un microphone, d'un amplificateur et d'un haut-parleur.
- À l'aide d'un ensemble haut-parleurs et microphones didactiques et d'un amplificateur (disponibles chez certains fournisseurs de matériel scientifique), construire un circuit qui permette d'amplifier le son de sa voix.

1925. L'ingénieur écossais John BAIRD (1888-1946) invente la télévision en noir et blanc.

LA TÉLÉVISION EN NOIR ET BLANC

Conception fréquente à l'époque

Seul un son peut être transmis par une onde électromagnétique.

Concepts scientifiques actuels

L'écran d'un téléviseur est composé, à la base, d'un tube cathodique (également appelé tube à rayonnement cathodique ou TRC). Un TRC est constitué d'un tube à vide, d'un rayon à canon et de luminophores à la surface de l'écran. Dans le cas d'un téléviseur noir et blanc, il n'y a qu'un seul canon et qu'un type de luminophore qui produit une lumière blanche. Pour que le faisceau d'électrons frappe les bons luminophores, une série d'électroaimants dirigent les électrons pour former à l'écran l'image désirée.

Activités (12 ans et plus)

- Examiner des photographies qui présentent l'évolution des téléviseurs.
- Observer de très près l'image produite par un téléviseur noir et blanc. Constater la présence de points noirs et blancs.
- Frôler l'écran d'un téléviseur allumé avec une feuille de papier mince. Constater la présence d'une charge d'électricité statique. Expliquer par quoi elle est causée. (Par l'arrivée, derrière l'écran, des électrons chargés négativement.)
- Observer un faisceau d'électrons à l'intérieur d'un tube à faisceau d'électrons (disponible chez certains fournisseurs de matériel scientifique).

1926. Invention du cinéma parlant.

1927. Projection, aux États-Unis, du film *Le chanteur de jazz*, premier film dans lequel le son est synchronisé au mouvement des lèvres.

1928. Invention de la bande magnétique pour l'enregistrement du son.

LA BANDE MAGNÉTIQUE

Conception fréquente à l'époque

Seul un sillon gravé sur un cylindre ou un disque permet d'enregistrer un son.

Concepts scientifiques actuels

Une bande magnétique est une bande plastique recouverte de particules métalliques. Lors d'un enregistrement, cette bande se déroule à vitesse constante devant une tête aimantée dont l'aimantation varie en fonction des ondes sonores à enregistrer. Lors de la lecture, une autre tête subit les champs magnétiques induits par la bande magnétique et, après traitement, les ondes sonores peuvent être restituées.

Activités et exercice (12 ans et plus)

- Écouter le son produit par divers types de bandes magnétiques (rubans et cassettes).
- Comparer la qualité d'un enregistrement sur bande magnétique avec celle d'autres supports (microsillon, disque compact, DVD, puce électronique).
- Se documenter pour répondre à la question suivante: La bande magnétique est-elle utilisée pour autre chose que l'enregistrement de sons? (Exemples: bande magnétique des cartes de guichet, cartes de crédit, passes de métro, etc.)

1930. Invention, en France, de l'orgue électronique.

1931. L'ingénieur allemand Konrad ZUSE (1910-1995) construit des calculateurs électriques fonctionnant en mode binaire qui sont les premières ébauches de l'ordinateur.

1932. La BBC, en Grande-Bretagne, diffuse les premières émissions de télévision.

1933. Obtention, aux États-Unis, du brevet pour la transmission radio par modulation de fréquence (FM).

1933. Premiers enregistrements de disques stéréophoniques. La commercialisation à grande échelle ne débutera qu'en 1958.

L'ENREGISTREMENT STÉRÉOPHONIQUE

Conception fréquente à l'époque et chez certains élèves

Le son qui sort par les haut-parleurs situés de part et d'autre d'un poste de radio ou d'une chaîne haute-fidélité ne peut être qu'identique.

Concepts scientifiques actuels

Lors d'un enregistrement stéréophonique, deux microphones sont placés à la droite et à la gauche de la source. Lors de la création du support d'enregistrement, deux voies sont créées pour chaque source. Lors de la lecture, chaque voie est traitée séparément, ce qui permet au haut-parleur de droite de reproduire le son capté par le microphone de droite, et ainsi de suite pour le haut-parleur de gauche. Cette technique permet à l'auditeur de retrouver l'ambiance d'enregistrement, car chacune de ses oreilles va percevoir les sons originaux.

Activités (8 ans et plus)

- Constater la différence entre un enregistrement monophonique et un enregistrement stéréophonique.
- Constater la différence entre le son qui sort du haut-parleur de gauche et celui qui sort du haut-parleur de droite d'une chaîne stéréophonique.
- Effectuer un enregistrement stéréophonique à l'aide de deux microphones et d'un appareil d'enregistrement.

1934. Mise au point du procédé Technicolor, qui marque les débuts des films commerciaux en couleurs.

1935. Invention du catadioptre, un dispositif optique qui permet de réfléchir les rayons lumineux vers leur source d'émission et qui sera beaucoup utilisé pour rendre les panneaux de signalisation routière plus visibles.

1935. La firme allemande AEG fait la première démonstration d'un magnétophone.

1935. Invention, aux États-Unis, de la guitare électrique à caisse pleine.

1936. Le mathématicien britannique Alan TURING (1912-1954) élabore le concept d'une machine à calculer (*machine de Turing*) qui simule les procédures de traitement de l'information de façon analytique.

Vers 1938. Le mathématicien américain d'origine hongroise John von NEUMANN (1903-1957) définit la structure d'une machine automatique de traitement de l'information à langage binaire et à programme enregistré qui sera adoptée plus tard pour tous les ordinateurs.

1938. Invention, en Argentine, du stylo à bille.

LE STYLO À BILLE

Conception fréquente à l'époque

La pointe d'un stylo ne peut être qu'un morceau de métal fixe.

Concepts scientifiques actuels

L'invention du stylo à bille repose sur deux observations: celle des encres à séchage rapide utilisées pour les magazines et celle des traînées laissées par une bille qui a été plongée dans de l'eau sale.

Activités (8 ans et plus)

- Examiner divers modèles de stylo à bille.
- Observer les traînées laissées par une bille plongée dans de la gouache.
- Construire un très gros «stylo à bille» avec une bille de verre, un petit contenant en plastique qu'il est possible de découper et de la gouache visqueuse.

1938. Invention, aux États-Unis, de la xérographie, le procédé moderne de photocopie.

1938. Le physicien et inventeur américain Edwin Herbert LAND (1909-1991) découvre un matériau capable de polariser la lumière par absorption sélective par des molécules orientées. Ce matériau servira entre autres à fabriquer des lunettes de soleil polarisantes.

LES LUNETTES DE SOLEIL POLARISANTES

Conception fréquente à l'époque et chez certains élèves

La polarisation de la lumière nécessite un équipement complexe.

Concepts scientifiques actuels

Les lunettes de soleil polarisantes sont généralement faites d'une matière plastique transparente qui comporte des molécules d'hydrocarbures à longue chaîne, toutes orientées de la même façon. Cette matière plastique polarise la lumière, c'est-à-dire qu'elle laisse passer les ondes lumineuses qui vibrent selon cette orientation et atténue les ondes lumineuses qui vibrent selon une orientation différente. Elles éliminent ainsi un grand nombre de reflets trop éblouissants pour l'œil.

Activités (12 ans et plus)

- Comparer la vision obtenue avec des lunettes de soleil ordinaires et des lunettes de soleil polarisantes.
- Tenir des lunettes de soleil ordinaires à environ 10 cm de ses yeux. Observer un nuage à travers une des lentilles en faisant tourner lentement la paire de lunettes de soleil. Faire la même chose avec des lunettes de soleil polarisantes.
- Étudier la polarisation produite par des filtres polarisants à l'aide d'un banc d'optique qui comporte le matériel nécessaire (disponible chez certains fournisseurs de matériel scientifique).

1938. Le physicien et inventeur américain Edwin Herbert LAND (1909-1991) invente le Polaroïd, premier appareil photo à développement instantané.

1942. Le physicien américain John Vincent ATANASOFF (1903-1995) construit l'ABC (Atanasoff Berry Computer), premier calculateur électronique à tubes.

1943. L'ingénieur britannique Max NEWMAN (1897-1985), se basant sur des principes énoncés par Turing, construit le premier ordinateur programmable, le *Colossus,* utilisé par les Britanniques durant la Deuxième Guerre mondiale pour décoder des messages allemands.

1943. L'ingénieur écossais John BAIRD (1888-1946) invente la télévision en couleurs.

LA TÉLÉVISION EN COULEURS

Conception fréquente à l'époque

La télévision ne peut produire que des images en noir et blanc.

Concepts scientifiques actuels

Un téléviseur couleur est constitué, à sa base, de trois canons à électrons (un pour chaque couleur primaire: le bleu, le rouge et le vert). À l'autre bout du tube cathodique se trouve l'écran du téléviseur, qui est constitué de luminophores. Chaque luminophore produit une des trois couleurs primaires lorsqu'il est bombardé par un faisceau d'électrons.

Activités (8 ans et plus)

- Examiner des photographies qui présentent l'évolution des téléviseurs.
- Observer de très près l'image produite par un téléviseur en couleurs. Constater la présence de points bleus, rouges, verts et noirs.
- Observer un faisceau d'électrons à l'intérieur d'un tube à faisceau d'électrons (disponible chez certains fournisseurs de matériel scientifique).

1944. La firme Motorola invente le *walkie-talkie,* qui sera beaucoup utilisé par les militaires américains vers la fin de la Deuxième Guerre mondiale.

1944. La compagnie IBM construit le premier ordinateur à programme enregistré.

1946. Construction aux États-Unis de l'ENIAC (Electronic Numerical Integrator and Calculator), premier calculateur universel électronique.

L'ORDINATEUR

Conception fréquente à l'époque

Une machine ne peut faire, assez lentement, que des opérations arithmétiques de base.

Concepts scientifiques actuels

L'ordinateur est un appareil permettant de traiter une grande quantité de calculs complexes. L'ENIAC, avec ses 18 000 tubes à vide (l'ancêtre du transistor), pouvait effectuer plusieurs centaines de calculs à la minute. À l'heure actuelle, les superordinateurs les plus puissants atteignent 1 billion (1 000 milliards) d'opérations par seconde.

Activités (12 ans et plus)

- Examiner des photographies, regarder un documentaire ou visiter un musée qui présente l'évolution de l'ordinateur.
- Identifier les principales composantes d'un micro-ordinateur moderne (microprocesseur, mémoire, écran, souris, imprimante, etc.).
- À l'aide d'un jeu d'électronique (disponible chez certains marchands de jouets), construire un petit ordinateur simple.
- Rédiger un programme simple et le faire exécuter par un ordinateur.

1947. Les physiciens américains John BARDEEN (1908-1991), Walter BRATTAIN (1902-1987) et William SHOCKLEY (1910-1989) inventent le transistor.

▶ **Voir « Le transistor (1947) » dans le thème de physique « L'électricité et le magnétisme ».**

1947. Le physicien britannique d'origine hongroise Dennis GABOR (1900-1979) invente l'holographie, un procédé photographique qui permet de produire des images en trois dimensions appelées hologrammes.

▶ **Voir « L'holographie (1947) » dans le thème de physique « La lumière et le son ».**

1948. La compagnie *IBM* présente le modèle SSEC, premier véritable ordinateur commercial, dont la mémoire peut emmagasiner des programmes et des données. Il s'agit, comme tous les appareils qui seront construits jusqu'à la fin des années 1950, d'un ordinateur de première génération, qui comporte des milliers de tubes à vide et doit être programmé en langage machine.

1948. L'inventeur américain d'origine hongroise Peter GOLDMARK (1906-1977) invente le disque microsillon en vinylite, d'une durée cinq fois supérieure aux disques en gomme-laque utilisés depuis l'invention du gramophone.

LE DISQUE MICROSILLON

Conception fréquente à l'époque

La seule façon d'enregistrer des sons est de graver des sillons dans de la gomme-laque.

Concepts scientifiques actuels

Les disques microsillon sont en vinyle et gravés de très petits sillons (d'où le nom microsillon). De chaque côté du sillon sont gravés de petits creux. En passant dans le sillon, la pointe de diamant ou de saphir, située au bout du bras pivotant, vibre au rythme des creux et des bosses. Ces vibrations sont transformées en signaux électriques qui sont par la suite amplifiés. Le disque microsillon a perdu en popularité depuis l'invention du disque compact, mais certains mélomanes préfèrent encore le son qu'ils produisent.

Activités (8 ans et plus)

- Examiner les sillons d'un disque vinyle à la loupe ou au microscope.
- À l'aide d'un vieux disque microsillon et d'une petite aiguille droite plantée au fond d'un carton de lait vide, constater qu'il est possible d'entendre le son, sans amplificateur, en faisant tourner le disque sur une platine et en laissant traîner la pointe de l'aiguille au fond des sillons. (Même principe que les anciens gramophones.)
- Comparer le son produit par un disque microsillon et par un disque compact.

1949. Invention du code-barres pour l'étiquetage des produits commerciaux. Il commencera à être utilisé en 1970.

LE CODE-BARRES

Conceptions fréquentes à l'époque

- Les prix des produits doivent être entrés un par un lors du passage à la caisse.
- Les inventaires doivent se faire en comptant un par un les articles en stock.

Concepts scientifiques actuels

Le code-barres est une succession de barres noires de différentes largeurs, entrecoupées d'espaces blancs de différentes largeurs.

Chaque symbole est codé par quelques barres, et l'ensemble de ces barres correspond à un code particulier. Lors de la lecture de ces code-barres, en captant la largeur des barres et des espaces, l'ordinateur peut identifier le produit. Le code-barres accélère le passage à la caisse et, surtout, permet d'automatiser l'inventaire des produits. Il existe divers systèmes de code-barres.

Activité et exercice (12 ans et plus)

- Trouver où est imprimé ou collé le code-barres de divers produits.
- Se documenter pour répondre à la question suivante: Quelle est la signification des chiffres qui accompagnent le code-barre? (Par exemple, dans le système UPC, le premier chiffre indique le type de produit, les trois à six chiffres suivants désignent le manufacturier, les cinq avant-derniers chiffres sont le code du produit et le dernier chiffre est un code de vérification.)

1950. Invention par la compagnie Bell, aux États-Unis, du premier système de reconnaissance vocale.

1951. Installation d'*Univax 1,* un gros ordinateur de première génération, au Bureau du recensement des États-Unis.

1951. Invention, aux États-Unis, d'un magnétoscope expérimental. Le premier magnétoscope grand public sera lancé en 1964 par la compagnie Sony.

LE MAGNÉTOSCOPE

Conception fréquente à l'époque

Les images télévisuelles ne peuvent être enregistrées aussi facilement que des sons.

Concepts scientifiques actuels

Le magnétoscope est un appareil permettant d'enregistrer les images et les sons de la télévision sur une bande magnétique, à partir d'un signal vidéo, et de les reproduire à volonté. Cette bande magnétique défile devant un tambour où sont situées les têtes de lecture. Celles-ci perçoivent les champs magnétiques émis par la bande, et le magnétoscope restitue ainsi les images. Plus la bande défile rapidement, meilleure est la qualité de l'enregistrement. De nos jours, la bande magnétique est presque toujours placée dans une vidéocassette, ce qui facilite l'utilisation du magnétoscope.

Activités et exercice (12 ans et plus)

- Visionner des vidéocassettes enregistrées à basse vitesse et à haute vitesse. Comparer la qualité des enregistrements.
- Produire un reportage à l'aide d'une caméra vidéo et le visionner à l'aide d'un magnétoscope.
- Se documenter pour répondre à la question suivante : Par quoi le magnétoscope à bande magnétique est-il de plus en plus remplacé ?

1953. Commercialisation de la télévision en couleurs.

1953. La société IBM livre les premiers *701*, des ordinateurs commerciaux de première génération.

1954. Le physicien américain Charles TOWNES (né en 1915) découvre le principe du laser, qu'il applique aux micro-ondes, créant ainsi le maser (Microwave Amplification by Stimulated Emission of Radiation). Les physiciens russes Nikolai Gennadevich BASSOV (né en 1922) et Aleksandr Mikhailovich PROKHOROV (né en 1916) découvrent ensemble le même principe, à la même époque, mais sans connaître les travaux de Townes.

1954. Invention de la radio à transistor.

1955. Invention, en Grande-Bretagne, de la fibre optique.

LA FIBRE OPTIQUE

Conceptions fréquentes à l'époque et chez certains élèves

L'intensité de la lumière diminue toujours rapidement avec la distance.

Concepts scientifiques actuels

Les fibres optiques, utilisées pour la transmission d'informations (exemple : conversations téléphoniques, Internet), sont de minces cylindres de verre dans lesquels la lumière se propage sur de longues distances. Elles fonctionnent sur le même principe que les fontaines lumineuses, celui de la réflexion interne totale, selon lequel les rayons lumineux sont emprisonnés dans les jets d'eau et suivent leur trajectoire. Une fibre optique se compose d'un cylindre central, le cœur, entouré d'une gaine faite d'un verre différent, d'indice de réfraction inférieur à celui du cœur. À l'intérieur de la fibre, les impulsions lumineuses se déplacent à la vitesse de la lumière dans le verre, soit environ 200 000 km/s. (La vitesse de la lumière dans le vide est de 300 000 km/s.) Une fibre optique peut transmettre beaucoup plus d'information qu'un fil électrique.

Activités (8 ans et plus)

- Étudier le phénomène de la réflexion interne en éclairant le fond d'une bouteille d'eau ou de jus avec une lampe de poche. (Observer dans l'obscurité.)
- Fabriquer un jet d'eau lumineux de la façon suivante: faire un trou sur le côté d'une grosse boîte de conserve vide, tout près du fond; adapter un bouchon pour boucher le trou; remplir la boîte de conserve aux trois quarts d'eau; tenir une lampe de poche juste au-dessus de l'eau pour éclairer l'eau; se placer dans une pièce sombre; retirer le bouchon et laisser l'eau couler dans un bac ou un évier; observer le jet d'eau.
- Observer le passage de la lumière dans des fibres optiques. (Il existe des lampes décoratives et des arbres de Noël formés de faisceaux de fibres optiques.)
- Transmettre un son ou un autre signal par l'intermédiaire d'une fibre optique, à l'aide d'un ensemble de modulation et démodulation pour fibre optique (disponible chez certains fournisseurs de matériel scientifique).

1956. Installation, entre l'Amérique et l'Europe, du premier câble téléphonique transatlantique.

1956. La compagnie IBM dépose un brevet pour le langage *FORTRAN*, qui permettra de programmer la première génération d'ordinateurs.

1957. Le physicien japonais Leo ESAKI (né en 1925) met au point, en électronique, la diode tunnel (qui porte ce nom parce que les électrons suivent une trajectoire délimitée par un tunnel imaginaire), qui demande moins de puissance et dans laquelle les électrons circulent plus vite que dans les diodes conventionnelles.

1958. Construction du premier circuit intégré.

1958. Invention, aux États-Unis, du piano électrique.

1959. La société IBM livre les premiers *1620* et *1790*, des ordinateurs de deuxième génération dans lesquels les tubes à vide ont cédé la place aux transistors.

1960. Le physicien américain Théodore MAIMAN (né en 1927) fabrique le premier laser (Light Amplification by Stimulated Emission of Radiation), qui produit une lumière cohérente à partir d'un cylindre de rubis.

▶ **Voir « Le laser (1960) » dans le thème de physique « La lumière et le son ».**

1960. Lancement, aux États-Unis, d'*Echo 1*, un premier satellite de télécommunications expérimental.

1961. Invention de la cassette audio.

1962. Lancement, aux États-Unis, de *Telstar*, premier satellite de télécommunications véritablement efficace. Il permettra, à titre expérimental, la retransmission d'émissions de télévision.

1963. Invention, au Japon, du marqueur, dont la pointe est faite en feutre d'acrylique.

1965. Mise en orbite d'*Intelsat 1*, premier satellite de télécommunications géostationnaire commercial.

1965. La société IBM livre les premiers *System 360*, des ordinateurs de troisième génération dans lesquels les transistors sont installés sur des circuits intégrés.

1965. Invention du synthétiseur par un ingénieur américain.

1967. Invention, au Canada, du procédé IMAX pour la réalisation de films pour très grands écrans.

1968. Création du premier système informatique exploitant l'hypertexte (technique qui permet de sauter d'un texte à un autre texte qui le complète).

L'HYPERTEXTE

Conception fréquente à l'époque et chez certains élèves

Dans un texte, les mots se lisent toujours dans un ordre séquentiel.

Concepts scientifiques actuels

L'hypertexte est une technique rendant possible le saut d'un document à un autre selon un ordre thématique, sans tenir compte de l'ordre séquentiel. Le but de l'hypertexte est de rapprocher des documents selon un ordre de pensée plus «humain». Par exemple, un texte sur la chimie pourrait comprendre des hypertextes portant sur les atomes, les molécules, etc. Sur Internet, plusieurs mots ou groupes de mots sont des hypertextes qui renvoient à d'autres textes.

Activités (12 ans et plus)

- Sur Internet, consulter des sites d'information scientifique qui comportent des hypertextes.
- Sur un papier, écrire un texte scientifique dans lequel des mots soulignés renvoient à des encadrés qui comportent des explications supplémentaires.
- À l'aide d'un logiciel de traitement de texte ou de création de sites Web, écrire un texte qui comporte de l'hypertexte.

1969. Le ministère américain de la Défense met sur pied l'ARPANET (Advanced Research Project Agency Network), un réseau de communication informatique entre des centres de recherche et des universités, qui deviendra plus tard Internet.

1970. Début de l'utilisation du code-barres pour l'étiquetage des produits de consommation.

1970. La société IBM livre les premiers *System 370*, des ordinateurs de quatrième génération qui comportent des composantes microminiaturisées.

1970. Construction, aux États-Unis, du premier microprocesseur.

LE MICROPROCESSEUR

Conception fréquente à l'époque et chez certains élèves

Les transistors sont des composants électroniques individuels qui doivent être fabriqués et assemblés un à un.

Concepts scientifiques actuels

Le microprocesseur est généralement considéré comme l'unité centrale (le cerveau) de l'ordinateur. C'est un circuit intégré, car il intègre des milliers de transistors. Sa vitesse est indiquée en MHz (mégahertz), qui donnent la fréquence de son horloge interne. Avec cette indication, il est possible de déterminer le nombre de millions d'opérations que le processeur peut exécuter en une seconde. Un microprocesseur est fabriqué selon un procédé semblable à celui utilisé lors du développement d'une photographie et qui permet de produire tous les transistors microscopiques simultanément.

Activités et exercices (12 ans et plus)

- Regarder un documentaire portant sur l'évolution des principaux composants électroniques (tubes à vide, transistors, circuits intégrés, microprocesseurs).
- Examiner et identifier les principales parties d'un circuit intégré d'ordinateurs (microprocesseurs, mémoires, interfaces, etc.).
- Se documenter pour répondre à la question suivante: Pourquoi le nombre de bits par unité d'information (8 bits, 16 bits, 32 bits, 64 bits) augmente-t-il avec l'évolution des microprocesseurs? (Exemple: Un nombre de bits plus élevé permet une puissance de traitement plus grande, particulièrement pour les images.)
- Se documenter pour répondre à la question suivante: Y a-t-il une limite à la miniaturisation des composants électroniques?

1971. Construction par la compagnie Intel, aux États-Unis, du premier microprocesseur commercial, le *4004.* Il s'agit d'un microprocesseur à 8 bits.

1971. Invention, en France, d'un prototype de micro-ordinateur qui ne sera pas commercialisé.

1972. Invention, aux États-Unis, de la calculatrice de poche.

1974. Invention, en France, de la carte à puce, qui contient de l'information sur une puce électronique.

1975. Commercialisation de l'*Altair 8800,* un premier micro-ordinateur personnel rudimentaire, sans clavier ni moniteur, qui affiche des résultats à l'aide de témoins lumineux.

1975. L'informaticien américain Bill GATES (né en 1955) crée la société de logiciels Microsoft.

1976. Les informaticiens américains Steven JOBS (né en 1955) et Steve WOZNIAK (né en 1950) créent la société de micro-ordinateurs Apple.

1976. Invention, en Russie, d'un procédé holographique expérimental pour le cinéma en trois dimensions.

1977. Installation, en Californie, du premier câble de télécommunications en fibre optique.

1978. Lancement, par la compagnie Intel, du premier microprocesseur commercial à 16 bits.

1978. Installation, aux États-Unis, des premières bornes d'arcade de jeux vidéo.

1979. Mise en service des premiers téléphones portables.

LE TÉLÉPHONE PORTABLE

Conception fréquente à l'époque

La radiophonie et la téléphonie sont deux technologies difficilement conciliables à grande échelle.

Concepts scientifiques actuels

Le téléphone portable, appelé aussi téléphone cellulaire, est essentiellement un petit émetteur et récepteur radio. Le terme « cellulaire » vient du fait que le territoire où sont utilisés ces téléphones est découpé en petites zones géographiques, appelées « cellules », chacune desservie par un émetteur.

Activité et exercices (12 ans et plus)

- Examiner des photographies qui montrent l'évolution du téléphone portable depuis son lancement. Remarquer la miniaturisation de plus en plus poussée et l'ajout de fonctions telles que la possibilité de lire des messages ou de prendre des photos.
- Se documenter sur les développements prévisibles dans le domaine des téléphones portables.
- Discuter des avantages et inconvénients des téléphones portables.

1979. Lancement de *Visicalc*, le premier tableur pour micro-ordinateur.

1979. Lancement de *Wordstar*, le premier traitement de texte pour micro-ordinateur.

1979. La compagnie Sony lance le baladeur.

1979. Les compagnies Philips et Sony mettent au point le disque compact pour la musique. La commercialisation commencera en 1982.

LE DISQUE COMPACT DE MUSIQUE

Conception fréquente à l'époque

Seules des techniques analogiques, telles que le microsillon ou la bande magnétique, permettent d'enregistrer de la musique.

Concepts scientifiques actuels

Le disque compact (CD pour *compact disk*) est un disque de 12 cm de diamètre, constitué de matière plastique et d'une mince couche métallique. Une séquence binaire (succession de 0 et de 1) est gravée sur le métal du disque. Si un creux est gravé, il correspond à un 0, si rien n'est gravé, cela correspond à un 1. C'est la forme numérique du son. Lors de la lecture du disque, un faible laser parcourt les pistes et est reflété de différentes façons, selon qu'il passe sur un creux ou non. Une cellule photoélectrique capte le laser reflété, et l'appareil traduit la séquence binaire en sons audibles.

Activités (12 ans et plus)

- Observer les deux faces d'un disque compact à la loupe ou au microscope.
- Comparer la qualité du son produit par un disque microsillon, une bande magnétique et un disque compact.
- À l'aide d'un graveur de disques compacts, copier un autre disque ou enregistrer un son.

1980. Mise en service, en France, des premiers *Minitels*, un ancêtre d'Internet.

1980. Lancement de *dBase*, la première base de données pour micro-ordinateur.

1980. Invention de l'échantillonneur, qui traduit un son en données numériques qui peuvent ensuite être modifiées et combinées.

1981. La société IBM lance un ordinateur personnel muni du système d'exploitation *MS-DOS* conçu par la société Microsoft.

1981. Utilisation internationale du premier protocole Internet.

1981. Mise en service des premiers guichets automatiques.

1981. Invention de l'interface *MIDI,* qui rend compatibles entre eux tous les instruments de musique électroniques et les rend également compatibles avec des micro-ordinateurs.

1981. La compagnie Sony lance la photo numérique, dont les images sont enregistrées sur une disquette magnétique.

1982. La compagnie Sony lance le premier caméscope (caméra vidéo).

1983. Invention, aux États-Unis, de la souris pour ordinateur.

1983. La société japonaise Nintendo lance les premières consoles portables de jeux électroniques.

1983. Lancement d'*ECS,* premier satellite conçu spécifiquement pour la retransmission d'émissions de télévision.

1984. La société Apple lance le Macintosh, un ordinateur personnel dont le système d'exploitation fonctionne à l'aide d'icônes.

1984. Mise au point, aux États-Unis, d'un premier système d'identification permettant de reconnaître l'iris de l'œil d'un individu.

▶ **Voir « L'identification par l'iris de l'œil (1984) » dans le thème de technologie « Les techniques militaires et policières ».**

1985. Des ingénieurs d'AT&T et de Bell réussissent à transmettre 300 000 conversations téléphoniques simultanées à l'aide d'une fibre optique.

1985. Invention du CD-ROM, un disque compact adapté à l'usage informatique.

1988. Installation du premier câble transatlantique en fibre optique.

1989. Création au CERN (Conseil européen pour la recherche nucléaire) du World Wide Web (WWW), utilitaire innovateur pour relier les ordinateurs en réseaux.

1989. Installation, entre l'Europe et les États-Unis, du premier câble transocéanique de télécommunications en fibre optique.

1989. Premières émissions de télévision à haute définition au Japon.

1989. Lancement d'*Intelsat V1-F2,* le plus gros satellite de télécommunications jamais construit.

1990. Commercialisation des premiers appareils de téléphonie par satellite, qui permettent de téléphoner de partout sur Terre.

1991. Lancement, en Finlande, de *Linux,* un système d'exploitation pour ordinateur qui est public, ouvert et gratuit.

1991. Lancement du premier *Notepad,* un ordinateur de poche sans clavier.

1992. Les premiers vidéophones commerciaux sont installés en Grande-Bretagne.

1992. Premières démonstrations de la télévision à haute définition entièrement numérique aux États-Unis.

1994. Lancement du *Netscape Navigator*, premier logiciel de navigation sur le Web pour le grand public.

1995. Invention du *Bookman*, une petite machine portative pour lire des livres stockés sur des cartes à puce.

1996. Lancement de la DAB (Digital Audio Broadcasting), ou radio numérique, d'une qualité sonore très supérieure à celle de la radio FM.

La radio numérique

Conception fréquente à l'époque et chez certains élèves

La radio ne peut transmettre des sons que de manière analogique, par modulation d'amplitude ou de fréquence.

Concepts scientifiques actuels

La radio numérique est la plus récente technologie de radiodiffusion. Elle transmet les messages sous forme de séquences binaires (suites de 0 et de 1) et offre une qualité sonore égale à celle d'un disque compact. La technologie DAB permet de transmettre du son, mais aussi des images et même de la vidéo.

Activités (12 ans et plus)

- Examiner un schéma qui explique le procédé de transmission de la radio numérique.
- Comparer la qualité du son de la radio AM, de la radio FM et de la radio numérique.

1997. Premières émissions de radio transmises de façon numérique en Europe.

1997. Invention du DVD pour l'enregistrement de films et de données informatiques.

LES TECHNIQUES DE LA CHALEUR

Préhistoire

Vers 1400000 av. J.-C. Les êtres humains domestiquent le feu.

L'Antiquité orientale

Vers 10000 av. J.-C. Début de l'exploitation de mines de charbon, en Chine, et de l'utilisation du charbon comme combustible.

▶ **Voir « Le charbon (10000 av. J.-C.) » dans le thème de chimie « L'industrie chimique ».**

Vers 3000 av. J.-C. Découverte du pétrole et du bitume.

▶ **Voir « Le pétrole et le bitume (3000 av. J.-C.) » dans le thème de chimie « L'industrie chimique ».**

Vers 1000 av. J.-C. Production de fer dans des fourneaux à l'aide de la chaleur produite par la combustion du charbon. Débuts de la trempe du fer.

▶ **Voir « Le charbon (10000 av. J.-C.) » dans le thème de chimie « L'industrie chimique ».**

L'Antiquité classique

Vers 400 av. J.-C. Construction, en Grèce, des premières maisons qui utilisent l'énergie solaire de façon passive. Les maisons sont orientées selon un axe est-ouest, pour tenir compte de la trajectoire du Soleil dans le ciel, et comportent des parties à l'abri du Soleil, pour l'été, et des parties exposées au Soleil, pour l'hiver.

▶ **Voir « La maison solaire (1939) » dans le thème de biologie « L'environnement ».**

Vers 700 av. J.-C. En Grèce, les forgerons utilisent le charbon comme source de chaleur.

▶ **Voir « Le charbon (10000 av. J.-C.) » dans le thème de chimie « L'industrie chimique ».**

Vers 250 av. J.-C. Le scientifique grec PHILON de Byzance (IIIe siècle av. J.-C.) conçoit un thermoscope, ancêtre du thermomètre, qui permet de constater des différences de température. Le fonctionnement du thermoscope repose sur la dilatation d'une certaine quantité d'air, qui provoque le déplacement d'un volume d'eau proportionnel.

▶ **Voir « Le thermoscope (250 av. J.-C.) » dans le thème de physique « La chaleur et la pression ».**

37 ap. J.-C. Construction, à Rome, de la première serre, utilisée pour faire pousser des concombres, en hiver, pour Tibère.

▶ **Voir « La serre (XVIe siècle) » dans le thème de technologie « Les techniques du vêtement et de l'alimentation ».**

Vers 50 ap. J.-C. Le mathématicien et ingénieur grec HÉRON d'Alexandrie (Ier siècle ap. J.-C.) invente l'éolipile, un petit moulinet à vapeur fonctionnant par réaction, qui n'avait toutefois à l'époque aucune utilité pratique. Il perfectionne également le thermoscope, inventé par Philon de Byzance vers 250 av. J.-C.

▶ **Voir « L'éolipile (50 ap. J.-C.) » dans le thème de physique « La chaleur et la pression ».**

Vers 100 ap. J.-C. Les Romains construisent quelques maisons munies d'un système de chauffage central, avec feu central et calorifères à air chaud, mais cette technique sera oubliée et les systèmes de chauffage central ne réapparaîtront qu'au XVIIIe siècle.

LE CHAUFFAGE CENTRAL

Conception fréquente à l'époque

La seule façon de chauffer une maison est d'entretenir un feu dans quelques pièces.

Concepts scientifiques actuels

Le chauffage central est un système dans lequel la chaleur produite par une source unique est distribuée dans tous les locaux d'une maison ou d'un immeuble. La chaleur peut être produite, par exemple, par la combustion d'un solide, d'un liquide ou d'un gaz, par la conversion du courant électrique en chaleur ou par une thermopompe et peut être distribuée par de l'eau, de l'huile ou de l'air.

Activités et exercice (12 ans et plus)

- Examiner des schémas de divers types de système de chauffage central moderne, dont la source d'énergie est, par exemple, l'électricité, le gaz naturel, le mazout, l'énergie solaire ou l'énergie géothermique et dont les calorifères fonctionnent à l'air, à l'eau ou à l'huile.
- Observer le système de chauffage central d'un édifice.
- Se documenter pour répondre à la question suivante : Quels sont les avantages et les inconvénients de chaque type de système de chauffage ?

Vers 100 ap. J.-C. Construction, à Rome, des premières fenêtres munies de panneaux de verre, qui gardent les maisons plus chaudes en hiver, grâce à l'effet de serre qui en résulte.

▶ **Voir « La maison solaire (1939) » dans le thème de biologie « L'environnement ».**

Vers 150 ap. J.-C. Les alchimistes d'Alexandrie utilisent des techniques de solution, de filtration et de distillation. Mise au point de l'alambic et premières applications connues de la distillation pour la purification de certains liquides.

▶ **Voir « La distillation et l'alambic (150 ap. J.-C.) » dans le thème de chimie « L'industrie chimique ».**

IVe siècle. L'alchimiste d'Alexandrie MARIE LA JUIVE (IVe siècle) invente le bain-marie, un appareil constitué de deux récipients dont l'un contient de l'eau, tandis que l'autre est destiné à recevoir la substance à chauffer (ou à cuire), ce qui permet un chauffage lent et indirect.

LE BAIN-MARIE

Conception fréquente à l'époque et chez certains élèves

La seule façon de faire chauffer un aliment est de le placer dans un récipient lui-même placé directement sur une source de chaleur.

Concepts scientifiques actuels

La technique du bain-marie consiste à plonger un récipient contenant le corps dont on veut élever lentement la température, ou l'aliment qui doit être réchauffé (ou cuit) de façon lente et indirecte dans de l'eau bouillante ou très chaude. Le bain-marie désigne aussi l'appareil qui permet de chauffer selon cette technique.

Activité (12 ans et plus)

- Trouver une recette de cuisine qui prévoit l'utilisation d'un bain-marie. Faire cette recette en chauffant les ingrédients directement dans une casserole, sans utiliser le bain-marie, et une autre fois en utilisant le bain-marie. Comparer les résultats.

IVe siècle. Invention, en Chine, du fer à repasser, un récipient à manche, en laiton, qui contient de la braise.

LE FER À REPASSER

Conception fréquente à l'époque

La seule façon de réduire les plis d'un tissu qui a été lavé est de le suspendre pour le faire sécher.

Concepts scientifiques actuels

Le fer à repasser est un outil métallique chaud qui permet de rendre du linge lisse. Les molécules des fibres des tissus naturels, tels que le coton et la laine, s'attirent entre elles, ce qui cause des plis. La chaleur du fer permet de briser ces liens et de rendre le tissu lisse. Les fers à repasser modernes comportent un thermostat, pour régler la température, et un réservoir d'eau, pour produire de la vapeur.

Activité et exercices (12 ans et plus)

- Examiner divers modèles de fer à repasser, anciens et modernes.

- Se documenter pour répondre à la question suivante: Utilise-t-on un fer à repasser de la même façon avec tous les tissus?
- Se documenter pour répondre à la question suivante: Pourquoi certains tissus, tels que le polyester, sont-ils beaucoup moins froissables que d'autres? (Les molécules qui constituent les fibres de ces tissus s'attirent peu entre elles.)

Le Moyen Âge

Vers 600. Invention, en Chine, de la poudre noire.

▶ **Voir «La poudre noire (600)» dans le thème de chimie «L'industrie chimique».**

Vers 670. Le scientifique byzantin CALLINICOS D'HÉLIOPOLIS (VIIe siècle) met au point une nouvelle arme de guerre, le lance-flamme à pétrole.

Vers 850. L'Angleterre est le premier pays d'Europe occidentale à exploiter et utiliser des quantités relativement importantes de charbon.

900. Début de l'utilisation, en Chine, de lance-flammes alimentés par des distillats de pétrole.

Vers 1100. Première distillation d'alcool en Europe.

▶ **Voir «La distillation de l'alcool (1100)» dans le thème de chimie «L'industrie chimique».**

1232. Lors de combats, des Chinois utilisent des petites fusées propulsées par de la poudre explosive noire.

▶ **Voir «La fusée (1232)» dans le thème de technologie «Les techniques du mouvement».**

1242. Première utilisation, en Europe, de la poudre noire importée d'Orient.

Vers 1300. Fabrication des premières armes à feu en Europe.

▶ **Voir «Le canon (1300)» dans le thème de technologie «Les techniques militaires».**

1311. Construction des premiers hauts-fourneaux (grandes cuves pour l'extraction des métaux contenus dans des minerais) à soufflets hydrauliques. Étant donné que les autres minéraux contenus dans le charbon se mêlent aux minerais et entraînent la production de métaux de mauvaise qualité, le combustible le plus utilisé est le charbon de bois, ce qui entraînera une déforestation importante de l'Europe au cours des siècles suivants.

La Renaissance

1515. L'artiste et inventeur italien Léonard DE VINCI (1452-1519) conçoit un miroir parabolique pour faire bouillir de l'eau dans une fabrique de teinture de tissus.

LE CONCENTRATEUR SOLAIRE

Conception fréquente à l'époque

La chaleur du Soleil n'est pas assez forte pour faire bouillir de l'eau.

Concepts scientifiques actuels

Un concentrateur solaire est une lentille convexe, un miroir cylindrique ou un miroir parabolique qui concentre la lumière du Soleil. Plus la surface de la lentille ou du miroir est grande et plus la concentration se fait sur une petite surface, plus la température obtenue est élevée.

Activité et exercice (12 ans et plus)

- Construire un concentrateur solaire rudimentaire à l'aide d'une lentille convexe ou d'un miroir parabolique. Enflammer un petit morceau de papier ou de bois à l'aide du concentrateur.
- Se documenter pour répondre à la question suivante: Quels sont les faits saillants de la vie de Léonard de Vinci? Voir les remarques portant sur cette même question dans «Le parachute (1490)» dans le thème de technologie «Les techniques du mouvement».

1556. Le savant allemand Georg Bauer, dit AGRICOLA (1494-1555), publie son ouvrage *De Re Metallica,* qui est non seulement un compte rendu détaillé des techniques minières et métallurgiques, mais également un traité exhaustif des connaissances en chimie de l'époque.

1593. Invention du thermomètre.

▶ **Voir «Le thermomètre (1593)» dans le thème de physique «La chaleur et la pression».**

Le XVIIe siècle

1673. Le physicien hollandais Christiann HUYGENS (1629-1695) fait la première démonstration d'un moteur à piston, dont le combustible est de la poudre à canon.

1680. Le physicien et chimiste irlandais Robert BOYLE (1627-1691) invente l'ancêtre de l'allumette, une baguette de bois trempée dans du soufre fondu qui exige le contact avec un corps brûlant pour s'enflammer. Les véritables allumettes seront inventées en 1831.

1685. Le savant français Philippe de LA HIRE (1640-1718) découvre l'effet réfrigérant du sel d'ammoniac, plus efficace que le salpêtre, dont l'effet réfrigérant est déjà connu depuis quelques siècles.

LES MÉLANGES RÉFRIGÉRANTS

Conception fréquente à l'époque

La seule façon de conserver des aliments froids est d'utiliser de la glace ou de la neige.

Concepts scientifiques actuels

La dissolution de certains solides ou liquides dans un solvant absorbe de la chaleur. Il existe plusieurs sortes de mélanges réfrigérants, qui consistent généralement en du sel de table, du salpêtre, de la potasse ou du sel d'ammoniac ajouté à de la neige ou à de la glace.

Activité (12 ans et plus)

- Constater, en mesurant la température à l'aide d'un thermomètre, l'effet réfrigérant de l'addition de sel de table, de salpêtre, de potasse ou de sel d'ammoniac à de la neige ou à de la glace.

1690. Le physicien et inventeur français Denis PAPIN (1647-v. 1712) conçoit une pompe à piston actionnée par de la vapeur.

1698. L'ingénieur anglais Thomas SAVERY (1650-1715) utilise la vapeur comme force de pompage.

Le XVIIIe siècle

1705. L'inventeur anglais Thomas NEWCOMEN (1663-1729) et l'ingénieur anglais Thomas SAVERY (1650-1715) construisent la première machine à vapeur.

▶ **Voir « Le moteur à vapeur (1765) » dans ce même thème.**

1709. Le manufacturier anglais Abraham DARBY (1677-1717) invente un procédé pour extraire le fer du minerai à l'aide de charbon, puis de coke (combustible fabriqué à partir du charbon), ce qui permettra de cesser graduellement l'utilisation du charbon de bois, cause importante de la déforestation de l'Europe.

1735. Construction du premier haut-fourneau à coke.

1755. Le physicien écossais William CULLEN (1710-1790) obtient un peu de glace en faisant évaporer de l'eau sous une cloche à vide et invente ainsi la machine frigorifique à vapeur d'eau.

▶ **Voir « Le réfrigérateur (1805) » dans ce même thème.**

Vers 1765. L'ingénieur écossais James WATT (1736-1819) construit le premier moteur à vapeur ayant un certain rendement et capable de faire fonctionner des machines industrielles. Les moteurs à vapeur entraîneront la révolution industrielle en Occident.

LE MOTEUR À VAPEUR

Conception fréquente à l'époque et chez certains élèves

La vapeur n'a pas d'utilité pratique.

Concepts scientifiques actuels

Le moteur à vapeur utilise la pression de la vapeur produite par une bouilloire pour actionner un ou plusieurs pistons et faire tourner un axe. Watt a apporté de nombreux perfectionnements à la machine à vapeur construite par Newcomen et Savery en 1705, notamment des tiges et des leviers capables de traction et de compression, une condensation externe (et non plus dans le cylindre), un vilebrequin avec volant d'inertie, qui rendait le fonctionnement plus continu, et un régulateur à boule qui évitait l'emballement du moteur.

Activités et exercices (12 ans et plus)

- Regarder un documentaire qui présente et explique le fonctionnement d'un moteur à vapeur.
- Faire fonctionner un moteur à vapeur miniature. (De petits moteurs à vapeur sont disponibles chez certains fournisseurs de matériel scientifique.)
- Se documenter pour donner des exemples des nombreuses utilisations du moteur à vapeur aux XVIIIe et XIXe siècles.
- Se documenter pour répondre à la question suivante: Quels sont les faits saillants de la vie de James Watt? (Exemples: James Watt a d'abord travaillé à la construction de canaux pour la navigation. En 1775, il a fondé, avec un collègue, une entreprise de fabrication de moteurs à vapeur.)

1769. L'ingénieur français Nicolas Joseph CUGNOT (1725-1804) construit le premier véhicule automobile à vapeur, dont la vitesse maximale est de 6 km/h.

1771. Construction et mise en service, en Angleterre, de la première fabrique de coton, dont les métiers sont mus par des machines à vapeur. Cette mise en service marque les débuts de la révolution industrielle.

1776. L'ingénieur français Claude de JOUFFROY D'ABBANS (1751-1832) construit le premier bateau à vapeur.

1777. Le physicien écossais Gerald NAIRNE (1726-1806) améliore la machine frigorifique inventée par Cullen en 1755 en ajoutant de l'acide sulfurique à l'eau pour accélérer le refroidissement.

▶ **Voir « Le réfrigérateur (1805) » dans ce même thème.**

1778. L'ingénieur français Claude de JOUFFROY D'ABBANS (1751-1832) expérimente le premier bateau à vapeur à roues.

▶ **Voir « Le bateau à vapeur (1778) » dans le thème de technologie « Les techniques du mouvement ».**

Vers 1780. Le chimiste et physiologiste français Antoine de LAVOISIER (1743-1794) invente un four solaire, composé de deux grandes lentilles qui concentrent la lumière du Soleil, capable d'atteindre des températures de plus de 1 800 °C et de faire fondre des métaux tels que le platine.

LE FOUR SOLAIRE

Conception fréquente à l'époque et chez certains élèves

La chaleur du Soleil ne permet pas d'atteindre des températures très élevées.

Concepts scientifiques actuels

Le four solaire permet d'obtenir de très hautes températures en ne créant aucune pollution. Les fours solaires modernes sont composés de près de 10000 réflecteurs appelés héliostats. Les héliostats sont orientés vers un point central, le four. La température à l'intérieur du four peut atteindre les 4000 °C.

Activités et exercice (12 ans et plus)

- Examiner des photographies de fours solaires.
- Constuire un four solaire rudimentaire à l'aide de quelques miroirs paraboliques qui réfléchissent la lumière du Soleil vers un petit contenant en métal rempli d'eau.
- Se documenter pour répondre à la question suivante : Quels sont les faits saillants de la vie d'Antoine de Lavoisier ? Voir les remarques portant sur Antoine de Lavoisier dans « La combustion (1772) » dans le thème de chimie « Les éléments, les composés et les réactions chimiques ».

1782. Les industriels français Joseph MONTGOLFIER (1740-1810) et Étienne MONTGOLFIER (1745-1799) construisent et font voler le premier ballon à air chaud, aussi appelé montgolfière.

▶ **Voir « Le ballon à air chaud (1782) » dans le thème de technologie « Les techniques du mouvement ».**

Le XIXe siècle

1804. L'ingénieur anglais Richard TREVITHICK (1771-1833) construit la première locomotive à vapeur commerciale.

▶ **Voir «La locomotive à vapeur (1804)» dans le thème de technologie «Les techniques du mouvement».**

1805. Présentation, aux États-Unis, d'un prototype de machine frigorifique à compression d'éther, ancêtre du premier réfrigérateur industriel qui sera breveté en 1855. La nouveauté de cette machine réside dans la présence d'un processus de refroidissement à cycle fermé.

LE RÉFRIGÉRATEUR

Conception fréquente à l'époque

Seuls la glace ou les mélanges réfrigérants, de type glace et salpêtre, permettent de conserver des aliments froids.

Concepts scientifiques actuels

La plupart des réfrigérateurs domestiques actuels refroidissent selon le principe de l'évaporation d'un liquide. Par exemple, dans les réfrigérateurs à compression, un liquide est vaporisé sous l'effet de la dépression entretenue par une pompe, ce qui entraîne l'absorption d'une quantité de chaleur. Ce liquide est ensuite comprimé dans une autre partie du réfrigérateur, produisant une chaleur qui est évacuée à l'extérieur, puis le cycle recommence.

Activités et exercices (12 ans et plus)

- Examiner un schéma du fonctionnement et, si possible, les principales pièces d'un réfrigérateur domestique.
- Constater la libération de chaleur qui se produit derrière un réfrigérateur domestique.
- Se documenter pour répondre à la question suivante: Quelles ont été les principales étapes de l'évolution du réfrigérateur?
- Se documenter pour répondre à la question suivante: Quelles sont les ressemblances entre un réfrigérateur et un climatiseur?

1810. Le chimiste et physicien britannique Humphry DAVY (1778-1829) est le premier à produire un arc électrique continu.

▶ **Voir «L'arc électrique (1810)» dans le thème de physique «L'électricité et le magnétisme».**

1831. Invention des premières allumettes au phosphore qui, contrairement à celles inventées par Boyle, ne nécessitent pas de contact avec un corps brûlant pour s'enflammer.

▶ **Voir « L'allumette (1831) » dans le thème de chimie « L'industrie chimique ».**

1836. Invention, en France, de la fibre de verre, qui ne commencera cependant à être utilisée que vers 1950, dans les matériaux composites et comme isolant.

1844. Invention, aux États-Unis, d'une machine frigorifique à détente d'air.

1852. Les physiciens britanniques James JOULE (1818-1889) et William Thomson (lord KELVIN) (1824-1907) découvrent le refroidissement causé par l'expansion d'un gaz.

▶ **Voir « Le refroidissement causé par l'expansion d'un gaz (1852) » dans le thème de physique « La chaleur et la pression ».**

1853. Le chimiste allemand Robert BUNSEN (1811-1899) invente le *brûleur Bunsen,* qui est maintenant couramment utilisé dans tous les laboratoires de chimie.

LE BRÛLEUR BUNSEN

Conception fréquente à l'époque et chez certains élèves

La source de chaleur la plus pratique, dans un laboratoire de chimie, est un brûleur à alcool.

Concepts scientifiques actuels

Le brûleur Bunsen, couramment appelé bec Bunsen, est un brûleur pour combustible gazeux dans lequel le combustible, souvent du gaz naturel, est admis dans un foyer (extrémité du bec) où il se mélange à l'air ambiant et se consume en libérant de la chaleur.

Activité (12 ans et plus)

- Visiter un laboratoire de chimie et examiner le fonctionnement d'un brûleur Bunsen.

1859. L'ingénieur français d'origine belge Étienne LENOIR (1822-1900) invente un premier moteur à combustion interne utilisable. Le carburant de ce moteur est du gaz de charbon.

1859. Invention, en France, d'une machine frigorifique à absorption, dont le fluide, après avoir refroidi, est absorbé par une autre substance.

1861. L'ingénieur français Bernard MOUCHOT (1825-1921) invente le premier moteur à vapeur, dont la source de chaleur est l'énergie solaire.

1862. L'ingénieur français Alphonse Eugène BEAU DE ROCHAS (1815-1893) conçoit et fait breveter le principe de fonctionnement du moteur à explosion selon le cycle à quatre temps. (En 1876, Otto inventera également, de façon indépendante, un moteur à combustion interne à quatre temps.)

▶ **Voir « Le moteur à quatre temps (1876) » dans ce même thème.**

1867. Le chimiste et ingénieur suédois Aldred NOBEL (1833-1896) invente la dynamite, un explosif à base de nitroglycérine. Il créera plus tard les *prix Nobel* à partir de la fortune amassée en vendant des explosifs et en exploitant des puits de pétrole.

1867. Les ingénieurs allemands Nikolaus OTTO (1832-1891) et Eugen LANGEN (1833-1895) inventent un moteur à combustion interne, dit « atmosphérique », sans compression préalable du mélange combustible, qui sera remplacé par le moteur à quatre temps, en 1876.

1872. Le chimiste et physicien écossais James DEWAR (1842-1923) invente un récipient isolant, qui sera plus tard commercialisé sous le nom de *Thermos*, pour la conservation des gaz liquéfiés.

LE THERMOS

Conception fréquente à l'époque et chez certains élèves

La seule façon de construire un récipient isolant est d'utiliser une bonne épaisseur d'un matériau non conducteur.

Concepts scientifiques actuels

Un thermos est un récipient isolant formé de deux enceintes de verre entre lesquelles on fait le vide pour éviter la transmission de chaleur par conduction gazeuse ou convection; de plus, les faces des enceintes situées du côté de la partie sous vide sont argentées, afin de limiter les pertes thermiques par rayonnement.

Problème (8 ans et plus)

Comment peut-on conserver un liquide chaud ou froid le plus longtemps possible?

Matériel:

Des pots et récipients de tailles variées, du papier journal, de la mousse de polystyrène, du caoutchouc mousse, des éponges, des morceaux de tissu, un thermomètre, un Thermos.

Quelques solutions ou approches possibles:

- Placer le liquide chaud ou froid dans divers récipients. À l'aide d'un thermomètre, comparer les temps de refroidissement ou de réchauffement.
- Fabriquer des récipients isolants en plaçant un petit contenant dans un grand contenant et en remplissant l'espace entre les deux contenants avec du papier journal, de la mousse de polystyrène, du

caoutchouc mousse, des éponges ou des morceaux de tissu. À l'aide d'un thermomètre, comparer les temps de refroidissement ou de réchauffement des liquides dans ces récipients et dans les récipients ordinaires.

- Utiliser un vrai thermos. À l'aide d'un thermomètre, comparer les temps de refroidissement ou de réchauffement de liquides. Observer comment le thermos est construit.

1872. Invention, aux États-Unis, d'une machine réfrigérante à compresseur à ammoniac.

1874. Invention, en Suisse, d'une machine réfrigérante à oxyde de soufre. Une machine de ce type permettra la construction de la première patinoire artificielle, à Londres, en 1876.

1876. L'ingénieur allemand Nikolaus OTTO (1832-1891), qui refait une invention dont le principe a déjà été breveté par l'ingénieur français Beau de Rochas en 1862, conçoit un moteur à combustion interne à quatre temps, dont des versions améliorées sont encore utilisées de nos jours dans la plupart des véhicules automobiles.

LE MOTEUR À QUATRE TEMPS

Conception fréquente à l'époque et chez certains élèves

Il est impossible de concevoir un moteur pratique dans lequel la combustion du carburant se fait à l'intérieur du moteur.

Concepts scientifiques actuels

Un moteur à quatre temps comporte des pistons qui se déplacent dans des cylindres. Chaque temps correspond à un mouvement du piston dans chacun des cylindres. Le premier temps est l'admission du mélange air-carburant. Le deuxième temps est la compression du mélange. Le troisième temps est la combustion du mélange. Le quatrième temps est l'échappement des gaz produits par la combustion.

Activités et exercice (12 ans et plus)

- Examiner un modèle réduit qui présente le fonctionnement d'un moteur à quatre temps (disponible chez certains fournisseurs de matériel scientifique).
- Assembler un modèle réduit de moteur à quatre temps (disponible chez certains fournisseurs de matériel scientifique).
- Examiner un véritable moteur à quatre temps.

- Se documenter pour répondre à la question suivante: Quels sont les avantages du moteur à quatre temps par rapport au moteur à deux temps? (Exemple: Le moteur à quatre temps est beaucoup moins polluant que le moteur à deux temps.)

1878. Invention, en Inde, par un ingénieur britannique, du four solaire stationnaire, chauffé par des miroirs orientables placés tout autour.

1879. L'ingénieur anglais Dugald CLERK (1854-1932) invente le moteur à deux temps.

LE MOTEUR À DEUX TEMPS

Conception fréquente à l'époque et chez certains élèves

Le seul moteur à combustion interne pratique et fonctionnel est le moteur à quatre temps.

Concepts scientifiques actuels

Un moteur à deux temps comporte des pistons qui se déplacent dans des cylindres. Chaque temps correspond à un mouvement du piston dans chacun des cylindres. Le premier temps est la compression et la combustion du mélange air-carburant. Le second temps est l'expulsion des gaz produits par la combustion et l'admission du mélange air-carburant.

Activités et exercice (12 ans et plus)

- Examiner un modèle réduit qui présente le fonctionnement d'un moteur à deux temps.
- Examiner un véritable moteur à deux temps.
- Se documenter pour répondre à la question suivante: Quels sont les avantages et les inconvénients du moteur à deux temps par rapport au moteur à quatre temps? (Exemples: Le moteur à deux temps est plus simple et plus puissant que le moteur à quatre temps, mais il est aussi plus polluant et d'un rendement plus faible.)

1883. L'ingénieur allemand Gottlieb DAIMLER (1834-1900) construit le premier moteur à combustion interne fonctionnant avec du pétrole, ce qui lui permettra de lancer la première voiture à essence en 1886.

1885. L'ingénieur français d'origine belge Étienne LENOIR (1822-1900) invente la bougie d'allumage électrique pour les moteurs à combustion interne.

1885. L'ingénieur français Charles TELLIER (1828-1913) invente un capteur solaire plan pour chauffer l'ammoniac contenu dans des tubes, augmenter sa pression et actionner une pompe à eau. De nos jours, les capteurs solaires plans utilisés pour chauffer de l'eau sont conçus selon le même principe.

▶ **Voir « Le capteur solaire plan (1885) » dans le thème de biologie « L'environnement ».**

1892. Invention des premiers éléments chauffants.

L'ÉLÉMENT CHAUFFANT

Conception fréquente à l'époque et chez certains élèves

Seule la combustion d'un solide, d'un liquide ou d'un gaz peut produire de la chaleur.

Concepts scientifiques actuels

Un élément chauffant fonctionne selon le principe de la conversion du courant électrique en chaleur, par *effet Joule*, dans un conducteur qui oppose une résistance au courant. Il existe plusieurs sortes d'éléments chauffants, tels que ceux qui sont utilisés dans les plinthes et les radiateurs électriques, pour le chauffage des immeubles, et ceux qui sont utilisés dans les cuisinières pour réchauffer ou faire cuire des aliments.

Activité et exercice (8 ans et plus)

- Examiner le changement de couleur de certains éléments chauffants quand leur température augmente (exemples: éléments d'une cuisinière ou d'un grille-pain).
- Trouver des exemples d'appareils qui comportent un ou plusieurs éléments chauffants (exemples: cuisinière électrique, grille-pain, allume-cigarette de voiture, radiateur électrique, couverture électrique, etc.).

1893. L'ingénieur allemand Rudolf DIESEL (1858-1913) conçoit le *moteur diesel*, un moteur à combustion interne sans bougie d'allumage et dont le combustible est de l'huile.

LE MOTEUR DIESEL

Conception fréquente à l'époque et chez certains élèves

Il est impossible de faire fonctionner un moteur à combustion interne sans bougie d'allumage.

Concepts scientifiques actuels

Le moteur diesel est un moteur à combustion interne à quatre temps, sans bougie d'allumage, qui peut fonctionner avec divers carburants lourds, généralement moins onéreux que l'essence. L'explosion du mélange air-carburant se produit spontanément, dans les pistons, sous l'effet de la pression élevée.

Activités et exercices (12 ans et plus)

- Examiner un moteur diesel.
- Observer le fonctionnement d'un modèle réduit de moteur diesel. Comparer avec celui d'un modèle réduit de moteur à essence à quatre temps.
- Trouver des exemples d'utilisation du moteur diesel (exemples: camions, voitures, trains, bateaux, etc.).
- Se documenter pour répondre à la question suivante: Quels sont les avantages et les inconvénients du moteur diesel, par comparaison avec ceux du moteur à essence? (Exemples: Il est plus simple, plus durable et moins polluant.)

1900. Invention, en France, du four à arc électrique, qui permet de produire de l'acier de bonne qualité.

Le XXe siècle

1903. Le scientifique russe Konstantin TSIOLKOVSKY (1857-1935) publie ses premiers travaux sur la construction et le vol des fusées.

1909. Invention du grille-pain.

1913. Invention, aux États-Unis, du réfrigérateur domestique.

1915. Invention du pyrex, un verre résistant à la chaleur.

▶ **Voir «Le pyrex (1915)» dans le thème de chimie «L'industrie chimique».**

1920. Invention, en Angleterre, du turbopropulseur, une turbine à gaz qui sert à faire tourner une hélice. De nos jours, presque tous les avions de ligne à hélices sont équipés de turbopropulseurs.

1921. Invention, au Canada, de la cuisinière électrique domestique.

1926. L'ingénieur américain Robert GODDARD (1882-1945) effectue le premier lancement d'une fusée à carburant liquide.

1929. L'ingénieur britannique Frank WHITTLE (1907-1996) invente le moteur à réaction.

LE MOTEUR À RÉACTION

Conception fréquente à l'époque

Seuls des moteurs à piston qui font tourner des hélices peuvent propulser un avion.

Concepts scientifiques actuels

La plupart des moteurs à réaction modernes sont des turboréacteurs, dans lesquels une grande turbine souffle de l'air dans une chambre à combustion, où il est mélangé à du kérosène qui brûle, ce qui expulse un jet de gaz chaud vers l'arrière et propulse l'avion vers l'avant. Plusieurs avions à hélices modernes sont également propulsés par des turboréacteurs: dans ce cas, la turbine fait tourner l'hélice.

Activités et exercice (12 ans et plus)

- Examiner le schéma d'un moteur à réaction d'avion de ligne moderne.
- Examiner un modèle réduit de moteur à réaction (disponible chez certains fournisseurs de matériel scientifique).
- Assembler un modèle réduit de moteur à réaction (disponible chez certains fournisseurs de matériel scientifique).
- Se documenter pour répondre à la question suivante: Quelles ont été les principales étapes de l'évolution des moteurs d'avion?

1931. Invention, pour les réfrigérateurs, du fréon (CF_2Cl_2), un gaz moins toxique que l'ammoniac ou le dioxyde de soufre utilisés à l'époque. On découvrira plus tard que le fréon détruit la couche d'ozone de l'atmosphère.

1939. Premier vol, en Allemagne, d'un avion de chasse équipé d'un moteur à réaction.

1939. L'ingénieur allemand Wernher von BRAUN (1912-1977) réalise des essais d'engins autopropulsés, précurseurs du missile V1 et de la fusée V2.

1946. Invention, aux États-Unis, du four à micro-ondes, à partir de la technologie du radar. Des techniciens s'étaient rendu compte que les magnétrons des radars, qui émettent des micro-ondes, permettaient de réchauffer leurs lunchs.

LE FOUR À MICRO-ONDES

Conception fréquente à l'époque et chez certains élèves

La seule façon d'accélérer le réchauffement et la cuisson des aliments est d'augmenter la température.

Concepts scientifiques actuels

Le four à micro-ondes est un four qui chauffe les aliments au moyen d'un dispositif appelé magnétron. Celui-ci émet des ondes électromagnétiques qui font vibrer les molécules d'eau ou d'huile des aliments, ce qui dégage de l'énergie.

Exercices et activité (12 ans et plus)

- Se documenter pour répondre à la question suivante: Quelles sont les précautions à prendre lors de l'utilisation d'un four à micro-ondes. (Exemples: Ne jamais faire fonctionner un micro-ondes à vide ou sans matériau qui absorbe les ondes. Ne pas placer les aliments dans des contenants en métal, qui réfléchissent les ondes.)
- Comparer le temps nécessaire pour dégeler, pour réchauffer et pour faire cuire des aliments dans un four conventionnel et dans un four à micro-ondes.
- Se documenter pour répondre à la question suivante: Quels sont les types de cuisson qui ne peuvent être effectués dans un four à micro-ondes? (Exemple: cuisson de la viande, qui nécessite des températures plus élevées, surtout pour griller.)

1948. Premier vol du *Viscount V 630,* un avion de ligne à turbopropulseurs.

LE TURBOPROPULSEUR

Conception fréquente à l'époque et chez certains élèves

Seul un moteur à piston peut faire tourner une hélice.

Concepts scientifiques actuels

Dans ce type de moteur, une première hélice, appelée soufflante, aspire l'air ambiant et l'amène jusqu'aux ailettes du compresseur. Une fois comprimé, l'air sera conduit à la chambre de combustion où il sera mis en présence du carburant. Le gaz volatil brûlera et il s'ensuivra le même processus que lors du décollage d'une fusée (voir «La fusée (1232)» dans le thème de technologie «Les techniques du mouvement»). Dans le moteur de type turbopropulseur, le flux de feu entraîne la soufflante et agit également comme hélice.

Activités et exercice (12 ans et plus)

- Examiner le schéma d'un turbopropulseur d'avion de ligne moderne.

- Examiner un modèle réduit de turbopropulseur (disponible chez certains fournisseurs de matériel scientifique).
- Assembler un modèle réduit de turbopropulseur (disponible chez certains fournisseurs de matériel scientifique).
- Se documenter pour répondre à la question suivante: Quelles ont été les principales étapes de l'évolution des moteurs d'avion?

1948. Invention de l'autocuiseur, appelé aussi cocotte-minute ou *Presto*, dont l'ancêtre était le cuiseur inventé par Papin en 1680.

L'AUTOCUISEUR

Conception fréquente à l'époque et chez certains élèves

Il est impossible d'accélérer le temps de cuisson d'aliments cuits dans l'eau.

Concepts scientifiques actuels

L'autocuiseur est une casserole étanche aux parois épaisses, munie d'une soupape de sécurité, qui permet d'abréger le temps de cuisson grâce à la pression fournie par la vapeur et grâce aussi au fait que la température de la vapeur d'eau est supérieure à celle de l'eau bouillante.

Activités et exercices (12 ans et plus)

- Examiner une casserole ordinaire et un autocuiseur et trouver les différences entre les deux.
- Comparer le temps de cuisson de légumes dans une casserole ordinaire et dans un autocuiseur.
- Comparer la couleur, la texture et le goût de légumes cuits dans une casserole ordinaire et de ceux cuits dans un autocuiseur pendant la durée recommandée.
- Se documenter pour répondre à la question suivante: Quelles sont les précautions à prendre lors de l'utilisation d'un autocuiseur?
- Se documenter pour répondre à la question suivante: Pourquoi est-il difficile de faire cuire des aliments dans de l'eau bouillante, à haute altitude? (À pression atmosphérique plus basse, l'eau bout à une température inférieure et les aliments ne cuisent pas.)

1954. Invention de la soudure par bombardement électronique.

1960. Le physicien américain Théodore MAIMAN (né en 1927) fabrique le premier laser (Light Amplification by Stimulated Emission of Radiation), qui produit une lumière cohérente à partir d'un cylindre de rubis.

▶ **Voir « Le laser (1960) » dans le thème de physique « La lumière et le son ».**

1970. Invention de la soudure au laser.

1976. Invention, en France, du canon à neige pour les stations de ski.

LE CANON À NEIGE

Conception fréquente à l'époque et chez certains élèves

Il est impossible de fabriquer de la neige.

Concepts scientifiques actuels

Pour fabriquer de la neige artificielle, il faut pulvériser de fines gouttelettes d'eau dans de l'air froid. Cette pulvérisation est obtenue à partir d'eau sous pression et, dans certains systèmes, d'air comprimé.

Exercice et activités (8 ans et plus)

- Se documenter pour répondre à la question suivante: Quels sont les divers types de précipitation à l'état solide et à l'état liquide (exemples: pluie, bruine, grêle, neige, etc.)?
- Regarder un documentaire qui présente le fonctionnement d'un canon à neige.
- Lors d'une journée d'hiver très froide, essayer de produire de la neige à l'aide d'une bouteille à vaporiser de l'eau ou d'un boyau d'arrosage muni d'un gicleur qui permet de produire de la bruine.

1991. Première fusion nucléaire contrôlée à Culham, en Angleterre.

LES TECHNIQUES MILITAIRES ET POLICIÈRES

Préhistoire

Vers 500 000 av. J.-C. Taille de la pierre pour fabriquer des couteaux, des haches et des lances.

Vers 30 000 av. J.-C. Invention de la fronde.

LA FRONDE

Conception fréquente à l'époque et chez certains élèves

La seule façon de lancer une pierre à distance est de la lancer avec la main.

Concepts scientifiques actuels

La fronde est une arme de jet constituée d'une pièce de cuir suspendue à deux lanières. Le projectile, placé sur la pièce de cuir, s'échappe quand, après avoir fait tournoyer la fronde, on lâche une des lanières ou on fait un geste brusque pour le libérer de la pièce de cuir.

Activités (8 ans et plus)

- Examiner le dessin d'une fronde.
- Se confectionner une fronde et s'en servir, à l'extérieur, pour lancer de petites balles en caoutchouc. Organiser un concours qui consiste à lancer une balle le plus loin possible.

Vers 30 000 av. J.-C. Invention de l'arc et de la flèche.

L'ARC ET LA FLÈCHE

Conception fréquente à l'époque

La seule façon de lancer un objet pointu à distance est de le lancer avec la main.

Concepts scientifiques actuels

L'arc est une arme formée d'une tige de bois ou de métal et d'une corde attachée aux deux extrémités afin de tendre l'arc ce qui permet de décocher des flèches. La flèche, formée d'une tige de bois, est munie d'une pointe à un bout et d'un empennage à l'autre.

Activités et exercice (8 ans et plus)

- Examiner des dessins et photographies d'anciens modèles d'arcs.
- Examiner des arcs modernes de chasse ou de compétition.
- Se documenter au sujet des archers (soldats munis d'un arc et de flèches) de diverses époques.
- Construire un arc et des flèches rudimentaires avec une branche flexible, de la corde et des baguettes de bois munis d'un empennage en papier. Organiser un concours qui consiste à envoyer une flèche le plus loin possible.

Vers 30 000 av. J.-C. Invention du bouclier.

LE BOUCLIER

Conception fréquente à l'époque et chez certains élèves

Il est difficile de se protéger des coups d'armes blanches et des flèches.

Concepts scientifiques actuels

Le bouclier est une arme défensive en forme de plaque munie d'une poignée par où on le tient. Il sert à se protéger des coups d'armes blanches et des flèches. D'abord fait d'une peau d'animal, d'osier ou de bois, il sera plus tard fait de métal, après la découverte des premiers métaux.

Activités (8 ans et plus)

- Examiner des dessins et photographies ou visiter un musée qui présente des boucliers de diverses époques de l'histoire de l'humanité et de diverses régions du monde.
- Inventer un modèle de bouclier original et le construire en carton, en papier mâché, en mousse de polystyrène ou en bois. Former un jury qui devra déterminer des critères de réalisation et choisir le bouclier gagnant.

L'Antiquité orientale

Vers 3 500 av. J.-C. Invention des premières armes blanches en métal, telles que le couteau, le poignard et le sabre.

LES ARMES BLANCHES EN MÉTAL

Conception fréquente à l'époque

Seuls le bois, les pierres et les os permettent de fabriquer des armes.

Concepts scientifiques actuels

Une arme blanche est une arme dont la lame est en métal, habituellement de l'acier, d'où son nom, à cause de la couleur blanche du métal. Les couteaux, les poignards, les haches, les épées, les sabres et les baïonnettes sont des armes blanches.

Exercice et activités (12 ans et plus)

- Se documenter au sujet de l'évolution et de l'utilisation des armes blanches au fil de l'histoire (exemples: couteau, poignard, hache, sabre, épée, fleuret).
- Examiner des photographies d'armes blanches utilisées à notre époque pour divers usages.
- Examiner des armes blanches de compétition (épée, fleuret, sabre).
- Visiter un centre sportif où se pratique l'escrime et s'initier à ce sport.

Vers 3 500 av. J.-C. Invention du casque métallique.

LE CASQUE EN MÉTAL

Conception fréquente à l'époque

Il est difficile de se protéger la tête lors de combats.

Concepts scientifiques actuels

Le casque, qui sert à protéger la tête lors de combats ou d'activités dangereuses, existe probablement depuis des dizaines de milliers d'années, mais, avant la découverte des métaux, ils étaient faits de cuir ou d'os (crâne d'un animal). Les modèles de casques sont très variés. Certains comportent un ou plusieurs des éléments suivants: pointe ou crête sur le sommet, frontail, visière. Certains casques du Moyen Âge étaient même des boîtes complètes percées de trous pour les yeux et le nez.

Activités (12 ans et plus)

- Examiner des dessins et photographies ou visiter un musée qui présente des casques militaires de diverses époques de l'histoire de l'humanité.
- Examiner divers modèles de casques sportifs (vélo, motocyclette, ski, alpinisme, etc.) et discuter de l'importance du port du casque.
- Inventer un modèle de casque original et le construire en papier mâché. (Un ballon de baudruche ou une tête en mousse de polystyrène peuvent être utilisés comme base temporaire pour le papier mâché.) Former un jury qui devra déterminer des critères de réalisation et choisir le casque gagnant.

Vers 3000 av. J.-C. Invention de la galère, un bateau à rames qui sera notamment utilisé, au cours des trois millénaires suivants, lors de nombreuses guerres sur la Méditerranée.

L'Antiquité classique

IVe siècle av. J.-C. Invention, par les Grecs, de la catapulte à torsion, qui peut lancer des pierres ou de grosses flèches contre des places fortes.

LA CATAPULTE

Conception fréquente à l'époque et chez certains élèves

Il est impossible de lancer de lourdes pierres à de grandes distances.

Concepts scientifiques actuels

La catapulte est une machine de guerre permettant de lancer des projectiles lourds, tels que des pierres ou des grosses flèches. Certaines catapultes ressemblaient à une énorme arbalète et lançaient les projectiles au moyen d'un arc, tandis que d'autres les lançaient à l'aide d'un bras actionné par la torsion d'un gros câble.

Activités et exercice (12 ans et plus)

- Examiner le schéma de divers modèles de catapulte (à arc et à torsion).
- Assembler et faire fonctionner un modèle réduit de catapulte (disponible chez certains fournisseurs de matériel scientifique).
- Se documenter au sujet du poids des projectiles que pouvaient lancer les plus grosses catapultes.

- Inventer et construire son propre modèle réduit de catapulte avec du bois et une baguette flexible (mécanisme à arc) ou avec du bois et des bandes élastiques (mécanisme de torsion). Organiser un concours qui consiste à lancer un même poids à la plus grande distance.
- À l'aide d'un logiciel de simulation de type *Interactive Physics*, concevoir une catapulte et lancer des projectiles selon divers angles et diverses vitesses, puis étudier leur trajectoire.

260 av. J.-C. Les Romains inventent le corbeau, un système qui comporte une poutre munie d'un crochet et d'une passerelle, pour faciliter l'abordage des navires ennemis lors des combats en mer.

Vers 200 av. J.-C. Invention, en Chine, de l'arbalète. Cette arme sera éventuellement proscrite en Europe lors du *concile de Latran*, en 1139, alors qu'elle sera jugée « perfide et trop redoutable ».

L'ARBALÈTE

Conception fréquente à l'époque et chez certains élèves

Seul l'arc permet de lancer des flèches.

Concepts scientifiques actuels

L'arbalète est une arme dérivée de l'arc. Elle est constituée d'un arc en fer monté sur un fût (arbrier), dont la corde est tendue au moyen d'un cric. Elle permet un tir précis et puissant.

Activités et exercice (12 ans et plus)

- Examiner des dessins ou photographies d'anciennes arbalètes.
- Examiner des modèles modernes d'arbalètes de chasse et de compétition.
- Se documenter au sujet des arbalétriers, soldats du Moyen Âge armés d'arbalètes.

Vers 250 av. J.-C. Le scientifique grec ARCHIMÈDE (287-212 av. J.-C.) construit de grands miroirs paraboliques qu'il utilise, selon la légende, pour enflammer des bateaux ennemis qui s'approchent des côtes.

Vers 100 av. J.-C. Invention, par les Romains, d'armes bactériologiques primitives : des cadavres d'êtres humains morts de la peste ou des charognes d'animaux morts du charbon, lancés à l'aide de catapultes dans les places fortes assiégées.

LES ARMES BACTÉRIOLOGIQUES

Conception fréquente à l'époque

Seules des armes telles que la catapulte, les armes blanches, l'arc, l'arbalète et le feu sont efficaces en temps de guerre.

Concepts scientifiques actuels

Les armes bactériologiques ou biologiques visent à déclencher des épidémies à l'aide de bactéries, de virus, de parasites, de toxines ou de champignons. Par exemple, la dysenterie, la grippe, l'encéphalite, la peste, le choléra et l'anthrax peuvent servir d'agents pathogènes. L'usage d'armes bactériologiques est maintenant interdit par des traités internationaux, mais plusieurs pays en possèdent. Quand elle est possible, la vaccination est la meilleure protection contre une arme bactériologique.

Exercices (12 ans et plus)

- Se documenter pour répondre à la question suivante: Les armes bactériologiques très dangereuses, telles que l'anthrax, sont-elles faciles à produire et à utiliser?
- Se documenter pour répondre à la question suivante: Au cours des dernières années, des attaques terroristes à l'arme bactériologique se sont-elles produites dans diverses régions du monde?
- Se documenter pour répondre à la question suivante: Quelles sont les façons de se protéger contre une attaque bactériologique?

Le Moyen Âge

Vers 600. Invention de la poudre noire en Chine.

▶ **Voir «La poudre noire (600)» dans le thème de chimie «L'industrie chimique».**

Vers 670. Invention, à Byzance, d'une nouvelle arme de guerre, le lance-flamme au pétrole.

VIIe siècle. Premières utilisations du feu grégeois en Europe. Fait d'un mélange de soufre, de substances grasses et résineuses et de salpêtre, il brûle même en présence d'eau et est surtout utilisé lors de combats navals.

Vers 700. Invention du drakkar, le bateau de guerre et d'exploration des Vikings.

919. Première utilisation, en Chine, de la poudre noire sur un champ de bataille.

XIe siècle. Invention de la nef, un navire qui servira lors des croisades.

XIIe siècle. Invention, en Europe, de l'armure métallique.

L'ARMURE

Conception fréquente à l'époque

Seules certaines parties du corps peuvent être protégées contre les armes blanches.

Concepts scientifiques actuels

L'armure est une arme défensive composée d'un ensemble de pièces, d'abord de peau, puis de métal, qui recouvrait le corps de certains combattants du Moyen Âge pour les protéger des flèches et des coups des adversaires. Le poids total d'une armure métallique pouvait atteindre 40 kg, ce qui gênait le combattant dans ses mouvements. L'armure devint inutile après l'invention des armes à feu.

Activités (8 ans et plus)

- Regarder un extrait de film de fiction qui présente des combattants du Moyen Âge portant une armure.
- Examiner une réplique d'armure.
- Visiter un musée qui présente de véritables armures.

XIIIe siècle. Invention du trébuchet, une catapulte à contrepoids qui permet de lancer de lourdes charges contre des places fortifiées.

LE TRÉBUCHET

Conception fréquente à l'époque

Seule une catapulte à torsion permet de lancer de lourdes charges.

Concepts scientifiques actuels

Le trébuchet, qui est en fait un type de catapulte, est une machine de guerre permettant de lancer des projectiles très lourds. Fonctionnant selon le principe du levier, le trébuchet comporte un poids dont la descente rapide actionne une poutre à l'extrémité de laquelle est placé l'objet à lancer.

Activités et exercice (12 ans et plus)

- Examiner le schéma d'un trébuchet.
- Assembler et faire fonctionner un modèle réduit de trébuchet (disponible chez certains fournisseurs de matériel scientifique).
- Se documenter pour répondre à la question suivante: Quel était le poids des projectiles que pouvaient lancer les plus gros trébuchets?

- Inventer et construire son propre modèle réduit de trébuchet avec du bois et de la ficelle ou avec un jeu de type Lego-Dacta. Organiser un concours qui consiste à lancer un même poids à la plus grande distance.
- À l'aide d'un logiciel d'étude de la mécanique (disponible chez certains fournisseurs de matériel scientifique), concevoir un trébuchet virtuel et lancer des projectiles selon divers angles et diverses vitesses, puis étudier leur trajectoire.

1232. Lors de combats, des Chinois utilisent de petites fusées propulsées par de la poudre noire.

▶ **Voir « La fusée (1232) » dans le thème de technologie « Les techniques du mouvement ».**

1242. Première utilisation, en Europe, de la poudre noire importée d'Orient.

Vers 1300. Fabrication, dans les pays arabes, des premièrs canons.

LE CANON

Conception fréquente à l'époque

La seule façon de lancer un gros projectile est d'utiliser une catapulte.

Concepts scientifiques actuels

Le canon est une pièce d'artillerie d'assez fort calibre. Il existe une grande variété de canons, selon les types de combats et de cibles.

Activités (12 ans et plus)

- Examiner des photographies qui présentent divers modèles de canons, anciens et modernes, et décrire l'évolution du canon.
- À l'aide d'un logiciel d'étude de la mécanique (disponible chez certains fournisseurs de matériel scientifique), concevoir un canon virtuel et lancer des projectiles selon divers angles et diverses vitesses, puis étudier leur trajectoire.

La Renaissance

XVe siècle. Invention du bâton à feu (appelé aussi canon à main ou escopette), ancêtre du fusil. Il s'agit d'un tube en métal bouché à une extrémité, dans lequel on introduit de la poudre et une balle.

LE FUSIL

Conception fréquente à l'époque

Les armes à feu sont lourdes et difficiles à déplacer.

Concepts scientifiques actuels

Le fusil est une arme à feu portative. Les modèles modernes, qui se chargent par la culasse, comportent une platine à percussion, un canon rayé, qui donne un mouvement de rotation aux balles, et un chargeur pour les cartouches.

Exercice et activité (12 ans et plus)

- Se documenter au sujet de l'évolution du fusil (escopette, arquebuse, mousquet, tromblon, etc.).
- Examiner divers modèles de fusils de chasse modernes.

Vers 1490. L'artiste et inventeur italien Léonard DE VINCI (1452-1519) dessine les plans de plusieurs machines, telles que le parachute et le char d'assaut.

▶ **Voir «Le parachute (1490)» dans le thème de technologie «Les techniques du mouvement».**

XVIe siècle. Invention de la baïonnette en Europe.

XVIe siècle. Invention, en Allemagne, de la platine à rouet, un dispositif qui produit l'étincelle nécessaire à la mise à feu d'un fusil.

XVIe siècle. Conception des premiers grands vaisseaux à voile des marines militaires anglaise et française.

XVIe siècle. Invention du brûlot, un bateau bourré de matière inflammable qui est lancé contre les vaisseaux adverses.

Le XVIIe siècle

XVIIe siècle. Invention, en France, de la platine à silex pour la mise à feu des fusils. Elle restera en usage jusqu'au XIXe siècle.

1680. Invention, à Londres, d'un prototype de fusil à répétition par rotation, ancêtre du pistolet-revolver.

Le XVIIIe siècle

1771. L'ingénieur français Joseph CUGNOT (1725-1804) construit le *fardier*, premier véhicule automobile à vapeur. Il est destiné au transport de canons et sa vitesse maximale est de 3,5 km/h.

▶ **Voir «L'automobile (1771)» dans le thème de technologie «Les techniques du mouvement».**

Le XIXe siècle

1833. Invention, en France, du nitrate de cellulose, qui permettra l'invention, en Allemagne, en 1847, du coton-poudre, un explosif très puissant.

1835. L'armurier américain Samuel COLT (1814-1862) invente le revolver.

LE REVOLVER

Conception fréquente à l'époque

Un pistolet doit être rechargé après le tir de chaque balle.

Concepts scientifiques actuels

Le revolver est un pistolet qui comporte un barillet, dans lequel sont placées plusieurs balles et qui tourne après chaque tir, ce qui permet de tirer à répétition. Colt a inventé également le pistolet à chargeur, dans lequel les balles passent l'une après l'autre dans la chambre de tir sous la poussée d'un ressort.

Activités (12 ans et plus)

- Comparer des photographies d'ancien fusil à une seule balle et de revolver.
- Aller à l'extérieur, dans un endroit isolé, et examiner le fonctionnement d'un revolver chargé avec des balles blanches (balles sans projectile).

1840. Construction des premiers navires en fer.

1847. Invention, en Allemagne, du coton-poudre, constitué de nitrocellulose, un explosif très puissant.

1847. Invention, en Italie, de la nitroglycérine, un explosif très puissant.

1860. Invention, aux États-Unis, de la carabine à répétition.

1860. Invention du torpilleur, qui n'est d'abord qu'une simple embarcation qui place une charge explosive contre l'objectif.

1861. Invention de la mine marine, une charge explosive flottante qui explose au passage d'un navire.

1866. Le chimiste et ingénieur suédois Alfred NOBEL (1833-1896), dont le frère s'est tué en manipulant de la nitroglycérine, invente la dynamite, un explosif constitué de nitroglycérine stabilisée dans de la silice ou du coton.

LA DYNAMITE

Conception fréquente à l'époque

L'utilisation de la nitroglycérine est très dangereuse, car elle explose au moindre choc.

Concepts scientifiques actuels

La dynamite est un explosif constitué de nitroglycérine qui a été stabilisée dans une gomme de gélatine. La dynamite se présente habituellement sous forme de cartouches cylindriques dont le poids varie entre 50 g et 100 g. Ces cartouches explosent sous l'action d'un détonateur électrique.

Activité et exercice (12 ans et plus)

- Regarder un documentaire portant sur la fabrication et l'utilisation militaire et civile de la dynamite.
- Se documenter pour répondre à la question suivante: Quels sont les faits saillants de la vie d'Alfred Nobel? (Exemple: Alfred Nobel a créé les prix Nobel à partir de la fortune qu'il avait amassée en vendant des explosifs et en exploitant des puits de pétrole.)

1877. L'ingénieur français Clément ADER (1841-1925) dépose le brevet de la chenille, qui sera utilisée sur les véhicules de l'armée pour améliorer leur traction dans la boue.

1892. Le physiologiste anglais Francis GALTON (1822-1911), cousin de Darwin, met au point le système d'identification par les empreintes digitales.

LES EMPREINTES DIGITALES

Conception fréquente à l'époque et chez certains élèves

Il est presque impossible d'identifier l'auteur d'un crime s'il n'est pas pris sur le fait.

Concepts scientifiques actuels

Les empreintes digitales, aussi appelées dactylogrammes, sont les traces souvent invisibles laissées par les doigts sur les objets touchés et qui permettent d'identifier une personne. Ces empreintes, qui comportent des lignes appelées lignes papillaires, sont spécifiques à chaque personne. Elles peuvent être rendues visibles à l'aide de divers produits chimiques, tels que des sels d'argent. De nos jours, les ordinateurs accélèrent grandement le travail de reconnaissance des empreintes.

Activités (8 ans et plus)

- Former des empreintes digitales visibles en touchant un tampon encreur avec un doigt (pouce ou index) et en appuyant le doigt sur une feuille de papier.
- Comparer ses empreintes à celles d'autres personnes ayant utilisé le même doigt (pouce ou index).
- Visiter un poste de police et observer les techniques utilisées pour rendre les empreintes visibles et les identifier.

Le XXe siècle

1902. Invention, en France, de l'automitrailleuse, ancêtre du char d'assaut.

1902. Construction, en France, du premier dirigeable militaire.

1908. Invention du silencieux pour les carabines et les révolvers.

1909. Les chimistes allemands Carl BOSCH (1874-1940) et Fritz HABER (1868-1934) réalisent la synthèse industrielle de l'ammoniac, ce qui facilitera la production d'explosifs.

1911. Première utilisation de l'avion pour des missions de reconnaissance militaire.

1911. Première utilisation de l'avion pour lancer une bombe.

1911. Invention du porte-avions.

1914. Construction, en France, du premier avion de chasse, dont la mitrailleuse tire à travers l'hélice en mouvement.

1915. Première utilisation, par les Allemands, d'une arme chimique, un nuage de chlore.

LES ARMES CHIMIQUES

Conception fréquente à l'époque et chez certains élèves

Seuls les projectiles et les explosifs sont des armes efficaces.

Concepts scientifiques actuels

Il existe deux grands types d'armes chimiques: les armes chimiques incapacitantes, qui visent à neutraliser l'adversaire (exemples: gaz lacrymogènes et irritants) et les gaz chimiques toxiques, qui visent à tuer (exemples: chlore, ypérite ou gaz moutarde, acide cyanhydrique, agents neurotoxiques qui détruisent le système nerveux.)

Exercices (12 ans et plus)

- Discuter des avantages et des inconvénients de l'utilisation d'armes chimiques incapacitantes (tels que les gaz lacrymogènes) par les forces policières, lors de manifestations.
- Se documenter pour répondre à la question suivante: Quels ont été les ravages causés par des armes chimiques lors de divers conflits armés ou attentats terroristes?
- Discuter du fait que, depuis un traité international adopté en 1925, l'utilisation d'armes chimiques est interdite, mais leur fabrication et leur stockage ne le sont pas.

1915. Début de l'utilisation du masque à gaz sur les champs de bataille.

LE MASQUE À GAZ

Conception fréquente à l'époque et chez certains élèves

Il est impossible de se protéger contre les armes chimiques et bactériologiques.

Concepts scientifiques actuels

Le masque à gaz est un appareil de protection contre les armes chimiques et bactériologiques. Son rôle est de filtrer l'air et de réagir chimiquement avec les substances toxiques pour les neutraliser. Aucun modèle de masque n'est parfaitement efficace contre toutes les armes chimiques et bactériologiques.

Activité et exercice (12 ans et plus)

- Examiner et essayer divers modèles de masques à gaz, anciens et modernes.
- Se documenter pour répondre à la question suivante: Quelle est l'efficacité d'un masque à gaz contre diverses armes chimiques et bactériologiques?

1915. Invention, en Italie, du pistolet-mitrailleur.

1915. Le physicien français Paul LANGEVIN (1872-1946) invente le sonar, qui permet la détection des sous-marins et de la partie submergée des icebergs.

▶ **Voir « Le sonar (1915) » dans le thème de sciences de la Terre « L'écorce terrestre et les océans ».**

1916. Invention du char de combat, une automitrailleuse blindée munie de chenilles.

LE CHAR DE COMBAT

Conception fréquente à l'époque et chez certains élèves

Une automitrailleuse ne peut circuler en terrain boueux ou sablonneux.

Concepts scientifiques actuels

Le char de combat est une automitrailleuse blindée, munie de chenilles actionnées par des roues dentées. Il fonctionne habituellement avec un moteur diesel. Il comporte des canons installés dans une tourelle qui permet de tirer dans toutes les directions. La visibilité est assurée par des fenêtres blindées, des périscopes et des dispositifs à infrarouge.

Exercice et activité (12 ans et plus)

- Se documenter sur l'évolution du char d'assaut.
- Assembler un modèle réduit de char d'assaut à partir des pièces d'un ensemble en plastique ou à l'aide d'un jeu de construction.

1916. Invention de la mine antipersonnel.

1917. Invention d'une nouvelle arme chimique, l'obus chargé d'ypérite, ou gaz moutarde.

Vers 1920. Invention de la chenille souple pour les véhicules militaires.

1921. Le médecin américain d'origine canadienne John LARSON (1892-1965), qui étudie les variations de la conductivité de la peau en fonction du travail des glandes sudoripares, invente le polygraphe, ou « détecteur de mensonge ».

LE POLYGRAPHE

Conception fréquente à l'époque et chez certains élèves

Il est difficile de savoir si une personne dit la vérité ou si elle ment.

Concepts scientifiques actuels

Le polygraphe est un appareil qui mesure plusieurs variables de l'activité physiologique, telles que la fréquence cardiaque et la conductivité électrique, et trace leur valeur sur un ruban de papier. La valeur de ces variables change souvent de façon observable quand un sujet interrogé ment.

Activités et exercice (12 ans et plus)

- Regarder un documentaire portant sur le polygraphe.
- Inviter un policier ou un psychologue à faire la démonstration de l'utilisation d'un polygraphe.

– Se documenter pour répondre à la question suivante: Le polygraphe est-il infaillible?

1936. Invention du tabun, un premier gaz neurotoxique.

1939. L'ingénieur allemand Wernher von BRAUN (1912-1977) réalise des essais d'engins autopropulsés, précurseurs du missile V1 et de la fusée V2.

1939. Premier vol d'un avion à réaction, un chasseur.

▶ **Voir «Le moteur à réaction (1929)» dans le thème de technologie «Les techniques de la chaleur».**

1940. Le physicien écossais Robert WATSON-WATT (1892-1973) invente le radar.

LE RADAR

Conception fréquente à l'époque et chez certains élèves

La seule façon de détecter un avion qui s'approche est de l'apercevoir à l'aide d'un télescope ou de jumelles.

Concepts scientifiques actuels

Le radar, mot formé à partir de l'expression anglaise *radio detection and ranging* (détection et localisation à l'aide d'ondes radio) est un système de détection et de localisation d'objets dans l'air. Le radar envoie des ondes radio, qui sont réfléchies par les objets, captées par une antenne et traitées pour former une image sur un écran. Le radar est maintenant utilisé par la défense aérienne et navale, l'aviation civile et la météorologie.

Activité et exercice (12 ans et plus)

– Visiter un centre de contrôle du trafic aérien et une station météorologique qui utilisent des radars.
– Se documenter pour répondre à la question suivante: Pourquoi le rôle des premiers radars, lors de la bataille d'Angleterre de la Seconde Guerre mondiale, fut-il déterminant?

1943. L'ingénieur britannique Max NEWMAN (1897-1985), se basant sur des principes énoncés par le mathématicien britannique Alan TURING (1912-1954), construit le premier ordinateur programmable, le *Colossus,* utilisé par les Britanniques durant la Deuxième Guerre mondiale pour décoder des messages allemands.

1944. Invention, en Allemagne, du fusil d'assaut, un fusil-mitrailleur léger.

1945. Invention, aux États-Unis, de la bombe nucléaire à fission (bombe A). Une bombe nucléaire fut lancée sur la ville d'Hiroshima, au Japon, le 6 août de la même année.

LA BOMBE NUCLÉAIRE

Conception fréquente à l'époque et chez certains élèves

Il est impossible de fabriquer des bombes plus puissantes que les bombes à base d'explosifs conventionnels.

Concepts scientifiques actuels

Il existe deux types principaux de bombes nucléaires (couramment appelées bombes atomiques): les bombes à fission et les bombes à fusion. La *bombe à fission*, ou bombe A, est fondée sur le principe de l'énergie libérée lors du bris de gros atomes d'uranium ou du plutonium. En pratique, lors de l'explosion de la bombe, deux masses d'uranium ou de plutonium sont projetées l'une contre l'autre par un explosif conventionnel, ce qui forme alors une masse critique de combustible nucléaire qui explose sous l'effet d'une réaction en chaîne. La *bombe à fusion*, ou bombe H, est fondée sur le principe de l'énergie libérée lors de la fusion de petits atomes d'hydrogène. En pratique, une petite bombe à fission amorce l'explosion en fournissant l'énergie nécessaire à la fusion de l'hydrogène.

Activité et exercices (12 ans et plus)

- Regarder un documentaire portant sur la fabrication et l'utilisation des premières bombes nucléaires.
- Se documenter pour répondre à la question suivante: Quel est le nombre de bombes nucléaires actuellement déployées dans divers pays du monde?
- Discuter des dangers que posent les armes nucléaires et de l'importance des traités qui visent à en réduire le nombre.
- Discuter à propos de la question suivante: Peut-on imaginer une situation non militaire au cours de laquelle des armes nucléaires pourraient être utiles (exemple: destruction d'un astéroïde se dirigeant vers la Terre)?

1947. Premier vol supersonique d'un avion à réaction.

1952. Invention, aux États-Unis, de la bombe nucléaire à fusion (bombe H).

1958. Invention, aux États-Unis, de la bombe atomique à neutrons, qui tue les êtres humains sans détruire l'environnement matériel.

1969. Le ministère américain de la Défense met sur pied l'ARPANET (Advanced Research Project Agency Network), un réseau de communication informatique entre des centres de recherche et des universités, qui deviendra plus tard Internet.

1973. Mise au point, en Grande-Bretagne, d'un système d'identification statique de la signature.

1982. Invention, aux États-Unis, du missile de croisière moderne, un petit avion sans pilote, à aile repliable, qui transporte une charge explosive.

1983. Premier vol, aux États-Unis, d'un avion furtif opérationnel, le *F-117*, un petit bombardier qui ne peut être détecté par les radars.

1984. Invention, aux États-Unis, du *stun gun*, un fusil qui paralyse momentanément au moyen d'une puissante décharge électrique.

1984. Mise au point, aux États-Unis, d'un premier système d'identification capable de reconnaître l'iris de l'œil de chaque individu.

L'IDENTIFICATION PAR L'IRIS DE L'ŒIL

Conception fréquente à l'époque et chez certains élèves

Seules les empreintes digitales permettent une identification infaillible.

Concepts scientifiques actuels

L'iris est le tissu musculaire pigmenté situé sur le devant de l'œil et dont le centre est occupé par la pupille. Comme dans le cas des empreintes digitales, la distribution de la pigmentation de l'iris est spécifique à chaque individu. Des ordinateurs munis d'émetteurs lasers et de photorécepteurs permettent d'identifier une personne d'après la distribution de la pigmentation de ses iris. Ce système est encore plus fiable que celui basé sur les empreintes digitales.

Activités (12 ans et plus)

- Regarder un documentaire qui présente les nouvelles méthodes d'identification (forme de la main, iris de l'œil, ADN, etc.).
- Visiter un établissement qui utilise un système d'identification par l'iris de l'œil.

1984. Élaboration d'une méthode d'identification à partir de l'ADN provenant de traces de tissus humains (sang, sperme, peau, cheveu, salive, etc.). Cette méthode, appelée identification par empreintes génétiques, sera de plus en plus utilisée lors d'enquêtes policières.

1987. Invention, en Grande-Bretagne, d'un système d'identification dynamique de la signature, qui identifie la signature pendant son écriture.

1990. Invention de la *flash-ball* (1990), une balle de caoutchouc tirée par un fusil.

LES TECHNIQUES DU VÊTEMENT ET DE L'ALIMENTATION

Préhistoire

Vers 1 400 000 av. J.-C. Les êtres humains domestiquent le feu et constatent que plusieurs aliments ont meilleur goût et se conservent plus longtemps quand ils sont cuits.

LA CUISSON DES ALIMENTS

Conception fréquente à l'époque

Tous les aliments doivent être consommés crus.

Concepts scientifiques actuels

La cuisson améliore le goût et la texture de plusieurs aliments et augmente un peu leur durée de conservation. Tous les aliments peuvent être cuits dans de l'eau bouillante, mais certains aliments, tels que les viandes, peuvent être placés directement dans les flammes d'un feu.

Activité (8 ans et plus)

Comparer le goût et la texture de divers aliments (fruits, légumes, blé, riz, etc.) crus et cuits. (Il n'est pas conseillé de faire cette comparaison avec de la viande, car la viande crue renferme parfois des bactéries pathogènes.)

Vers 600 000 av. J.-C. Les êtres humains commencent à fabriquer les premières armes munies de pointes de silex. Ils les utilisent surtout pour chasser le gibier.

Vers 30 000 av. J.-C. Les êtres humains commencent à coudre des peaux pour se confectionner des vêtements plus confortables.

L'Antiquité orientale

Vers 10 000 av. J.-C. Début, en Inde, de la culture de la canne à sucre et de l'extraction du sucre.

Vers 8 000 av. J.-C. Début, en Iran, de la fabrication du vin.

LE VIN

Conception fréquente à l'époque et chez certains élèves

Le jus de raisin se gâte s'il n'est pas consommé rapidement.

Concepts scientifiques actuels

Le vin est une boisson alcoolisée obtenue par la fermentation du jus de raisin. Il existe des vins rouges, blancs ou rosés, selon le type de raisin utilisé et la méthode de préparation.

Activités et exercice (12 ans et plus)

- Visiter un magasin où une grande variété de vins et de spiritueux sont en vente. S'informer au sujet des principaux vins.
- Inviter un spécialiste à expliquer comment il est possible de fabriquer du vin à domicile.
- Visiter un vignoble.
- Se documenter pour répondre à la question suivante: Quels sont les effets bénéfiques et les effets néfastes de la consommation de vin?
- Laisser du vin à l'air libre pendant quelques jours. Constater la variation de son goût. Se documenter pour trouver une explication à ce phénomène.

▶ **Voir également «La fermentation et les enzymes (1835)» dans le thème de biologie et médecine «La cellule et la chimie du vivant».**

Vers 8000 av. J.-C. Début, au Proche-Orient, de l'agriculture (blé et orge) et de l'élevage (mouton et chèvre), qui facilitent l'approvisionnement en nourriture. Découverte du fromage à la suite de l'observation de lait caillé égoutté. Au cours du Moyen Âge, les monastères, les abbayes mettront au point de nombreuses variétés de fromages.

LE FROMAGE

Conception fréquente à l'époque et chez certains élèves

Du lait dans lequel un grand nombre de bactéries se sont développées est impropre à la consommation.

Concepts scientifiques actuels

Le fromage est un produit laitier obtenu par coagulation ou caillage du lait, suivi d'un égouttage et, pour certaines variétés, d'une fermentation. Le caillage peut survenir spontanément en présence de certaines bactéries ou, habituellement, se produire quand de la présure, qui provient de l'estomac des ruminants, est ajoutée au lait. L'égouttage consiste à éliminer le lactosérum, appelé aussi petit-lait. Certains types de fromage doivent ensuite fermenter pendant quelque temps. Il existe six grandes familles de fromage: les pâtes fraîches (exemple: fromage cottage), les pâtes molles (exemple: brie), les pâtes à moisissures internes (exemple: roquefort), les pâtes pressées non cuites (exemple: cheddar), les pâtes pressées cuites (exemple: emmental) et les pâtes fondues (exemple: fromage à tartiner).

Activités (8 ans et plus)

- Examiner plusieurs sortes de fromage. Les distinguer selon leur mode de préparation, leur couleur, leur texture, leur odeur et leur goût. Les classer selon la famille à laquelle ils appartiennent. Indiquer s'il s'agit de fromages fermentés ou non fermentés.
- Visiter une fromagerie.
- Faire du fromage à partir d'une recette simple.

Vers 8000 av. J.-C. Apparition du tissage de fibres naturelles, qui se fait d'abord sur des métiers verticaux.

LE TISSAGE DE FIBRES NATURELLES

Conception fréquente à l'époque et chez certains élèves

Les peaux d'animaux sont le seul matériau qui puisse servir à confectionner des vêtements.

Concepts scientifiques actuels

Le tissage consiste à entrecroiser régulièrement des fils textiles tels que de la laine, du lin, du jute ou du coton. De nos jours, le tissage se fait à l'aide de métiers à tisser entièrement automatisés.

Activités (8 ans et plus)

- Tisser de grosses fibres textiles (exemples: jute, laine), en procédant de la façon suivante: Étendre sur une table environ 50 brins de fibres d'environ 30 cm de longueur, de façon parallèle, les uns contre les autres. Poser une baguette enduite de colle sur chacune des deux extrémités du rectangle formé par ces brins de fibres. Passer, alternativement au-dessus et en dessous, environ 50 autres brins perpendiculaires aux brins collés sur les baguettes. Bien tasser, les uns contre les autres, les brins ainsi passés. Fixer les extrémités de ces brins en faisant des nœuds.

- Visiter un musée qui présente d'anciens métiers à tisser manuels et semi-automatiques.
- Visiter une usine de textile moderne.

Vers 8000 av. J.-C. Invention du pain levé en Égypte, qui deviendra une part importante de l'alimentation humaine.

LE PAIN

Conception fréquente à l'époque et chez certains élèves

La cuisson de pâte produit une galette compacte.

Concepts scientifiques actuels

Le pain est un aliment résultant de la cuisson d'une pâte faite de farine de blé ou d'autres céréales, préalablement fermentée, d'eau et de sel. La fermentation produit du gaz carbonique qui fait lever la pâte et explique la présence des trous dans la mie du pain.

Activités et exercice (8 ans et plus)

- Examiner la grande variété de types de pain disponible dans un supermarché.
- Faire du pain à partir d'une recette simple.
- Se documenter au sujet de la valeur symbolique du pain dans l'histoire de la civilisation occidentale.

Vers 7000 av. J.-C. Début de l'utilisation de la résine de térébenthine comme agent de conservation afin d'empêcher le vin de tourner au vinaigre.

LES AGENTS DE CONSERVATION

Conception fréquente à l'époque et chez certains élèves

La seule façon de conserver un aliment est de l'entreposer dans de bonnes conditions.

Concepts scientifiques actuels

Les agents de conservation sont des substances ajoutées aux aliments, en cours de fabrication, pour que ceux-ci se conservent plus longtemps. Certains produits, tels que le sel, le salpêtre ou la térébenthine, sont utilisés depuis des millénaires, mais il existe maintenant des milliers d'agents de conservation, divisés en deux grands groupes: les conservateurs (exemple: métabisulfite de sodium) et les antioxydants (exemple: vitamine E).

Activité et exercices (12 ans et plus)

- À partir d'étiquettes et de boîtes de plusieurs produits alimentaires, établir la liste des agents de conservation les plus courants.
- Discuter des avantages et des inconvénients de l'utilisation d'agents de conservation.
- Se documenter pour répondre à la question suivante: Comment peut-on éviter ou réduire le recours aux agents de conservation?

Vers 6500 av. J.-C. Début de la culture du riz en Extrême-Orient et du maïs en Amérique du Sud.

Vers 4000 av. J.-C. Invention, en Mésopotamie, de l'araire (une pièce de bois verticale et symétrique, tirée par des hommes, puis par des bœufs) qui laboure le sol de façon superficielle.

L'ARAIRE

Conception fréquente à l'époque et chez certains élèves

Seule une pelle permet de préparer le sol.

Concepts scientifiques actuels

L'araire était une charrue primitive constituée d'un soc en bois, en forme de crochet. Elle ne pouvait creuser le sol en profondeur, mais permettait de préparer le sol plus efficacement qu'avec des pelles.

Activités (8 ans et plus)

- Regarder des documentaires portant sur les cultures effectuées dans certains pays peu développés. Constater l'utilisation de charrues semblables à l'araire.
- Construire un modèle réduit d'araire. En faire l'essai dans un bac rempli de terre.

Vers 4000 av. J.-C. Invention du métier à tisser, qui facilite et accélère le tissage.

Vers 3200 av. J.-C. Début de la fabrication de la bière, avec de l'orge.

Vers 3000 av. J.-C. Culture de divers légumes en Mésopotamie et en Égypte. Utilisation de techniques de conservation des aliments, principalement le séchage et le fumage. Utilisation de plantes à des fins médicales et pour l'embaumement des morts. Utilisation des premiers engrais naturels.

LE SÉCHAGE ET LE FUMAGE DES ALIMENTS

Conception fréquente à l'époque et chez certains élèves

Les aliments doivent être consommés dès qu'ils sont prêts.

Concepts scientifiques actuels

Le séchage et le fumage sont deux méthodes qui permettent d'éviter la prolifération des moisissures et des bactéries dans les aliments et leur assurent une plus longue conservation.

Activités (8 ans et plus)

- Trouver divers exemples d'aliments séchés et fumés (fruits secs, poisson séché, viandes, noix fumées, etc.).
- Visiter des fabriques alimentaires où se pratiquent le séchage et le fumage.
- Faire sécher des fruits au soleil ou dans un four.

Vers 3000 av. J.-C. Construction de barrages, d'aqueducs et d'égouts en Mésopotamie et en Égypte.

▶ **Voir « L'aqueduc et l'égout (100 ap. J.-C.) » dans le thème de biologie et médecine « L'environnement ».**

Vers 2500 av. J.-C. Début de la mouture du grain avec un pilon et un mortier.

▶ **Voir « La meule (600 av. J.-C.) » dans ce même thème.**

Vers 2000 av. J.-C. Invention du yaourt en Asie mineure. Il apparaîtra en Europe au XVIe siècle, mais sa fabrication industrielle ne débutera que dans les années 1930.

LE YAOURT

Conception fréquente à l'époque et chez certains élèves

Du lait dans lequel un grand nombre de bactéries se sont développées est impropre à la consommation.

Concepts scientifiques actuels

Le yaourt est un lait fermenté à l'aide de certaines bactéries, telles que le bifidus. La consommation de yaourt contribue à la santé de la flore bactérienne intestinale et peut ainsi soulager certains types de troubles digestifs.

Activités et exercice (8 ans et plus)

- Examiner diverses sortes de yaourt disponibles à l'épicerie.
- Fabriquer du yaourt avec du lait, une culture bactérienne et une source de chaleur.
- Se documenter pour répondre à la question suivante : Quels sont les bienfaits du yaourt pour le système digestif et pour la santé en général ?

L'Antiquité classique

Vers 600 av. J.-C. Invention de la meule, qui est d'abord mue par la force humaine, pour moudre le grain.

La meule

Conception fréquente à l'époque et chez certains élèves

La seule façon de moudre du grain est d'utiliser un pilon et un mortier.

Concepts scientifiques actuels

La meule est un gros cylindre de pierre ou de métal servant à broyer et à moudre le grain. On utilise habituellement deux meules, l'une fixe et l'autre qui tourne, broyant ainsi le grain versé entre les deux.

Activité et exercice (8 ans et plus)

- Examiner des meules utilisées dans un ancien moulin.
- Se documenter pour répondre à la question suivante : Quelles sont les façons modernes de moudre le grain ?

Vers 200 av. J.-C. Les Romains mettent au point une méthode de conservation du poisson, des olives, des radis et autres légumes dans la saumure.

LA SAUMURE

Conception fréquente à l'époque et chez certains élèves

La plupart des légumes ne peuvent être conservés très longtemps.

Concepts scientifiques actuels

Lorsqu'un aliment contient plus de 15% de sel, les bactéries qui provoquent habituellement la fermentation ou la décomposition ne peuvent se développer. C'est pour cette raison que la saumure, qui est une solution concentrée de sel, est un bon milieu de conservation. Pour certains aliments, le vinaigre peut jouer le même rôle que la saumure.

Activité (8 ans et plus)

Préparer une saumure, c'est-à-dire une solution d'eau salée qui contient un volume d'au moins 15% de sel. Placer de petits morceaux de divers légumes dans cette solution. Observer les légumes après quelques jours et quelques semaines. Comparer avec des morceaux de légumes placés dans de l'eau douce. (Par mesure de sécurité, placer la saumure et les légumes dans une bouteille en plastique munie d'un bouchon percé, ce qui évite une explosion en cas de dégagement de gaz. De plus, ne pas manger les aliments, même ceux qui sont dans la saumure, car des erreurs sont toujours possibles.)

Vers 200 av. J.-C. Invention, en Chine, du parapluie.

Vers 175 av. J.-C. L'alchimiste égyptien BOLOS de Mendés (v. 200-v. 150 av. J.-C.) écrit des textes portant sur la teinture et les techniques de manipulation des métaux.

Vers 150 av. J.-C. En agriculture, les Romains inventent la jachère, une technique qui consiste à laisser reposer la terre après un certain temps d'exploitation et qui augmente le rendement des récoltes.

▶ **Voir « La jachère (150 av. J.-C.) » dans le thème de biologie et médecine « L'environnement ».**

Vers 100 av. J.-C. Construction des premiers moulins à eau en Asie mineure.

LE MOULIN À EAU

Conception fréquente à l'époque et chez certains élèves

L'eau qui coule dans un ruisseau ne peut produire une quantité d'énergie suffisante pour être utile.

Concepts scientifiques actuels

Pendant des siècles, le moulin à eau a été la principale source d'énergie des villes et des villages de plusieurs régions du globe. La roue à aubes d'un moulin à eau transforme le mouvement linéaire de l'eau en mouvement de rotation. Divers systèmes d'engrenage ou de poulies permettent de faire fonctionner des appareils, comme des meules, pour moudre le grain et extraire l'huile des olives, ou encore des scies pour couper le bois.

Activités (8 ans et plus)

- Aller visiter un vieux moulin à eau restauré. Observer le fonctionnement de la roue à aubes et des appareils qui y sont reliés.
- Aller visiter un barrage hydroélectrique. Constater que les barrages hydroélectriques sont les descendants des anciens moulins à eau.
- Construire un moulin à eau rudimentaire (une petite roue à aubes placée sous un robinet ou dans un courant d'eau).

Vers 100 av. J.-C. Invention, en Chine, d'un premier insecticide, de la poudre de chrysanthème oriental qui tue les puces.

Vers 100 av. J.-C. Les Romains inventent la pisciculture, un mode d'élevage de poissons et de crustacés en milieu fermé, ainsi que l'ostréiculture, qui est l'élevage des huîtres.

37 ap. J.-C. Construction, à Rome, de la première serre, utilisée pour faire pousser des concombres, en hiver, pour Tibère.

▶ **Voir « La serre (XVIe siècle) » dans ce même thème.**

Vers 50 ap. J.-C. Invention de la charrue, au soc dissymétrique, qui laboure plus en profondeur que l'araire inventé vers 4000 av. J.-C.

Vers 100 ap. J.-C. Les systèmes d'aqueduc et d'égout des Romains surpassent tout ce qui s'est fait jusqu'alors et tout ce qui sera fait en Occident jusqu'au XIXe siècle.

▶ **Voir « L'aqueduc et l'égout (100 ap. J.-C.) » dans le thème de biologie et médecine « L'environnement ».**

Vers 100 ap. J.-C. Les Romains enveloppent de neige et de glace les poissons pêchés dans le Rhin pour les transporter jusqu'à Rome.

LA CONSERVATION DES ALIMENTS PAR LE FROID

Conception fréquente à l'époque et chez certains élèves

Seuls la salaison, le séchage et le fumage permettent de conserver du poisson et des viandes.

Concepts scientifiques actuels

À une température comprise entre 2 °C et 8 °C, la dégradation des aliments est ralentie. Il faut cependant les congeler à une température inférieure à −18 °C, pour que le développement des bactéries soit complètement arrêté.

Activités et exercice (8 ans et plus)

- Comparer le temps de conservation de petits morceaux de viande laissés à la température de la pièce, au réfrigérateur et au congélateur.
- Examiner une glacière de camping et s'informer au sujet de la meilleure façon de s'en servir pour bien conserver les aliments.
- Se documenter pour répondre à la question suivante : Autrefois, comment conservait-on les aliments au froid ? (Exemples : Les aliments étaient placés dans des caveaux ou des cabanes, près de très gros morceaux de glace isolés dans de la paille ou d'autres matériaux.)

Vers 200 ap. J.-C. Utilisation des techniques de solution, de filtration et de distillation. Premières applications connues de la distillation pour la purification de certains liquides.

▶ **Voir « La distillation et l'alambic (150 ap. J.-C.) » dans le thème de chimie « L'industrie chimique ».**

Vers 250 ap. J.-C. Les Chinois utilisent des fourmis pour protéger les citronniers contre d'autres insectes, une pratique efficace encore utilisée de nos jours. Il s'agit du premier exemple connu de protection biologique des végétaux.

▶ **Voir « La protection biologique (250 ap. J.-C.) » dans le thème de biologie et médecine « L'environnement ».**

IVe siècle. L'alchimiste MARIE LA JUIVE (IVe siècle) invente le bain-marie, un appareil constitué de deux récipients, dont l'un contient de l'eau, tandis que l'autre est destiné à recevoir la substance à chauffer (ou à cuire), ce qui permet un chauffage lent et indirect.

▶ **Voir « Le bain-marie (IVe siècle) » dans le thème de technologie « Les techniques de la chaleur ».**

IVe siècle. Invention, en Chine, du fer à repasser, un récipient à manche en laiton qui contient de la braise.

▶ **Voir « Le fer à repasser (IVe siècle) » dans le thème de technologie « Les techniques de la chaleur ».**

Le Moyen Âge

Vers 500. Débuts de l'utilisation, en Europe, de la charrue à versoir, qui retourne le sol. Son usage sera généralisé au Xe siècle.

LA CHARRUE

Conception fréquente à l'époque et chez certains élèves

Seul l'araire permet de labourer le sol.

Concepts scientifiques actuels

La charrue permet de labourer le sol plus en profondeur que l'araire et de le retourner.

Activités (8 ans et plus)

- Examiner des photographies d'anciens modèles de charrue.
- Fabriquer des modèles réduits de charrue à versoir, sans roue et avec roues. Les faire fonctionner dans un grand bac en plastique rempli de terre.

Vers 600. Invention, en Perse, du moulin à vent à axe vertical et à pales horizontales.

LE MOULIN À VENT

Conception fréquente à l'époque et chez certains élèves

La seule façon de construire un moulin à vent est de placer les pales à l'horizontale.

Concepts scientifiques actuels

Le moulin à vent est une machine mue par le vent et dont la principale fonction est de faire tourner une meule pour moudre le grain et le transformer en farine. En plus des meules, d'autres appareils, comme des scies pour couper le bois, peuvent également être actionnés par un moulin à vent. Les premiers moulins à vent comportaient un axe vertical et des pales horizontales. Vers 1200, apparurent en Europe les premiers moulins à vent à axe horizontal et à pales verticales, puis au XVe siècle, en Hollande, les moulins à vent à tour.

Activités (8 ans et plus)

- Examiner des dessins et photographies de moulins à vent.
- Si possible, visiter un ancien moulin à vent restauré.
- Examiner des photographies d'éoliennes et, si possible, une véritable éolienne. (L'éolienne, tout comme les anciens moulins à vent, tire produit de l'énergie à partir du vent.)
- Construire des modèles réduits de moulins à vent à pales horizontales et à pales verticales. (Il est possible de construire des modèles réduits avec du carton, du papier, des baguettes de bois et des morceaux de mousse de polystyrène. Des modèles plus fonctionnels peuvent être construits avec un jeu de type Lego-Dacta.)

Vers 700. Débuts de l'utilisation, en Europe, de la méthode de l'assolement triennal (rotation des récoltes et de la jachère entre trois parties d'une terre) en agriculture. Cette méthode sera généralisée au XIIIe siècle.

Vers 800. Invention de la herse, un instrument agricole formé d'un châssis muni de dents métalliques, pour travailler le sol en surface.

Vers 800. Début de l'utilisation de l'arsenic comme insecticide.

Vers 950. Invention de la charrue à roues.

Vers 1000. L'invention du fer à cheval cloué au sabot et du collier d'épaule permettant le remplacement graduel du bœuf par le cheval pour l'agriculture et le transport.

Vers 1010. Le médecin, géologue et philosophe iranien AVICENNE, en arabe Ibn Sina (980-1037), découvre les vertus stimulantes du café.

Vers 1100. Première distillation de l'alcool en Europe.

▶ **Voir « La distillation et l'alambic (150 ap. J.-C.) » dans le thème de chimie « L'industrie chimique ».**

Vers 1100. Construction, en Europe, de nombreux moulins à eau.

▶ **Voir « Le moulin à eau (100 av. J.-C.) » dans ce même thème.**

Vers 1200. Construction, en Europe, des premiers moulins à vent à axe horizontal et à pales verticales.

▶ **Voir « Le moulin à vent (vers 600) » dans ce même thème.**

Vers 1300. Invention des essences de plantes à base d'alcool.

▶ **Voir « Les essences de plantes (1300) » dans le thème de chimie « L'industrie chimique ».**

XVe siècle. Invention, en Hollande, du moulin à vent à tour, d'abord utilisé pour actionner des vis d'Archimède qui évacuent l'eau des terres basses. Il sera ensuite utilisé un peu partout, au nord de l'Europe, en remplacement des moulins à eau.

▶ **Voir « Le moulin à vent (vers 600) » dans ce même thème.**

1420. Invention, en France, de la fécondation artificielle des œufs de poissons pour augmenter la quantité de poissons disponibles. Cette invention marque le début de l'aquaculture.

La Renaissance

1496. Les Européens découvrent le tabac en Amérique.

XVIe siècle. Le riz, importé d'Asie, et la pomme de terre, la tomate, le maïs, l'oignon, la fraise, la courge, le tabac, le cacao et le poivron, importés d'Amérique, deviennent peu à peu des productions agricoles importantes en Europe.

XVIe siècle. Invention, en Hollande, du châssis vitré, qui permet de construire les premières serres semblables aux serres modernes.

LA SERRE

Conception fréquente à l'époque et chez certains élèves

Les plantes potagères ne peuvent pousser qu'en été.

Concepts scientifiques actuels

Une serre est une construction translucide, parfois chauffée, dans laquelle on fait pousser des plantes. Les serres sont utilisées surtout pour la culture de légumes, de fleurs et de plantes tropicales.

Activités (8 ans et plus)

- Visiter des serres en hiver. S'informer au sujet de la température et du taux d'humidité nécessaires à la survie de diverses espèces de plantes.
- Construire une serre miniature (d'environ un mètre cube) à l'aide de bois, de pellicule plastique épaisse et d'une petite source de chaleur (exemple: petit radiateur électrique). Installer la serre à l'extérieur et y faire pousser des plantes en hiver.
- À l'aide d'une miniserre (disponible chez certains fournisseurs de matériel scientifique), faire pousser diverses espèces de plantes.

Vers 1575. Le céramiste et savant français Bernard PALISSY (v. 1510-v. 1590) prône l'emploi d'engrais chimiques.

▶ **Voir « Les engrais chimiques (1830) » dans le thème de biologie et médecine « La cellule et la chimie du vivant ».**

Le XVIIe siècle

1668. Le médecin italien Francesco REDI (1626-1698) démontre qu'en protégeant la viande pour empêcher les mouches d'y pondre des œufs aucun asticot ne s'y développe, ce qui constitue un premier pas vers la remise en question de la théorie de la génération spontanée.

▶ **Voir « La protection des aliments (1668) » dans le thème de biologie et médecine « Les animaux ».**

1680. Le physicien et inventeur français Denis PAPIN (1647-1712) invente un procédé de cuisson à la pression, ancêtre de la cocotte-minute (*presto*), mais les aliments cuits perdent leur couleur et leur goût. Un meilleur cuiseur sera breveté en 1927, mais la véritable cocotte-minute date de 1948.

▶ **Voir « L'autocuiseur (1948) » dans le thème de technologie « Les techniques de la chaleur ».**

Le XVIIIe siècle

1733. L'inventeur anglais John KAY (v. 1704-1780) invente la navette volante, une pièce de métier à tisser qui porte le fil de trame à travers les fils de chaîne. Elle facilite la fabrication des tissus et augmente le rendement des tisserands.

1747. Le chimiste allemand Andreas Sigismund MARGGRAF (1709-1782) parvient à extraire du sucre de la betterave.

Vers 1765. Le biologiste italien Lazzaro SPALLANZANI (1729-1799) réfute la théorie de la génération spontanée en montrant qu'aucune moisissure ne se développe dans un bouillon qu'on a fait bouillir et que l'on a placé dans un récipient scellé. Cette découverte est à l'origine du principe des conserves.

▶ **Voir « Les conserves (1795) » dans ce même thème.**

Vers 1770. Les voyages d'exploration du navigateur français Louis Antoine de BOUGAINVILLE (1729-1811) et du navigateur anglais James COOK (1728-1779) dans le Pacifique révèlent une grande variété de nouvelles espèces végétales et animales.

1771. Construction et mise en service, en Angleterre, de la première fabrique de coton, dont les métiers sont mus par des machines à vapeur. Cette mise en service marque les débuts de la Révolution industrielle.

1776. Invention, en France, d'un métier mécanique pour tisser de la dentelle.

1785. L'inventeur britannique Edmund CARTWRIGHT (1743-1823) invente le métier à tisser mécanique, qui comporte déjà certains mécanismes qui se retrouveront dans les métiers automatiques du XIXe siècle.

1794. L'inventeur américain Eli WHITNEY (1765-1825) invente la machine à égrener le coton, éliminant ainsi la séparation manuelle.

1795. L'industriel français Nicolas APPERT (1749-1841) commercialise un procédé de conservation de fruits, de légumes et de viande par stérilisation dans des bocaux en verre hermétiques, plongés pendant plusieurs heures dans de l'eau à ébullition.

LES CONSERVES

Conception fréquente à l'époque

Seuls le froid ou la déshydratation permettent de conserver des fruits, des légumes et de la viande pendant de longues périodes de temps.

Concepts scientifiques actuels

Les conserves sont des aliments placés dans des bocaux hermétiques en verre ou en fer-blanc et dont le contenu est stérilisé en plongeant les bocaux plusieurs heures dans de l'eau en ébullition. Il arrive parfois que des conserves, surtout artisanales, ne soient pas parfaitement stérilisées, ce qui peut entraîner le développement de bactéries pathogènes, telles que la bactérie responsable du botulisme, une intoxication alimentaire qui peut être mortelle.

Activités (8 ans et plus)

- Examiner divers types de conserves vendues dans les épiceries (exemples : conserves de viandes, de fruits, de légumes, de marinades et de confitures, dans des récipients en verre et en fer-blanc).
- Faire des conserves artisanales de ketchup, de marinades ou de confitures. (Il n'est pas conseillé de faire des conserves d'aliments non marinés ou non sucrés, car elles peuvent être dangereuses si elles ne sont pas parfaitement réussies.)

Le XIXe siècle

1804. Le mécanicien et inventeur français Joseph Marie JACQUARD (1752-1834) invente un métier à tisser mécanique dont certaines fonctions sont automatiques.

1805. Présentation, aux États-Unis, d'un prototype de machine frigorifique à compression d'éther, ancêtre du premier réfrigérateur industriel qui sera breveté en 1855. La nouveauté de cette machine réside dans la présence d'un processus de refroidissement à cycle fermé.

▶ **Voir « Le réfrigérateur (1805) » dans le thème de technologie « Les techniques de la chaleur ».**

1810. Invention, à Londres, de la boîte de conserve en fer-blanc, qui remplacera de plus en plus les bocaux en verre.

1814. Début, en Grande-Bretagne, de la fabrication industrielle de conserves selon le procédé mis au point par Appert en 1790.

1822. L'ingénieur anglais Richard ROBERTS (1789-1864) invente un métier à tisser entièrement automatique.

1823. Le chimiste écossais Charles MACINTOSH (1766-1843) confectionne les premiers imperméables.

L'IMPERMÉABLE

Conception fréquente à l'époque et chez certains élèves

Il est impossible de modifier un tissu pour qu'il ne laisse pas passer l'eau.

Concepts scientifiques actuels

Les premiers imperméables étaient faits d'une toile de coton imprégnée d'essence de térébenthine (le solvant, qui s'évapore) et de caoutchouc (le soluté, qui reste dans la toile). Les imperméables modernes sont faits de tissus recouverts de vinyle ou de caoutchouc.

Activités (8 ans et plus)

- Examiner un imperméable classique de type Macintosh.
- Examiner des imperméables modernes.
- Découvrir diverses façons d'imperméabiliser un tissu (exemples: avec de l'huile, de la graisse, de la cire, un enduit de silicone, etc.).

1828. Invention, en Hollande, du cacao en poudre.

Vers 1830. Le chimiste allemand Justus von LIEBIG (1803-1873), fondateur de l'agrochimie, montre que si l'on ajoute dans le sol des engrais chimiques, comme le potassium et le phosphore, les rendements des cultures peuvent augmenter considérablement. Il améliore ainsi une pratique, commencée au siècle précédent, qui consiste à enrichir le sol avec du salpêtre (nitrate de potassium), le premier engrais chimique. (Les engrais naturels, tels que le fumier et les cendres sont connus depuis l'Antiquité orientale.)

▶ **Voir « Les engrais chimiques (1830) » dans le thème de chimie « L'industrie chimique ».**

1830. Invention, en France, d'une première machine à coudre industrielle.

1830. Invention d'une machine à laver le linge.

1831. L'inventeur américain Cyrrus McCORMICK (1809-1884) invente la moissonneuse, qui marque les débuts de la mécanisation de l'agriculture.

LA MOISSONNEUSE

Conception fréquente à l'époque

La moisson ne peut se faire que de façon manuelle.

Concepts scientifiques actuels

La moissonneuse est une machine qui sert à récolter des céréales. Ses pièces principales sont le rabatteur rotatif, qui rabat la céréale à moissonner, et les lames de coupe, qui coupent la céréale. La moissonneuse simple a fait place, dès 1855, à la moissonneuse-batteuse, qui coupe et bat les céréales, pour séparer les grains.

Activités (12 ans et plus)

- Examiner le schéma du fonctionnement d'une moissonneuse.
- Aller dans une exploitation agricole et examiner une moissonneuse.

1851. L'industriel suisse d'origine allemande Henri NESTLÉ (1814-1890) invente le lait en poudre.

LE LAIT EN POUDRE

Conception fréquente à l'époque

La seule façon de conserver du lait pendant longtemps est d'en faire des conserves.

Concepts scientifiques actuels

Le lait en poudre est du lait écrémé déshydraté. Il occupe un volume beaucoup moins grand et se conserve beaucoup plus facilement que le lait liquide. Une fois reconstitué en y ajoutant de l'eau, sa composition et sa valeur nutritive sont équivalentes à celles du lait écrémé liquide.

Activité et exercice (8 ans et plus)

- Comparer le goût du lait en poudre reconstitué et du lait écrémé vendu sous forme liquide.
- Discuter des avantages et des inconvénients du lait en poudre, dans diverses situations (camping, voyages, recettes, etc.).

1851. Invention, aux États-Unis, de la machine à coudre domestique.

1853. Invention, aux États-Unis, du jean, un pantalon d'abord taillé dans de la toile de tente et solidifié avec des rivets de cuivre.

1855. Conception, en Australie, de la première machine à réfrigérer industrielle.

1856. Le chimiste anglais William Henry PERKIN (1838-1907) réussit à produire des colorants de synthèse à partir de produits contenus dans le goudron de la houille.

Vers 1860. Le chimiste, physicien et biologiste français Louis PASTEUR (1822-1895) montre que les fermentations sont dues à l'action de micro-organismes et met au point une méthode de conservation des bières par chauffage, la pasteurisation.

LA PASTEURISATION

Conception fréquente à l'époque et chez certains élèves

La seule façon d'allonger la durée de conservation de la bière, du lait et autres liquides est de les maintenir à basse température.

Concepts scientifiques actuels

Les bactéries sont des cellules complètes, renforcées par une épaisse paroi cellulaire. Certaines sont utiles, comme celles qui vivent dans notre système digestif ou celles qu'on utilise pour la fabrication du yaourt, tandis que d'autres sont nuisibles et causent des maladies infectieuses. Les bactéries peuvent être classifiées selon leur forme ou selon leur source nutritive. Selon leur forme, il existe des bactéries sphériques, appelées coques (exemple : le streptocoque responsable de certaines pneumonies), cylindriques, appelées bacilles (exemples : le bacille *Escherichia coli* de l'intestin et le bacille de la tuberculose), en spirale, appelées spirilles (exemples : les spirilles du choléra et de la syphilis) et de forme quelconque. Toutes les bactéries nuisibles peuvent être détruites par des températures élevées, ce qui est le principe de la pasteurisation.

Activités et exercices (8 ans et plus)

- Mesurer le temps de conservation du lait pasteurisé (disponible à l'épicerie) et du lait non pasteurisé (disponible dans une ferme laitière) gardé au réfrigérateur.
- À l'aide d'un microscope, observer une préparation microscopique de lait caillé.
- Se documenter au sujet de nouveaux procédés de pasteurisation par filtration (employés surtout pour le lait), qui ne modifient pas le goût du liquide pasteurisé.
- Réaliser que certains produits, tels que le miel et les fromages, sont disponibles sous forme pasteurisée et non pasteurisée. Pourquoi le

miel non pasteurisé ne présente-t-il pratiquement aucun risque pour la santé ? Pourquoi le fromage au lait cru n'est-il pas très dangereux non plus ?

- Se documenter pour répondre à la question suivante : Quels sont les faits saillants de la vie de Louis Pasteur ? Voir les remarques portant sur cette même question dans « Les molécules chirales (1850) » dans le thème de chimie « Les éléments, les composés et les réactions chimiques ».

1860. Le chimiste allemand Justus von LIEBIG (1803-1873) invente la culture hors sol, aussi appelée culture hydroponique.

1869. Dépôt d'un brevet, aux États-Unis, pour la gomme à mâcher. L'ingrédient principal est le chiclé, une gomme qui provient du sapotillier, un arbre d'Amérique centrale.

1872. Le chimiste et physicien écossais James DEWAR (1842-1923) invente un récipient isolant, qui sera plus tard commercialisé sous le nom de *Thermos.*

▶ **Voir « Le thermos (1872) » dans le thème de technologie « Les techniques de la chaleur ».**

1875. Les premiers navires frigorifiques amènent en France des tonnes de viande congelée provenant d'Amérique du Sud.

1886. Début de la stérilisation de l'eau destinée à la consommation humaine.

1889. Le chimiste français Hilaire Bernigaud, comte de CHARDONNET (1839-1924), obtient le brevet pour la soie artificielle, première fibre textile artificielle, à partir de la cellulose extraite des feuilles de la plante dont se nourrissent les vers à soie.

▶ **Voir « Les fibres artificielles et synthétiques (1935) » dans ce même thème.**

1890. Invention, aux États-Unis, de la fermeture éclair.

1892. Invention, aux États-Unis, du tracteur pour tirer des machines agricoles.

1886. Invention, aux États-Unis, du *Coca-Cola,* une boisson gazeuse énergisante à base de caramel et de cocaïne. La cocaïne sera plus tard interdite et remplacée par de la caféine.

1898. Invention, aux États-Unis, des *corn flakes* (flocons de maïs), premières céréales toutes prêtes pour le petit-déjeuner.

1899. Invention, au Japon, d'un procédé permettant d'obtenir des perles de culture à partir de l'huître perlière.

Le XXe siècle

1901. Invention de la machine à laver électrique. La commercialisation ne commencera qu'une dizaine d'années plus tard.

LA MACHINE À LAVER LE LINGE

Conception fréquente à l'époque et chez certains élèves

Le linge doit être lavé à la main.

Concepts scientifiques actuels

Une machine à laver est essentiellement une boîte dans laquelle la rotation de pales ou d'une cuvette remue le linge dans de l'eau savonneuse. Les machines modernes, entièrement automatiques, comportent plusieurs cycles différents, pour divers types de tissus.

Activités et exercice (12 ans et plus)

- Examiner d'anciens modèles de machines à laver domestiques.
- Se documenter pour répondre à la question suivante: Quels sont les divers cycles d'une machine à laver moderne?
- Inventer une machine à laver le linge manuelle.

1905. Mise au point du café décaféiné.

1906. Invention, en France, de la lyophilisation, une technique de déshydratation par le froid. Cette technique fera son entrée dans l'industrie alimentaire en 1955.

1908. Invention de la cellophane, un film transparent à base de cellulose et de xanthate, très utile pour envelopper des aliments.

▶ **Voir « La cellophane (1908) » dans le thème de chimie « L'industrie chimique ».**

1909. Les chimistes allemands Carl BOSCH (1874-1940) et Fritz HABER (1868-1934) réalisent la synthèse industrielle de l'ammoniac, ce qui facilitera la production d'explosifs et permettra la production de fertilisants synthétiques.

1909. Invention du grille-pain.

1913. Invention, aux États-Unis, du réfrigérateur domestique. Il faudra toutefois attendre 1939 pour que les réfrigérateurs domestiques comportent un compartiment pour les aliments congelés.

1915. Invention du pyrex, un verre résistant à la chaleur.

▶ **Voir « Le pyrex (1915) » dans le thème de chimie « L'industrie chimique ».**

1916. Invention du détergent pour la lessive.

▶ **Voir « Le détergent pour la lessive (1916) » dans le thème de chimie « L'industrie chimique ».**

1921. Création d'une variété de maïs hybride, à haut rendement.

1924. Invention des premiers insecticides, à base d'arsenic.

1924. Invention, en Allemagne, de l'agriculture biologique, qui est en fait un retour à une agriculture sans engrais, ni insecticide, ni fongicide.

1928. Invention, aux États-Unis, d'un tracteur muni de roues de caoutchouc.

1929. Première installation commerciale, aux États-Unis, de culture hydroponique, pour la culture de tomates.

1931. Invention, pour les réfrigérateurs, du fréon (CF_2Cl_2), un gaz moins toxique que l'ammoniac ou le dioxyde de soufre utilisés à l'époque. On découvrira plus tard qu'il détruit la couche d'ozone de l'atmosphère.

1933. Le biochimiste suisse Tadeus REICHSTEIN (1897-1996) synthétise la vitamine C.

1933. Découverte du polyéthylène, un plastique résistant et imperméable, idéal entre autres pour fabriquer des contenants pour les aliments.

1933. Débuts, au Japon, de l'aquaculture moderne avec des expériences portant sur la crevette.

1935. Le chimiste américain Wallace CAROTHERS (1896-1937) invente le Nylon.

LES FIBRES ARTIFICIELLES ET SYNTHÉTIQUES

Conception fréquente à l'époque et chez certains élèves

Les tissus ne peuvent être fabriqués que de fibres naturelles telles que le coton, la laine et le lin.

Concepts scientifiques actuels

Les fibres artificielles sont des fibres fabriquées à partir de substances naturelles, telles que la cellulose du bois ou du coton, modifiées chimiquement. Les fibres artificielles les plus courantes sont la soie artificielle (1889) et la rayonne (1895). Les fibres synthétiques, différentes des fibres artificielles, sont obtenues à partir d'hydrocarbures, tels que le pétrole et le gaz naturel. Le Nylon (1935), le Lycra (1952), les polyesters, tels que le Dacron (1953) et le Gore-Tex (1969), sont des exemples de fibres synthétiques. Certaines fibres synthétiques, comme le Polar, sont obtenues en recyclant des objets tels que les bouteilles de boisson gazeuse.

Activité et exercice (12 ans et plus)

- Examiner des échantillons de tissus en fibres artificielles et en fibres synthétiques.
- Se documenter pour répondre à la question suivante: Quels sont les caractéristiques, les avantages et les inconvénients des principales fibres naturelles et artificielles?

1936. Le généticien russe Trofim LYSSENKO (1898-1976), qui étudiait les techniques de reproduction des cultures sur la base des idées erronées d'hérédité des caractères acquis de Lamarck, profite de la notoriété acquise par ses travaux sur la vernalisation – une méthode pour accélérer la germination des graines, au printemps – pour paralyser les recherches des généticiens russes partisans des théories de Darwin et de Mendel.

1939. Le chimiste suisse Paul Hermann MÜLLER (1899-1965) invente le D.D.T. (dichloro-diphényl-trichloréthane), un insecticide moins toxique que les composés à base d'arsenic utilisés depuis le Moyen Âge, mais qui s'avérera nocif à long terme parce qu'il s'accumule dans les tissus des animaux des régions où il est utilisé.

1945. Invention du 2,4-D, un herbicide efficace.

▶ **Voir « Les herbicides (1945) » dans le thème de biologie et médecine « L'environnement ».**

1945. Invention de la fluoration de l'eau, pour prévenir la carie dentaire.

▶ **Voir « La fluoration de l'eau (1945) » dans le thème de biologie et médecine « La santé et la maladie ».**

1945. Invention, aux États-Unis, du four à micro-ondes. Le four à micro-ondes domestique sera commercialisé en 1967.

▶ **Voir « Le four à micro-ondes (1946) » dans le thème de technologie « Les techniques de la chaleur ».**

1948. Invention de la cocotte-minute (*Presto*), dont l'ancêtre était le cuiseur inventé par Papin en 1680.

▶ **Voir « L'autocuiseur (1948) » dans le thème de technologie « Les techniques de la chaleur ».**

1951. L'ingénieur suisse Georges DE MESTRAL (1907-1990) invente le *Velcro*.

LE VELCRO

Conception fréquente à l'époque

Les seules façons de fixer des pièces de tissu ou de cuir sont les boutons et les fermetures éclair.

Concepts scientifiques actuels

Le Velcro imite la façon dont les capitules de la bardane (une plante), munis de bractées en forme de crochets, s'attachent à la toison des animaux. Le Velcro est utilisé dans toutes sortes de systèmes d'attache.

Activité et exercice (8 ans et plus)

- Examiner et comparer, à la loupe ou au microscope, des bandes de Velcro et des capitules de bardane.
- Se documenter pour répondre à la question suivante : Existe-t-il d'autres exemples de technologies s'inspirant de la nature ?

1952. Invention du Lycra, une fibre synthétique élastique.

1953. Invention du Tergal, une fibre synthétique connue aussi sous le nom de Dacron.

1964. Débuts de la « révolution verte », qui entraînera une augmentation de la production alimentaire à l'aide de fertilisants.

1965. Découverte de l'aspartame, un édulcorant de synthèse sans calorie.

1969. Invention du Gore-Tex, une fibre synthétique à base de Téflon.

1980. L'Organisation mondiale de la santé (OMS) approuve l'irradiation des aliments comme méthode permettant d'inhiber la germination de certains légumes, d'éliminer les germes nocifs et de détruire des bactéries et insectes dans les denrées stockées.

1982. Mise en marché des premiers textiles greffés, c'est-à-dire modifiés par l'ajout de composés chimiques. Il existe maintenant, par exemple, des textiles déodorants, antibactériens et antiacariens.

1983. Création de la première plante transgénique, ou OGM (organisme génétiquement modifié), une variété de tabac.

1986. Premiers cas de la maladie de la « vache folle » en Angleterre. On comprendra plus tard que cette maladie, causée par un prion (un composé semblable à une protéine), peut se transmettre aux êtres humains et se manifester sous la forme d'une variante de la maladie neurologique de Creutzfeldt-Jakob.

▶ **Voir « La maladie de la « vache folle » (1986) » dans le thème de biologie et médecine « L'environnement ».**

1994. Commercialisation des premières tomates transgéniques.

BIBLIOGRAPHIE

ARDLEY, N. (1994), *Dictionnaire jeunesse de la science,* Paris: Seuil.

AZIMOV, I. (1986), *L'univers de la science,* Paris: InterEditions.

BURNIE, D. (1994), *Dictionnaire jeunesse de la Nature,* Paris: Seuil.

CHALMERS, A. F. (1988), *Qu'est-ce que la science?* Paris: Éditions La Découverte.

DUSCHL, R. A. (1994), Research on the history and philosophy of science, dans Gabel, D. L. (dir.) *Handbook of Research on Science Teaching and Learning,* New York, Macmillan, p. 443-465.

FARNDON, J. (1995), *Dictionnaire jeunesse de la Terre,* Paris: Éditions du Seuil.

GAGNÉ, B. (1993), L'histoire des sciences: un outil pour l'enseignement des sciences, *Vie pédagogique, 84,* 45-48.

GERMA, P. (2002), *Depuis quand?* Paris: Larousse.

GISCARD D'ESTAING, V.-A. (2000), *Le livre mondial des inventions,* Malesherbes, France: Éditions Ciel 12 et Fixot.

GODIN, B. (1999), *Les usages sociaux de la culture scientifique,* Québec: Les Presses de l'Université Laval.

GRIBBIN, J. (1998), *A Brief History of Science,* Toronto: Key Porter Books.

KUHN, T. S. (1983), *La structure des révolutions scientifiques,* Paris: Flammarion.

KREMER-MARIETTI, A. (1999), *Philosophie des sciences de la nature,* Paris: Presses Universitaires de France.

LAZLO, P. (1999), *La découverte scientifique,* Paris: Collection «Que sais-je?», Presses Universitaires de France.

LE LIVRE DE POCHE (1998), *Encyclopédie des sciences,* Paris: Collection «Encyclopédies d'aujourd'hui», Le Livre de Poche.

LOCQUENEUX, R. (1987), *Histoire de la physique,* Paris: Collection «Que sais-je?», Presses Universitaires de France.

MATTHEWS, M. R. (1994), *Science Teaching: The Role of History and Philosophy of Science,* New York, Routledge.

MESSADIÉ, G. (1992), *Les grandes découvertes de la science,* Paris: Collection «Les compacts», Bordas.

POPELARD, M-D., et VERNANT, D. (1997), *Les grands courants de la philosophie des sciences,* Paris: Collection «Mémo», Seuil.

POPPER, K. R. (1978), *La logique de la découverte scientifique,* Paris: Payot.

RANDOM HOUSE WEBSTER (1997), *Dictionary of Scientists,* New York: Random House.

ROBERT, S. (1993), *Les mécanismes de la découverte scientifique,* Ottawa: Collection «Philosophica», Les Presses de l'Université d'Ottawa.

RONAN, C. (1988), *Histoire mondiale des sciences,* Paris: Collection «Points», Éditions du Seuil.

ROY, J.-R. (1998), *Les héritiers de Prométhée,* Québec: Les Presses de l'Université Laval.

SÉGUIN, M., et VILLENEUVE, B. (1995), *Astronomie et astrophysique,* Saint-Laurent: Éditions du Renouveau Pédagogique.

STINNER, A., et WILLIAMS, H. (1998), History and philosophy of science in the science curriculum, dans F. Tobin (éd.), *International Handbook of Science Education,* Great Britain: Kluwer Academic Publishers.

THÉODORIDÈS, J. (1992), *Histoire de la biologie,* Paris: Collection «Que sais-je?», Presses Universitaires de France.

THOUIN, M. (2001), *Notions de culture scientifique et technologique. Concepts de base, percées historiques et conceptions fréquentes,* Québec: Éditions MultiMondes.

THOUIN, M. (1999), *Problèmes de sciences et de technologie pour le préscolaire et le primaire,* Québec: Éditions MultiMondes.

VACHER, L.-M. (1998), *La science par ceux qui la font,* Montréal: Éditions Liber.

VIDAL, B. (1985), *Histoire de la chimie,* Paris: Collection «Que sais-je?», Presses Universitaires de France.

VIGNAIS, P. (2001), *La biologie, des origines à nos jours: une histoire des idées et des hommes,* Grenoble: Collection «Grenoble Sciences», EDP sciences.

WAHICHE, D. (éd.) (1997), *Chronologie d'histoire des sciences,* Paris: Larousse-Bordas.

WANDERSEE, J. H. (1992), The historicality of cognition: Implications for science education research, *Journal of Research in Science Teaching. 29,* 4, 423-434.

INDEX *

* Les noms en majuscules correspondent aux noms de famille des scientifiques dont il est question dans cet ouvrage.

B

D

F

G

H

I

J

K

L

M

P

R

S

X

Y

Z